輕武器鑒賞百科

〔英〕克里斯·錢特 著　楊鵬鯤　張善濱　白丹 譯

SMALL ARMS

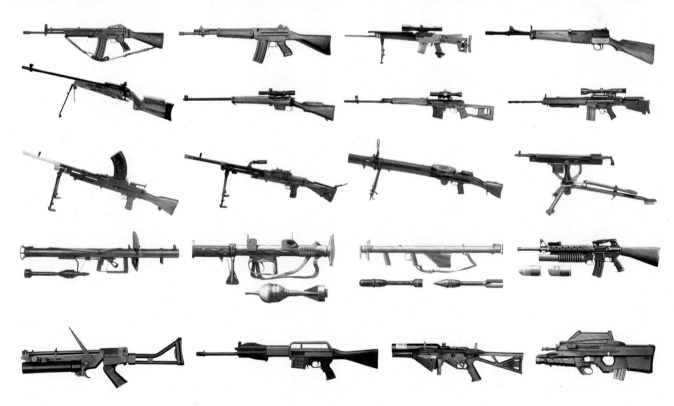

輕武器鑒賞百科

編著
克里斯·錢特 (Chris Chant)

譯者
楊鵬鯤、張善濱、白丹

編輯
郭翠青、萬里編輯部

設計
席新

出版者
萬里機構·萬里書店
香港鰂魚涌英皇道1065號東達中心1305室
電話：2564 7511
傳真：2565 5539
網址：http://www.wanlibk.com
　　　http://www.facebook.com/wanlibk

發行者
香港聯合書刊物流有限公司
香港新界大埔汀麗路36號
中華商務印刷大廈3字樓
電話：2150 2100
傳真：2407 3062
電郵：info@suplogistics.com.hk

承印者
北京博海升彩色印刷有限公司

出版日期
二零一六年四月第一次印刷

ISBN 978-962-14-6020-2

萬里機構　　　萬里 Facebook

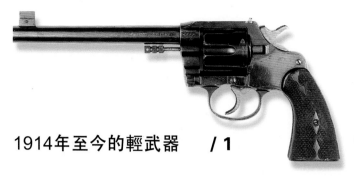

目錄

目錄

2 戰鬥中的衝鋒槍 / 71

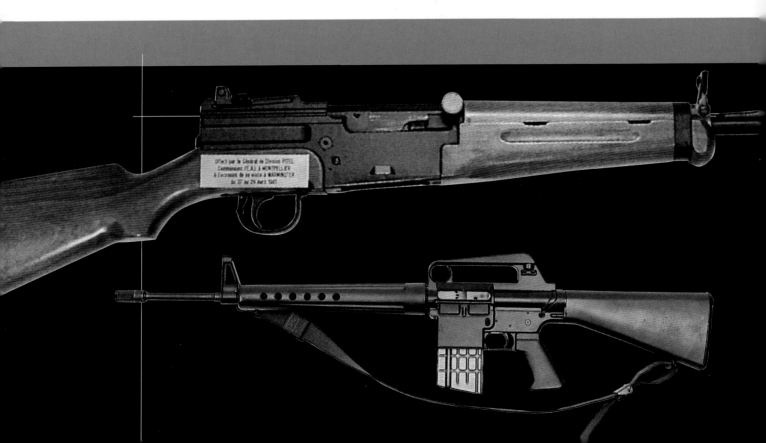

目錄

3 步槍　/ 127

目錄

4　狙擊步槍　／203

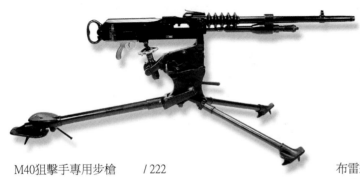

5 機槍　　/ 225

目錄

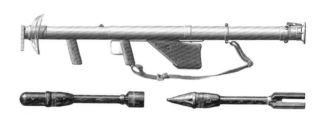

目錄

1914年至今的輕武器

　　縱覽人類的歷史，步兵在作戰中一直依賴於手中的單兵武器，今天的步兵亦不例外。事實上，輕武器在20世紀得到了飛速發展，即使在新千年來臨之際亦未見其發展有放慢的跡象，本書涵蓋了從1914年至今的所有單兵武器：從使用槍栓擊發設置的步槍和左輪手槍，到衝鋒槍、火焰噴射器、突擊步槍，甚至非致命性武器，應有盡有。雖然輕武器的基本機械原理自第一次世界大戰以來並沒有發生重大變化，但是現代化的輕武器，如M-16A4，無論是用較輕還是較重的材料製成，其設計都實現了後坐力最小化，同時又保留了全部作戰性能，即使在最惡劣的條件下也是如此。不同類型的輕武器從風頭正勁到如今已成為昨日黃花，如衝鋒槍在第二次世界大戰中曾經風行一時，但是，在今天的步兵武器庫中已極為罕見，它正在被突擊步槍所取代。火焰噴射器也不再是千篇一律地長着同一張面孔了。並且，霰彈槍目前已被公認為是城市戰和叢林戰中的重要武器。在城市戰和叢林戰中，步兵面臨着一個越來越普遍的問題就是在戰鬥中會遇到大量平民。這意味着許多國家將把武器研製的重點放在非致命性武器的研製和開發上。

　　不久的將來，重大的技術進步極有可能改變輕武器的性質。德國的赫克勒和科赫有限公司（HK公司）已經演示了其G11步槍，這種步槍使用無殼彈藥推進物包住子彈，射擊時彈藥完全燃燒，這就意味着無須噴射系統，子彈就能高速飛行。現在電磁助推子彈在實驗中射擊時根本聽不到聲響，或許發射後會聽到微弱的聲音。將來還會有比這更先進的武器，神奇的便攜式光束武器將由科學幻想轉變成現實。

火力與機動性

　　無論是由兩人組成的火力組，還是由許多個師組成的集團軍，各級軍事指揮員必須懂得如何把火力和機動性控制並聯合起來使用。他們必須快速地判斷出關鍵目標，指揮火力瞄準目標開火，確保有足夠強大的火力壓制住敵人，使敵人無法進行有效反擊，並且要保證部隊不浪費彈藥。

　　美國陸軍給機動性所下的定義是：部隊爲了佔領有利位置，消滅或威脅敵人，在火力支援下所進行的調動活動。步兵部隊調動是爲了在對敵作戰時佔領有利地形，從而在作戰中獲得優勢。部隊擁有機動性是爲了襲擊敵人的側翼、後方、後勤中心和指揮所。在適當的火力支援下，機動性可以使步兵接近敵人，並在戰鬥中獲得決定性的勝利。

　　火力是部隊瞄準目標進行有效射擊的能力。火力可以消滅敵人或把敵人壓制在陣地內，從而矇騙敵人、支援部隊的調動。離開有效的火力支援，步兵的機動性也就無從談起。在部隊試圖展開機動之前，必須建立一個火力點。爲了減少和杜絕對友鄰的機動部隊進行誤射，火力點應該直接面向敵人或其陣地。

上圖：火力和機動性原則的本質在於：任何一支作戰部隊，當一部分處於調動狀態時，另一部分就要向他們提供或準備向他們提供火力支援並壓制敵人的火力

基本作戰單位

　　火力和機動性的戰術可以由個別士兵、火力組、小分隊、班和排採用，但是基本的作戰單位通常由小分隊或班組成。在多數國家的部隊中，基本作戰單位由八到十人組成，由一名初級軍士指揮。分隊可分爲一個步槍組和一個重機槍組。步槍組由六名步槍射手組成，作戰中他們可以分成四人或兩人組成的小組。重機槍組由一名射手和另一名軍士組成。這名軍士還將擔任排的副指揮官。

互相支援

　　分隊戰術是根據同時開火和同時移動的原則實施的。這樣做的理由是，如果步槍組正在前進，重機槍組就應該保持不動，隨時提供支援，或者，如果需要的話，向步槍組提供火力支援。顯然，步槍組在前進時容易遭到攻擊，重機槍組所要做的有利於步槍組的事情就是壓制住敵人的火力，使敵人無法向運動中的步槍組射擊。

　　特別是在攻擊的最後階段，火力和機動性對於步槍組來說更是缺一不可。

地形的利用

　　火力和機動性涉及武器、部隊調動和地形的綜合利用，目的就是在與敵交火時把人員傷亡減小到最低程度。適當利用地形可以保護分隊，使其在運動中免遭敵人的攻擊，同時分隊或排的重機槍組要壓制住敵人的火力，使其無法向正在調動的步槍組射擊。

　　各級作戰部隊都會應用到火力和機動性。在由連或營發起的攻擊中，他們還會得到大炮、迫擊炮、坦克、反坦克制導武器和飛機的火力支援，從而達到減少步兵傷亡的目的。

　　在級別較低的作戰部隊中，火力和機動性宜以排爲單位實施：一個分隊擔任火力組，另外兩個分隊擔任機動組。同樣，在突破敵人陣地時，每個分隊內的兩名士兵之間也可以使用類似的戰術。

上圖：一名英國步兵正在尋找掩體。此類陣地可以利用樹木或樹木周圍凸起的地表作為掩護，從而提高火力的支援能力

上圖：這些在越戰中裝備M16A1突擊步槍的美國步兵正在按照標準的縱隊隊形沿小路前進。這種隊形有利於反擊來自側翼的襲擊

兩人一組作戰

把戰鬥小組的步兵分成兩人一組並不僅僅是為了火力和機動性，他們還可以利用其他實用的方法，彼此之間提供支援。

例如，一名士兵擔任哨兵，另一名士兵可以準備飯菜；或者如果一名士兵受傷，另一名士兵可以對其實施急救。

戰鬥小組的基本隊形有：一列縱隊隊形、縱隊隊形、楔形隊形、矛尖形隊形、菱形隊形和疏散式橫隊隊形。戰鬥小組采取哪種隊形則取決於下列六種因素：

1. 戰鬥小組所處的位置
2. 敵人火力可能從哪個方向射來
3. 士兵的視距
4. 戰鬥小組如何保持最佳配置
5. 對最佳火力效果的需求
6. 誰掌握戰場的主動權

隊形

一列縱隊隊形是軍隊隊形中最基本的一種隊形，並且在叢林戰中或許還是唯一的一種隊形，這種隊形在部隊沿障礙物或樹側運動時最為有利。它是部隊穿過狹窄地區（如雷區）時最為理想的前進隊形，尤其是在夜間，這種隊形對形勢的控制極為有利，並且當部隊側翼遭到襲擊時，部隊可保持最佳的防禦位置。然而，在遭到正前方敵人的襲擊時，這種隊形最為不利，很難向前方的敵人開槍還擊。

本圖：在教練的指導下，這些英國步兵正在以橫隊隊形穿越模擬戰場，這種隊形非常有利於反擊來自正前方的襲擊，但是當敵人從側翼襲擊時，其防禦能力則極為有限

部隊沿小路前進時常常使用縱隊隊形。小路的寬度要足以使部隊沿路的兩側前進。這種隊形易於控制形勢，夜間尤其有用，但是這種隊形容易成為敵人火力集中射擊的目標。

楔形隊形在穿越野外時可能是應用最為廣泛的一種隊形。重機槍組要配置在最不容易應對遭受襲擊的側翼位置。

矛尖形隊形是楔形隊形的一種變化形式。如果不需要部署重機槍組防護特殊位置的側翼，可以使用這種隊形。重機槍組位於隊伍的中心，形如凸狀的長矛，根據所受威脅的程度可隨時部署到隊伍的兩翼。

楔形和矛尖形隊形有利於部隊對來自正前方的攻擊實施反擊，然而這兩種隊形都不利於控制部隊，尤其是在部隊兩翼遇到攻擊時。

菱形隊形常常在夜間穿越開闊地帶時使用。它的優點是有利於控制部隊，既可以進行全方位觀察，又可以給部隊提供保護，可以對來自任何方向的襲擊實施反擊，然而，這種隊形容易成為敵人集中射擊的目標。

疏散式橫隊隊形可以在進攻時使用，但它的缺點是難以控制部隊。

戰術靈活性

無論選擇什麼隊形，重機槍組正常情況下應該部署在暴露的側翼，或者能提供潛在的最佳火力支援的側翼，如起伏不平的地表或高地。分隊成員的部署應該取決於地形，但是原則上講，他們應該位於指揮官聲音控制的範圍之內。

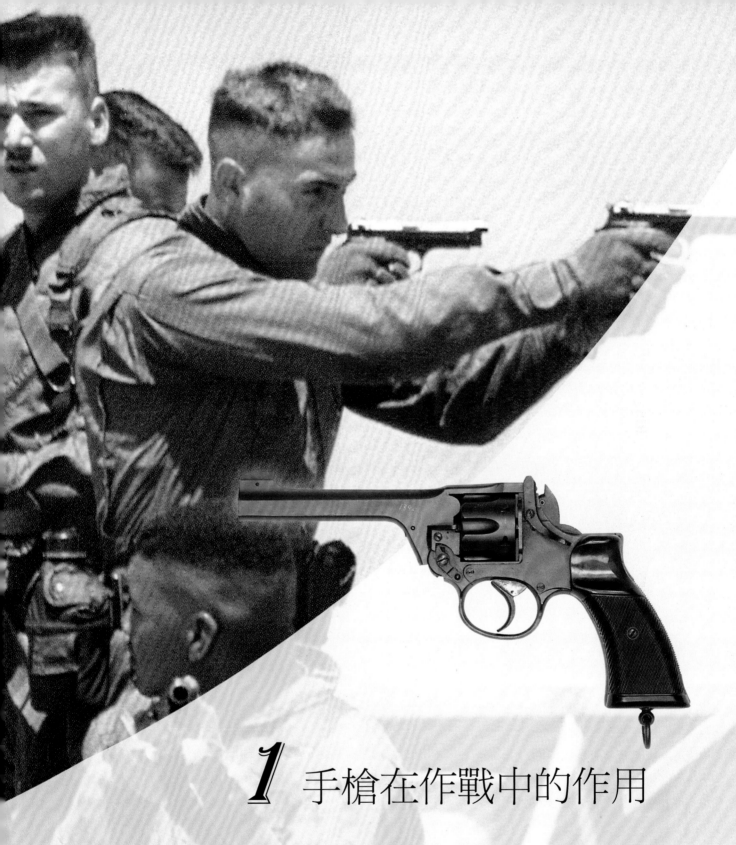

1 手槍在作戰中的作用

　　自火器發明以來，手槍一直是戰爭中使用的一種重要武器。在火器誕生早期，手槍僅限於軍官和騎兵使用。由於敵我雙方交戰距離增大，而手槍與生俱來的射程較近的缺陷似乎註定手槍將逐漸退出戰場。然而有趣的是，軍人仍然很偏愛手槍，並把它作爲特殊的單兵武器。顯然，手槍還是有用的。

如果要回答經常遇到的一個問題——"手槍在戰鬥中有什麼用？"一個簡單的答案就是"沒什麼用"。手槍，不管是左輪手槍，還是自動手槍，射程都非常有限。只要射程超過四五十米，即使是受過訓練的射手，手槍的作用也變得微乎其微。手槍還是一種非常易於犯指向錯誤的武器——和步槍相比，在指向敵人時要容易得多，但是，在情緒緊張時也容易指向朋友（戰友或平民）。對於像手槍這樣的輕武器來說，和許多更加致命的武器如手榴彈相比，會要求生產國具有一定的工業潛力和技術，哪怕是研製出一件小小的樣品也都需要一大筆經費。在戰鬥中，手槍的另一個缺陷是手槍子彈的殺傷力有限，儘管在近距離內或許非常可怕，但它不能發射高速子彈那樣的致命子彈。

作戰武器

儘管如此，手槍仍是人們最喜愛的武器之一，甚至有的士兵不顧危險攜帶手槍參加戰鬥。他們這樣做有兩個主要原因，但僅僅把它歸因於"方便"和"士氣"這兩個原因可能過於簡單化。

"方便"的因素是由下面的簡單事實決定的：許多軍人別無選擇，只能佩帶手槍。大多數戰鬥都是由不同軍兵種的陸、海、空人員組成的。在戰場上，要想攜帶比手槍大的武器是很不切合實際的。我們馬上可以想到那些人員，包括坦克乘員、機組人員、蛙人和攜帶重裝備之類（如電台）的人員，他們手中無法攜帶武器，而且工作空間很小，不可能攜帶比手槍再大的武器。在大型車輛內，如坦克或卡車，他們或許可以攜帶衝鋒槍或卡賓槍，但是在小型車輛內，這是不可能做到的。即使能夠做到這些，在作戰中的某個時期，他們需要離開車輛，仍然需要某種可以保護自己的武器。對於那些被迫在敵方區域內降落的機組人員來說，生存的因素則更為重要。在此類情況下，除了佩帶手槍，別無選擇。

信心的源泉

"士氣"因素或許可分為兩類。一類是手槍的外觀或裝飾是一種地位的象徵。另一類則僅與"士氣"有關，攜帶此類武器會給攜帶者以信心。前者很容易理解，對於其他人來說，一看到持有手槍的人，立即會以為這是一個應該服從的大人物。如此一來，在和非武裝人員或失去鬥志的敵人如戰俘打交道時，手槍就成了權力的重要象徵。

"自信"的因素則不太容易被人理解，但是在陌生的或是有敵意的環境中行動或旅行的人最理解"自信"的重要性。

第二次世界大戰期間，駐紮在佔領區內（德國軍隊侵佔其他國家的領土）的德國士兵對此理解最為深刻，他們不得不在占領區內戰戰兢兢地生活和工作，每一名士兵只有武裝起來才能保證自己能夠生存下去。

手槍使人容易分辨出軍人地位的高低。軍人非常清楚自己應該佩帶什麼樣的武器。這種自信的因素或許確實被過分誇大了，但每一個曾經在陌生地區或環境中工作過的人都知道它的重要性。在現代戰爭中，前線和後方的概念已很難界定，前方士兵在遭到已知敵人攻擊的同時，後方士兵也有可能遭到敵人的遊擊隊或類似於英國特別空勤團之類的特種部隊的襲擊。

地位的象徵

在戰鬥中佩帶手槍還有一個原因，在上述兩種原因的分析中已經提及。手槍是軍人的地位和級別的象徵，這或許就是那麼多遠離戰場的參謀人員佩帶手槍的理由。

即使如此，許多參謀人員佩帶的都是小口徑手槍，作戰價值極為有限，和作戰人員佩帶的大口徑手槍是無法相比的。

有一個因素進一步限制了手槍在戰鬥中的使用，並且無論是手槍的使用者還是

下圖：儘管手槍的精度較差，但確實有重要的軍事功能。在狹小的空間，如在坦克內工作的士兵，只有體積較小的手槍才是最理想的自衛武器。圖中是一名裝甲兵爬出坦克的炮塔，用他的瓦爾特P38手槍向敵人的反坦克步兵射擊

軍用手槍的主要類型

左輪手槍：通常情況下其子彈比自動手槍的子彈的威力大，要想熟練運用，需要經過反復練習。使用者一般為憲兵和安全人員。

自動手槍：和左輪手槍相比，易於操作。通常情況下，裝彈量較大。

袖珍手槍：體積小，專門為需要攜帶手槍而且能將手槍隱藏在衣服內的便衣或非執勤士兵而設計。

上圖：手槍之所以設計得很小是為了攜帶時便於隱藏在包內、褲袋或上衣口袋內。在高風險地區，非執勤士兵常常使用這種武器

上圖：自動手槍主要用於自衛，但有時在清理房屋和營救人質時也經常使用。自動手槍槍管較短，有利於快速開火，較大的彈匣容量可以讓使用者擁有足夠的火力

右圖：左輪手槍和自動手槍相比，雖然結構相對簡單，略顯粗糙，但它的子彈威力較大；射擊時，左輪手槍不易操作，需要經過反復訓練才能發揮最大效能

其敵人對此都公認。這一點在第一次世界大戰中尤為真實，在前線戰壕裏的特等射手都明白，在發起攻擊的敵人中，持手槍者極有可能是敵人的高級軍士、軍官甚至有可能是戰場上的指揮官。

首先擊斃持手槍者，就有可能極大地降低參戰敵軍的作戰效能。不久，即使是最教條化的軍官也明白手持步槍作戰可以和自己的部隊混在一起，在人群中，敵人很難把他們和普通士兵分辨開來。問題在於一旦陷入混亂的塹壕戰，用笨重的步槍去清掃塹壕是極為危險的，所以在諸如塹壕清理之類的近距作戰中，即使是現在，手槍仍然起着重要作用。

上圖：手槍的一大優勢就是體積小，便於隱藏。例如，在第二次世界大戰期間，法國抵抗力量（遊擊隊）攜帶的手槍就不易被敵人發現。這是手槍的最大優點

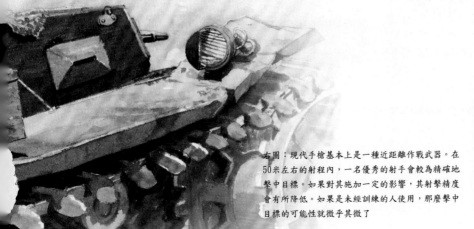

右圖：現代手槍基本上是一種近距離作戰武器。在50米左右的射程內，一名優秀的射手會較為精確地擊中目標。如果對其施加一定的影響，其射擊精度會有所降低。如果是未經訓練的人使用，那麼擊中目標的可能性就微乎其微了

奧匈帝國 8 毫米和 9 毫米手槍

奧匈帝國軍隊在第一次世界大戰期間使用的手槍主要是8毫米的"拉斯特和加瑟爾"M1898左輪手槍。這種手槍非常結實,而且製作精良,奧匈帝國的軍官和軍士基本上都配備這種手槍。這種手槍有兩大非同尋常的特點:一是它發射8毫米特殊子彈;二是它的拆卸方法與眾不同,清潔和維修時,需要向下推拉扳機護柄,露出內部的操作部件。由於M1898手槍出乎尋常的結實和可靠,所以極少需要修理和清潔。事實上,它的生產標準極高,許多M1898手槍在第二次世界大戰中仍可以使用。

自動手槍

儘管M1898左輪手槍應用廣泛,但奧匈帝國在1907年仍然決定使用自動手槍。這種自動手槍就是"里皮特"8毫米M07手槍(又名羅思—施泰爾手槍)。這種手槍使用了一種令人無法仿製的機械設置。

M07手槍使用的槍栓較長。射擊時,最初槍栓和槍管向後移動,一旦槍管被凸輪阻擋以後,槍栓繼續向後移動,隨後開始複雜的彈射(空彈殼)和後續子彈的裝填過程,當槍栓和槍管複位後,這一過程才停止下來。這一過程涉及直線運動和旋轉運動。

儘管以上設置比較複雜,但M07手槍仍稱得上是一種設計合理的軍用手槍。這種手槍僅供奧匈帝國的軍隊使用,它有自己的子彈。

M07手槍的生產比較困難。1912年,奧匈帝國又生產出了"里皮特"9毫米M12手槍(大多數人都稱之為"施泰爾—哈恩"手槍)。M12手槍的擊發設置或許是有史以來最結實的一種,它的閉鎖裝置系統通過旋轉槍管操作。它使用的9毫米子彈也非常特殊,其他手槍無法使用。另一個特別之處是它使用了固定式彈匣,可以用子彈夾從彈匣的頂部裝彈。

M12手槍是第一次世界大戰中奧匈帝國軍隊的標準手槍,而且有許多在第二次世界大戰中仍在使用。第二次世界大戰時,這種手槍大多數落入德軍之手。經過德國人的改進,這種手槍可以發射9毫米帕拉貝魯姆子彈。德國人把這種手槍稱之為12(oe)手槍。

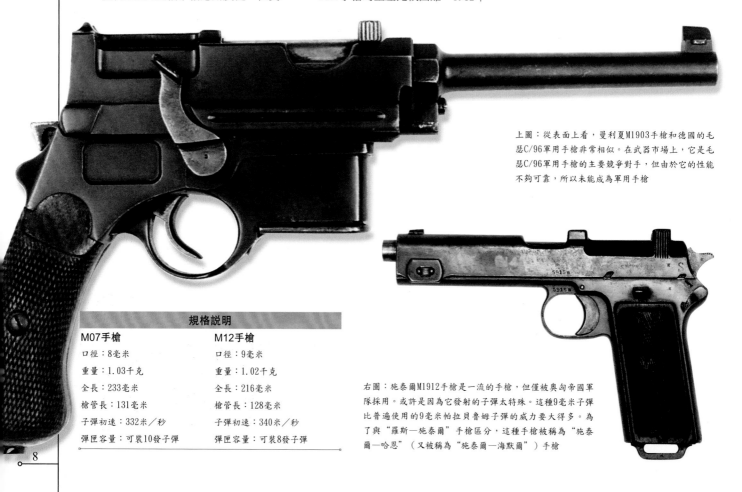

上圖:從表面上看,曼利夏M1903手槍和德國的毛瑟C/96軍用手槍非常相似。在武器市場上,它是毛瑟C/96軍用手槍的主要競爭對手,但由於它的性能不夠可靠,所以未能成為軍用手槍

規格說明	
M07手槍	**M12手槍**
口徑:8毫米	口徑:9毫米
重量:1.03千克	重量:1.02千克
全長:233毫米	全長:216毫米
槍管長:131毫米	槍管長:128毫米
子彈初速:332米/秒	子彈初速:340米/秒
彈匣容量:可裝10發子彈	彈匣容量:可裝8發子彈

右圖:施泰爾M1912手槍是一流的手槍,但僅被奧匈帝國軍隊採用。或許是因為它發射的子彈太特殊。這種9毫米子彈比普遍使用的9毫米帕拉貝魯姆子彈的威力要大得多。為了與"羅斯—施泰爾"手槍區分,這種手槍被稱為"施泰爾—哈恩"(又被稱為"施泰爾—海默爾")手槍

勃朗寧手槍

約翰·摩西·勃朗寧離開柯爾特公司後，和比利時赫斯塔爾公司（FN）結成聯盟，生產了許多種優秀的武器。勃朗寧/FN聯合生產的第一種手槍是勃朗寧1900型手槍。這種手槍的設計相當簡單，但幾乎無可挑剔，發射勃朗寧7.65毫米子彈。它成功地使用了後坐力操作系統。1900型手槍從來沒有正式成為標準的軍用武器，但是這種手槍的生產數量極其龐大，使用範圍相當廣泛（到1912年時已經生產了100多萬支）。其中有數以萬計的1900型手槍進入各國軍隊，通常供軍官作防身武器使用。德國在第二次世界大戰中使用的1900型手槍被稱為620（b）手槍，主要供納粹空軍使用。

1903型手槍是柯爾特手槍（勃朗寧設計）的比利時型勃朗寧手槍，專門發射一種9毫米勃朗寧長彈。由於這種子彈威力較小，所以1903型手槍使用了簡單後坐力操作系統。這種手槍被比利時陸軍採用。瑞典獲得生產許可證後也開始生產這種手槍。使用這種手槍的其他國家有土耳其、塞爾維亞、丹麥和荷蘭。第二次世界大戰中德軍使用的1903型手槍被稱為622（b）手槍。有些型號的1903型手槍可以使用分離式槍托（可從肩部射擊），所以手槍皮套的長度也增加了一倍。

1910型手槍

在第一次世界大戰中，最重要的勃朗寧手槍或許當數魅力無窮的1910型手槍。1912年，這種手槍一上市出售，立即就成了軍官們最理想的防身武器。許多國家在沒有獲得生產許可證的情況下進行了仿製。1910型手槍可以發射7.65毫米子彈或9毫米（小型）子彈。後一種子彈也被稱為0.380ACP子彈。1910型手槍於20世紀80年代再次有限地投入生產。1910型手槍的機械系統屬傳統的後坐力操作類型，它的複位彈簧捲繞着槍管。這種手槍有一個槍把保險，瞄準和射擊非常容易。1910型手槍從來沒有被正式接受為軍用手槍。除比利時軍隊之外，在整個第一次世界大戰期間的使用相當普遍，許多國家的軍官都把它當作防身武器使用。在第二次世界大戰期間，1910型手槍仍在大量使用。德國人把這種手槍稱為621（b）手槍。

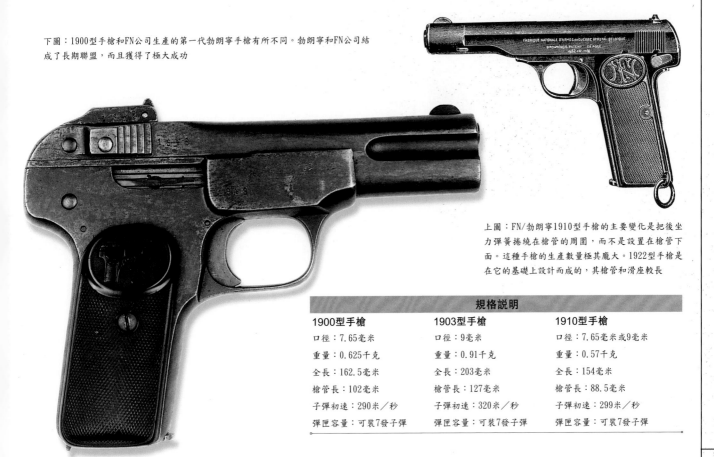

下圖：1900型手槍和FN公司生產的第一代勃朗寧手槍有所不同。勃朗寧和FN公司結成了長期聯盟，而且獲得了極大成功

上圖：FN/勃朗寧1910型手槍的主要變化是把後坐力彈簧捲繞在槍管的周圍，而不是設置在槍管下面。這種手槍的生產數量極其龐大。1922型手槍是在它的基礎上設計而成的，其槍管和滑座較長

規格說明		
1900型手槍	**1903型手槍**	**1910型手槍**
口徑：7.65毫米	口徑：9毫米	口徑：7.65毫米或9毫米
重量：0.625千克	重量：0.91千克	重量：0.57千克
全長：162.5毫米	全長：203毫米	全長：154毫米
槍管長：102毫米	槍管長：127毫米	槍管長：88.5毫米
子彈初速：290米／秒	子彈初速：320米／秒	子彈初速：299米／秒
彈匣容量：可裝7發子彈	彈匣容量：可裝7發子彈	彈匣容量：可裝7發子彈

勒貝爾 1873、1874 和 1892 型左輪手槍

法國最早的軍用左輪手槍是1873型和1874型左輪手槍，最初裝備部隊時發射一種裝有黑火藥的11毫米子彈。1890年之後，黑火藥被新式火藥取代。這兩種左輪手槍，有些經過改進可以發射新式的8毫米子彈。從表面上看，兩者之間的唯一的差異是1874型手槍有彈膛凹槽，而1873型手槍則沒有。

悠久的軍用手槍歷史

這兩種手槍使用固定式槍架和入口裝填式彈膛。這兩種手槍在第一次世界大戰期間仍在使用（事實上，第二次世界大戰期間仍被使用），不過大多數都被一種更先進的型號——1892型左輪手槍（又稱"軍火"型手槍）代替。許多士兵把1892型左輪手槍稱為勒貝爾手槍。在過渡到勒貝爾手槍之前，還有一種發射8毫米子彈的過渡型號，但是這種過渡型號並不太成功，聖安東尼兵工廠的設計人員經過重新設計，將這種過渡型號命名為1892型標準手槍。勒貝爾手槍是歐洲最早使用旋轉彈膛的手槍。旋轉彈膛利於快速裝彈，彈膛的鉸鏈位於手槍的右側，空彈殼可以用一根手工操作杆彈出，手工操作杆一般位於槍管下面。

勒貝爾手槍使用連發類扳機設置，發射特殊的8毫米子彈。它的擊發設置比較重，非常結實，足以勝任近距離射擊，但射程較遠時則精度較差。為了便於擊發裝置的修理和清潔，勒貝爾手槍的准入系統稱得上是最好的機械設置之一。槍架左側較低處有一個擋板連接在槍外，方向正好朝前，扳機和彈膛的操作系統完全裸露在外，如此一來，更換或清潔某一部件就變得非常簡單。

近距離作戰時，勒貝爾手槍的主要缺陷是子彈。這種子彈威力很小，即使在近距離內也只能擊傷敵人，極少能擊斃敵人。除非子彈擊中敵人的要害部位，否則敵人仍會繼續戰鬥。雖然如此，這一缺陷並沒有妨礙士兵對勒貝爾手槍的喜愛，因為其性能可靠，能夠經得住艱苦條件的考驗。仿製勒貝爾手槍的國家有西班牙和比利時。

上圖：勒貝爾手槍是歐洲最早使用旋轉彈膛的左輪手槍。這種彈膛可以快速裝彈，彈膛向右旋轉。使用時稍有不便

下圖：一名法國軍官率領射擊分隊正準備槍斃一名德軍戰俘。不幸的是，這名軍官擊中了他的一名衛兵。之所以會出現這種情況，或許是因為這種手槍發射的法國8毫米子彈的威力太小，但這不應該成為誤傷自己人的主要理由

規格說明	
1892型手槍	
口徑：8毫米	
重量：0.792千克	
全長：235毫米	
槍管長：118.5毫米	
子彈初速：225米／秒	
彈匣容量：可裝6發子彈	

7.65 毫米和 9 毫米貝瑞塔 1915 型手槍

貝瑞塔1915型半自動手槍是貝瑞塔公司的第一代產品，它的缺點是製造標準不高，後來，經過改進，製造精良成為該公司輕武器的主要特點。製造標準不高主要是因為它剛剛問世便匆忙投入生產。當意大利1915年5月加入第一次世界大戰時，意軍所有武器裝備的製造水平普遍較低，手槍自然也不例外。為了盡可能多地生產武器，意大利軍工企業轉入高速生產時期，貝瑞塔1915型手槍就是在這種政策指導下生產出來的武器。

貝瑞塔1915型手槍一經問世便投入生產，後來雖然經過多次改進，但基本都沿襲了最初的設計風格。槍管上的滑座有一個切口部分，看一眼就令人難以忘記，但是整個外形不夠勻稱，缺少平衡感和檔次。這在後來的設計中得以改進。

幾種口徑

最初生產的貝瑞塔1915型手槍的口徑為7.65毫米，但是一些後來生產的產品為

了專門使用格利森蒂子彈，口徑增加到了9毫米。在後來的改進型中，增加了更加有力的回位彈簧。相對來說，這種專門為發射9毫米格利森蒂子彈而生產的手槍數量非常有限；而專門為發射9毫米帕拉貝魯姆子彈而生產的手槍數量更少。

貝瑞塔1915型手槍利用了簡單後坐力的設計原理，並且發射裝置中使用了隱性擊錘。7.65毫米型手槍射擊後不用彈射栓就可退出空彈殼。擊錘在後坐力的作用下，穿過閉鎖裝置後和撞針接觸，從而把空彈殼彈出槍外。所有發射子彈口徑大於9毫米的手槍都使用了傳統型的彈射栓。

在戰時情況下，正如人們所想的那樣，各種型號的子彈之間都有細微的差別。保險阻鐵的形狀和位置千奇百怪，槍把的材料和拋光也是五花八門。所有這些性能各異的貝瑞塔1915型手槍的共同之處是性能可靠、易於操作。這也是所有使用過它的人最欣賞它的方面。貝瑞塔1915型手槍的這些優點為後來生產的自動手槍所

繼承，並且有些自動手槍還被列入世界名槍的行列。即使現在，貝瑞塔這個名字也幾乎成為性能可靠的代名詞。不過，如果以今天的眼光來檢驗一下貝瑞塔1915型手槍，從配備手槍的原因來看，它實在沒什麼可取之處。當初的武器檢驗員欣賞它，一定是它可以快速地大規模投入生產的緣故。

在第一次世界大戰後相當長的時間裏，意大利軍隊中看不到貝瑞塔1915型手槍的影子。到第二次世界大戰爆發的時候，意大利軍隊已經裝備了另一種標準化的貝瑞塔1934型手槍。

上圖：一名綽號為"劊子手"的意大利先鋒兵。他裝備了全套的戰壕武器，一身中世紀的打扮。在戰壕內殘酷的近距離搏鬥中，手持挖壕鍬和手槍要比端着笨重的長槍明智得多。他身上的鎧甲雖然重了點，但可以提供較好的防護。注意其腰帶上佩帶的鐵絲剪

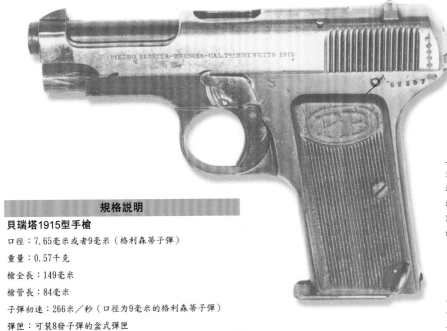

PIETRO BERETTA-BRESCIA-CAL.7ᵐᵐBREVETTO 1915

規格說明

貝瑞塔1915型手槍

口徑：7.65毫米或者9毫米（格利森蒂子彈）

重量：0.57千克

槍全長：149毫米

槍管長：84毫米

子彈初速：266米／秒（口徑為9毫米的格利森蒂子彈）

彈匣：可裝8發子彈的盒式彈匣

左圖：貝瑞塔1915型半自動手槍的外形有點粗糙，但仍算得上是一種性能可靠的有效武器。在第一次世界大戰中，這種手槍滿足了意大利軍隊的需要

格利森蒂 1910 型和布里夏 1912 型 9 毫米手槍

人們通常把格利森蒂1910型自動手槍稱爲格利森蒂手槍。另外還有一種和格利森蒂手槍極爲類似的手槍，人們通常稱之爲布里夏手槍。雖然格利森蒂手槍最初是由兩名瑞士工程師在瑞士設計出來的，但最早的格利森蒂手槍卻是在1905年誕生於意大利的索賽塔·賽德魯吉卡·格利森蒂的土倫工廠。意大利軍隊於1910年裝備了這種手槍。1912年，布里夏公司生產出了布里夏1912型手槍，除了缺少保險阻鐵，

這種手槍在外形和操作上幾乎和格利森蒂1910型手槍一模一樣。乍看起來，可以視兩者爲同類型的手槍。

格利森蒂1910型手槍使用的機械原理是利用閉鎖裝置系統。但是，由於多種設計原因，這種系統並非特別有效。這種手槍只能發射威力較小的特殊的格利森蒂子彈，卻無法使用像帕拉貝魯姆9毫米之類的大威力子彈。這種特殊的子彈，如果不考慮安全性的話，竟然和帕拉貝魯姆子彈

在形狀、外觀和重量上完全一樣。這並不意味着它們能互換使用，如果用格利森蒂手槍發射帕拉貝魯姆子彈，那麼可能會引起事故。事實上，這種事故的確經常發生。有些事故甚至會對射手產生致命的危險。正常情況下，只要仔細看一下子彈的底部就能夠區分。但是，戰鬥激烈的戰場上，這兩種子彈實在難以區別。

設計缺陷

事實證明，如果使用正確的格利森蒂子彈射擊，格利森蒂1910型手槍是非常可靠的，但是它在設計上一直存在着一個基本缺陷。爲了便於維修，設計人員費盡了心血，這種槍的槍架非常靈活，幾乎是專門爲左手持槍者設計的。的確，設計人員達到了他們的目的，這種槍便於清洗和維修。但是加上一個移動板後，整個手槍就顯得一邊重、一邊輕。在戰場上，這種手槍的槍架可能會扭曲變形，從而引起子彈

卡殼，甚至還會出現其他潛在的更嚴重的問題。如果不想出現這些問題，就應該把移動板拆卸下來。

正因爲如此，格利森蒂1910型手槍越來越讓使用者憂慮。如果條件允許，有經驗的使用者會選擇其他類型的隨身武器。雖然他們選擇的武器比較陳舊，但至少從結構上看是安全的，例如羅塔賽恩89型10.3毫米手槍。該型手槍設計於1872年，1889年首次投入生產，是一種可裝6發子彈的左輪手槍。

儘管如此，並未能阻止格利森蒂手槍在整個第一次世界大戰期間的流行和使用，而且在第二次世界大戰期間，這種手槍也並不少見。仔細審視一下，如果撇開其較難使用的缺點，格利森蒂和布里夏型手槍的設計都相當合理。但是，在殘酷的戰場上，事實證明這兩種手槍的表現確實難盡如人意。

左圖：格利森蒂1910型手槍不如貝瑞塔手槍那樣受人歡迎的原因是：左手持槍的槍架雖然便於活動，但從結構上看不夠堅固。雖然它的彈膛也可以發射比格利森蒂子彈火力更猛的9毫米帕拉貝魯姆子彈，但是，帕拉貝魯姆子彈的威力太大，會把這種手槍震壞

規格説明
格利森蒂1910型手槍
口徑：9毫米
重量：0.8千克
槍長：211.2毫米
槍管長：95毫米
子彈初速：258米／秒
彈匣容量：7發子彈

日本手槍

在第一次世界大戰期間，日軍使用的隨身武器有兩種類型：26型左輪手槍和性能更爲先進的南部14式。

9毫米26型左輪手槍於1893年投入生產，最初供騎兵使用。這種由日本人設計的手槍，深刻反映出當時日本人的心態，它融合了西方所有手槍的設計特點。整個外形極像比利時的納甘左輪手槍，手槍的彈膛回旋系統取自美國的史密斯和威森左輪手槍，閉鎖回旋開關則仿效了法國勒貝爾手槍的設計原理，擊發設置則參考了歐洲其他手槍的設計。

日本人決定增加一點自己的東西，並且要使這種手槍具備連動操作能力。爲了實現這樣的目的，他們給這種手槍配備了獨特的9毫米子彈。這樣，這種經過七拼八湊而設計出來的左輪手槍就有了兩大特性：適用性強和結構堅固。日軍在兩次世界大戰中都使用了這種手槍。

南部14式是由一位名叫南部麒次郎的日本人設計的，但日本帝國的軍隊從來沒有正式接受過這種手槍的名字。日軍在1900—1910年的最後幾年裏大量採購和使用這種武器，在此之前，向日軍提供的這種手槍也都被稱爲14式自動手槍。西方人則把這種手槍稱爲南部手槍，而且，日本人後來使用的手槍也都被西方人稱爲南部手槍。

火力較強的格利森蒂手槍

南部14式手槍可發射8毫米子彈，它使用的擊發裝置和意大利的格利森蒂手槍沒什麼兩樣，但經過改進，其結構更爲堅固。使用格利森蒂的擊發裝置使這種手槍的外形相當出眾。日本的100式衝鋒槍也使用了這種裝有微弱火力彈藥的子彈。使用這種子彈的結果是，衝鋒槍的射程較近。這種手槍有幾種不同的型號，其中火力最猛的是專門供參謀人員使用的南部手槍。這種手槍可發射一種特殊的7毫米子彈。

儘管南部14式的使用範圍極爲廣泛，但其表現並不出色。它存在的一個缺陷是：它的撞針彈簧彈力不夠，以至於有時會出現子彈無法射出的現象。它存在的另一個缺陷是：製造手槍的鋼材標準太低，射擊時常會出現零部件破裂的現象。儘管後來經過改進，生產出了外形與其類似的南部14式手槍（1937年生產），然而，日軍仍然保留了南部14式。在第二次世界大戰期間，許多南部14式手槍還在使用。

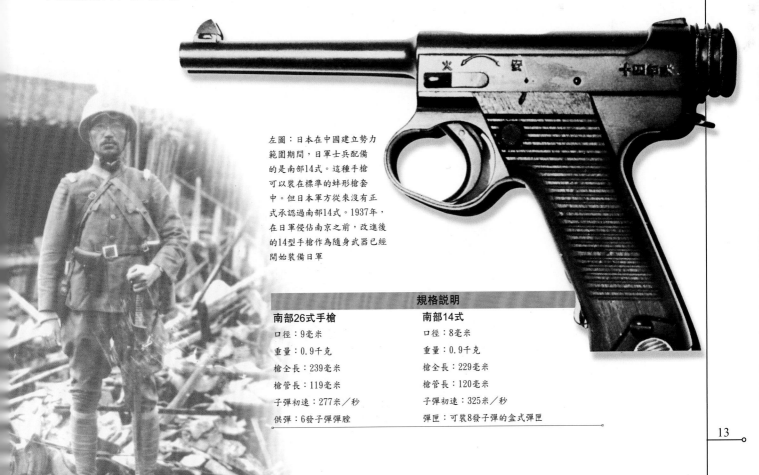

左圖：日本在中國建立勢力範圍期間，日軍士兵配備的是南部14式。這種手槍可以裝在標準的蛙形槍套中。但日本軍方從來沒有正式承認過南部14式。1937年，在日軍侵佔南京之前，改進後的14型手槍作爲隨身武器已經開始裝備日軍

規格説明	
南部26式手槍	**南部14式**
口徑：9毫米	口徑：8毫米
重量：0.9千克	重量：0.9千克
槍全長：239毫米	槍全長：229毫米
槍管長：119毫米	槍管長：120毫米
子彈初速：277米／秒	子彈初速：325米／秒
供彈：6發子彈彈膛	彈匣：可裝8發子彈的盒式彈匣

9毫米 08 型軍用手槍

9毫米08型手槍一直是手槍中的經典之一。自從喬治·盧格於19世紀90年代研制成功這種手槍之後，大家幾乎都熟知了它的名字——盧格手槍。盧格是奧地利的蒂羅爾州人，在到德國爲魯德威格·洛威公司工作之前，曾在奧匈軍隊中服過兵役。

在奧匈軍隊中，他遇到了曾在美國柯爾特和溫徹斯特公司工作並且已經發明出世界上第一支自動手槍的設計大師雨果·博查特。盧格在這種自動手槍的基礎上，增加了自己的設計理念，經過大膽改進，研製出了廣爲人知的盧格手槍。1898年，德國武器彈藥廠（DWM）首次生產出這種手槍。

盧格手槍進入軍隊

盧格的設計非常及時。19世紀末，世界各國的軍隊爲了取代已經使用了長達半個世紀的左輪手槍，都對研製自動供彈和自動裝填的手槍產生了興趣。左輪手槍體積大而且笨重；自動手槍雖然體積較小，但裝彈量大，而且射速更快。唯一的問題就是它們的可靠性，當時自動手槍的可靠性還比較差。

1900年，第一批盧格手槍被賣到瑞士。盧格手槍使用的是7.65毫米子彈。但是，到1904年的時候，這種手槍開始使用9毫米帕拉貝魯姆子彈，並且該型手槍還被德國海軍接受。1908年，德國陸軍對它進行了輕微改進，這就是後來的P08型手槍。P08型手槍生產了數十萬支。

早期的盧格手槍的槍管長短不一，最短的僅103毫米，而有的槍管卻長達152毫米、203毫米，甚至305毫米。由於長槍管型號的盧格手槍通常與木質的槍托（使用時靠在肩部）/手槍套合用，因此這種手槍被稱爲"炮型"手槍。這種手槍使用可裝32發子彈的"蝸牛"彈匣。

工作部件

所有P08型的盧格手槍都使用了上翹形的鉸鎖機械原理。在射擊時所有鉸鎖的鉸鏈有秩序地鎖住槍的後膛，在後膛打開之前後坐力迫使鉸鎖進行機械傳動，彈射栓張開後，子彈自動裝填。槍托處的回位彈簧重新運行，爲下一次射擊做好準備。鉸鎖裝置使P08手槍的外形與眾不同。槍托上的耙形架有利於瞄準和射擊。P08手槍立即成爲前線士兵的驕子和戰爭的寵兒，在戰場上一直供不應求。

此時的P08手槍有一個非常明顯的缺陷：由於它製作精良，其零部件必須手工雕刻，這就意味着它無法大批量投入生

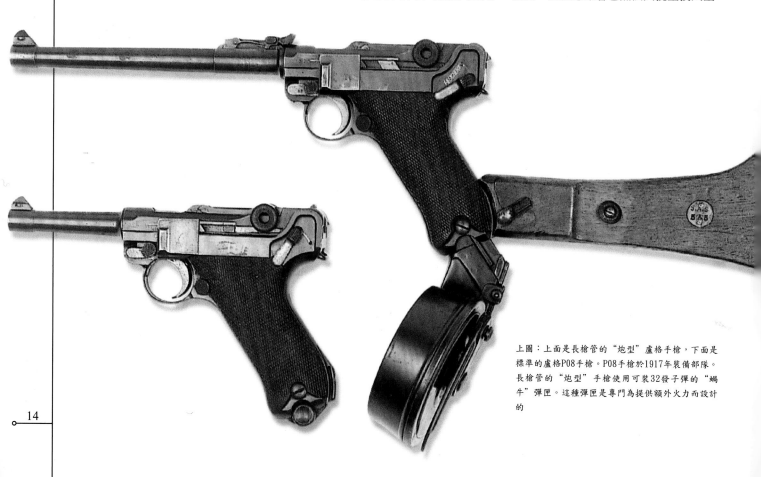

上圖：上面是長槍管的"炮型"盧格手槍，下面是標準的盧格P08手槍。P08手槍於1917年裝備部隊。長槍管的"炮型"手槍使用可裝32發子彈的"蝸牛"彈匣。這種彈匣是專門爲提供額外火力而設計的

產。到1917年底，戰前非常精美的拋光都被取消了，甚至連手槍最初安裝的槍把保險也都被拆了下來，到1918年以後也沒有恢復。

P08手槍還有一個缺陷，就是它的鉸鎖裝置難以承受戰壕的惡劣環境，它的部件很容易被泥濘和塵土阻塞，並且常在最危險的時刻發生這樣的事故，所以使用這種手槍須要格外細心。然而士兵們不管這些，他們喜愛P08手槍。1918年後，德國軍隊保留了這種手槍。1943年，這種手槍仍在生產。甚至時至今日，許多武器製造商發現這種武器在市場上仍然供不應求，他們生產的P08仿真手槍或複製品在市場上還能高價出售。

右圖：盧格"炮型"手槍的槍管長192毫米。它安裝了平底的槍托。按照設計，它既可當作手槍使用，又可當作近距離作戰的卡賓槍使用

規格說明

P08型手槍

口徑：9毫米帕貝拉魯姆子彈

重量：0.876千克

槍長：222毫米

槍管長：103毫米

子彈初速：320米／秒

有效射程：50米

裝彈量：8發

上圖：作為手持武器，盧格手槍的主要用途是作為輔助性武器使用，或者供在狹小空間內的工作人員作為個人防身武器使用。在狹小空間內作戰，使用步槍極不方便。例如，德國第一代裝甲車——笨重的A7V內載有18名乘員，世上恐怕再也找不到如此擁擠的工作空間了

9毫米 P08 帕拉貝魯姆手槍

P08手槍

雨果·博查特於19世紀末成功研製出了鉸鎖鏈裝置。帕拉貝魯姆手槍使用的鉸鎖鏈裝置經過了改進。該系統和J.M.勃朗寧研製的鉸鎖鏈系統相比，效果不太理想。10年後，美國的柯爾特11.43毫米手槍就是在勃朗寧鉸鎖鏈系統的基礎上研製成功的。柯爾特11.43毫米手槍和其他同時代的手槍相比，性能更加出眾，在兩次世界大戰中均有不凡的表現。

右圖：儘管最後一批德國P08手槍是在第二次世界大戰期間生產的，但人們對盧格手槍的喜愛卻從未間斷，或許部分原因是受到了好萊塢戰爭影片的刺激。這意味着時至今日，人們仍然喜愛這種手槍。美國米切爾武器公司在20世紀90年代使用不銹鋼材料重新生產了這種手槍

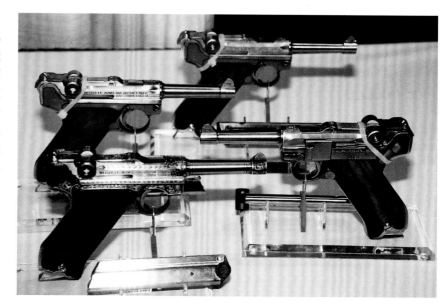

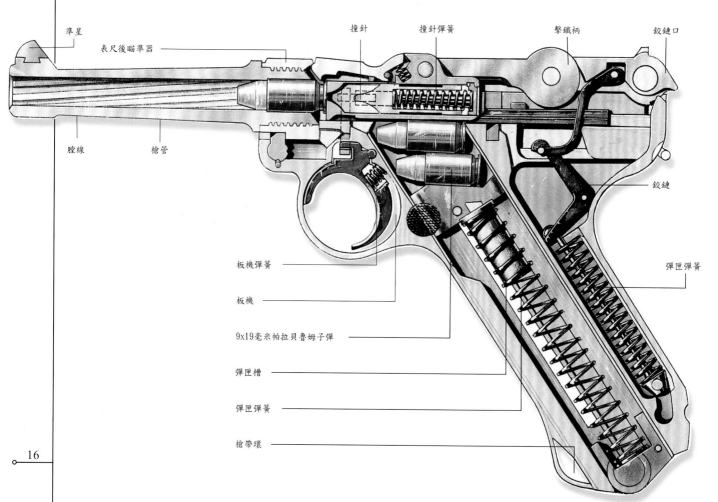

準星
表尺後瞄準器
撞針
撞針彈簧
擊鐵柄
鉸鏈口

膛線
槍管

板機彈簧
板機
9x19毫米帕拉貝魯姆子彈
彈匣槽
彈匣彈簧
槍帶環

鉸鏈
彈匣彈簧

毛瑟 C/96 7.63 毫米或 9 毫米手槍

最早的毛瑟C/96系列手槍是由菲德勒三兄弟發明的，他們完成了這種手槍的基本設計。直到1896年，毛瑟發明的手槍在奧伯多夫一內卡製造廠投入生產後，菲德勒三兄弟發明的手槍才被取代。從那以後，出現了各種類型的C/96手槍和其派生手槍，生產極爲混亂。即使是歷史學家，如果不細心分析，也弄不清楚。

第一代C/96手槍是真正的手槍。但不久就出現了與之相匹配的槍托，還出現了其他類似的附加裝置。槍管開始加長，以至於這種手槍與其稱之爲手槍，倒不如稱其爲卡賓槍更爲合適；並且有些型號的C/96的設計變得更爲複雜，配有槍托/槍套及其附屬品，槍托/槍套還可以裝清潔用具、備用彈匣及其他用品。這期間的毛瑟手槍，只需窺視一種型號的設置，就能了解其他型號的全貌。

複雜的武器

軍用毛瑟手槍最早生產於1912年，在第一次世界大戰期間，使用比較廣泛。它的槍管長140毫米。這種槍融手槍和卡賓槍屬一體，配有槍托和槍套。開始時，這些手槍是專門爲發射7.63毫米子彈而生產

的。但是，在第一次世界大戰期間，有的軍用型毛瑟手槍需要發射9毫米帕拉貝魯姆子彈，這些槍的槍托上都刻有一個大寫的紅色數字"9"。要使用這兩種子彈，軍用型毛瑟手槍的機械原理極爲複雜，其複雜程度幾乎難以描述。子彈裝入彈匣後，通過彈匣上面的彈夾進入到扳機前部。射擊時，彈膛被槍栓下面的一個閉鎖簧片鎖定。槍栓可以在槍膛前後移動。射擊後，扣環系統和槍栓移動可以延遲擊發裝置的運行，直到彈膛的壓力下降到比較安全的水平。隨後，槍栓向後運動，將空彈殼擠壓和彈射出去。然後，進行重新裝彈和重新射擊。槍管也可以向後移動，但是移動距離有限。在彈簧的作用下，所有裝置都回到原來的位置。於是，下一發子彈進入彈膛。毛瑟手槍的機械設置依賴於精密的加工和零部件的實際承受能力。

而正是這兩大因素才使毛瑟C/96手槍系列產品難以製造，並最終導致它在軍隊中消失。

理想的收藏品

C/96手槍確實是一種令人生畏的軍用武器。它能保留到今天，的確有它的獨特

之處。每一位手槍收藏者在其收藏品中都想擁有至少一支毛瑟C/96手槍。有這種想法的收藏者不用擔心沒有機會，這種手槍實在是太多了。不僅德國和西班牙生產過這種手槍，而且其他許多國家也都生產過這種手槍。這種手槍數量之多，令人吃驚。大多數"海外"生產的毛瑟手槍都是非正式生產的，所以無須從毛瑟公司獲得生產許可證。

上圖：海爾·塞拉西國王（圖中坐着的那位）率軍奇跡般地打回埃塞俄比亞後，他的衛隊攜帶着各種各樣的武器，其中右邊的衛兵左手上還拿着一把毛瑟C/96手槍

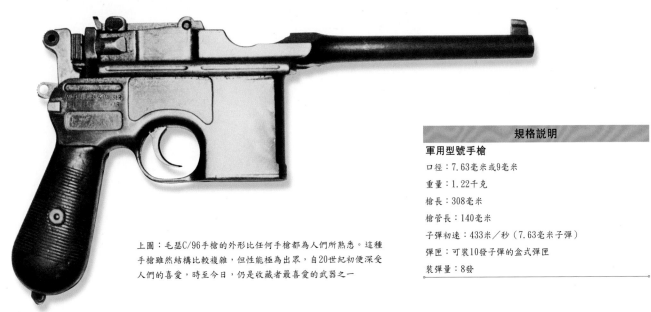

上圖：毛瑟C/96手槍的外形比任何手槍都爲人們所熟悉。這種手槍雖然結構比較複雜，但性能極爲出眾，自20世紀初便深受人們的喜愛，時至今日，仍是收藏者最喜愛的武器之一

規格説明
軍用型號手槍
口徑：7.63毫米或9毫米
重量：1.22千克
槍長：308毫米
槍管長：140毫米
子彈初速：433米／秒（7.63毫米子彈）
彈匣：可裝10發子彈的盒式彈匣
裝彈量：8發

其他德國手槍

1914年末，西線陷入了殘酷的塹壕戰，雙方軍隊對武器和其他戰爭物資的需求猛增。手槍也不例外。由於大多數軍用手槍完全靠手工製造，所以匆忙之間要滿足前線的需要非常困難。這樣造成的後果是，德國人不得不尋找其他一些武器來滿足士兵的需要，許多軍用倉庫都經過多次清查。

在這些搜羅到的武器中，德軍發現了大量的"德意志聯盟"1879型左輪手槍。事實上，儘管這些手槍比較陳舊，但許多部隊可以把它們當作備用武器使用。這種手槍發射10.6毫米子彈。這種子彈和其他子彈不同，威力不大。但是這種手槍有一個固體的槍架，所以槍比較結實。這種手槍使用入口式裝彈系統，該系統需要一個連杆才能把空彈殼彈射出去。德軍在1918年仍在使用這種老式的左輪手槍，而且在戰後許多年裏，德國軍隊還在使用這種手槍。

另外，德軍還有一種1883型手槍。這種手槍的槍管較短，只有126毫米。

商用手槍

另一種典型的戰時替代手槍是7.65毫米的拜爾霍拉—塞爾布斯拉手槍。這種手槍從整體設計上看，是真正的商用半自動手槍。由於這種手槍隨處可見，並且易於使用，所以許多必須佩帶防身武器的參謀人員裝備這種手槍。由於戰時武器生產常常是以分包合同的方式進行的，所以這種手槍的數量之多，實在難以說清。這種手槍設計極為簡單，幾乎沒有考慮維修，如果沒有訓練有素的槍械師使用備用的工具，這種手槍在戰場上根本無法拆卸。

上面所說的兩種手槍都屬典型的商用型手槍和古代火器的混合產物。德國陸軍（和其他軍種）為了將戰爭進行下去，不得不大量生產這兩種手槍。在戰爭期間，這些手槍都供不應求。因此要說德國軍隊還裝備了其他稀奇古怪的手槍，也就不足為奇了。這些稀奇古怪的手槍，如德雷賽手槍和蘭根漢手槍，都是在緊急情況下裝備部隊的。正是因為這些手槍進行了大批量生產，所以它們的名字才沒有被人遺忘。這些手槍由於根本就不是專門為前線作戰而設計的，因此它們的表現大多都難盡如人意。蘭根漢手槍屬FL-塞爾斯特拉德-陸軍專用手槍。在1914—1917年期間，聖巴茲爾的弗里德里希兵工廠至少生產了55000支這種手槍。這種手槍口徑為7.65毫米，是一種傳統的使用後坐力原理的武器。它的彈匣可裝8發子彈。第二次世界大戰開始的時候，許多德國軍官還在使用這種製造精良的蘭根漢手槍。

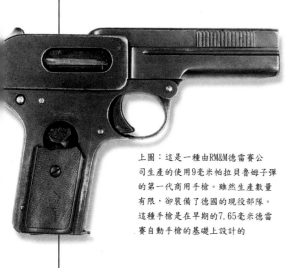

上圖：這是一種由RM&M德雷賽公司生產的使用9毫米帕拉貝魯姆子彈的第一代商用手槍。雖然生產數量有限，卻裝備了德國的現役部隊。這種手槍是在早期的7.65毫米德雷賽自動手槍的基礎上設計的

上圖：這是一支專門為商業市場設計的7.65毫米半自動手槍。在第一次世界大戰期間，德軍由於武器供應不足，大量生產了這種手槍，供當時的德軍作隨身武器使用

規格說明
1879型手槍
口徑：10.6毫米
重量：1.04千克
槍全長：310毫米
槍管長：183毫米
子彈初速：205米／秒
旋轉彈膛容量：6發子彈

納甘 1895 型 7.62 毫米手槍

納甘1895型左輪手槍最初是由一名比利時人設計的,並且早在1878年就投入生產。從那之後,比利時、阿根廷、巴西、丹麥、挪威、葡萄牙、羅馬尼亞、塞爾維亞和瑞典都購買過這種手槍。一般情況下,此種型號的各種口徑的手槍大都是比利時生產的(儘管西班牙進行了仿製),但生產這種左輪手槍數量最多的國家要數俄國,俄國生產的這種手槍數量之多,令其他所有國家相形見絀(開始時有生產許可證),以至於現在人們都以為這種手槍是俄國人發明的。

早期的俄國手槍

第一支俄國的納甘手槍是1895年在圖拉兵工廠生產的,而且該兵工廠一直到1940年還在生產這種手槍。俄製納甘手槍是納甘1895型手槍的一個變種,是專門為改進納甘1895型左輪手槍的整體效能而設計的。納甘1895型手槍在許多方面都與眾不同,不單是它獨特的7.62毫米凹入式子彈,還有子彈殼全部用黃銅包裹等。這種設計的目的是,射擊時,手槍的旋轉彈膛向前撞擊槍管後部,子彈在旋轉彈膛和槍管後部之間形成一個氣縫。設計人員的本意是盡可能地減少從旋轉彈膛和槍管之間的縫隙通過的推進氣體的損失,從而增大彈藥的威力。事實上,這種設計只不過增加了它的複雜程度,並不一定能滿足特殊子彈的需要。雖然俄國人想到了這一點,但最終還是保留了這種設計,直到停產時仍未改動。

兩種型號

俄國軍隊為了突顯官兵的差異,決定給士兵配備單發式左輪手槍,給軍官配發連發式左輪手槍。從外形的拋光上就可以看出兩者的顯著差異:單發式手槍的表面金屬裸露,而軍官的連發式手槍則鍍有光澤或塗有藍色塗料。兩者都結實耐用,性能可靠,只要俄軍使用這兩種手槍參加戰鬥,通常都能堅持到最後。這兩種手槍的槍架是固定的,旋轉彈膛也是固定的,可通過彈膛的右口裝填彈藥。有一個金屬桿可以把空彈殼彈出槍外。

納甘1895型左輪手槍的生產數量極為龐大。在第一次世界大戰和第二次世界大戰的整個過程中,俄軍都在使用這種手槍。甚至到20世紀80年代,人們或許在世界的某個偏僻角落裏還能遇到這種手槍。一些武器製造商發現這種槍和特殊的凹入式子彈仍然具有商業價值,當然,今天生產的這些手槍只能出售給那些對手槍癡迷的收藏家們。

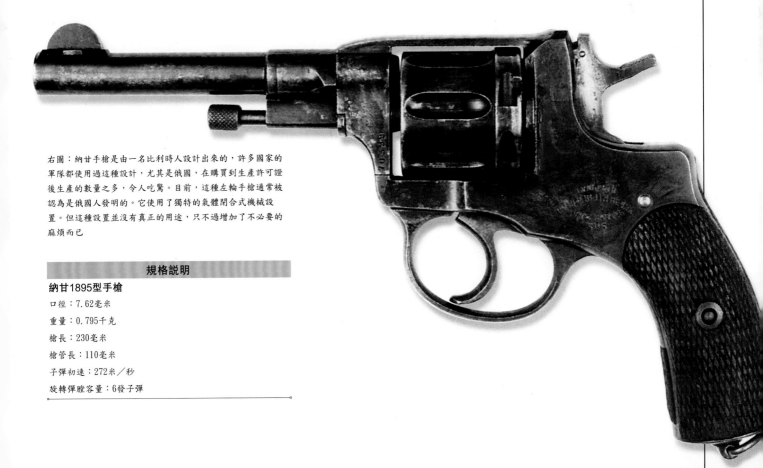

右圖:納甘手槍是由一名比利時人設計出來的,許多國家的軍隊都使用過這種設計,尤其是俄國,在購買到生產許可證後生產的數量之多,令人吃驚。目前,這種左輪手槍通常被認為是俄國人發明的。它使用了獨特的氣體閉合式機械設置。但這種設置並沒有真正的用途,只不過增加了不必要的麻煩而已

規格說明

納甘1895型手槍

口徑:7.62毫米

重量:0.795千克

槍長:230毫米

槍管長:110毫米

子彈初速:272米/秒

旋轉彈膛容量:6發子彈

英國韋伯利和斯科特 11.6 毫米自動手槍

自有手槍以來，從外形上看，韋伯利和斯科特自動裝填手槍可以稱得上是最笨拙的手槍。不過在使用時，事實證明這種手槍的性能卻相當可靠。1912年，第一批韋伯利和斯科特自動裝填手槍被政府部門採購，主要供警察使用。到1914年，英國皇家海軍和皇家海軍陸戰隊的登陸或海上攔截部隊已經開始裝備韋伯利MK I型自動裝填手槍；後來，成立不久的皇家飛行部隊和一些皇家炮兵連（馬匹馱拉）也大量裝備了這種手槍。

這種手槍使用的閉鎖系統非常有效。該系統有一系列可以滑動的帶有傾斜角度的凹凸溝槽。這種設計非常有利於連續發射11.6毫米（準確地說應該是11.2毫米）子彈。這種子彈威力很大，多年來一直是世界上手槍子彈中威力最猛烈的一種。這種子彈比較重，如果用其他11.6毫米左輪手槍發射，可能會對手槍和射手造成嚴重損害。有些手槍是為發射9.65毫米"超級自動"子彈和9毫米勃朗寧長型子彈而製造的，不過，英國軍隊中很少使用這些子彈。

肩部射擊專用槍托

這種手槍在設計中具有某些獨特的特點。它的一大特點是可以部分退出和鎖定盒式彈匣，這樣可以把單發子彈從彈射槽裝入彈膛，留下滿匣子彈供發生緊急情況時使用。它的另一大特點是，大多數韋伯利和斯科特自動裝填手槍都安裝了平底的木製槍托。在較遠距離射擊時，使用槍托會極大地提高射擊精度。

這些韋伯利和斯科特自動裝填手槍（英國人當時不喜歡"自動"的叫法，稱之為"自動裝填"）塊頭較大，即使在較近射程內使用時也要特別小心。這種槍製造精良，槍表面有一條與眾不同的直線，加上槍托，整個手槍的外形近似於正方形。這種槍托給射擊增加了難度，但經過訓練的射手的射擊時精度相當高。如果說有什麼缺陷的話，那就是這種槍太重了，幾乎可以當大棒使用，拆卸後，每支手槍的重量為1.13千克。不過，總的來說，士兵還是不怎麼喜愛這種武器。皇家炮兵部隊有了新槍後就不再使用它了，皇家飛行部隊也不再對它充滿激情。如此一來，所有英國軍隊再也沒有訂購韋伯利和斯科特自動裝填手槍，不過這種手槍仍被使用了許多年，直到第二次世界大戰結束。

規格說明	
韋伯特和斯科特自動裝填MK I手槍	
口徑：11.2毫米	
重量：1.13千克	
槍全長：216毫米	
槍管長：127毫米	
子彈初速：236米／秒	
彈匣容量：7發子彈	

左圖：海軍航空兵的先驅——薩姆森司令官和他的"紐波特10"飛機。在加利波利戰役中，他準備再次飛到土耳其防線的上空。韋伯利手槍最初供飛行員使用，當飛行員被迫降落時，可以當作防身武器使用

韋伯利 11.6 毫米左輪手槍

韋伯利和斯科特MKs I 和VI手槍

韋伯利左輪手槍發射的11.6毫米子彈的準確口徑是11.2毫米。從其設計中，人們可以看出英國在殖民戰爭中所獲得的作戰經驗。這種子彈是專門為近距離作戰而設計的，子彈較重，裝滿了大威力火藥，能夠成為阻止土着民族衝鋒的"大威力槍彈"，在作戰中效果顯着，較好地完成了任務。伯明翰的韋伯利和斯科特有限公司於1887年下半年生產出第一支發射這種子彈的11.6毫米手槍。

韋伯利和斯科特Mk I手槍是英國Mk系列手槍類似型號的鼻祖。Mk I手槍有一個自動彈射裝置。槍架向上有一個開口，當

開口打開時，自動彈射裝置就可以把空彈殼彈出槍外。它的槍托非常獨特，形如鳥頭，並且它的槍帶環更獨具匠心。Mk I槍槍管長102毫米，不過，Mk I手槍也使用長達152毫米的槍管。

其他型號的韋伯利和斯科特手槍

Mk I手槍誕生之後，經過改進，槍管的長度發生了變化，有的加長，有的則縮短，包括輕重類型在內的Mk I手槍紛紛登場亮相。雖然在第一次世界大戰正激烈的1915年，Mk I槍托的形狀發生了變化，而且瞄準具也進行了一些改動，但Mk I手槍的機械原理和設計風格沒有什麼大的變化。MK VI型手槍或許可以被視為第一次世界大戰中韋伯利11.6毫米左輪手槍的代表，但是，早期的其他韋伯利手槍仍在第一次世界大戰中發揮了作用。

Mk VI手槍製造精良，結實耐用。這

種手槍有大有小，其中小的非常便於攜帶和射擊。這種手槍使用的子彈威力較大，產生的後坐力也比較大。射程僅在數米之內時，作用極為明顯，是塹壕戰中最理想的武器，在塹壕突襲和近距離作戰中深受英軍喜愛。在塹壕戰之類的作戰條件下，韋伯利手槍有一個最大的優勢，非常適宜在滿是泥濘和塵土的條件下戰鬥。如果發生卡殼或子彈射盡後，也可以當作有用的大棒使用。這一大貢獻要歸功於"普里查德—格林納爾"左輪手槍刺刀/塹壕刀的發明和使用，這種錐杆式刺刀安裝在手槍槍口上面，有個金屬把緊靠手槍的槍架。這種令人生畏的槍刀合用型武器顯然使用的機會很少，威力如何從來沒有得到正式驗證。

這種手槍有一個非常有用的設置——彈匣，可裝6發子彈，隨時可以裝進張開的旋轉彈膛內。

上圖：韋伯利手槍可以發射幾種威力較大的子彈，其中包括名聲不太好聽的彈頭凹陷的"大威力槍彈"。這種手槍後坐力較大，只有經過反復練習才能在射擊時控制住手槍的震動。第一次世界大戰後，英國對其進行了改進，口徑為9.65毫米。自1918年以來，各國趨向於使用小口徑子彈，大口徑子彈日趨冷落。儘管目前在民用市場上，大口徑的馬格南子彈又開始紅火起來

規格説明

韋伯特和斯科特MK VI手槍

口徑：11.2毫米

重量：1.09千克

槍全長：286毫米

槍管長：152毫米

子彈初速：189米／秒

旋轉彈膛容量：6發子彈

上圖：自有手槍以來，韋伯利左輪手槍是最結實耐用和精確的手槍。這種手槍的口徑準確地說應該是11.2毫米，但有意思的是，人們以為它的口徑是11.6毫米。上面是1887年生產的Mk I手槍，下面是1913年生產的Mk VI手槍

韋伯利─福斯貝里 11.6 毫米自動手槍

韋伯利─福斯貝里左輪手槍是由曾獲得維多利亞十字勳章的G.V.福斯貝里上校設計的。因為它是一種自動左輪手槍，所以有自己的類型。這種手槍早在1896年就獲得了專利保護，不久韋伯利和斯科特公司將其投入生產，生產出的手槍可發射標準的11.6毫米子彈。實際上，這種子彈的口徑是11.2毫米。

該槍的機械裝置極為獨特。射擊時，在後坐力的作用下，槍管、旋轉彈膛和槍架頂部沿着槍托上面的滑座向後運動。槍托內部的擊錘和回位彈簧開始運行，整個組件又被反彈回原來的位置。滑座內的螺栓穿過凹凸槽溝進入旋轉彈膛，旋轉彈膛轉動，下一發子彈進入發射位置。這種系統非常吸引那些只想連續扣動扳機進行快速射擊的人們。事實上，事情並非那麼簡單。這種設計的最明顯的缺陷就是機械裝置的處理動作太多，整個槍架頂部前後移動，增加了因強大的後坐力而引起的運動強度，這樣就給射手帶來很大困難。它的另一個缺陷是射手必須握牢槍托，否則整個系統就會出現問題。射手握力對於整個系統來說，其作用就和錨固定船時一樣。

大量的韋伯利─福斯貝里手槍都出售給了那些必須佩帶防身武器的英國軍官。其中很大一部分出售給了英國皇家空軍的飛行人員，他們認為和敵機交火時，在狹小敞開的駕駛艙裏使用這種自動手槍會占有很大優勢；然而，他們很快就發現使用這種手槍射擊時所帶來的劇烈震動反而增加了困難。畢竟在飛行中使用這種手槍射擊要比在地面射擊困難多了。

缺陷

正因為如此，韋伯利─福斯貝里手槍從來沒有被官方正式接受過。在塹壕戰中，它的缺陷一下就暴露無遺。它的機械裝置要依賴於凹凸槽溝的平滑移動，一旦槽溝內進入泥土或髒物就會造成阻塞；而多數槽溝都裸露在外，因此時刻需要保持清潔。這種武器在塹壕中使用，槽溝很容易被髒物塞滿，所以許多軍官不再使用這種手槍，轉而使用其他較少出現阻塞的手槍。

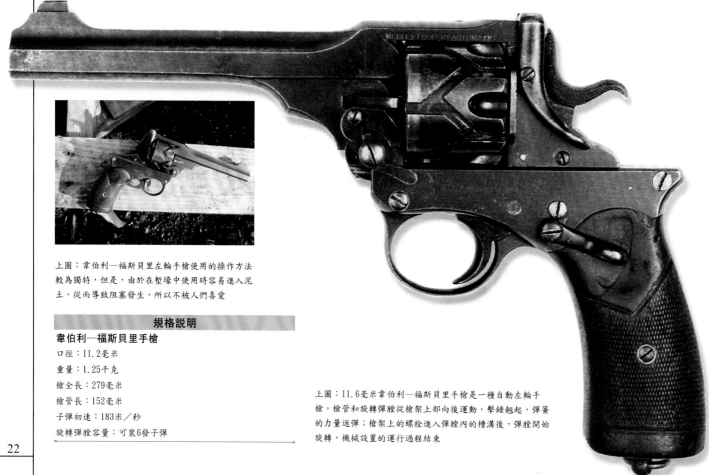

上圖：韋伯利─斯貝里左輪手槍使用的操作方法較為獨特，但是，由於在塹壕中使用時容易進入泥土，從而導致阻塞發生，所以不被人們喜愛

規格說明
韋伯利─福斯貝里手槍
口徑：11.2毫米
重量：1.25千克
槍全長：279毫米
槍管長：152毫米
子彈初速：183米／秒
旋轉彈膛容量：可裝6發子彈

上圖：11.6毫米韋伯利─斯貝里手槍是一種自動左輪手槍。槍管和旋轉彈膛從槍架上部向後運動，擊錘翹起，彈簧的力量返彈；槍架上的螺栓進入彈膛內的槽溝後，彈膛開始旋轉，機械設置的運行過程結束

薩維奇 1907 型和 1915 型手槍

薩維奇1907型手槍是美國馬薩諸塞州凱科皮福斯市的薩維奇武器公司生產的，主要出售給商業部門，唯一的軍事客戶是葡萄牙軍隊。因此，人們誤以爲這種手槍是葡萄牙人生產的，儘管其原產地是美國。

設計1907型手槍的最初目的是參加美國陸軍舉行的武器試驗。雖然1907型手槍在試驗中表現不俗，但試驗結果是美國陸軍採用了柯爾特M1911半自動手槍。由於柯爾特勝出，薩維奇公司便打算把這種手槍售往海外。不過這種願望直到1914年才如願以償。當時葡萄牙人發現他們與德國供應商之間的供應關係將被切斷，德國一直向葡萄牙提供08型手槍，於是葡萄牙決定訂購原產於美國的薩維奇手槍。當時

參賽的薩維奇手槍的最早型號是1908，經過輕微改進後，這種手槍被定名爲1915手槍。這兩種手槍都可以使用11.43毫米和7.65毫米子彈。

延遲式後坐力

1907型手槍使用的機械系統被稱爲延遲式後坐力系統。這種操作系統在手槍中極少使用。使用這種操作系統的1907型手槍，射擊後，在滑座移動到槍後部之前，槍管通過凸起的槽溝開始轉動，但這種槍的操作系統比簡單後坐力系統有效得多。它在使用7.65毫米子彈時，效果尤其顯着；但是，如果使用威力更大的子彈時，效果就大打折扣了。

葡萄牙人發現薩維奇手槍的效果不

錯，但不幸的是，他們也發現了這種手槍存在的一個安全問題。撞針可能會接觸到擊發凸柱（設計中有一個密閉擊錘），這樣撞針就會頂住已經進入彈膛的子彈底座。此時稍有震動，都可能導致走火。射手們認爲這是薩維奇手槍的最大缺陷。這一問題促使葡萄牙人對這種手槍進行了改進，以確保這種手槍只在需要射擊的時候，才能進入待發狀態；反之，手槍必須退出子彈。顯然，這種設計對於作戰用手槍來說不是件好事。不久，葡萄牙人就轉而採購各種類型的9毫米帕拉貝魯姆手槍；另外他們還使用英國的11.6毫米韋伯利左輪手槍。

右圖：這種薩維奇自動手槍在沃明斯特步兵學校的武器展覽室中可以看到，其設計來自於1904年E.H.瑟爾勒的發明專利，1907年參加了美國陸軍舉行的武器試驗大賽，柯爾特手槍在大賽中勝出

規格説明

薩薩維奇1908手槍

口徑：7.65毫米

重量：0.568千克

槍長：165毫米

槍管長：95毫米

子彈初速：290米／秒

供彈：可裝10發子彈的盒式彈匣

11.43 毫米 M1917 左輪手槍

到1916年，由於英國對所有戰爭物資和各種類型武器的需求都超出了英國及其殖民地的工業生產能力，所以英國就向美國訂購了包括左輪手槍在內的各種武器，並且為了節省時間，英國決定直接採用美國的設計。美國設計的手槍可以發射英國的11.6毫米（實際是11.2毫米）手槍子彈。史密斯和威森公司、柯爾特武器公司生產了數以萬計的此類手槍，並按時交付到英國和英國殖民地武裝部隊的手中。

1917年，美國參加了第一次世界大戰。美國人發現自己比英國還缺少武器，無法裝備赴歐洲作戰的遠征軍。隨後，美國迅速對其生產重心進行了調整，並且馬上按照美國11.43毫米子彈的標準對供應英軍的11.6毫米手槍進行了改進。這樣就帶來了一些問題，問題不是出在設計上，設計沒有變化（並且每種型號的設計都完全一樣），問題出在裝彈上。英國子彈的彈殼底部有一個獨特的邊緣，而美國的子彈是供自動手槍使用的，沒有邊緣。有緣式子彈塞進旋轉彈膛時容易出現滑脫，美國的子彈則避免了這個問題，美國的子彈裝在用壓鋼製成的半月形彈夾內，每個彈夾裝3發子彈，彈夾可以快速地把子彈裝入彈膛，並進入射擊位置，而且這種彈夾不用時還可以快速卸出。

細微差異

這兩種手槍生產時都被稱為11.43毫米M1917左輪手槍。只有加上製造者的名字才能區分出它們的不同型號：一種是史密斯和威森公司的"手工彈射"11.43毫米M1917型左輪手槍，另一種是柯爾特公司的11.43毫米M1917型左輪手槍。

對於射手來說，這兩種左輪手槍似乎沒什麼區別。事實上，兩者之間還是存在着細微差異的。柯爾特手槍依據的型號可以追溯到1897年，而史密斯和威森手槍則是在該公司當時型號的基礎上經過改進而設計的一種新型號。兩者都使用了旋轉彈膛，後部的表面都有一個凹槽。這個凹槽可以裝兩個有3發子彈的半月形彈夾。另一個顯着的特點是它們又大又重，非常堅固。在發射為半自動手槍而設計的大威力子彈時，不僅火力強大，而且安全可靠。

這兩種手槍進入美國陸軍後，事實證明它們結實耐用、性能可靠。使用的3發子彈彈夾系統設計得非常成功，從來沒有出現過什麼問題。即使其他國家的部隊使用亦是如此，如巴西1938年大批量訂購了史密斯和威森公司生產的M1917型手槍。

在第二次世界大戰期間，前線部隊仍然裝備了這兩種手槍，儘管使用這兩種手槍的多為英國軍隊。美國憲兵也使用這兩種手槍，尤其是柯爾特型手槍。

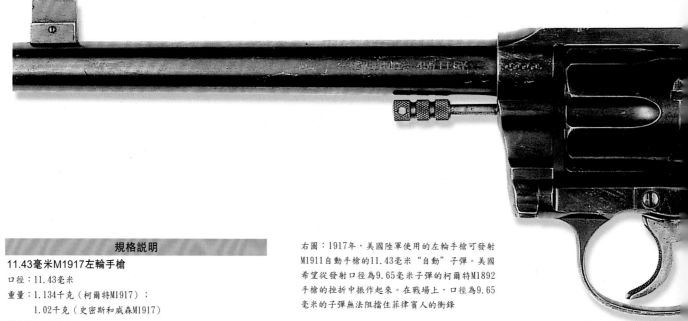

規格説明

11.43毫米M1917左輪手槍

口徑：11.43毫米

重量：1.134千克（柯爾特M1917）；
　　　1.02千克（史密斯和威森M1917）

槍全長：274毫米

槍管長：140毫米

子彈初速：253米／秒

供彈：可裝兩個半月形彈夾的旋轉彈膛（共6發子彈）。

右圖：1917年，美國陸軍使用的左輪手槍可發射M1911自動手槍的11.43毫米"自動"子彈。美國希望從發射口徑為9.65毫米子彈的柯爾特M1892手槍的挫折中振作起來。在戰場上，口徑為9.65毫米的子彈無法阻擋住菲律賓人的衝鋒

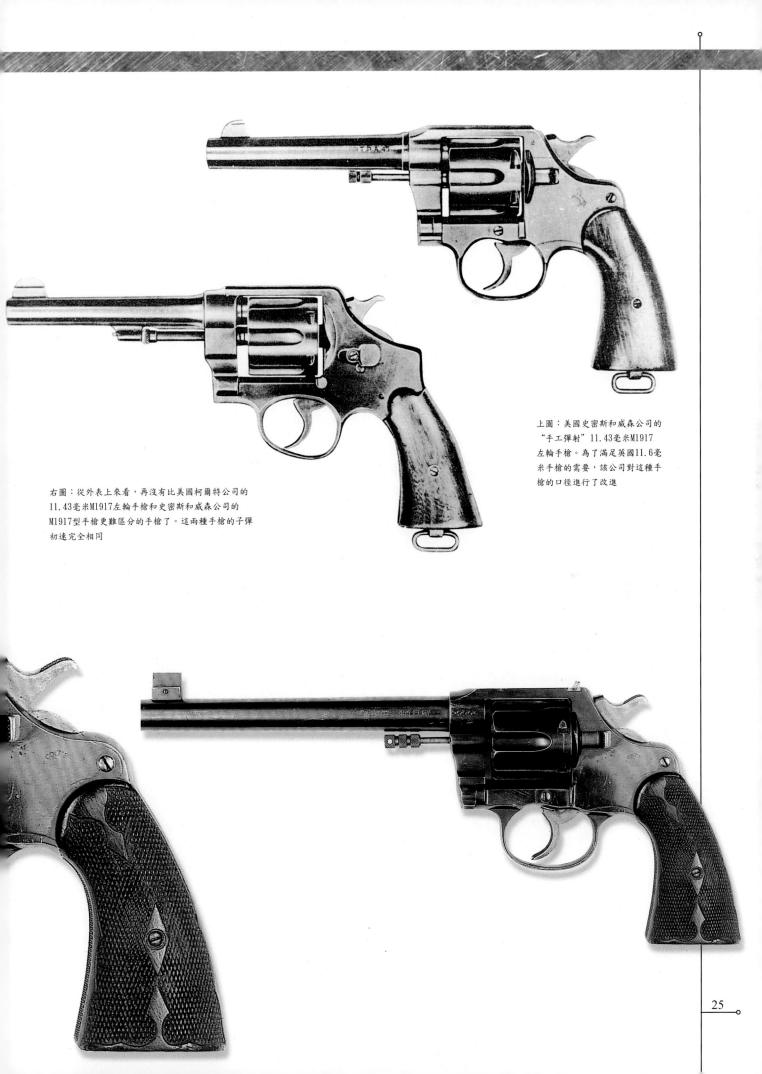

上圖：美國史密斯和威森公司的
"手工彈射"11.43毫米M1917
左輪手槍。為了滿足英國11.6毫
米手槍的需要，該公司對這種手
槍的口徑進行了改進

右圖：從外表上來看，再沒有比美國柯爾特公司的
11.43毫米M1917左輪手槍和史密斯和威森公司的
M1917型手槍更難區分的手槍了。這兩種手槍的子彈
初速完全相同

柯爾特 M1911 手槍

人們所熟知的柯爾特M1911半自動手槍自投入生產以來，確實是最著名的個人防身武器之一。美國陸軍正式採用這種手槍的時間是1911年。這種手槍的設計源自柯爾特公司的勃朗寧1900型手槍。勃朗寧1900型手槍屬半自動、後坐力操作系統類型的武器，它奠定了大口徑手槍的設計基礎。美國的"大威力槍彈"就是以它為基礎設計的。柯爾特M1911手槍使用的是新式的9.65毫米柯爾特自動子彈。美國陸軍要求增加它的口徑，把這種手槍設計為真正的"攔阻武器"。因為在菲律賓，美軍在和遊擊隊/叛軍近戰時常常陷於不利處境，美國急需大口徑手槍。美軍在菲律賓的戰鬥表明：9.65毫米子彈的威力不夠大，根本無法阻止或擊退使用刀和短劍的遊擊隊的衝鋒。

新式的ACP（柯爾特自動手槍）子彈口徑為11.43毫米，在1907年的武器試驗大賽中一舉奪魁。1911年，作為標準化武器被命名為11.43毫米M1911自動手槍。在第一次世界大戰爆發之前，生產比較緩慢。到1917年4月美國加入第一次世界大戰的時候，美國陸軍共接收了55553支M1911型手槍。隨後進入生產時期，到1918年11月的時候，柯爾特公司和雷明頓公司已經生產了450000支M1911型手槍。

產品改進

第一次世界大戰西線戰場的分析專家認為M1911手槍可以進行改進。1926年，經過改進的M1911手槍被命名為M1911A1手槍，成為美國陸軍的標準手槍。

M1911A1手槍在外形上變化不大，但內部結構有所變動：主彈簧槽由平底改成了有凸邊的拱形底；扳機縮短，成鋸齒形；槍柄的柄腳加長，前準星加寬，扳機後面的套筒座上安裝了手控清理剪；膛線結構進行了修改；槍把保險結構和擊錘設置的形狀也都做了改動。這種手槍的基本操作方法沒有改變。

它的最大特點就是機械裝置比任何時候都要堅固。然而，不可否認的是，射手只有經過反復訓練，才能有效地使用這種手槍。

在第二次世界大戰之前和期間，柯爾特武器公司、雷明頓和蘭德公司、斯威克和西格納爾聯合公司以及伊泰卡公司生產的M1911A1手槍大約有195萬支，並且其他國家也生產了這種手槍，儘管標準有所降低。在第二次世界大戰中，德國使用了一定數量繳獲的M1911A1手槍。不過，德國把這種手槍命名為660（a）手槍；還有挪威製造的M1911A1手槍，這種手槍被德國命名為657（n）手槍。

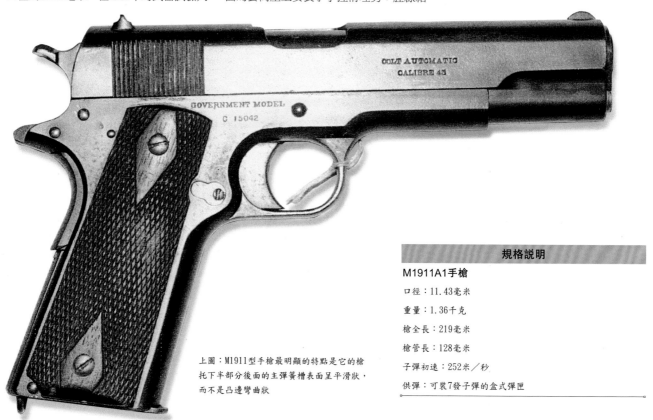

上圖：M1911型手槍最明顯的特點是它的槍托下半部分後面的主彈簧槽表面呈平滑狀，而不是凸邊彎曲狀

規格説明	
M1911A1手槍	
口徑：11.43毫米	
重量：1.36千克	
槍全長：219毫米	
槍管長：128毫米	
子彈初速：252米／秒	
供彈：可裝7發子彈的盒式彈匣	

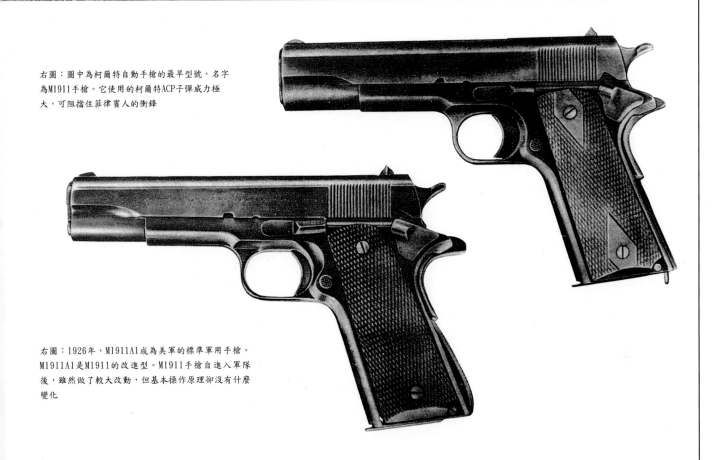

右圖：圖中為柯爾特自動手槍的最早型號，名字為M1911手槍。它使用的柯爾特ACP子彈威力極大，可阻擋住菲律賓人的衝鋒

右圖：1926年，M1911A1成為美軍的標準軍用手槍。M1911A1是M1911的改進型。M1911手槍自進入軍隊後，雖然做了較大改動，但基本操作原理卻沒有什麼變化

恩菲爾德 No.2Mk 1 和韋伯利 Mk 4 型手槍

在第一次世界大戰期間，英軍標準的軍用手槍是不同型號的11.6毫米韋伯利左輪手槍。這種手槍在第一次世界大戰中的典型近戰——塹壕戰中效果顯着。這種手槍又大又重，如果不接受大量訓練，很難有效操作。當時這兩種槍都供應不足。

1919年後，英國陸軍決定製造一種比韋伯利手槍小一些的手槍。英國希望這種較小口徑的手槍能夠發射較重的口徑為9.65毫米的子彈。這樣一來，這種手槍和較大口徑的手槍的作戰效果相差無幾，而且更易於操作，無須花費太多的訓練時間。結果，韋伯利和斯科特公司被英國武器部隊選中，成為這種新式手槍的正式生產商。該公司對它的11.6毫米左輪手槍進

行了改進，體積縮小後，就把樣品送給了英國軍方。

連發式恩菲爾德手槍

令韋伯利和斯科特公司氣憤的是，英國軍方只接受了該公司的設計，做了較小改動後，就作為"正式"的政府設計，在米德爾塞克斯郡恩菲爾德·勒克皇家輕武器工廠投入生產。但採購還需要一些時間。韋伯利和斯科特公司1923年提供了設計方案，恩菲爾德·勒克於1926年接管了這種手槍的設計方案。韋伯利和斯科特公司雖然對此事頗有抱怨，不過，最終還是把它的9.65毫米左輪手槍投入市場。這種手槍在世界上被稱為韋伯利Mk 4型手槍，

銷量有限。

恩菲爾德手槍被稱為No.2 Mk 1型手槍。在軍中，事實證明該槍設計合理，效果不錯。然而，在此期間，機械化理論的發展極快，這意味着多數No.2Mk I型手槍都要配給坦克乘員和其他機械化部隊。不幸的是，他們很快發現這種手槍的擊錘凸栓太長，容易碰撞到坦克和其他裝甲車輛內部的零部件。這樣，恩菲爾德手槍不得不進行重新設計，擊錘凸栓被全部取消。並且，為了便於射擊，扳機設置也變輕了，僅作為連發式手槍使用。這樣一來，這種手槍就變成了No.2 Mk 1*型。並且，當時的Mk 1型手槍按照這種標準都進行了改進。連發式手槍只有在最小的射程內射

擊時才比較精確，射程稍遠，射擊的精度就不易控制，不過那已無關緊要了。在第二次世界大戰中的表現

韋伯利和斯科特手槍在第二次世界大戰期間再次登上戰爭舞臺。當時恩菲爾德手槍的交貨過程太慢，根本無法滿足前線的需求。於是，英國就訂購了韋伯利Mk 4型手槍來彌補前線的不足。同時，韋伯利和斯科特公司繼續向英國軍隊供應恩菲爾德手槍。這兩種手槍在外形上完全一樣，但存在的多處細微差異導致它們的零部件無法互換使用。

左圖：在一次行動中，一名空降兵正站在房頂擔任警戒任務。他使用的手槍是恩菲爾德No. 2Mk1*型。為了防止與衣服或在車輛或飛機的狹小空間內和其他物品碰撞，它的擊錘凸栓被取消了。擔任滑翔機飛行員的空降兵配備了這種手槍

戰時表現

這兩種手槍在1939—1945年期間的使用量極大，雖然連發式恩菲爾德左輪手槍（也就是No.2 Mk 1手槍，為了適應戰時的生產需要，作為權宜之計，它的擊錘凸栓被取消了）是正式的標準手槍，但韋伯利MK 4手槍在英國及英聯邦軍隊中的使用範圍更為廣泛。這兩種手槍直到20世紀60年代還在使用，並且，作為軍用手槍，甚至在20世紀80年代仍能看到它們的身影。

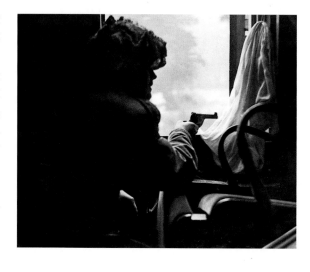

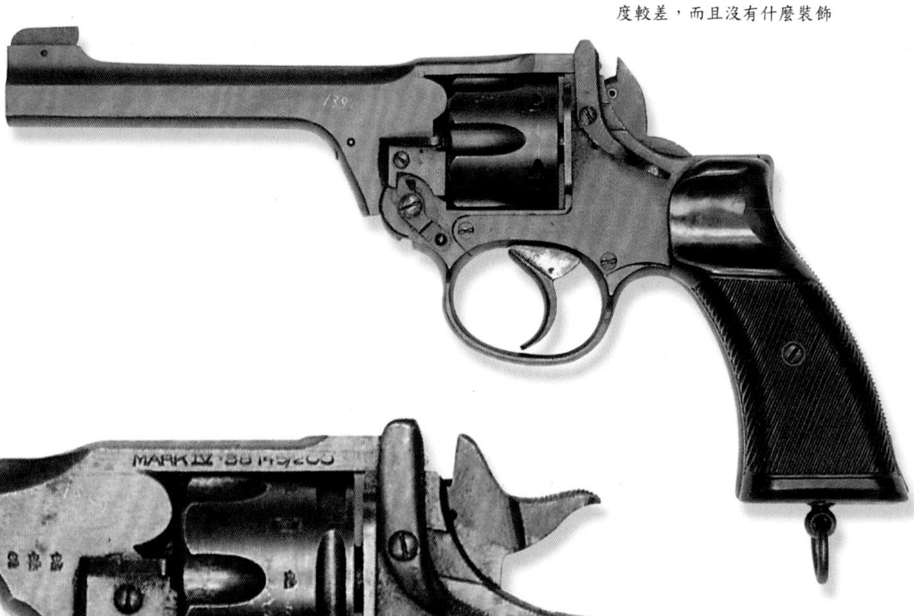

下圖：恩菲爾德No. 2 Mk 1左輪手槍在整個英國和英聯邦武裝部隊中的使用範圍最為廣泛，可發射9.65毫米子彈，是一種有效的作戰手槍。在使用期間，能經受住連續的撞擊。但是，它的精度較差，而且沒有什麼裝飾

上圖：韋伯利Mk 4型左輪手槍可以看作是恩菲爾德No. 2Mk 1型手槍的基礎。由於No. 2 Mk 1型手槍得到了英國政府的支持，所以Mk 4型手槍常會被人們忽略。當時對手槍的需求極大，以至於韋伯利和斯科特公司為英國部隊生產了大量的Mk 4型手槍。在使用Mk 4手槍的同時，英國軍隊也使用恩菲爾德手槍

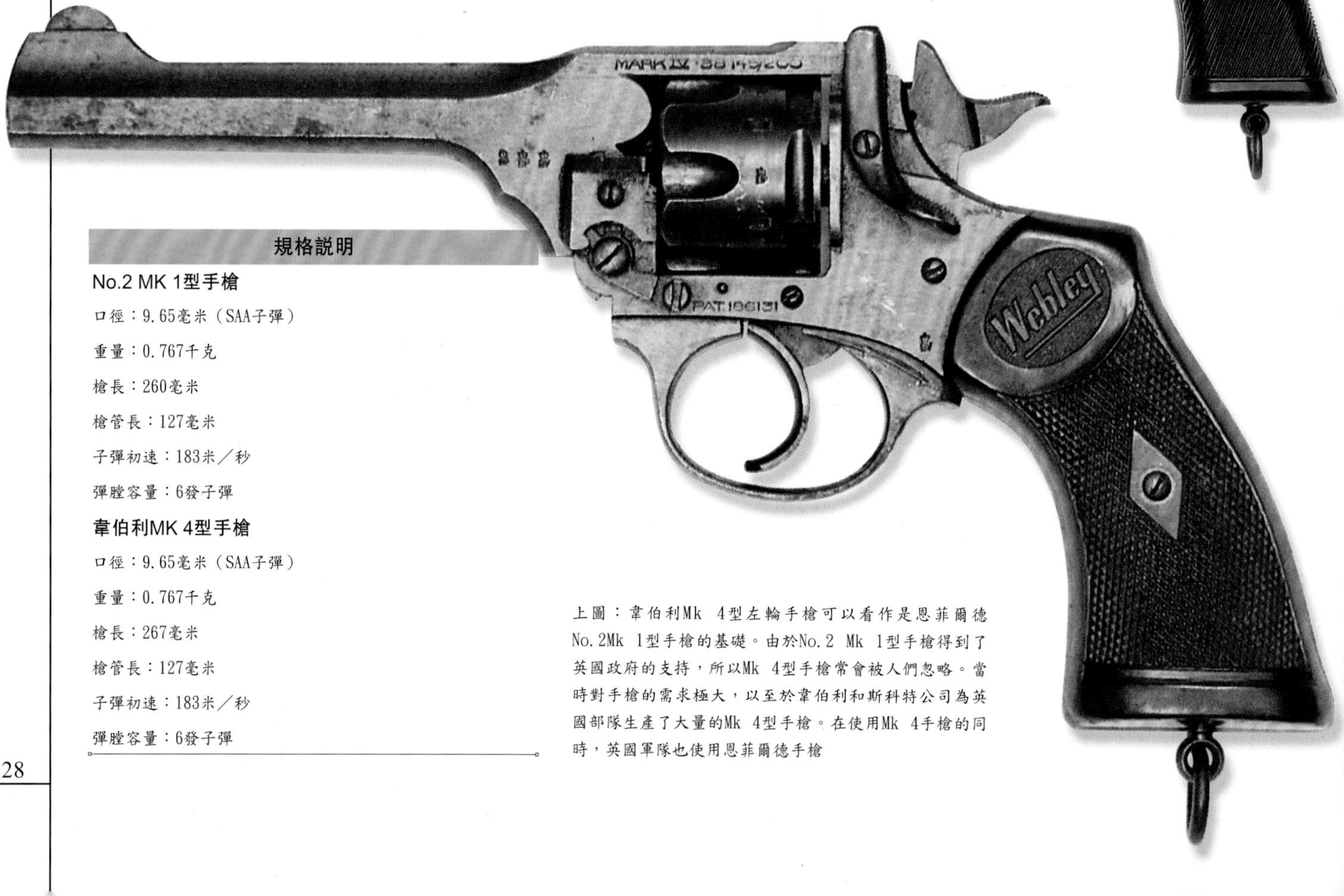

規格說明

No.2 MK 1型手槍

口徑：9.65毫米（SAA子彈）

重量：0.767千克

槍長：260毫米

槍管長：127毫米

子彈初速：183米／秒

彈膛容量：6發子彈

韋伯利MK 4型手槍

口徑：9.65毫米（SAA子彈）

重量：0.767千克

槍長：267毫米

槍管長：127毫米

子彈初速：183米／秒

彈膛容量：6發子彈

托卡列夫 TT-33 手槍

20世紀初，俄國部隊的標準手槍是納甘1895G型手槍。十月革命後，這種手槍成了紅軍的標準手槍。它是一種非常傳統的7.63毫米左輪手槍，旋轉彈膛可裝7發子彈。它是由比利時人設計的。儘管這種槍最初是在比利時的列日製造的，但是俄羅斯人採用之後，改由圖拉兵工廠製造，供俄羅斯部隊使用。

標準型號

蘇聯部隊使用的第一支自動手槍是費耶多羅·V.托卡列夫設計，圖拉兵工廠製造的。由於這種手槍的設計型號的前綴為TT，於1930年成為蘇聯紅軍的標準手槍，所以被稱為TT-30手槍。不過在改進為TT-33手槍之前所生產的數量並不多。1933年，TT-33型手槍投入生產。繼納甘手槍之後，TT-33手槍成為蘇聯軍隊的標準手槍。但是，TT-33手槍並沒有完全取代性能可靠的納甘手槍，直到1945年"偉大的衛國戰爭"（蘇聯人把參加第二次世界大戰的行為稱之為"偉大的衛國戰爭"）結束之後。納甘手槍沒有被完全取代的原因是，從蘇聯內戰開始，這種手槍就進行了大批量生產。蘇聯內戰中的幾條戰線上都使用了這種性能可靠、結實耐用的手槍。

蘇聯的仿製品

像以前的TT-30手槍一樣，TT-33半自動手槍基本上是蘇聯版的柯爾特和勃朗寧手槍。它使用的是後坐力操作系統，並且使用了美國M1911手槍的簧鏈操作系統。

M1911手槍是美國作為"大威力槍彈"設計並裝備部隊的。不過，TT-33手槍卻有其獨到之處，它的擊錘和擊錘彈簧以及其他附屬部件作為一個完整的模塊安裝在槍托後部的邊緣部分，而且可以移動。講究實用的蘇聯設計人員做了幾種細微的改動（包括槍管周圍，而非槍管上方的閉鎖凹凸槽溝），這樣在野戰條件下，更易於製造和維修。並且，如果彈匣裝進時有輕微扭曲，彈匣就會受到損壞，隨後會引起送彈錯誤。為了避免發生這種問題，設計人員把易於受損的彈匣凸邊部分設計在套筒座的內部。經過這樣一番改進，這種手槍不僅實用，而且結實耐用。像蘇聯其他的著名武器一樣，事實反覆證明，其結實耐用的程度實在令人吃驚，而且性能完全不

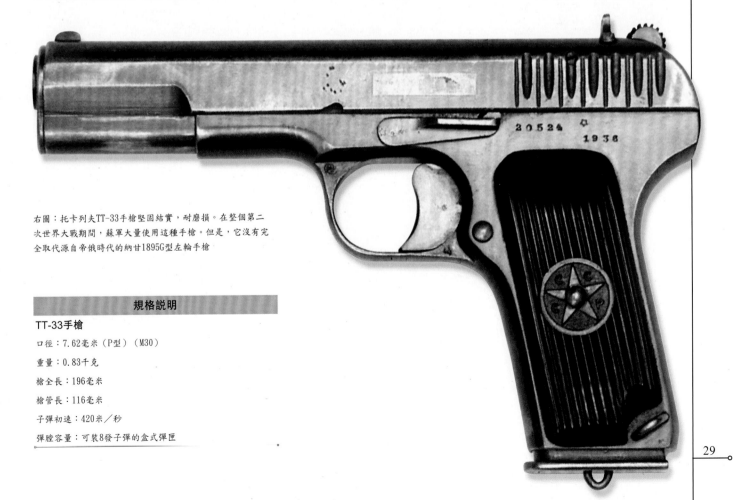

右圖：托卡列夫TT-33手槍堅固結實，耐磨損。在整個第二次世界大戰期間，蘇軍大量使用這種手槍。但是，它沒有完全取代源自帝俄時代的納甘1895G型左輪手槍

規格說明

TT-33手槍

口徑：7.62毫米（P型）（M30）

重量：0.83千克

槍全長：196毫米

槍管長：116毫米

子彈初速：420米／秒

彈膛容量：可裝8發子彈的盒式彈匣

受影響。

繳獲的武器

在第二次世界大戰中，德軍大量使用繳獲的武器，其中有德國在戰爭初期繳獲的多種輕型武器。戰爭初期，德軍成功突襲蘇聯，佔領了東至莫斯科的大片領土。德國陸軍部隊和空軍的機場守衛部隊裝備了大量的TT-30和TT-33手槍。德國人把這兩種手槍命名為615（r）型手槍。德軍之所以使用這兩種手槍是基於如下事實：德軍使用的蘇聯7.62毫米1930P型子彈和德國使用的7.63毫米毛瑟子彈一模一樣，所以這兩種手槍都可以使用德國的毛瑟子彈。

到1945年年底，TT-33手槍在軍隊中完全取代了納甘手槍。並且，隨着蘇聯影響力的擴大，這種手槍的生產和使用也傳到了東歐和世界上的其他地區，所以類似於TT-33手槍的型號隨處都可以看到。

波蘭也生產了TT-33手槍，除了供自己使用外，還出口到民主德國和捷克斯洛伐尼亞。南斯拉夫把它製造的TT-33手槍稱為M65式手槍，除了供自己使用外，還出口到其他國家。朝鮮則把它自己生產的TT-33手槍稱為M68式手槍。生產TT-33手槍最多的國家是匈牙利。它對TT-33手槍的設計進行了幾處修改，口徑也做了變動。改動後的TT-33手槍被命名為48式手槍，可發射9毫米帕拉貝魯姆子彈。出口到埃及的48式手槍則被稱為埃及的"提卡"手槍，主要供埃及的地方警察使用。

進入馬卡洛夫時代

1952年，蘇聯一線部隊的TT-33手槍被馬卡洛夫PM半自動手槍取代。馬卡洛夫PM手槍使用的是後坐力操作系統。這

種手槍重0.73千克，使用的是可裝8發子彈的盒式彈匣，彈匣裝在槍托內。這種手槍使用9毫米馬卡洛夫子彈，從未被鎖定的彈膛處發射，可最大程度地發揮子彈的威力。

蘇聯製造和使用的TT-33手槍的使用期限較長，基本上是按西方國家的標準製造的。但是，對於第三世界國家來說，按照什麼樣的製造標準沒有什麼意義，和西方國家昂貴的先進武器相比，它們更喜歡TT-33手槍，其中的原因就是這種手槍不僅性能可靠，而且價格低廉。

儘管馬卡洛夫手槍投入生產，並裝備了一線部隊，但是多年之後，華約組織內部的許多二線部隊和民兵部隊仍在使用TT-33手槍，這不能不再次歸因於它突出的優點：性能可靠，結實耐用。

上圖：這是一張大約拍攝於1944年的使用蘇聯托卡列夫TT-33手槍的宣傳照片。一名軍官正率領攻擊部隊衝鋒。注意：這種手槍的下部有一個槍帶環。隱藏在各個角落的狙擊手馬上就會把他當成指揮員（使用這種手槍的人可能就是戰場的指揮員），他最有可能成為狙擊手獵殺的主要目標

P08（盧格）手槍

目前人們所熟知的盧格手槍的設計源自於1893年首次生產的一種自動手槍。這種自動手槍是由一位名叫雨果·博查特的人發明的。喬治·盧格對這種手槍作了進一步改進，後來這種手槍就以盧格的名字命名。第一批製造出來的盧格半自動手槍發射7.65毫米瓶頸式子彈。1900年，瑞士軍隊最早使用了這種手槍。此後，多家製造商至少生產了35種不同類型的盧格手槍，數量超過200萬支。

標準武器

08手槍（或稱P08）是盧格手槍各種類型中的一種。1904年，德國海軍接受了第一支盧格手槍之後，德國陸軍也於1908年接受了盧格手槍，並且直到20世紀30年代末，盧格手槍一直是德國軍隊的標準武器。盧格手槍的口徑大小不一，但P08手槍則以9毫米口徑為主，並且，1902年生產的9毫米帕拉貝魯姆子彈就是專門為盧格手槍設計的。不過，應該注意的是，也

有口徑7.65毫米的盧格手槍。

P08手槍的工作過程如下：扣動扳機時，一個連接簧片向後壓迫銷栓，銷栓將彈簧閉鎖擠出，這樣撞針就可以向前移動，射出彈膛內的子彈；當子彈穿過槍管時，槍管、後坐裝置被鎖定在一起，然後，向後移動大約125毫米。後膛閉鎖的後面有開關接頭，開關接頭的後部和槍管被一個堅固的銷栓固定住。當彈膛內的壓力降到安全狀態時，開關接頭的中心部位

右圖：P08手槍通常被人們稱為盧格手槍，是整個手槍設計時代的傑作。從審美角度看，P08手槍的槍托的傾斜度和外形在今天仍有一定的吸引力。使用這種手槍射擊，真是一件令人愉快的事。然而，它的造價太高，作為軍用手槍，註定要被其他手槍取代

下圖：1943年1月，在向沃羅涅什前線發起的攻擊中，德軍坦克使用一門口徑為75毫米的StuG III突擊炮支援步兵衝鋒。儘管右邊士兵手持的手槍有些模糊不清，但顯然是P08手槍

就滑到槍架的下斜區，開關接頭的直線朝上，開關接頭的彎管下曲，但仍然沿着槍管移動的方向將閉鎖裝置向後擠壓。

螺旋彈簧

擊發設置打開時，擊發阻鐵就會壓縮和扣牢位於閉鎖裝置內部的一個短螺旋彈簧。這個彈簧的主要功能就是擠壓撞針。位於閉鎖裝置上部的彈射器向後推動空彈殼，空彈殼擊打彈射器的一個彈射簧片，然後空彈殼就被彈出槍外，彈射簧片處有一個小螺旋彈簧，會把彈射器送回原來的位置。

當開關接頭向上彎曲時，一個攔阻鉤杆（從銷栓處向下懸垂，並且被下面的鉗爪鉤住，鉗爪和槍把內的後坐力彈簧相連接）壓縮後坐力彈簧。彈匣彈簧把新的一粒子彈向上彈，彈到和閉鎖裝置處於同一直線的位置。此時，被壓縮的後坐力彈簧開始向下推壓攔阻鉤杆，當彎曲的開關受到擠壓後，開關前面的攔阻鉤杆開始向前運動，迫使閉鎖裝置向前伸直，從而把彈匣內最上面的子彈擠入彈膛。

閉鎖裝置和兩個攔阻鉤杆現在就和開關軸處於同一直線，開關軸比其他軸的位置略低。擊發裝置被鎖定後，擊發阻鐵和扳機設置連接在一起，扳機彈簧驅動扳機進入射擊位置，這樣，手槍再次進入射擊狀態。

精確的瞄準性能

P08手槍操作簡便，易於瞄準，便於製造，並且具有相當複雜的擊發裝置。事實上，人們對它的開關裝置還是頗有爭議的。軍用手槍使用這種開關裝置基本上是多此一舉。由於P08手槍需要的生產原料太多，所以被P38手槍取代。但是直到1942年下半年德國的P08手槍生產線才完全停止生產。然而，在德國軍隊中，P08手槍從來沒有被P38手槍完全取代。1945年以後生產的盧格手槍主要用於商業市場。

真正的經典手槍

標準的P08手槍槍管長103毫米，而類似於P17"炮型"之類型號的手槍的槍管長達203毫米，甚至更長，其彈匣呈蝸牛狀，可裝32發子彈。標準的P08手槍的彈匣只能裝8發子彈。不過，P17"炮型"手槍在1939年第二次世界大戰開始時就不再裝備部隊。盧格手槍是第一次世界大戰和第二次世界大戰中最著名的手槍。時至今日，仍有許多P08手槍被收藏者珍藏。作為一流的經典名槍，P08手槍將繼續引起世界各地手槍愛好者的關注和興趣。

上圖：在1941年德軍突襲蘇聯時期，德軍步兵以班為單位，使用P08手槍清理房屋。手持P08手槍的德國士兵裝備有Stielgranate 35手榴彈，身上纏繞着班用MG34機關槍使用的子彈帶

規格説明

P08型手槍

口徑：9毫米（帕拉貝魯姆子彈）

重量：0.877千克

槍全長：222毫米

槍管長：103毫米

子彈初速：381米／秒

彈匣：可裝8發子彈的分離式盒形彈匣

瓦爾特 PP 和 PPK 手槍

瓦爾特PP手槍最早生產於1929年，是一種半自動警用手槍。20世紀30年代，許多國家的正規警察部隊都使用這種手槍。PP手槍重量輕，幾乎沒有什麼裝飾。它的顯着特點是外形簡潔流暢，非常適合於裝在手槍套中。身着便裝的警察則選擇了另一種型號——PPK手槍，這種手槍的最後一個字母代表Kurz（意思為短小型，也有其他資料說是Krimimal）。PPK手槍基本上是PP手槍的縮小型，平時便於裝入口袋。縮小後的PPK手槍長148毫米，重0.568千克，彈匣可裝6發9毫米或7發7.65毫米子彈。

軍事用途

儘管這種武器是為民事警察部隊設計的，但是，自從1939年憲兵使用PP和PPK手槍之後，軍事人員也開始使用這兩種手槍。這兩種手槍在德國納粹空軍中使用非常普遍。德國警察機構的許多人員常常配備這兩種手槍。參謀人員也常常把它們作為個人的防身武器隨身攜帶。這兩種手槍的口徑有大有小。口徑主要有兩種：一種為9毫米口徑（短小型），另一種為7.65毫米口徑。其他口徑有5.56毫米（"遠程"型）和6.35毫米。

所有這些類型的PP和PPK手槍都使用

了簡單的後坐力原理，並且安裝了足夠的保險裝置。其中有一種保險設置後來被大量仿製，當撞針向前移動時，撞針前面會出現一個滑輪。只有當扳機的確受到推壓，這個滑輪才會移動。另一個創新性的設置就是安裝在擊錘上面的信號撞針。當子彈確實進入彈腔時，信號撞針就會向前突出，表明子彈確實處於裝彈位置。這一設置在戰時的生產中被省去了。因為在戰時，槍支的生產標準一般都會降低。不過，1945年後，一些國家，如法國和土耳其在手槍的生產中又恢復了這種設置。匈牙利也在使用一段時間後被母公司瓦爾特公司在烏爾姆再次恢復生產該裝置。

這兩種手槍的生產仍以供警察使用為主。但對於手槍射擊愛好者來說，有一點是共同的，他們喜愛這兩種手槍的許多優點。

英國使用

對於PP手槍的喜愛有一段小小的插曲。目前沒有多少人知道，而且，能夠看到的人就更少了。這個小插曲就是英國軍隊曾將這種手槍作為XL47E1型號使用。那些不得不身着便裝、從事秘密活動的人非常適合配備這種手槍。英國駐北愛爾蘭防衛團的士兵不在崗位上執勤時，為了防身，常常攜帶這種手槍。

規格説明

瓦爾特PP手槍

口徑：9毫米（短小型）（ACP）；

　　　7.65毫米（ACP）；

　　　6.35毫米和5.58毫米（"遠程"型）

重量：0.682千克

槍全長：173毫米

槍管長：99毫米

子彈初速：290米／秒

彈匣：可裝8發子彈的盒式彈匣

瓦爾特PPK手槍

口徑：9毫米（短小型）（ACP）；

　　　7.65毫米（ACP）；

　　　6.35毫米（ACP）和5.58毫米（"遠程"型）

重量：0.568千克

槍全長：155毫米

槍管長：86毫米

子彈初速：280米／秒

彈匣：可裝7發子彈的盒式彈匣

上圖：自手槍發明以來，瓦爾特PP手槍過去是、現在仍然是小型手槍中最優秀的一種。德國各級警察組織和德國納粹空軍的機組人員曾大量使用這種手槍

瓦爾特 P38 手槍

研製瓦爾特P38手槍的主要目的是替代P08手槍。P08手槍非常優秀，但造價過於昂貴，製造不起。1933年德國國家社會黨（納粹）執政後，製訂了擴張德國軍事力量的計劃。按照計劃，P08手槍勉強合格。因爲德國當時需要的是那種既能快速生產又易於使用的手槍，然而，當時所有類型的手槍的設計（如手扣扳機和改進後的各種保險設置，後來的手槍基本都有這些設置，共同點越來越多）都不太令人滿意。1938年，瓦爾特公司經過長期研製之後，終於獲得了生產新式手槍的合同。

早在1908年，德國瓦爾特武器製造廠就生產出它的第一批自動手槍。隨後，經過一系列改進，該公司於1929年生產出了PP手槍。雖然PP手槍使用了許多富有創新思想的設置，但它主要供警察使用，不是爲部隊設計的，所以瓦爾特公司又研製出一種軍用半自動手槍。這種手槍被稱爲AP手槍（或稱爲陸軍專用手槍）。這種手槍沒有PP手槍突出的擊錘，但可以使用9毫米帕拉貝魯姆子彈。後來，該公司又生產出一種名爲HP（或稱之爲陸軍手槍）的手槍，這種手槍的整個外形和將出世的P38手槍一模一樣。但是爲了能夠快速投入生產，德國陸軍要求再作一些輕微改動。

瓦爾特武器製造廠同意進行修改。這就是P38手槍成爲德軍軍用手槍的來歷。同時，HP手槍作爲商用手槍繼續生產。瓦爾特武器製造廠從來沒有滿足德軍對P38手槍的要求，於是，德國軍隊只好大量採購HP手槍來彌補P38手槍的不足。

優秀的手槍

從一開始，P38手槍就是一種出類拔萃的軍用手槍。它不僅結實耐用、精度高，而且不易磨損。後來，不僅瓦爾特武器製造廠生產，而且毛瑟公司和斯普里威爾克公司也都生產P38手槍。所有P38手槍拋光精美，黑色的塑料槍把閃閃發光，槍的整個表面都鍍上黑色的馬特金。這種槍易於拆卸，配有多種保險設置，包括借鑒PP手槍設計中的擊錘保險和表明"彈膛已經裝彈"的指示器。和P08手槍相比，P38手槍稍輕了一點，這種手槍非常受歡迎，很快就成了戰爭的寵兒。

1957年，爲了裝備聯邦德國陸軍，P38手槍重新投入生產。不過此時，它的名字被稱爲P1手槍。它使用了一個耐壓滑座取代了過去的鋼製滑座。P1手槍生產的時間較長，許多國家的軍隊都使用過這種手槍。

下圖：時至今日，最優秀的軍用手槍仍非P38手槍莫屬。研製P38手槍的目的是爲了取代P08手槍，但是，由於P38手槍的產量不足，所以，直到1945年年底，P08作爲輔助手槍仍在使用。P38手槍使用了包括連發式扳機設置在內的許多先進設置

規格説明
瓦爾特P38手槍
口徑：9毫米（帕拉貝魯姆子彈）
重量：0.96千克
槍全長：219毫米
槍管長：124毫米
子彈初速：350米／秒
彈匣：可裝8發子彈的盒式彈匣

勃朗寧 1910 型自動手槍

在眾多的手槍設計中，勃朗寧1910型自動手槍相當奇怪。雖然，自1910年之後這種手槍的生產從未停止過，並且不時被許多國家的軍隊使用，但它從來沒有被當作正式的軍用手槍使用。許多手槍設計人員模仿或抄襲了這種手槍的基本設計原理。

手槍設計

如圖所示，這種使用後坐力系統操作的自動手槍是具有豐富想像力的約翰·莫塞斯·勃朗寧的又一傑作。幾乎所有的1910型手槍都是在比利時列日附近的國家武器製造廠（一般情況下，大家都稱之爲FN公司）生產的。這種手槍歷經風雨而

經久不衰，其中的原因，現在誰也不太容易說清楚。但是，它的整個設計嚴謹而流暢，槍管爲圓管狀，被套筒座滑座的前部圍繞。這種設計來自於如下事實：它的後坐力彈簧包裹在槍管周圍，而其他手槍的後坐力彈簧則位於槍管的上方或下方。彈簧被槍口周圍的刺刀凸槽卡住，這是1910型手槍的又一處與眾不同的設置。這種手槍有槍把和各種實用的保險設置。

1910型手槍的派生類型

或許，我們會遇到7.65毫米（ACP）或9毫米（ACP）兩種小口徑的1910型手槍。從外形上看，這兩種型號一模一樣。並且，它們使用的內嵌式盒形彈匣都可以

裝7發子彈。這兩種手槍和FN公司的其他槍支一樣，製作標準高，拋光精美。但是，其他地方生產的同類手槍，如西班牙仿製的手槍質量就差多了。1940年，德國佔領比利時後，對手槍的需求量極大，這種手槍再次投入大規模生產。爲了滿足德軍的需要，這種手槍的生產一直沒有停止。新生產出來的1910型手槍多數都送到了納粹空軍機組人員手中。他們稱之爲P621（b）手槍。在1910型手槍小批量裝備比利時軍隊之前，其他一些國家也獲得了這種手槍，但數量有限，主要供這些國家的軍隊或警察使用。1910型手槍的生產總數超過幾十萬支。

右圖：勃朗寧1910型手槍從來沒有被當作軍用手槍而正式接受過，但是使用範圍卻極其廣泛。它的許多設計優點被後來其他類型的手槍所吸收。許多比利時製造的勃朗寧1910型手槍被納粹空軍當作防身手槍使用，德國人稱之爲P621（b）手槍

規格說明

勃朗寧1910型手槍

口徑：7.65毫米（ACP）或9毫米（ACP）（小型）

重量：0.562千克

槍全長：152毫米

槍管長：89毫米

子彈初速：299米／秒

彈匣：可裝7發子彈

勃朗寧 HP 手槍

勃朗寧9毫米自動手槍（勃朗寧HP手槍）

自手槍問世以來，勃朗寧HP手槍或許可以稱得上是最成功的手槍設計之一。這種手槍不僅使用範圍廣，而且許多國家的許多製造商也都進行了生產，其數量之多，一定超過了其他類型手槍的生產總和。

投入生產

這種手槍是約翰·勃朗寧於1925年逝世前設計的最後一種類型。但是，直到1935年，這種手槍才在列日附近的埃斯塔勒的FN公司投入生產。大家公認HP手槍的名字源自於"大威力"手槍或勃朗寧GP35型手槍（大威力1935型手槍）。或許，勃朗寧手槍的類型太多了，但都可以發射9毫米帕拉貝魯姆子彈，並且都有固定的和可以根據需要進行調整的後瞄準器。有些類型的勃朗寧手槍的槍柄上有一個凸槽，非常適合安裝槍托（通常爲木製槍托），這樣就可以作爲卡賓槍射擊。爲

了減輕重量，其他類型的勃朗寧手槍使用較輕的合金套筒座滑座。

所有類型的勃朗寧HP手槍都有兩大共同特徵：堅固結實，性能可靠。另一個令人青睞的特徵是槍柄內的彈匣容量大，可裝13發子彈。事實一次又一次證明了這種大容量彈匣的非凡價值。儘管這樣加大了槍柄的寬度，而且槍托也不太容易操作，不經過必要的訓練，很難熟練地發揮出它的最大威力。這種手槍使用了後坐力系統裝置和一個外置擊錘，射擊所需的動能來自射擊時產生的強大後坐力。從許多方面看，它的擊發裝置可能會被認爲和柯爾特M1911型手槍（也是勃朗寧設計）的擊發裝置完全一樣，但是，爲了適應生產需要，它的擊發裝置經過了改進，並且借鑒了M1911型手槍的設計經驗。

軍用型手槍

勃朗寧HP手槍投入生產後，在短短幾年時間內，包括比利時、丹麥、立陶宛和羅馬尼亞在內的國家都把這種手槍當

作軍用手槍。1940年後，FN公司繼續生產這種手槍。但是，此時正值德國橫行歐洲之際，德國納粹黨衛隊把這種手槍作爲標準手槍使用。德國的其他部隊也使用這種手槍。德國人稱這種手槍爲P620（b）手槍。然而，德國人獨享勃朗寧手槍的日子並沒有維持多久。因爲，加拿大多倫多的約翰·英格利斯公司又建成了新的勃朗寧HP手槍生產線，並且，從那裏生產出來的勃朗寧手槍幾乎被運送到所有的同盟國部隊中。該公司生產的這種手槍被稱爲FN勃朗寧9毫米HP No.1手槍。1945年後，在埃斯塔勒，勃朗寧HP手槍重新投入生產。現在，許多國家都把這種手槍當作標準手槍使用。同時，FN公司還研製出了各種型號的商用勃朗寧手槍，並且，經過改進還生產出一種射擊專用型號的勃朗寧手槍。英國陸軍仍在使用勃朗寧手槍。不過，這種手槍在英國被稱爲L9A1自動手槍。2001年，英國國防部宣佈再訂購2000支。

規格説明		
勃朗寧GP35型手槍		

口徑：9毫米（帕拉貝魯姆）

重量：1.01千克

槍全長：196毫米

槍管長：112毫米

子彈初速：354米／秒

彈匣：可裝13發子彈的盒式彈匣

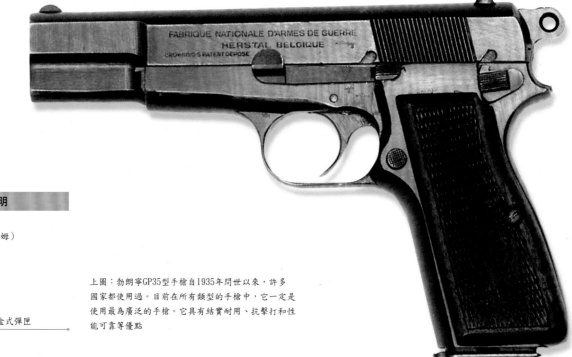

上圖：勃朗寧GP35型手槍自1935年問世以來，許多國家都使用過。目前在所有類型的手槍中，它一定是使用最爲廣泛的手槍。它具有結實耐用、抗擊打和性能可靠等優點

"解放者" M1942 暗殺手槍

這是一種非常古怪的小型手槍。它誕生於美國陸軍心理戰聯合委員會的會議室中,然後被出售給戰略軍種辦公室(OSS)。它是一種理想的暗殺武器,操作簡單。任何生活在被占領土內的人,無須接受訓練,即可熟練使用。戰略軍種辦公室對暗殺的觀念深表贊成,隨後命令美國陸軍軍械部進行製圖。美國通用公司下屬的蓋德·拉姆普公司接受了生產任務,並且保證要在1942年6—8月間至少生產出100萬支。

信號槍

11.43毫米M1942型手槍有一個名字——M1942信號槍,但也被稱為"解放者"手槍或OSS手槍。它的構造非常簡單,甚至簡單到僅能發射一發子彈的程度。其結構幾乎全部用金屬衝壓而成,槍管是一個平滑的彈膛部件。擊發裝置和其他設置同樣簡單:握住擊發裝置,然後向後扣壓;再裝一發M1911自動子彈,擊發裝置就被彈回到原來的位置。如果想清理空彈殼,只需再扣動一下擊發裝置,然後,槍口適當朝下,空彈殼就從槍口彈出。

單發射擊的武器

每支手槍和10發子彈一起裝在一個精致的塑料袋裏。使用說明就在提供的連環畫中,沒有任何文字,殺手所需要的信息都在包內。槍柄的空間可裝5發子彈,這種手槍只能單發射擊,必須在非常近的射程內才能發揮它的功效。這種手槍造價極低,美國政府只需為每支手槍支付2.4美元。至於它的效果如何現在還說不太清楚,因為這麼多手槍過去是如何使用的、是在哪些地方使用的,都沒有留下任何記錄。大家都知道,在第二次世界大戰期間,許多人被空降到歐洲的佔領區,但是這種手槍在遠東使用得更多。使用暗殺手段的效果一定不錯,以至於1964年,這種觀念再次興起。當時有一種類似於"解放者"的暗殺手槍,不過這種名為"鹿槍"的手槍要比"解放者"先進得多。美國在越南可能使用過這種手槍。美國曾經製造了幾千支這種手槍,但美國政府從沒有公開透露過,或許這是因為暗殺類手槍是一種利弊各半的雙刃武器,其名聲越來越不光彩的緣故。

右圖:小型M1942 "解放者" 手槍是一種專門用於暗殺的武器。它設計簡單,造價低廉,使用極為方便。槍管沒有膛線,沒有空彈殼彈射器,機械構造極其簡單。然而,事實證明這種武器性能不錯。在第二次世界大戰中,主要供在遠東活動的人員使用

規格說明

"解放者" M1942手槍

口徑:11.43毫米(M1911實心子彈)

重量:0.454千克

槍長:140毫米

槍管長:102毫米

子彈初速:336米/秒

裝彈量:無,但槍柄內可裝5發子彈

柯爾特 M1911 和 M1911A1 自動手槍

在眾多的手槍設計中，勃朗寧1910型自動自手槍問世以來，柯爾特M1911自動手槍一直是勃朗寧HP手槍的主要競爭對手，是世界上最成功的手槍設計之一。自1911年第一次成為標準化武器之後90多年的時間裏，柯爾特M1911手槍的生產數量達幾百萬支，而且，世界上幾乎所有國家的部隊都使用過這種手槍。

以柯爾特為藍本的設計

追本溯源，柯爾特M1911型自動手槍的設計出自柯爾特—勃朗寧1900型手槍。美國陸軍要求以柯爾特—勃朗寧1900型手槍為基礎，設計出一種新的可發射11.43毫米子彈的軍用手槍，後來改為發射9.65毫米子彈，但火力太輕，無法阻止衝鋒的敵人。1907年，美國陸軍進行了一系列試驗。1911年，美國陸軍選中了口徑11.43毫米的M1911自動手槍，並把它指定為美國陸軍的標準武器。開始時，這種手槍的生產比較緩慢，但到了1917年，為了裝備美國赴法國作戰的迅速擴張的遠征軍，這種手槍進入了快速生產時期。

生產變化

根據在戰場上獲得的經驗，美國決定對這種手槍的基本設計進行一些改進。這樣，M1911A1手槍就登上了歷史舞臺。總的來說，變化並不太大，歸結起來，主要變化有：槍把的保險結構、擊錘凸柱的外形以及主彈簧槽。整個設計和操作系統變動極少，基本操作系統一點也沒有變化。自這種手槍問世以來，它的機械設置應當是最堅固的設置之一了。為了抑制套筒座滑座向後移動，同時期的許多手槍在設計中都使用了套筒座阻輪。M1911手槍有一個閉鎖系統，這個閉鎖系統也有一個套筒座阻輪，不過它的功能更強。槍管有凹凸的槽溝，直到槍管的外部，和滑座上的凹凸槽相連。射擊時，當槍管和滑座向後移動一小段距離時，這些凹凸槽仍然連在一起；當移動到末端時，在旋轉鏈環的作用下，槍管停止向後移動；旋轉鏈環可以把槍管的凹凸槽推到套筒座滑座的外面，經過一段距離的自由滑行後，把空彈殼彈出槍外，並且重新啟動裝彈系統。這種機構系統極其堅固，再加上安裝有適當的保險裝置和槍把保險，從而使M1911和M1911A1手槍在戰場上成為最安全的武器。但美中不足的是，這種手槍不太易於準確操作和射擊。只有經過大量訓練，才能發揮它的最大效能。

生產M1911和M1911A1手槍的公司不僅只有柯爾特一家公司，許多公司也都製造這兩種手槍。世界上許多國家都直接仿製過這兩種手槍。當然，仿製水平可能較低。時至今日，美國海軍陸戰隊和特種作戰部隊仍然在使用這兩種手槍的改進型——"和諧"手槍。

右圖：這是一支W1911手槍（W1911A1作了幾處改動）。後來的改進型W1911A1手槍作為美國陸軍的標準武器使用了80多年。它使用的是11.43毫米實心彈，威力相當強大，可阻止敵人的衝鋒。美中不足的是，只有經過訓練才能發揮它的最大潛力。目前，在美國陸軍中，M1911A1手槍已被口徑9毫米的貝瑞塔M9手槍（美國獲得了生產許可證）取代。

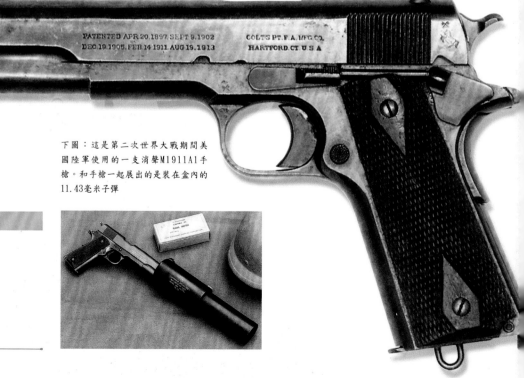

下圖：這是第二次世界大戰期間美國陸軍使用的一支消聲M1911A1手槍。和手槍一起展出的是裝在盒內的11.43毫米子彈

規格說明

柯爾特M1911A1型手槍

口徑：11.43毫米（M1911實心子彈）

重量：1.36千克

槍全長：219毫米

槍管長：128毫米

子彈初速：252米／秒

彈匣：可裝7發子彈的盒式彈匣

史密斯和威森 9.65 毫米 /200 手槍

1940年，在法國戰役中慘遭戰敗並在敦刻爾克撤退後的英國陸軍處境艱難，令人絕望。英國陸軍不僅缺少經火考驗的士兵，而且缺少可以使用的武器。幸運的是，儘管當時美國沒有作爲真正的參戰方參加戰爭，但至少對英國的困境深表同情，以至於爲英國生產或按照英國的設計

下圖：一名加拿大軍士正在給他的史密斯和威森 9.65毫米/200左輪手槍裝彈。射擊後，空彈殼從旋轉彈膛中向左彈出。正常情況下，它的彈簧撞針杆應位於槍管下面。所有6發子彈空彈殼一起被彈出後，彈膛可以再次裝彈（6發）

生產了大量武器。英國計劃大力加強軍事力量，但面臨着如何獲得這些武器的問題。手槍只是英國要求美國提供的眾多武器中的一種。史密斯和威森公司願意按照英國手槍的規格標準爲英國生產左輪手槍，然而，生產出來的手槍卻被稱爲9.65毫米/200左輪手槍，或史密斯和威森9.65毫米No.2左輪手槍。

傳統設計和可靠的性能

無論名字被稱作什麼，總的來說，這種手槍的設計原理非常傳統，設計簡潔，

易於操作。這種手槍不僅擁有史密斯和威森公司的精巧製工，而且也符合英國的設計要求。製造出的手槍異常堅固。英國手槍生產線製造出來的手槍從來沒有達到這麼高的水平，而且英/美（混合型）設計彌補了英國手槍生產中所存在的缺陷。這種手槍裝備給所有英國及英聯邦的軍隊，甚至運送到歐洲各國的抵抗力量手中。在1940—1946年間，共生產出890000多支。第二次世界大戰後，英國軍隊保留了一部分。直到20世紀60年代，在被勃朗寧HP手槍取代之前，英國的一些部隊還在使用這

上圖：史密斯和威森9.65毫米/200手槍集美國的精美做工和英國的作戰經驗於一身；雖然沒什麼裝飾，卻性能可靠，結實耐用。它是用最好的原材料製成的。有時，為了快速生產，拋光標準不高，但是製造標準卻從沒有降低過

規格説明
9.65毫米／200型手槍

口徑：9.65毫米（SAA實心子彈）

重量：0.88千克

槍全長：257毫米

槍管長：127毫米

子彈初速：198米／秒

彈膛容量：可裝6發子彈

種手槍。

簡單的機械原理

9.65毫米/200左輪手槍使用重量為200
穀（一種重量單位）的子彈，並且使用了
史密斯和威森公司的左旋彈膛。這種手槍
在射擊後，彈簧撞針桿把空彈殼清出槍
外。扳機設置為單發式或連發式設置。手
槍拋光非常簡單，有時，為了使用生產線
大批量生產，甚至連簡單的拋光也省去
了。不過，它的製造標準卻從沒有降低
過，而且它所使用的原材料也是最好的。

正常情況下，這種手槍裝在一個密封
的皮套或網狀的槍套裏，這樣它的擊錘就
被槍套罩住，從而避免了像恩菲爾德左輪
手槍那樣因擊錘容易鉤掛住其他物品而引
起麻煩。英國手槍有一個典型的特點：為
了防止在近戰時手槍被敵人奪去，手槍的
槍帶都系在腰上或脖子上。這種手槍問世
後，從來沒有出現過什麼差錯。即使在最
糟糕的情況下，也是如此。

右圖：一名新西蘭軍官在沙漠中的一次戰役中手持
史密斯和威森9.65毫米/200手槍作戰的情景。這種
手槍的槍繩的正確位置應該是圍繞着脖子。不過，
為了防止在近戰中被敵人勒住脖子，許多士兵更喜
歡把槍繩系在腰上

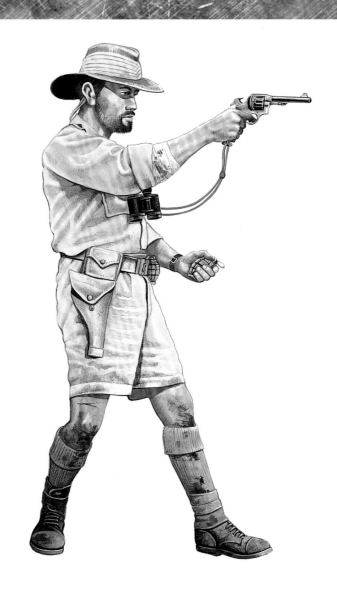

史密斯和威森 M1917 手槍

在第一次世界大戰期間，英國和美國
簽訂了大量的採購各種武器的合同。其中
和伊利諾伊州斯普林菲爾德市的史密斯和
威森公司簽訂了一項合同，該公司負責向
英國提供符合英國軍用手槍標準的口徑為
11.56毫米（也稱為11.6毫米）的手槍。美
國按照合同要求向英國提供了大量手槍。
但是，1917年，美國參加第一次世界大戰
後才發現，它自己更需要大量手槍來裝備
其快速擴張的陸軍部隊。柯爾特公司生產

的手槍無法滿足美國日益增長的需要。美
國政府當機立斷，接過英國和史密斯和威
森公司的合同，該公司把它為英國軍隊生
產的手槍直接提供給美國部隊。不過，這
需要解決一個新的問題，對這種手槍進行
改進，使其能夠發射美國的11.43毫米子
彈。

半月形彈夾

1917年生產的手槍子彈幾乎都是供

M1911半自動手槍使用的，而且都是無緣
式子彈。正常情況下，左輪手槍都使用有
緣式子彈，而左輪手槍的旋轉彈膛在使用
無緣式子彈時，會出現問題。結果是不得
不採取一種折中的方法，把3發M1911手槍
的子彈裝入一個半月形彈夾。這種彈夾可
以防止子彈在裝彈時滑入左輪手槍的旋轉
彈膛。射擊後，用同樣的方法把空彈殼和
彈夾一起彈出槍外。如果需要的話，彈夾
還可以重複使用。如此一來，所存在的子

彈差異問題就迎刃而解了。美國陸軍裝備了這種手槍，並且，後來這種手槍還出售給法國和其他國家。

美國陸軍把這種手槍命名爲史密斯和威森11.43毫米"手工彈射"M1917手槍。這種手槍體積大，結實耐用。除了3發半月形彈夾的設計外，其設計、操作和製造都極爲傳統。裝彈和彈射空彈殼時，左輪手槍的旋轉彈膛向左旋轉。擊發裝置有單動式或連動式。M1917手槍和同類型的其他手槍一樣，堅固異常，結實耐用。在美國陸軍使用之前，英國陸軍已經發現了它的這些優點。1940年，美國向英國運送了大量的M1917手槍，英國陸軍再次使用這種手槍。並且，英國的國土警衛隊和皇家海軍也裝備了這種手槍。

柯爾特武器公司也生產出一種和史密斯和威森M1917手槍極爲類似的手槍。這種手槍被命名爲柯爾特11.43毫米M1917手槍。柯爾特武器公司還生產了一種口徑爲11.6毫米的M1917手槍供英國軍隊使用。這種手槍使用可裝3發子彈的半月形彈夾。柯爾特M1917型手槍的有關數據是：

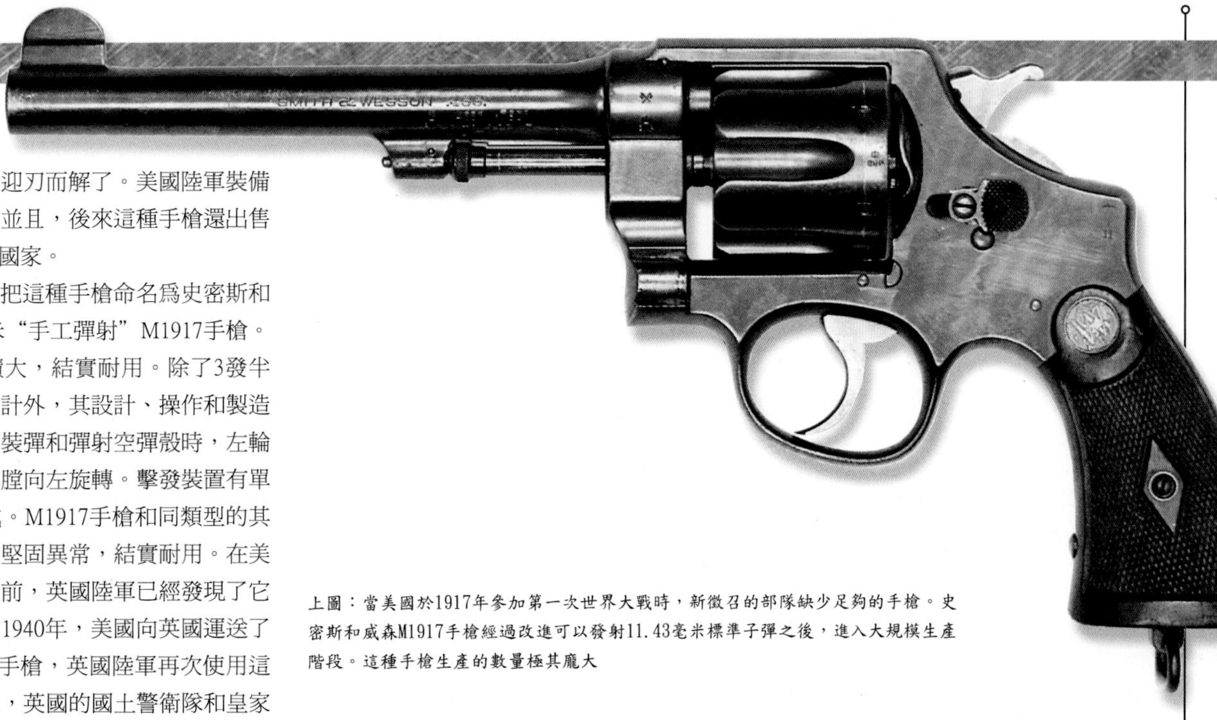

上圖：當美國於1917年參加第一次世界大戰時，新徵召的部隊缺少足夠的手槍。史密斯和威森M1917手槍經過改進可以發射11.43毫米標準子彈之後，進入大規模生產階段。這種手槍生產的數量極其龐大

槍長274毫米，槍管長140毫米，重1.135千克，子彈初速是每秒253米。這兩種手槍的總產量超過300000支。並且，在1938年，巴西還購買了25000支史密斯和威森公司的左輪手槍。直到1945年下半年，許多美國憲兵還在使用這兩種手槍。

規格說明
史密斯和威森M1917手槍
口徑：0.45英寸（M1911實心子彈）
重量：1.02千克
槍全長：274毫米
槍管長：140毫米
子彈初速：253米／秒
彈膛容量：可裝6發子彈

拉多姆 wz.35 手槍

20世紀初期，第一次世界大戰後剛剛建立的波蘭陸軍在如何合理生產其武器裝備的問題上仍處於探索階段。波蘭軍隊的裝備大多是其他國家剩餘的戰爭物資。當時，波蘭陸軍裝備的手槍有幾種型號。波蘭很想擁有一種標準化的手槍。於是，波蘭自己設計的手槍出現了。它的發明者是P.威爾尼克茲克和I.斯科爾茲平斯基。這種手槍開始在法布里卡·布羅尼·拉多姆兵工廠投入生產時，由來自比利時FN公司的工程師監督製造。1935年，這種新式的9毫米手槍被波蘭軍隊選中，成爲波蘭軍隊的標準手槍。這種手槍被稱爲拉多姆wz.35（拉多姆35型）或ViS wz.35，其中wz代表wzor，意思爲型號。

混合身世

從整個設計原理上看，拉多姆35型手槍混合了勃朗寧和柯爾特的設計特點，並且，增加了波蘭自己的一些獨特設計。這種後坐力操作的半自動手槍在設計風格上完全是傳統式的，但是，由於它缺少一個適用的保險阻鐵，所以只能依賴於槍把的保險設置，它的設計特點是在套筒座左側使用了一個保險阻鐵。事實上，保險阻鐵只有在手槍進行拆卸時才用得到。這種手槍可以發射9毫米帕拉貝魯姆子彈，而且發射大威力的wz.35子彈也沒有太大問題。

這種手槍的尺寸和體積是這樣設計的：手槍的發射應力經過手槍吸收後，已經降到非常低的程度，發射應力不會傳給射手本人。和其他較爲優秀的手槍相比，這種合二爲一的設計使拉多姆35型手槍的使用期限更長。到1939年時，由於高標準的製造、高質量的原材料和精美的拋光，這種手槍的可靠程度和安全性能都達到了較高水平。1939年德國入侵波蘭，標誌着第二次世界大戰的開始。

德國生產

德國1939年9月佔領波蘭時，接管了基本上未受到什麼破壞的拉多姆兵工廠，並把它建成了自己的手槍生產線。德國人發現wz.35手槍完全可以發射德國軍隊使用的標準子彈，於是，德國人就把這種手槍當作自己的軍用手槍，繼續生產，供德

軍使用，並正式命名爲645（p）手槍。出
於某種原因，這種手槍常被稱爲P35（p）
手槍。德國對手槍的需求量極大。爲了加
速生產，德國不得不取消了這種手槍的一
些小設置，拋光標準也降到最低程度，以
至於生產出來的P645（p）手槍和早期的
拉多姆35型手槍僅從外表上一眼就可分辨
出來。從此，這種手槍進入大規模生產階
段，直到1944年，生產才被迫停止。1944
年蘇聯軍隊在向西發動大規模進攻的時
候，摧毀了拉多姆兵工廠。

收藏者的佳品

　　1945年後，波蘭重建新的陸軍時，波
蘭軍隊使用的標準手槍是蘇聯的TT-33手
槍。許多拉多姆35型手槍成爲收藏者的收
藏佳品。由於德國納粹黨衛隊裝備了大量
拉多姆35型手槍，並且作了適當標記，這
對手槍收藏愛好者來說，無疑增添了它的
收藏價值。拉多姆35型手槍是第二次世界
大戰期間比較優秀的軍用手槍。

右圖：拉多姆35型手槍完全是傳統型的設計，但
其設計嚴謹合理，性能可靠。1935年，波蘭製造
出第一批拉多姆35型手槍。1939年後，德國進行
了大批量生產，供德軍使用。所以目前所發現的
拉多姆35型手槍大多帶有德國標記。這種手槍集
柯爾特和勃朗寧手槍的優點於一身，並增添了波
蘭自己的設計特點，是一種優秀的軍用手槍

規格説明

拉多姆35型手槍

口徑：9毫米（帕拉貝魯姆）

重量：1.022千克

槍長：197毫米

槍管長：121毫米

子彈初速：351米／秒

彈匣：可裝8發子彈的盒式彈匣

9毫米 vz.38（CZ38）自動手槍

　　到1938年和1939年德國軍隊侵佔捷克
斯洛伐克的時候，捷克已經建立起在整個
歐洲最有創新意識的軍工企業。捷克甚至
還向英國皇家海軍的新型戰艦提供裝甲鋼
板。手槍只是捷克生產的眾多武器類型
中的一種。手槍生產主要集中在布拉格
的塞斯卡·茲布羅約維卡（CZ），包括
vz.22/24/27/30（vz代表vzor或模型）手槍在
內的許多優秀手槍都是在這裏生產的。這
些手槍都可以發射9毫米小型子彈，並且
和同時代的瓦爾特手槍有許多共同之處。
但是，1938年以後生產的手槍則和捷克以
前生產的手槍沒有任何聯繫。

　　捷克研製的新式手槍是CZ38（或稱
vz.38自動手槍）。從所有資料中可以看
出，在當時，CZ38手槍還算不上是較好
的軍用手槍。它的體積較大，使用簡單的

後坐力機械系統。雖然它的體積和重量都
可能配置較大威力的子彈，但它發射的卻
是小型的9毫米子彈。它有一個非同尋常
的設計，在當時甚至可以說是最先進的
設計：它的扳機設置是連發式的。換句
話說，當扣動扳機時，擊錘的扣放動作可
以一次性完成，有時扣扳機的力量要比松
動擊錘的力量重一點。由於扣扳機所需要
的力量較大，所以這種手槍要想精確射擊
還是比較困難的。它和大多數自動手槍一
樣，都使用了外置式擊錘，所以這種手槍
在射擊前就要把擊錘豎起。另一個有創意
的設計是，這種手槍易於拆卸和清理，清
理過滑座後，用一根鉤杆就可將槍管清理
乾淨。

德國佔領時期

　　在德國吞併捷克之前，捷克軍隊並沒
有裝備太多的CZ38手槍。但是，這種手
槍的生產時間還是比較長的。德國人把
CZ38手槍稱爲P39（t）手槍。生產出的P39
（t）手槍大多送到了警察、陸軍的二線部
隊和準軍事部隊手中，1945年之後已所剩
無幾。它是未給後來的手槍設計留下什麼
參考價值的爲數不多的幾種手槍之一。

規格説明

CZ38（vz.38）手槍

口徑：9毫米（小型）（9.65毫米ACP）

重量：0.909千克

槍長：198毫米

槍管長：119毫米

子彈初速：296米／秒

彈匣：可裝8發子彈的盒式彈匣

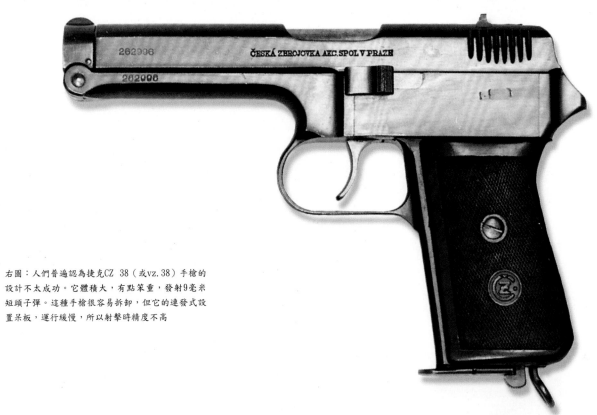

右圖：人們普遍認為捷克CZ 38（或vz.38）手槍的
設計不太成功。它體積大，有點笨重，發射9毫米
短頭子彈。這種手槍很容易拆卸，但它的連發式設
置呆板，運行緩慢，所以射擊時精度不高

94式8毫米自動手槍

　　20世紀30年代，日本軍隊已經設計出
一種合理可靠的手槍，大多數西方人都稱
之為"南部"（8毫米14式手槍）。20世
紀30年代中期，日本大舉入侵中國後，由
於日本軍事力量的擴張，日本軍隊對手槍
的需求越來越大。在這種情況下，一個簡
單的方法就是改進1934年為商業目的而生
產的口徑為8毫米的自動手槍。這種商用
手槍由於外形古怪笨拙，所以銷量很少。
日軍購買了這種手槍的庫存品，並且接管
了這種手槍的生產線。開始的時候，生產
出來的手槍主要供坦克乘員和空軍人員使
用，但是，到1945年（生產超過了70000
支）停止生產時，日軍的其他軍種也使用
了這種手槍。

劣等手槍

　　從所有資料中可以看出，94式手槍是
自手槍問世以來最糟糕的軍用手槍之一。

　　它的基本設計從幾個方面來看都不合理：
整個外形就不符合慣例，並且這種手槍不
易操作。除此之外，安全性差，常常出現
事故。扳機的部分設置從槍架的左側向前
突出，當子彈在彈膛內時，如果推動扳
機，手槍就會開火。另一個錯誤設計是，
每次扣動扳機時，它的機械設置只能保證
發射一顆子彈。不幸的是，在子彈完全進
入彈膛之前，子彈就有可能射出。這種手
槍製作簡單，使用的原材料多是低劣貨，
這些缺點使這種手槍對射手本人所構成的
威脅比對他想要射擊的目標所構成的威脅
還要大。

　　現在人們發現的這種手槍仍然可以從
檔案中查找到：手槍上可以見到用銼刀銼
出的或用機器壓出的"報廢"標記。這種
標記表明該手槍不能佩帶或無法射擊，只
能充當手槍愛好者的收藏品而已。

上圖：這名日軍上尉是一名坦克軍官，除了94式手
槍之外，還佩帶一把傳統的軍刀。在狹小的坦克
內，這把軍刀一定難以施展。然而，在戰鬥中，它
的確比94手槍可靠而且有用得多。大家都認為這種
手槍對射手本人構成的威脅比對它射擊的目標還要
大

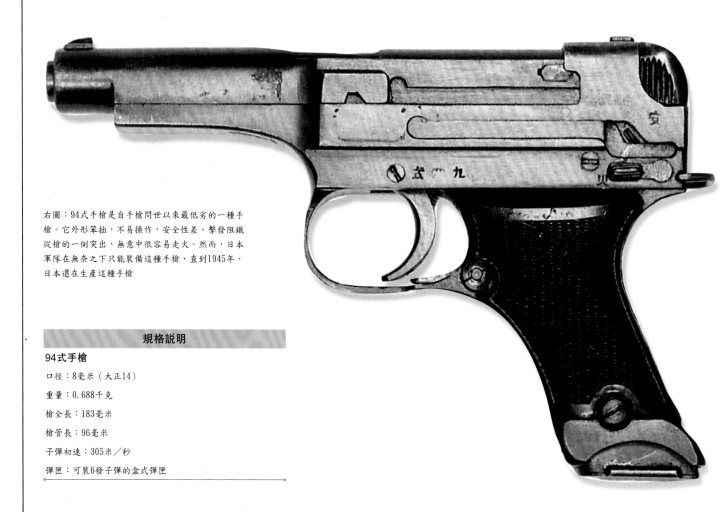

右圖：94式手槍是自手槍問世以來最低劣的一種手槍。它外形笨拙，不易操作，安全性差。擊發阻鐵從槍的一側突出，無意中很容易走火。然而，日本軍隊在無奈之下只能裝備這種手槍，直到1945年，日本還在生產這種手槍

規格說明

94式手槍

口徑：8毫米（大正14）

重量：0.688千克

槍全長：183毫米

槍管長：96毫米

子彈初速：305米／秒

彈匣：可裝6發子彈的盒式彈匣

9毫米格利森蒂1910型自動手槍

目前被稱為格利森蒂1910型自動手槍的最初定名為布里紮亞手槍。在20世紀前10年裏，索賽塔‧塞德魯吉卡‧格利森蒂公司獲得了這種手槍的生產權和其他專利權。1910年，這種手槍成為意大利陸軍的標準軍用手槍。但是，在以後的多年時間裏，它一直是意大利陸軍早期的10.35毫米1889型左輪手槍的輔助武器。事實上，這種古老的1889型左輪手槍直到20世紀30年代還在生產。

標新立異的設計

格利森蒂手槍的設計有幾大非同尋常的特點，而且使用的機械原理在其他手槍的設計中也很少見到。它使用的操作系統可以簡單地稱為延遲式後坐力系統，射擊時，槍管和套筒座向後反衝。槍管和套筒座向後運動時，旋轉槍栓在擊發裝置的作用下開始旋轉，並且槍管在移動大約7毫米後已經停止下來時，旋轉槍栓仍在繼續旋轉。當套筒座再次向前移動，把新的一顆子彈送進彈膛時，槍管被一個上升的可以自由移動的楔子固定住。這些運動會產生幾種後果：一是任何部件在移動時，擊發裝置都沒有任何遮蓋，如沙子之類的東西很容易從入口處進入（在北非沙漠中的確如此）；二是扳機柄太長，呈彎曲狀，不利於準確射擊。擊發裝置性能極不可靠，整個左側缺少支撐架，只用一根螺絲釘和一個金屬片固定在一起。使用時間一久，金屬片就容易鬆動脫落，從而引起卡

右圖：格利森蒂1910型手槍非同尋常地混合了多種富有創新思想的設計成果。但是它的槍架不夠堅固。這種手槍可發射獨特的9毫米格利森蒂子彈，這種子彈類似9毫米帕拉貝魯姆子彈，但裝藥量較少。在意大利軍隊中，這種手槍是1889型左輪手槍的輔助性武器

殼。即使是在金屬片不鬆動的情況下，擊發裝置也常常出現故障。而且，零部件在內部運動中也經常出現錯誤。

為了解決擊發裝置中存在的最大問題，意大利人為這種手槍生產了一種特殊的9毫米格利森蒂子彈。這種子彈的外形/大小和標準的帕拉貝魯姆子彈一模一樣。但是為了減少後坐力，降低手槍內部的應力，它的助推火藥減少了。這種子彈僅用於格利森蒂手槍。這種手槍即使是使用正式的9毫米子彈，如果無意之中裝彈錯誤，那麼，射擊時就可能對手槍和射手本人帶來危險。直到20世紀20年代末期，格利森蒂手槍還在生產。而且，直到1945年，意大利陸軍還在使用這種手槍。現在，它僅僅是手槍愛好者的收藏品而已。

規格説明

格利森蒂1910型手槍

口徑：9毫米（格利森蒂子彈）

重量：0.909千克

槍全長：210毫米

槍管長：102毫米

子彈初速：320米／秒

彈匣：可裝7發子彈的盒式彈匣

9毫米貝瑞塔 1934 型自動手槍

今天，手槍收藏者普遍認為小型的貝瑞塔1934型自動手槍是手槍中的精品。1934年，這種手槍成為意大利陸軍的標準軍用手槍。但是，它只不過是貝瑞塔系列自動手槍中較新的一種罷了，其設計早在1915年就開始了。當時，意大利陸軍迅速擴充，為滿足意大利軍隊的需要，意大利生產了大量的貝瑞塔1915型自動手槍。雖然，貝瑞塔1915型自動手槍使用極為廣泛，但意大利從來沒有公開承認過它是一種軍用手槍。早期的貝瑞塔手槍的口徑為7.65毫米。9毫米短頭子彈當時雖然生產得極少，但後來卻成了貝瑞塔1934型自動手槍的子彈。

具有古典美的外形

1919年之後，出現了其他型號的貝瑞塔手槍。不過，它們都繼承了貝瑞塔手槍的基本設計風格。到貝瑞塔1934型手槍出現的時候，它那具有古典美的外形成了扁短形、向上微翹的樣子。為了安裝固定的（前）準星，套筒座的前部被槍管的前部捲繞住。短小的手槍槍把只能裝7發子彈，並且為了保證槍柄的美觀，槍把上安裝了一個富有特色的凸柱。這種凸柱早在1919年就已使用。從操作原理上看，它使用的是傳統的後坐力操作系統。雖然缺少裝飾或非凡之處，但是，彈匣內沒有子彈時，它的套筒座會裸露在外，而在重新裝彈時，套筒座則會重新向前移動（此類手槍中，大多數手槍的套筒座滑座都會裸露在外，直到換完彈匣才會重新閉合）。貝瑞塔1934型手槍使用的是外置式擊錘。使用保險時，扳機處於鎖定狀態，所以擊錘不受影響。擊錘可以用手扣動，偶爾什麼東西也會觸動擊錘。如果沒有這一點瑕疵，貝瑞塔的設計就接近完美了。

幾乎所有的貝瑞塔1934型手槍都是按照高標準製造的，而且拋光特別精美。在

戰爭中，貝瑞塔1934型手槍成爲官兵競相
追逐的寵兒。1943—1945年期間，在意大
利前線作戰的英美大兵們用繳獲的貝瑞塔
手槍和後方的梯隊人員做生意，狠賺了一
筆。後方人員高價購買貝瑞塔手槍是爲了
向別人炫耀他們的戰功。事實上，貝瑞塔
1934型手槍主要供意大利陸軍使用，而口
徑爲7.65毫米的貝瑞塔1935型手槍則主要
供意大利空軍和海軍使用。但是，一些貝
瑞塔1935型手槍的口徑和貝瑞塔1934型手
槍的口徑完全相同。德國人把他們使用的
貝瑞塔1934型手槍稱爲P671（i）手槍。
儘管從技術上講，貝瑞塔1934型手槍的火
力不夠強大，但總的來說，其設計是成功
的，不愧爲第二次世界大戰期間的手槍中
的精品。

左圖：貝瑞塔自動手槍太輕，所以
不能成爲有效的軍用手槍。但是，
作爲諸如上校之類的軍官的隨身武
器則非常合適

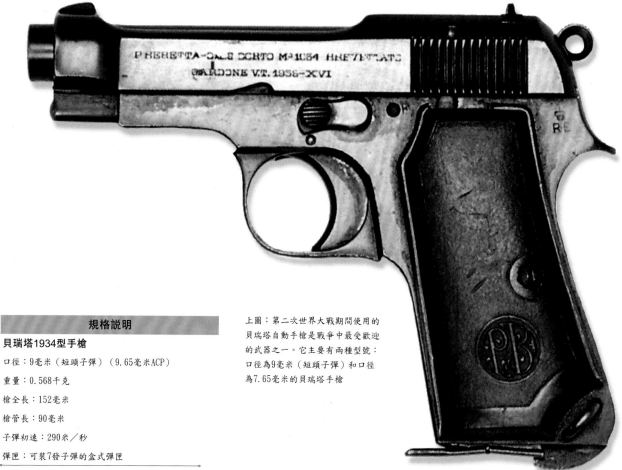

規格説明

貝瑞塔1934型手槍

口徑：9毫米（短頭子彈）（9.65毫米ACP）

重量：0.568千克

槍全長：152毫米

槍管長：90毫米

子彈初速：290米／秒

彈匣：可裝7發子彈的盒式彈匣

上圖：第二次世界大戰期間使用的
貝瑞塔自動手槍是戰爭中最受歡迎
的武器之一。它主要有兩種型號：
口徑爲9毫米（短頭子彈）和口徑
爲7.65毫米的貝瑞塔手槍

格洛克自動手槍

格洛克手槍在20世紀80年代初首次亮相時，似乎就打破了手槍設計中的所有規律。它使用的大部分原材料都是塑料製品。對照當時時髦的觀點，它的外形毫不落伍。當第一支格洛克手槍出現時，有關這種塑料手槍的報道撲面而來。人們對這種新式手槍的褒貶不一：這種武器是否充滿了不祥之兆？為什麼用塑料製造？難道是為了逃避機場安全檢查而故意設計的？它會不會成為恐怖分子使用的最新式武器？

事實上，從法律和秩序方面來說，格洛克手槍也是無可挑剔的。它的滑座、槍管和扳機組件都是用金屬製成的，所以無法逃過X光設備的檢查。現在，世界上已經生產了200多萬支格洛克手槍，許多國家的軍隊和警察都在使用格洛克手槍。格洛克手槍在美國執法部門使用的自動手槍中所占的比例大約為40%。

非傳統的武器

為什麼格洛克手槍使用了如此非同尋常的設計？部分原因是這樣的：它不是由傳統的武器製造商設計的。它是由奧地利的一位名叫加斯托·格洛克的人發明的。格洛克是一名專門研究塑料和鋼鐵製品的工程師。20世紀80年代，奧地利軍方為了找到一種新的軍用手槍而舉行了一次武器大賽。結果格洛克創造性的發明一舉奪冠。格洛克手槍的套筒座由既耐熱又耐冷的硬塑料製成。那句古老的名言"簡單即為美"在格洛克手槍的設計中得到了最好的應用。它僅有33個零部件，並且在數秒內就可以拆卸。最出色的是它沒有外露的保險阻鐵，所以也就無須考慮應力設置了。格洛克手槍幾乎和所有的軍用手槍都不一樣，它幾乎在拔出槍套的瞬間就可以進入發射狀態。你所要做的全部活動就是抽出和射擊兩個動作。如果不扣動扳機，內部的保險設置則完全可以保證手槍處於安全狀態。

軍事用途

9毫米格洛克17手槍是格洛克系列手槍中應用最廣泛的一種型號。不僅奧地利

操作
格洛克手槍使用後坐力操作系統，射擊時引起的反衝力迫使滑座向後移動。然後，另一發子彈被送入彈膛。

彈藥
格洛克17手槍可發射北約標準的9×19毫米帕拉貝魯姆子彈。其他還可以發射頗受人們歡迎的10毫米子彈、史密斯和威森公司的10.16毫米子彈和11.43毫米ACP子彈。

彈匣
格洛克手槍使用雙排式彈匣，可裝17發子彈。

滑座
使用高強度聚合物塑料製成。格洛克手槍的滑座可承受零下50℃至零上200℃的氣溫變化。

保險
格洛克手槍沒有手動保險阻鐵。在扳機未扣動的情況下，有一個擊發撞針閉鎖可將手槍自動鎖定。扳機前部裝有簡易阻鐵可以將擊發撞針閉鎖和扳機隔離。

重量
使用塑料和鋁合金意味着格洛克手槍和其他體積與彈藥容量類似的手槍相比，重量要輕得多。

上圖：格洛克手槍重量輕，結實耐用，射擊精度高，適用於各種作戰條件，是軍隊、特種部隊和執法人員的首選武器

陸軍使用，而且全世界各國的陸軍及特種作戰部隊都在使用。格洛克17手槍的確是出類拔萃的手槍。格洛克18是全自動型手槍，可當作微型衝鋒槍使用。爲了防止在未經授權的情況下改裝這種手槍，格洛克17手槍的操作部件不可互換使用。

從商業角度講，格洛克17手槍在美國獲得的成就最大。美國警察和普通公民都使用這種手槍。爲了滿足市場需要，經過改進，出現了各種口徑的格洛克手槍。最早能夠發射10毫米子彈的是格洛克20手槍。格洛克20手槍在探索手槍子彈口徑的極限方面又邁出了一大步。它所使用的10毫米子彈和大多數國家軍隊標準的9毫米帕拉貝魯姆子彈相比更加致命。格洛克21手槍可以發射11.43毫米ACP子彈；而格洛克22和格洛克23手槍則可以發射史密斯和威森公司生產的10.16毫米子彈。這種10.16毫米子彈在美國非常受歡迎。而且，較小型的格洛克手槍也有各種口徑。這些小型手槍利於隨身攜帶，主要供著便裝的警察使用。

格洛克手槍是功能設計的傑作。或許，傳統主義者不大喜歡它，但事實勝於雄辯，它憑藉實力在世界範圍內獲得了成功。

上圖：格洛克手槍的設計極其簡單，僅有33個零部件，易於拆卸和清理，具有較高的軍事用途

規格說明

格洛克17手槍

口徑：9×19毫米（帕拉貝魯姆子彈）

重量：0.63千克（裝彈前）；0.88千克（裝彈後）

槍全長：186毫米

槍管長：114毫米

子彈初速：350米／秒

彈匣：可裝17發子彈

"勃朗寧" 大威力（HP）自動手槍

勃朗寧大威力自動手槍是約翰·摩西·勃朗寧逝世前設計的傑作。勃朗寧想象力豐富，於1926年逝世。這種手槍由比利時埃斯塔勒的FN公司生產製造。整個第二次世界大戰期間，交戰雙方都使用這種手槍，生產數量高達數百萬支。時至今日仍在生產中。

儘管在第二次世界大戰後，加拿大也

上圖：由於"勃朗寧"大威力手槍性能可靠，英國特別空勤團把這種手槍當做首選武器。英國特別空勤組建了世界上第一支人質營救小組

右圖："勃朗寧"大威力手槍已經製造了數百萬支，另外還有無數仿製品。這種型號的勃朗寧大威力手槍的槍把塗有防止滑脫的塗料，滑座上裝有"紅點"瞄準器

下圖：抗擊打和大容量彈匣使民用勃朗寧大威力手槍成為世界市場上的搶手貨，其銷售對象主要是保鏢和警衛人員

生產了大量的"勃朗寧"大威力手槍的零部件，但是目前這種手槍的最大生產商仍是FN公司。20世紀90年代，比利時在葡萄牙建立一個加工廠，但不久就關閉了，全部生產設施又回到埃斯塔勒。

型號種類

FN公司製造的"勃朗寧"大威力手槍有多種型號。事實上，它們的內部結構都一模一樣，都使用了勃朗寧短後坐力操作系統和雙排式彈匣。這種彈匣使"勃朗寧"大威力手槍成為第一種能夠大量裝彈的先進手槍。不過，它們的外部設置和拋光有很大差別。

和原來的型號相比，軍用型勃朗寧大威力手槍、MK2和MK3手槍無論是拋光還是槍把的形狀都經過了改進。大威力"標準"手槍是一種商用型手槍，而大威力"實用"手槍則是專為射擊比賽而設計的。

便於攜帶的微型手槍

早在20世紀80年代，FN公司就生產

出了多種口徑、使用連發式設置的BDA手槍，但和原來使用單發式設置的手槍相比，銷量並不理想。

"勃朗寧"大威力系列手槍暢銷的一個原因是這些手槍質量一流，極其結實耐用。即使在最困難的條件下，只要進行適當的維護和裝上合適的子彈，就可正常使用。

大威力手槍在操作時可能會遇到一點尷尬的問題。為和它使用的雙排式盒式彈匣相匹配，它的槍把略寬，對於那些手比較小的人來說這點顯得尤為突出。然而，瑕不掩瑜，它已經成為50多個國家的標準軍用手槍。

上圖："勃朗寧"大威力手槍的彈膛軸位於射手的手下方。射擊時，可以減小槍口的轉動。保險阻鐵位置適當，需要解除保險時，大拇指會自動落在擊發位置

規格説明

FN大威力（HP）手槍

口徑：9x19毫米

重量：0.88千克（裝彈前）；1.04千克（裝彈後）

槍全長：200毫米

槍管長：118毫米

子彈初速：350米／秒

彈匣容量：14發子彈

9毫米FN大威力比利時造勃朗寧手槍

　　1925年，美國著名的武器設計大師約翰·莫塞斯·勃朗寧發明了"勃朗寧"大威力（HP）手槍。時至今日，這種手槍仍在生產和使用。這種優秀手槍的最大製造商是比利時埃斯塔勒的FN公司。該公司從1935年開始生產這種武器。儘管其零部件在第二次世界大戰後曾在加拿大的英格利斯公司生產。

　　目前，FN公司除了生產勃朗寧基本型號的軍用手槍外，還生產其他型號的"勃朗寧"大威力手槍。所有類型的"勃朗寧"大威力手槍都使用了短後坐力操作系統，並且，由同一工廠製造而成，所以很容易辨認。大威力Mk 2就是比較著名的一種。這種手槍被視爲"勃朗寧"大威力手槍中最先進的一種，在沒有任何重大改動的情況下，它的拋光和槍把形狀不僅保留了原來可靠和穩定的優點，而且性能更爲

先進。大威力Mk 3在Mk 2的基礎上增加了一個自動射擊撞針保險裝置。FN公司製造的大威力手槍滑座的左側都帶有該公司享有專利保護的商標和生產時間。

　　標準的軍用勃朗寧手槍有三種型號：基本的軍用手槍型號是BDA-9S；較小的BDA-9M使用了和BDA-9S一樣的槍架，但它的滑座和槍管比較小；袖珍型的BDA-9C也使用了較小的滑座和槍管。這使手槍更小，槍把較短，只能裝7發子彈，這一點和其他能裝14發子彈的標準型號有所不同。BDA-9C屬"口袋手槍"（裝在口袋裏的手槍），主要供身着便裝的警察和擔負特殊任務（如保衛重要人物）的人員使用。

　　最近幾年，該公司又生產出了其他型號的大威力手槍。爲了減輕重量，手槍滑座變得更輕，其他一些零部件則使用了鋁

合金材料。所有型號的勃朗寧手槍都可以發射9毫米的帕拉貝魯姆子彈。雖然被各種先進手槍所充斥的世界手槍市場已趨於飽和，但勃朗寧手槍依然銷量不減。

　　"勃朗寧"大威力手槍的銷量持續上升的一個原因是它久負盛名的優點，經久耐用，安全可靠。勃朗寧手槍以及FN公司製造的武器自始至終都具備這兩大優點。

　　勃朗寧手槍能夠在最不利的環境中長時間使用。當然這需要一個條件，只要進行適當的清理和維修，裝上合適的彈藥，即可正常射擊。

　　大威力手槍在操作時可能會遇到一個尷尬的小問題：所有勃朗寧手槍的槍把都比較寬。當然，BDA-9C手槍除外。這主要是爲了滿足雙排式盒式彈匣的需要而設計的。這種彈匣能裝13發子彈，在戰鬥中非常有用。

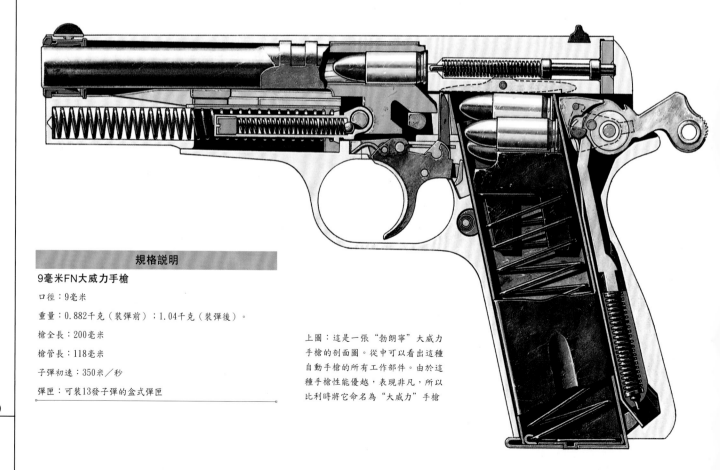

規格説明

9毫米FN大威力手槍

口徑：9毫米

重量：0.882千克（裝彈前）；1.04千克（裝彈後）。

槍全長：200毫米

槍管長：118毫米

子彈初速：350米／秒

彈匣：可裝13發子彈的盒式彈匣

上圖：這是一張"勃朗寧"大威力手槍的剖面圖。從中可以看出這種自動手槍的所有工作部件。由於這種手槍性能優越，表現非凡，所以比利時將它命名爲"大威力"手槍

捷克 CZ 75 手槍及 CZ 系列手槍

設計和製造陸地作戰武器，尤其是輕型武器和火炮，長期以來一直是捷克的得意之作。捷克共和國中部城市布爾諾是公認的首屈一指的輕型武器製造中心。布倫機關槍的名字就取自布爾諾（Brno）的前兩個字母Br。捷克著名的武器公司——塞斯卡·茲布羅約維卡的總部就設在布爾諾。這家公司一般被稱爲CZ公司。捷克的大多數手槍都是由該公司設計的。

第一支捷克斯洛伐克半自動手槍是VZ.22。VZ.22手槍是一種後坐力系統操作的武器，可發射9.65毫米短頭子彈。在被VZ.24手槍（閉鎖和射擊裝置進行了輕微改進）取代之前生產的數量很少。VZ.24手槍之後是VZ.27手槍。第二次世界大戰爆發前，在VZ系列手槍中，VZ.27手槍的生產數量較多。VZ.27手槍發射7.65毫米ACP子彈（柯爾特自動手槍使用的子彈）。槍把內的盒式彈匣可裝8發子彈。VZ.27手槍也使用了後坐力操作系統。子彈射出彈膛時，從彈匣中彈出的另一發子彈被送入彈膛。VZ.27手槍生產的數量也不是太多。後來的VZ.38手槍也屬後坐力系統操作，發射9毫米短頭子彈。

接下來投入生產的捷克手槍是7.65毫米VZ.50手槍。這種手槍也使用了後坐力操作系統，彈匣可裝8發子彈。VZ.50手槍之後是VZ.52手槍。VZ.52手槍發射的是VZ.48子彈，這種子彈比蘇聯同口徑的P型子彈的威力要大。VZ.52手槍也是後坐力系統操作，彈匣可裝8發子彈。自從第二次世界大戰之後，在歐洲，捷克設計的最優秀的手槍是VZ.75。後來，人們逐漸把VZ.75稱爲CZ75手槍。這種手槍的生產數量較大，並且許多國家都進行了仿造。它使用的是著名的9毫米帕拉貝魯姆子彈。顯然，這種手槍借鑒了勃朗寧與衆不同的設計靈感。CZ75有半自動手槍和自動手槍等不同類型，它的彈匣可裝16發子彈。CZ85手槍除了有一個非常靈巧的保險阻鐵和滑座輪之外，其他設計和CZ75手槍基本相似。爲了防止出現手槍保險下滑的情況，CZ85B型手槍增加了一個射擊撞針保險。CZ85"戰鬥"型手槍是CZ85手槍的改進型，它增加了包括可以調整的後瞄準器在內的其他設置。

後坐力

CZ83是一種連發式手槍，可發射7.65毫米ACP子彈、9毫米短頭子彈或9毫米馬卡洛夫子彈，分別裝15或13發子彈。CZ83是一種後坐力系統操作的"口袋"型手槍。它的扳機護柄較大，可容得下戴手套的手指。

CZ92是爲個人防衛而設計的一種連發式手槍。它也使用了後坐力操作系統。這種手槍沒有安裝手動保險。每次射擊之後，擊錘返回到原來的位置。爲了防止偶然性走火，它的保險進行了改進。這種手槍的彈匣也安裝了保險阻鐵，彈匣一有移動，扳機的機械裝置就會自動鎖定。

規格説明

CZ.75B手槍

口徑：9毫米

重量：1千克（空彈匣）

槍全長：206毫米

槍管長：120毫米

子彈初速：大約370米／秒

彈匣：可裝11發或16發子彈的盒式彈匣

右圖：CZ.75手槍的槍把較大。這種槍把有利於操作和提高射擊的精度。注意這種手槍使用的靠在一起的雙排式彈匣

手槍從鎖定彈膛處射擊屬一種新的設計方法。CZ100手槍的引人注目之處是它使用了先進的設計方法和新的製作原料。為了減少手槍的重量，它使用了高強度塑料和鋼材。另外，它還安裝了連發式扳機設置、射擊撞針保險、單邊式滑座輪和彈匣阻鐵，最後一發子彈射出後，滑座就會被鎖定，呈裸露狀。射擊時，這種手槍的形狀便於射手戴上手套。同時，這種手槍既可以用右手射擊，也可以用左手射擊。

最後，捷克在CZ100手槍的基礎上又研製出了CZ110手槍。CZ110手槍既有半自動型，又有連發式射擊型。它的最大優點是：當子彈處於彈膛時，即使隨身攜帶手槍，也不會出現危險。

左圖：這是一支處於待發狀態的CZ75手槍。彈膛內裝的是9毫米子彈。這種手槍有許多地方借鑒了勃朗寧手槍的設計原理。它使用的彈匣可裝16發子彈

下圖：展示的是後坐力機械裝置，在準備射出子彈的下面可以看見第二發子彈。這種手槍卡殼的可能性極小

法國 1950 型和 PA15 型自動手槍

法國9毫米MAS 1950型手槍是由法國東部的聖安東尼國家兵工廠設計、法國西部的卡特爾勒倫特國家兵工廠生產製造的。從1950年開始，這種手槍成為法國陸軍和幾個前法國殖民地國家軍隊的標準軍用手槍。

這種手槍的彈匣可裝9發9毫米帕拉貝魯姆子彈。向後推動滑座，然後鬆開，一顆子彈就被送入彈膛。手槍的保險阻鐵位於滑座後側的左部。保險阻鐵的保險桿處於水平狀態則說明手槍處於安全狀態。

槍管頂部的閉鎖棱條安裝在滑座內部的凹槽內，從而槍管和滑座可以一起向後移動。槍管較低的後尾部和套筒座被一根旋轉鏈連接起來。槍管和滑座一起向後移動一段較短距離，然後，由於鏈子的較低部分和槍架（無後坐力）是連接在一起的，所以鏈子就會向下推壓槍管的後尾

部。這樣槍管的閉鎖棱條就會離開滑座內部的凹槽槽溝。當閉鎖系統分離時，槍管處於靜止狀態，而滑座則在自身動力的作用下，繼續向後滑動。空彈殼出來就停留在後膛的正面位置，等到它撞擊固定的彈射器時就會被彈出槍外。

這種手槍是這樣裝彈的：當複位彈簧推動滑座向前移動時，閉鎖裝置的正面把彈匣內最上面的一顆子彈向前送入彈膛。閉鎖裝置和槍管接觸後，推動槍管向前移動，此時旋轉鏈把彈膛拉高，槍管上面的閉鎖棱條就會進入到滑座的凹槽槽溝內，把兩者鎖定。當槍管底部的凸槽和滑座的阻針接觸時，槍管停止向前移動。

MAB PA 15手槍

MAB PA 15手槍設計於1970年，並且作為法國陸軍的標準軍用手槍投入生產。

它最顯着的特點是槍把又大又長。槍把大有利於操作，可以提高射擊的精度。槍把長則利於增加彈匣的容量。它的彈匣可裝15發9毫米帕拉貝魯姆子彈。這種手槍套筒座後面有一個很顯眼的凸柱。此外，它還有一個環形擊錘。

MAB PA 15手槍直到20世紀80年代末才停止生產。1991年底，法國宣佈和當時的南斯拉夫政府簽訂了一項合同，允許南斯拉夫塞爾維亞的紮斯塔瓦武器製造廠製造MAB PA 15手槍。據說在南斯拉夫內部，許多部隊都裝備了這種手槍。

MAB PA 15手槍的槍架左側上面有一個安在支架上的保險阻鐵。另外，手槍內部還有一個彈匣保險阻鐵。更換彈匣時，彈匣的保險阻鐵可以防止走火。子彈射出後，延遲式後坐力發射裝置可以幫助完成重新裝彈的過程。

右圖：9毫米MAB PA 15手槍在20多年的時間裏一直是法國陸軍的標準軍用手槍。它的槍把較大，可以提高射擊的精度。這種手槍使用的是延遲式後坐力操作系統

左圖：在MAB PA 15手槍於1970年生產之前，MAS 1950型手槍一直是法國及前法國殖民地國家陸軍的標準軍用手槍。它的保險阻鐵位於滑座後部的左側

規格説明	
MAS 1950型手槍	**MAB PA 15手槍**
口徑：9毫米	口徑：9毫米
重量：0.86千克	重量：1.09千克
槍長：195毫米	槍全長：203毫米
槍管長：112毫米	槍管長：114毫米
子彈初速：354米／秒	子彈初速：350米／秒
彈匣：可裝9發子彈的盒式彈匣	彈匣：可裝15發子彈的盒式彈匣

赫克勒和科赫有限公司的手槍

赫克勒和科赫有限公司在毛瑟HSc手槍的基礎上於20世紀50年代研製出了HK手槍。大拇指靠在槍把上，外形相當時尚。它有四種口徑，HK4手槍於20世紀60年代末期銷往美國，但在商業上並沒有獲得太大的成功。HK4手槍於20世紀80年代停止生產。該公司在贏得為新組建的聯邦德國陸軍研製G3步槍的合同後，生意興隆，業務蒸蒸日上。不過好事多磨，1990年，作為G3步槍替代品的G11步槍最終落選了，該公司又陷入財政困境。於是該公司被英國宇航公司的子公司皇家武器公司收購。英國宇航公司根據獲得的許可證生產了大量HK手槍。

P9手槍使用了延遲式後坐力擊發設置和滾筒式閉鎖裝置。延遲式後坐力擊發設置源自G3步槍。P9手槍使用口徑為7.65毫米和9毫米的帕拉貝魯姆子彈。套筒座左側有一個帶反向錐桿的內置式擊錘。1977年，該公司在美國市場又推出一種使用連動式擊發設置的P9S手槍。這種手槍可以發射11.43毫米ACP子彈。許多國家的軍隊或準軍事部隊購買了這兩種手槍。美國海軍陸戰隊購買了大量槍管上刻有螺紋線可安裝消音器的P9S手槍。1990年，P9手槍停止生產。

VP70手槍

從20世紀70年代到80年代中期，赫克勒和科赫有限公司製造出一種連動式VP70自動手槍。這種手槍具有3發子彈點射的功能。它的分離式肩用槍托可以拆卸。

VP70手槍主要是面向軍用市場生產的。這種手槍對一些第三世界國家限制銷售。今天，在一些第三世界國家，人們可能會遇到許多沒有安裝點射裝置的既非軍用又非民用的VP70手槍。

P7手槍

P7手槍是專門為聯邦德國警察而設計的。這種自動手槍，無須鬆動外置保險阻鐵即可使用。這種手槍於1979年全面投入生產，供聯邦德國警察和邊防部隊使用。這種手槍的槍把非常獨特，一眼就可認出。P7手槍的槍把前部有一個擊發杆，射擊時必須擠壓這個擊發杆。松開槍把，撞針和扳機分離，表明手槍處於安全狀態。聯邦德國陸軍和準軍事部隊使用的是

上圖：P9手槍使用的滾筒式閉鎖延遲鎖定系統源自赫克勒和科赫有限公司生產的系列步槍

P7K3手槍。這種手槍使用了簡單的後坐力操作系統，發射9毫米短頭子彈。P7M8和P7M13手槍分別使用可裝8發和13發子彈的彈匣。爲了適應發射威力更大的帕拉貝魯姆子彈，它們都使用了氣動活塞和延遲式後坐力發射裝置的彈膛。1987年，爲了打入美國市場，該公司又生產出了P7M45手槍。這種手槍發射11.43毫米ACP子彈。爲了延遲滑座的後坐力，它使用了注油式彈膛，而不是氣動式彈膛。有趣的是，這種手槍使用了火炮的機械裝置。這就使P7M45手槍成爲一種非常昂貴的武器，再加上激烈的競爭，它在商業上失利也就不足爲奇了。

赫克勒和科赫有限公司於20世紀80年代研製出Mk 23手槍。這種手槍在美國特種作戰司令部爲特種部隊舉行的手槍比賽中一舉成名，並於1996年裝備部隊。這種手槍發射11.43毫米ACP子彈。這種大型自動手槍使用的是連動式扳機。扳機帶有保險和反向擊杆。槍架使用了聚合材料和嵌入式鋼板。這種手槍安裝有激光瞄準儀和戰術閃光燈。槍管刻有螺紋線，可以安裝消音器。

最近幾年，赫克勒和科赫有限公司又生產出一種USP軍用手槍。這種手槍屬通用型自動手槍的派生類型。在20世紀的最後10年裏，該公司已經生產出多種類型的通用型自動手槍。這種手槍主要供執法部門當作自衛武器使用。USP手槍包括運動型手槍和USP"戰術"手槍。USP"戰術"手槍發射11.43毫米子彈，供美國一些特種部隊使用（美國特種部隊已經不再使用較大的Mk 23手槍）。德國陸軍使用的USP手槍被命名爲P8手槍。德國警察使用的USP"袖珍"手槍被稱爲P10手槍。這兩種德國手槍都使用9毫米帕拉貝魯姆子彈。

上圖：P7手槍演示

規格說明

P7M8手槍

口徑：9毫米（帕拉貝魯姆子彈）

重量：0.8千克（裝彈前）；

    0.95千克（裝彈後）

槍全長：171毫米

槍管長：105毫米

子彈初速：350米／秒

彈匣容量：可裝8發子彈

P9手槍

口徑：9毫米（帕拉貝魯姆子彈）

重量：0.88千克（裝彈前）；1.07千克（裝彈後）。

槍全長：192毫米

槍管長：102毫米

子彈初速：350米／秒

彈匣容量：可裝9發子彈

VP70手槍

口徑：9毫米（帕拉貝魯姆子彈）

重量：0.82千克（裝彈前）；1.14千克（裝彈後）

槍全長：204毫米

槍管長：116毫米；

    545毫米（裝上槍托後）

子彈初速：360米／秒

彈匣容量：可裝18發子彈

USP手槍

口徑：9毫米（帕拉貝魯姆子彈）；

    11.35毫米（史密斯和威森子彈）；

    11.43毫米（ACP子彈）；

    9.2毫米（SIG子彈）

重量：0.72千克

彈匣容量：可裝15發子彈（9毫米型）

Mk 23手槍

口徑：11.43毫米（ACP子彈）

重量：1.1千克（未裝彈）

槍全長：245毫米

彈匣容量：可裝12發子彈

瓦爾特 PP 和 PPK

瓦爾特公司的PP（警用手槍）手槍生產於1929年，今天這種武器仍在生產。在第二次世界大戰期間，德國軍隊及其他軸心國軍隊大量使用這種手槍。而PPK手槍（小型警用手槍）要比PP手槍小，主要供警察，尤其是身著便裝的警察使用。PPK手槍生產於1931年。在20世紀40年代，德國有一些剩餘的PPK手槍。在007系列間諜電影中，邦德常常使用這種手槍（邦德在最新的電影中使用的是最新式的P99手槍）。這些手槍是第一批成功的連發式自動手槍，第二次世界大戰後停止生產，但在20世紀60年代中期又恢復生產。PP

和PPK手槍自問世以來，使用範圍極其廣泛。最初的PP手槍口徑為7.65毫米和9毫米（短頭子彈）。自20世紀60年代以來，一種口徑為5.59毫米的"遠程"型手槍在市場上銷量極好。在第二次世界大戰爆發之前，有一部分PP手槍的口徑為6.35毫米。另外，還有一種奇怪的PPK/S手槍，使用PP手槍的槍架和PPK手槍的槍管和滑座。這種手槍如此設計的目的是為了逃避美國的《1968年槍支控制法》。該法案對進口手槍的最小尺寸進行了限制。PP"超級"手槍有一個左右手都可使用的扳機護柄。這種手槍發射9毫米警用子彈。小型的TP

和TPH手槍在20世紀70年代時停止了生產，儘管根據生產許可證美國可以在一定期限內生產這兩種手槍。

所有型號的PP手槍都使用了簡單的後坐力操作系統和良好的保險設置。其中，有一種保險設置曾被許多國家仿製：當閉鎖裝置向前移動時，保險正好位於撞針的位置；只有在扳機的確受到推壓時，閉鎖裝置才會移開。PP手槍使用的另一個創新性設計是擊錘上面安裝了信號針。子彈確實裝進彈膛時，信號針向前突出，表明"已裝彈"。第二次世界大戰期間，這種手槍在生產時省去了這一設置。

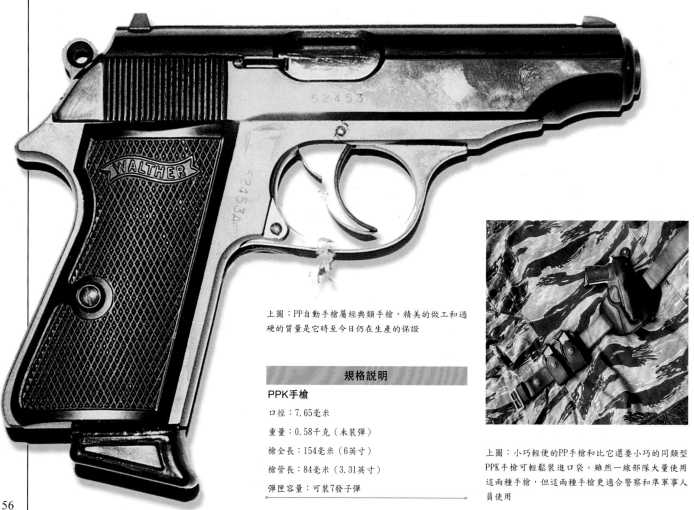

上圖：PP自動手槍屬經典類手槍，精美的做工和過硬的質量是它時至今日仍在生產的保證

規格説明

PPK手槍

口徑：7.65毫米

重量：0.58千克（未裝彈）

槍全長：154毫米（6英寸）

槍管長：84毫米（3.31英寸）

彈匣容量：可裝7發子彈

上圖：小巧輕便的PP手槍和比它還要小巧的同類型PPK手槍可輕鬆裝進口袋。雖然一線部隊大量使用這兩種手槍，但這兩種手槍更適合警察和準軍事人員使用

瓦爾特 P5、P88 和 P99 現代手槍

由於在第二次世界大戰中瓦爾特P38自動手槍有出色表現，1979年，這種手槍再次投入生產。改進後的P38手槍被稱為P5手槍，改進的主要項目是它的保險裝置。德國和荷蘭等國的警察部隊都使用P5手槍。一些非洲國家也訂購了這種手槍。另外，還有一種"袖珍"型P5手槍，它的槍長只有169毫米，彈匣可裝8發子彈。

1988年，瓦爾特一改其傳統的使用楔形閉鎖設置的設計風格，改用柯爾特手槍和勃朗寧手槍的鉸鏈式閉鎖裝置。使用鉸鏈式閉鎖裝置生產出來的瓦爾特手槍被稱為P88手槍。許多國家的軍隊（其中包括英國陸軍）渴望找到一種新式的軍用手槍，它們對P88手槍進行了試驗，但是，P88手槍並沒有引起它們的太大興趣，也沒有哪個國家的軍隊願意授權該公司大規模生產這種手槍。

為了努力克服P88手槍所存在的問題，在20世紀90年代中期，該公司研製出了P99手槍，它比P88手槍性價比更高，並且增加了現代軍隊喜愛的設計。雖然它沒有手動保險設置，卻使用了三大保險設置：扳機保險設置、非連續射擊保險設置和撞針保險設置。在滑座的上部有一個反向擊發按鈕。軍用型手槍的滑座是用複合材料製成的，顏色是橄欖綠色，而不是傳統的黑色。

史密斯和威森公司根據生產許可證在美國生產的P99手槍被稱為史密斯和威森99手槍：槍架和擊發裝置由德國製造，滑座由美國製造商提供。為了滿足美國市場的需要，最後的組裝工作是在美國進行的。史密斯和威森99手槍發射史密斯和威森公司生產的10.16毫米子彈，彈匣容量有所縮小，可裝12發子彈。

上圖：P38手槍和它的改進型P5手槍使20世紀30年代中期和20世紀70年代末期之間的P系列手槍的設計思想完美地連接在一起。從滑座的左側到瓦爾特徽章的後部寫著"P5/卡爾·瓦爾特·瓦馮法布里克·烏爾姆多"。這種手槍的序列號位於槍架的右側。瓦爾特P5手槍的基本資料由德國警察提供

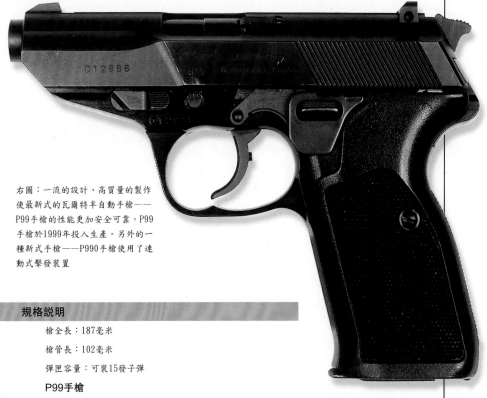

右圖：一流的設計、高質量的製作使最新式的瓦爾特半自動手槍——P99手槍的性能更加安全可靠。P99手槍於1999年投入生產。另外的一種新式手槍——P990手槍使用了連動式擊發裝置

規格說明

P5手槍

口徑：9毫米（帕拉貝魯姆子彈）

重量：0.795千克

槍全長：180毫米

槍管長：90毫米

彈匣容量：可裝8發子彈

P88手槍

口徑：9毫米（帕拉貝魯姆子彈）

重量：0.9千克

槍全長：187毫米

槍管長：102毫米

彈匣容量：可裝15發子彈

P99手槍

口徑：9毫米（帕拉貝魯姆子彈）

重量：0.72千克（未裝彈）

槍全長：180毫米

槍管長：102毫米

彈匣容量：可裝16發子彈

以色列軍事工業公司（IMI）"沙漠之鷹"手槍

以色列軍事工業公司生產的自動手槍被稱爲IMI"沙漠之鷹"，最初是由美國明尼蘇達州明尼阿波利斯市的MRI有限公司設計出來的。以色列對這種手槍進行改進之後，極其先進和威力巨大的"沙漠之鷹"手槍就誕生了。這種手槍對電影製造商產生了重大影響，在許多槍戰片中，都能看到被人們揮動着的"沙漠之鷹"手槍。

"沙漠之鷹"手槍既可使用9毫米馬格南子彈，也可使用威力更大的10.92毫米馬格南子彈。後一種子彈是目前威力最大的手槍子彈之一。要從一種口徑轉到另一種口徑，只需替換幾個零部件。爲了保證絕對安全，在使用這些大型子彈時，"沙漠之鷹"手槍使用了旋轉式槍栓，可以最大限度地發揮閉鎖裝置的功效。左右手都可以觸摸到保險阻鐵。當手槍處於安全狀態時，擊錘和扳機相分離，並且撞針處於固定不動狀態。

可延伸的槍管

這種手槍的標準槍管是152毫米，但是它的標準槍管可以和203毫米、254毫米和356毫米長的槍管互換使用。槍管延長後可以對遠距離的目標射擊，並且在套筒座頂部的支架上還可以安裝望遠瞄準器。改換槍管時不需要特殊工具。"沙漠之鷹"手槍還有其他獨到的設計：扳機可以調整，可以安裝不同型號的固定瞄準器，扳機護柄左右手都可以使用，如果需要的話，還可以安裝特殊的槍把。正常情況下，這種手槍都是用優質鋼材和鋁合金製成的。

"沙漠之鷹"手槍既可當作強大的軍用武器使用，也可以當作警用武器使用。

並且，目前這種手槍已經向平民或射擊愛好者出售。然而，許多軍事部門反對使用馬格南子彈。從普通的軍用途方面來看，這種子彈的威力遠遠超出了實際需要。因爲要想最大地發揮這種手槍的威力，射手必須接受大量訓練。從先進的軍事用途方面來看，這真是一大諷刺，這種手槍僅僅當作防身武器配發給那些在正常情況下根本就不希望射擊的人員。可是使用這種手槍，要想成爲一個準確的射手，僅僅學一點基本的射擊技巧是遠遠不夠的，射手必須接受正規的訓練。而且，即使是在訓練有素的軍隊中，使用這種手槍出現事故也不是什麼稀罕事。如此一來，像"沙漠之鷹"這樣的手槍似乎命中註定只能供特種警察部隊和那些只想擁有最好的、最大威力手槍的狂熱愛好者使用了。

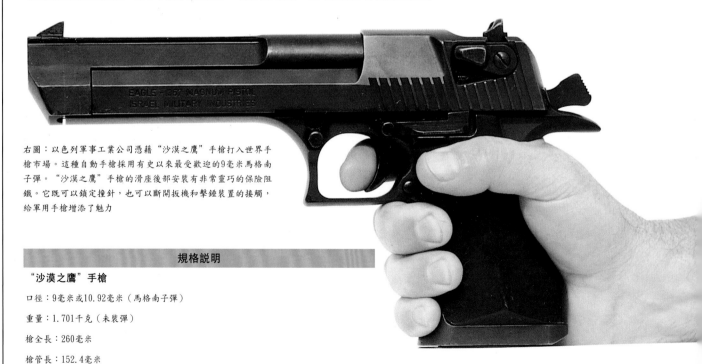

右圖：以色列軍事工業公司憑藉"沙漠之鷹"手槍打入世界手槍市場。這種自動手槍採用有史以來最受歡迎的9毫米馬格南子彈。"沙漠之鷹"手槍的滑座後部安裝有非常靈巧的保險阻鐵。它既可以鎖定撞針，也可以斷開扳機和擊錘裝置的接觸，給軍用手槍增添了魅力

規格説明

"沙漠之鷹"手槍

口徑：9毫米或10.92毫米（馬格南子彈）

重量：1.701千克（未裝彈）

槍全長：260毫米

槍管長：152.4毫米

子彈初速：436米／秒（9毫米馬格南子彈）；448米／秒（10.92毫米馬格南子彈）

彈匣容量：可裝9發9毫米馬格南子彈或7發10.92毫米馬格南子彈

貝瑞塔 1951 型和貝瑞塔 9 毫米 92 型系列手槍

1951型手槍仍然保留了貝瑞塔的開蓋式滑座。該公司開始時希望用鋁製滑座，但最終放棄了，改用全鋼材料製成。由於貝瑞塔公司一直想尋找一種令人滿意的輕型滑座，所以1951型手槍的首批樣品直到1957年才問世。最近幾年，該公司使用鋁製滑座的夢想已成爲現實。

標準手槍

9毫米1951型手槍成了以色列、埃及和意大利的標準軍用手槍。爲了製造這種手槍，該公司在埃及建立了生產線。埃及生產的這種武器被稱爲"海爾王"手槍。1951型手槍雖然使用了閉鎖系統，但仍然使用了貝瑞塔手槍的基本設計。後坐杆和彈簧位於槍管下部。槍管裸露處較大。槍把傾斜度恰到好處。彈匣位於槍把內，可

裝8發子彈。這種手槍使用的是外置式擊錘。使用擊錘時，保險阻鐵和擊發阻鐵相接觸。大多數手槍的前後瞄準器都可以根據需要進行調整。

新型手槍

1976年，貝瑞塔公司有兩種新的自動手槍系列投入生產。使用後坐力操作系統的貝瑞塔81型手槍可發射口徑爲7.65毫米及更大口徑的子彈。貝瑞塔92型手槍可發射普通的9毫米帕拉貝魯姆子彈。92型手槍系列之一的92F型手槍（或稱M9型手槍）取代了美國的M1911A1軍用手槍，成爲美國陸軍的標準自動手槍。

保險阻鐵

92S型手槍源自於92型手槍。經過改

進，92S型手槍的保險阻鐵位於滑座上面，而92型手槍的保險阻鐵位於滑座下面。這樣，當撞針和擊錘不在同一直線時，擊錘的位置就降至彈膛的上面。此時彈膛裝彈後處於絕對保險狀態。

92SB型手槍和92S式手槍基本相同，但安裝在滑座上的保險阻鐵可以從滑座的每個側面使用。92SB-C型手槍是92SB型手槍的縮小版，更易於操作。

美國陸軍使用的貝瑞塔手槍

美國陸軍使用的92F型手槍是92SB型手槍的改進型。美國和意大利都生產了這種手槍。它和92SB型手槍的主要區別是：爲了適應雙手握槍的需要，它的扳機護柄的形狀有所改動。彈匣的底座加長了，槍把和槍帶環也都有所改動。槍膛內鍍有鉻

右圖：貝瑞塔1951型手槍是意大利武裝部隊的標準手槍。曾經出口到包括以色列和埃及在內的許多國家。目前這種手槍的數量正在減少。圖中是一把埃及生產的"海爾王"手槍

合金，槍膛外層塗有聚四氟乙烯類型的塗料。

繼92F型手槍之後，該公司又推出了92F袖珍型手槍。它和92SB-C型手槍及美國陸軍使用的92F型手槍從外形上看沒什麼區別。

另外，貝瑞塔公司使用相同的生產線還生產出一種92SB-C型M式手槍。這種手槍的彈匣可裝8發子彈，而92型手槍的彈匣可裝15發子彈。另外，92式系列手槍中還有兩種主要型號，只是口徑要小一點：98型手槍和99型手槍（已停止生產），這兩種手槍的口徑都是7.65毫米，分別是92SB-C型手槍和92SB-C型M式手槍的改進型。

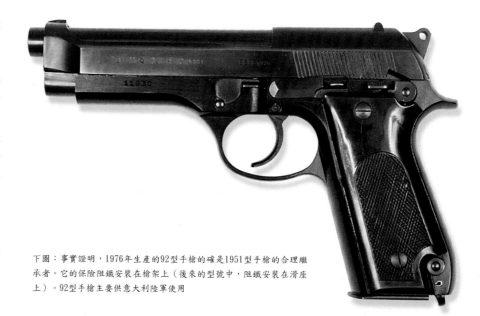

下圖：事實證明，1976年生產的92型手槍的確是1951型手槍的合理繼承者。它的保險阻鐵安裝在槍架上（後來的型號中，阻鐵安裝在滑座上）。92型手槍主要供意大利陸軍使用

規格說明

1951型手槍
口徑：9毫米

重量：0.87千克（裝彈前）

槍全長：203.2毫米

槍管長：114.2毫米

子彈初速：350米／秒

彈匣容量：可裝8發子彈

92F型手槍
口徑：9毫米

重量：1.145千克（裝彈後）

槍全長：217毫米

槍管長：125毫米

子彈初速：大約390米／秒

彈匣容量：可裝15發子彈

貝瑞塔 9 毫米 93R 型手槍

由於貝瑞塔93R型手槍是另一種類型的為3發子彈點射而設計的手槍，所以它是介於衝鋒槍和選擇性射擊類手槍之間的一種武器。這種手槍源自貝瑞塔92型手槍，它可以作為正常的自動手槍使用。但是，在選擇三發子彈點射時，射手必須雙手握緊手槍。

槍把設計

為了做到這一點，貝瑞塔公司設計了一種"袖珍"型槍把系統。這種系統，在右手持槍時，扣扳機和握槍把的操作功能和其他手槍別無二致。而在左手持槍時，

安裝在扳機護柄前部的小型前置式槍把可以向下折疊。左手大拇指可以插入到扳機護柄前面，其餘手指握緊前置槍把，只要雙手握緊手槍就可以射擊。突出的槍管末端裝有槍口制動器，可以起到閃光遮蔽器的作用。

折疊式槍托

射擊時為了保持更大的穩定性，可以在槍把上安裝金屬製成的折疊式槍托。不用時，槍托可以裝在一個特殊的槍套內；需要時安裝在手槍上，手槍長度可延長兩倍，便於射手射擊。

93R型手槍使用的盒式彈匣有兩種。一種可裝15發子彈，另一種可裝20發子彈。這種手槍使用普通的9毫米帕拉貝魯姆子彈。

93R型手槍的設計極其周密。毫無疑問，從其前瞻性的設計中可看出這一點，它在扳機護柄前面使用了一個前置式槍

把。這樣設計的理由是，原來雙手射擊時需要用雙手緊握較大些的槍把，而這種前置式槍把，雖然同樣是雙手握槍，但一前一後握槍比雙手握槍更加穩定。

在3發子彈點射時，使用前置式槍把可以提高射擊的精度。因為雙手之間有一段距離，這樣握力的基點變長；雙手之間的距離較近，射擊時可以防止任何一隻手產生抖動。在多發子彈點射時無須使用延伸式金屬槍托。當然，如果真想更精確地射擊（即使是單發射擊），建議最好使用延伸式金屬槍托。

93R型手槍目前已從研發階段向前邁出了一大步，在公開的武器市場上隨處都能見到它的身影。然而，這種手槍存在一個問題：3發子彈點射的設置相當複雜。從目前情況看，只有訓練有素的專業技師才能對其維護和修理。

一旦解決了這個難題，那麼93R型手槍一定會成為令人生畏的近戰自衛武器。

上圖：93R型手槍具有3發子彈點射的能力。儘管攜帶和操作方法都和常規手槍一樣，但更準確地說，93R型手槍更接近於衝鋒槍

右圖：意大利武裝部隊和其他國家的特種部隊使用93R型手槍。它的槍架和92型手槍的槍架類似，但是，它的點射控制裝置安裝在槍把的右側。為了對付遠距離的目標，或加強對近距離目標的控制能力，前置式槍把能迅速延伸

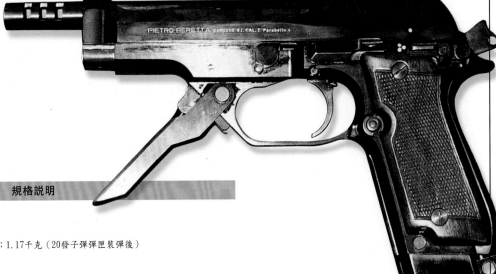

規格說明

93R型手槍

口徑：9毫米

重量：1.12千克（15發子彈彈匣裝彈後）；1.17千克（20發子彈彈匣裝彈後）

槍長：240毫米

槍管長：156毫米

子彈初速：375米／秒

彈匣容量：可裝15發或20發子彈

馬卡洛夫 9 毫米手槍

許多西方情報機構在20世紀60年代初才首次發現馬卡洛夫自動手槍。其實，早在20世紀50年代初蘇聯就開始研製這種手槍，並於1952年投入生產。從某種程度上講，這種手槍是德國1929年生產的半自動手槍——瓦爾特PP型手槍設計的擴大版。時間已經驗證了PP型手槍是有史以來最優秀的手槍之一。值得注意的是，馬卡洛夫手槍的設計借鑒了PP手槍的設計原理。馬卡洛夫手槍使用的是9毫米×18毫米子彈，雖然這種子彈和西方9毫米的警用子彈口徑相同，但事實上，這種子彈和任何一種子彈都不相同。1951年，這種子彈開始時是供"斯德克金"衝鋒槍（基本上是擴展型的PP手槍，具有全自動射擊能力，彈匣可裝20發子彈）使用的，這種子彈的威力介於9毫米帕拉貝魯姆子彈和9毫米短頭子彈之間。蘇聯的這種子彈顯然是根據第二次世界大戰時德國的一種子彈研制的。德國的作戰部隊並沒有使用這種子彈，但是，在相當長的時間裏，它引起了西方人

的注意。西方國家從來沒有生產過這種子彈，但是蘇聯卻把它視爲理想的子彈。蘇聯人認爲使用非閉鎖裝置的手槍可以使用這種子彈。

簡單的擊發設置

使用這種子彈有可能使馬卡洛夫以簡單的後坐力操作系統爲基礎的設計變成現實，擊發設置越簡單，就越需要威力更大的子彈。PP手槍和馬卡洛夫手槍的另一大區別是，後者的扳機設置比瓦爾特手槍的扳機設置更加簡單，不過可惜的是，它是以犧牲連動式推力的功能爲代價的。

蘇聯人稱馬卡洛夫手槍爲PM手槍。不僅所有的蘇聯武裝部隊和所有華約組織成員國的軍隊，而且大多數華約組織成員國的警察都裝備了這種手槍。

馬卡洛夫手槍設計合理簡單，適合在惡劣的條件下操作，但製作較為粗糙。多種資料表明這種手槍不易操作，因爲它的槍把相當厚，所以使用時比較困難，但這

對於東歐集團各國的士兵來說也沒什麼不方便，因爲他們每年大多數時間都要戴上厚厚的手套。

除蘇聯以外，別的國家也製造過這種手槍。在中國，PM手槍被稱爲59式手槍。民主德國是另一個馬卡洛夫手槍的製造國，其產品和蘇聯的一模一樣，但名字被稱爲M手槍。另外，波蘭也生產了和馬卡洛夫類似的手槍，波蘭人把這種手槍稱爲P-64手槍。上述三國還生產了特殊的馬卡洛夫子彈。

未被接受的改進型

馬卡洛夫手槍的主要問題是它的彈匣容量小，並且子彈威力也不夠大。蘇聯意識到這個問題，並且在20世紀80年代初，試圖在PMM（PM手槍的改進型）手槍中克服這些缺陷，PMM手槍使用可裝12發子彈的雙排式彈匣和裝有較重推進火藥的子彈（子彈初速可增加100米/秒），但結果都徹底失敗了。

右圖：馬卡洛夫手槍是一種簡單的、利用後坐力原理操作的半自動手槍。顯然，它是在瓦爾特PP手槍和PPK手槍的基礎上設計出來的，它和第二次世界大戰前的德國手槍有着密切的聯繫

左圖：一名蘇聯海軍軍官準備發射他的9毫米馬卡洛夫手槍。蘇聯海軍和陸軍相比，規模要小得多，但仍是蘇聯軍隊最有效的作戰部隊之一

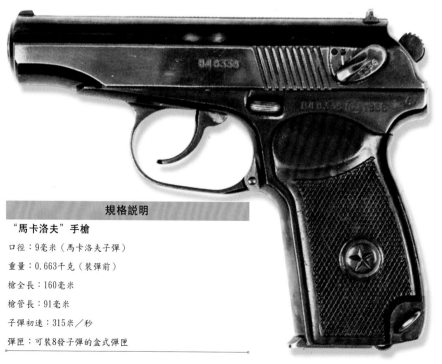

規格説明

"馬卡洛夫"手槍

口徑：9毫米（馬卡洛夫子彈）

重量：0.663千克（裝彈前）

槍全長：160毫米

槍管長：91毫米

子彈初速：315米／秒

彈匣：可裝8發子彈的盒式彈匣

PSM 5.45 毫米手槍

20世紀70年代，蘇聯當局發現它需要一種新式的、體積小、重量輕的半自動手槍，作爲個人防身武器，供高級軍官和安全人員使用。這種手槍要盡可能做到小巧精緻，外部沒有多餘的裝飾，從而避免和衣服內部的物體發生鉤掛或碰撞。其設計目的顯然是使這種手槍既能藏在衣服內，又能快速從口袋中拔出使用。

這種新式手槍使用的子彈是新研製的5.45毫米×18毫米子彈，它的彈殼爲瓶頸狀，彈頭呈尖形，其性能要超過5.59毫米"遠程"子彈和勃朗寧6.35毫米ACP子彈。

儘管這種子彈的初速不是太快，但有消息說這種子彈有強大的穿透能力，可穿透某些防彈衣上的防護裝甲。

小型輕便

爲發射這種有用的子彈而設計出來的武器就是PSM手槍（或稱小型自動手槍）。1980年，這種手槍投入生產，不久就裝備部隊。PSM手槍是一種極爲傳統的後坐力系統操作武器，有一個連動式扳機。手動操作的保險阻鐵（爲了使手槍處於安全狀態要向後推動保險阻鐵）裝在滑座後部的左側，沒有滑座阻針。這種槍的主要製造原料是鋼，但爲了減輕重量和寬度，槍把的側板用細薄的鋁合金製成。後者僅有18毫米厚，所以這種手槍極易藏在衣服口袋裏。

爲了便於從口袋中拔出手槍，扳機護柄非常平滑，手槍的下面則適當彎曲，兩者相當匹配。和標準的現代半自動手槍一樣，槍管有6條向右彎曲的膛線槽溝，彈匣位於槍把內。

小型彈匣

這種手槍的彈匣只能裝8發子彈。作爲自衛武器，8發子彈已經足夠了。移動位於槍把後部的阻鐵，可以再次裝彈。取下彈匣後，手槍處於安全狀態。而且向後推動滑座可以把可能遺留在彈膛內的子彈彈出槍外（手槍滑座右部有一個彈射器），並且還可以從彈射孔中看看彈膛內是否還有子彈，最後，在推動扳機之前松開滑座。

PSM手槍仍然在適度生產，供軍隊和準軍事部隊使用，並且還流入歐洲和其他地區的武器黑市上。

下圖：PSM手槍開始時主要是爲了便於隱藏攜帶而設計的。它是一種小巧精緻的半自動手槍，沒有較大類型手槍那麼多的附件設置。它可以隨時從口袋中抽出，是俄羅斯的軍用手槍之一。另外，保加利亞武裝部隊也使用這種手槍

規格說明

PSM手槍

口徑：5.45毫米×18（MPT子彈）

槍全長：155毫米

槍管長：85毫米

重量：0.46千克（裝彈前）；0.51千克（裝彈後）

子彈初速：大約315米／秒

彈匣：可裝8發子彈的盒式彈匣

瑞士 P220 系列手槍

許多年以來，位於紐毫森·萊茵福斯的瑞士工業集團（SIG）的生產車間裏一直在生產一流的武器。該公司一直受到瑞士法律的嚴格限制，不得向國外出口有軍事用途的武器。但是，由於該公司和德國紹爾父子公司結成了聯盟，最後得以將其產品移到聯邦德國，然後再進入世界武器市場。這就是SIG-Sauer公司成立的根本原因。

兩公司結盟後成立的新公司研製出的第一批軍用手槍就是SIG-Sauer P220手槍。它是一種帶有閉鎖裝置的單動式或連動式半自動手槍。談起這種手槍就難免有誇大其詞之嫌。因爲從許多方面看，它確實是一種了不起的手槍，爲了減輕重量和降低費用，它的槍架儘量使用金屬衝壓和由鋁製品製成，但製作和拋光標準都極爲嚴格。這種手槍操作時給人的感覺極好，一槍在手，"舒適"之感頓生。這種手槍非常精確，整個設計非常嚴謹，異物和塵土很難進入槍內，無須擔心引起阻塞。除此之外，這種槍極易拆卸和維護，而且擁有常用保險設置，樣樣俱全。

四種口徑可供選擇

從整體上看，P220手槍最突出的特點是有四種口徑，可以任意選擇。這四種口徑是：普通9毫米帕拉貝魯姆、7.65毫米帕拉貝魯姆、11.43毫米ACP和9毫米"超級"（不會和9毫米帕拉貝魯姆相混淆）。另外，P220手槍還可以轉換爲另一種口徑，在使用輔助工具的情況下，可以發射5.59毫米"遠程"子彈進行射擊訓練。發射9毫米帕拉貝魯姆子彈時，它的彈匣可裝9發子彈；而發射11.43毫米ACP子彈時，彈匣只能裝7發子彈。

P220手槍的這些優點爲SIG-Sauer公司贏得了大筆訂單。瑞士軍隊就裝備了這種手槍，瑞士人把這種手槍稱爲9毫米75式手槍。有時候，公司在供貨時，也把P220手槍稱爲75式手槍。

P220手槍的改進型被稱爲P225手槍和P220手槍相比，它稍微小了一點，並且只能發射9毫米帕拉貝魯姆子彈。使用P225手槍的聯邦德國和瑞士警察把這種手槍稱爲P6手槍。繼P225手槍之後研製出來的9毫米帕拉貝魯姆P226手槍的彈匣可裝15發子彈。該公司研製P226手槍是爲了和其他手槍競爭，能夠成爲美國M1911A1手槍的替代者，但是由於它的價格過於昂貴，未能成功。P228手槍生產於1989年。其實，P228就是小型的P226手槍。它的彈匣較小，被美國空軍選中使用，美國空軍稱之爲M11手槍。P229手槍則是專門發射10.16毫米史密斯和威森子彈的P228手槍。

右圖：瑞士P220手槍是瑞士工業集團和德國紹爾父子公司合作研製而成的優秀武器。這種手槍避開瑞士政府的限制之後才成功出現在世界武器市場上

上圖：P220手槍已經生產了150000支，其中有35000支75式手槍供瑞士軍隊使用。這種手槍的設計顯然對伊朗的ZOAF手槍產生了重大影響。圖爲1978年瑞士工業集團在其125周年慶典中展出的P226手槍

規格說明
9毫米75式手槍
口徑：9毫米
重量：0.83千克（裝彈前）
槍全長：198毫米
槍管長：112毫米
子彈初速：345米/秒
彈匣：可裝9發子彈的盒式彈匣

美國自動手槍

　　雖然美國有多家生產供軍隊、安全和執法部門使用的半自動手槍的武器製造商，但是，在手槍市場上最為有名的手槍還要數盧格公司生產的盧格手槍以及史密斯和威森公司生產的史密斯和威森手槍。1987年，盧格公司最先進的發射9毫米帕拉貝魯姆彈的盧格P85手槍投入生產。從那以後，盧格公司又製造出多種盧格系列手槍。所有盧格手槍都使用了後坐力操作系統，從密閉的彈膛處發射；並且，除了9毫米P95手槍和11.43毫米P97手槍的槍架是用複合材料製成的之外，其餘系列的手槍槍架都是用鋁製成的。

　　盧格系列手槍的彼此差異主要在於它們的扳機、槍管長度和彈匣容量。

1991年，P85手槍停止生產，它的扳機為連發式，槍管長114毫米，彈匣可裝15發子彈。P89手槍是1991年投入生產的。它和P85的區別在於使用了不同的連發式裝置、連發式反向擊鐵和連發式扳機。P90手槍的口徑為11.43毫米，帶有連動式裝置和連動式反向擊鐵扳機，彈匣可裝7發子彈。P91手槍在1992—1994年期間投入生產，口徑為10.16毫米，槍管長110毫米，帶有連動式反向擊鐵和連動式裝置，彈匣可裝11發子彈。口徑為9毫米的P93手槍於1994年投入生產，槍管長99毫米，帶有連動式反向擊鐵和連動式裝置，彈匣可裝10發子彈。口徑為9毫米的P94手槍和同年生產的口徑為10.16毫米的P944手槍的槍管長

108毫米，扳機裝置有3種射擊方式可供選擇，彈匣可裝10發子彈。1996年生產的9毫米P95手槍，槍管長99毫米，有3種射擊方式可供選擇，彈匣可裝10發子彈。最後是1998年生產的11.43毫米P97手槍，槍管長99毫米，有3種射擊方式可供選擇，彈匣可裝8發子彈。

史密斯和威森手槍

　　史密斯和威森公司也生產了大量半自動手槍。最初的半自動手槍是1949年生產的史密斯和威森39型手槍。這種手槍使用後坐力操作系統，是由鋼、不銹鋼和鋁合金製成的。39型手槍彈匣可裝8發子彈，它和在它之後的59型手槍（彈匣可裝14發

上圖：AMT手槍是現代半自動手槍的代表。它可發射9毫米或10.16毫米史密斯和威森子彈。它的槍架是用鋁加工而成的，其他部件用鑄鋼製成。彈匣可裝15發子彈。而10.16毫米史密斯和威森手槍的彈匣只能裝11發子彈，但這種子彈的威力較大

子彈）同屬史密斯和威森公司的第一代半自動手槍，並且在1980年都停止了生產。史密斯和威森公司的第二代手槍是1980年投入生產的。第二代手槍是在第一代手槍39型手槍和59型手槍的基礎上設計出來的，共有三種類型，每種類型的槍架製造原料、雙排式彈匣以及帶有保險和反向擊鐵的傳統型連動式扳機都有所不同。瞭解第二代手槍的關鍵在於要明白手槍型號序列中數字的意思，第一個數字4/5/6分別代表這種手槍的槍架是用鋁合金、碳鋼或不

銹鋼製成的；第二個數字和第三個數字代表彈匣容量和槍架的尺寸〔59指該槍架爲9毫米，彈匣爲雙排式；39指該槍架爲9毫米，彈匣爲單排式；69指該槍架爲9毫米（袖珍型），彈匣爲雙排式〕。第三代手槍是從1990年投入生產的。第三代手槍的型號序列數由4位數字組成。第三代手槍有小巧靈活的保險和反向阻鐵桿、連動式裝置和反向阻鐵。口徑分別爲10.16毫米、11.43毫米和10毫米。要瞭解第三代手槍的關鍵在於明白它的前兩個數字分別代表口

徑和彈匣的類型〔39代表該手槍的口徑是9毫米，彈匣是單排式；59代表該手槍的口徑是9毫米，彈匣是雙排式；69代表該手槍的口徑是9毫米（袖珍型），彈匣爲雙排式；等等〕。第三個數字代表扳機類型和槍架的尺寸（5代表扳機爲連動式和槍架爲袖珍型等）。第四個數字代表槍架的製作材料（3和6分別代表槍架是用鋁和不銹鋼製成的）。第三代手槍的所有滑座都是用不銹鋼製成的。

規格説明

盧格P97手槍

口徑：11.43毫米

重量：0.86千克

槍全長：185毫米

槍管長：99毫米

子彈初速：不詳

供彈：可裝8發子彈的盒式彈匣

右圖：柯爾特公司著名的M1911手槍經過柯爾特和其他許多武器製造公司的不斷改進擁有先進的型號，可發射目前執法人員最喜愛的10毫米大威力子彈

下圖：手槍長期以來一直用於軍事，主要作爲個人防身武器使用。然而，作爲警察和準軍事人員使用的武器，手槍的重要性更爲突出，只有經過不斷訓練才能發揮手槍的最大效能

史密斯和威森公司、柯爾特公司和盧格公司的左輪手槍

　　雖然史密斯和威森公司現在已停止生產左輪手槍，尤其是軍用左輪手槍，但是，許多國家的武裝部隊仍然使用史密斯和威森公司過去生產的左輪手槍，使用者一般爲軍人和安全人員。

　　目前可以發射馬格南子彈的左輪手槍應當是最受歡迎的武器了。這種子彈可以提供強大的阻攔火力。這些手槍主要有：1955年生產的No.29手槍。這種手槍可發射10.92毫米馬格南子彈。由於它的後坐力較大，所以大多數射手感到操作困難。1964年生產的No.57手槍，可發射威力稍小一點的10.41毫米馬格南子彈。No.57手槍和No.29手槍的規格完全相同，具有相當強大的阻攔火力，但是也不太容易操作。

　　史密斯和威森公司還生產了幾種口徑爲9毫米的左輪手槍。其中典型的是扁平的No.38左輪手槍。這種手槍有一個凸緣式擊錘和一個可裝5發子彈的旋轉彈膛。它和No.49手槍的區別在於它的槍架是用鋼製作的，而後者的槍架是用鋁合金製作的。

柯爾特左輪手槍

　　現代的柯爾特軍用左輪手槍是連動式設計。大家最爲熟悉的柯爾特軍用左輪手槍非"蟒蛇"手槍莫屬。這種手槍生產於1955年。它使用了凸緣式槍管，非常易於辨認。這種手槍只能發射一發9.2毫米馬格南子彈。這種手槍威力極大，沉重而又威力巨大的子彈在發射時對手槍的影響較大。爲了吸收子彈的衝擊力，這種手槍製造得非常重（1.16千克）。這種手槍的槍管長度有兩種：一種爲102毫米，另一種爲152毫米。

　　"騎兵"手槍生產於1953年。這種手槍的槍管長度和口徑可分爲許多種。取

右圖：柯爾特左輪手槍口徑有許多種。大威力的"執法者"Mk Ⅲ手槍使用的是9.2毫米馬格南子彈（準確地說是9毫米口徑）。柯爾特"眼鏡蛇"左輪手槍（圖中沒有展示）和"蟒蛇"左輪手槍極爲近似，但它發射的是9.65毫米（特殊型）子彈，而不是9.2毫米馬格南子彈

右圖：盧格"Speed-Six"手槍被美國陸軍稱爲GS-32N手槍。這種手槍的製造有兩種型號：一種可發射9.2毫米馬格南子彈和9.65毫米子彈（特殊型）；另一種可發射9毫米帕拉貝魯姆子彈。爲了保證發射後，空彈殼被彈射出去，所以這種手槍使用了無緣式9毫米子彈和可裝3發子彈的半月形彈夾

代"騎兵"手槍的是"執法者"Mk Ⅲ手槍。這種手槍只能發射9.2毫米馬格南子彈,槍管只有51毫米。

盧格左輪手槍

在開始設計左輪手槍的時候,斯圖姆-盧格公司決定對左輪手槍的每個設計環節進行徹底檢查,並且製造出先進的左輪手槍,這種手槍幾乎風光了近一個世紀。這種手槍是用新式鋼材和其他材料製成的。在生產中,這種手槍使用的模塊系統可以對手槍的零部件進行加工,體積和形狀任意增減,可以隨意鑄成任意一種特殊的模型。

盧格左輪手槍的槍管長度和製作原料(包括不銹鋼)各不相同。它的口徑有大有小,從9.65毫米的特殊型號到各種馬格南型號,應有盡有。軍用左輪手槍有Service-Six,它可發射9.65毫米特殊型號的馬格南子彈,也可以發射9.2毫米馬格南子彈。槍管長度有70毫米或102毫米。Service-Six手槍和Security-Six手槍基本接近。Security-Six手槍主要供警察使用。它的槍管較長一些。這兩種手槍的扳機設置有單動式和連動式。有些盧格左輪手槍使用的子彈是無緣式9毫米帕拉貝魯姆子彈,可以裝在特殊的半月形彈夾內,每個彈夾可裝3發子彈。

盧格"黑鷹"左輪手槍生產於1955年。這種手槍一出世就產生了轟動效應。這種手槍可以發射10.92毫米馬格南子彈。對於大多數射手來說,這種子彈威力太大。為了解決這個問題,盧格公司延長了"黑鷹"左輪手槍的射程,或者改用其他威力較小一點的子彈。目前,許多手槍愛好者仍然對這種手槍鍾愛有加。

右圖:世界大多數國家的軍隊都使用過史密斯和威森9毫米左輪手槍。這種手槍大多數為扁平狀,使用連動式扳機設置。但是,特殊的No.38手槍卻沒有使用外置式擊錘。這種手槍隨時可以從口袋或槍套中掏出射擊,而不用擔心發生鈎掛或碰撞之類的危險

NO.38左輪手槍

口徑：9毫米

重量：0.411千克

槍全長：165毫米

槍管長：51毫米

子彈初速：260米／秒

彈膛容量：可裝5發子彈

"執法者"Mk Ⅲ手槍

口徑：9毫米

重量：1.022千克

槍全長：235毫米

子彈初速：大約436米／秒

彈膛容量：可裝6發子彈

9毫米"Service-Six"手槍

口徑：9毫米

重量：0.935千克

槍全長：235毫米

槍管長：102毫米

子彈初速：260米／秒

彈膛容量：可裝6發子彈

右圖：左輪手槍的一大優勢就是在遭受劇烈碰撞後，仍然能保持良好的操作性能。類似於柯爾特"蟒蛇"左輪手槍之類的大威力左輪手槍對一名中美洲的遊擊隊員來說，其價值是難以估量的。在美國，許多人對"蟒蛇"左輪手槍、子彈及其零部件非常鍾愛，而且總有機會買到這些東西

2 戰鬥中的衝鋒槍

衝鋒槍在特種作戰、反恐和維護法律秩序中正在發揮着新的作用。它是一種威力強大的自衛武器,集中了體積小、火力易控制等眾多優點。

特種部隊可以攜帶衝鋒槍深入到敵後執行任務。你會發現警察手持衝鋒槍在國際機場中巡邏。在美國總統周圍，你看不到它們，但你必須知道它們的確無處不在。總統的保鏢可能把衝鋒槍隱藏在他們的汽車裏，或者隱藏在看上去一點也不起眼的公文包裏。

雖然衝鋒槍的形狀和規格各不相同，但有一點是相同的，那就是它們在最小的空間裏，把近距離、可控制的火力發揮到淋漓盡致的程度。

衝鋒槍的演變

衝鋒槍是在第一次世界大戰期間發展演化而來的。在狹小、近距離的塹壕中作戰，士兵們需要一種特別的武器，既能像重機槍一樣射擊，使用時又要比上了刺刀的步槍得心應手。經過大量試驗，從實用性方面看，德國的伯格曼MP18是最早可以滿足軍隊需要的衝鋒槍。

第一支衝鋒槍（SMG）

時至今日，經過了80多年，MP18仍然具備一流衝鋒槍的眾多優點。MP18衝鋒槍使用簡單的後坐力操作系統，發射手槍子彈。使用威力較小的手槍子彈意味着在全自動開火時，易於操作。因為輕型武器的一個重要特點就是在使用大威力子彈射擊時很難控制。衝鋒槍的製造和拋光已變得越來越複雜。其品種範圍從瑞士20世紀30年代精美製造的施泰爾—索洛圖恩衝鋒槍，到第

二次世界大戰期間生產的數以百萬計的實用型衝鋒槍，數量之多，實在難以計算。在這些衝鋒槍中，最初級的衝鋒槍，如英國的斯坦衝鋒槍（也稱為輕機槍），看上去就像氣管和壓鋼隨便拼湊在一起的破爛貨，但它們還真管用。

然而，突擊步槍的研製似乎標誌着衝鋒槍的末日即將來臨。衝鋒槍所存在的問題是射擊精度不夠。在向外噴射子彈時，衝鋒槍表現非常出色，只要你不介意子彈飛向何方就行。最新型的突擊步槍——卡賓槍幾乎比衝鋒槍還大，似乎能做到衝鋒槍所做的一切，而且精度更高，射程更遠。然而，衝鋒槍不僅依然存在，而且，在世界武器市場上，每年都會出現新的設計類型。

部分原因是衝鋒槍易於製造和維，而且價格比較便宜。相反，突擊步槍的製造則要複雜、精密得多，並且費用昂貴。

一場新型的戰爭

哪裏出現一場新型戰爭，哪裏就會出現新型戰士。犯罪和恐怖主義活動氾濫成災，把世界平靜的街道變成了殺戮的戰場。這種情況實在令人擔憂。

安全部隊極少使用常規武器。他們需要易於在狹小範圍如車輛和樓房內使用的武器。這種武器必須有足夠的阻攔火力才能制服犯罪分子和恐怖分子，但又不能過於強大，以至於對半英里之外的無辜平民造成傷害。

專門工具

特種部隊尤其需要這類武器。當你步行在敵人後方，而又滿載通信設備和爆炸物去執行秘密的破壞活動時，你需要的武器應該簡單、耐用、性能可靠，而且不能太重。

衝鋒槍是唯一一種幾乎可滿足上述所有需要又具有實用價值的武器。事實上，有些衝鋒槍設計的原因千差萬別。著名的"烏茲"衝鋒槍是20世紀50年代生產的，當時以色列需要一種火力快速而又猛烈的

左圖：衝鋒槍，一般也稱為重型手槍，握在手中，就能獲得強大的火力。衝鋒槍易於使用，但要想用好卻相當困難

武器，而且造價要盡可能低廉。

與此相反，赫克勒和科赫有限公司的MP5則是一種小型突擊步槍，和競爭對手相比，MP5更加複雜。爲了追求射擊精度，MP5的設計過於複雜，這也是MP5所存在的一大問題。只要每次使用之後進行徹底清理，那麼其性能絕對可靠有效。但是，在戰場上，如果士兵使用的武器出現故障，那麼這種武器可能就無法射擊了。

對於戰場上使用的武器來說，這可是個嚴重問題。但是，在營救人質時就不同了，因爲這種活動前後時間很少會超過幾分鐘，並且參加營救人質活動的都是訓練有素的特等射手。和修理出現故障的武器後再重新開火相比，精確射擊重要得多，而在戰場上，武器只有經得起考驗才能生存下去。

小型、廉價、易於隱藏的現代衝鋒槍是21世紀城市戰中最重要的武器之一。最近幾年，技術或許已經改變了衝鋒槍的外部形狀，而且使用衝鋒槍的士兵也不再是1918年德國的納粹衝鋒隊員。雖然經過了80多年的風雲變幻，今天的衝鋒槍依然保持着火力快速和猛烈的優點。

上圖：在維護內部安全時經常使用現代衝鋒槍。部分原因是在狹小的空間中，衝鋒槍易於操作，但是，另一部分原因是衝鋒槍火力強大猛烈，可以對付裝備越來越好的犯罪分子和恐怖分子

下圖：儘管最先進的衝鋒槍，像奧地利的施泰爾Mpi衝鋒槍，完全是高科技材料製成的，但在戰鬥中的作用和第一次世界大戰期間以及第一次世界大戰後生產的衝鋒槍沒什麼不

歐文衝鋒槍

　　陸軍中尉埃維林·歐文費盡九牛二虎之力才成功勸說澳大利亞陸軍使用他在1940年設計的衝鋒槍。當時，澳大利亞陸軍對他設計的衝鋒槍知之甚少，更別說有興趣使用它了。但是，當時澳大利亞已經意識到衝鋒槍的重要性，並且希望從英國獲得司登衝鋒槍。可是過了一段時間，澳大利亞發現希望破滅了，因爲英國陸軍想把所有可能生產的衝鋒槍都買下來。如此一來，在最後關頭，澳大利亞才下定決心使用歐文衝鋒槍。可即使到了這個時候，這種衝鋒槍的口徑還沒有最終確定下來。在使用通用型9毫米子彈之前，共生產了四種口徑的樣槍供試驗使用。

高過頭頂的彈匣

　　歐文衝鋒槍通過彈匣一眼就可認出，它的彈匣垂直向上，高過頭頂。選擇這樣的設計除了這種彈匣便於使用外，顯然沒有其他什麼理由。據說這種彈匣效果特佳。直到20世紀60年代，澳大利亞仍在使用歐文衝鋒槍，並且其改進型也保留了這種彈匣。歐文衝鋒槍的其他部分相當普通，並且非常結實耐用，適用於任何環境。隨着生產增加，其設計也發生了一些變化。早期槍管周圍的鰭狀翼片不見了，槍把也發生了變化，這可以從兩種不同型號的槍托中看出，一種型號爲圓形支架，全木設計，而另一種型號爲半圓支架，半木設計。

　　歐文衝鋒槍的另一個獨特之外是槍管可以快速更換。其中的原因尚不清楚，因爲這種衝鋒槍的槍管在射擊時要經過很長時間槍管才會發燙，無法使用。另一個奇特之處是歐文衝鋒槍曾在新幾內亞戰爭中，爲了適應地形，作戰時被塗上了僞裝顏色。在新幾內亞的叢林戰中，澳大利亞士兵發現歐文衝鋒槍是近戰的理想武器。這種衝鋒槍比其他類似的衝鋒槍重，但是，由於它使用了前置式槍把和手槍槍把，所以操作時相當方便。

　　上置式彈匣意味着它的瞄準具不得不裝在槍體右側，但這並沒有產生什麼不良後果，因爲它幾乎都從敵人背後射擊。

　　歐文衝鋒槍於1945年停止生產，但是，在1952年，許多老式歐文衝鋒槍都重新進行了改動，槍口增加了可以安裝長型刺刀的設置。1943年生產的歐文衝鋒槍，槍口的刺刀較短，有一個獨特的管狀支架。

規格說明	
歐文衝鋒槍	
口徑：9毫米	
重量：4.815千克（裝彈後）	
槍全長：813毫米	
槍管長：250毫米	
射速：700發子彈／分鐘	
子彈初速：420米／秒	
彈匣：可裝33發子彈的垂直狀盒式彈匣	

上圖：歐文衝鋒槍是一種結實耐用、性能可靠的武器，使用不久便聲名鵲起。圖中是一支塗有僞裝顏色的歐文衝鋒槍

左圖：澳大利亞的歐文衝鋒槍的最突出、最好辨認的特徵就是垂直式安裝的盒式彈匣。圖中是早期生產的歐文衝鋒槍

ZK 383 衝鋒槍

捷克斯洛伐克的ZK 383衝鋒槍是西方完全不瞭解的衝鋒槍之一，因爲這種衝鋒槍除了東歐國家外，其他國家極少使用，其作戰用途主要是對付蘇聯。ZK 383衝鋒槍於20世紀30年代末投入生產，在那個時代是一種非常重要的武器。1948年停止生產。

ZK 383衝鋒槍設計於20世紀30年代初期，由著名的布爾諾兵工廠製造，該兵工廠後來因生產布倫機關槍而名揚四海。相對於衝鋒槍之類的武器來說，ZK 383衝鋒槍又大又重。該衝鋒槍的一大特點是，有些型號的槍管下非同尋常地使用了雙腳架。使用支架是捷克陸軍戰術思想實際運用的結果。捷克陸軍把這種衝鋒槍當作一種輕型機關槍使用，這似乎違背了大家公認的衝鋒槍只是一種近戰武器的觀點。如此古怪的思想和用法使ZK 383衝鋒槍的設計相當奇特。ZK 383衝鋒槍的射速可以通過它的閉鎖裝置的重量的增減而調整。ZK 383衝鋒槍（小型）閉鎖裝置的重量（0.17千克）可以增加，也可以減少。ZK383衝鋒槍具有兩種射速（500或700發子彈/分鐘），閉鎖裝置移動越快，射速也就越快。當ZK 383衝鋒槍使用支架當作輕型機關槍使用時，射速會變慢；當把ZK 383當作攻擊性衝鋒槍使用時，它的射速會變快。

有限度的出口

但是，以上僅僅是捷克陸軍的設計觀點。顯然，其他武器的客戶不這麼認爲。保加利亞陸軍把ZK 383當作標準的衝鋒槍使用（至少到20世紀60年代初還在使用）。生產ZK 383衝鋒槍最多的還是1939年後的德國陸軍。德國陸軍佔領捷克後發現ZK 383衝鋒槍生產線完好無缺，因此，德國理所當然要利用起來。布爾諾兵工廠開始時生產納粹黨衛隊使用的武器，包括ZK 383衝鋒槍。納粹黨衛隊只在東線使用這種衝鋒槍。納粹黨衛隊把ZK 383衝鋒槍稱爲vz 9衝鋒槍（9型衝鋒槍，vz代表vzor，捷克語爲"型號"的意思），並且發現這種武器非常有效，於是，vz 9衝鋒槍就成了納粹黨衛隊的標準武器之一。第二次世界大戰後，捷克保留了大量由德國生產的ZK 383衝鋒槍，供捷克的民事警察使用。不過捷克民事警察把這種衝鋒槍稱爲ZK 383P衝鋒槍。這種衝鋒槍生產時前面沒有雙腳架。

除了捷克斯洛伐克、德國和保加利亞之外，購買ZK 383衝鋒槍的國家還有巴西和委內瑞拉，但購買數量都不大。這種衝鋒槍除在東歐外，其他地區都沒有太大興趣。並且，從多方面來看，對於所扮演的角色來說，它太複雜了。捷克斯洛伐克陸軍設計時，偏向於當作輕型機關槍使用，從而使它的設計過於煩瑣累贅，超出了實際需要。

上面已經提到它的兩種射速和使用雙腳架，但衝鋒槍真的不需要複雜的槍管更換設置、用優質鋼加工而成的設置和一個斜插在槍托內的閉鎖複位彈簧。雖然有了這些裝置，ZK 383衝鋒槍的性能變得更加可靠，但對於衝鋒槍來說，這樣做確實太複雜了。

上圖：捷克斯洛伐克的ZK383衝鋒槍的所有零部件都經過了精密加工，並且安裝了奢侈的雙腳架和可變射速裝置，甚至槍管也可以快速更換。後來，德國生產了大量ZK383衝鋒槍供納粹黨衛隊使用。他們發現這種衝鋒槍雖然重了一些，但性能的確可靠

規格說明
ZK383衝鋒槍
口徑：9毫米
重量：4.83千克（裝彈後）
槍全長：875毫米
槍管長：325毫米
射速：500或700發子彈／分鐘
子彈初速：365米／秒
彈匣：可裝30發子彈的盒式彈匣

索米 m/1931 衝鋒槍

索米m/1931衝鋒槍源於德國20世紀20年代初期的設計。在衝鋒槍設計盛行一時的時候，m/1931衝鋒槍並沒有什麼驚人之處，因為它使用的是常規的後坐力操作系統和傳統佈局。和許多種類型的衝鋒槍相比，它的優點在於精良的做工（它的原材料質量之高達到近於奢侈的程度，並且加工極為精細）和使用的非常完善的供彈系統。這種供彈系統後來被廣泛模仿。它使用的裝彈系統主要有兩種型號：一種是可裝50發子彈的垂直狀盒式彈匣；另一種是可裝71發子彈的圓形彈鼓。盒式彈匣分成兩個垂直部分，可容納50發子彈的正常長度。一部分子彈供應完畢，另一部分開始供彈。這種供彈方法深受士兵們的喜愛，因為和常規彈匣相比，士兵有更多時間準備更多子彈。另外，這種衝鋒槍還有一種正規的可裝30發子彈的盒式彈匣。

在軍中得到證明

芬蘭生產了大量m/1931衝鋒槍，供芬蘭陸軍使用。1939—1940年和蘇聯"冬季戰爭"期間，這種衝鋒槍在戰鬥中證明了其價值。它有幾種出口型號，其中有的槍管或槍體下裝有小型雙腳架。瑞典和瑞士都購買了這種衝鋒槍，並且建立了自己的生產線。丹麥的一家公司也如法炮製。波蘭警察在1939年前也使用這種衝鋒槍。西班牙內戰期間，交戰雙方都使用這種衝鋒槍，數量之多，達到了驚人的程度。直到最近幾年，在斯堪的納維亞半島各國有限的軍隊中仍能看到它的身影。如此長久的使用期限除了其精美的做工外，還有一個理由可以解釋：在任何條件下，這種衝鋒槍的性能都極其可靠，很少出現問題。這還遠遠不夠，它還擁有如下優點：整支槍，大至槍的機架和槍栓，小至一個螺絲釘，都是用固體金屬加工而成的。

這種衝鋒槍極為精確。多數衝鋒槍只能精確到幾碼之內，並且射程只要超過50米，幾乎就失去作用。而m/1931衝鋒槍在300米的射程內都非常精確。由於條件所限，這種衝鋒槍在第二次世界大戰期間使用較少。但是，其設計對第二次世界大戰期間的許多種類型的衝鋒槍產生了重要影響。1943年，瑞士獲得了這種衝鋒槍的生產許可證，生產的m/1931衝鋒槍供該國陸軍使用。

上圖：索米m/1931是自衝鋒槍誕生以來最優秀的衝鋒槍之一，尤其特殊的是，它的所有部件都是用固體金屬加工而成的

右圖：戰鬥中的索米m/1931衝鋒槍。它的彈匣能裝71發子彈。和其他衝鋒槍不同的是，它的槍管較長，在射程內幾乎都能做到精確射擊

規格說明

索米m/ 1931衝鋒槍

口徑：9毫米

重量：7.04千克（鼓式彈匣裝彈後）

槍全長：870毫米（槍托延伸後）

槍管長：314毫米

射速：900發子彈／分鐘

子彈初速：400米／秒

彈匣：可裝30發或50發子彈（盒式彈匣）；
　　　71發子彈（鼓式彈匣）

MAS 1938 型衝鋒槍

人們常提到的MAS 38是法國的第一種衝鋒槍。由於這種衝鋒槍的生產時間是1938年，所以被定型為MAS 1938型衝鋒槍。MAS 38是由聖安東尼兵工廠製造的。MAS 38衝鋒槍是在1935年法國生產的一種武器的基礎上，經過一系列改進而研製成功的。但必須說明的是，雖然它的研製時間較長，但是，結果證明這是值得的。和其他衝鋒槍相比，MAS38型衝鋒槍走在了時代前列。

MAS 38衝鋒槍有一些相當古怪的設計：這種衝鋒槍的結構相當複雜，而且發射的子彈只能在法國生產。看到這些，人們也就明白了法國為什麼要花費這麼長時間進行設計。當時，衝鋒槍似乎沒有理由製作得那麼簡單，因為衝鋒槍的生產數量有限，而且當時的生產技術已經完全能按要求進行高水平製作。它所使用的口徑也很能說明這個問題，MAS 38衝鋒槍的口徑為7.65毫米，而且使用的7.65毫米"長"型子彈只有法國才能生產。雖然這種子彈精度較高，但威力不大。任何使用過口徑為

9毫米衝鋒槍的人都不會喜歡這種子彈。

複雜的機械設置

MAS 38衝鋒槍的機械設置非常複雜。它的槍栓要移動相當長的距離，由於槍機向固體的木製槍托內傾斜，所以槍栓的移動方向會出現部分偏移。射擊時，擊發操縱杆和槍栓相分離。這一設計較為理想，但過於複雜。它的另一大亮點是在彈匣槽上面有一個減速板。當取出彈匣，對彈匣內的塵土或泥土進行清理時，彈匣槽呈密閉狀態。其他衝鋒槍極少使用這種設計，而且大多數衝鋒槍沒有這種設計也照樣使用。

對那些開始一點都不想接收這種衝鋒槍的用戶來說，事實證明MAS 38衝鋒槍是一種非常優秀的武器。當初裝備法國部隊時，法國陸軍拒絕接收。無奈之下，最初生產的MAS 38衝鋒槍有一部分送給了準軍事部隊，一部分送給了警察部隊。1939年，當法國和德國之間的敵意驟然增加時，法國陸軍馬上轉換了觀念，訂購了

大量MAS 38衝鋒槍，但是由於加工過於複雜，生產速度太慢，以至於法國不得不從美國訂購大量湯姆森衝鋒槍，但為時已晚，這些措施對1940年5月和6月的戰爭無濟於事。最後，法國戰敗投降。當法國軍隊在維希政權控制下重新武裝時，MAS 38衝鋒槍投入生產，事實上，法國直到1949年還在生產這種武器，並且在印度支那戰爭中，法軍仍然使用這種衝鋒槍。

MAS 38衝鋒槍從未得到它應得到的認可。它過於複雜，發射的子彈非常奇怪，並且在需要時又不能大批量投入生產。所以，目前除了法國和少數國家外，幾乎很少有人知道它的存在。如果說它有什麼影響的話，那麼，現代武器中有些設計還要歸功於它。使用這種衝鋒槍的國家除了法國和它的幾個前殖民地國家外，就數德國了。因為1940年德國繳獲了一部分MAS 38衝鋒槍，供駐紮在法國的德軍使用。德軍把這種衝鋒槍稱為722（f）衝鋒槍。

規格說明

MAS 38衝鋒槍

口徑：7.65毫米

重量：3.356千克

槍全長：623毫米

槍管長：224毫米

射速：600發子彈／分鐘

子彈初速：350米／秒

彈匣：可裝32發子彈的盒式彈匣

上圖：MAS 1938衝鋒槍是一種設計合理、比較先進的武器。它發射的子彈威力較小，並且只有法國才能生產。由於這種衝鋒槍的設計過於複雜，所以生產速度極慢，而且造價過於昂貴

MP 38、MP 38/40 和 MP 40 衝鋒槍

MP 38衝鋒槍於1938年首次投入生產。這種衝鋒槍不僅對衝鋒槍的設計，而且對衝鋒槍的製造方法都產生了革命性影響。在其投入生產的前一年（1937年），德國軍械車間的工作人員還在為精確的機械加工技術、精美的木製配件和標準的做工而自豪。不過，這一切都已經過時，MP38衝鋒槍使用了粗糙、簡單的金屬衝壓技術，用印模壓鑄的零部件、金屬鍍金，用塑料代替木材，而且拋光也不夠精美，有的甚至沒有鍍光。

MP 38衝鋒槍看上去非同尋常，它是一種為滿足軍事需要而大規模生產的武器。製造這種武器如此簡單和便宜。在MP 38衝鋒槍身上，已經看不到木製槍托，取而代之的是裸露的金屬槍托，這種槍托比較重，可以折疊到槍體下面。在狹小的空間——如車輛內——使用較為方便。

衝壓金屬零部件

這種衝鋒槍可在任何車間裏用簡單的金屬衝壓製品製造，並且，閉鎖裝置的加工程序也達到了最小化程度。這種衝鋒槍最好塗上顏色，因為它的外部的大部分都是裸露的金屬。MP 38衝鋒槍節省費用的措施立即對衝鋒槍的設計產生了重大影響。在1938年之後的幾年裏，越來越多的武器採用了類似MP 38衝鋒槍最先使用的大規模生產技術。

MP 38衝鋒槍的操作方法相當傳統。它使用了常規的後坐力操作的槍栓。位於槍架下面的垂直彈匣把9毫米帕拉貝魯姆子彈送入傳統型的供彈系統。擊發操縱桿位於槍架左側，在裸露的槽溝內運動。雖然塵土和泥濘會進入到槍的內部，但在發生阻塞之前，這些髒物可以被清理乾淨。槍口下面有一個奇特的突出物，可以靠在車輛的邊緣，作為射擊的支點；同時，還可以作槍口蓋使用，將泥土擋在槍口之外。

1939年，在戰鬥中，這種衝鋒槍暴露出一個相當危險的缺陷：這種衝鋒槍要從裸露在外的後腔（在鬆開扳機射擊之前，槍栓被鎖定在彈腔後部）操作。這樣存在的問題是，如果槍受到震動，槍栓就會向前跳動，從而使整個射擊過程開始運行。在改進之前，這一大缺陷導致許多人員傷亡。後來，經過改進，把擊發操縱桿的裸露槽設計在閉鎖裝置中心位置的上面。此處有個撞針，擊發操縱桿被推動穿過槍架另一側的洞孔後，撞針就能和閉鎖裝置接

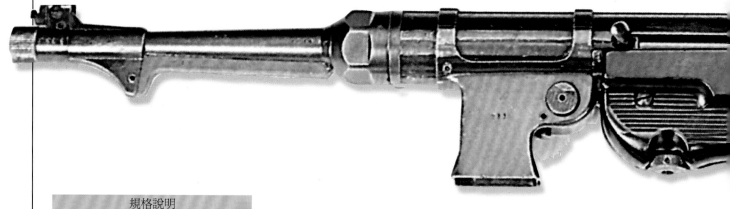

規格說明

MP 40衝鋒槍

口徑：9毫米（帕拉貝魯姆子彈）

重量：4.7千克（裝彈後）

槍全長：833毫米（槍托伸展後）；
630毫米（槍托折疊後）

槍管長：251毫米

射速：500發子彈／分鐘

子彈初速：365米／秒

彈匣：可裝32發子彈的盒式彈匣

觸或分離。這次改進使MP 38衝鋒槍變成了MP 38/40衝鋒槍。

進一步的簡化

1940年期間，由於出現了更多金屬衝壓製品和更簡單的製造方法，MP 38衝鋒槍的製造方法變得更加簡單。新的型號被稱為MP 40衝鋒槍。對戰場上的士兵來說，雖然它和MP 38/40衝鋒槍幾乎沒什麼差別，但對德國經濟來說，則意味着只要能在簡單的車間生產出MP 40衝鋒槍的配件，在中心車間進行組裝，那麼就可以在任何地方製造出MP 40衝鋒槍。數以萬計的MP 40衝鋒槍就是這樣經過簡單加工而生產出來的。設計簡單和便於生產的MP40衝鋒槍在戰場上隨處可見，盟軍士兵發現或繳獲各種各樣的MP 40衝鋒槍，他們也

喜歡使用。並且，當時的抵抗力量和遊擊隊也經常使用MP 40衝鋒槍。

1940年之後的MP 40衝鋒槍，唯一重要的變化是使用了雙彈匣。使用雙彈匣的MP 40衝鋒槍被稱為MP 40/2衝鋒槍。但這種雙彈匣沒有成功，並且也極少使用。今天，世界上許多偏僻角落裏仍然有人特別是遊擊隊武裝使用MP 40衝鋒槍。

關於這種衝鋒槍，有一個古怪的名詞，大家一般都稱為"施邁瑟"衝鋒槍（Schmeisser）。至於這個詞源自於何處已無從考證，但是把它當作"雨果·施邁瑟"（Hugo Schmeisser）衝鋒槍是絕對錯誤的，因為它和後者沒有任何聯繫。後者是厄瑪公司生產的武器。

左圖：在斯大林格勒郊區，兩名德國陸軍精銳的裝甲部隊的士兵手持MP40衝鋒槍，佔據一個彈坑進行抵抗。正如大家所知，在這種情況下，MP40衝鋒槍稍處下風，因為它使用的長彈匣稍微向下傾斜，在此類彈坑邊射擊，缺少支撐物

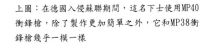

上圖：在德國入侵蘇聯期間，這名下士使用MP40衝鋒槍，除了製作更加簡單之外，它和MP38衝鋒槍幾乎一模一樣

上圖：這是一支最初生產的MP 38衝鋒槍。盡管它是為大規模生產而設計的武器，但其套筒座和其他部件都是經加工製成的。而對後來的MP 40衝鋒槍來說，這些東西則是衝壓和焊接而成的

MP 38衝鋒槍

MP 38衝鋒槍的出現，預示着世界上對衝鋒槍的看法將發生重大變化。從此以後，此類近距離攻擊武器被視爲半消耗品，適合用最廉價的方式進行大規模生產。儘管MP 38衝鋒槍最早體現了這種設計思想，事實上，在MP 38衝鋒槍中，這種思想只是初露端倪，畢竟它的許多部件經過了高質量的加工。

右圖和下圖：在斯大林格勒戰役期間，德軍使用的就是MP 40衝鋒槍。儘管德國在宣傳中總愛誇大其詞地吹噓MP 40衝鋒槍的使用如何廣泛，但是，事實上，這種衝鋒槍的發放極爲嚴格，主要供一線部隊特別是德軍精銳裝甲部隊使用

上圖：盟軍士兵非常喜歡使用MP 38及其系列衝鋒槍，個中原因正如德軍喜歡使用這種衝鋒槍一樣。使用繳獲的武器反過來對付它以前的主人，尤其是在彈藥充足的時候，這在第二次世界大戰期間一點也不稀奇

MP38衝鋒槍槍口末端的上面安裝有一個罩帽狀的準星，下面安裝了一個凸狀設置。這種設置在戰鬥中可以當作支架使用。有了這種設置，射手可以把槍靠在車輛的邊緣部位

MP38衝鋒槍的槍管長250毫米，槍管螺旋結的右側有6條凹槽槽溝

MP 38 衝鋒槍結構示意圖

MP38衝鋒槍的槍管帶有螺紋線。槍架和槍管被一個較大的套管固定住。套管處有一個較大的槍管螺帽，螺帽處有一個和槍管相通的入口，這樣槍管就能拆卸下來

MP38衝鋒槍是後坐力系統操作、具有自動射擊功能的武器。它的扳機裝置非常簡單。沒有應用保險。握住位於槍後部的槍栓，擊發操縱杆就能進入到操縱杆上面的凹槽槽溝內

槍托由槍托杆和兩個曲柄組成。操縱槍架後部的阻鐵，槍托就可自由向下轉動，然後再向前移動至槍架下的折疊位置。射手右手緊握手槍把，左手置於彈匣槽上。彈匣槽正好位於彈膛的下面和後部

MP 18、MP 28、MP 34 和 MP 35 衝鋒槍

　　儘管MP 18衝鋒槍被意大利的維拉·帕羅薩衝鋒槍所超越，但現代衝鋒槍之父仍非MP 18衝鋒槍莫屬。從衝鋒槍使用的普遍原理、操作原理和整個外形看，MP 18衝鋒槍具備的這些特徵後來都成了衝鋒槍設計的標準。

　　MP 18衝鋒槍的設計始於1916年。為了向前線軍隊提供近距離內快速射擊的武器，其設計被優先考慮。設計人就是大名鼎鼎的雨果·施邁瑟。後來他的名字就成了衝鋒槍的代名詞。直到1918年，這種被德國人稱為MP衝鋒槍的新型武器——MP18衝鋒槍才開始裝備西線德軍，但對當時西線的戰鬥並沒有產生什麼影響。

後坐力系統操作

　　MP 18衝鋒槍是一種簡單的後坐力武器，發射著名的9毫米帕拉貝魯姆子彈。MP 18衝鋒槍製作精良，有一個用堅硬木材精製而成的槍托。彈匣可裝32發子彈，呈蝸牛狀。彈匣槽位於槍架左側。槍管的管套帶有洞孔，射擊後，這些洞孔有助於槍管散熱。這種衝鋒槍只能全自動射擊。1919年，德國被解除武裝後，為了保留MP 18衝鋒槍的設計而把這些槍交給了德國警察。在20世紀20年代作為警用武器使用時，為了取代盧格"蝸牛"式彈匣，彈匣經過了改進，改進後的彈匣為簡單的直線形盒式彈匣。後來這種彈匣成為競相模仿

的對象。1928年，德國恢復了MP 18衝鋒槍的生產，但生產數量有所限制。

　　1928年生產的產品被稱為MP 28衝鋒槍。MP 28衝鋒槍使用了新的瞄準具，並具有單發射擊能力。內部閉鎖裝置也作了一些改動。外部則增添了可以安裝刺刀的刺刀架。MP 28衝鋒槍使用的新式彈匣成為衝鋒槍的標準彈匣。比利時、西班牙和其他國家都生產這種彈匣，並且還出口到世界各地。

型號確立

　　或許MP 18和MP 28衝鋒槍的重要性不是作為武器在戰場上如何使用，它們最重要的意義是為後來的衝鋒槍設計提供了仿效的模式。

　　繼MP 18和MP 28衝鋒槍之後是MP 34和MP 35衝鋒槍。雖然它們是MP 18和MP28衝鋒槍的直接仿製品，但是已經作了多處改動。乍一看，很容易忽視它們的區別。MP 34和MP 35衝鋒槍的彈匣位於槍架右側，而不是左側、向前突出。為了控制射速，扳機的設置使用了雙壓系統，輕推扳機可以單發射擊，重推扳機則可連續自動射擊。

　　MP 34衝鋒槍是由伯格曼兄弟設計的，經過改進就變成了MP 35衝鋒槍。MP 35衝鋒槍的槍管有長型和短型兩種，另外還有刺刀架，甚至還有輕型雙腳架。

可靠性能

　　MP 35衝鋒槍的可靠性能很大程度上要歸功於裝在槍後面而非側面的擊發槍栓，它可以將多數泥土和髒物擋在外面，從而保持槍內的清潔。這一點引起了納粹黨衛隊的注意，後來納粹黨衛隊成了它最大的用戶。納粹黨衛隊想和德國陸軍分開，另起爐灶，單獨訂購這種武器。從1940年年末生產的MP 35衝鋒槍被納粹黨衛隊採購一空，這種情況一直持續到1945年第二次世界大戰結束。今天，南美洲一些國家的警察仍然使用這種衝鋒槍。為什麼經過這麼長時間還有人使用這種武器？道理非常簡單，MP 34和MP 35衝鋒槍製作精良，所有零部件幾乎都是用固體金屬加工成的。

上圖：這些坐在卡車中的士兵手持的MP 28衝鋒槍安裝了刺刀。從質量上看，MP 28衝鋒槍非常優秀，但是要大規模生產，成本又過於昂貴

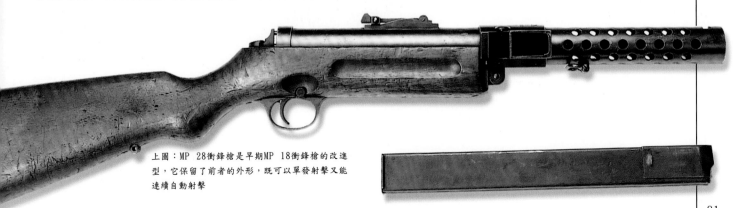

上圖：MP 28衝鋒槍是早期MP 18衝鋒槍的改進型，它保留了前者的外形，既可以單發射擊又能連續自動射擊

MP 18衝鋒槍

口徑：9毫米（帕拉貝魯姆子彈）

重量：5.245千克（裝彈後）

槍全長：815毫米

槍管長：200毫米

射速：350~450發子彈／分鐘

子彈初速：365米／秒

彈匣：可裝32發子彈的蝸牛式彈匣，
後來改為可裝20或30發子彈的盒式彈匣

MP 35衝鋒槍

口徑：9毫米（帕拉貝魯姆子彈）

重量：4.73千克（裝彈後）

槍全長：840毫米

槍管長：200毫米

射速：650發子彈／分鐘

子彈初速：365米／秒

彈匣：可裝24發或32發子彈的盒式彈匣

上圖：雖然後來又出現許多更先進的衝鋒槍，但是相對來說，老式衝鋒槍仍然用途廣泛，老式衝鋒槍可供駐紮在後方的擔負後方安全保衛任務的部隊使用

貝瑞塔衝鋒槍

貝瑞塔系列衝鋒槍中最早的一種被稱為貝瑞塔38A型衝鋒槍。這種衝鋒槍是由該公司富有設計天賦的首席設計師托里奧·馬倫格利設計的，並在意大利北部布雷西亞市貝瑞塔公司總部製造而成。首批樣槍生產於1935年，但是，直到1938年，38A型衝鋒槍才被第一次大規模生產並裝備意大利軍隊。術語"大規模生產"或許會使人對貝瑞塔衝鋒槍產生誤解，因為貝瑞塔衝鋒槍是在常規生產線上生產的，而且每支都經過了細心和全面的檢查，以至於人們會以為它們是手工製作的產品。事實上，在眾多優秀的衝鋒槍中，貝瑞塔衝鋒槍仍然被視為最優秀者之一，並且早期的38A型衝鋒槍註定要名揚天下。

簡單但製作精良

從設計上看，貝瑞塔衝鋒槍並沒有多少能引起人們關注的地方。它的槍托是用木材精製而成的。盒式彈匣，微向下斜。槍管上有許多散熱孔（有時槍口帶有可折疊的刺刀架）。這些東西實在沒有什麼吸引人的地方。事實上，最值得注意的是這

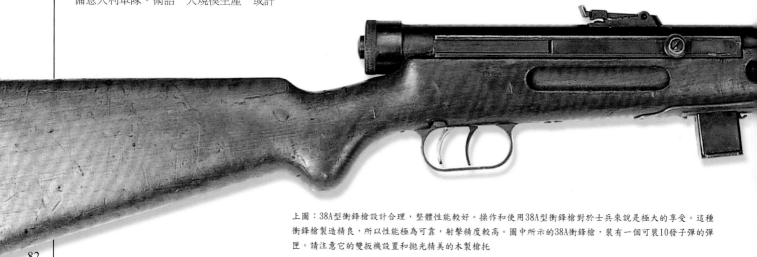

上圖：38A型衝鋒槍設計合理，整體性能較好。操作和使用38A型衝鋒槍對於士兵來說是極大的享受。這種衝鋒槍製造精良，所以性能極為可靠，射擊精度較高。圖中所示的38A衝鋒槍，裝有一個可裝10發子彈的彈匣。請注意它的雙扳機設置和拋光精美的木製槍托

種武器的整體平衡能力和操作方法。事實證明，38A型衝鋒槍非常優秀。精良的做工、細緻的組裝和精美的拋光令每一個使用過它的人都愛不釋手。並且，在任何作戰條件下，這種衝鋒槍都具有性能可靠、精確射擊的能力。

事實證明，38A型衝鋒槍的供彈系統不太成功，但只要使用合適的彈匣，其表現還是不錯的。它的彈匣有幾種型號（分別裝10、20、30或40發子彈）。這些彈匣都帶有一個裝彈設置。早期的貝瑞塔衝鋒槍使用特殊的射速極快的9毫米帕拉貝魯姆子彈。帕拉貝魯姆子彈隨處可見，因為許多種武器都使用這種子彈。

38A型衝鋒槍有幾大類型。其中有一種特殊的輕型衝鋒槍，它沒有刺刀，也不夠精緻，主要供在沙漠地區作戰的部隊使用。

意大利在1940年的6月參加第二次世界大戰後，為了用大規模的生產方式生產這種武器，並快速送到意大利軍隊手中，對38A型衝鋒槍作了小小的改動，但前線士兵很難發現這些改動，因為它的整體拋光仍很精美。仔細檢查後就會發現，它的槍管上的散熱孔裝置是用衝壓和焊接品製成的，這可能是為了適應大規模生產技術而不得不作出的改動。38A型衝鋒槍一直名聲顯赫，經久不衰。

德國使用

到1944年時，戰爭形勢發生了巨大變化。意大利自1943年9月和盟軍達成停戰協定後就被一分為二了。支持盟軍的一派佔據着南方，而佔據北方的一派則支持德國。所以北方親德一派開始為德軍生產貝瑞塔衝鋒槍。此時，貝瑞塔衝鋒槍的基本設計又發生了改變，組裝和製造方法更加簡單。使用這種方法生產的38A型衝鋒槍被稱為38/42型衝鋒槍，同時還有一種後來被稱為1型的衝鋒槍。雖然1945年後這兩種型號的衝鋒槍仍在生產，但相對來說，生產數量不多。這兩種衝鋒槍易於區分，因為它們從整體上看比較精美，但大多數都過於簡單，缺少38A衝鋒槍所具有的名槍風範。

如上所述，到1944年底，意大利（北部）開始為德軍生產貝瑞塔衝鋒槍。德軍使用的貝瑞塔衝鋒槍有38A型和38/42型，不過德軍人分別稱之為MP739（i）和MP738（i）衝鋒槍。羅馬尼亞軍隊也使用過38A型和38/42型衝鋒槍。

盟軍士兵對貝瑞塔衝鋒槍極為推崇，只要他們繳獲足夠多的貝瑞塔衝鋒槍，就會用其替換自己的武器。但是由於缺少貝瑞塔彈匣，所以使用這種衝鋒槍受到了限制。盟軍繳獲的貝瑞塔衝鋒槍常缺少必需的子彈，這對意大利人來說，真是不幸中的萬幸。

上圖：駐紮在突尼斯的意大利軍隊的士兵。貝瑞塔38A型衝鋒槍就放在身邊。左邊的貝瑞塔38A型衝鋒槍帶有可裝10發子彈的彈匣。這種彈匣在需要時可以單發射擊。它的精度很高，在300米遠的射程內，可以像步槍一樣單發射擊

規格説明

38A型衝鋒槍

口徑：9毫米

重量：4.97千克（裝彈後）

槍長：946毫米

槍管長：315毫米

射速：600發子彈／分鐘

子彈初速：420米／秒

彈匣容量：可裝10發、20發、30發或40發子彈

左圖：意大利法西斯政權要求年輕人一旦加入陸軍，就必須接受訓練，熟悉軍中大多數標準武器。當然，其中也包括貝瑞塔38A型衝鋒槍。圖中一名年輕的法西斯黨徒正在接受巴斯蒂科將軍授勳，他背後的武器就是貝瑞塔38A型衝鋒槍

上圖：戰時生產的需要意味着貝瑞塔無法維持它在戰前所保持的生產標準。即使如此，38/42型衝鋒槍也要比同時期的其他類型的衝鋒槍優秀得多。它保留了許多戰前的優點

100 式衝鋒槍

日本人開始研製衝鋒槍的時間之晚令人吃驚，不過明白了下述事實也就不足為奇了：在1941年之前，日本在中國的戰線拉得越來越長，日軍已經獲得了豐富的作戰經驗，並且已經進口了許多種不同類型的衝鋒槍供日軍使用和評估。事實上，直到1942年，經過幾年緩慢的研製之後，日本人才使用南部手槍的生產線製造出100式衝鋒槍。這種衝鋒槍的設計比較合理，但非常平常，毫無驚人之處，所以注定要成為唯一的一種由日本人大量生產的衝鋒槍。

複雜的設置

100式衝鋒槍的製造相當精良，但有幾處設置相當古怪。其中之一就是它的供彈設置非常複雜。它雖然強調了在鬆開撞針之前要確保子彈全面進入彈膛，但忽視了射手的安全；而且，這種設計相當不可靠，因為它使用的是8毫米手槍子彈。這種子彈威力小，效果差。另外，子彈瓶頸狀的形狀進一步增加了供彈系統的負擔。為了保持槍內的清潔，減少磨損，槍管內鍍有金屬鉻。為了增加準確性，它使用了複雜的瞄準具和彎曲狀彈匣。其他特殊的地方有：有些型號使用了複雜的槍口制動器，並且在槍管下面安裝了較大的刺刀架。當射手趴在地上射擊時，有些型號為了提高射擊精度還帶有雙腳架。

100式衝鋒槍有三種不同的型號。第一種型號槍長867毫米，槍管長228毫米。第二種型號有一個可折疊的槍托，一般供日本空軍使用，槍托被鏈接在槍架後部，可以沿槍的一側向前折疊。這種槍托雖然減小了槍的長度（槍長只有464毫米），但在戰鬥中也削減了槍的威力。這種型號的衝鋒槍生產數量極少。第三種型號出現在1944年，當時各條戰線都需要衝鋒槍。為了加速生產，日本人對100式衝鋒槍進行了重新設計，其設計變得更加簡單。它的長度稍微加長了一點。木製槍托非常粗糙，射速從開始時的450發子彈/分鐘增加到800發子彈/分鐘。瞄準具減小後，幾乎只剩下幾個瞄準標杆。較大的凸型刺刀架也縮小了。槍口處，散熱孔之前的槍管突出部分增多了，槍口制動器簡單到只剩兩個洞孔。需要焊接的地方也盡可能簡單。這樣造出的武器和早期的武器相比當然要粗糙得多，但只要能使用和發揮衝鋒槍的作用也就足夠了。

對日本人來說，到1944年底，主要問題已不限於此。事實上，100式衝鋒槍已經無法滿足越來越多的任務需要，而且，日本工業缺少大規模生產這些急需武器的能力。如此一來，日軍在與裝備精良的盟軍的作戰中一直處於劣勢。在第二次世界大戰後期的多次戰役中，雖然日軍垂死掙紮，拼命抵抗，但無濟於事。

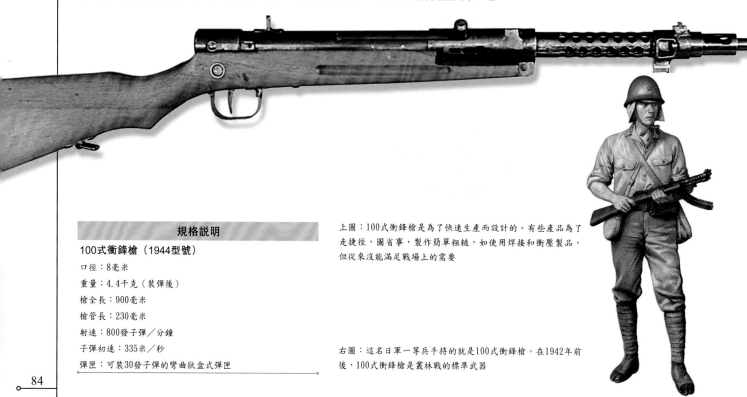

規格説明

100式衝鋒槍（1944型號）

口徑：8毫米

重量：4.4千克（裝彈後）

槍全長：900毫米

槍管長：230毫米

射速：800發子彈／分鐘

子彈初速：335米／秒

彈匣：可裝30發子彈的彎曲狀盒式彈匣

上圖：100式衝鋒槍是為了快速生產而設計的。有些產品為了走捷徑，圖省事，製作簡單粗糙，如使用焊接和衝壓製品，但從來沒能滿足戰場上的需要

右圖：這名日軍一等兵手持的就是100式衝鋒槍。在1942年前後，100式衝鋒槍是叢林戰的標準武器

施泰爾—索洛圖恩 S1-100 衝鋒槍

儘管施泰爾—索洛圖恩衝鋒槍是作爲瑞士武器而設計的，並且製造地點以瑞士爲主，但事實上，這種衝鋒槍是在奧地利設計的。奧地利衝鋒槍成爲瑞士武器，經歷了複雜的過程，最遠可追溯到第一次世界大戰結束、同盟國（德國和奧匈帝國）戰敗時期。根據戰後條約，德國和奧地利在設計和製造自動武器方面受到了嚴格限制。德國的萊茵金屬公司收購瑞士的一家公司——索洛圖恩公司，由於武器在中立國製造，所以成功繞過了這些條約的限制。在新的德國老闆的監督下，索洛圖恩公司收購了奧地利的主要武器製造商——位於施泰爾的奧施泰爾里奇斯克武器製造公司的股份。這是奧地利最後一家生產衝鋒槍的公司。該公司曾設計出多種衝鋒槍，並且，在20世紀20年代完成了施泰爾—索洛圖恩S1-100衝鋒槍的最終設計。

萊茵金屬公司的路易斯·司登格爾於1920年提出了這種衝鋒槍的設計思想。

為出口而生產的武器

到1930年時，這種衝鋒槍已經進入全面生產階段，主要供應出口市場。因爲當時市場上衝鋒槍的種類繁多，所以這種衝鋒槍採用了通用的外形，並使用了德國MP18衝鋒槍的操作方法。MP18衝鋒槍生產於第一次世界大戰末期，是當時最先進的衝鋒槍。那時，瑞士製造商已完成了自己的設計，這種衝鋒槍達到了最高境界，

無論從設計和製作，還是從所使用的原材料等各方面，後坐力系統操作的S1-100衝鋒槍都是最優秀的武器。它結實耐用，性能可靠，而且適應能力強。適應能力強是非常重要的，因爲出口市場的性質和要求意味着這種槍必須按照所有東道國的口徑要求進行生產，還要增添各種各樣的附加裝置。在附加裝置中，包括一個彈匣裝填槽。它位於槍的左側，木製槍托的前端，彈匣槽的上面。

僅口徑爲9毫米的S1-100衝鋒槍就至少生產出三種不同的類型。除了生產使用9毫米帕拉貝魯姆子彈的類型外，該公司還生產出可以使用9毫米毛瑟子彈和9毫米施泰爾子彈的兩種類型的衝鋒槍。9毫米施泰爾子彈是專門爲S1-100衝鋒槍生產的。出口到日本和南美洲的S1-100衝鋒槍使用的是7.63毫米毛瑟口徑。葡萄牙購買了大量可發射7.65毫米帕拉貝魯姆子彈的S1-100衝鋒槍。至於其他附屬設置及其種類更無法一一列舉，其中最奇特的可能要數它的三腳架了，它可以把原來的衝鋒槍轉變成一支輕型機關槍。不過，想必這種輕型機關槍的效果不會太好。另外，它還有各式各樣的刺刀固定設置。它的槍管長度有好幾種規格，有的槍管非常長，事實上，只能使用手槍子彈。施泰爾—索洛圖恩公司使用的另外一種銷售策略是捆綁式銷售，該公司賣給客戶的不僅僅是S1-100衝鋒槍，還會順便銷售S1-100衝鋒槍使用

上圖：圖中為一名德軍士兵使用施泰爾—索洛圖恩S1-100衝鋒槍進行射擊訓練的姿勢。圖片來自1938年間德國吞併奧地利、佔領奧地利兵工廠後出版的德軍訓練手冊

的特殊彈匣、清理工具及其他零部件等。

德國使用

到20世紀30年代中期，S1-100衝鋒槍成爲奧地利軍隊和警察的標準武器，在1938年德奧合併後，德國接管了奧地利武裝部隊的所有裝備。這樣S1-100衝鋒槍就變成了德國的34（o）衝鋒槍。人們一定會把它和德國的另一種MP34衝鋒槍——伯格曼衝鋒槍混淆。在前線服役不長時間的德軍也分不清這種衝鋒槍使用的子彈（僅口徑爲9毫米的子彈至少有三種類型），這種武器需要相當長時間才能適應德國的武器供應網。後來，MP34（o）衝鋒槍主要供德國憲兵使用，而且，奧地利憲兵也保留了這種衝鋒槍。

規格說明

S1-100式衝鋒槍（9毫米帕拉貝魯姆）

口徑：9毫米
重量：4.48千克（裝彈後）
槍全長：850毫米
槍管長：200毫米
射速：500發子彈／分鐘
子彈初速：418米／秒
彈匣：可裝32發子彈的盒式彈匣

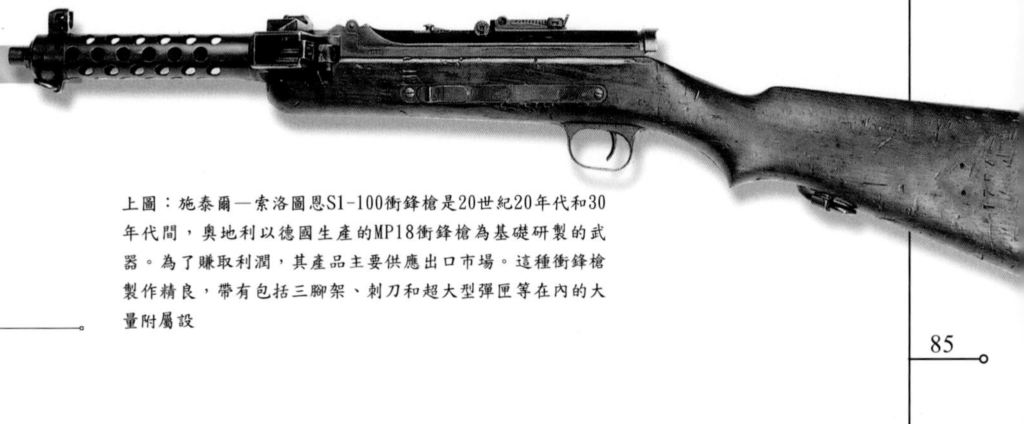

上圖：施泰爾—索洛圖恩S1-100衝鋒槍是20世紀20年代和30年代間，奧地利以德國生產的MP18衝鋒槍為基礎研製的武器。為了賺取利潤，其產品主要供應出口市場。這種衝鋒槍製作精良，帶有包括三腳架、刺刀和超大型彈匣等在內的大量附屬設

蘭切斯特衝鋒槍

1940年，敦刻爾克大撤退後，德國對英國的入侵迫在眉睫。英國皇家空軍決定使用衝鋒槍加強對英國機場的防護。由於沒有時間研製新的衝鋒槍，所以英國決定先直接仿製德國的MP28衝鋒槍。當時正值生死存亡之際，所以英國海軍部決定和皇家空軍聯手研製新式衝鋒槍。但是，最終研製出來的新式衝鋒槍，只有皇家海軍一家使用。

英國仿製的MP28衝鋒槍是在達格南的斯特靈武器公司製造的。為了紀念負責武器生產的喬治·H.蘭切斯特，這種衝鋒槍被命名為"蘭切斯特"衝鋒槍。英國生產的蘭切斯特衝鋒槍設計合理，結實耐用。無論是登艦檢查，還是襲擊敵人，都是理想的武器。這種衝鋒槍非常結實，合理使用了在此之前所使用的軍械技術和焊接工藝。它有一個製作精美的木製槍托，後坐力系統裝置是用最好的原材料和最好的技術製作成的，閉鎖裝置加工極其精密。為了與此相匹配，它的彈匣槽用固體黃銅製成。另外，英國還增添了自己的設計，如在槍口上安裝刺刀架，使用英國的長型刺刀（登艦檢查時非常有用），並且膛線也和德國的MP28衝鋒槍有所不同，這種膛線適應於蘭切斯特衝鋒槍使用的所有子彈。

較大彈匣

蘭切斯特彈匣較大，直條狀，可裝50發子彈。套筒座頂部有一個阻鐵可以幫助彈匣拆卸。英國生產的第一種型號的蘭切斯特衝鋒槍是9毫米的Mk I "卡賓槍"型衝鋒槍，它既可單發射擊，也可以自動射擊。而蘭切斯特Mk I*衝鋒槍只有自動射擊功能。許多Mk衝鋒槍都按照Mk I*衝鋒槍的標準在英國皇家海軍的兵工廠裏進行改造。

雖然蘭切斯特衝鋒槍完全是德國衝鋒槍的翻版，但是，在整個第二次世界大戰期間以及第二次世界大戰之後，它在皇家海軍的表現還是相當不錯的。多年以後，許多老兵還對它它念念不忘，言語中充滿了敬意。但他們並不喜愛這種衝鋒槍，因為它太重，形狀也不怎麼好看。如果槍中裝有子彈，它的槍托在受到劇烈碰撞或震動時，還會發生走火。英國皇家海軍直到20世紀60年代還在使用這種武器。目前，蘭切斯特衝鋒槍只是槍支愛好者的收藏品而已。

下圖：顯然，蘭切斯特衝鋒槍是在德國MP28衝鋒槍的基礎上製造的。這種槍非常適宜顛簸的艦船生活。它的木製槍托和李·恩菲爾德No.1 Mk 3步槍的槍托的外形一樣，並且，刺刀架位於槍口下面。從圖中可以看到它用黃銅製成的彈匣槽

規格說明

蘭切斯特Mk I衝鋒槍

口徑：9毫米

重量：4.34千克（裝彈前）

槍全長：851毫米

槍管長：203毫米

射速：600發子彈／分鐘

子彈初速：大約380米／秒

彈匣：可裝50發子彈的盒式彈匣

右圖：蘭切斯特衝鋒槍是英國海軍使用的標準武器。圖為英國水兵在加拿大海港押送俘虜的德國潛水艇人員上岸——蒙上俘虜的眼睛是正規程序。這種衝鋒槍特別適宜於海上生活。它使用了李·恩菲爾德步槍的槍背帶

司登衝鋒槍

1940年6月期間，敦刻爾克大撤退之後，英國陸軍的武器庫中空空如也。為了儘快把丟盔棄甲的英軍武裝起來，英國軍方發出緊急通知，要求研製出一種能大規模生產的簡易衝鋒槍。這種簡易衝鋒槍以德國MP38衝鋒槍的設計原理為模式。設計人員馬上投入工作。在短短數周內，就製造出了樣品。設計人員是R.V.謝菲爾德少校和H.J.圖爾平。他們都是恩菲爾德－洛克輕武器製造廠的設計人員。這種新式衝鋒槍被命名為"司登"（取自兩名設計人員名字的第一個字母和製造廠名的前兩個字母）。

司登衝鋒槍的第一種型號為司登Mk1。這種衝鋒槍一定會被視為衝鋒槍設計以來最為醜陋的槍支之一。按照計劃，這種槍要使用最簡單的工具、花費最少的加工時間、盡可能迅速和廉價地投入生產，並且要盡可能使用鋼管、衝壓板、易

於生產的焊接部件以及撞針和閉鎖等。

它的槍機是用鋼管製成的，槍托為鋼質結構。槍管由彎曲的鋼管製成，帶有兩條或六條膛線凹槽槽溝，簡單地切開了事。彈匣用鋼板製成，扳機設置位於木製槍托內部。它有一個較小的前置式木製槍把和一個簡化的閃光遮蔽器。它的模樣實在令人無法恭維，在初次發放部隊時，就引來了無數尖刻的嘲諷和咒罵。但是一經使用，士兵們馬上就接受了它。畢竟它是在極端環境下生產出來的殺人工具。

簡單而有效的武器

司登Mk I衝鋒槍大約生產了100000支，並且在數月內就送到了英軍手中。到1941年時，全金屬結構的司登Mk II衝鋒槍投入了生產。它比前者還要簡單，但一經問世，卻被視為司登衝鋒槍中的"經典"。這種槍的所有部件都是用金屬製成

上圖：司登衝鋒槍是英國新成立的空降部隊裝備最早的武器之一。圖中的司登衝鋒槍非同尋常，帶有一個較小的錐形刺刀

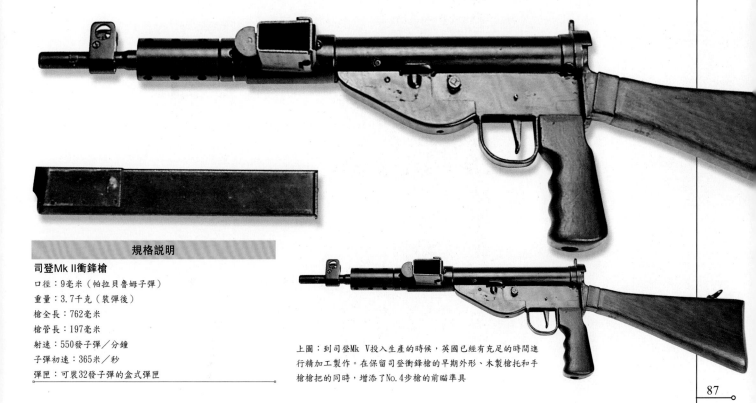

規格說明

司登Mk II衝鋒槍

口徑：9毫米（帕拉貝魯姆子彈）

重量：3.7千克（裝彈後）

槍全長：762毫米

槍管長：197毫米

射速：550發子彈／分鐘

子彈初速：365米／秒

彈匣：可裝32發子彈的盒式彈匣

上圖：到司登Mk V投入生產的時候，英國已經有充足的時間進行精加工製作。在保留司登衝鋒槍的早期外形、木製槍托和手槍槍把的同時，增添了No.4步槍的前瞄準具

的。扳機裝置上面的木製槍托不見了，取而代之的是一個簡單的鋼板盒。槍托尾部是一個單管，管底部有一個平底的托板。重新設計的槍管可以用螺絲固定或鬆動，以便於槍管改換。彈匣槽（盒式彈匣向左突出）被設計為一個獨立的部件，可向下旋轉。卸下彈匣，可清理裏面的泥土和髒物。為了便於閉鎖裝置的拆卸和彈簧的清理，槍托拆卸非常容易。

武器拆卸後，佔用的空間很小。並且，事實證明這是司登衝鋒槍的最大優勢。由於建立了幾條生產線，包括在加拿大和新西蘭建立的生產線，英國軍隊最初的武器需求得到了滿足。但司登衝鋒槍仍在大規模生產，並被空投到歐洲佔領區，供抵抗力量使用。事實證明，司登衝鋒槍的最大優點是簡單和易於拆卸。

司登Mk II衝鋒槍中有一種默默無聞的型號，並且產量很少，這就是司登Mk IIS衝鋒槍。這種槍主要供突擊兵和奇襲部隊使用。司登Mk II衝鋒槍之後是司登Mk III衝鋒槍。它比最初的Mk I還要簡單。它的槍管不能移動，並且被一根套管包裹。這種衝鋒槍生產了數萬支。

最後的型號

司登Mk IV衝鋒槍是一種供傘兵部隊使用的衝鋒槍，但是沒有投入生產。到司登Mk V衝鋒槍問世的時候，局勢已經朝着有利於盟軍的方向發展了，並且司登Mk V衝鋒槍已經能進行精加工製作了。Mk V衝鋒槍自然成了司登系列衝鋒槍中最優秀的型號，因為它的生產標準已經達到很高的程度，並且附屬部件，如木製槍托、前置

式槍托和小型刺刀架的製造都極為精緻。它使用了李‧恩菲爾德No.4步槍的前瞄準具。1944年，空降部隊裝備了Mk V衝鋒槍，第二次世界大戰後，Mk V成為英軍的標準衝鋒槍。

幾乎從每一個方面說，司登衝鋒槍都是一種粗糙的武器，但是它的性能不錯，並且是在最危急的關頭投入大規模生產的。在歐洲佔領區內，抵抗力量把它當作一種理想的武器，並且全世界的地下武裝幾乎都原樣不動地仿製了這種武器。甚至德國人為了彌補他們繳獲的Mk III衝鋒槍和Mk IIS衝鋒槍的不足，也在1944年和1945年仿製出德國的司登衝鋒槍。德國人把他們生產的司登衝鋒槍分別命名為MP749（e）和MP 751（e）衝鋒槍。

下圖：司登衝鋒槍非常適合抵抗力量進行伏擊和突襲活動。它可以使遊擊隊擁有更強的火力。這種衝鋒槍易於拆卸，利於隱藏

司登 Mk II 衝鋒槍

　　英國軍隊在1940年6月敦刻爾克大撤退後，正處於最困難時期。為了儘快重新武裝，英國迅速設計並生產出了司登衝鋒槍。這種衝鋒槍造價低廉、性能可靠，而且易於大規模生產，是一種較爲理想的武器。由於其設計非常簡單，因此性能相當可靠。在第二次世界大戰後期，由於時間和製造設施的改善，英國對這種衝鋒槍進行了改進。

上圖：這可能是法國抵抗力量在戰鬥中（1944年）拍攝的照片。圖中有兩支司登衝鋒槍和一支霰彈槍。這兩種武器都是法國抵抗力量常用的武器

左圖：盧瓦爾河的遊擊隊正在訓練課上學習如何使用司登Mk Ⅱ衝鋒槍。這支司登衝鋒槍的槍托為鋼製品，其形狀和常見的T形槍托不同。這兩種類型的槍托都很容易拆卸

右圖：圖中為地中海戰區街頭巷戰的情景。為了提高司登衝鋒槍的操縱能力，司登衝鋒槍一般都增添了前置式槍把，這支司登衝鋒槍（見圖中）使用的是不標準的前置式槍把

槍管用簡單的鋼管製成，長197毫米，有兩條或六條膛線凹槽槽溝

彈匣槽正好位於槍架左側的彈膛後部。彈匣為盒式，可裝32發子彈。不用時，彈匣槽向下旋轉就鎖定了供彈槽，並且可以阻止泥濘髒物進入槍內

操縱杆位於槍架右側的長槽溝內。向後推操縱杆，槍就處於射擊狀態。向下推操縱杆，操縱杆就移動到細小的保險槽槽溝內

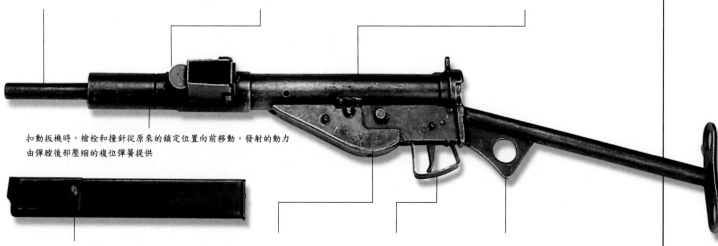

扣動扳機時，槍栓和撞針從原來的鎖定位置向前移動。發射的動力由彈膛後部壓縮的複位彈簧提供

直形盒式彈匣用簡單的鋼材製成。有一個特殊的手動裝彈設置，有助於控制彈匣彈簧的彈力

槍架右側的保險槽下有一個按鈕，從槍左側和右側推動按鈕時，可以進行單發和連續射擊

扳機裝置非常簡單，有一個較大的帶有棱角的扳機護柄

司登衝鋒槍的槍托為分離式，有幾種不同的外形。這支司登Mk Ⅱ衝鋒槍的槍托最為簡單：托板上有兩個洞（可減輕槍托重量），托板和一根單管相連

湯姆森 M1 衝鋒槍

湯姆森衝鋒槍是歷史上最著名的武器之一。它成爲大家所熟知的武器的原因要歸功於好萊塢的電影製片商。"湯姆（湯姆森的昵稱）衝鋒槍"的名字起源於1918年第一次世界大戰期間的塹壕戰。

在殘酷的塹壕戰中，士兵們需要一種能夠橫掃塹壕中的敵人的短距離自動武器。因爲此類"塹壕掃帚"只能在近距離內操作，所以不需要威力大、射程遠的子彈。

第一代衝鋒槍

德國陸軍早就產生了這種想法，並且生產出了MP18衝鋒槍。而在美國，前軍械主任約翰·湯姆森將軍倡議研製一種自動武器，可使用標準的11.43毫米手槍子彈。這種武器就是後來大家所熟知的湯姆森衝鋒槍。

湯姆森衝鋒槍剛生產不久就進行了分類。它有許多種不同的型號。第一次世界大戰結束後，美國禁止向外銷售湯姆森衝鋒槍。但是在禁售期間，湯姆森衝鋒槍卻成了臭名昭着的武器，因爲流氓團夥和政府特工人員都把它當作理想武器。當好萊塢開始使用它拍攝槍戰片時，湯姆森衝鋒槍一夜間聲名鵲起。

美國海軍陸戰隊於1927年在尼加拉瓜使用過湯姆森衝鋒槍。一年後，美國海軍把它所使用的湯姆森衝鋒槍命名爲M1928衝鋒槍。

1940年，歐洲有幾個國家迫切需要湯姆森衝鋒槍。它們沒料到德國會在1939年和1940年的戰爭中大範圍使用衝鋒槍，其中英國和法國呼聲最高，要求美國提供類似的武器，而美國能夠提供的只有湯姆森衝鋒槍。美國開始爲英國、法國和南斯拉夫大規模生產這種武器，但訂單仍如雪片般飛來，供不應求。

法國和其他國家的訂單都轉給了英國。英國開始使用湯姆森衝鋒槍，直到它自己研製的司登衝鋒槍問世。即使如此，英國突擊隊仍然裝備了湯姆森衝鋒槍，後來在緬甸的叢林戰中大顯身手。

當美國加入第二次世界大戰時，美國陸軍也決定使用湯姆森衝鋒槍，但是湯姆森衝鋒槍必須重新設計才能符合大規模生產的要求。由於過去使用的加工程序比較複雜，所以湯姆森衝鋒槍是在匆忙中投入大規模生產的。

湯姆森M1衝鋒槍是1942年4月定型的。它的設計比較簡單，使用簡單的後坐力操作系統。彈匣爲不太好看的圓鼓形，而好萊塢電影中則喜愛使用垂直的盒式彈匣。1942年10月生產的M1A1衝鋒槍更爲簡單，前置式槍把和槍管上的凸架都省去了。儘管它的花費從1939年的200美元/支下降到1944年的70美元/支，但仍然無法和模樣醜陋但性能良好的M3"注油槍"衝鋒槍進行競爭。後者每支僅需10美元，甚至更少。

事實上，儘管M1衝鋒槍較重，在戰場上不易拆卸和維修，但是結實耐用，深受士兵們的喜愛。到1944年底，美國陸軍下過最後一批訂單後，它的總產量已達到1750000支。1940—1944年期間，大部分湯姆森衝鋒槍都是由薩維奇武器公司製造的。

下圖：M1928是湯姆森衝鋒槍中的"經典"。流氓團夥、聯邦特工人員和美軍士兵都喜愛使用這種武器

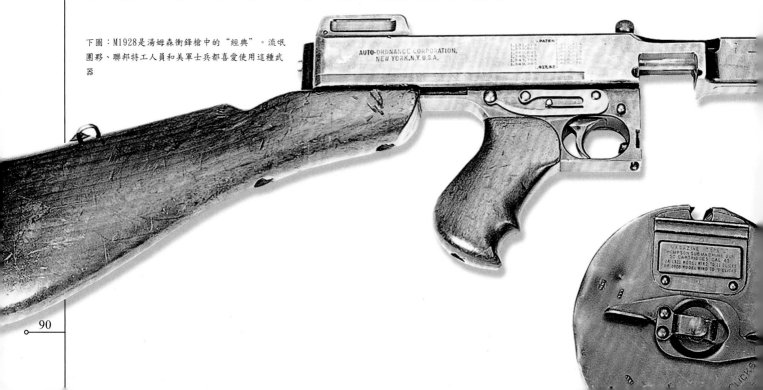

上圖：1945年，沖繩戰役中的一名湯姆森衝鋒槍射手正在射擊。他使用的是M1A1湯姆森衝鋒槍。這種衝鋒槍安裝了一個水平的前置式槍把。以前的槍把為前突式手槍槍把

右圖：溫斯頓·丘吉爾使用湯姆森衝鋒槍。這種衝鋒槍的鼓形彈匣可裝50發子彈。事實證明，這種彈匣過於複雜，在戰場上不利於使用

規格說明

M1湯姆森衝鋒槍

口徑：11.43毫米

重量：4.74千克（裝彈後）

槍長：32英寸

槍管長：10.5英寸

射速：700發子彈／分鐘

子彈初速：280米／秒

彈匣：可裝20或30發子彈的盒式彈匣

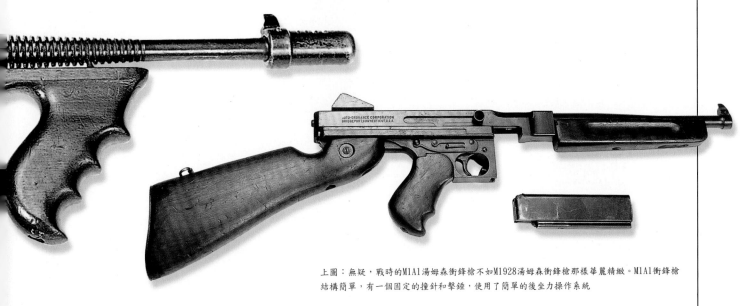

上圖：無疑，戰時的M1A1湯姆森衝鋒槍不如M1928湯姆森衝鋒槍那樣華麗精緻。M1A1衝鋒槍結構簡單，有一個固定的撞針和擊錘，使用了簡單的後坐力操作系統

湯姆森 M1928 衝鋒槍

左圖：由於湯姆森衝鋒槍結實耐用、性能可靠，所以深受士兵們的歡迎。經過第二次世界大戰的大範圍使用後，美國軍隊在朝鮮戰爭和越南戰爭中繼續使用這種武器，直到今天，在一些偏僻地區進行的戰爭中仍有人使用這種武器

撞針：
最初的湯姆森衝鋒槍使用的是分離式撞針，用擊錘撞擊。但是，這樣設置過於複雜。後來的型號使用的撞針改成了固定式撞針，簡單而又廉價

槍口制退器：
射擊時，制退器可以使子彈射出槍口時產生的氣體向上流動，從而保持槍口向下傾斜。由於其作用有限，而且製作複雜，所以後來的湯姆森衝鋒槍的槍口制退器進行了簡化。最後，乾脆取消

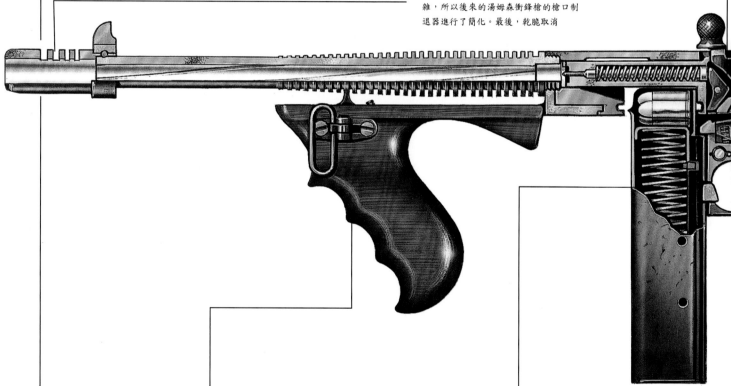

前置式槍把：
早期的湯姆森衝鋒槍的前置式槍把具有手槍槍把的特點。然而，20世紀20年代，美國海軍陸戰隊在尼加拉瓜戰鬥中使用湯姆森衝鋒槍時，發現完全沒有必要安裝這種手槍槍把。不久，這種手槍槍把就被水平的前置式槍把取代

彈匣：
在好萊塢電影中，M1928衝鋒槍最初使用是可裝20發子彈的盒式彈匣和可裝50發子彈的鼓式彈匣；然而在第二次世界大戰期間，M1928衝鋒槍使用最多的是可裝30發子彈的盒式彈匣

上圖：使用手槍子彈意味着湯姆森衝鋒槍的射程很近。這種衝鋒槍比較重，行軍中會成為士兵們的負擔。但和其他類型的又輕又廉價的衝鋒槍相比，士兵們更喜愛這種衝鋒槍

上圖：在卡西諾戰役中，一名廓爾喀士兵正在嚴密監視一座被擊毀的樓房上的情況。小型的湯姆森衝鋒槍的射程較近，專門為塹壕戰設計。它適合在建築物密集的地區作戰

瞄準具：
20世紀20年代的湯姆森衝鋒槍有一個製作精良的"萊曼"後瞄準具，瞄準距離從50米到550米不等。後來它被簡單的"L"形戰鬥瞄準具取代

槍托：
如果需要，擰下圖中所示的兩顆螺絲釘就可以輕鬆地把槍托拆卸下來。在射擊時極少將其拆卸下來，因為它可以幫助瞄準，減少射擊誤差。槍托擋板後可放一個（潤滑）油瓶

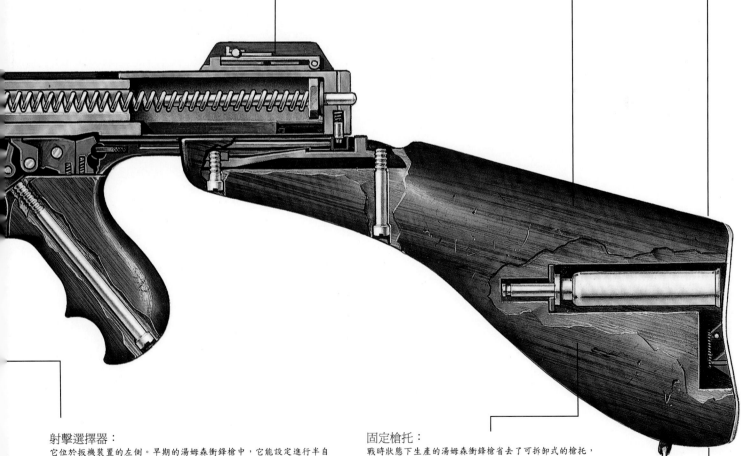

射擊選擇器：
它位於扳機裝置的左側。早期的湯姆森衝鋒槍中，它能設定進行半自動單發射擊或全自動連續射擊（射速為每分鐘725發子彈）。M1928衝鋒槍和後來型號的衝鋒槍，射速減少到每分鐘600發子彈

固定槍托：
戰時狀態下生產的湯姆森衝鋒槍省去了可拆卸式的槍托，使用的是固定式木製槍托。其他變化包括取消了前置式槍把和槍管上的製冷散熱片。擊發裝置進行了簡化。簡化後的擊發裝置可以從套筒座的頂部把擊發操縱杆拆卸下來。如圖右側所示

M3 和 M3A1 衝鋒槍

到1941年年初時，儘管美國還沒有直接參加第二次世界大戰，美國軍方已經清醒地認識到衝鋒槍將在現代戰場上發揮重要作用。雖然已經擁有一定數量的湯姆森衝鋒槍，但遠遠不夠，他們需要更多的湯姆森衝鋒槍。德國MP38衝鋒槍和英國司登衝鋒槍的出現預示着衝鋒槍在未來必須採用大規模的生產方法。和進口的英國司登衝鋒槍對比後，美國陸軍軍械理事會倡議對英國司登衝鋒槍的設計進行研究，製造出美國式的司登衝鋒槍。研究結果遞交給一個由專家小組（該小組成員之一就是曾研製出海德M2重機槍的喬治·海德）。在極短的時間內，該小組就完成了設計工作，並生產出了供試驗用的衝鋒槍模型，最後授權美國通用汽車公司進行大規模生產。

危機意識

試驗用的衝鋒槍模型交給軍方的時間恰恰就在珍珠港事件爆發之前（美國隨後參加了第二次世界大戰）。由於美國把此事當作優先項目考慮，所以設計結果很快就出來了，新研製的衝鋒槍被命名為M3衝鋒槍。M3衝鋒槍和司登衝鋒槍一樣，外形都不怎麼好看，全金屬結構，許多零部件是用鋼板簡單衝壓和焊接成的。只有槍管、閉鎖裝置和部分扳機裝置經過了機械加工。槍托用可伸縮的金屬線製成，其設計簡單到了極點，由於沒有安裝保險系統，這種衝鋒槍只能全自動射擊。

這種衝鋒槍主要是用管狀鋼材製成的，下面可懸掛一個長的盒式彈匣，彈匣可裝30發子彈。又薄又小的擊發操縱杆安置在槍架右側的扳機前部。子彈的彈射孔設在鏈接蓋的下面。槍管可以用螺絲擰到管狀的槍架內。瞄準具非常簡單，甚至連槍帶環這樣的"奢侈品"也被取消了。

早期存在的問題

由於M3衝鋒槍是在匆忙中投入生產並裝備部隊的，所以馬上就遇到了麻煩。它的醜陋的外表很快贏得了"注油槍"的綽號，人們對它說東道西，議論不停。不過一經使用，這種槍表現出良好的性能。但這種衝鋒槍畢竟是在匆忙中投入生產的，而且生產線過去主要用來生產汽車或卡車零部件，所以存在的問題馬上暴露無遺：擊發操縱杆容易斷裂，金屬線製成的槍托使用時容易彎曲，有些重要的機械部件由於用不夠堅硬的金屬製成，容易斷裂等。

這樣一來，軍方要求通用汽車公司對M3衝鋒槍進行改進，但更重要的是，當時情況緊急，前線士兵急需武器，所以這種衝鋒槍還是大批量投入了生產。

不受歡迎的型號

M3衝鋒槍從來沒有擺脫它的外形所帶來的壞名聲。只要有可能，前線的士兵（歐洲戰區）就會選擇湯姆森M1衝鋒槍或從德軍手中繳獲的MP38和MP40衝鋒槍。但是，在太平洋戰區作戰的美軍士兵

上圖：美國的M3"注油槍"衝鋒槍和英國的司登衝鋒槍與德國的MP40衝鋒槍為同時代的衝鋒槍，主要是為能快速地投入大規模生產而設計的。它的設計比較合理，但美國軍隊從來沒有真正喜歡過它，他們更喜歡湯姆森衝鋒槍

只能使用M3衝鋒槍。即使如此，美軍士兵也是勉強接受而已。對於美國的某些兵種來說，M3衝鋒槍成為擺設。這些兵種包括運輸部隊的司機和坦克乘員。對於他們來說，在狹小的空間內，M3衝鋒槍易於裝載和操作。

從開始的時候，按照設計，通過更換槍管、彈匣和閉鎖裝置，M3就可以快速轉變，發射口徑為9毫米的子彈。空投給歐洲抵抗力量的M3衝鋒槍有的就具有這種功能。另外，M3衝鋒槍還有一種默默無聞的類型，但生產數量很少。

設計改進

1944年，美國軍方決定生產新式的像M3衝鋒槍一樣簡單甚至比M3衝鋒槍還要簡單的衝鋒槍。美國把作戰經驗與新的生產技術結合，對M3衝鋒槍進行了改進，製造出M3A1衝鋒槍。這種衝鋒槍繼承了M3衝鋒槍的基本特點。對士兵來說，最重要的改進項目是其彈射蓋擴大到整個閉鎖裝置所暴露在外的地方。這樣射手可以把手指放在閉鎖的凹槽內，向後推動閉鎖，進入擊發狀態。這樣，那個外形笨拙且又薄又脆的扳機操縱杆就可以取消了。槍口增加了消焰罩。除了這些改動外，還有其他一些小的變動。戰爭結束時，M3A1衝鋒槍仍在生產。此時，美國已經決定逐步淘汰湯姆森衝鋒槍，繼續使用M3和M3A1衝鋒槍。

生產質量較差的武器

撇開外形不講，M3衝鋒槍也算不上是較好的武器。這種衝鋒槍易於損壞。彈藥供應系統也不太理想，由於沒有保險設置，所以常常會出事故。但是，它能夠使用，而且隨處可以得到，在戰爭中，這兩大因素更重要。但是，因為生產數量巨大，哪裏有美國大兵，哪裏就有M3和M3A1衝鋒槍，美國大兵把它們帶到了世界各地。

規格說明

M3衝鋒槍

口徑：11.43毫米或9毫米

重量：4.65千克（裝彈後）

槍長：745毫米（槍托延伸後）；
570毫米（槍托取消後）

射速：350~450發子彈／分鐘

子彈初速：280米／秒

彈匣：可裝30發子彈的盒式彈匣

上圖：在歐洲戰區，M3衝鋒槍從來沒有贏得美國士兵的歡心。而在太平洋戰場上，M3衝鋒槍卻成了舍我他他、別無選擇的武器

UD M42 衝鋒槍

縱觀1939—1945年的美國所有類型的衝鋒槍，有一種衝鋒槍常常被人忽略。這種衝鋒槍是根據一連串的姓氏命名的，通常被稱為UD M42衝鋒槍。這種衝鋒槍的設計時間恰好在第二次世界大戰爆發前。這種衝鋒槍使用口徑9毫米的子彈。設計這種衝鋒槍的目的是為了商業上的需要。訂購這種衝鋒槍的單位被稱為聯合防禦供應公司，並且訂購背景也相當奇怪。這家公司是美國政府的一個部門，訂購這些武器是為了在海外使用。其實，這家公司是美國的一家秘密情報機構，美國在海外的所有地下活動都由它負責。

聯合防禦供應公司為什麼訂購馬林武器公司生產的武器，其中的原因現在誰也講不清楚。但是人們常把這種武器稱為"馬林"衝鋒槍。這就是UD M42的來歷。當時給人的印象是這種武器被運到歐洲，供那些為了美國利益而活動的地下組織使用。事實上，它的使用範圍不僅局限於歐洲，在日本入侵"荷蘭東印度"（今天的印度尼西亞）之前，有一些UD M42衝鋒槍的確被運到這一地區，但是，奇怪的是，它們都無聲無息地銷聲匿跡了。

大多數UD M42衝鋒槍被運到了歐洲。但是，有些落到了非常奇怪的人手中。多數被送到地中海地區的德意佔領區內或附近地區的抵抗力量和遊擊隊組織手中。在這些地區，這些衝鋒槍參加了一些活動，最著名的一次活動是英國特工在克里特島上綁架了德國的一名將軍。其他活動同樣波瀾起伏，充滿戲劇情節，但常常發生在遠離公眾視線的地方。以至於今天，這些活動和UD M42衝鋒槍的使用情況被人們忘得一乾二淨。

現在，把UD M42衝鋒槍歸為第二次世界大戰的名槍或許是出於對許多武器權威人士的同情。由於這種武器是以商業而非軍事用途的名義生產的，所以不僅製作精良，而且結實耐用。發射裝置穩定可靠，非常精確。並且，據有關資料顯示，人們非常喜愛這種衝鋒槍。它經得起各種環境的考驗，即使是被埋在泥濘和水中，取出後仍能使用。

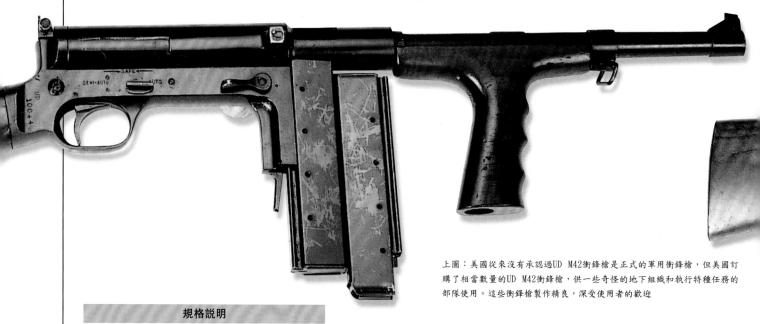

上圖：美國從來沒有承認過UD M42衝鋒槍是正式的軍用衝鋒槍，但美國訂購了相當數量的UD M42衝鋒槍，供一些奇怪的地下組織和執行特種任務的部隊使用。這些衝鋒槍製作精良，深受使用者的歡迎

規格說明

UD M42衝鋒槍

口徑：9毫米

重量：4.54千克（裝彈後）

槍長：807毫米

槍管長：279毫米

射速：700發子彈／分鐘

子彈初速：400米／秒

彈匣：可裝20發子彈的盒式彈匣

賴辛 50 型和 55 型衝鋒槍

賴辛50型和後來的賴辛55型衝鋒槍取消了衝鋒槍中普通使用的後坐力操作系統，使用了一種似乎更好的操作系統，這是個把好事變成壞事的典型事例。1940年，第一批賴辛50型衝鋒槍問世，衝鋒槍所使用的基本擊發設置被取消了，以至於這種衝鋒槍在扣動扳機的時候，閉鎖裝置會向前移動到彈膛內；槍栓前移把子彈送進彈膛後，這樣衝鋒槍就進入到射擊狀態。這種擊發裝置操作起來不錯，但需要一系列控制桿來控制位於閉鎖裝置內的撞針，並且這些控制桿在閉鎖裝置移動時必須分離開。所有這些都增加了設計的複雜性和花費，且增加的一些系統非常容易斷裂。

商業風險

賴辛50型衝鋒槍的設計純屬商業冒險，它和幾年後的同類型設計一樣，都與軍事毫無瓜葛。但是50型衝鋒槍製作精良，它使用的擊發系統非同尋常：通過一個小型阻鐵在前置式槍托下面的凹槽槽溝內滑動的方式達到擊發目的。這樣槍架頂部就省去了許多風險，如擊發凹槽常會進入許多髒物或泥土，從而導致系統阻塞。

但是，這種設計造成了這樣的後果：髒物會進入槍托下面的凹槽槽溝，並且更難清理，這樣會導致潛在的危險。從外部設置來看，50型衝鋒槍非常簡單，但它的內部設置非常複雜，容易出錯。如此一來，這種武器更容易發生阻塞，並且一般情況下，可靠性較差。

當賴辛50型衝鋒槍第一次被送到美國部隊手中時，美國海軍陸戰隊並沒有把它列入優先使用的武器名單，但後來情況發生了巨變。因為沒有其他類型的衝鋒槍供他們使用，於是，他們就購買了一部分賴辛50型衝鋒槍。一經使用，發現這種衝鋒槍存在嚴重問題。於是，他們只好選擇了另一種衝鋒槍。英國採購委員會購買了一部分賴辛50型衝鋒槍，但很少使用。另一部分被加拿大買走。大多數被運到了蘇聯。到1945年時，這種衝鋒槍還在生產，數量超過了100000支。銷售數量相當可觀，但距製造商的要求還差許多。

在100000支賴辛衝鋒槍中，有一些型號被稱為賴辛55型衝鋒槍。賴辛55型和賴辛50型衝鋒槍除了槍托上的差異外，其他方面完全相同。賴辛50型衝鋒槍的槍托由全木製成，而賴辛55型衝鋒槍的槍托用可折疊的金屬線製成，主要供空降兵和其他類似部隊使用。與賴辛50型衝鋒槍相比，賴辛55型衝鋒槍還算比較成功。

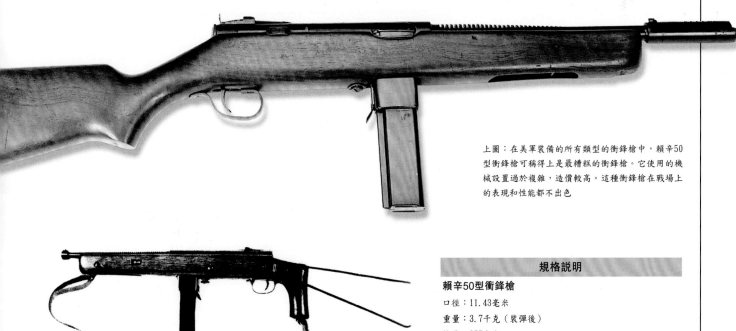

上圖：在美軍裝備的所有類型的衝鋒槍中，賴辛50型衝鋒槍可稱得上是最糟糕的衝鋒槍。它使用的機械設置過於複雜，造價較高。這種衝鋒槍在戰場上的表現和性能都不出色

上圖：賴辛55型衝鋒槍和賴辛50型衝鋒槍的不同之外在於：前者的槍托為可折疊的金屬線槍托，主要供空降部隊使用；後者則為全木製槍托。兩者的共同之處是都不受士兵們的歡迎，由於容易進入泥土，所以都容易發生故障

規格説明
賴辛50型衝鋒槍
口徑：11.43毫米
重量：3.7千克（裝彈後）
槍長：857毫米
槍管長：279毫米
射速：550發子彈／分鐘
子彈初速：280米／秒
彈匣：可裝12發或20發子彈的盒式彈匣

PPSh-41 衝鋒槍

一般情況下，人們都把斯帕金1941型衝鋒槍稱為PPSh-41衝鋒槍。對於蘇聯紅軍來說，其重要性就如英國的司登衝鋒槍和德國的MP40衝鋒槍一樣。簡單地說，它是蘇聯在同一時期大規模生產出來的衝鋒槍，它最大程度地簡化了衝鋒槍的設計原理，並在製造過程中，把生產時間和費用降到了最低。然而，它與司登衝鋒槍和MP40衝鋒槍有所不同，PPSh-41衝鋒槍使用了更先進的科研成果，在許多方面，它都優於司登衝鋒槍。

大規模生產

格奧爾基·斯帕金從1940年就開始研製PPSh-41衝鋒槍。但是，直到1942年年初，這種衝鋒槍才大規模裝備蘇聯紅軍。此時正逢德國大舉入侵蘇聯之際（從1941年6月開始）。這種衝鋒槍的最初設計目的是要最大可能地易於生產。於是，從裝備精良的兵工廠到鄉村設備簡陋的作坊，開始夜以繼日地製造這種武器。據估計，到1945年"偉大的衛國戰爭"結束時，PPSh-41衝鋒槍共生產了500多萬支。

大規模生產的武器，PPSh-41衝鋒槍製作精良，有一個較重的固體木製槍托。

它使用了常規的後坐力操作系統，射速較快。為了吸收閉鎖裝置引起的震盪，在閉鎖裝置的後部安裝了一個用碾壓過的皮革製成的緩衝器或阻門。槍架和槍管套用簡單的鋼板衝壓而成，槍口有一個向下傾斜的設置，有槍口制動器的兩倍大；另外，槍口還有可起到槍口制退器作用的設置。這樣，射擊時能減小槍口上升的高度。槍管內鍍有鉻合金，蘇聯的這種標準做法，非常利於槍管的清理，並且減少了槍管的磨損。當時，由於對槍支的需求極大，所以使用的是老式的莫辛·納甘步槍槍管（截短到適當長度）。

這種衝鋒槍使用的是可裝35發或71發子彈的圓鼓式彈匣。這和蘇聯早期的衝鋒槍使用的彈匣屬同一種類型。射擊選擇器（單發射擊或全自動連發射擊）用一根簡單的控制杆製成，位於扳機前面。PPSh-41衝鋒槍是用焊接、軸釘和縫合性衝壓部件製成的，這種衝鋒槍結實耐用，性能可靠，而且效果顯著。

PPSh-41衝鋒槍必須結實耐用。因為紅軍一旦使用某種類型的武器，他們的使用方式是其他國家的軍隊無法想像的。紅軍步兵營和步兵團的士兵一得到這種武

器，他們的手榴彈幾乎就失去了作用。裝備這種武器的部隊成了蘇聯突擊部隊的尖兵，在T-34中型坦克的支援下，他們向德軍發動了持續性猛攻。他們留給後人的印象是攻擊—吃飯—休息—再攻擊。他們所攜帶的彈藥僅供急需時使用，他們的生活標準一般都比較低，而且，戰鬥期限極為短暫。但是，蘇聯正是依靠這些裝備了PPSh-41衝鋒槍的數以萬計的突擊部隊橫掃了整個東部地區，並且席捲了整個歐洲。他們是一支令人生畏的力量，他們所裝備的PPSh-41衝鋒槍也成了紅軍戰鬥力的象徵。

德軍使用

在戰場中，PPSh-41衝鋒槍（它的使用者都稱之為Pah-Pah-Shah）完全不需要維修，甚至也不需要清理。蘇聯紅軍在東線使用這種衝鋒槍一戰成名。這種武器不管是塵土飛揚的夏季，還是冰天雪地的冬季都可以保持乾燥狀態，而且不需要機油潤滑，它的擊發裝置既不會阻塞，也不會結冰。

由於這種衝鋒槍的生產數量極大，德軍也像紅軍一樣把它當作德軍的標準武

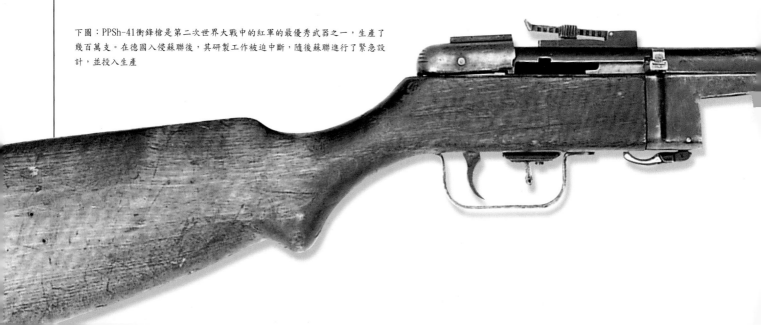

下圖：PPSh-41衝鋒槍是第二次世界大戰中的紅軍的最優秀武器之一，生產了幾百萬支。在德國入侵蘇聯後，其研製工作被迫中斷，隨後蘇聯進行了緊急設計，並投入生產

器。他們甚至修改了從紅軍手中繳獲的PPSh-41衝鋒槍的口徑，用來發射自己的9毫米帕拉貝魯姆子彈。這需要替換PPSh-41衝鋒槍的槍管和彈匣槽，使之能使用德國的MP 40衝鋒槍的彈匣。那些落入德軍之手但未作修改的PPSh-41衝鋒槍被正式命名爲717（r）衝鋒槍，至於那些口徑被修改過的PPSh-41衝鋒槍被命名爲什麼，就不得而知了。

活動在德軍背後的遊擊隊發現，PPSh-41衝鋒槍非常適合遊擊戰。第二次世界大戰結束後，蘇聯勢力範圍內的所有國家都使用這種衝鋒槍。今天，世界各地的許多戰士仍在使用這種武器。毫無疑問，在相當長的時間內，它是不會從人們的視線中消失的。

上圖：第二次世界大戰幾乎把所有人都捲入了戰火。在許多大規模的圍攻戰役期間，如列格勒、塞瓦斯托波爾和斯大林格勒戰役中，甚至婦女和兒童都拿起了武器

左圖：PPSh-41衝鋒槍給德軍留下了深刻印象。當德軍自己的MP 40衝鋒槍供應不足時，就使用從蘇軍手中繳獲來的PPSh-41衝鋒槍。如果沒有蘇軍的7.62毫米子彈，他們就使用德國的7.63毫米毛瑟手槍子彈。到1945年時，德軍改裝了許多PPSh-41衝鋒槍，改裝後的PPSh-41衝鋒槍能夠發射德國的9毫米子彈

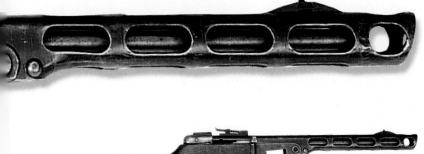

規格說明
PPSh-41衝鋒槍
口徑：7.62毫米
重量：5.4千克（裝彈後）
槍全長：828毫米
槍管長：265毫米
射速：900發子彈／分鐘
子彈初速：488米／秒
彈匣：可裝71發子彈的鼓式彈匣；
或可裝35發子彈的盒式彈匣

PPD-1934/38 衝鋒槍

在20世紀20和30年代，蘇聯國內問題成堆，無暇考慮研製可裝備其軍隊的先進武器。但是，在解決了國內問題之後，蘇聯有充裕的時間來考慮這個問題。蘇軍並沒有把研製新型衝鋒槍列入最優先考慮的項目，他們只想對當時的衝鋒槍進行創新性改進。該計劃由瓦西里·德哥雅列夫負責。他選擇了混合型的設計方法，綜合了當時其他國家的衝鋒槍的設計特點，生產出了德哥雅列夫-1934衝鋒槍（或稱為PPD-1934衝鋒槍）。

派生設計

首批PPD-1934衝鋒槍生產於1934年。這種具有後坐力操作系統的武器綜合了芬蘭的m/1931衝鋒槍和德國的MP18與MP28衝鋒槍的設計特點。直到1940年，這種衝鋒槍還在生產。1940年，PPD-1934衝鋒槍經過改進，被命名為PPD-1934/38衝鋒槍。PPD-1934/38衝鋒槍沒什麼值得稱道的地方。它使用的機械

設置幾乎和德國同時期的衝鋒槍一模一樣，並且彈匣直接仿制了芬蘭衝鋒槍的彈匣。它使用的彈匣為圓鼓形，可裝71發子彈。後來，這種彈匣成為蘇聯衝鋒槍的標準彈匣。不過，有時蘇軍也使用可裝25發子彈的盒式彈匣。由於蘇軍衝鋒槍使用的是7.62毫米口徑的托卡列夫（P型）無緣式子彈，所以這種彈匣必須呈彎曲狀（因為它的形狀為瓶頸式，所以從彈匣邊緣向槍內供彈時不能平放）。

一般性改進

PPD-1934/38衝鋒槍有一種型號，在1940年期間作為PPD-1940衝鋒槍投入生產。這種新型的衝鋒槍和早期的設計相比，進行了全面改進。它最好辨認的一個地方是：圓鼓形彈匣是通過槍托內的一個較大的凹槽槽溝插入槍內的。其他類型的衝鋒槍很少使用這種彈匣固定系統。

1941年，當德國及其盟國入侵蘇聯時，PPD衝鋒槍在紅軍中相對來說供應不足，並且在軸心國軍隊向東長驅直入的情況下，這種衝鋒槍也沒有發揮什麼作用。軸心國軍隊的初期勝利意味着繳獲了有用但數量有限的PPD衝鋒槍，德國人把這些武器交給了二線部隊。在德軍中，這種衝鋒槍被命名為716（r）衝鋒槍，並且，德國人還使用了繳獲的蘇軍子彈，或使用德國的7.63毫米毛瑟子彈。這種子彈和蘇聯的子彈竟然完全一樣。到1941年年底時，PPD-40衝鋒槍不再生產。原因非常簡單：這種衝鋒槍是由圖拉和謝斯特羅列茨克兵工廠生產的，此時，這兩個兵工廠都被德軍佔領了，並且蘇聯也沒來得及在其他地方建立大量的兵工廠和生產線，所以紅軍不得不尋求一種更新、更易於生產的衝鋒槍。

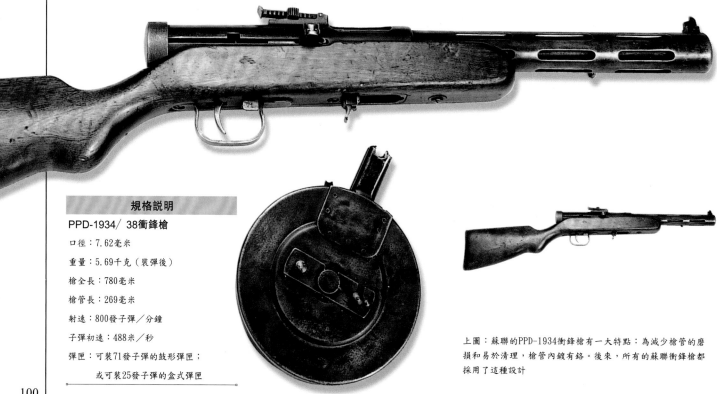

規格說明

PPD-1934／38衝鋒槍

口徑：7.62毫米

重量：5.69千克（裝彈後）

槍全長：780毫米

槍管長：269毫米

射速：800發子彈／分鐘

子彈初速：488米／秒

彈匣：可裝71發子彈的鼓形彈匣；
　　　或可裝25發子彈的盒式彈匣

上圖：蘇聯的PPD-1934衝鋒槍有一大特點：為減少槍管的磨損和易於清理，槍管內鍍有鉻。後來，所有的蘇聯衝鋒槍都採用了這種設計

PPS-42 和 PPS-43 衝鋒槍

幾乎沒有幾種武器像蘇聯的蘇達列夫-1942衝鋒槍（PPS-42衝鋒槍）一樣，是在形勢萬分危急的情況下設計和生產的。1942年，德國軍隊和芬蘭軍隊分別從南面和北面包圍了列格勒（現在稱聖彼得堡）。被圍的蘇軍缺少包括衝鋒槍在內的所有戰爭物資。列格勒擁有許多家機械製造廠和兵工廠，所以要讓當地工廠生產和加工武器，供應蘇軍並不存在什麼困難，但問題是他們迫切需要作戰武器。在這種情況下，衝鋒槍顯然是他們最需要的武器。輕型武器設計師蘇達列夫研製的衝鋒槍在戰火中誕生了。

粗糙但有效的武器

蘇達列夫的設計受到了原材料的限制，他只能使用手頭能得到的東西製造新式的衝鋒槍。通過實用性試驗，在經過多次失敗後，他研製出的衝鋒槍具有其他在緊急情況下設計出來的衝鋒槍（如英國的司登衝鋒槍和美國M3衝鋒槍）的所有特點：簡單、結實、使用鋼板衝壓製成，多數非常沉重。這種衝鋒槍由鉚釘、螺釘和簡單的金屬槍托（能夠折疊）焊接到一起；彈匣和蘇聯早期使用的衝鋒槍彈匣沒有什麼區別。道理非常簡單：生產鼓形彈匣太難了。

射擊試驗也極為簡單：直接從生產車間拿出幾支槍送到前線，前線對這種槍的評價和它的性能表現直接反饋到組裝廠，現場進行改進。其中有一處改動：使用一個彎曲的鋼板，鋼板中間有子彈穿過的彈洞，把它放在槍口上，當作槍口制退器和制動器使用。當衝鋒槍投入生產時，這種設置就保留下來。這種新型的衝鋒槍馬上獲得了官方的正式命名。

大規模生產

在列格勒被圍困的戰鬥中，事實證明，PPS-42衝鋒槍的設計非常合理，並且能快速和廉價地投入生產。經過900天的圍困，列格勒終於解圍了。不久之後，這種武器就裝備了普通的紅軍部隊。不過這時候，蘇聯已經有機會對這種衝鋒槍中最粗糙的地方進行改進。折疊式槍托經過改進後，在清理彈射孔時可以向上旋轉；以前粗糙的木製手槍把被硬橡膠製成的槍把取代。整個製作過程都經過了改進，不過，改進後它變成了PPS-43衝鋒槍。隨後，PPS-43衝鋒槍就和PPSh-41衝鋒槍一起被送到紅軍手中。但是，它的數量並不太多。

由於這種衝鋒槍設計於危難之時，再加上它在戰鬥中的表現，所以應該稱得上是一種優秀的武器。1944年，芬蘭被蘇聯控制後，芬蘭人也把它當作標準武器使用。德國也曾使用繳獲的PPS-43衝鋒槍，德國人把這種武器稱為709（r）衝鋒槍。後來，蘇聯本國內的部隊不再使用PPS-43衝鋒槍，但是，在其他地區還有人使用這種武器。它和英國的司登衝鋒槍一樣，與那些在簡陋的車間內仿製的玩意是有差別的。

規格説明

PPS-43衝鋒槍

口徑：7.62毫米

重量：3.9千克（裝彈後）

槍長：808毫米（槍托伸展後）；
606毫米（無槍托）

槍管長：254毫米

射速：700發子彈／分鐘

子彈初速：488米／秒

彈匣：可裝35發子彈的彎曲狀盒式彈匣

上圖：蘇聯的PPS-42衝鋒槍是在列格勒被圍、形勢最危急的關頭進行設計的，在投入大規模生產後被稱為PPS-43衝鋒槍。雖然PPS-43衝鋒槍採用了一系列的新技術，但基本上還是一種簡單的武器

F1 衝鋒槍

陸軍中尉埃維林·歐文發明了以他的名字命名的衝鋒槍。在第二次世界大戰期間，澳大利亞士兵使用了這種衝鋒槍，並且在戰後又使用了許多年。歐文衝鋒槍的最大設計特點是垂直彈匣，這種彈匣從設計到性能都無過人之處，只是澳大利亞人非常喜歡它而已。當時澳大利亞陸軍正在尋求一種新式衝鋒槍，所以對垂直彈匣的設計沒有表示反對。

在F1衝鋒槍（目前的名字）被選中之前，澳大利亞人對許多種衝鋒槍進行了試驗，試驗的衝鋒槍有"科科達"和MCEM等。雖然它們各有優點，但澳大利亞軍方認為它們不能保護士兵，不適合澳大利亞的環境。在1962年，一種名為X3的設計被選中並投入生產，這就是F1衝鋒槍。澳大利亞軍方的偏好非常明顯，因為F1衝鋒槍有垂直的彈匣。但是為了提高和其他武器互相兼容的能力，這種垂直彈匣目前已經被改成了彎曲狀彈匣，與英國的斯特林衝鋒槍和加拿大的C1衝鋒槍使用的彈匣完全一樣。

除了彈匣外，F1衝鋒槍的其他設置顯然和其他衝鋒槍的設置具有互相兼容的能力。它的槍把和L1A17.62毫米的北約步槍使用的槍把一樣，並且它的刺刀也和另一種斯特林衝鋒槍使用的刺刀完全一樣。事實上，澳大利亞人趨向於把F1衝鋒槍當作澳大利亞的斯特林衝鋒槍看待，但兩者確有許多不同之處：F1衝鋒槍是簡單的"直進式"設計，槍托是固定的，和管狀的套筒座位於同一直線上；並且，手槍槍把設置和斯特林衝鋒槍的槍把設置相比，在安排上也不一樣。它使用高過頭頂的彈匣，給瞄準造成了一定困難。由於它們的固定瞄準具有所區別（這個問題必須予以重視），所以它們都安裝了輔助性瞄準系統。F1衝鋒槍的瞄準系統由一個輔助性瞄準具（可向下折疊到管狀套筒座上）和一個固定的輔助性前瞄準具組成。

保護性設計

F1衝鋒槍有一個非同尋常卻行之有效的保險設置，對於使用短槍管的衝鋒槍來說，要想把前置式槍把安裝在槍口上，或安裝在距槍口太近的位置常常是很困難的。但是，對F1衝鋒槍來說就簡單多了，它有一個簡單的槍背帶旋轉叉架，可以防止手指過於接近槍口。

F1衝鋒槍還有一些有趣的設計：它的擊發操縱杆和L1A1步槍的擊發操縱杆，無論是位置還是擊發方法都一模一樣。這種操縱杆有一個蓋子，可以阻止異物或塵土進入擊發裝置內部。如果進入擊發裝置的泥土太多，就會阻止槍栓閉合。緊急情況下，射手可以在槍栓內將其鎖定，迫使其閉合。

由於F1衝鋒槍具有這些特點，所以F1衝鋒槍的使用範圍僅限於澳大利亞及其附近地區。曾幾何時，人們議論要用美國的M16A1步槍取而代之，但澳大利亞仍在使用F1衝鋒槍。

下圖：F1衝鋒槍的原型為X3衝鋒槍。其設計雖然簡單，但效果極佳。越南戰爭期間，在湄公河三角洲一帶的戰鬥中表現尤其突出。和第二次世界大戰時的歐文衝鋒槍相比，它的先進構造使它的重量減少了近1千克

上圖：F1衝鋒槍取代了澳大利亞軍隊最喜愛的歐文衝鋒槍。F1衝鋒槍保留了澳大利亞獨特的設計特點：垂直式頂部裝填彈匣。另外，F1衝鋒槍和斯特林衝鋒槍非常類似

規格説明

F1衝鋒槍

口徑：9毫米

重量：4.3千克（裝彈後）

槍全長：714毫米

槍管長：213毫米

射速：600~640發子彈／分鐘

子彈初速：366米／秒

供彈：可裝34發子彈的彎曲狀彈匣

FMK-3 衝鋒槍

從1943年開始，阿根廷布宜諾斯艾里斯市的哈爾肯輕武器公司生產了一系列衝鋒槍。這種衝鋒槍使用了後坐力操作系統，可以發射9毫米帕拉貝魯姆子彈和11.43毫米ACP子彈。阿根廷軍隊從來沒有把它們當作一線武器使用，但是二線部隊和警察使用過這種衝鋒槍。在這一系列衝鋒槍中，最早的是1943型衝鋒槍。它有一個非常明顯的特徵：它的緩衝帽懸垂在槍托上面，槍托前端安裝了手槍槍把。1946型衝鋒槍與前者的最大差異是使用了金屬槍托，取代了1943型衝鋒槍使用的木製槍托。57型衝鋒槍屬輕型衝鋒槍，其設計思想變化較大：槍管缺少鰭狀的散熱片，套筒座呈圓柱狀，而不是矩形；彈匣呈彎曲狀，而不是直形。最後一種類型是60型衝鋒槍，它是在57型衝鋒槍的基礎上生產出來的，但是套筒座中的射擊控制器被取消了，取而代之的是雙扳機設置。

由羅薩里奧市的法布里卡軍火公司（FMAP）製造的PAM衝鋒槍是美國M3A1衝鋒槍中的一種，它短小、輕便。這種衝鋒槍有兩種型號：PAM-1衝鋒槍只能自動射擊；而PAM-2衝鋒槍具有選擇射擊能力（單發或連續射擊）。

先進的設計

FMAP公司百尺竿頭，更進一步，研製出一種更加先進的PA3-DM衝鋒槍。這種衝鋒槍和PAM衝鋒槍一樣，也使用了後坐力操作系統，發射口徑為9毫米的"帕拉貝魯姆"子彈。這種可選擇單發或連發射擊的衝鋒槍有一個可裝25發子彈的分離式和直盒式彈匣。彈匣斜插在槍把內。前置式槍把用塑料製成，位於套筒座下面。這種衝鋒槍有兩種類型：一種使用木製槍托，另一種使用的槍托與M3衝鋒槍的槍托一樣，由金屬線製成。PA-3DM衝鋒槍的其他設計特點包括：槍架由金屬衝壓而成；為了便於槍管的拆卸，槍管前部有一個帶螺紋線的螺帽。捲繞狀槍栓和擊發操縱杆位於套筒座左側，套筒座滑座可以蓋住擊發操縱杆的凹槽槽溝，防止塵土進入，在不利情況下，減少武器發生阻塞的機會。

PA3-DM衝鋒槍供阿根廷一線部隊使用。1986年這種衝鋒槍被FMK-3衝鋒槍取代。FMK-3衝鋒槍由現在的法布里卡塞內斯軍事公司生產。這種衝鋒槍被認為是PA3-DM衝鋒槍的改良型。FMK-3衝鋒槍有不同的射擊方式可供選擇。另外，該公司還生產了一種供文職人員使用的FMK-5半自動衝鋒槍。

FMK-3衝鋒槍主要供阿根廷軍隊和警察使用。它使用了嵌入式槍栓。當槍栓關閉時，槍栓的捲筒套住槍管的後部。雙排式彈匣、套筒座和手槍槍把都用鋼板衝壓而成；保險和射擊選擇器的開關位於手槍槍把上面槍架的左側。槍把保險位於槍把後部。

FMK-3衝鋒槍的瞄準具為向上翻滾式，後瞄準具的葉片呈L形。FMK-3衝鋒槍的射程為50~100米。槍托和美國的M3衝鋒槍的槍托一樣，用鋼絲製成，隨時可以拆卸。

右圖：FMK-3衝鋒槍完全是一種傳統而又實用的衝鋒槍。這種衝鋒槍由阿根廷設計和製造，供該國軍隊使用

規格説明

FMK-3衝鋒槍

口徑：9毫米

重量：3.4千克（裝彈前）

槍長：693毫米（槍托延伸後）；
　　　523毫米（槍托取消後）

槍管長：290毫米

射速：650發子彈／分鐘

子彈初速：400米／秒

供彈：可裝25、32和40發子彈的垂直形盒式彈匣

上圖：FMK-3衝鋒槍為"直入式"設計，有一個嵌入式捲繞槍栓；槍托用可拆卸的鋼絲製成；前置式槍把用塑料製成；後部的手槍槍把用金屬製成，可裝入彈匣

MPi 69 衝鋒槍

MPi 69衝鋒槍是由雨果·斯托瓦塞爾率領的一個小組研製成功的，並由奧地利的施泰爾一戴姆勒一普赫公司（目前稱爲施泰爾·曼利夏公司）生產。這種衝鋒槍看上去和以色列的烏茲衝鋒槍極爲相似，但是差別極大。事實上，它比烏茲衝鋒槍簡單多了。MPi 69衝鋒槍目前已經停止生產，被另兩種施泰爾武器——TMP衝鋒槍和AUG傘兵衝鋒槍取代。

MPi 69衝鋒槍使用後坐力操作系統，具有選擇單發射擊或全自動連續射擊的功能。槍背帶的前端和擊發設置（用鋼板簡單壓製而成）相連接，通過槍背帶上的一個鏈條就可以操縱擊發裝置。

它的套筒座是用壓製過的輕型鋼板製成的，通過兩個孔（一個在中部，起到彈射孔的作用；另一個在前部，可以接受槍管鬆動阻鐵和槍管鎖定螺帽）和位於套筒座右側的一個空心盒子焊接到一起。彈射器是一個簡單的鋼條，向右彎曲，被鉚釘固定在套筒座的底座上，從一個凹槽槽溝可以移動到閉鎖裝置的底部。套筒座下面附帶的點焊設置可以操縱槍托和槍托的鬆動杆，以及套筒座後部的阻鐵（分解式阻鐵）。螺絲可以把單口式瞄準具和套筒座頂部固定在一起，同時套筒座下面有一個模塊狀尼龍套筒座蓋罩，內有扳機裝置、手槍槍把和彈匣槽。

冷浸鍛造的槍管

槍管在加工過程中經過了冷浸鍛造，這樣做不僅廉價，而且可以保持槍管內的清潔。閉鎖裝置在槍栓正面有一個固定的撞針，閉鎖裝置位於捲繞槍栓的中心，卷繞槍栓的右側被切穿後，可用於彈射目的。子彈在沒能完全進入彈膛之前和撞針不在同一條直線上；子彈完全進入彈膛後，才和撞針處於同一條直線。這樣大大提高了保險設置的安全系數。輕推扳機，單發射擊；用力推動扳機，則可全自動射擊。

在MPi 69衝鋒槍之後是MPi 81衝鋒槍。MPi 81衝鋒槍和前者的不同之處是擊發操縱杆位於套筒座的左側，射速每分鐘高達700發子彈。

左圖：奧地利設計的MPi 69衝鋒槍顯然受到以色列的烏茲衝鋒槍的影響。它可以發射通用的9毫米帕拉貝魯姆子彈

規格説明

MPi 69衝鋒槍

口徑：9毫米

重量：3.52千克（裝彈後）

槍槍長：673毫米（槍托延伸後）；
　　　　470毫米（槍托取消後）

槍管長：260毫米

射速：550發子彈／分鐘

子彈初速：381米／秒

供彈：可裝25或32發子彈的垂直狀盒式彈匣

上圖：MPi 69衝鋒槍有一個向下傾斜的由金屬絲製成的槍托。空彈殼從槍右側的洞孔中彈出。槍背帶的旋轉叉架位於槍的左側

上圖：MPi 69衝鋒槍採用了"直入式"設計原理。彈匣槽位於手槍槍把內，可裝25或32發子彈

AUG 傘兵衝鋒槍

1988年在施泰爾—戴姆勒—普赫公司投入生產的施泰爾AUG傘兵衝鋒槍是奧地利研製成功的武器，它源於同一家公司生產的ΛUG突擊步槍（陸軍通用步槍）。這種突擊步槍可以發射北約的SS1095.56毫米子彈，被改裝成衝鋒槍後，可以發射9毫米帕拉貝魯姆子彈。改換過程非常簡單：

使用新口徑的衝鋒槍槍管變短了；槍栓裝置增加了一個轉接器。這樣一來，這種衝鋒槍就能使用MPi 69衝鋒槍的可裝25發或32發子彈的彈匣。這種衝鋒槍沒有使用突擊步槍的氣動操作裝置，使用了衝鋒槍常用的後坐力操作系統。使用後坐力系統操作是所有現代衝鋒槍的標準設計。

使用閉合式槍栓射擊

AUG傘兵衝鋒槍的突出設計特點是：從閉合式槍栓所在的位置射擊，更加精確和安全。它的槍管比大多數衝鋒槍的槍管長，所以和普通的衝鋒槍相比，在發射9

規格説明
AUG傘兵衝鋒槍
口徑：9毫米（帕拉貝魯姆子彈）
重量：3.3千克，（裝彈前）
槍全長：665毫米
槍管長：420毫米
射速：700發子彈／分鐘
子彈初速：不詳
供彈：可裝25發或32發子彈的垂直狀盒式彈匣

下圖：顯而易見，AUG傘兵衝鋒槍和AUG系列突擊步槍有着密切聯繫。這種衝鋒槍的槍管較短，在發射較大口徑的子彈時，子彈初速較慢

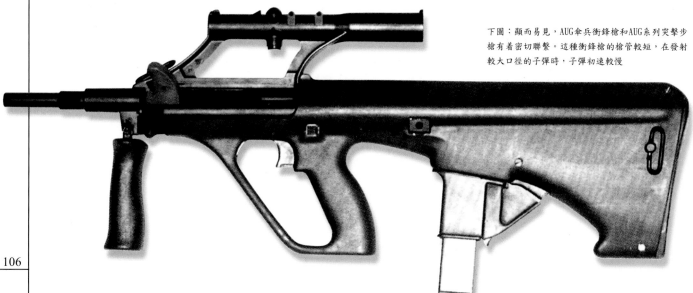

毫米帕拉貝魯姆子彈時，子彈的初速更快（所以射程更遠，精度更高）。彈膛內部鍍有鉻，可延長彈膛的使用期限，並且有利於保持彈膛內的清潔。

一般都把AUG傘兵衝鋒槍稱爲AUG 9衝鋒槍。它的槍口帶有螺紋線，可以安裝不同類型的消音器，並且加上輔助裝置還可以發射CS或CN榴彈。槍口還能安裝刺刀，這點在衝鋒槍中是很少看到的。

技術尖兵

施泰爾公司是一流的輕武器製造商。它善於從商業和軍事用途的角度把突擊步槍改裝爲標準的衝鋒槍。它最吸引人的地方是只需要更換少量零部件，而這一點對備用部件的儲備和後勤供應極爲有利。爲了提高AUG突擊步槍和AUG傘兵系列衝鋒槍的兼容性，該公司還製造出一套由三大部件組成的裝備，這些部件的基本標準都適用於這兩種武器。有了它，這兩種武器可以在10分鐘之內完成轉換。

AUG傘兵衝鋒槍保留了AUG突擊步槍的槍管後部和套筒座前部（帶有機械瞄準具，以備急需之用）的固定式光學瞄準具；並且保留了AUG突擊步槍的無托結構設計：彈匣位於扳機裝置的後面。爲了提高射擊精度，除了扳機下面的後置式手槍槍把外，還增加了前置式手槍槍把。前置式手槍槍把是用模塊狀塑料製成的。

保險和擊發裝置

保險裝置以位於扳機上方的保險阻鐵爲主，保險阻鐵橫貫於整個槍栓：從右向左用力推動保險裝置，槍處於安全狀態；從左向右推動保險裝置，槍處於發射狀態。撞針保險和保險裝置綜合設計後，連爲一體。AUG 9傘兵衝鋒槍有兩種射擊方式：第一次推壓扳機，在半自動狀態下射擊；第二次推壓扳機，在全自動狀態下射擊。

麥德森衝鋒槍

儘管丹麥人少地狹，但是仍然擁有幾家輕武器製造公司，其中最著名的是麥德森公司。該公司的正式名字爲丹斯克·森迪卡特工業公司。丹麥在第二次世界大戰後使用的衝鋒槍是由芬蘭的蘇米公司和瑞典的胡斯克瓦納公司設計的，而麥德森公司生產的幾種武器在武器市場上成功出口。

第二次世界大戰後，麥德森系列衝鋒槍的第一種型號——麥德森45型衝鋒槍問世。這種衝鋒槍雖然有多處引人注目的設計，但未能獲得成功。而接下來的46型、50型和53型衝鋒槍銷量甚佳，爲該公司贏得了豐厚的利潤。

45型衝鋒槍（或稱P13衝鋒槍）使用9毫米帕拉貝魯姆子彈。盒式彈匣位於套筒座的下面，可裝50發子彈。雖然這種武器使用了木製部件，但達到了減輕重量的目的，未裝彈時重不到3.2千克。其他非同尋常的設計包括：用擊發滑座替代了操縱杆；後坐力彈簧在擊發滑座下面將槍管捲繞住。彈簧和滑座一起移動時，其慣性產生助推力，推動輕型閉鎖裝置移動。

快速進化

45型衝鋒槍僅生產了一年就被46型衝鋒槍（或稱P16）取代，46型衝鋒槍是專門爲易於生產而設計的。46型衝鋒槍的槍架由兩個後部被鏈接在一起的衝壓鋼架構成，且它們的前部被槍管的閉鎖螺帽固定。槍托是一個彎曲的金屬管，金屬管彎曲着插入到前端的一個矩形洞孔內。槍托終端和槍架後面以及手槍槍把尾部連接在一起，這樣槍托可以向右折疊，放在槍的一側。和45型衝鋒槍一樣，46型衝鋒槍發射9毫米帕拉貝魯姆子彈，彈匣可裝32發子彈。46型衝鋒槍的射速爲每分鐘480發子彈，而45型衝鋒槍的射速爲每分鐘850發子彈。46型衝鋒槍的子彈初速比45型衝鋒槍的子彈初速慢，兩者的子彈初速分別爲每秒鐘380米和400米。46型衝鋒槍不裝彈匣時重量僅3.175千克。

46型衝鋒槍和45型衝鋒槍的擊發設置基本相同。46型衝鋒槍的滑座位於槍架後部的上方，帶有兩個磨銑過的凸緣，凸緣向外和向下延伸，利於射手握持。而1945型衝鋒槍的凸緣被滑座頂部的一個按鈕取代，這個按鈕和槍栓連在一起。兩者的槍托都可以折疊，使用可裝32發子彈的兩翼水平的垂直狀盒式彈匣。1946型衝鋒槍的其他數據爲：重3.175千克，子彈初速爲每秒鐘380米，射速爲每分鐘550發子彈。

英國對麥德森衝鋒槍的興趣

該公司在許多國家演示過它的50型衝鋒槍，並收到了許多訂單。英國一度想購買這種衝鋒槍，供其二線部隊使用，同時，購買EM-2衝鋒槍供其一線部隊使用。但是最後都沒有購買，而選擇了斯特林衝鋒槍。英國過去對50型衝鋒槍的最大意見就是想用雙排式彈匣替代它的單排式彈匣。彎曲和寬大的雙排式彈匣更易於彈匣彈簧彈起子彈，而且髒物和塵土只能落到彈匣底部，這樣不會影響武器的操作。

定型後的53型衝鋒槍就使用了這種彈匣。53型衝鋒槍是繼46型和50型衝鋒槍之後的新式衝鋒槍。仔細檢查就會發現它和以前的衝鋒槍使用的閉鎖系統（槍架到槍管後部）正好相反：53型衝鋒槍的槍管的閉鎖螺帽擰到槍管內，而46型衝鋒槍和50型衝鋒槍的槍管閉鎖螺帽則擰到滑座的前部。旋轉閉鎖螺帽，槍管會向前移動，直到槍管後部的凸緣和槍架內部相接觸。這種佈局使整個組件的結構更加結實和嚴謹。

　　槍內部的其他變動有：槍栓的形狀改進後，其功能更爲完善。槍管上包有一個可以拆卸的套管，如果需要，可以安裝一種特殊的小型刺刀。和其他的麥德森衝鋒槍一樣，53型衝鋒槍是作爲自動武器生產的，帶有可選擇性擊發裝置，並且安裝了完整的保險設置，在受到震動或掉到地上時，可以防止走火。

下圖：第二次世界大戰期間出現了各種簡單、廉價的衝鋒槍。麥德森46型衝鋒槍是專門為易於生產和維修而設計的武器

規格說明

1953型衝鋒槍

口徑：9毫米

重量：4千克（裝彈後）

槍全長：808毫米（槍托延伸後）

槍管長：213毫米

射速：600發子彈／分鐘

子彈初速：385米／秒

供彈：可裝32發子彈的彎曲狀彈匣

vz 61 "蠍"式衝鋒槍

　　在1960－1975年期間，捷克製造了一種武器——塞斯卡·茲布羅約維卡vz61"蠍"式衝鋒手槍。它最初是由捷克設計和製造的。這種武器既不是手槍，也不是真正的衝鋒槍，它介於兩者之間，具有輕武器的功能。人們把這種武器稱爲"自動槍"。這種武器體積很小，便於攜帶，射擊時像手槍，但需要時則具有全自動武器射擊的能力。如此一來，vz 61兼有手槍和衝鋒槍的優點和缺點，或許有時略遜於手槍和衝鋒槍的優點，卻成爲所有秘密武器中最令人生畏的武器。事實上，這種武器極有可能成爲捷克正規軍隊的標準武器。由於它易於隱藏，所以更容易成爲特種作戰部隊使用的近戰武器。

個人武器

　　"蠍"式衝鋒手槍是專門爲坦克乘員、通信人員和其他人員設計的。這些人除了手槍外，沒有必要攜帶體積較大的武器。但是，手槍射程較近，而使用全自動設計則使手槍在近距離內作戰時擁有更大的威力。"蠍"式衝鋒手槍像手槍，彈匣不在槍托內，而是位於扳機設置的前面。使用槍托射擊有助於提高射擊的精度。可折疊式槍托是用金屬線製成的。從整個外形看，這種武器又短又小，較厚，可以裝在體積稍大的槍套內。

　　全自動射擊時，這種武器的彈速爲每分鐘大約爲840發子彈。在近距離內作戰時，如此密集的火力相當驚人。但是，這種優勢會受到兩個因素的制約。一是在全自動狀態下射擊時，射擊的精度無法控制。射手的手和肩部上面的衝擊力會引起槍口上升和震動，這樣在極短的時間內，要想準確射擊是極其困難的。另一個因素是"蠍"式衝鋒手槍使用的彈匣只能裝10發或20發子彈，全自動射擊時，子彈在極短的時間內會耗盡。不過，在近距離內射

擊時，“蠍”式衝鋒手槍的火力之猛確實驚人。

折疊式金屬槍托

“蠍”式衝鋒手槍使用後坐力操作系統。在選擇單發射擊時，它的折疊式金屬槍托可以幫助射手瞄準目標。標準的vz61“蠍”式衝鋒手槍發射美國的7.65毫米子彈——本來只有華約組織的武器才使用這種子彈。但是，vz 63衝鋒槍可以使用9毫米小型子彈；vz 68衝鋒槍可使用9毫米帕拉貝魯姆子彈。另外，還有一種人們知之甚少的vz型號。

恐怖分子的武器

除了在捷克斯洛伐克使用之外，“蠍”式衝鋒手槍還被出售到一些非洲國家。但是，人們最擔心它會落入恐怖分子和“自由戰士”手中。“蠍”式衝鋒手槍在近距離內的火力極爲猛烈，最適合暗殺和恐怖活動，所以，恐怖組織最喜歡使用這種武器。正因爲如此，世界各地——從中美洲到中東，都能看到這種武器的影子。

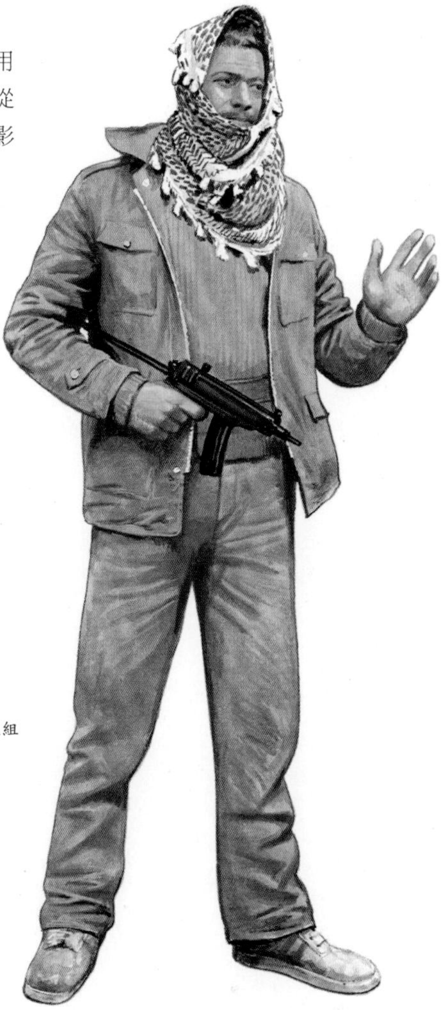

右圖：vz 61“蠍”式衝鋒手槍是巴勒斯坦解放組織最喜愛的武器。這種武器體積小，易於隱藏

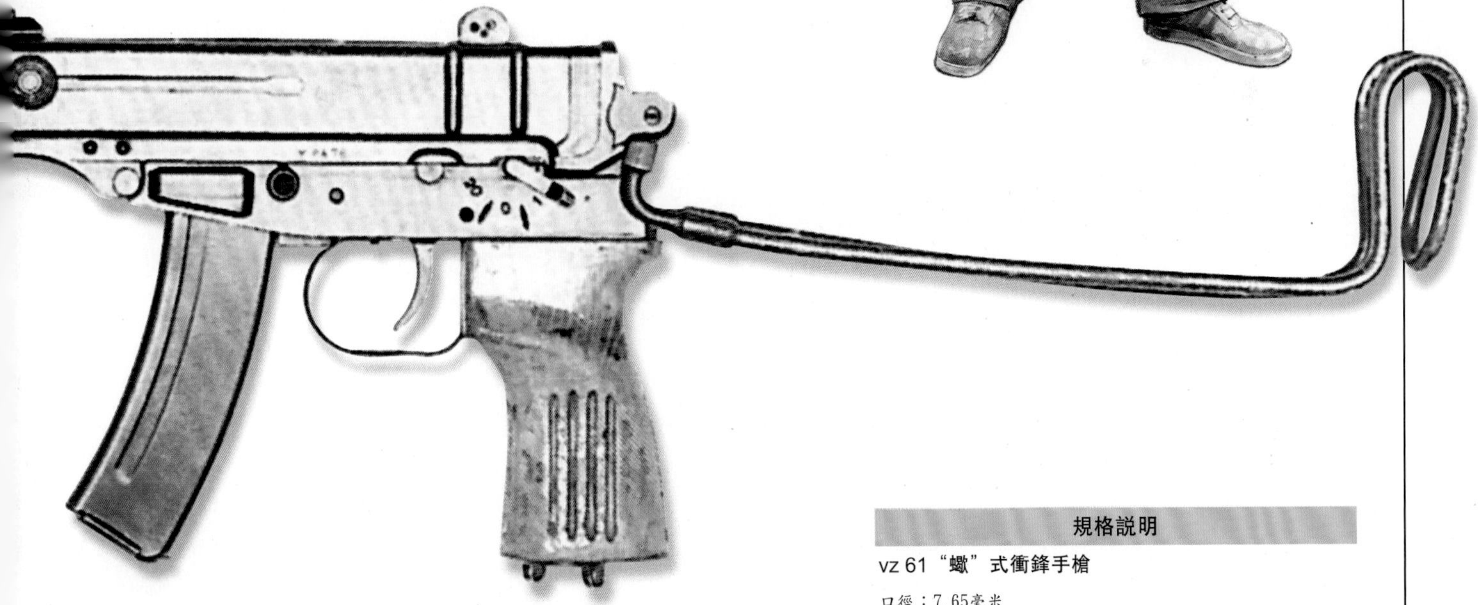

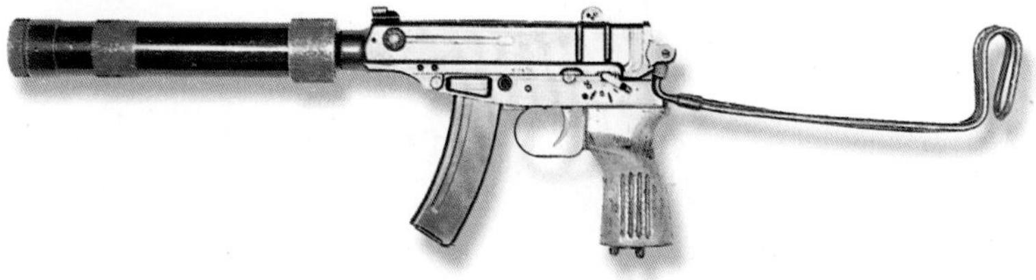

上圖：槍托全面延伸後，vz 61可在200米內精確射擊。它使用簡單的後坐力操作系統。空彈殼直接向上彈出

規格説明

vz 61“蠍”式衝鋒手槍

口徑：7.65毫米

重量：2千克（裝彈後）

槍全長：513毫米（槍托延伸後）；
269毫米（槍托折疊後）

槍管長：112毫米

射速：840發子彈／分鐘

子彈初速：317米／秒

供彈：可裝10發或20發子彈的垂直狀的盒式彈匣

杰迪—瑪蒂克衝鋒槍

在20世紀70年代，傑迪·圖馬里在芬蘭開始設計一種高精度的5.59毫米半自動射擊專用手槍。在試驗射擊的時候，卻變成了一連串的全自動射擊。圖馬里對被擊中的靶子進行調查後發現彈洞非常密集。如此一來，這次半自動變成全自動射擊的偶然事件成了傑迪—瑪蒂克衝鋒槍的起源。這種衝鋒槍可以發射通用的9毫米帕拉貝魯姆子彈。在目前世界各國的軍用武器中，確實是一種外形極爲特殊的武器。

古怪的外表

傑迪—瑪蒂克衝鋒槍的槍管和槍架明顯不在同一直線上，相差角度令人吃驚，以至於令人頓生恐懼感。而這正是圖馬里的發明專利——傾斜槍栓系統，這種系統有助於延遲槍栓向後運動，同時可以迫使槍稍向下偏。套筒座的角狀裝置可以使槍把處於盡可能高的位置，因此，槍管和槍後座能保持在同一直線上。這種設計解決了射擊時槍口上升的問題。這個問題在世界各地所能見到的其他衝鋒槍中普遍存在，由於存在這個問題，所以射手在一連串（子彈）射擊期間，要想瞄準目標幾乎是不可能的。對於傑迪—瑪蒂克衝鋒槍來說，在射手持槍射擊時，較高的槍把可以保證後坐力衝擊時槍口不會被迫向上旋轉，而是直接向後運動，從而使射手能一直瞄準目標。這種設計的最大局限是削弱了衝鋒槍的自然"瞄準能力"。

傑迪—瑪蒂克衝鋒槍的其他設計特點包括：前置式槍把被鏈接在槍的上部，可以向後折疊。當作保險使用時，有助於彈匣插入到扳機設置的前部。並且，第一次推壓扳機時，可單發子彈射擊；第二次推壓扳機時，可以全自動連續射擊。彈匣可裝20發或40發子彈。

後坐力操作系統

傑迪—瑪蒂克衝鋒槍使用後坐力操作系統。套筒座由衝壓鋼板製成，帶有一個鏈接蓋。當前置式槍把降低到裸露位置時，可以當作擊發操縱杆使用。它沒有槍托，通過前置式槍把和手槍槍把就可以操作。

在1980—1987年期間，泰姆普仁·阿塞帕加·奧伊公司製造了一定數量的傑迪—瑪蒂克衝鋒槍。後來，在1995年，另一家芬蘭製造公司——奧伊·戈登武器有限公司又生產了一批。

從1995年開始製造出的"傑迪—瑪蒂克"衝鋒槍被稱爲GG-95 PDW（個人防衛武器）。它屬傑迪—瑪蒂克衝鋒槍的改進型。從頂部表面到套筒座都進行了修改，取消了減弱這種武器"瞄準能力"的許多角狀設置。

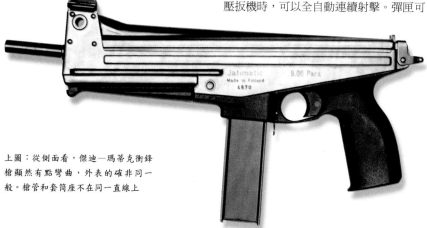

上圖：從側面看，傑迪—瑪蒂克衝鋒槍顯然有點彎曲，外表的確非同一般。槍管和套筒座不在同一直線上

左圖："傑迪—瑪蒂克"衝鋒槍的全套裝置包括一個夜視儀、槍套、可裝20發和40發子彈的彈匣，以及清理和維修設備

右圖："傑迪—瑪蒂克"的前置式槍把在射擊時可以當作擊發操縱杆使用；射擊結束後又可當作保險使用。槍後部邊緣較低部分上面的葉片可以阻止槍栓移動

規格説明	
傑迪—瑪蒂克衝鋒槍	
口徑：9毫米（帕拉貝魯姆子彈）	
重量：1.65千克（裝彈前）	
槍全長：400毫米	
槍管長：不詳	
射速：650發子彈／分鐘	
子彈初速：不詳	
供彈：可裝20發或40發子彈的垂直狀盒式彈匣	

MAT 49 衝鋒槍

第二次世界大戰剛剛結束時，法國武裝部隊裝備的武器的種類極其繁雜。這些武器有的來自法國國內，有的來自國外，種類相當混亂。衝鋒槍亦是如此：有的是法國在第二次世界大戰前（1939年）設計製造的，有些是美國和英國在第二次世界大戰期間援助給改編的法國軍隊的美製和英製武器。這些武器使用數年，彈藥的口徑和種類五花八門，數量繁多，給後勤供應和儲存帶來了極大困難。法國開始對這些武器進行分類選擇。隨後，法國當局決定，未來研製的衝鋒槍必須使用標準的9毫米帕拉貝魯姆子彈。

新武器

法國需要研製自己的新式衝鋒槍，並且三家兵工廠都作出了積極的反應。法國蒂爾武器製造廠的設計（所以這種衝鋒槍被稱為MAT）被選中。1949年，新式衝鋒槍投入生產。法國要用自己設計和製造的性能更好的武器重新武裝法國軍隊，增強法軍的戰鬥能力。

這種新式衝鋒槍就是MAT 49衝鋒槍。由於製作精良，性能良好，所以今天仍在大量使用，不像其他衝鋒槍的使用期限那樣短暫。儘管它使用了目前通用的結構：零部件和組件用鋼板衝壓製成，但是MAT49衝鋒槍的許多零部件都是用耐用鋼材精製而成的，非常堅固，經得起摔打和碰撞。這對法國來說極其重要，法國軍隊在隨後的15年甚至是更長時間裏，在世界許多地區（如中南半島和北非）積極參加了大量軍事行動。這些地方環境惡劣，需要能連續使用而性能不受影響的武器。

事實證明合理有效的機械設置

這種衝鋒槍使用後坐力操作系統，代替了目前被稱為"捲繞式"的閉鎖裝置。為了減少套筒座的長度，MAT 49衝鋒槍的佈局是這樣的：為了取得更大效果，閉鎖裝置的一部分設在了彈膛內，而其他衝鋒槍沒有這樣的設計。MAT 49衝鋒槍的另一大設計是具有法國風格的彈匣槽：為了減少武器裝運時的面積，彈匣插入彈匣槽後，彈匣槽可以向前折疊。這一設計直接使用了戰前MAS 38衝鋒槍的彈匣。法國陸軍認為這種彈匣效果不錯，於是，MAT49衝鋒槍就保留下來：阻鐵下壓，彈匣槽（帶有一個裝滿子彈的彈匣）向前折疊，放在槍管下面；需要再次使用時，只需將彈匣向後推拉，彈匣槽就可以當作前置式槍把使用。這種前置式槍把的作用非常重要：MAT 49衝鋒槍只能在全自動狀態下射擊，所以射擊時，需要有結實的槍把才能順利操縱。

為了確保塵土和異物無法進入機械裝置內部，MAT 49衝鋒槍的設計經歷了慘痛的教訓，這也是過去留下的一大教訓：當MAT 49衝鋒槍在北非大沙漠中剛投入使用時，沙子很容易進入槍的內部。現在這個問題已經解決：當彈匣在彈匣槽前面的位置時，拍打一下彈匣，就可以把髒物震出去。如果需要清理或維修，這種衝鋒槍不需要借助什麼工具就容易拆卸下來。擊發裝置中，槍把保險既可鎖定扳機裝置，又可以鎖定槍栓，使其無法向前移動。

所有的MAT 49衝鋒槍都具有結構簡單而堅固耐用的特點。有的MAT 49衝鋒槍現在還被法國軍隊、警察和準軍事部隊使用。另外，它還被出口到許多法國的前殖民地（國家）以及和法國有重大利益關係的地區。自從5.56毫米FA MAS突擊步槍問世後，法國軍隊使用的MAT 49衝鋒槍的數量越來越少，但是仍有相當多的人在使用，短時間內，它是不會消失的。

規格説明

MAT 49衝鋒槍

口徑：9毫米（帕拉貝魯姆子彈）

重量：4.17千克（裝彈後）

槍長：720毫米（槍托延伸後）；
　　　460毫米（槍托折疊後）

槍管長：228毫米

射速：600發子彈／分鐘

子彈初速：390米／秒

供彈：可裝20發或32發子彈的垂直狀盒式
　　　彈匣

上圖：口徑為9毫米的MAT 49衝鋒槍於1949年裝備法國軍隊。這種衝鋒槍的設計相當粗糙，用耐用鋼衝壓製成。它的手槍槍把和彈匣槽可以向前折疊，利於裝運

右圖：為駐紮在法國殖民地的法軍設計的MAT 49衝鋒槍。在印度支那（中南半島）戰爭中，法軍大量使用這種衝鋒槍。在阿爾及利亞的殘酷戰鬥中，法軍也大量使用了這種衝鋒槍。MAT衝鋒槍成功經受了嚴峻的考驗

赫克勒和科赫有限公司的 MP5 衝鋒槍

自第二次世界大戰以來，德國的赫克勒和科赫有限公司一直是歐洲最大和最重要的輕武器製造商。它的成功很大程度上是因爲成功生產出了G3步槍。G3步槍是北約的標準武器，現在世界各地的許多國家仍在使用。20世紀60年代，該公司在G3步槍的基礎上，又生產出了MP5衝鋒槍。

以步槍爲基礎的衝鋒槍

MP5衝鋒槍是專門爲發射標準的9毫米x19毫米帕拉貝魯姆子彈設計的。這種子彈屬威力相對較小的手槍子彈。MP5衝鋒槍和發射大功率步槍子彈的G3步槍使用的滾筒式和傾斜的閉鎖裝置一模一樣。由於增加了保險，這種系統的複雜性有所降低。和其他衝鋒槍的不同之處是，MP5衝鋒槍是從密閉的槍栓處射擊的。當推動扳機時，閉鎖裝置正好位於槍栓前面，這樣就沒有向前移動而影響射手瞄準的裝置了。因此在射擊時，MP5衝鋒槍要比其他類型的衝鋒槍精確。MP5衝鋒槍使用的許多零部件和G3步槍的零部件非常類似。

有50多個國家的軍隊和執法部門使用MP5衝鋒槍。MP5衝鋒槍被公認爲世界上著名的衝鋒槍。它有120多個類型，可以滿足大範圍的戰術要求。它所具有的獨特模塊式設計、種類繁多的槍托、前支架、瞄準架和其他輔助設置使MP5衝鋒槍極其靈活，幾乎可以滿足任何作戰任務的需要。

MP5衝鋒槍的主要型號有：帶有固定槍托的MP5A2衝鋒槍；使用傾斜式金屬支柱槍托的MP5A3衝鋒槍；MP5A4衝鋒槍和MP5A5衝鋒槍是相同的武器，都具有3發子彈點射的能力。

MP5SD衝鋒槍安裝了消音器，主要在特種作戰和反恐作戰時使用。按照設計，消音器（可拆卸）和這種衝鋒槍的正常長度和輪廓相匹配。MP5SD衝鋒槍的消音器（使用了潤濕技術）用完整的鋁或不銹鋼製成。它和大多數消音武器不同，不需要使用亞音速子彈，就能達到有效消音的效果。

隱蔽性武器

MP5K衝鋒槍專門供特種部隊使用。在特種作戰中，如何隱藏武器非常重要。它是MP5衝鋒槍的袖珍型，長度僅有325毫米。根據其前置式槍把就可把它辨認出來。前置式槍把位於槍口下面，而槍口幾乎看不到。MP5KA1衝鋒槍是MP5系列衝鋒槍中的特殊型號，沒有突出部分，所以能裝在衣服或特殊的槍套內。

MP5N衝鋒槍或"海軍"型衝鋒槍是爲美國海軍的"海豹"特戰小隊專門生產的。這種衝鋒槍的標準扳機裝置極爲靈巧，槍管帶有螺紋線。

儘管MP5衝鋒槍的設置極爲複雜，但事實證明，它確實是一種優秀、可靠的武器。聯邦德國警察和邊防部隊最先使用了這種衝鋒槍。不久，瑞士警察和丹麥軍隊採購了許多MP5衝鋒槍。執法部門的工作人員一般使用單發射擊的型號，因爲他們常常要在人群擁擠的地方，如機場等處執行任務。

然而，自從英國的特別空勤團使用MP5衝鋒槍後，這種武器就成了世界各國特種作戰部隊的首選武器。由於MP5衝鋒槍從密閉槍栓處射擊，所以它的射擊精度是與生俱有的。在人質營救過程中，平民的生命隨時會受到威脅，能夠準確瞄準和精確射擊目標是營救人質時使用的武器的最基本要求。

上圖：MP5K衝鋒槍專門供特種部隊使用。在特種作戰中，如何隱藏武器非常重要

右圖：這支MP5A3有一個傾斜的金屬支柱槍托，大大減少了槍的長度。早期的MP5衝鋒槍使用的是垂直式彈匣

赫克勒和科赫有限公司的 MP5A3衝鋒槍

赫克勒和科赫有限公司
的MP5A2衝鋒槍

上圖：這支MP5A2衝鋒槍有一個固定的塑料槍托。1978年後，為了提高供彈能力，所有的MP5衝鋒槍都改用彎曲式彈匣

規格說明

MP5A2衝鋒槍

口徑：9毫米（帕拉貝魯姆子彈）

重量：2.97千克（裝彈後）

槍長：680毫米

槍管長：225毫米

射速：800發子彈／分鐘

子彈初速：400米／秒

彈匣：可裝15發或30發盒式彈匣

MP5K衝鋒槍

重量：2.1千克（裝彈前）

槍長：325毫米

槍管長：115毫米

子彈初速：375米／秒

彈匣：可裝15發或30發盒式彈匣

MP5SF衝鋒槍

口徑：10.16毫米（史密斯和威森）

重量：2.54千克（裝彈後）

槍長：712毫米

槍管長：225毫米

射速：只能半自動射擊

子彈初速：330米／秒

左圖：赫克勒和科赫有限公司的MP5K
衝鋒槍

赫克勒和科赫有限公司的 MP5A3 衝鋒槍

執法專用武器

　　爲了滿足美國執法部門的需求，赫克勒和科赫有限公司於1991年生產了一種可以發射10毫米口徑子彈的MP5衝鋒槍；隨後又生產了可發射10.16毫米口徑的史密斯和威森子彈和11.43毫米口徑的柯爾特子彈的衝鋒槍型號。MP5SF（單發射擊）卡賓槍是一種只能半自動射擊的武器。警察巡邏隊喜歡使用這種武器。它可以支援或替代警察使用的霰彈槍。和霰彈槍相比，它的後坐力小、射程遠、彈匣容量大，尤其適合身材矮小的警察使用。

模塊式武器系統

　　赫克勒和科赫有限公司的MP5衝鋒槍的模塊式設計主要由6大部分組成，但不包括槍背帶。各種各樣的選擇式槍托、前支架、瞄準架和其他輔助設置使這種武器具有無法匹敵的靈活性。這些組件可以和其他組件互相交換，幾乎能滿足任何條件下的作戰需要。各個組件既可單獨拆卸下來修理，也可以換上新的組件，迅速投入戰鬥。

MP5A3 衝鋒槍的剖面圖

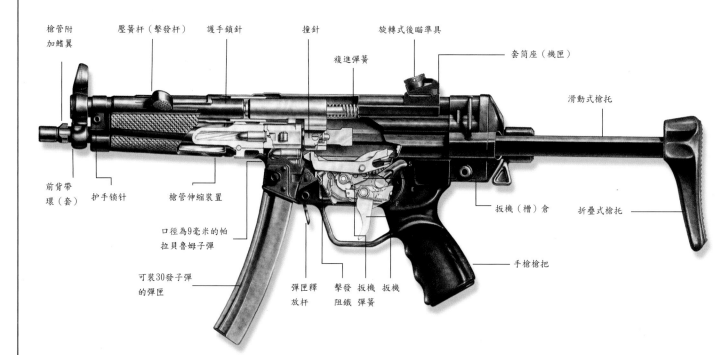

槍管附加鰭翼

壓簧杆（擊發杆）

護手鎖針

撞針

旋轉式後瞄準具

複進彈簧

套筒座（機匣）

滑動式槍托

前背帶環（套）

护手锁针

槍管伸縮裝置

口徑為9毫米的帕拉貝魯姆子彈

可裝30發子彈的彈匣

彈匣釋放杆

擊發阻鐵

扳機彈簧

扳機

扳機（槽）倉

手槍槍把

折疊式槍托

上圖：赫克勒和科赫有限公司為MP5衝鋒槍研製出了全套輔助設施。這是供警察使用的激光瞄準儀和電筒

上圖：選擇式扳機組件可以使射手自由選擇單發射擊、全自動2發子彈點射或3發子彈點射。選擇器開關易於使用，甚至戴着手套也可以使用

下圖：MP5衝鋒槍使用的彈夾是一種簡單、廉價但非常有用的輔助設置。大尺寸的MP5衝鋒槍通常使用可裝15發或30發子彈的盒式彈匣。兩個彈匣夾在一起使用，可以有效地增強MP5衝鋒槍的火力。換彈匣和重新射擊可在瞬間完成

以色列軍工公司的烏茲衝鋒槍

烏茲衝鋒槍的設計可以追溯到半個世紀前，自這種武器問世以來，其作戰效果一直聲名顯赫。這種衝鋒槍是以它的設計者烏茲埃爾·蓋爾的名字命名的。這種小型衝鋒槍研製於以色列四面臨敵的危急關頭，且當時缺少加工製造設施。烏茲衝鋒槍的主要部件是用廉價的壓鋼製成的，易於製造和維修。

第二次世界大戰前，捷克的CZ 23衝鋒槍給蓋爾留下了深刻印象。它的槍栓卷繞在槍管周圍，這樣使槍管的大部分向前突出，同時彈膛位於槍管後部。儘管從整體上看，槍的尺寸顯得短小，但實際上，烏茲衝鋒槍的槍管比其他常規衝鋒槍的槍管長一些。

廉價製造

烏茲衝鋒槍主要是用焊接的衝壓鋼板製造的。槍的主架是用單獨的耐用鋼板製成的，兩側衝壓的凹槽可以吸收塵土、泥濘或沙子。這些東西一旦進入槍內，可能會影響槍的操作。如此簡單的設計使烏茲衝鋒槍可以在最艱苦的條件下使用。在軍事應用方面，可靠的性能為這種衝鋒槍贏得令人羨慕的美名。

槍口後面有一個大螺帽正好把槍管固定在槍架上。扳機組件位於中心位置，盒式彈匣通過手槍槍把插入。這樣設計非常利於在黑夜中裝彈，因為左手可本能地找到右手。正規的作戰用彈匣可裝32發子彈。但是，一般情況下，都是用一個交叉式夾子或帶子將兩個彈匣夾在一起，這樣做可以快速地撤換彈匣。槍把保險和手槍槍把連為一體，變速杆（快慢機）正好位於槍把上方，利用它可以選擇半自動射擊（單發射擊）。原來的槍托用結實的木材製成，後來迅速改成了金屬槍托。為了減少槍的長度，槍托可以折疊到套筒座的下面。

雖然使用了折疊式槍托，但許多射手還是想使用更加輕巧的衝鋒槍。以色列軍工公司根據全尺寸烏茲衝鋒槍的設計研製出了"迷你"烏茲衝鋒槍，它和最初的烏茲衝鋒槍只是在尺寸大小和重量上有所區別。雖然它的基本設計經過了一些改進，但僅是表面上的改進，最根本的操作系統並沒有改變。因為"迷你"烏茲衝鋒槍比全尺寸的烏茲衝鋒槍輕一些，所以它的閉鎖裝置也較輕。如此一來，它的射速變得更快，每分鐘可發射950發子彈，比原來烏茲衝鋒槍的射速快許多。兩者最明顯的區別是"迷你"烏茲衝鋒槍使用單獨的支柱式槍托替代了原來正規的折疊式槍托。這種單獨的支柱式槍托可以沿槍架的右側折疊，折疊後的槍托擋板可以當作前置式槍把使用。

尺寸減小後的烏茲衝鋒槍

"微型"烏茲衝鋒槍的尺寸更小，主要是為特工或安全人員研製的，僅比重型手槍大一點。它的槍栓又小又輕，無法承受高速射擊，所以為了增大槍栓體積，槍栓內嵌入了金屬鎢。即使如此，"微型"烏茲的射速仍然超過每分鐘1200發子彈。

半自動烏茲卡賓槍也屬烏茲系列衝鋒槍的範疇。生產這種槍是為了滿足美國部分州的法律要求：美國有些州禁止私人擁有全自動武器。另外，該公司還研製出了一種烏茲手槍。

烏茲系列衝鋒槍已經成為以色列軍事力量的象徵。以色列並不是唯一使用烏茲衝鋒槍的國家。目前，至少有30多個國家和地區的警察和軍隊購買了這種武器。德國警察和軍隊購買了大量烏茲衝鋒槍，稱之為MP2衝鋒槍。比利時的FN公司已經獲得這種武器的生產許可證。

上圖：最初的烏茲衝鋒槍使用常規的木製槍托，但是目前為了簡捷、方便，大多數烏茲衝鋒槍都使用折疊式金屬槍托

右圖：烏茲衝鋒槍精度極差。然而，在有效射程內，它所擁有的強大火力足以令目標無處躲藏

上圖："迷你"烏茲衝鋒槍和全尺寸的烏茲衝鋒槍採用了完全相同的機械原理。不過，由於使用了短槍管和輕槍栓，所以射速更快

規格説明

烏茲衝鋒槍

口徑：9毫米（帕拉貝魯姆子彈）

重量：4.1千克（裝上32發子彈的彈匣後）

槍長：650毫米（帶木製槍托）；

　　　470毫米（折疊式槍托取消後）

槍管長：260毫米

射速：600發子彈／分鐘

子彈初速：400米／秒

有效射程：200米

彈匣：可裝25發或32發盒式彈匣

"迷你"烏茲衝鋒槍

口徑：9毫米（帕拉貝魯姆子彈）

重量：3.11千克（裝上20發子彈的彈匣後）

槍長：600毫米（槍托伸展後）；

　　　360毫米（槍托折疊後）

槍管長：197毫米

射速：950發子彈／分鐘

子彈初速：352米／秒

彈匣：可裝20發、25發或32發子彈的盒式彈匣

上圖：預謀刺殺里根總統的約翰·辛克利由於距離羅納德·里根總統不夠近，所以很快被美國秘密機構的總統保鏢按倒制服。毫無疑問，如果保鏢們不想生擒他的話，他或許就被持有烏茲衝鋒槍的保鏢擊斃了

貝瑞塔 PM12 型衝鋒槍

在第二次世界大戰期間，貝瑞塔衝鋒槍是最受推崇的武器之一。多年來軍隊和準軍事部隊一直使用這種武器。戰後，貝瑞塔公司又生產出一系列新式貝瑞塔衝鋒槍，這些新式衝鋒槍被稱爲貝瑞塔4型和貝瑞塔5型衝鋒槍。後者生產於1949年，製造精良——真是精良極了！事實上，這種衝鋒槍的生產速度很慢而且造價極高。

先進的設計

在20世紀50年代，該公司又生產出一種全新的衝鋒槍。1958年，貝瑞塔12型衝鋒槍問世了。它和以前的貝瑞塔衝鋒槍在設計上沒有什麼聯繫。貝瑞塔公司第一次採用管狀套筒座和衝壓組件結構，而這些結構其他製造商已經使用了許多年。

儘管PM12型衝鋒槍看上去比較簡單，但貝瑞塔公司的產品在拋光和製作上永遠都堅持最高標準。

PM12型衝鋒槍的結構相對來說比較傳統，儘管它較早使用了"捲繞式"或"伸縮式"槍栓。現在，這已經成爲通用的方法。使用這種槍栓製造出來的衝鋒槍短小精悍，再安裝上折疊式金屬槍托或固定式槍托，衝鋒槍的作戰能力會得到很大提高。PM12型衝鋒槍使用9毫米帕拉貝魯姆子彈。它的彈匣可裝20發、30發或40發子彈。

海外銷售

12型衝鋒槍在商業上獲得了巨大成功。它被出售到南美洲、非洲、中東和南亞的許多國家和地區。印度尼西亞和巴西獲得生產許可證後也生產這種武器，它們生產的產品不僅供應本國，而且還出口到世界各地。然而，自從1961年就開始使用這種衝鋒槍的意大利軍隊相對來說採購數量並不多，主要供該國的特種部隊使用。1978年，PM12型衝鋒槍停止生產，被更先進的貝瑞塔12S型衝鋒槍取代。從外觀上看，兩者極爲類似，但有幾處明顯的區別，其中，最明顯的就是後者使用了環氧樹脂拋光，所以這種衝鋒槍經得起腐蝕和磨損。

PM12型衝鋒槍使用了"穿越式"射擊選擇設置，從位於手槍槍把正上方的套筒座的任一側推動按鈕，就可操作。PM12S型衝鋒槍使用了常規的單杆式機械設置。這種設置有一個可以鎖定扳機和槍把保險的保險阻鐵。

改進

改進後的折疊式槍托絕對能夠鎖定裸露或密閉的槍栓。瞄準具也經過了修改。從PM12型衝鋒槍中繼承下來的最值得稱道的設計是沿管狀套筒座兩側的凸形凹槽。這些凹槽可以防止塵土和髒物進入槍內，即使在惡劣的條件下，PM12S型衝鋒槍也不會出現什麼問題。

意大利軍隊和其他幾個國家的軍隊采購了PM12S型衝鋒槍。比利時埃斯塔勒的FN公司獲得生產許可證後也進行了生產，巴西的福賈斯·托拉斯公司也生產了這種衝鋒槍。

上圖：PM12S衝鋒槍和早期的貝瑞塔12型衝鋒槍的區別可從單杆式射擊選擇器和保險上看出。白色的"S"代表安全狀態，"I"代表半自動射擊狀態，"R"代表全自動射擊狀態

規格說明
貝瑞塔12S型衝鋒槍
口徑：9毫米（帕拉貝魯姆子彈）
重量：3.81千克（裝上32發子彈的彈匣後）
槍長：660毫米（槍托伸展後）；418毫米（槍托折疊後）
槍管長：200毫米
射速：500~550發子彈／分鐘
子彈初速：381米／秒
彈匣：可裝20發、32發或40發子彈的盒式彈匣

上圖：貝瑞塔M12型衝鋒槍和戰前的貝瑞塔衝鋒槍在設計上的最大區別是：貝瑞塔M12型衝鋒槍的彈匣槽和套筒座是用衝壓的耐用金屬製成的

右圖：儘管貝瑞塔M12型衝鋒槍和它的改進型大量出口到國外，但意大利陸軍使用的數量極為有限，僅供特種作戰部隊和保安部隊使用

"幽靈"衝鋒槍

意大利SITES公司從20世紀70年代末開始生產"幽靈"衝鋒槍。1983年，這種衝鋒槍首次出現在國際武器市場上。這種衝鋒槍雖然性能出眾，但在商業上卻沒有獲得成功，或許人們低估了它的能力。從技術上看，它應該獲得成功。和所有的衝鋒槍一樣，這種衝鋒槍主要是為近距離作戰設計的。與其說適合於戰場，不如說更適合於警察和反恐部隊使用。因此，這種武器朝著越來越小、易於攜帶、戰鬥中安全係數較高等方向發展，並具有瞬間投入作戰的能力。

"幽靈"衝鋒槍有四種類型："幽靈"HC是半自動手槍、"幽靈"H4是全自動衝鋒槍、"幽靈"PCC的槍管長230毫米（裝有消音器）、"幽靈"卡賓槍——唯一使用407毫米長槍管的類型。

易於隱藏

"幽靈"衝鋒槍的設計目的是為了發揮它的最大作戰能力而非降低製作費用。和赫克勒和科赫有限公司的MP5衝鋒槍之類的一流武器相比，它的製造費用較低。它有一個衝壓的鋼製套筒座、複合材料制成的槍把和一個折疊後可平放在套筒座頂部的槍托。它的槍管稍向上抬，但沒有突出物，可以裝在衣服內；槍托可向上打開，然後向後鎖定，可以作為支撐物靠在肩部。

"幽靈"衝鋒槍使用了後坐力操作系統和密閉式槍栓，擊錘被撞動後才能射擊，極大提高了安全係數。它的擊發裝置由兩個彈簧控制。事實上，在射擊時，從密閉式槍栓處射擊能提高武器的穩定性，明顯降低槍口振動和向上抬升的幅度（這種情況在其他許多衝鋒槍中普遍存在）。和標準衝鋒槍使用的扳機裝置相比，它的扳機裝置更具有典型的半自動手槍的特點，並且扳機屬連動式，而這一點只有在衝鋒槍中才能看到。這種武器沒有手動保險，但有一個反向擊發桿，這個反向擊發桿可以防止偶然走火事件的發生。即使彈膛內裝有子彈，只要把擊錘放下，就能保證攜帶的安全性；扣動扳機，即可投入戰鬥。

冷卻處理

槍栓有一個特殊設計：氣泵壓迫空氣通過槍管的左右支索時，擊發裝置會加倍運行。當一連串子彈穿過槍管時，能加快槍管的冷卻速度，提高槍管的操作效能。在整個設計中，它的另一個顯著特點是使用了微型彈匣。子彈在彈匣內按照四排順序排列，這樣彈匣相對來說要寬一點，而且比較短。這種彈匣可裝50發子彈，長度和MP5衝鋒槍使用的可裝30發子彈的彈匣長度差不多。這對於隨身攜帶、便於掩藏的武器來說，確實是一大優點。

為了最大程度地擴大"幽靈"衝鋒槍的潛在銷售市場，除了使用9毫米帕拉貝魯姆子彈的標準"幽靈"衝鋒槍外，該公司還生產出使用包括10.16毫米史密斯和威森子彈、11.43毫米ACP子彈在內的其他口徑的"幽靈"衝鋒槍。

規格説明

"幽靈" H4衝鋒槍

口徑：9毫米

重量：2.9千克

槍全長：580毫米（槍托伸展後）；
　　　　350毫米（槍托折疊後）

槍管長：130毫米

射速：850發子彈／分鐘

子彈初速：不詳

供彈：可裝30發或50發子彈的垂直狀盒式彈匣

左圖：圖中的"幽靈"衝鋒槍可作為消音武器使用，市場上銷售的"幽靈"衝鋒槍一般都可以從前置式槍把的彈匣槽中把大容量的彈匣拆卸下來

左圖："幽靈"衝鋒槍擁有兩個槍把、一個肩用槍托和擊發裝置，即使是在全自動射擊狀態下，也能輕鬆瞄準目標

下圖：非洲某國軍隊的士兵正在接受"幽靈"衝鋒槍的射擊訓練。和其他類型的衝鋒槍相比，"幽靈"衝鋒槍的安全係數較高，價格低，性能顯著。不過，它更適合於準軍事部隊使用

m/45 衝鋒槍

9毫米m/45衝鋒槍最初是由卡爾·古斯塔夫·格瓦斯法克托里公司（現在是FFV協會的成員）生產的。一般情況下，人們把這種衝鋒槍稱為卡爾·古斯塔夫衝鋒槍。m/45衝鋒槍樸實無華、毫無虛飾，屬傳統型設計。這種衝鋒槍使用了普通的後坐力操作系統、簡單的管狀套筒座、槍管以及折疊式槍托和手槍槍把組件。槍托和手槍槍把組件連接在一起。從整體上看，沒什麼特別之處。

但是，這種衝鋒槍最引人注意的地方是它的彈匣。對於衝鋒槍來說，彈匣是最容易引起麻煩的部件。因為彈匣要依靠簡單的彈簧壓力才能把子彈推進套筒座，然後從套筒座進入發射系統。在戰鬥中，如果所有子彈不能排成一排進入發射系統，就會導致送彈失效或發生阻塞。最初的m/45衝鋒槍使用的彈匣曾經是第二次世界大戰前索米37型衝鋒槍和索米39型衝鋒槍所使用的彈匣。它可以裝50發子彈，當時被認為是最好的彈匣。1948年，一種新的彈匣問世了：子彈按照雙排排列，共有36發子彈，在通過楔形的交叉區時，子彈會漸漸變成楔形，按照單排的順序排列。

沒有出現過問題的供彈系統

事實證明這種新式彈匣極其可靠，使用時沒有出現過什麼問題。不久，許多公司紛紛開始仿製。

m/45衝鋒槍問世不久，為了適應索米式彈匣或新式楔形彈匣，該公司對它的彈匣槽進行了改進。使用新式彈匣的m/45衝鋒槍被稱為m/45B衝鋒槍。後來的m/45衝鋒槍只對它使用的楔形彈匣進行了改進。

m/45衝鋒槍和m/45B衝鋒槍成為瑞典為數不多的出口武器之一。它被賣到丹麥和其他一些國家，如愛爾蘭。埃及獲得了生產m/45B衝鋒槍的許可證。埃及把自己生產的m/45衝鋒槍稱為"塞德港"衝鋒槍。另外，印度尼西亞也仿造了這種衝鋒槍。

或許，使用m/45B衝鋒槍最奇怪的非越南戰爭莫屬。美國中央情報局訂購了一批m/45衝鋒槍，並且，在美國進行了改裝，安裝上特殊的消音器後，供美國執行秘密任務的特種部隊使用。從許多相關報道中可以看出，這種武器的效果並不顯著，不久，美國就放棄了這種武器。

m/45衝鋒槍有許多輔助裝置。其中，最古怪的是槍口附加裝置。它既可以充當空包彈射擊裝置，又可以當作近距離射擊訓練裝置。這種附加裝置可以使用特殊的塑料子彈，出於安全上的考慮，當子彈離開槍口時，就裂成碎片。這些子彈能產生足夠大的氣壓，使它的機械裝置運行起來。如果需要足夠大的壓力，這個附加裝置還會彈出一個鋼球，在近距離射擊訓練時，這個鋼球可以反復使用。

左圖：m/45衝鋒槍通常被稱為卡爾·古斯塔夫衝鋒槍。這種武器自從1945年後開始裝備部隊，並且大批量出口到國外。瑞典軍隊的m/45B衝鋒槍使用9毫米帕拉貝魯姆子彈

下圖：埃及（在1967年和以色列的戰爭中）和美國（特種部隊在越南戰場上使用的帶有消音器的型號）等許多國家的軍隊都使用過卡爾·古斯塔夫衝鋒槍。目前，瑞典軍隊仍然大量使用這種武器

規格說明	
m/45B衝鋒槍	
口徑：9毫米	
重量：4.2千克	
槍長：808毫米（槍托伸展後）； 551毫米（槍托折疊後）	
槍管長：213毫米	
射速：550~600發子彈／分鐘	
子彈初速：365米／秒	
供彈：可裝36發子彈的垂直狀盒式彈匣	

Z-84 衝鋒槍

Z-84衝鋒槍是西班牙的斯達·波尼法西奧·埃克維里亞·薩公司於20世紀80年代中期研製的武器，是Z-62和Z-70B衝鋒槍的改進型，但是它和這兩種衝鋒槍有所不同，它只能發射9毫米帕拉貝魯姆子彈。

Z-84衝鋒槍採用了先進的機械原理和結構——短小、輕便、操作和射擊比較舒適。套筒座用衝壓鋼材製成，由上下兩部分組成。彈匣槽嵌入在前置式槍把內。這種武器使用後坐力操作系統，槍管被"卷繞式"槍栓包裹。槍栓在兩個引導軌道上移動。槍栓和套筒座內部非常清潔。即使在很髒的情況下，武器也能繼續使用。

保險設置

這種衝鋒槍從裸露槍栓處射擊，保險位於扳機後部的護欄內。當兩者接合時，保險處於鎖定狀態。其他保險設計包括：

槍栓上有一個截擊器凹槽。射擊時，如果推動擊發操縱桿，截擊器就會攔住槍栓。位置比較靠前、帶有慣性的閉鎖裝置會控制住槍栓的運動。擊發選擇器位於套筒座左側，可以根據需要，選擇單發射擊或全自動連發射擊。

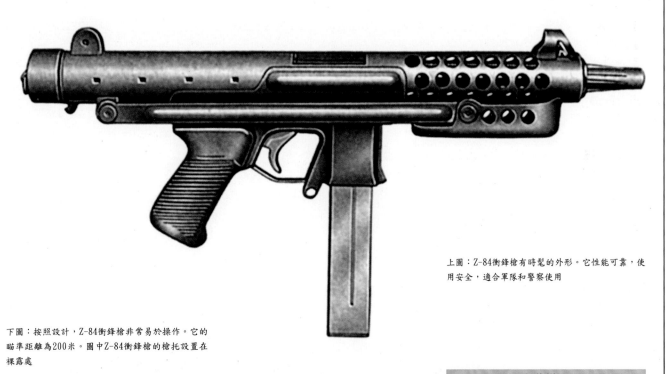

上圖：Z-84衝鋒槍有時髦的外形。它性能可靠，使用安全，適合軍隊和警察使用

下圖：按照設計，Z-84衝鋒槍非常易於操作。它的瞄準距離為200米。圖中Z-84衝鋒槍的槍托設置在裸露處

規格說明
Z-84衝鋒槍
口徑：9毫米
重量：3千克
槍全長：615毫米（槍托伸展後）； 410毫米（槍托折疊後）
槍管長：215毫米
射速：600發子彈／分鐘
子彈初速：不詳
供彈：可裝25發或30發子彈的垂直狀盒式彈匣

9 毫米 L2A3 斯特林衝鋒槍

右圖：9毫米斯特林衝鋒槍取代了英國陸軍使用的司登衝鋒槍。圖中為槍托伸展後的斯特林衝鋒槍。事實證明，即使在最惡劣的環境下，這種衝鋒槍依然性能穩定，效果顯著

第二次世界大戰後期，英國進行了新式衝鋒槍的試驗。這種新式衝鋒槍的早期型號被稱爲"帕切特"，但是，1955年，當英國陸軍使用這種衝鋒槍時，幾乎所有人都把它稱爲斯特林衝鋒槍，認爲"帕切特"衝鋒槍將取代司登衝鋒槍，但是，直到20世紀60年代，英國軍隊還在使用司登衝鋒槍。

英國陸軍使用的衝鋒槍被命名爲L2A3衝鋒槍，它相當於埃塞克斯郡達格南區的斯特林武器公司生產的斯特林Mk 4衝鋒槍（用於商業用途）。在戰後武器出口中，它獲得了較大成功，被出口到90多個國家，並且2002年印度還在生產這種衝鋒槍。斯特林衝鋒槍的最基本的軍用型號設計比較簡單，有一個普通的管狀套筒座和折疊式金屬槍托。但是，它和其他衝鋒槍的區別是使用了向左突出的彎曲狀盒式彈匣。事實證明這種設計非常有效。印度陸軍使用這種衝鋒槍多年，的確沒有出現過什麼問題。在加拿大，這種衝鋒槍被稱爲C1衝鋒槍，加拿大對其作了輕微改動。

後坐力操作系統

斯特林衝鋒槍具有簡單的後坐力操作系統，但它的槍栓卻使用了最優秀的設計：它有着略向上抬的傾斜的方栓。這種設計利於把塵土和異物清理出去，從而能在最惡劣的環境下使用。普通彈匣可裝34發子彈。它的包括刺刀在內的附屬裝置中有一種可以裝10發子彈的彈匣。它可以安裝各種類型的夜視裝置或瞄準設置，儘管這些東西用途不是太廣。斯特林衝鋒槍目前有幾種型號，其中之一就是英國陸軍使用的帶有消音設置的L34A1衝鋒槍。

L34A1衝鋒槍使用的固定式消音系統安裝在特殊的槍管上，射擊時產生的氣體從槍管兩側進入帶有轉葉板的消音器，這種消音器效果極佳，使用時幾乎不會發出任何聲音。另外，還有一系列斯特林衝鋒槍供傘兵當作手槍使用，只有手槍組件、套筒座、小型彈匣和非常短的槍管，既有單發射擊型號，也有衝鋒槍型號。

事實證明，從各個方面看，斯特林衝鋒槍都可以稱得上是一種性能可靠、結實耐用的武器。許多國家不必攜帶正規軍用步槍的二線部隊都使用這種衝鋒槍。並且，在車輛上，這種衝鋒槍折疊後所占的空間較小。雖然英國陸軍的L2A3衝鋒槍正逐漸被5.56毫米的單兵武器取代，但是，世界各地仍有大量的斯特林衝鋒槍。這意味着在以後許多年內，許多人還會使用這種衝鋒槍。

規格説明

L2A3衝鋒槍

口徑：9毫米

重量：3.47千克

槍長：690毫米（槍托伸展後）；
483毫米（槍托折疊後）

槍管長：198毫米

射速：550發子彈／分鐘

子彈初速：390米／秒

彈匣：可裝10發或34發子彈的盒式彈匣

L34A1衝鋒槍

口徑：9毫米

重量：3.6千克（裝彈後）

槍長：864毫米（槍托伸展後）；
660毫米（折疊後）

槍管長：198毫米

射速：515~565發子彈／分鐘

子彈初速：293~310米／秒

彈匣：可裝34發子彈的盒式彈匣

下圖：圖中在巴斯英布恩參加軍事演習的英軍使用的就是斯特林衝鋒槍。斯特林衝鋒槍被5.56毫米L85單兵武器取代

下圖：圖中的斯特林衝鋒槍在馬來亞和婆羅洲大量使用。雖然從內在設計上看，這種衝鋒槍的射擊精度不夠，但事實證明在使用時從沒有出現過問題

9 毫米和 11.43 毫米英格拉姆 10 型衝鋒槍

有史以來，還沒有哪種武器會像英格拉姆衝鋒槍那樣受到新聞界和好萊塢的如此關注。在英格拉姆10型衝鋒槍問世之前，戈登·B.英格拉姆已經設計出一系列不同類型的衝鋒槍。這種衝鋒槍最初打算使用西奧尼克斯公司生產的抑制器。在20世紀60年代中期第一批英格拉姆10型衝鋒槍問世之後，由於它的射速和高效的聲音抑制器，立即引起公眾的極大關注。

在好萊塢大量影視作品中添油加醋的評論和宣傳使英格拉姆衝鋒槍就像20世紀20年代的湯姆森衝鋒槍一樣頓時紅遍天下。

與眾不同的武器

英格拉姆衝鋒槍的確是一種出色的武器。雖然結構上使用的是金屬片，但製作標準非常高，火力尤為猛烈。它的射速每分鐘高達1000發子彈，卻能操縱自如，這當然要歸功於安裝在中央位置的手槍組件的出色的平衡性能。彈匣通過中央組件插入到槍內。大多數英格拉姆衝鋒槍的金屬

槍托都可以折疊，而英格拉姆10型衝鋒槍的槍托可以拆卸下來。許多沒有安裝長管狀抑制器的英格拉姆衝鋒槍都使用了向前突出的網狀皮帶。這種皮帶可當作簡單的前置式槍把使用。大多數"英格拉姆"衝鋒槍的槍口都有螺紋線，可以裝上抑制

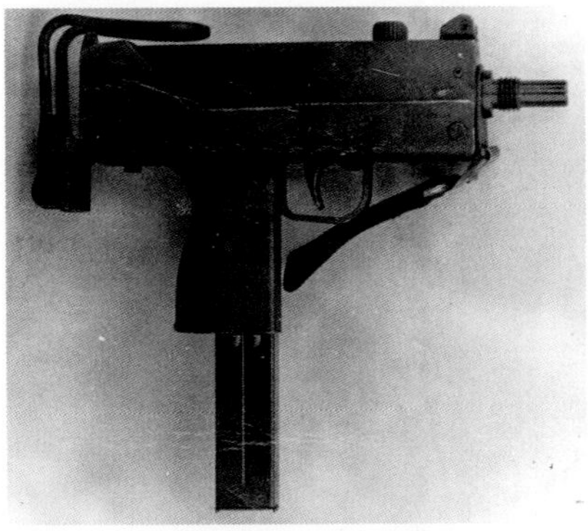

右圖：英格拉姆衝鋒槍的射擊選擇器由扳機所受到的壓力決定。扣壓一下扳機，可單發射擊；連續扣壓扳機可以全自動連續射擊

規格說明

M10型衝鋒槍

口徑：11.43毫米

重量：3.818千克（裝上有30發子彈的彈匣後）

槍長：548毫米（槍托伸展後）；
　　　269毫米（折疊後）

槍管長：146毫米

抑制器長：291毫米

射速：1145發子彈／分鐘

子彈初速：280米／秒

彈匣：可裝30發子彈的盒式子彈

上圖：英格拉姆11型衝鋒槍（上圖）發射9毫米（小型）子彈。英格拉姆10型衝鋒槍（下圖）安裝有抑制器，既能發射9毫米帕拉貝魯姆子彈，又能發射11.43毫米ACP子彈。這兩種衝鋒槍的槍栓包裹着彈膛，所以，相對來說，它們的平衡性較好

右圖：安裝上高效能的抑制器後，英格拉姆衝鋒槍可以供特種部隊使用。抑制器可以把射擊時產生氣體的速度從超音速減小到亞音速，並且能消除閃光。射手所處的位置對於敵人來說一直是個謎，等到敵人發覺時，為時已晚

器。裝上抑制器後，槍口就被蓋上抗熱的帆布網或塑料網，可以當作前置式槍把使用。擊發操縱桿位於側面平坦的套筒座頂部，將其轉動90度角，可當作保險鎖使用。當擊發操縱桿用於瞄準時，射手馬上就能知道它是否處於保險狀態。這種衝鋒槍還安裝了正常的扳機保險。

M10型衝鋒槍

M10型衝鋒槍既可以發射著名的11.43毫米子彈，又可以發射普通的9毫米帕拉貝魯姆子彈。小型的英格拉姆11型衝鋒槍也可以發射9毫米帕拉貝魯姆子彈。而在正常情況下，英格拉姆11衝鋒槍發射威力較小的9毫米（小型）子彈。無論使用什麼口徑的子彈，英格拉姆衝鋒槍的性能和效果都極其出色，所以它被銷往世界各地，供許多國家的準軍事部隊、保鏢和保安部隊使用，就不足為奇了。

隱秘的操作者

英格拉姆衝鋒槍極少大規模出售，但是，有幾個國家以"試驗和評估"的名義訂購了一部分。大家都知道英國特別空勤團已經獲得少量的英格拉姆衝鋒槍用於試驗。由於其所有權和製造權常常易手，所以英格拉姆衝鋒槍想在市場上大批量銷售是很困難的。但是目前名為"科佛雷"M11的英格拉姆10衝鋒槍和英格拉姆11衝鋒槍又重新投入了生產，而且使用的是9毫米（小型）和9毫米帕拉貝魯姆子彈。為了保證英格拉姆衝鋒槍能周而複始地銷售出去，該公司設計出了各種型號的英格拉姆衝鋒槍：有的型號只能單發射擊；有的型號沒有折疊式槍托。該公司一度還生產了一種長槍管的型號，由於沒找到合適的市場，所以生產數量極為有限。許多國家都購買過英格拉姆衝鋒槍，但各國，如希臘、以色列和葡萄牙購買的英格拉姆衝鋒槍有所不同。美國海軍也購買了少量的英格拉姆衝鋒槍。許多英格拉姆衝鋒槍被賣到包括玻利維亞、哥倫比亞、危地馬拉、洪都拉斯和委內瑞拉在內的中美洲和南美洲國家。

AKSU 衝鋒槍

正當西方各主要國家的軍隊把7.62毫米的大口徑子彈改為5.56毫米的較小口徑時（因為小口徑的子彈更適合於近距離作戰，西方長期以來一直認為近距離作戰是現代步兵作戰的主要方式），蘇聯也把它的7.62毫米×39毫米M1943子彈改為5.45毫米×39毫米M1974子彈。這種子彈和前者相比，重量輕、威力小。這就需要研製並生產出一種新式的可發射這種較小子彈的系列武器。因為蘇聯對正在使用的標準型號的AK-47和改進型AKM卡拉什尼科夫突擊步槍的基本表現和性能比較滿意，所以蘇聯人選擇了最簡單的方法，縮小卡拉什尼科夫突擊步槍的尺寸，使其能夠發射新式的小口徑子彈。

AK-74和帶有折疊式槍托的AKS-74突擊步槍就是這樣問世的。這兩種武器於1974年裝備部隊。它們和AKM突擊步槍一樣，都使用了氣動操作的擊發裝置和旋轉式槍栓。儘管它們的射程可達1000米，

規格說明
AKS－74U
口徑：5.45毫米
重量：2.71千克（裝彈前）
槍長：735毫米（槍托伸展後）；490毫米（槍托折疊後）
槍管長：210毫米
射速：不詳
子彈初速：不詳
供彈：可裝20發或30發子彈的盒式彈匣
AK－107和AK108
口徑：5.56毫米
重量：3.4千克
槍長：943毫米（槍托伸展後）；700毫米（槍托折疊後）
槍管長：415毫米
射速：850發子彈／分鐘（AK－107）；900發子彈／分鐘（AK－108）
子彈初速：不詳
供彈：可裝30發子彈彎曲狀盒式彈匣

上圖：AKSU衝鋒槍，又稱AKS-74U衝鋒槍，是AKS-74衝鋒槍的改進型，主要供裝甲車輛內部乘員和其他專業部隊和二線部隊使用

但一般情況下，使用時，射程要近一些。AK-74和AKS-74突擊步槍投入了大批量生產，供蘇聯軍隊和蘇聯盟國及其附屬國的軍隊（即華約組織內部和外部的國家）使用。在實戰中，事實證明它們是美國M16系列突擊步槍的真正令人生畏的對手。雖然蘇聯的武器和美國的M16相比，精度稍差一點，但是，在性能、耐用性和戰場清理和維修等方面都要優於M16突擊步槍。

武器研製

儘管蘇聯步兵對AK-74和AKS-74突擊步槍非常滿意，但是蘇聯認為那些專業性較強的部隊，如坦克乘員、通信兵和炮兵以及二線部隊應該佩帶更輕便的武器，所以蘇聯又研製出了AKSU（又稱AKS-74U）。大家普遍認為，與其說它是一種小型突擊步槍，倒不如說它是衝鋒槍更合適，並且裝備這種武器的人都把它稱為"烤肉串者"。和它前面的幾種突擊步槍一樣，AKSU性能可靠，易於維修，但是精度稍差，所以更適合於軍隊的要求，而保安和警察機構使用則有點不太適宜。

另外，在卡拉什尼科夫氣動操作擊發裝置和旋轉式槍栓（有兩個凸緣）的基礎上，蘇聯還研製出許多其他類型的武器。例如，AK-101是為了擴大在國際市場上的銷售量，在AK-47的基礎上而設計出來的。它使用5.56毫米×45毫米北約子彈。這種武器的槍托伸展後長943毫米，槍托折疊後長700毫米，槍管長415毫米，重3.4千克，使用的彈匣可裝30發子彈，射速每分鐘可達600發子彈。

同樣，為了擴大在國際武器市場上的銷售量，蘇聯研製出許多其他類型的輕型武器，如AK-103。事實上，這種槍就是發射北約7.62毫米×39毫米子彈的AK-47突擊步槍。當然，在作戰經驗、優質原材料和先進的製造工藝基礎上，蘇聯對它進行了不少改動。AK-102、AK-104和AK-105都是同一種設計（袖珍型）中的不同類型而已。它們分別發射5.56毫米×45毫米、7.62毫米×39毫米和5.45毫米×39毫米子彈。它們使用的彈匣都可以裝30發子彈。其他數據包括：重（未裝彈）3千克；槍托伸展後槍長824毫米；槍托折疊後槍長586毫米；槍管長314毫米；射速每分鐘600發子彈。

5.45毫米AK-107和5.56毫米AK-108突擊步槍使用了平衡操作系統。因此，它們的基本設計原理更為先進。這種系統有兩個方向正好相反的活塞操作系統（一個槍栓輪送器的驅動設置，另一個為槍栓的補償性設置）。射擊時，槍的重心不會改變。這樣，就可以提高射擊精度，減少槍口向上抬升的幅度。

3 步 槍

　　從19世紀末至今100多年的歷史中，步槍從一種遠距離、發射大威力子彈的高精度殺人工具，轉變爲一種中程距離的、比較精確的主要爲提供更強大的壓制性火力而設計的武器。在不斷對步槍進行改進的基礎上，研製出來的突擊步槍常常只能發射具有中等威力的子彈。

1898年，英國在鎮壓蘇丹穆斯林起義的烏姆杜爾曼戰役中贏得了勝利，英軍獲勝的部分原因就是使用了口徑為7.7毫米的新式步槍，這種步槍可以在915米遠、甚至更遠的射程內將蘇丹手持長矛或步槍的起義者擊斃，這麼遠的射程是前所未有的。一年後（1899年），在非洲大陸的南端，英軍卻飽嘗了步槍的苦頭。這一次，英國軍隊要想輕鬆地擊敗對手就沒那麼容易了。1899年，英國在對付布爾共和國手持步槍的志願兵時，屢戰屢敗。在較遠距離的射程內，英軍的攻勢一次又一次被手持步槍的布爾人擊退。布爾人使用的步槍具有槍栓擊發和彈匣供彈能力。

英國陸軍學會了使用小股部隊進行機動作戰的戰術。富有進取精神的新任指揮官道格拉斯·黑格先生要求提供更多的機關槍來支援步槍的火力，而巴登·鮑威爾少校在總結他率蘇格蘭警衛隊在南非作戰的經驗後，呼籲使用一種自動步槍。結果，英國陸軍未能得到想要的機關槍，所以在1914年對德戰爭爆發時，英國士兵更加依賴他們的步槍。英國陸軍歷史悠久，許多士兵都獲得過神射手的徽章和因此而增加的特殊津貼。在1914年8—12月期間，德國前線士兵發現英國遠征軍步槍的威力實在太可怕了。隨着冬季來臨，前線對峙的士兵們開始挖掘戰壕，持續四年的西線塹壕戰開始了。塹壕戰結束了步槍的優勢。在狹小的戰壕內，士兵甚至只能從一個又一個的散兵坑中向外射擊，在這種情況下，"炸彈"（手榴彈）才是最好的武器，它比子彈的威力大多了。在1914年，西方每個國家的陸軍步兵營都由裝備了步槍的步槍連組成。在第一次世界大戰期間，這種單一的裝備逐漸變得複雜起來。部隊裝備的武器還有手榴彈（手投和步槍發射的槍榴彈）、機關槍（輕型機關槍，然後是衝鋒槍），甚至還有迫擊炮。儘管步槍連的多數步兵仍然攜帶步槍，但許多人的主要任務是攜帶機關槍和其他武器的彈藥。1916—1917年之後，步兵的戰術（火力和機動組成"步槍組"和"機槍組"）沒有發生過真正的變化。

第二次世界大戰期間，許多國家的步兵裝備的步槍和第一次世界大戰時相比，並沒有發生太大變化。儘管那種塹壕戰的經歷不會再重複一遍，但是步槍彼此之間互相射擊的距離幾乎沒有任何變化，如果說有什麼變化的話，就是改變了幾百碼的距離。在戰爭爆發之前，美國生產了一種可自動裝填的步槍，並把它當作標準的步兵武器使用。德國和俄國使用的類似武器較少，但是在東線戰鬥中，步槍並沒有給他們帶來任何優勢。雙方大規模地使用輕機槍，戰前對自動武器需要耗費大量彈藥的憂慮在戰場上變成了現實。密集的火力常常比單發的精確射擊重要多了，只有壓制住敵人的火力，己方的軍隊才能接近敵人的陣地，用手榴彈和機關槍對敵人進行猛烈掃射和轟炸。

德國和俄國一直在努力，想把機關槍和步槍的威力發揮到最佳程度。機關槍所

上圖：目前英國的軍用步槍是L85（又稱SA80）步槍。這種步槍使用北約的5.56毫米子彈。儘管它在適用性和維修方面暴露出一定的問題，但是，基本上還稱得上是一種優秀的武器。它安裝了性能優越的光學瞄準具

上圖：口徑為7.92毫米的毛瑟G98步槍對德國來說正如李·恩菲爾德步槍對於英國一樣重要。毛瑟G98步槍也使用了槍栓擊發設置。圖中毛瑟G98步槍使用的彈匣可裝5發子彈，而不是可裝10發子彈的彈匣。這種步槍精度高、結實耐用，並且使用時非常安全

上圖：英國陸軍在兩次世界大戰中使用的7.7毫米李·恩菲爾德步槍的槍栓擊發設置存在着明顯的差異。圖中為第二次世界大戰後期的典型的歐洲作戰模式。士兵們使用的是No.1 Mk III*步槍

上圖：圖中三名美國士兵，走在前面的士兵使用的是M1卡賓槍，他身後的兩名士兵使用的是M1步槍

上圖：越戰中美國士兵使用的標準武器是M16突擊步槍

受到的限制是它使用的是手槍子彈，威力小，射程較近；而步槍所受到的限制是威力太大，射程較遠。能夠把兩者的火力完美結合在一起的是一種能發射中等威力子彈的新式武器，德國把他們的新式步兵武器命名為"突擊步槍"。突擊步槍在近距離範圍內不僅易於操作，而且在步兵戰鬥最易發生的地域——300/500米範圍內射擊精度較高。

德國和俄國分別設計出可以發射中等威力子彈的StG44（StG的意思為突擊步槍）和AK-47（從理論上繼承了StG44步槍的設計）突擊步槍。第二次世界大戰後，聯邦德國陸軍使用的是發射大威力7.63毫米×51毫米子彈的G3突擊步槍。戰後歐洲獲得最大成功的步槍——比利時的FAL步槍也發射這種子彈。在自動射擊時，沒有任何一種武器能夠真正控制得住，所以一些使用者在使用這種武器的時候僅僅單發射擊。美國最成功並投入使用的步槍是尤金·斯通納設計的阿瑪萊特AR-10步槍——一種大威力的7.62毫米武器。它是AR-15步槍和目前使用的M16突擊步槍的鼻祖。為了減輕重量，阿瑪萊特公司對

AR-10進行了重新設計，改進後的AR-10可以發射5.56毫米子彈。這種子彈後來逐漸演化為北約的5.56毫米的標準步槍子彈。這種子彈易於翻滾，可造成嚴重傷害。20世紀70年代蘇聯使用較小口徑的AK-47子彈時，據觀察，所使用的5.45毫米子彈更容易發生翻滾。發生這種現象的原因不在於彈道偶然出現偏差，而是計算不精確。

步兵之友

歷經百年風雲變幻，步兵的武器已經從遠距離的精確殺人工具演化為更接近衝鋒槍的武器。雖然職業軍人擔心這種步槍會耗費大量彈藥，但是20世紀的歷史告訴我們，要佔領某一陣地，耗費大量彈藥和失去士兵的性命相比，彈藥要廉價多了。

重量：一個至關重要的因素

步兵一直是攜帶沉重的裝備進入戰場的。在直線式戰術部署的時代裏，軍隊只能作有限的調動，但這還不是一個壓倒一切的重要因素。在武器裝備越來越先進的今天，一方面，步兵的裝備越來越重，阻礙了現代化戰爭的進程；另一方面，人們又希望通過裝甲運兵車之類的車輛，盡可能快地把步兵調往戰場，如此一來，減少步兵裝備的體積和重量就變得越來越重要。製造精良的德國G3步槍的口徑為7.62毫米，重量為4.25千克，彈匣裝20發子彈後重0.625千克或0.753千克（彈匣重量與使用的製造原料——鋼和鋁有關）。這樣步槍和200發子彈的重量加在一起重11.78千克。大多數先進的步槍重量相對較輕，體積較小，使用的子彈也較輕。例如，口徑為5.56毫米的法國FA MAS步槍重3.38千克，彈匣重0.425千克（裝上25發子彈後）。這樣步槍和200發子彈的重量和前者相比減小到6.78千克，步槍更方便攜帶。

上圖：以比利時的FN FAL步槍為例，20世紀50年代，步兵使用的步槍可發射威力較大的大口徑子彈。它是FN公司在獲得英國L1步槍的生產許可證後生產出來的產品。這種步槍裝上彈匣（10發子彈）後重11.68千克

曼利夏 1895 步槍

到19世紀90年代初期，奧匈帝國的陸軍使用了大量由裴迪南・萬・曼利夏根據槍栓擊發裝置的原理設計出來的步槍。這種步槍使用了由兩件成套結構組成的直推式槍栓擊發設置。第一批曼利夏步槍於1884年投入使用。隨後出現了各種各樣的改進型步槍，這些步槍都使用古老的黑火藥子彈。1890年首次出現了使用"無煙型"子彈的步槍。

這種步槍隨後被"凍結"了，直到1895年，這種名為曼利夏1895型的步槍才投入生產。這種步槍又被稱為8毫米RG1895型步槍。這種步槍成為奧匈帝國陸軍的標準步槍。

1895型步槍設計合理、簡潔，事實證明其性能非常可靠。和當時的其他步槍一樣，1895型步槍相當長，但直推式槍栓擊發設置帶來的問題顯然很少。它使用1890型步槍的8毫米圓頭子彈。這種子彈是奧匈帝國最先使用的"無煙型"了彈。在盒式彈匣中，有一個子彈夾把5發子彈夾緊。火藥引線裝在套筒座上。這在當時稱得上是一次偉大的革新。

標準步槍

1914年，當奧匈帝國參加第一次世界大戰時，奧匈帝國陸軍使用的是1895型步槍。那個時候，除步槍外，又出現了一種類似於卡賓槍的8毫米RSG（Repetier-Stutzen-Gewehr）1895型步槍。這種步槍主要供工程師、司機、通信兵和軍械庫的管理員之類的人員使用。但是，這種類似於卡賓槍的步槍在奧匈帝國的軍隊中並沒有被立即推廣應用。在第一次世界大戰期間和第一次世界大戰之後，由於1895型步槍和卡賓槍已成為許多國家軍隊中的固定裝備，所以，所有中歐國家對Stutzen步槍非常熟悉。保加利亞是最早使用1895型步槍的中歐國家之一。1918年後，意大利在接受戰爭賠償時也獲得了這種步槍。後來，這種步槍還成了意大利的標準武器之一。其他獲得這種步槍的國家有希臘和南斯拉夫。當然，1918年，奧匈帝國分裂為奧地利和匈牙利之後，兩國也都保留了這種步槍。

1895型步槍和Stutzen步槍目前只能充當收藏品而已。然而曾幾何時，在很長的時間裏，它們卻是許多中歐國家的標準武器。它們設計合理，卻未能引起人們的注意。誰能想到作為軍用步槍，它們曾在軍中服役長達半個多世紀呢

上圖：由於奧匈帝國陸軍的士兵是從各個民族中招募而來的，事實證明這支軍隊的戰鬥力非常脆弱。在第一次世界大戰相持不下的時候，奧匈帝國不得不從斯瓦吉克招募優秀的士兵

上圖：曼利夏1895型步槍是奧匈帝國陸軍使用的標準軍用步槍。它發射口徑為6.5毫米的子彈。這種步槍設計合理，堅固耐用，盒式彈匣可裝5發子彈，使用了直推式槍栓擊發裝置，槍口下方的凸出物是一個清理杆

規格説明
RG1895型步槍
口徑：8毫米
重量：3.78千克
槍全長：1270毫米
槍管長：765毫米
子彈初速：619米／秒
彈匣：可裝5發子彈的盒式彈匣

右圖：在雅羅斯拉夫城外的奧匈帝國軍隊攜帶着曼利夏1895型步槍。這種步槍使用的是直推式槍栓擊發設置，和早期的曼利夏步槍——1890型步槍相比，它使用的彈匣可裝5發子彈

毛瑟 1889 步槍

比利時的毛瑟1889步槍在國際上是一種了不起的武器。儘管它是比利時設計的，但它的擊發裝置卻直接模仿了毛瑟步槍的槍栓擊發裝置。這種步槍於1889年成爲比利時的標準軍用步槍。雖然，這種步槍有一部分是由比利時的國家兵工廠製造的，但這種步槍大部分是由專爲製造1889型步槍而新建立的公司——FN公司製造的。該公司目前是世界上最大的武器製造公司之一。

相匹配的步槍和卡賓槍

和往常一樣，與毛瑟1889步槍一起生產的也有一種卡賓槍類型。這就是毛瑟1889卡賓槍。這種卡賓槍一般情況下要和一把類似於寶劍的名爲"雅塔幹"的刺刀一起使用。這種武器大部分裝備駐守要塞的部隊，其餘的供憲兵使用。毛瑟1889步槍製作精良，採用了一些非同尋常的設計。其中之一是它的整個槍管上面包裹了一個金屬管，這樣可以保證槍管不會接觸到木製品。槍管和木製品接觸容易引起彎曲，從而影響射擊的精度。這種設計有一些優點，如槍管上可以安裝瞄準具。這種槍造價昂貴，而且經過一段時間，槍管和金屬管之間容易生銹，不過這需要較長時間，所以在第一次世界大戰期間，倒沒有出現過什麼大的問題。

長期服役

當毛瑟1889步槍裝備部隊時，按照設計，它的使用期限較長，所以直到1940年還在使用，甚至在1940年後，德國駐守要塞的部隊還在使用。有一些還出口到阿比西尼亞（即今天的埃塞俄比亞）和南美洲的一些國家。總的來說，這種步槍主要供比利時陸軍使用。1914年，當德國佔領了比利時的大部分領土時，爲了滿足比利時的殘餘部隊的需要，比利時把生產線轉移到美國的霍普金斯和艾倫公司。在戰爭中的大部分時間裏，人數較少的比利時陸軍駐紮在盟軍沿利斯河塹壕線的左翼。當時情況不適宜大規模的軍事調動，所以在整個戰爭期間，比利時部隊的位置基本上沒有什麼變化。

與眾不同的彈匣

毛瑟1889步槍和其他毛瑟步槍的最大區別是使用的彈匣。彈匣前部邊緣上有一個特殊的凸出部，它和彈匣平臺的鉸鏈相匹配，能夠把子彈向上送進由片狀彈簧控制的槍栓設置內。5發子彈可以用彈夾夾住，然後裝入盒式彈匣內。它和後來的毛瑟步槍使用的彈匣的不同之處是：它的彈匣內的子彈是垂直式排列的，而毛瑟槍的彈匣內的子彈是交錯式排列的。它的另一大特點是槍管管套一直延伸到槍口後面，而一般情況下，毛瑟步槍的這個位置是放置清潔桿的，並且安裝長刺刀。

右圖：1914年8月，裝備毛瑟1889步槍的比利時軍隊在勒芬設置路障，試圖阻攔洪水般的德國軍隊。事實證明，這一切都是徒勞的掙扎

規格説明
毛瑟1889步槍
口徑：7.65毫米
重量：4.01千克
槍全長：1295毫米
槍管長：780毫米
子彈初速：610米／秒
彈匣：可裝5發子彈的盒式彈匣

羅斯步槍

第一支羅斯步槍出現於1896年，和後來的羅斯步槍一樣，都是在加拿大魁北克的查爾斯·羅斯爵士的兵工廠生產的。羅斯爵士是古老的"比利茲學校"的優秀射手，他渴望有一種理想的軍用步槍。按照他的想法，這種步槍應該能夠連續地精確射擊。為了實現這個理想，他把注意力放在了槍管和瞄準系統方面，而忽略了看似平常的設計原理，而後者對於真正的軍用步槍才是最關鍵的。儘管他研製的步槍的射擊精度極高，但在惡劣的環境下，這些步槍作為軍用步槍使用，表現並不理想。

遠距離的精確性

羅斯步槍的型號有十多種。許多步槍和前一種型號的步槍相比，改進很少，要把它們一一列舉出來實在困難。其中最主要的軍用步槍是加拿大陸軍使用的羅斯Mk3步槍，這種槍可以看成是羅斯步槍的代表。這種槍的槍管很長，在遠距離內能夠精確射擊。它使用了其他步槍很少使用的直推式槍栓系統，使用的彈匣可裝5發子彈。加拿大陸軍和當時其他英聯邦成員的陸軍一樣，使用口徑為7.7毫米的子彈，所以在1914—1915年期間，英國陸軍訂購了大量羅斯步槍。

加拿大陸軍大約從1905年開始使用羅斯步槍。1914年，第一批遠涉重洋赴法國參戰的加拿大軍隊裝備的就是羅斯步槍。在西線典型的塹壕戰中，不久，士兵就發現羅斯步槍根本不能適應到處泥濘的戰場。因為只要有一點髒物進入槍內，就會造成槍栓阻塞。羅斯步槍在重視射擊精度的時候，忽視了更重要的問題——軍用步槍必須有較強的適應能力，而且羅斯步槍需要專業的維修和細心的操作。羅斯步槍的槍栓擊發裝置常出現卡殼，並且在隨後的清理過程中，人們發現它還存在一個問題：槍栓必須仔細地放在一塊，如果清理後再次組裝時出現失誤，即使固定槍栓的閉鎖簧片沒有接觸，子彈也會射出槍外。由於羅斯步槍使用的是直推式部件，射擊後槍栓會向後跳動，甚至會撞到射手的臉部。如此一來，羅斯步槍不久就顏面掃地，被英國的No.1 Mk Ⅲ步槍取代。除了羅斯步槍的槍栓存在問題外，這種步槍太長，在塹壕中使用極不方便。

特殊的地位

羅斯步槍並沒有完全從軍隊中退出。在戰場上，安裝上望遠瞄準具後，當作狙擊步槍使用則非常成功。之所以當作狙擊步槍使用，要歸功於它的精度。訓練有素的狙擊手可以給予它需要的額外照顧。直到今天，羅斯步槍仍然是優秀的射擊專用步槍。在第二次世界大戰期間，包括國土警衛隊在內的許多英國二線部隊都使用這種步槍。但是，羅斯步槍存在的問題從來沒有得到妥善解決，儘管在1914—1915年的塹壕戰中，這些問題影響了它的聲譽。

上圖：加拿大的羅斯步槍（圖中是Mk 2步槍）是一種優秀的射擊步槍，但是作為軍用步槍就差多了。因為泥濘和塵土容易進入槍內，阻塞它的直推式槍栓擊發設置。雖然加拿大軍隊初到法國時使用這種步槍，但後來換成了李·恩菲爾德No.1 Mk Ⅲ步槍。後來，羅斯步槍主要用於訓練

規格説明
羅斯Mk 3步槍
口徑：7.7毫米
重量：4.48千克
槍全長：1285毫米
槍管長：765毫米
子彈初速：792米／秒
彈匣：可裝5發子彈的盒式彈匣

上圖：羅斯步槍從一線部隊退出後，一部分用於訓練，一部分發給了英國海軍艦艇上的船員。他們在北海執行任務時，如果遇到德國的飛機和潛水艇，攜帶這種步槍總比兩手空空要好一些

勒貝爾 1886 步槍（輕型燧發槍）

到1886年時，法國陸軍正準備生產一種新式的"小型"子彈。這種子彈口徑為8毫米，完全使用無煙火藥。這種子彈的研製者是波爾·維勒。新式子彈當然需要新式步槍，勒貝爾1886步槍就是在這種情況下研製成的。為了紀念建議使用這種新式步槍和新式子彈的勒貝爾（評估委員會的負責人），這種步槍通常被稱為勒貝爾步槍。

當時唯一對格拉斯1874步槍進行試驗性改進的就是勒貝爾步槍。事實上，勒貝爾1886步槍不僅保留了格拉斯步槍的槍栓擊發設置，而且還具有發射新式8毫米子彈的能力。勒貝爾1886步槍使用的是管狀彈匣，取代了格拉斯步槍使用的盒式彈匣。後來盒式彈匣被普通接受，並且非常實用。管狀彈匣的子彈是按照從前到後的順序排列的。這種彈匣位於前置式槍托的下部，可裝8發子彈。由於管狀彈匣的裝彈過程較慢，所以也可以把單發子彈直接裝進彈膛。當需要使用多發子彈時，彈匣才會全部裝滿。

改進類型

最初的勒貝爾1886步槍在1893年進行

了重大改進，改進後的型號被命名為勒貝爾1886/93步槍。1898年，當勒貝爾1886/93步槍的子彈改進後，又出現了一種新型號的步槍，不過這次它的名稱沒有改變。

最初的勒貝爾1896步槍最值得驕傲的地方是：它是最早發射無煙火藥子彈的軍用步槍。憑藉此槍，法國陸軍立即領先於同時期的其他國家的軍隊。然而，這一優勢並沒有保持多久，因為無煙火藥的"秘密"已被大多數國家掌握。在幾年時間內，其他幾個大國也掌握了無煙火藥的技術，並且也使用了新式的小口徑子彈，這樣勒貝爾步槍迅速失去了早期的風光。事實上，由於它錯誤地選用了管狀彈匣，從而導致了步槍研製工作的倒退。這種彈匣的最大缺點是裝彈時間相對較長。另一個缺點是彈匣的保險設置，當子彈從前向後排列時，常會突然晃動，從而導致子彈的彈頭撞擊前面的子彈，其後果是非常可怕的。如此一來，勒貝爾步槍逐漸被波西亞步槍取代。

日趨衰退的軍用步槍

到1914年時，法軍中仍有大量勒貝爾步槍，並且仍是大多數前線部隊的標準武器。在第一次世界大戰期間，甚至在第二次世界大戰中，法軍仍在大量使用勒貝爾步槍。

勒貝爾步槍可以安裝一把十字形的長刺刀。無論是操作還是瞄準都相當不錯。

然而，它的裝彈系統存在缺陷，彈匣常會在毫不知覺的情況下爆炸。另一個缺陷是它的雙組件槍栓容易進入塵土和泥濘，從而發生阻塞事故。口徑為5.5毫米的訓練型步槍的生產數量不多。

上圖：這是1917年在溫森斯的一名法國步兵。他手持的是勒貝爾1886/93步槍，安裝了勒貝爾1886步槍的"伊皮"刺刀。為了利於近戰，這種刺刀改變為長矛狀刺刀。事實證明長矛狀的刺刀在戰鬥中更為有效

上圖：這是1914年7月法軍演習時拍攝的一張照片。從中我們可以想像到：在第一次世界大戰初期的戰鬥中，法國前線部隊使用這種攻擊戰術肯定會付出慘重代價

規格説明

勒貝爾1886/ 93步槍（輕型燧發槍）

口徑：8毫米

重量：4.245千克

槍全長：1303毫米

槍管長：798毫米

子彈初速：725米／秒

供彈：可裝8發子彈的管式彈匣

下圖：勒貝爾1886/93步槍比較長，基本上是格拉斯1874步槍的改進型。它使用可裝8發子彈的管狀彈匣，是法國第一次世界大戰中使用的標準步槍之一。它使用了直推式槍栓擊發設置，以及口徑為8毫米的子彈

波西亞 mle1907 步槍（輕型燧發槍）

勒貝爾步槍作為軍用步槍投入使用後不久，人們就發現它在設計中存在幾處缺陷。其中最大的缺陷是它的管狀彈匣。等到意識到這一點的時候，勒貝爾步槍已經大批量投入生產，所以法國已來不及對設計作任何改進了。相反，新式步槍的設計只能緩慢進行。新式步槍的名稱一般被稱為波西亞步槍。1890年，法國生產出一種騎兵用的卡賓槍。隨着對新武器需求的增加，波西亞1907步槍出現了。

1907年，法軍在法國的殖民地，尤其是印度支那地區（中南半島）大量使用波西亞1907步槍。波西亞步槍是波西亞系列武器中的代表。這種槍又細又長，使用盒式彈匣，槍栓擊發裝置和勒貝爾步槍使用的擊發裝置完全一樣。雖然使用盒式彈匣的時間晚一些，但改換成盒式彈匣是非常正確的。它使用的盒式彈匣只能裝3發子彈。和其他國家使用的彈匣相比，彈匣容量太小。對於射手來說，這種彈匣有待改進。

優於勒貝爾步槍

駐紮在法國殖民地的法國軍隊大量使用波西亞1907步槍，並且許多殖民地軍隊也使用這種步槍，甚至法國本土的軍隊也裝備了這種步槍。到1914年時，勒貝爾步槍仍是法國軍隊的標準步槍。到1915年時，形勢已經變得非常危急，當時法軍迅速膨脹，武器奇缺。法國開始大規模地生產波西亞步槍，所以波西亞1907步槍逐漸成為法軍的標準步槍。法國不得不改進這種步槍的某些設置（尤其是它的槍栓和瞄準設置），改進後的波西亞1907步槍被命名為波西亞1907/15步槍。不久，波西亞步槍和勒貝爾步槍一起成為法軍在第一次世界大戰期間的軍用步槍。直到1939年，法軍還在大規模使用這種步槍。

波西亞1907/15步槍保留了可裝3發子彈的盒式彈匣。然而，在1915年，這種彈匣顯然已經不能滿足戰場的需要。對基本設計進行改進後，法軍開始使用可裝5發子彈的彈匣。使用這種彈匣的步槍被命名為波西亞1916步槍。這種彈匣安裝在波西亞1916步槍的前置式槍托下面，向前突出，它和波西亞1907/15步槍的木製彈匣存在着明顯區別。波西亞1916步槍甚至使用了可以夾住5發子彈的彈夾。波西亞

1907/15步槍沒有使用這種彈夾,它的子彈是單發裝填的，所以速度極慢。

波西亞1907/15步槍和波西亞1916步槍裝備部隊不久，就成為士兵們喜愛的武器。這兩種步槍的外形極富魅力，即使是在戰時的生產條件下，它的前置式槍托所具有的優美外形仍然保留下來。波西亞步槍在塹壕戰中使用的時間相當長。但是，在塹壕中這種槍不易操作，士兵們更喜歡使用勒貝爾步槍。波西亞1907/15步槍生產數量很多，甚至美國的雷明頓公司也曾生產過，但僅供法軍使用。美國軍隊從未使用過這種步槍。1934年，法國對這種步槍進行了最後改進，改進後，波西亞1907/15步槍可以發射一種為輕機槍研製的口徑為7.5毫米的子彈。改進後的型號被命名為波西亞1907/15 M34步槍。這種步槍使用的彈匣可裝5發子彈。

規格說明

波西亞mle 1907／15步槍（輕型燧發槍）

口徑：8毫米

重量：3.8千克

槍全長：1306毫米

槍管長：797毫米

子彈初速：725米／秒

供彈：可裝3發子彈的盒式彈匣

上圖：波西亞1907步槍一般都稱為波西亞步槍，是1890和1892卡賓槍的改進型。圖中的步槍是根據最初的型號改進的波西亞1916步槍。它的盒式彈匣可裝5發子彈。1918年後，許多國家的軍隊都使用這種步槍。到1939年時，許多國家的軍隊還在使用這種步槍

91型步槍（輕型燧發槍）

意大利軍隊在第一次世界大戰期間使用的軍用步槍是91型步槍，這種步槍是曼利夏-卡坎諾系列步槍中的一種。這種步槍是都靈兵工廠於1890—1891年期間研製成的。從整體上看，它綜合了比利時/德國的mle1889步槍使用的毛瑟槍栓擊發設置和曼利夏步槍使用的盒式彈匣，以及由塞爾瓦托·卡坎諾公司生產的新式槍栓套管保險設置。意大利對這種步槍的評價甚高。這種槍於1892年投入生產，成為意大利軍隊的標準軍用步槍。直到第二次世界大戰爆發時，意大利軍隊仍在使用這種步槍。

其他國家對這種步槍似乎沒什麼興趣。因為在第一次世界大戰之前，除意大利之外，只有日本購買過這種步槍。並且，這些步槍是為了發射日本的6.5毫米（0.256英寸）子彈而專門定做的。它和意大利使用的步槍規格有所不同。作為軍用步槍，事實證明91型步槍的設計相當不錯，但是，由於它的槍栓和彈匣綜合了各種設計，這意味着它

要比原來設想的還要複雜，並且使用時，91型步槍需要格外注意，尤其是在意大利非洲的殖民地使用時更是如此，它的直推式槍栓擊發設置進入塵土或髒物時，特別容易發生阻塞。

系列步槍家族

從91型步槍中派生出一系列供騎兵、特殊部隊（包括軍械管理員和工程師）和其他人員使用的卡賓槍。這些卡賓槍易於攜帶。由於它的槍管太短，本身存在缺陷，儘管它使用的子彈威力較小（和其他武器使用的子彈相比），士兵們仍然深受其害。有些卡賓槍帶有錐形（又長又尖）刺刀，而91型槍使用的是刀形刺刀。在第一次世界大戰期間，只有意大利軍隊使用91型步槍。意大利使用這種步槍的軍隊僅部署在意大利和奧匈帝國的邊界地區。1917年，在卡波雷托戰役中，雙方進行了激烈的戰鬥。這次戰役，意大利軍隊損失慘重，不得不向後撤退，導致

英國不得不從西線緊急調動幾個師的兵力增援意大利，幫助意軍穩定局勢。

卡波雷托戰役的慘敗不能完全歸罪於91型步槍的表現。這種步槍和同時期的其他類型的步槍相比性能相差無幾。不過，當時人們普遍認為意大利的6.5毫米子彈的威力不夠大，而且缺少穿透能力。但是，這些都無關大局，因為91型步槍在操作和射擊時性能相當出色。和其他子彈相比，它使用的小型子彈產生的後坐力較小。雖然91型卡賓槍和91型步槍相比存在一定的缺陷，但是，在穿越崎嶇地區時，91型卡賓槍型卻具有一定的優勢。用目前的觀點來看，91型步槍給人留下的整體印象是：和同時代的其他步槍相比，它的設計太複雜了。意大利人一直為這種步槍而驕傲，但是，從第一次世界大戰中的所有步槍的表現看，這種步槍的表現實在令人不敢恭維。

上圖：這支曼利夏·卡坎諾卡賓槍是口徑為6.5毫米的莫斯卡多91型步槍。這種卡賓槍主要供騎兵使用。它有一把固定但可以折疊的刺刀。彈匣可裝6發子彈。事實上，其他如軍械管理員和通信員之類的特殊軍人也使用這種武器

規格説明

91型步槍（輕型燧發槍）

口徑：6.5毫米

重量：3.8千克

槍全長：1285毫米

槍管長：780毫米

子彈初速：630米／秒

供彈：可裝6發子彈的盒式彈匣

左圖：1916年8月，意大利第35師的士兵昂首通過薩洛尼卡市。他們手中攜帶的就是曼利夏·卡坎諾91步槍。這種步槍一般被稱為91型步槍（輕型燧發槍），直到1940年意大利軍隊還在使用。它和標準的曼利夏步槍僅在個別地方有所不同

毛瑟 1898 型步槍

德國陸軍最早使用的軍用步槍是毛瑟1888型步槍。它使用了毛瑟槍栓擊發設置。這種設置直到今天仍在使用。但它使用的8毫米子彈已經過時。經過改進和一系列試驗之後，這種步槍發射新式的7.92毫米子彈。這種子彈的火藥經過改進後，子彈的效果有了很大提高。隨後又出現了一種可以發射這種改進型子彈的新式步槍。這種新式步槍就是1898型步槍（也稱G98步槍）。

這種新式步槍註定要成為此系列步槍中使用範圍最廣、設計最成功的一種。這種步槍的生產數量極其龐大。後來的許多種步槍都可以找到1898型步槍的蹤跡。它被稱為經典毛瑟步槍。這種步槍美觀大方，雖然有點長，但總的來說，設計合理，製作精良。在這裏用"總的來說"是有目的的，因為當第一次世界大戰全面爆發後，以前所有的高標準武器，從戰爭中期開始，即使是一些比較著名的槍支，和過去相比，製作水平都下降了。但是大多數這一系列步槍的製造標準並沒有降低。其高質量的木製組件主要當作手槍類的槍把使用——位於扳機後部，這種槍把有助於射擊的穩定性和瞄準。

最初的後瞄準具的製作非常精密。這種瞄準具使用了計算尺和其他精密的儀器。遠距離射擊時，要想有效地使用這種瞄準具，射手不僅要接受大量訓練，而且還要有豐富的操作經驗。然而，為了節省時間、降低費用，後來的瞄準具和以前的瞄準具相比要簡單多了，並且，其用途幾乎全都是為了滿足近距離射擊的需要。近距離射擊是塹壕戰的一大特點。

保險閉鎖裝置（保險機）

毛瑟步槍使用的槍栓擊發設置保留了毛瑟的前簧片閉鎖系統。為了能安全使用新式的大威力子彈，它的閉鎖裝置又增加了一個簧片，從而使閉鎖裝置的簧片達到了三個。槍栓使用的是直推式擊發裝置：這種裝置相當笨拙，不利於快速和順利使用（事實上，這個問題一直存在），但是作為軍用步槍倒也極少出現問題。它使用的盒式彈匣可裝5發子彈，用子彈夾夾住子彈，從上面裝入彈匣。

1898型步槍主要供德國軍隊使用。世界上其他類型的步槍大多是以這種步槍為起點設計出來的。西班牙是較早使用毛瑟步槍擊發設置的國家，並生產出了和1898型步槍略有區別的步槍。德國和西班牙向外出口了大量的毛瑟步槍，並且以這兩個國家為源頭，毛瑟步槍被迅速傳到世界上遠至中國和哥斯達黎加的許多地方。

性能極其可靠

多年來，毛瑟步槍的擊發裝置雖然歷經改進，但性能可靠、結實耐用和精度高等優點依然未變。這些優點為它贏得了令人忌妒的美名。甚至時至今天，無論是1898型步槍，還是增加了其他附屬設置的改進型步槍，以及各種各樣的派生步槍，都是它們那個時代最優秀的步槍。世界上生產步槍的國家不少，但是，能與毛瑟步槍相媲美的卻沒有幾個。1914—1918年期間，1898型步槍作為德國的軍用步槍表現良好。前線的德軍士兵不得不細心照顧這種步槍，但槍栓部分不用太費心。因為不用時，用衣服蓋住它的槍栓部分就可以了。

其他一些類型的毛瑟步槍，如毛瑟狙擊步槍，都安裝了特殊的瞄準具（包括各種類型的光學瞄準具）。這種狙擊步槍仍然有資格成為世界上最優秀的狙擊步槍。如果稱不上第一，那麼，它還能當作反坦克武器使用嗎？德軍在一次偶然事件中發現，在他們被英軍坦克瞄準之前，用簡單的1898型步槍子彈就能擊穿英國的第一代坦克的裝甲。這種子彈在改變彈道之前，子彈頭能夠穿過裝甲，在裝甲上留下深深的彈孔。

上圖：德國陸軍的1898型步槍是毛瑟系列步槍中最重要的一種。在第一次世界大戰期間，它是德國標準的軍用步槍。毛瑟步槍製作精良。它使用的槍栓擊發裝置功能強大。它發射7.92毫米子彈，彈匣可裝5發子彈。後來的許多種類型的步槍都使用這種彈匣

規格説明
毛瑟1898型步槍
口徑：7.92毫米
重量：4.2千克
槍全長：1250毫米
槍管長：740毫米
子彈初速：640米／秒
供彈：可裝5發子彈的盒式彈匣

上圖：即使不在戰壕內作戰，德軍也不能美美地休息一會兒。圖中的3名德國前線士兵正在使用1898型步槍進行訓練

上圖：多年的塹壕戰徹底改變了德國士兵的外表。圖中士兵攜帶的是縮短了的毛瑟步槍。他頭戴頗有特色的鋼盔。注意他腰帶上的剪鉗

莫辛—納甘 1891 步槍

從19世紀80年代末開始，俄羅斯的龐大陸軍開始逐步淘汰陳舊的"波丹"步槍。經過一系列調查後，俄羅斯陸軍對比利時納甘兄弟研製的步槍產生了興趣。當時俄羅斯的一名叫薩吉·莫辛的軍官研製的步槍正處於起步階段。俄羅斯的決策者決定把這兩種設計中的優點綜合起來，生產出一種步槍。1891年，莫辛-納甘步槍誕生了。它的俄羅斯全名是俄羅斯7.62毫米1891型步槍（Russkaya 3-lineinayeVintovka obrazets 1891g）。

設計中使用的術語3-line是俄羅斯古代的長度單位，它代表步槍的口徑，1 line相當於2.54毫米。1908年，俄羅斯生產出一種新式子彈後，這種步槍進行了改進，口徑為7.62毫米。最初的距離是按照古代長度單位"阿申"（arshin）計算的（1arshin相當於0.71米），但是1908年後，這些長度單位都改成了米制或英寸。

從整體上看，1891步槍的設計粗糙了一些，但還算合理。它有幾處特殊的設計：一是它的彈匣。這種彈匣可裝5發子彈。在槍栓裝填子彈的過程中，供彈系統頂部的第一發子彈總是不受彈匣彈簧壓力的控制。這種系統的優點是供彈時發生卡殼的機會要比原來設想的少，只是在使用一些複雜的機械設置後，才較好地解決了卡殼的問題。雙組件槍栓也超出了實際需要，顯得過於複雜，雖然在使用中沒有出現多大的問題。另一個不尋常的設計是它的刺刀較長，並且有一個螺絲起子，利用它可以把步槍的組件拆卸下來。這種刺刀屬插座式。在第一次世界大戰期間，刺刀一直是步槍的必備之物。

卡賓槍類型

1891步槍經得起碰撞摔打，無須細心照料。有一種專門供騎兵和普通的馬上步兵使用的"騎兵"卡賓槍型1891步槍。它比1891步槍稍短，同時又比當時生產的卡賓槍稍長。1910年，真正的1910型卡賓槍問世了。

雖然俄羅斯選擇了優秀的軍用步槍，

規格說明	
莫辛—納甘1891步槍	
口徑：7.62毫米	
重量：4.37千克	
槍全長：1350毫米	
槍管長：802毫米	
子彈初速：812米／秒	
供彈：可裝5發子彈的盒式彈匣	

但問題是這種步槍太少了。這種步槍的生產過程較長，並且必須完全用手工製作。在1914年之前，俄羅斯人的思想中還沒有大規模生產的概念。所以，1914年，當俄羅斯從預備役部隊挑選人員，大規模組建正規部隊的時候，許多士兵常常連步槍也沒有。

1891步槍參加了1917年的十月革命。隨後，在1918年的內戰中再次大顯身手。在戰爭期間，1891步槍被較短的1891/30步槍取代。在第二次世界大戰期間，蘇聯紅軍的裝備中就有這種步槍。甚至在1941年後，有的步槍還在使用。

上圖：1916年7月，俄羅斯特遣部隊到達希臘的薩洛尼卡市。這是俄羅斯陸軍堅持戰鬥的最後一年。儘管布拉西洛夫將軍發動的猛烈攻勢沉重打擊了奧匈帝國，但仍然無法挽救搖搖欲墜的俄羅斯帝國

上圖：這些俄羅斯軍隊使用的是莫辛－納甘1891步槍。這種步槍都有一把錐形刺刀。這種刺刀較重，瞄準時可以用來調整視線。刺刀使用了古老的插座式固定方法

No.3 Mk Ⅰ 步槍

儘管No.1 Mk Ⅲ步槍最終獲得了成功，但是，當它剛剛生產出來的時候，一些軍事思想家認為它缺少所需要的設計特點。萬一新的SMLE（李-恩菲爾德短彈匣式步槍Short Magazine Lee-Enfield）不能滿足要求的話，那麼英國就會採用備用設計。它使用新式的7毫米子彈和毛瑟步槍的槍栓擊發設置。開始時，它僅作為備用設計。這種步槍直到1913年才出現，人們一般都稱之為P.13步槍。由於當時沒有考慮進一步的改進，所以新式的7毫米子彈的設計也停下來。到1914年第一次世界大戰爆發的時候，P.13步槍已經變成了P.14步槍。

1915年，迅速膨脹起來的英國和英聯邦國家的陸軍嚴重缺少步槍，以至於不得不從遙遠的日本訂購步槍。英國決定從美國訂購能夠發射7.7毫米標準子彈的P.14步槍。美國的幾家公司，包括溫徹斯特和雷明頓公司都參與了P.14步槍的生產，英國陸軍把這些公司生產的P.14步槍稱為No.3 Mk Ⅰ步槍。這些步槍穿過大西洋被運送到英國。

質量較差的軍用步槍

這些步槍一到英國就被匆忙發到士兵們手中，他們隨即奔赴戰場參加戰鬥。這種步槍在戰場上的表現不佳，因為它是按照比利茲學校使用的步槍來設計和生產的。對於比利茲學校來說，戰鬥步槍的價值在於能否在較遠的距離內準確擊中目標。他們認為士兵要在超過915米的距離內擊中像人一樣大小的射擊靶子。如果達不到這個標準，那麼這種步槍就不合格。

1907年，當SMLE步槍剛剛問世的時候，它招致批評的真正原因也在於此，因為它從來就不是完美的射擊用步槍。比利茲學校一直在用完美的射擊用步槍的標準來嚴格要求No.3步槍，當然不用多說，其

上圖：P.14步槍是毛瑟步槍的一種。如果不是No.1 Mk Ⅰ步槍未能滿足戰場的需要，英國就不會從美國訂購7.7毫米步槍了。後來美國使用的步槍是7.62毫米M1917步槍。P.14步槍的射擊精度較高

規格說明
No.3 Mk I步槍
口徑：7.7毫米
重量：4.35千克
槍全長：1175毫米
槍管長：660毫米
子彈初速：762米／秒
供彈：可裝5發子彈的盒式彈匣

後果一定和加拿大的羅斯步槍的倒黴下場差不多。No.3步槍的確不是優秀的軍用步槍。它太長了，在作戰中不易使用。它的刺刀太長，不容易保持平衡，不夠靈巧；並且它的槍栓擊發設置過多考慮到維修。當英國擁有足夠的No.1 Mk Ⅲ步槍時，No.3步槍就退出了戰場。

不過，No.3 MK Ⅰ步槍確實還有挽回臉面的機會，它的精確性確實符合比利茲學校的要求。這樣，No.3 Mk Ⅰ步槍可以作為狙擊步槍使用，而作為狙擊步槍使用，這種步槍獲得了很大成功。

No.3 MK Ⅰ步槍在第一次世界大戰中還肩負着更重要的任務。1917年，當美國參戰的時候，美國對步槍的需求甚至比英國還迫切，美國需要大量的步槍來武裝迅速膨脹的大軍。由於美國公司的生產線仍在生產No.3步槍，所以稍加改動，使其能夠發射美國的7.62毫米子彈。這樣，No.3步槍就變成了M1917步槍。大多數美國人都把這種步槍稱為恩菲爾德步槍。無論是美國人，還是英國人使用，這種步槍的表現都好不到哪去。所以，1919年，美國把所有的No.3步槍都收回到倉庫中封存起來。1940年，這些步槍又從倉庫中取出來賣給英國人，供英國的國土警衛隊使用。

No.1 Mks Ⅲ & Ⅲ * 步槍

19世紀末，英國陸軍使用的彈匣和槍栓系統是由美國工程師詹姆斯·李研製出來的，並且經過長期改進和試驗，生產出了一系列步槍。由於生產這種步槍的皇家輕型武器製造廠位於米德爾塞克斯郡的恩菲爾德一洛克。為了紀念詹姆斯·李·恩菲爾德，這種步槍被命名為李·恩菲爾德步槍。

1907年，在李·恩菲爾德系列步槍的基礎上，又設計出了一種新式的被人們稱為使用小型彈匣的李·恩菲爾德步槍（SMLE）。這種步槍的長度處於正規步槍和卡賓槍的長度之間，所以SMLE步槍有可能成為一種新的武器供步兵和騎兵使用。裝備部隊的SMLE步槍比較粗糙，不過經過改進和修改，這種缺點得到了修正。1914年，當英國遠征軍攜帶SMLE步槍到達法國的時候，這種步槍被稱為No.1 Mk Ⅲ步槍。

當時，這種步槍參加了"最佳軍用步槍"的比賽。它是一種全槍把式武器。槍口安裝了一個扁而略向上翻的刺刀架。這種刺刀架和它使用的長刺刀正好匹配。擊發設置是旋轉式槍栓設置。它使用的後部閉鎖簧片設置和毛瑟步槍使用的前部閉鎖簧片設置完全相反。從理論上講，這意味着李·恩菲爾德步槍的系統沒有毛瑟步槍的系統安全。但是，在使用中，李·恩菲爾德步槍從來沒有出現過什麼問題，並且，它的平滑擊發裝置使英國的步槍更容易操作。

較大彈匣

這種步槍使用的分離式盒式彈匣可裝10發子彈，位於扳機組件的下面，是同時代步槍彈匣容量的兩倍。它還有一個自動

上圖：No.1 Mk Ⅲ步槍常常被稱為SMLE（短彈匣型李·恩菲爾德步槍），是第一次世界大戰中最優秀的軍用步槍之一。由於它使用了易於操作的槍栓擊發設置，所以彈匣能夠快速裝彈，射速每分鐘可達15發以上

左圖：澳大利亞軍隊在1918年10月在弗里庫爾調整隊形。他們使用的是No.1.Mk Ⅲ步槍。在整個第二次世界大戰期間，澳大利亞軍隊都在使用這種步槍。直到1955年，澳大利亞的利斯戈兵工廠才停止生產這種步槍

規格説明

No.1 Mk Ⅲ*步槍

口徑：7.7毫米

重量：3.93千克

槍全長：1133毫米

槍管長：640毫米

子彈初速：634米／秒

供彈：可裝10發子彈的盒式彈匣

切斷裝置。當手工向彈膛內裝入單發子彈時，這種自動切斷裝置可把彈匣內的所有子彈固定在一起。這種設計可以把子彈節約下來，在關鍵的時候使用。

這種步槍使用了傾斜式的瞄準設置，瞄準距離超過915米。步槍槍托左側安裝了特殊的遠程瞄準具，英軍經常用它對遠距離的某一區域實施火力壓制：這種情況只有經過精心組織，對敵實施火力群射時才會使用。

No.1 Mk Ⅲ步槍是一種優秀的軍用步槍。它造價昂貴，耗費時間，所有組件必須經過精密加工，或手工精製而成。所以當塹壕戰成為戰手的主要作戰方式時，英軍對步槍的需求急劇增加。一些步槍在生產中存在着一定的缺陷——包括取消了它的彈匣切斷裝置和遠距離瞄準設置。

簡化後的步槍

簡化一些設置後生產的步槍被稱為No.1 Mk Ⅲ*步槍。或許，人們也可以把這種步槍當作第一次世界大戰中英國的標準步槍。這種步槍的生產數量極其龐大，

不僅英國，而且印度、澳大利亞也生產這種步槍，生產一直持續到1955年。這種步槍設計合理，結實耐用，易於在艱苦的塹壕戰中使用。當時新發明的設置，從望遠瞄準具到榴彈發射器，它都一一採用。士兵在接受全面訓練時，射速必須達到每分鐘15發才算合格；而訓練有素的上兵每分鐘的射速比這還要高。1914年在蒙斯戰役中，德國人認為在戰役的某些階段，德國的機關槍輸給了這種步槍，其中的奧秘就是英國遠征軍集中了特級射手，用No.1 Mk Ⅲ步槍實施快速群射，取得了全面的火力優勢。

上圖：如此輕鬆的場面表明1918年3月《政府間友善諒解協議》已經生效。照片的拍攝地點應該在戰壕的後面，因為在骯髒泥濘的戰壕內，No.1 Mk Ⅲ*步槍普遍缺少可以防止髒物進入槍內的遮蓋物

左圖：1918年3月德軍接連突破英軍陣地，在1918年5月的戰鬥中，兩名全副武裝的英國士兵在馬恩河的南岸堅守陣地。他們使用的武器就是No.1 Mk Ⅲ*步槍

斯普林菲爾德 1903 型步槍

在20世紀初，美國陸軍使用的是克拉格－約根森標準步槍。自1892年以來，這種步槍一直是美國陸軍的標準軍用步槍。然而，大約在19世紀末的時候，步槍和步槍子彈的研製特別迅速，美國人認識到這種步槍的確有美中不足的地方，有待改進。所以，美國陸軍決定使用一種更好的步槍。經過集思廣益，美國發現毛瑟步槍的基本系統非常有效，經過談判，美國獲得了生產（在毛瑟步槍的基礎上）毛瑟步槍的許可證。

改進後的子彈

美國對毛瑟系統進行了改進，然後生產了一種能夠發射美國新式子彈的新式步

槍。這種新式的扁頭子彈一般被稱為7.62毫米M1903"鮑爾"子彈。當德國人使用性能更好的尖頭子彈時，美國人馬上效仿其法，對這種步槍進行適當改進（從而，這種步槍才有可能成為一代名槍）以適應尖頭的子彈。事實上，這種步槍在1903年已經研製成功，最早由伊利諾伊州的斯普林菲爾德兵工廠製造。因此，它被稱為斯普林菲爾德步槍。

這種步槍從表面上看顯然是毛瑟步槍的翻版，但兩者的長度有所不同。這種步槍的正式名字是7.62毫米1903型帶彈匣步槍，通常簡稱為1903型步槍或M1903步槍。它和同時代的步槍有許多不同之處，由於設計這種步槍的目的是使它成為從騎

兵到步兵的所有部隊的通用武器，所以它的長度處於步槍和卡賓槍之間。這種折中後的長度極富魅力。其結構平衡，易於操作，深受士兵的歡迎。

翻轉式槍栓擊發設置

這種步槍使用翻轉式槍栓擊發設置。它的槍栓操縱杆位置適當，需要時能夠快速操作，再加上精美的拋光和嚴謹細緻的設計，從而使這種步槍成為一種極其精確的武器。並且，M1903步槍及其後來的型號還是非常出色的射擊專用步槍。

1917年，美國軍隊剛到法國時使用的就是最初的M1903步槍。但是，不久美國的生產線就生產出包括M1903 Mk Ⅰ在內

上圖：美國的M1903斯普林菲爾德步槍是在毛瑟步槍的基礎上研製而成的。第一批斯普林菲爾德步槍生產於1903年。在朝鮮戰爭期間，美軍還在使用這種步槍。它是一種優秀的步槍。圖中為最早的斯普林菲爾德步槍，刺刀取自早期的克拉格—約根森1896型軍用步槍

上圖：M1903A4是M1903A3步槍中的狙擊型步槍。它安裝曠望遠瞄準具。這種步槍生產於1903年5月，屬於M1903A1的簡化型。它把M1903步槍的手槍槍把作為槍托使用，效果不錯

的各種類型的M1903步槍。M1903 Mk I 步槍在M1903步槍的基礎上，使用了命運不佳的皮德森設置。如果拆卸下槍栓，使用一種新的可發射特殊的7.62毫米手槍子彈（從頂部上的彈匣供彈）的套筒座，那麼這種設置就能把這種使用槍栓擊發設置的步槍變為一種全自動突擊步槍，用正規的步槍槍管發射這種手槍子彈。雖然美國生產出了這種裝置，但是等到大範圍使用時已經為時已晚。美軍原定於在1919年發起進攻時使用這種設置，當時僅僅把它作為預備設置保留下來。等到第一次世界大戰結束後，這種設置已無用武之地，所以Mk 1步槍也就恢復到M1903步槍的正常標準了（使用槍栓擊發裝置）。

後來的類型

1918年後，美國在改進的基礎上又生產出各種類型的M1903步槍。這些步槍大多是從更易於生產的方面考慮的，而且，主要作為狙擊步槍供美國陸軍使用。朝鮮戰爭時，美軍還在使用這種步槍。無論從哪個方面講，這種步槍都稱得上是當時最優秀的步槍之一。有些M1903步槍還成了射擊專用步槍。目前這種步槍已成為槍支愛好者的收藏珍品。

上圖：斯普林菲爾德M1903步槍製作精良、性能可靠、維修方便。訓練有素的射手用它可準確擊中遠距離目標

規格說明
M1903步槍
口徑：7.62毫米
重量：3.94千克
槍全長：1097毫米
槍管長：610毫米
子彈初速：853米／秒
供彈：可裝5發子彈的盒式彈匣

下圖：美國第一支緊急特遣隊於1917年到達英格蘭。圖中架在一起的步槍就是斯普林菲爾德M1903步槍。這支部隊很可能就來自著名的"彩虹師"。該師由來自於美國各州的士兵組成，是第一支被派往歐洲的美國部隊

勒貝爾和波西亞步槍

因為法國從來捨不得淘汰舊的武器，所以到1939年的時候，法國陸軍裝備的步槍仍然類型繁多，極為混亂。其中甚至有最早的1866卡塞波西特步槍和只能單發射擊的格拉斯1874步槍（燧發槍）。當1940年德國入侵法國時，法國的一些二線部隊仍在使用這種只能單發射擊的步槍。

最初的勒貝爾步槍是1886型步槍（步兵用燧發槍），經過改進，於1893年生產出了勒貝爾1886/93步槍（燧發槍）。法國在第一次世界大戰中使用的就是這種勒貝爾步槍。另外，法軍也使用波西亞卡賓槍—莫斯卡多1890步槍（類似於1892型步槍）。這種卡賓槍是最初的勒貝爾1886步槍的改進型，使用曼利夏步槍的彈匣系統。波西亞步槍使用的彈匣屬傳統型盒式彈匣，用彈夾裝彈。但是，勒貝爾步槍使用管狀彈匣，子彈一發一發地裝填，彈匣容量比前者大。

波西亞步槍

第一支波西亞步槍是1907步槍（燧發槍），主要供法國殖民地的軍隊使用。1915年，法軍使用的步槍大部分換成了波西亞07/15步槍（步槍用燧發槍）。隨着波西亞07/15步槍的出現，老式勒貝爾步槍的重要性逐漸減弱。步槍生產的重點移向了波西亞步槍。但是，作為軍用步槍，勒貝爾步槍從來沒有退出部隊。法軍繼續使用這種步槍，直到1939年，士兵們還在使用這種步槍。

最初的波西亞步槍使用的彈匣只能裝3發子彈。不久以後，法軍意識到它的容量太小，於是出現了波西亞1916步槍（步兵用燧發槍）。這種步槍的彈匣可裝5發子彈。問題的複雜之處不僅在於法國擁有卡賓槍，或者上面提到的各類步槍，而且在兩次世界大戰期間，法國還把這些五花八門的步槍出售或贈送給許多國家，這些國家馬上按照自己的需要給這些步槍命名。如此一來，勒貝爾步槍和波西亞步槍不僅遍佈法國的殖民地，而且希臘、南斯拉夫、羅馬尼亞和其他巴爾幹國家也使用這兩種步槍。

1934年，法國決定對所有步槍和卡賓槍進行分類整理，使用新式口徑的步槍。在此之前，法國的標準步槍的口徑為8毫米。1934年，法國標準步槍的口徑改為7.5毫米。

同年，法國開始改進老式的波西亞步槍。改進內容包括：使用新的口徑、新式的彈匣（仍然裝5發子彈）、新式槍管和其他改進項目。這種"新"式步槍就是波西亞07/15 M34步槍。但是，改進速度極慢，到1939年時，才有一部分步槍的槍托得到改換。不過這樣卻保證了其他類型的步槍仍能使用。

德國使用的法國步槍

1940年6月法國投降後，德國繳獲了法國所有類型的步槍。德軍發現有的步槍還能使用，於是就把許多能用的步槍發放給駐守要塞和二線的德國部隊，剩下的則入庫封存。1945年，為了武裝"國民突擊隊"和其他類似的部隊才取出一部分。毫無疑問，德國發現法國的步槍和卡賓槍甚至其他的種類實在是太多了。雖然對於法國的武器德軍隨手可得，但德軍卻找不到足夠的步槍來裝備其日益膨脹的軍隊。

今天想看到法國的老式步槍真的太難了，除非到博物館和收藏家那裏才能一睹其尊容。

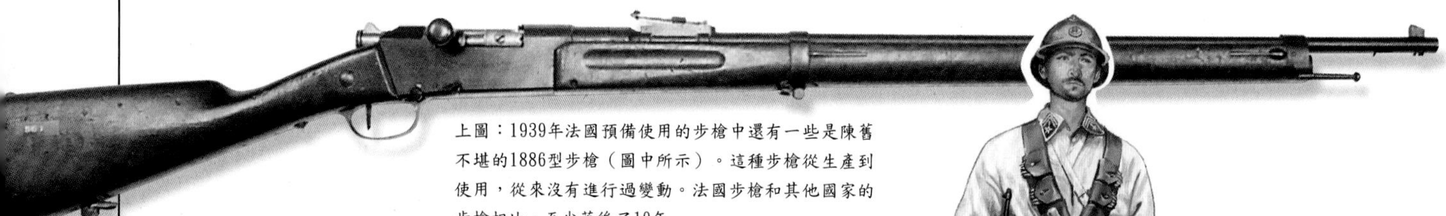

上圖：1939年法國預備使用的步槍中還有一些是陳舊不堪的1886型步槍（圖中所示）。這種步槍從生產到使用，從來沒有進行過變動。法國步槍和其他國家的步槍相比，至少落後了10年

左圖：這是維希政府殖民地陸軍·摩洛哥—阿爾及利亞第1團的一名阿爾及利亞穆斯林士兵。他手持的是舊式的勒貝爾步槍。注意這名士兵腰帶上插着長刺刀

規格說明	
勒貝爾1886／93步槍	**勒貝爾1907／15M34步槍**
口徑：8毫米	口徑：7.5毫米
重量：4.245千克	重量：3.56千克
槍全長：1303毫米	槍全長：1084毫米
槍管長：798毫米	槍管長：579毫米
子彈初速：725米／秒	子彈初速：823米／秒
供彈：可裝8發子彈的管狀彈匣	供彈：可裝5發子彈的盒式彈匣

MAS 36 步槍

在第一次世界大戰結束後的一段時間裏，法國陸軍決定使用新式的7.5毫米標準軍用子彈。

這種新式子彈於1924年投入生產，但隨後法國就把它列入非重要項目擱置起來。後來經過長期試驗，法國發現這種子彈在一定環境下使用時不太安全，所以1929年法國不得不對這種子彈進行改進。而且同樣是在1929年，法國決定研製一種可以發射這種子彈的新式步槍，但是直到1932年，法國才完成這種步槍的基本設計。然後又經過一系列試驗，時光就這樣被慢慢浪費掉了，直到1936年，法軍才裝備這種新式步槍。

這種新式步槍就是MAS 36步槍（MAS是聖安東尼武器製造公司的縮寫）。這種步槍對毛瑟步槍的擊發裝置進行了多處改動，槍栓操縱桿以一定的角度向前突出。盒式彈匣可裝5發子彈。MAS 36步槍和過去使用槍栓擊發裝置（世界各國的軍用步槍大多採用這種設置，後來的軍用步槍也多採用了其中的自動擊發設置）的軍用步槍相比有一個特殊的區別：從某種角度上看，MAS 36步槍是時代的錯誤。在其典型的法國風格中，竟然沒有保險阻鐵，並且其外形沿襲了舊式步槍的模樣，因此看上去要比同時代的步槍落後多了。

非常緩慢的過程

生產一種新式步槍是如此緩慢，以至於法國不得不實施一項改進計劃，為了發射新式子彈，必須對舊式步槍進行改進。當時，整個法國普遍缺少緊迫感。法國在第一次世界大戰中元氣大傷，到了936年似乎還沒有恢復過來。如此一來，到1939年的時候，只有一部分法國陸軍裝備了MAS 36步槍，並且主要供前線部隊使用。在1940年5月和6月的戰鬥中，MAS 36步槍幾乎沒有發揮任何作用。但是對於那些攜帶MAS 36步槍逃出法國的士兵來說，這些步槍後來都成了流亡海外的自由法國部隊的最喜愛的武器。德國也使用了一部分繳獲的MAS 36步槍，德國人把這種步槍稱為蓋威爾242（f）步槍，供駐紮在法國要塞的德軍使用。

MAS 36步槍中有一種古怪的型號——MAS36 CR39步槍。這種槍的槍管較短，主要供傘兵使用。它的槍托用鋁製成。為了節省存放空間，槍托可以沿槍架向前折疊。這種步槍的生產數量相對較少，而當作軍用步槍使用的就更少了。

第二次世界大戰結束的時候，新的法國陸軍再次使用了MAS 36步槍，而且一用就是許多年。法國軍隊在北非和印度支那（中南半島）的戰爭中都使用過這種步槍。目前法國保留了一些MAS 36步槍，在舉行盛大慶典時，作為閱兵式專用武器使用。許多法國前殖民地的軍隊和警察也使用這種步槍。

上圖：MAS 36步槍是世界上主要國家最後使用槍栓擊發裝置的步槍。其設計犯了時代性錯誤。1939年，軍用步槍中已極少見到此類設計

38式和99式步槍

38式步槍是1905年日本帝國軍隊使用的軍用步槍。它是由一位名叫有阪的日軍大佐領導的一個委員會根據他們所挑選的兩種步槍研製而成的。日本所有的軍用步槍都是以他的名字命名的。38式步槍混合了毛瑟步槍、曼利夏步槍的設計和日本自己的革新成果。這種步槍設計合理，口徑為6.5毫米。它的口徑相對小一點，子彈威力不大，後坐力也較小。這種設計的確非常適合身材矮小的日本人。

這種步槍還相當長，這更有利於日本人，在近戰時，步槍裝上刺刀後，日本人能在距離上獲得優勢。但是步槍太長也給使用帶來了不便。這種步槍出口到諸如泰國之類的國家。一些國家的交戰雙方都使用這種步槍。後來，這種步槍在中國尤其流行。在第一次世界大戰期間，38式步槍甚至還出口到英國，當作訓練武器使用。

日軍曾經廣泛使用一種短小的卡賓槍型38式步槍。這種步槍的槍托可以折疊，供空降部隊使用。還有一種型號，被稱為97式狙擊步槍，它安裝瞭望遠瞄準具，槍栓的操縱杆也經過了改進。

新式口徑的步槍

在20世紀30年代，日本開始使用7.7毫米的新式軍用子彈。99式步槍是38式步槍的改進型，它有幾大新的設計特點：包括一個原應該在飛機上使用的瞄準具（在飛機上使用效果不錯），一個有助於精確射擊的折疊式獨腳支架。另外，日本還設計了一種能夠拆卸為兩部分的特殊步槍，但是事實證明這種步槍的性能不夠可靠，隨後被名為「傘兵」的2式步槍（拆卸型）取代，但這種步槍的生產數量不多。

太平洋戰爭爆發後，從1942年開始，

日本軍用步槍和卡賓槍的生產標準迅速下降；能夠省去的部件都省去了，簡單到可以在生產線上生產就行的程度。後來，這種步槍的整體標準下降到令人吃驚的程度：有的步槍甚至會對步槍的使用者產生致命威脅，因為使用的原材料質量極其低劣。其實道理也很簡單，因為盟軍的強大空襲和海上封鎖，日本已經無法獲得所需要的原材料。

致命的海上封鎖

到戰爭末期的時候，日本兵工廠的生產水平已經下降到只能生產原始步槍的程度（單發射擊）。這種步槍只能發射8毫米的手槍子彈和黑火藥子彈。甚至有人建議使用弓箭發射裝有爆炸物的箭頭。38式步槍從問世到在東方大範圍使用，持續了很長時間。

上圖：99式步槍是38式步槍的改進型。它有一個獨腳支架，使用新式的7.7毫米子彈。日本人吸收了毛瑟步槍和曼利夏步槍的設計特點。第一支38式步槍製造於1905年

規格說明

38式步槍

口徑：6.5毫米

重量：4.2千克

槍全長：1275毫米

槍管長：797.5毫米

子彈初速：731米／秒

供彈：可裝5發子彈的盒式彈匣

右圖：日本步兵正在向緬甸的仁安羌油田發起猛攻。長條狀的「有阪」步槍安上刺刀後更加顯眼。這種步槍太長反而不利於操作。但是，在近距離格鬥中，長槍和長刺刀非常有利於身材矮小的日本人

G98 和卡拉貝納爾步槍

在第一次世界大戰期間，德國使用的軍用步槍是7.92毫米G98步槍。這種步槍最早生產於1898年，屬毛瑟步槍，其設計最早可追溯到1888年。

作為軍用步槍，事實證明毛瑟步槍結實耐用，性能可靠。但是在1918年之後，德國軍隊在對大量作戰情況進行分析後得出的結論之一是：供前線士兵使用的G98步槍太長、太笨重。德軍隨後將其餘的步槍改造為卡拉貝納爾98b步槍。德國人把卡拉貝納爾步槍當作卡賓槍使用，其實它和卡賓槍沒有任何關係。它的長度和G98步槍相比也沒有什麼變化。但它的槍栓操縱桿、槍的旋轉叉架和使用改進型彈藥的能力與G98步槍都有所不同。不過，G98步槍最初的標記保留了下來。

短小型號

1939年，德國軍隊仍在使用卡98b步槍（並且在整個第二次世界大戰期間都在使用），但是隨後出現的標準步槍——卡拉貝納爾98k要比基本的毛瑟步槍短一些。和最初的毛瑟步槍相比短了一點，但和卡賓槍相比仍然要長一些。字母"k"代表"短小"（kurz）的意思。這種步槍以毛瑟步槍的"標準"型商用步槍為基礎。在兩次世界大戰之間，許多國家，如捷克斯洛伐尼亞、比利時和中國，都曾經大量生產過這種步槍。德國型號的毛瑟步槍於1935年投入生產，後來進行了大量生產。

標準下降

開始時，卡98k槍的生產標準極其嚴格。但是第二次世界大戰爆發後，整個製作和拋光標準都下降了。到第二次世界大戰結束時，它的木製組件或內部原料常用金屬壓製而成，並且有些設置，如刺刀凸架都被省了去。擅長作戰的德國人在卡98k步槍上使用了所有最新式的設置，包括發射手榴彈的設置、能向四周環視的瞄準鏡具和空降兵專用的折疊式槍托。有的型號可以作狙擊步槍使用，有的沿前置式槍托一側安裝了望遠鏡，有的則在槍栓設置上部安裝了大型望遠鏡。

德國人在第二次世界大戰期間使用了所有的革新技術。戰爭結束時，德國人仍在生產卡98k步槍。除了因戰時勞力和原材料短缺造成的粗糙拋光外，它和最初的G98步槍看上去沒有太大的區別。到1945年時，德國人不得不控制其他歐洲國家的軍隊使用毛瑟步槍。大多數毛瑟步槍被用來裝備德軍的某一個兵種。有些毛瑟步槍和G98步槍/卡98k步槍極其相似。這些步槍是1939—1940年之後，利用捷克和比利時的生產線生產出來的產品。在遠東地區，中國軍隊的主要裝備就是和卡98k步槍完全一樣的毛瑟標準步槍。

作為軍用步槍，有關毛瑟步槍是否比恩菲爾德步槍、M1903步槍、斯普林菲爾德步槍和M1伽蘭德步槍的性能優越的爭論，從來沒有停止過。從整體上看，儘管毛瑟步槍和盟軍的步槍相比缺少吸引力，但是這種步槍向德軍提供了長期而且可靠的服務。雖然目前已極少使用，但多數仍被視為收藏珍品，可以當作優秀射擊比賽的專用步槍使用。

上圖：第二次世界大戰初期，德軍正在挖掘戰壕。顯而易見，以毛瑟步槍設計為基礎的卡拉貝納爾步槍比較長，這樣在空間狹小的地方使用起來不太方便。圖中為第二次世界大戰中的典型的近距離戰鬥，卡98k步槍所具有的遠距離射擊能力顯得多餘了

規格說明

蓋威爾98步槍

口徑：7.92毫米

重量：4.2千克

槍全長：1250毫米

槍管長：740毫米

子彈初速：640米／秒

供彈：可裝5發子彈的盒式彈匣

卡拉貝納爾98k步槍

口徑：7.92毫米

重量：3.9千克

槍全長：1107毫米

槍管長：600毫米

子彈初速：755米／秒

供彈：可裝5發子彈的盒式彈匣

上圖：卡拉貝納爾98k步槍比第一次世界大戰中德軍使用的G98步槍稍短一些。儘管這種步槍原應該作為卡賓槍使用，但它和當時大多數的步槍的長度完全一樣

左圖：德軍士兵手持卡98k步槍進行戰鬥訓練。照片拍攝時間可能是在第二次世界大戰期間的某個時候。圖中可以看出德軍戴的鋼盔有新舊兩個種類

MP43 衝鋒槍和 StG44 步槍

儘管阿道夫·希特勒多次命令，但德國陸軍仍然決定研製和使用由路易斯·施梅瑟設計的氣動操作型突擊步槍。這種步槍能發射新式的7.92毫米小型子彈。為了隱瞞實驗性工作，德國改頭換面，使用了新的名字。最初的新式步槍被命名為卡拉貝納爾42（H）衝鋒槍（H代表哈納爾製造商）。但是，為了分散人們的注意力，希特勒曾經愚蠢地命令把它的名字改成43衝鋒槍或MP43衝鋒槍。

這種步槍的研製情況就是這樣的，所以德國陸軍率先將這種武器投入生產，並且緊急地把第一批產品運往東線。這種步槍在東線投入使用不久就證明具有無與倫比的價值。

最早的突擊步槍

MP43步槍是目前所說的突擊步槍的鼻祖。在防衛時，它可以選擇單發射擊；而在實施攻擊或近距離作戰時，又可以選擇全自動射擊，能產生驚人的效果。其中的原因是它可以輕鬆操作，便於自動火力發射。相對來說，它使用的子彈威力較小，但在適當的作戰距離內擊中目標。從戰術上講，它對步兵的作戰方式產生了極大影響。有了它，步兵就不用再依賴機關槍的火力支援了。步兵自己就能夠相互提供火力支援。和使用槍栓擊發裝置的步槍相比，突擊步槍的火力更加猛烈。如此一來，德軍步兵的戰鬥力變得更加強大。

這種步槍一經使用，所有人都認識到增強火力的重要性。MP43步槍成為優先生產的武器，越來越多的前線部隊要求緊急提供這種步槍。開始，這種步槍主要供德國的精銳部隊使用，但大部分都被運往東線，因為那裏最需要這種步槍。

戰時，德國的做法和別國有所不同——生產優於研製。MP43步槍在設計上只經過一次大的改進。改進後的型號被稱為MP43/1步槍。槍口安裝了手榴彈發射裝置。1944年，出於保密原因，這種步槍的型號被改為MP44步槍。當年下半年，希特勒不再反對這種步槍，這種步槍變得更加精確，而且威力更大，後來被命名為StG 44步槍。這種步槍基本上是按照設計進行生產的。最後生產StG 44步槍的公司有厄瑪公司、毛瑟公司和哈納爾公司。這些大公司至少又找了7個負責零部件的生產和裝配的分包商。

不相關的附屬設置

有些附件是專門為MP43系列步槍生產的，其中有一種名為"瓦姆皮爾"紅外線瞄準儀。但是最古怪的附件是一種名為"克魯姆洛夫"的彎曲槍管，它可以把子彈射向四方。顯然這種專門研製的設置是供裝甲車和坦克里的人員對付反坦克步兵使用的，但是，這種奇怪設置的表現從來沒有讓人滿意過，並且耗費了大量的研製力量。當時，德國人應該把研製方向放在更有價值的目標方面。這種彎曲槍管的射擊角度在30度到40度之間，為了瞄準目標射擊，它還安裝了特殊的可以觀察四周情況的瞄準鏡。這種武器的生產數量很少，能在戰鬥中使用的就更少了。

戰爭結束後，有幾個國家，如捷克斯洛伐克，曾大量使用MP43步槍。另外，在早期的阿拉伯—以色列衝突中，雙方也曾使用這種武器。

右圖：MP43步槍是為發射7.92毫米中等威力的短小型子彈而研製的。MP43步槍是最早的突擊步槍。德國作戰分析人員發現，戰鬥經常發生在不需要大威力子彈的射程內，隨後德國生產出威力較小的子彈

規格說明

StG 44步槍

口徑：7.92毫米

重量：5.22千克

槍全長：940毫米

槍管長：419毫米

子彈初速：650米／秒

射速：500發子彈／分鐘

供彈：可裝30發子彈的盒式彈匣

左圖：最先使用MP43步槍的部隊是德國納粹黨衛隊。這種步槍在阿登戰役中被大量使用。德軍最早使用這種步槍參加的戰鬥可能是在東線，而且一投入戰場就獲得了成功

右圖：從圖中可以看出戰爭末期東線德軍高質量的軍事裝備。除了攜帶有革命性的斯圖姆蓋威爾爾步槍外（見圖中左起第3名士兵），他們還選備了MG42機關槍和豹式坦克

G41（W）步槍和 G43 步槍

德國陸軍在戰爭期間成立了一個質量控制工作組。該工作組一直在探索增加武器效率的方法。1940年，該工作組認為德軍需要一種新式的自動步槍。

有關這種自動步槍的規格、要求，及時下發到德國的各個公司。瓦爾特公司和毛瑟公司分別提出了自己的設計。事實證明兩者非常類似。兩者都使用了一種為紀念丹麥設計師而命名的"班格"系統。該系統的原理是利用槍口周圍捲繞的氣體向後驅動活塞，從而完成整個裝彈的過程。德軍在試驗後得出的結果證明毛瑟公司的設計不適合於軍隊，所以毛瑟公司退出了競爭，瓦爾特公司的設計被德軍選中。G41（W）步槍就是這樣誕生的。

對德國人來說真的很不幸：G41（W）步槍送到前線軍隊（主要是東線）手中後，事實證明其距離成功還差一段距離。在作戰環境下，軍隊需要的步槍必須具備可靠的操作性能，而它的"班格"系統太複雜，並且這種步槍太過笨重，使用時很不舒服。似乎這些缺陷還不夠，德軍在使用時發現這種步槍裝彈困難，而且耗時較多。但是，由於這種步槍在當時是德國唯一的自動步槍，所以德軍就保留了這種步槍，並且生產了數萬支。

多數G41（W）步槍用在了東線。在東線，德國人遇到了蘇聯的托卡列夫自動步槍。這種步槍使用氣動操作系統，利用槍管壓出的氣體帶動機械裝置。德國人馬上對這種系統進行了研究，德國人認識到可以把這種系統應用於G41（W）步槍中。經過改進，德國生產出了G43步槍，這種步槍和托卡列夫步槍使用的系統一模一樣。

迅速停止生產

G43步槍投入生產後，G41（W）步槍的生產馬上就停了下來。G43步槍更易於生產，並且馬上進入到大規模生產階段。前線部隊非常喜愛這種步槍，因為和以前的步槍相比，這種步槍易於裝彈。為了快速生產，德國人使用了一切能夠採取捷徑的方法，其中包括：有的設置使用木製品，甚至是塑料製品。1944年，德國人甚至生產出了更簡單的卡拉貝納爾43步槍（類似於卡賓槍）。這種步槍的長度甚至減少了50毫米。

G41（W）步槍和後來的G43步槍都使用德國7.92毫米標準子彈。這種子彈和突擊步槍使用的7.92毫米小型子彈沒有任何關係。使用這種步槍子彈時，G43步槍可以當作有效的狙擊步槍使用，並且，所有當作狙擊步槍使用的G43步槍都安裝瞭望遠鏡。作為狙擊步槍使用時，G43步槍表現出眾。戰後，捷克斯洛伐克軍隊保留了許多G43步槍，並使用了許多年。

上圖：使用了托卡列夫步槍的氣動操作系統的G41（W）步槍。G43步槍安裝了望遠鏡支架，可當作優秀的狙擊步槍使用

規格說明
G41（W）步槍
口徑：7.92毫米
重量：5.03千克
槍全長：1124毫米
槍管長：546毫米
子彈初速：776米／秒
供彈：可裝10發子彈的盒式彈匣

規格說明
G43步槍
口徑：7.92毫米
重量：4.4千克
槍全長：1117毫米
槍管長：549毫米
子彈初速：776米／秒
供彈：可裝10發子彈的盒式彈匣

42 型傘兵步槍（FG42 步槍）

到1942年時，德國空軍開始染指德國陸軍的禁區，其肆無忌憚的程度令人吃驚，其中的原因僅僅出於雙方之間的一些小小的爭吵。當德國陸軍決定研製一種自動步槍時，德國空軍也作出決定，德國空軍必須擁有類似的武器。

德國空軍一定要和德國陸軍對着幹。陸軍使用小型子彈，空軍則決定繼續使用標準的7.92毫米步槍子彈，並要求萊茵金屬公司設計一種可以裝備德國傘兵部隊的武器。

萊茵金屬公司設計並生產出一種在第二次世界大戰中更出色的輕型武器。這就是42型傘兵專用步槍，或稱為FG42步槍。這種步槍使用壓縮式擊發設置。和使用常規槍栓擊發設置的步槍相比，這種步槍的火力更為猛烈。

FG42步槍的確與眾不同。第一批FG42步槍有一個傾斜的手槍槍把和一個形狀怪異的塑料槍托；前置式槍托上有一個突出的雙腳架。與之相配的是槍口處有一個較大的附加設置和安裝錐形刺刀的刺刀架。盒式彈匣位於槍的左側，彈匣側面突起。這種步槍使用氣動操作系統。所有這些設置使FG42步槍成為一種較複雜的武器。它雖然綜合了當時的多種操作系統，卻沒有使用革新性的技術。

製造困難

不用說，德國空軍欣喜若狂地接受了FG42步槍，並且要求提供更多的FG42步槍。但是，他們的要求沒有得到滿足，因為不久他們發現，這種新奇的步槍過於複雜，造價昂貴。為了加快生產速度，德軍不得不使用一些簡化設置。槍托使用更簡單的木製槍托，手槍槍把被一種更傳統的槍把取代。雙腳架向前移到槍口下面，並且其他部件也都進行了簡化。即使如此，到戰爭即將結束的時候，這種步槍也僅僅生產了大約7000支。

戰後，FG42步槍的名聲如日中天。後來的多種步槍都借鑒了它的設計特點。或許，更為重要的是它所使用的袖珍型氣動操作設置。這種設置能從密閉的槍栓處單發射擊，或從全裸露的槍栓處全自動射擊。

FG42步槍的設計在當時比較先進，並且還使用了其他先進的設計，其中包括從槍托到槍口直線式佈局。但是，恰恰因為這些設計，才使這種步槍無法投入大規模生產。甚至到1945年時，德軍仍有一些難題未能解決。儘管如此，從整體上看，FG42步槍當之無愧可稱得上是步槍設計史上的一大傑作。

上圖：圖中為早期的FG42步槍。德國空降兵想使用一種能提供像機關槍一樣猛烈的火力步槍

左圖：訓練手冊中，處於射擊狀態中的FG42步槍。它帶有一個可折疊的雙腳架。FG42步槍是現代概念中突擊步槍的先驅

規格說明

FG42步槍

口徑：7.92毫米

重量：4.53千克

槍全長：940毫米

槍管長：502毫米

子彈初速：761米／秒

射速：750~800發子彈／分鐘

供彈：可裝20發子彈的盒式彈匣

托卡列夫步槍

許多年來，蘇聯人在輕武器的設計和革新方面表現出非凡的天賦。在自動步槍的發展史上，蘇聯起步較早。最早的自動步槍是由西蒙諾夫於1936年設計的阿斯卡亞·維托夫卡·西蒙諾夫自動步槍（也稱AVS 36自動步槍）。儘管這種步槍的生產數量較多，也裝備了部隊，但是AVS 36步槍並沒有獲得太大成功。因為這種槍的槍口產生的衝擊波和後坐力太大，並且塵土和髒物特別容易進入複雜的機械設置內部。AVS 36步槍在軍中使用的時間很短。

1938年，AVS 36步槍被弗·維·托卡列夫設計的薩莫紮亞丹亞·維托夫卡·托卡列夫（SVT 38）步槍取代。這種步槍最初沒有利用AVS 36步槍的設計。這種步槍和AVS 36步槍一樣都屬氣動操作的武器。為了減輕重量，它的機械設置過於細小，其重力和張力都經不起長期使用。氣動操作系統和閉鎖裝置合併在一起，由一個凸輪向下將其安置在套筒座底部的凹槽內。事實證明這種設計基本上是合理的，但是由於部件容易破裂，所以常會引起麻煩。1940年，SVT 38步槍的生產被迫停止，被性能較好的SVT 40步槍取代。SVT40步槍保留了SVT 38步槍的基本機械裝置，但許多部件都非常結實耐用。

繼續存在的問題

即使如此，SVT 40步槍產生的後坐力和槍口衝擊波都很大。為了彌補這些缺陷，SVT 40安裝了槍口制動器。最初的槍口制動器有6個槍眼，後來改為2個。這種制動器的效果如何，令人懷疑。為了最有效地利用SVT 40步槍，這種步槍一般只裝備給軍士或那些訓練有素、能快速射擊、產生較好效果的士兵。有的SVT 40步槍上還安裝了望遠鏡，作為狙擊步槍使用。有一些則改進成AVT 40全自動步槍，但是這種改進型步槍並沒有獲得成功。另外還有一種卡賓槍型，由於存在嚴重的後坐力問題，常常引起事故，所以生產數量不大。

德國人的印象

當德國於1941年入侵蘇聯的時候，發現了SVT 38和SVT 40步槍。繳獲這些武器後，德軍馬上將它們利用起來，並分別命名為塞爾布茨拉德G258（r）步槍和塞爾布茨拉德G259（r）步槍。德國對這種步槍的氣動裝置進行了檢查，隨後將其設計方法應用於G43步槍中。

蘇聯直到戰爭結束時，還在生產AVT40步槍，而且從來都是供不應求。它對蘇聯未來的輕武器的發展產生了極其重要的影響，AK-47系列步槍就是在它的基礎上研製成功的。由於這種步槍在加強步兵火力上扮演着極為重要的角色，所以它還對蘇聯的步兵戰術產生了重大影響。德國後來生產的MP43步槍在東線的戰鬥中就強調了這一點。

上圖：處於防禦狀態中的蘇聯北方艦隊的海軍陸戰隊。或許他們正在摩爾曼斯克附近演習。圖中最近的士兵使用的是PPSH-41衝鋒槍，而其他士兵使用的是托卡列夫SVT 40步槍

上圖：SVT40步槍是蘇聯早期的自動步槍，通常只裝備給軍士和特等射手。它對後來的步槍產生了重大影響。德國的MP43步槍就借鑒了它的設計，蘇聯先進的AK-47系列步槍都是在它的基礎上研製出來的

規格說明

托卡列夫SVT 40步槍

口徑：7.62毫米

重量：3.89千克

槍全長：1222毫米

槍管長：625毫米

子彈初速：830米／秒

供彈：可裝10發子彈的盒式彈匣

莫辛‐納甘步槍

19世紀80年代末，俄羅斯決定用彈匣式步槍取代舊式的波丹步槍。它選擇了一種集兩種最優秀的設計於一體的設計方案。一種由比利時的納甘兄弟設計，另一種由俄羅斯的莫辛上尉設計。按照這種混合設計生產出來的步槍被稱爲莫辛‐納甘1891型步槍。直到在1917年的最後戰鬥中（第一次世界大戰期間），俄羅斯陸軍還在使用這種步槍。然後，新組建的蘇俄紅軍繼續使用1891型步槍，而且使用了許多年。

1891型步槍發射7.62毫米子彈。這種步槍的設計雖然合理，但並不突出。槍栓擊發設置相當複雜，並且供彈系統使用了支持設置。在彈簧張力的作用下，這個設置每次只能向槍栓內裝填一粒子彈。盡管這種步槍有點長，但總的來說，還是比較合理的。長長的插座式刺刀可以增加刺

殺距離，刺刀幾乎是這種步槍的永久性裝置。刺刀上有一個十字形的尖（螺絲刀），可以用它拆卸步槍。

米制單位的改進

最早的1891型步槍的射程是用"阿申"來表示的。1"阿申"（俄羅斯的舊時長度單位）相當於0.71米。但在1918年後，這種步槍的射程開始用米制單位計算。蘇聯於1930年實施了一項將武器現代化的計劃，所有生產的新式步槍都以1891/30型新式步槍爲標準。這種步槍和原型相比短了一些。爲了易於生產，有幾個地方作了改動。在第二次世界大戰期間，1891/30是紅軍的主要軍用步槍。

卡賓槍類型

莫辛‐納甘步槍中還生產出了卡賓槍型

號。最早的卡賓槍型號是1910型步槍，後來還有1938型步槍（相當於1891/30型）。1944年，又出現了一種1944型步槍，但是只有1938型步槍才安裝了永久性固定式折疊刺刀。

芬蘭人也使用莫辛‐納甘步槍（m/27步槍，比1891型步槍短；m/28/30步槍的射程各有不同，m/39步槍帶有槍托；波蘭人還生產了卡賓槍型的wz91/98/25步槍），並且德國人也把他們從蘇聯人手中繳獲的這種步槍裝備給駐守在要塞的二線部隊和民兵。德國把1891/30步槍命名爲Gewehr254（r）步槍。到1945年時，有的1891型步槍甚至還被德國命名爲Gewehr252（r）步槍。

第二次世界大戰之後，隨着自動步槍的出現，蘇聯紅軍不久就淘汰了剩下的莫辛和納甘步槍。

規格説明	
1891／30型步槍	**1938型卡賓槍**
口徑：7.62毫米	口徑：7.62毫米
重量：4千克	重量：3.47千克
槍全長：1232毫米	槍全長：1016毫米
槍管長：729毫米	槍管長：508毫米
子彈初速：811米／秒	子彈初速：766米／秒
彈匣：可裝5發子彈的盒式彈匣	彈匣：可裝5發子彈的盒式彈匣

右圖：圖中爲1940年蘇芬"冬季戰爭"中的紅軍士兵。他手持的步槍就是莫辛‐納甘1930型步槍。其長度有點像過去俄羅斯龍騎兵使用的步槍

No.4 Mk I 步槍

　　儘管恩菲爾德No.1 Mk III步槍在整個第一次世界大戰期間表現不凡，但是由於這種步槍都是由手工製作的，所以造價昂貴，而且耗費時間較長。在1919年後的幾年裏，英國爲了大規模生產的需要，對它的基本設計進行了改進，並在1931年經過一系列試驗後，生產出了No.1 Mk VI步槍。這種步槍比較適合作軍用步槍使用，當時由於缺少迅速投入生產的資金，所以這種步槍直到1939年11月才投入生產，生產出來的步槍被命名爲No.4 Mk I步槍。No.4 MK I步槍的問世標誌着步槍的大規模生產的開始，並且它和最初的No.1Mk III步槍在許多地方都有所區別：No.4Mk I步槍的槍管較重，這樣可提高射擊的精度；槍口從前置式槍托處向前突出，非常容易和其他步槍分別出來；瞄準具向後移到了套筒座的上面，這樣更易於使用。另外，它有一個用於遠距離瞄準的底座，可以幫助提高射擊的精度。

不受歡迎的刺刀

　　No.4 Mk I步槍還有許多小的變化，大多都是爲利於生產而設計的。但是，對於士兵們來說最大的變化莫過於它的槍口了。不同之處是它的刺刀變了，這種新式刺刀非常簡單，很輕，呈錐形，沒有槍把或類似設置，所以前線士兵不怎麼喜歡它。但由於它設計簡單，易於生產，所以一直被使用了許多年。

和No.1步槍共存

　　第一批No.4 Mk I步槍於1940年下半年裝備英國部隊，並且隨後成爲No.1 Mk III步槍的替代性步槍。但是，在第二次世界大戰期間，No.1 Mk III步槍從來沒有全部被取代。其中原因不是生產能力不夠，而是No.4 Mk I步槍的生產數量實在驚人，整個英國，甚至還有美國的輕武器公司都生產這種步槍。這些"美國"步槍都是在朗布蘭奇的史蒂文斯-薩維奇兵工廠製造的，其產品被命名爲No.4 Mk I*步槍。它們和英國的No.4 Mk I步槍有所不同，前者的槍栓可以取下來進行清潔。這些"美國"槍和英國的No.4 Mk I步槍還有一些小的區別，主要是爲了適應美國的車間和按照美

國的加工方法更易於生產製造。

　　作爲軍用步槍，事實證明No.4 Mk I步槍是一種非常優秀的武器，以至於目前許多人都認爲，在槍栓擊發設置時代，它是所有軍用步槍中最優秀的步槍之一。能夠在最嚴酷的環境下操作，並且能長時間地精確射擊。拆卸和清理也非常方便。槍托套裏裝有槍膛擦拭布、油瓶和著名的"四除二"清潔布。

　　另外，No.4步槍中還有一種特殊的狙

上圖：在1943—1944年卡西諾戰役中，新西蘭步兵攜帶裝有固定刺刀的No.1步槍沖進樓房

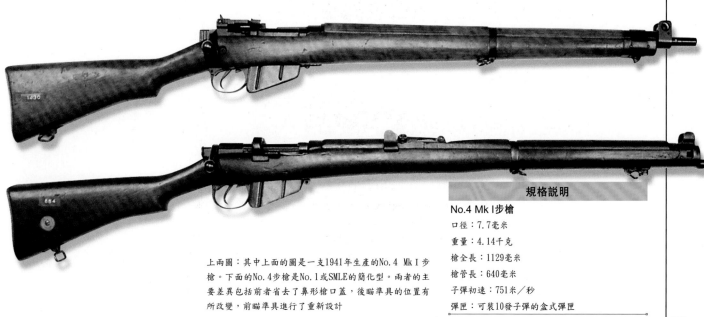

上兩圖：其中上面的圖是一支1941年生產的No.4 Mk I步槍。下面的No.4步槍是No.1或SMLE的簡化型。兩者的主要差異包括前者省去了鼻形槍口蓋，後瞄準具的位置有所改變，前瞄準具進行了重新設計

規格説明	
No.4 Mk I步槍	
口徑：7.7毫米	
重量：4.14千克	
槍全長：1129毫米	
槍管長：640毫米	
子彈初速：751米／秒	
彈匣：可裝10發子彈的盒式彈匣	

擊型步槍。這種步槍的套筒座上安裝有各種類型的望遠鏡和特殊的槍托托板。這種步槍通常從剛生產出來的步槍中挑選出來，然後在使用前進行重新加工，重新安裝槍托。這種狙擊步槍被命名為No.4MKI（T）步槍。

目前，世界上仍在使用的No.4 Mk I步槍已經不多了。其中許多都經過了改進，槍管換成了新式的7.62毫米槍管，有的則被改裝為比賽或打獵專用步槍。

上圖：英軍廓爾喀兵團的士兵在緬甸的叢林中發動襲擊前聽一名軍官介紹情況。他們攜帶的就是No.4步槍。相對於身材矮小的廓爾喀人來說，這種步槍顯得有點大，在叢林戰中使用時有些笨拙，不太方便

上圖：在法國卡昂地區的諾曼底市的廢墟中，英國步兵必須加倍小心，他們可能成為狙擊手的目標。圖中英軍士兵攜帶的就是No.4步槍

No.5 Mk I 步槍

到1943年的時候，戰鬥在緬甸叢林和其他遠東地區的英國和英聯邦的軍隊開始對又長又笨重的No.1和No.4恩菲爾德步槍的適應能力提出了質疑。1944年9月，英國批准生產新式的No.5 Mk I步槍。和No.4Mk I步槍相比，除了槍管、槍托和瞄準具作了改進外，其他完全一樣。No.5 Mk I步槍的槍管縮短了，並且為了適應新的槍管，它的前置式槍托也進行了改進。這種短槍管步槍的瞄準具經過改進可以發現射程內的目標。

消焰罩

另外還有兩處和它的短槍管有關的改動：一個是圓錐形的槍口附加裝置，這個裝置起到了消焰罩的作用；另一個是槍托處的橡皮視墊。介紹這兩個裝置的原因是槍管縮短會帶來兩個有害的後果：短槍管

規格說明
No.5 Mk I步槍
口徑：7.7毫米
重量：3.25千克
槍全長：1003毫米
槍管長：476毫米
子彈初速：大約730米／秒
彈匣：可裝10發子彈的盒式彈匣

的步槍發射正常的步槍子彈時，槍口會產生強烈的閃光，還會產生強大的後坐力。正規長度的步槍槍管在射擊時所產生的閃光大部分都被限制在槍管內部，後坐力也是如此。而短槍管在射擊後，子彈離開槍口時產生的大多數推進氣體都沒有被利用起來，因此，會相應增加後坐力向後的衝力。

令人缺乏熱情的步槍

戰士們不喜歡這種新式步槍，但他們不得不承認，在叢林戰中，No.5Mk I步槍攜帶和使用起來非常方便。他們還對這種步槍的葉片狀刺刀讚不絕口。這種刺刀可以安裝在槍口下的凸棱上。事實上，1944年，這種步槍的第一次生產訂單數量就達到了100000支。儘管存在槍口閃光和後坐力的問題，許多人都認為在第二次世界大戰後的幾年內，這種步槍將成為標準的軍用步槍，但事實並非如此。

No.5 Mk I步槍存在一個與生俱來的問題，人們發現如此不精確的武器，即使

經過長時間的零位調整，它的精度也會逐漸偏離，最後竟然會完全消失。英國使用了所有的改進方法，但該問題從沒有得到根除，並且其真正的原因也從未被找到。這樣，No.5步槍就無法成為標準的軍用步槍，而No.4步槍則保留下來。到20世紀50年代，英國把比利時的FN步槍作為軍用步槍。英國保留了大多數No.5步槍，供在遠東和非洲執行任務的專業人員使用。在這些地區，有些國家的軍隊仍在使用這種步槍。

右圖：專門為叢林戰而研製的No.5步槍。由於其後坐力太大，所以取得的成就受到了限制。在第二次世界大戰末期，英國軍隊在肯尼亞和馬來西亞（如圖）都使用過這種步槍

7.62 毫米 1903 型步槍

1903年，美國陸軍決定在毛瑟步槍的基礎上研製一種新式步槍來取代它正在使用的克拉格-約根森步槍。這種步槍的正式名字是口徑為7.62毫米的1903型美國彈匣式步槍（或M1903步槍）。這種步槍最先由著名的斯普林菲爾德兵工廠生產，後來幾乎成了斯普林菲爾德步槍的專有名詞。這種步槍供步兵和騎兵使用，所以和同時期的大部分步槍相比，要短一些，但是其設計極為合理，富有魅力。不久，事實證明它的確是一種優秀的軍用步槍。

改進彈藥

M1903步槍投入生產後不久，一種較新的"尖頭"式子彈取代了原來的"扁頭"式子彈。這種尖頭式子彈（稱為7.62毫米子彈）目前和1906年生產的口徑為7.62毫米子彈的稱呼一樣。它作為美國軍用步槍的標準子彈使用了許多年。在整個

第一次世界大戰期間，美軍一直在使用M1903步槍。1929年，經過改進，這種步槍變成了M1903A1標準步槍。為了提高瞄準能力，增加了手槍槍把。M1903A2步槍是作為小口徑武器生產的，為了節省訓練費用，還作了一些改動。

1941年，當美國參加第二次世界大戰的時候，新式的M1伽蘭德步槍還沒有按要求大批量生產出來，所以M1903步槍又大規模恢復了生產。不過，這一次生產出來的步槍被命名為M1903A3步槍。這種步槍經過改進後，能夠適應大規模的生產方法，而且製造精良。一些部件使用了衝壓製品，原來的加工製品被取代。而且它的瞄準具從槍管的上面移到了槍栓擊發設置的上面。

狙擊型

其他類型的軍用步槍是M1903A4步

槍。這是一種專用狙擊步槍。它裝有一個"維瓦"望遠鏡，而沒有常規的"烙鐵"瞄準具。在20世紀50年代的朝鮮戰爭中，美軍仍在使用M1903A4步槍。

1940年，這種步槍被運到英國，裝備英國的國土警衛隊。為了滿足英國的訂單，有的類型甚至重新投入生產。美國參戰後，美國接過了訂單，轉而供美國軍隊使用。第二次世界大戰期間，幾個盟國的軍隊也使用M1903步槍。在1944年6月的進攻日，在諾曼底登陸的美國軍隊裝備的仍是斯普林菲爾德步槍。

M1903步槍及其改進型在今天一些小國的軍隊中仍然能夠看到，但多數都被當作射擊或打獵專用步槍保留下來。M1903斯普林菲爾德步槍仍被視為經典步槍之一。即使在今天，操作這種步槍進行射擊都是一種享受。目前，出於各種原因，許多M1903步槍被武器愛好者收藏。

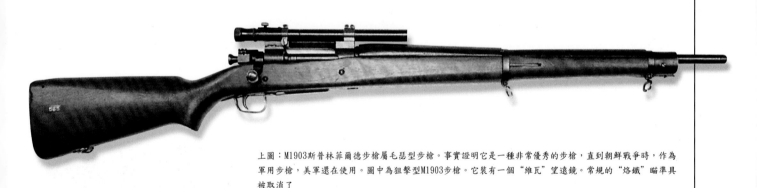

上圖：M1903斯普林菲爾德步槍屬毛瑟型步槍。事實證明它是一種非常優秀的步槍，直到朝鮮戰爭時，作為軍用步槍，美軍還在使用。圖中為狙擊型M1903步槍。它裝有一個"維瓦"望遠鏡。常規的"烙鐵"瞄準具被取消了

規格說明
M1903A1步槍
口徑：7.62毫米
重量：4.1千克
槍全長：1105毫米
槍管長：610毫米
子彈初速：855米／秒
彈匣：可裝5發子彈的盒式彈匣

左圖：M1903步槍的精確性使它成為神槍手最喜愛使用的步槍。使用這種步槍單發瞄準射擊，幾乎是百發百中。這種步槍使用小型盒式彈匣，可裝5發子彈

7.62 毫米 M1（伽蘭德）步槍

大名鼎鼎的“伽蘭德”步槍——口徑為7.62毫米的M1步槍是美國最早接受的軍用自動步槍。美軍於1932年開始使用這種步槍。但進入軍隊之前，明顯有一個時間差。其原因是：按照設計要求，它的製造過程比較複雜，所以需要時間來準備機床等生產設備。它的發明者是約翰·C.伽蘭德。伽蘭德花費了大量時間才把這種槍研制成功。這種步槍投入生產後，馬上就獲得了巨大利潤。人們發現這種槍幾乎無須任何改動。最後生產的M1步槍和最早生產的M1步槍相差無幾。

聲名顯赫的步槍

如上所說，M1是一種製程序複雜、造價昂貴的武器。很大程度上是因為它的大多數零部件需要大量加工。從整體上看，伽蘭德步槍非常結實，並且在使用時也證明它極其耐用。然而，和其他使用槍栓擊發裝置的步槍相比，這種步槍比較重。

M1步槍是氣動操作的武器，所以氣體從槍口附近流出，向後驅動活塞，活塞通過開鎖循環系統來驅動操作系統，最後帶動槍栓。當槍栓機械裝置向後部運動時空彈殼被擠出，再被彈出槍外；直到主彈簧再次被阻止，然後向前驅動，新的一發子彈被送入彈膛；當子彈進入彈膛前部之前，彈膛被再次鎖定。這樣，當射手再次射擊時，只需扣動扳機即可發射。

美國於1941年12月初參加第二次世界大戰時，大多數美國正規部隊都裝備了M1步槍。然而，由於美軍人數迅速擴充，M1步槍的加工程序複雜，所以要想在短期內源源不斷地從生產線上製造出M1步槍是不可能的。這就意味着M1903斯普林菲爾德步槍不得不重新投入生產。而M1步槍的製造速度也逐步快了起來，到第二次世界大戰末期，美國大約生產了550萬支M1步槍。甚至在20世紀50年代初的朝鮮戰爭期間，美國又恢復了這種步槍的生產。

真正的戰爭贏家

對於美國部隊來說，M1伽蘭德步槍是戰爭中克敵制勝的法寶。它結構堅固，士兵們對它充滿了敬意。但是在作戰中，它有一個重大缺陷，那就是它的供彈系統。首先，彈藥用一個8發子彈的彈夾裝入步槍。它的裝填系統是這樣安排的：可以裝滿8發子彈，也可以一發不裝。其次，當最後一發子彈發射出去後，從套筒座中彈出空彈夾會發出尖銳的聲音。這等於告訴附近的敵人，射手使用的步槍子彈已經打光。這個問題從M1步槍問世開始到1957年都沒有解決。1957年後，美國陸軍使用的M14步槍完全是M1的再版，不過它的彈藥容量增加了。

另外，美國還生產出許多M1步槍的派生類型，但很少有像M1基本型步槍那樣用途廣泛的類型。有兩種特殊型號——M1C和M1D狙擊步槍。1944年，這兩種步槍生產了一定數量，並且都安裝了可以當作槍口消焰罩和槍托托板使用的附加設置。

德國使用的M1步槍

每當繳獲到M1步槍，德國人都會將其利用起來。德國把M1步槍命名為塞爾布斯拉德G251（a）步槍，並且日本人也生產了M1步槍的仿製品——口徑為7.7毫米的5式步槍。不過到戰爭結束時，日本人才完成這種步槍的定型。

戰後，M1步槍作為美國的標準軍用步槍又被使用了許多年，並且有些M1步槍還裝備了國民警衛隊和其他類似的部隊，直到最近幾年才停止使用。目前有幾個國家仍在使用M1步槍。許多國家的設計人員都以M1步槍為基礎設計出他們自己的步槍。意大利的貝瑞塔步槍就使用了伽蘭德步槍的系統，美國的5.56毫米盧格“迷你”14步槍亦是如此。

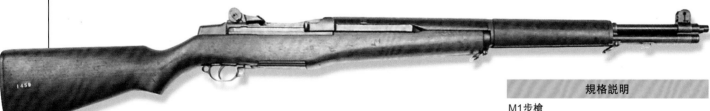

上圖：伽蘭德步槍是美軍最早使用的標準軍用自動步槍。它結構牢固，結實耐用。氣動操作的M1步槍和它的前任——使用槍栓裝置的M1903斯普林菲爾德步槍相比重了一些

規格説明

M1步槍

口徑：7.62毫米

重量：4.313千克

槍全長：1107毫米

槍管長：609毫米

子彈初速：855米／秒

彈匣：可裝8發子彈的盒式彈匣

上圖：一名美軍步槍手在沖繩戰役中冒着日軍的射擊快速衝向一個彈坑。在對付使用槍栓擊發設置的步槍的日軍時，美軍使用伽蘭德自動步槍，在子彈的射速上佔有優勢

上圖：1944年末和1945年初，美國第4裝甲師向巴斯東市迅速挺進，解救被德軍包圍的美軍第101空降師。圖中為在阿登戰役中的美國第4裝甲師的士兵。他們使用的是伽蘭德步槍

7.62 毫米 M1/M1A1/M2/M3 卡賓槍

二線部隊和機關槍射手之類的專業人員傳統上裝備的個人武器都是手槍。然而，在1940年，美國陸軍考察過這些部隊人員的裝備後，決定為他們裝備一種卡賓槍式武器。這種武器易於操作，而且在他們經常使用的車輛中不會佔用太大的空間。

經過競爭，幾家製造商遞交了他們的有關這種武器的設計方案。這種武器一旦選中，就有可能獲得大批量的訂單，從中獲得豐厚的利潤。最後，溫徹斯特公司提出的設計方案勝出。這就是標準口徑為7.62毫米的M1軍用卡賓槍。

中等威力

M1卡賓槍使用了與眾不同的氣動操作系統，發射一種特殊的子彈。這種子彈的威力中等，介於手槍子彈和步槍子彈之間。

該系統是這樣操作的：從槍管內部噴出的推進氣體，通過一個非常小的洞眼進入密閉的汽缸；然後撞擊活塞狀操作滑座的頂部，滑座向後運動，啟動槍栓開鎖程序，擠出空彈殼，壓縮複進彈簧，新的一

上圖：M1輕型卡賓槍最初由溫徹斯特公司生產。後來有10多家公司都進行了生產。其生產數量超過了600萬支

規格説明
M1卡賓槍
口徑：7.62毫米
重量：2.36千克
槍全長：904毫米
槍管長：457毫米
子彈初速：600米／秒
彈匣：可15或30發子彈的盒式彈匣

顆子彈進入彈膛。最後，槍栓被再次鎖定。M1卡賓槍一裝備部隊就受到士兵們的歡迎。由於這種武器輕巧、易於操作，以至於出現了這樣的情況：這種新式武器迅速從理應裝備這種卡賓槍的二線部隊擴展到前線部隊的軍官和武器分隊手中。

爲了加快向部隊發放M1卡賓槍的速度，M1卡賓槍被製造成一種可以單發射擊的武器。並且還有一種專門供空降部隊使用的特別型號的M1A1卡賓槍。這種卡賓槍的槍托可以折疊。

在第二次世界大戰後期，一種能夠增強自動射擊能力的新式卡賓槍M2問世了。M2卡賓槍的射速大約是每分鐘750~775發子彈。它使用彎曲狀盒式彈匣。這種彈匣可裝30發子彈。M1卡賓槍也可以使用這種彈匣。

M3是一個特殊的夜戰型卡賓槍，大約生產了2100支。它是M1卡賓槍系列的一種，由於當時戰爭已近尾聲，所以未能批量生產。整個M1系列武器到戰爭結束時已經生產了633萬支，成爲整個第二次世界大戰期間武器系列中生產數量最龐大的單兵武器。

儘管M1系列卡賓槍輕巧、易於操作，但它有一個主要缺陷，那就是按照原來的設計而使用的步槍子彈。這種子彈的威力僅屬中等，缺少阻擋性威力，甚至在近戰中也是如此。另外，它的射程有限，有效射程只有100米左右。當然，所有這些缺陷都被它的輕巧抵消了。M1及其派生卡賓槍在車輛或飛機上易於裝運；帶有折疊式槍托的M1A1卡賓槍甚至比M1卡賓槍還要小。這種武器使用時非常舒適。在第二次世界大戰後期的歐洲戰場上，德軍非常喜愛從盟軍手中繳獲的M1A1卡賓槍，並將其命名爲塞爾布斯拉德·卡拉貝納爾455（a）卡賓槍。

快速消失

雖然經過了大規模生產，並且戰爭中也獲得了巨大成功，但是，目前世界上卻沒有哪個國家的軍隊使用這種武器。不過，許多國家的警察仍在使用這種武器。

其中的原因主要是它使用中等威力的子彈，與使用大威力的子彈相比，可以盡可能減少對行人或其他人員造成的間接傷亡，尤其在城市戰中更是如此。最典型的使用者當數英國在北愛爾蘭的皇家警察。他們使用M1卡賓槍的主要目的是爲了對付愛爾蘭共和軍中極端的分離主義分子及其對手——反對愛爾蘭獨立的極端分子。這些恐怖分子經常使用威力更大的阿瑪萊特步槍。

關於M1卡賓槍還有一個小小的插曲：目前的M1卡賓槍使用的中等威力的子彈極其缺乏。雖然在戰爭年代，這種子彈的生產數量多得難以計算，但現在這種子彈極少被使用，並且其他類型的步槍也極少使用這種子彈。

下圖：在太平洋戰場上，美國海軍陸戰隊的一名機關槍組士兵右手握的就是M1卡賓槍，左手握的是勃朗寧7.62毫米機關槍使用的子彈帶。他在等待同伴投擲手榴彈

上圖：在水上或叢林中行軍比較困難，前線士兵馬上發現M1卡賓槍和步槍相比更輕巧、更易於操作。圖中爲美國海軍陸戰隊前線部隊剛剛得到M1卡賓槍時的情景

賽特邁 58 型突擊步槍

賽特邁58型突擊步槍的歷史悠久，可以追溯到德國第二次世界大戰時的StG45步槍。毛瑟公司的設計人員試圖生產出一種造價低廉的突擊步槍。這種步槍使用了一種新奇的系統——在射擊的瞬間，使用滾筒和凸輪將槍栓鎖定。第二次世界大戰結束後，StG45步槍設計組的核心人員轉移到西班牙，在位於馬德里郊外的賽特邁公司的支持下成立了一個設計小組。

隨着賽特邁公司的滾筒閉鎖系統的逐步完善，一種新的突擊步槍即將問世。這種新式突擊步槍和StG45步槍乍看上去沒有什麼區別，但最初想節省費用的目的卻達到了。賽特邁公司生產的突擊步槍是用劣質鋼和鋼板及衝壓品製成的。這種步槍具有自動射擊能力。從整體上看，這種武器設計簡單，製作標準不高。

初期德國銷售

1956年，在第一批賽特邁公司生產的突擊步槍運到聯邦德國銷售之前，這種步槍僅生產了400支。德國人決定對這種步槍進行一些改進，以滿足他們的需要。在簽訂一系列的許可證生產協議（賽特邁公司允許在丹麥和德國的赫克勒和科赫有限公司生產）之後，賽特邁步槍就變成了赫克勒和科赫有限公司的G3步槍。西班牙從這筆交易中幾乎未撈到任何好處。

1958年，西班牙陸軍決定使用一種B型的賽特邁步槍。這種步槍就是58型步槍。這種步槍使用一種特殊的子彈。這種子彈從外表上看和北約的7.62毫米標準子彈一模一樣，但是重量更輕，使用的是推進劑火藥。這樣，這種步槍射擊就變得更加容易（減小了後坐力）。不過這也使這種子彈的標準和北約其他國家使用的子彈標準相距更遠。在1964年，西班牙決定使用北約的標準子彈，不再使用它自己的威力較小的子彈，並且對它使用的步槍也進行了改進。改進後的西班牙步槍能夠發射北約的標準步槍子彈，被稱為C型步槍。

58型步槍自生產以來生產了多種型號，有的帶有雙腳架，有的帶有半自動機械設置，有的帶有折疊式槍托，有的上面還裝有望遠鏡。最新式的型號是L型步槍。這種步槍可以發射5.56毫米子彈，但最基本的58型步槍仍由賽特邁公司生產。

上圖：在第二次世界大戰後，曾研製出德國StG45步槍的毛瑟公司的核心人員逃到了西班牙。在西班牙的庇護下，他們在StG45步槍的基礎上，研製出一種新式的突擊步槍——58型突擊步槍。58型突擊步槍是用低劣的鋼材製成。製作的側重點放在了低廉的造價和可靠的性能方面，而對槍的外貌考慮不多

上圖：1958年，西班牙陸軍把賽特邁步槍確定為該國的標準軍用步槍。最初訂購的是可以發射獨特口徑——7.62毫米子彈的賽特邁B型步槍。這種子彈的重量較輕。1964年，西班牙決定使用北約的威力更大的7.62毫米子彈。賽特邁公司對B型步槍經過適當改進後，又製造出C型步槍

規格説明
C型步槍
口徑：7.62毫米
重量：4.49千克
槍全長：1016毫米
槍管長：450毫米
子彈初速：780米／秒
射速：600發子彈／分鐘
供彈：可裝20發子彈的垂直狀盒式彈匣

瑞士工業集團的突擊步槍

瑞士在突擊步槍的研製方面發展相當緩慢，但一旦研製成功，卻一鳴驚人。瑞士最初的突擊步槍是StUG57步槍。這種步槍槍使用了最先由西班牙賽特邁步槍使用的延遲式後坐力滾筒閉鎖系統。該型步槍由瑞士工業集團生產，使用了賽特邁步槍的凹槽式彈膛，發射瑞士陸軍的7.5毫米步槍子彈。

一流的操作

剛看到StUG57突擊步槍時，會感到這種步槍模樣古怪和笨拙。但是使用起來感覺極佳。瑞士工業集團一貫的高標準製作使這種步槍非常易於操作。瑞士士兵非常喜歡它的雙腳架和榴彈發射器。由於瑞士政府限制這種步槍的子彈向外銷售，所以

瑞士工業集團就研製出了可以發射國際上通用子彈的SG510系列步槍。從許多方面看，SG510步槍和StUG57步槍非常類似。它的製作工藝極為精緻。這意味着，獲得這種步槍是各國士兵的最大夢想。這種步槍價格昂貴，所以銷售量很小。瑞士陸軍訂購了一部分，有些則被出售到非洲和南美的一些國家。

多種類型

瑞士工業集團的設計人員沒有想到這種步槍會生產出好多種型號。最早的一種是SG510-1步槍。這種步槍發射北約的7.62毫米子彈。SG510-2步槍比SG510-1步槍輕。SG510-3步槍是為了發射蘇聯AK-47突擊步槍使用的7.62毫米（小型）子彈而生

產的。SG510-4步槍是突擊步槍，可以發射北約另外一種口徑為7.62毫米的子彈。另外，還有一種僅能單發射擊的運動型SG-AMT步槍。瑞士的射擊愛好者購買了大量的SG-AMT步槍。

SG510-3步槍和SG510-4步槍有一些額外的附加設置。一是它們的彈匣上有可以顯示彈匣內剩餘子彈數量的指示器，二是折疊式多季使用型扳機。這兩種步槍不僅保留了原有的雙腳架（可以向上折疊到槍管的上面），而且都安裝了可用於夜間使用的和狙擊時使用的光學瞄準具。

今天仍有許多StuG57步槍和SG510步槍懸掛在瑞士陸軍預備役士兵家的牆上。玻利維亞和智利的軍隊仍在使用SG510步槍。

右圖：瑞士工業集團生產的StUG57突擊步槍是第二次世界大戰後最與眾不同的步槍之一。這種步槍使用固定槍栓和可移動槍管，從整體上減少了槍的長度。這種步槍在操作中存在的缺陷是有時會因為彈膛過熱發生爆炸或走火。另外，這種步槍還容易出現卡殼

規格説明

SG510-4步槍

口徑：7.62毫米

重量：4.45千克

槍全長：1016毫米

槍管長：505毫米

子彈初速：790米／秒

射速：600發子彈／分鐘

供彈：可裝20發子彈的盒式彈匣

貝瑞塔 BM59 步槍

1945年，貝瑞塔公司獲得了為意大利軍隊生產美國M1伽蘭德半自動步槍的許可證。到1961年的時候，該公司大約生產了100000支，其中有一部分出口到丹麥和印度尼西亞。由於這些步槍只能發射美國在第二次世界大戰時期的7.62毫米子彈，北約標準口徑——7.62毫米子彈的出現意味着這些步槍將被另一種步槍取代。對意大利軍隊使用的伽蘭德步槍的口徑的重新設計意味着意大利在步槍設計方面已經落後了許多年。

"改進型"伽蘭德

在1961年之前，意大利一直在考慮對基本型號的伽蘭德步槍進行改進，在盡可能保留原有機械原理的基礎上，生產出具有選擇射擊功能的步槍。改進後的步槍被命名為貝瑞塔BM59步槍。它使用了伽蘭德步槍的核心設置，但改進後可以根據需要選擇所需要的射擊方式。它使用北約的7.62毫米的標準子彈。它使用的新式彈匣為分離式盒式彈匣，可裝20發子彈。只能裝8發子彈的老式盒式彈匣被淘汰。雖然BM59步槍的其他設置也有輕微改動，但基本上仍以伽蘭德步槍的設置為主。

特殊地位的類型

幾乎在BM59步槍投入生產的同時，不同類型的BM59步槍出現了。它的基本型號是BM59 Mk 1，主要供意大利陸軍使用；然後是BM59 Mk 2。這種步槍帶有一個手槍槍把和輕型雙腳架。接下來的兩個種類完全相同：BM59 Mk 3 "帕拉庫迪斯蒂"步槍和BM59 Mk 3 "阿爾皮尼"步槍。前者供空降部隊使用，槍口有移動式榴彈發射器；後者供山地部隊使用，有固定式榴彈發射器。這兩種步槍都有折疊式槍托和輕型雙腳架。而BM59 Mk 4步槍出現的時候，雙腳架變得更加堅固和結實。因為這種步槍是作為班火力支援武器而研制的，帶有較重的槍管和槍托帶。射擊時，使用槍托帶有助於提供支援火力。

事實證明，BM59步槍的改進非常成功。目前意大利軍隊仍在使用這種步槍。摩洛哥和印度尼西亞獲得生產許可證後也開始生產這種步槍。儘管為此（西非）爆發了比夫拉戰爭，但尼日利亞仍在考慮生產這種步槍。

BM59步槍和其他同時代的步槍相比有兩大缺陷：一是它太重，二是在製造時加工程序繁瑣。但總的來說，它牢固結實，性能可靠。目前仍有一些國家的軍隊使用這種步槍。

規格說明

BM59 Mk 1步槍

口徑：7.62毫米

重量：4.6千克（未裝彈）

槍全長：1095毫米

槍管長：490毫米

子彈初速：823米／秒

射速：750發子彈／分鐘

供彈：可裝20發子彈的彎曲狀彈匣

上圖：BM59步槍是以美國的M1伽蘭德自動步槍為基礎製造出來的。當北約使用7.62毫米×51毫米子彈時，貝瑞塔公司獲得了生產這種步槍的許可證。為了發射新式子彈，貝瑞塔公司對M1步槍的設計進行了改進

49型自動步槍

49型自動步槍是由比利時埃斯塔勒的國家武器製造廠製造的。這種步槍還有幾個名字：有人稱之爲"賽弗"步槍；還有人稱之爲SAFN步槍（FN賽弗自動步槍）；更多的人稱之爲ABL步槍（比利時"萊格里"步槍）。這種步槍的準確設計時間是在第二次世界大戰之前。但是，在戰爭爆發後，比利時暫時中斷了它的研製計劃。當和平再次到來的時候，比利時人開始重新設計。這種步槍是由比利時人D.J.賽弗設計的。1940年，當德國人侵佔比利時時，他逃到了英國。在戰爭期間，他一直在英國從事輕武器的設計。1945年，他把在戰前的設計提供給英國人，但是英國人經過試驗，又將其退還。

返回比利時

賽弗帶着這種新式步槍的設計回到比利時後，這種步槍就投入生產。製造商是FN公司。在20世紀40年代後期，FN公司生意興隆，新式步槍產銷兩旺，一派繁榮景象。

合理的設計

無論它的名字如何，從其設計的基本原理看，49型步槍屬氣動系統操作的自動步槍。槍栓的閉鎖裝置是靠套筒座側面內的凸輪運轉的；凸輪運轉後，槍栓向上翹起，瞬間進入鎖定位置。擊發設置極其堅固結實，能夠經得起有力的擊打。但是，這就意味着它的整個機械裝置必須用高質量的經過精加工的材料製成。

高質量的原料和精細的加工使這種步槍的造價極爲昂貴。1949年，49型步槍公開上市銷售，銷量之好令人吃驚，其中的部分原因是49型步槍擁有多種類型的口徑，從7毫米和7.65毫米（這兩種口徑都是歐洲大陸各國使用步槍的標準口徑）到7.92毫米（德國在第二次世界大戰期間控制的歐洲國家使用的步槍口徑）以及美國的7.62毫米。無論哪種口徑，49型步槍使用的都是大威力的步槍子彈。

49型步槍不僅在歐洲出售，而且還出口到南美洲的委內瑞拉和哥倫比亞，以及東南亞的印度尼西亞。這種步槍的最大買主是埃及。49型步槍在埃及使用了很長時間。

或許這些並不重要，ABL步槍所產生的最重要的影響莫過於它開啓了FN FAL步槍（"萊格里"自動步槍）設計的新時代。在隨後的幾十年裏，無論北約，還是世界其他地方，FN FAL步槍註定成爲世界上最重要的步槍之一。

規格説明

49型自動步槍

口徑：7毫米、7.65毫米、7.92毫米和7.62毫米

重量：4.31千克

槍全長：1116米

槍管長：590毫米

子彈初速：取決於所發射的子彈

供彈：可裝10發子彈的盒式彈匣

上圖：49型步槍是FN FAL步槍的鼻祖。這種步槍是由比利時的迪多恩·賽弗在第二次世界大戰爆發前設計的。德國侵佔比利時後，他逃到了英國。在英國期間，賽弗繼續研製他的新式步槍。戰後，49型步槍銷售到埃及和拉丁美洲

右圖：高標準製造的武器常會敗給造價低廉的武器，但是FN公司卻成功地把這種步槍銷售到許多國家。這種步槍擁有不同的口徑。這名埃及人攜帶的是口徑爲7.92毫米的mle 49步槍

EM-2 突擊步槍

EM-2步槍的故事確實是政治考慮優先於軍事需要的實例之一，儘管它屬優秀步槍之列，但未能爲軍方接受。

英國陸軍在第二次世界大戰期間經受了慘痛的教訓。其中之一就是它曾引以爲榮的口徑爲7.7毫米的使用無煙火藥的威力極大的子彈已經落伍。無煙火藥已經被能量更高的推進劑超越。1945年後，英國陸軍倡議進行一系列試驗，從中找出性能更好的步槍。英國希望使用這種步槍來發射7.2毫米（實際爲7毫米）的短殼子彈。這種步槍開始時被稱爲EM-1步槍，但是由於英國人認爲這種設計過於複雜，所以並沒有完全研製出來。

無托結構

隨後，一個新的設計小組提出了EM-2步槍（恩菲爾德2型步槍）的設計。從當時的情況看，EM-2步槍是個新鮮貨，因爲它採用了無托結構，彈匣位於扳機組件的後部。這樣在不減少槍管長度的情況下，就可以製造出短小的便於操作的步槍。它的套筒座位於槍托內部。它使用了氣動系統操作原理，從密閉式彈膛發射子彈。它還使用了可選擇發射方式的機械裝置，安裝了全新的固定式光學瞄準具。

試驗證明，EM-2步槍的性能極其穩定。1951年，英國宣佈EM-2步槍即將被陸軍選中，命名爲No.9 Mk I步槍，口徑爲7毫米。在政治介入之前，事情進展得一帆風順。但是美國認爲英國的子彈威力不夠大，而且剛剛成立不久的北約組織理應使用標準化的武器。爲此，北約盟國召開了一次會議，在會議上決定，在新式的北約子彈被選中之前，所有國家都不應該再研製新式的步槍和子彈。最後，美國的7.62毫米子彈被選中，成爲北約步槍使用的標準子彈。

如此一來，EM-2步槍無論怎樣改進都無法適應美國的威力更大的子彈，所以使用EM-2步槍的努力就付諸東流。英國陸軍只好採用比利時的FN FAL步槍。英國把這種步槍稱爲L1自動步槍。

EM-2步槍被保留了一段時間，作爲一種實驗工具來判斷子彈的優劣。儘管北約決定將其保留下來供實驗用，但最終英國的計劃還是停了下來。有一部分EM-2步槍的口徑重新進行了設計，以適應一些古怪的子彈（有的甚至能發射美國M1卡賓槍使用的7.62毫米低威力子彈）。那些未被銷毀的EM-2步槍逐漸被送到了博物館。今天，我們在博物館仍能看到它們，它們已經被看作"原應該成爲軍用步槍"之類的輕型武器，以此來吸引觀眾的好奇心。

上圖：第二次世界大戰後期，英國對突擊步槍寄予厚望。EM-2原應該成爲理想的突擊步槍，但由於對它的無托結構存在懷疑，又加上美國的反對（美國認爲它的口徑太小），所以英國的希望最後落空了

規格説明
EM－2突擊步槍
口徑：7毫米
重量：4.78千克（裝彈後連槍帶）
槍全長：889毫米；帶刺刀時長1092毫米
槍管長：622毫米
子彈初速：771米／秒
射速：600~650發子彈／分鐘
供彈：可裝20發子彈的盒式彈匣

薩蒙納比傑克特 · 普斯卡 vz 52 步槍

在第二次世界大戰結束後的幾年裏，捷克斯洛伐克是一個完全獨立的國家，其武器製造業也逐步恢復到戰前水平。第二次世界大戰前，捷克是歐洲武器製造業中的佼佼者。

第二次世界大戰

在第二次世界大戰期間，德國全面利用了捷克的武器製造業。捷克擁有經驗豐富的輕型武器設計人員和各種生產設施。在戰後初期階段，捷克最先研製的輕型武器是口徑爲7.62毫米的薩蒙納比傑克特·斯卡vz 52自動步槍（vz指vzor，模型的意思），這種步槍沿襲了第二次世界大戰後期德國自動步槍設計中的許多特點。

新式子彈

捷克從德國新式步槍中使用小型子彈的經驗中得到啓發，研製出供突擊步槍使用的新式小型子彈。德國作戰分析人員認爲，對多數步兵參加的戰鬥來講，精度達到千米或千米以上的標準步槍子彈的威力太大了。因爲步兵戰鬥的距離很少有超過300米的，甚至許多戰鬥發生在不到100米的距離內。隨後，德國步槍使用了威力較小的子彈。

捷克武器的特點

捷克和過去一樣繼續沿自己的設計道路前進。vz 52步槍設計獨特，絕非僅給槍栓增加一種附加的鎖定裝置而已。另外，這種步槍還帶有固定式刺刀。它使用的盒式彈匣可裝10發子彈。它的氣動操作設置使用了氣動活塞系統，捲繞在槍管周圍。扳機設置則沒有什麼革新，直接使用了美國M1（伽蘭德）步槍的扳機設置。

從整體上講，vz 52步槍相當重。但是由於射擊時產生的後坐力受到限制，所以射擊時就輕鬆多了；儘管vz 52步槍在很大程度上發揮了設計潛力，但在當時，這種設計的確太複雜了。

由於隨即又出現了其他性能更好的武器（如vz 58突擊步槍），所以捷克軍隊使用vz 52步槍的時間很短。vz 52退出捷克軍隊後，被出口到許多國家。

在華約內被迫轉型

vz 52步槍被取代時，捷克已經被蘇聯牢牢控制，成爲蘇聯的勢力範圍。捷克的口徑爲7.62毫米的vz 52步槍子彈和蘇聯的步槍子彈毫無共同之處，儘管兩國的步槍子彈都是從同一起跑線上開始研製的。爲了把東歐各國的軍隊控制在自己手中，蘇聯軍方非常重視在其控制的勢力範圍內的武器的標準化問題，所以捷克被迫放棄自己的子彈，轉而使用蘇聯的子彈。由於捷克的子彈和蘇聯的小型子彈相距甚遠，無法兼容。這就意味着vz 52步槍必須進行改進。改進後，使用蘇聯子彈的vz 52步槍被稱爲vz 52/57步槍。

出口的vz 52步槍

許多vz 52步槍被捷克封存起來。後來大多數都被出口到蘇聯和蘇聯在第三世界的盟友，主要是古巴和埃及。相當一部分vz 52步槍落到游擊隊手中。

上圖：雖然看上去很像戰時的標準步槍，但vz 52步槍的性能卻遠遠超過了戰時的標準步槍。事實上，它就是早期的突擊步槍。它使用威力較小的7.62毫米子彈

規格説明
vz 52步槍
口徑：7.62毫米
重量：4.281千克（裝彈前）； 4.5千克（裝彈後）
槍長：1003毫米（刺刀折疊後）； 長1204毫米（刺刀伸展後）
槍管長：523毫米
子彈初速：大約744米／秒
供彈：可裝10發子彈的盒式彈匣

49型軍用步槍（MAS 49步槍）

由聖安東尼武器製造公司設計的49型軍用步槍（MAS 49步槍）是第二次世界大戰後最早被軍隊採用的半自動步槍之一。雖然它使用了類似於MAS 36步槍的槍栓擊發設置，並且在研製時也沒有被當作自動步槍對待，但卻是一種全新的設計。它的重量超過了4.5千克，令人難以承受。但是，在20世紀50年代和60年代期間法國參加的印度支那（中南半島）和阿爾及利亞的戰爭中，事實證明，這種步槍堅固結實，使法軍受益匪淺。從1979年開始，法軍中的MAS 49步槍被FA MAS突擊步槍取代。

氣動操作

MAS 49步槍是根據20世紀初期的"直接衝擊操作系統"設計的，其原型源自20世紀20年代和30年代。1944年，德國人被趕出法國後，法國生產出了少量MAS 44步槍供軍隊試驗。MAS 49步槍是一種氣動系統操作的步槍，但沒有使用氣缸或活塞。根據這個系統，推進氣體從槍管中流出，然後被輸送到一根管子內，管子指向槍栓承載器的正面。氣體擴張後，承載器被迫向後移動。由於這種系統產生的污垢太多，所以許多步槍常避免使用這種系統，但MAS 49步槍卻沒有出現過什麼太大的問題。彈膛的鎖定方法和FN mle 49步槍的原理一樣，只需簡單地使閉鎖裝置向上翹起就可以鎖定彈膛。

新式彈匣

雖然MAS 49步槍源自MAS 44步槍，但兩者之間有許多不同的地方。前者使用了分離式盒式彈匣，而後者使用整體式盒式彈匣。這種新式彈匣可裝10發子彈，子彈打光時可以更換彈匣。在槍栓承載器的前面有拆卸器的彈夾指示桿，兩個分別裝有5發子彈的彈夾可以垂直地裝入彈匣。與眾不同的是，MAS 49步槍還安裝了完整的榴彈發射器，在槍的左側安裝了固定瞄準具。

1956年，MAS 49步槍經改進後變成了MAS 49/56步槍。後來這種步槍被FA MAS突擊步槍取代。MAS 49/56步槍和早期的MAS 49步槍非常易於區別：它的前置式槍托更短，槍管的前準星突起，槍口制動器和榴彈發射器合二為一。槍全長減少了99毫米；槍管長減少了60毫米；錐形的刺刀帶有附加裝置。MAS 49/56步槍和MAS 49步槍共同的地方有：MAS 49/56步槍套筒座的左側有一個突起的橫桿，上面裝有可放大3.85倍的APX L mle 1953望遠鏡。它們的標準射程是1200米。在前置式槍托的鑲邊處有一個帶蓋罩的前瞄準具；套筒座上面有一個（後）覘孔瞄準具。

過時的子彈

法國不合時宜地使用了過時的7.5毫米×54毫米mle 1929子彈，而且能發射北約7.62毫米標準子彈的MAS 49/56突擊步槍非常少，並且，法國也沒有對MAS 49/56突擊步槍進行實驗性改進。雖然法國還生產了穿甲彈，但事實證明這種子彈根本不能適應MAS 49/56突擊步槍的槍管。

上圖：MAS 49/56自動步槍是氣動系統操作的武器。在FA MAS突擊步槍出現之前，它一直是法國的標準軍用步槍。在西方盟國中，MAS 49/56是最早成為軍用步槍的半自動步槍

規格説明
MAS 49/56步槍
口徑：7.5毫米
重量：3.9千克（裝彈前）； 　　　4.34千克（裝彈後）
槍全長：1010毫米
槍管長：521毫米
子彈初速：817米／秒
供彈：可裝10發子彈的盒式彈匣

上圖：圖中為手持MAT 49衝鋒槍（左）和MAS 49/56步槍（右）的法國第2軍團士兵。這種步槍發射標準的7.5毫米×54毫米"鮑爾"子彈。另外，它還能發射穿甲彈和曳光彈

上圖：在法國前殖民地的某國內，法國士兵謹慎地靠近一名"自由戰士"。法軍士兵的MAS 49/56步槍正指向這名男子

M14 步槍

在20世紀50年代末和60年代初，美國使用的標準軍用步槍是M14步槍。早在20世紀50年代，美國就簡單地研製出了這種步槍的原型。當美國軍方領導人完全把美國的7.62毫米子彈強加給北約盟國的時候，美國不得不加快研製步伐，以找到能發射這種子彈的新式步槍（M14步槍）。

美國綜合了各方面的考慮才決定對現有的M1"伽蘭德"步槍進行改進，並且增加了一個選擇發射方式的機械裝置。不幸的是，事實證明這些革新很難實現，因為M1的改進必須經過一系列適當的"T"試驗才能完成。

兩種預計的模型

美國在1957年宣佈新式步槍的模型的型號為T44步槍，但投入生產後卻被命名為M14步槍。原計劃還要生產一種重槍管型號的步槍，但最後未能成功。M14步槍投入批量生產後，曾在4個不同的製造中心進行生產。

改進後的伽蘭德步槍

M14步槍基本上沿襲了M1半自動步槍的設計。它使用新式的盒式彈匣（可裝20發子彈）和選擇式射擊的擊發設置。雖然M14步槍較長，比M1步槍重，但製作精良，使用了當時製造業中先進的加工和處理技術，而其他國家的步槍設計人員卻偏離了類似的設計方法。但是，美國財大氣粗，資金和技術都能得到充分保證，並且士兵也都很喜愛這種步槍。這種步槍在使用中極少出現問題。由於這種步槍的選擇式射擊系統需要大量的研製時間，最終被

上圖：在馬科斯統治的最後日子裏，菲律賓叛軍和忠於政府的軍隊展開激戰。注意從M14步槍（上面士兵使用的）中彈出的空彈殼

M14步槍

口徑：7.62毫米

重量：3.88千克

槍全長：1120毫米

槍管長：559毫米

子彈初速：853米／秒

射速：（M14A1）700~750發子彈／分鐘

供彈：可裝20發子彈的盒式彈匣

上圖：使用美國的7.62毫米子彈後，多數北約國家選擇了比利時的FAL步槍。而美國對此耿耿於懷，稱這種步槍"缺少創意"，很想讓北約各國使用美國的M14步槍。M14步槍是在M1步槍的基礎上研制的，兩者的口徑有所不同。和M1步槍的彈匣相比，M14步槍使用的彈匣較大

下圖：M14A1步槍是M14步槍中的一個類型，專門作為班火力支援武器而研製。它有自動射擊裝置、雙腳架。手槍槍把與前置式槍把則被合併在一起

取消了，所以這種步槍沒有全自動射擊能力。這種步槍投入生產後不久，美國陸軍就發現了一個問題，連續射擊時會導致槍管過熱，而無意義的連續射擊簡直是浪費彈藥。

主要生產

1964年，美國停止了M14步槍的生產。這種步槍總共生產了1380346支。美國於1968年研製出一種新的步槍——M14A1步槍。這種步槍帶有手槍槍把和雙腳架，並且還有其他一些變化，主要用作班火力支援武器，可全自動射擊，但連續射擊的時間較短。槍管過熱影響連續射擊的問題仍未得到解決。另外，美國還生產一種試驗性的帶有折疊式槍托的型號和M21狙擊步槍。

接着M14步槍被M16步槍取代。美國的一線部隊不再使用M14步槍，只有國民警衛隊和預備役部隊才使用這種步槍。許多M14步槍被賣給其他國家，如以色列。以色列國防軍使用了許多年，直到被加利爾突擊步槍取代。

斯通納63系統

尤金·斯通納是20世紀50年代和60年代期間最有影響力和創新精神的武器設計者之一，時至今日，許多輕武器的設計者還在使用他的設計技巧。他的革命性思維是使用了一種模塊式武器系統——斯通納63系統。

這種系統是斯通納在20世紀50年代後期離開阿瑪萊特公司不久後生產的。斯通納63系統共有17個模塊。這些模塊可以按照一定的方式排列和組裝，可以組裝出一系列的輕武器。該系統的基礎是旋轉式閉鎖裝置。AR-10步槍最先使用了這種裝置，後來的AR-15步槍和M16步槍也都使用了這種裝置。然而，斯通納使用了不同的氣動操作方法。它的氣動操作系統的活塞移動距離比較長。

系列組件

斯通納63系統中唯一相同的組件是它的套筒座、槍栓和活塞、複位彈簧和扳機設置。除了這些核心設置外，還有一些附加設置：槍托、供彈設置、各種類型的槍管和包括雙腳架或三腳架在內的其他設置。這些設置可在不同戰術條件下根據射擊人員的需要進行組裝。最初研製的斯通納63系統發射北約的7.62毫米子彈，但是這種子彈註定要被口徑為5.56毫米的子彈取代。斯通納對該系統進行了改進，使之能適應輕型子彈。發射輕型子彈（5.56毫米子彈）的最大好處是可以減少該系統的許多組件的重量，並且這種武器本身也變得更加輕便，從而在戰術上具有許多優勢。

該系統的基本武器是帶有折疊式槍托的卡賓槍；然後是突擊步槍；接着又可以組裝出使用雙腳架的（輕型）機關槍（使用彈匣和子彈帶）；再加上重槍管、子彈帶和三腳架，則可以組裝出（中型）機關槍。如果使用裝甲車的合軸，甚至可以組

裝出螺管式射擊的重型機關槍。

斯通納武器系統

由於斯通納63系統所具有的顯着優勢，一經問世就引起了人們的極大關注。取得斯通納的同意後，凱迪拉克‧蓋奇公司開始將其小批量地投入生產。荷蘭的一家公司在獲得生產許可證後也計劃生產這種系統，但此舉並未引起美國軍方的關注。美國海軍陸戰隊進行了一系列試驗，以色列也對它進行了反復試驗。該系統順利通過了所有試驗，但是美國和以色列卻沒有大批量訂購這種系統。個中原因實在難以確定，最主要的原因或許是它需要生產的零部件太多，不同的零部件作用各不相同；而且生產這麼多不同的零部件又得作出某些妥協。如此一來，對照原定的設計，組裝後的武器系統成功的可能性會小一些。由於沒有公司願意生產斯通納系統，所以這種系統漸漸退出了歷史舞臺。

規格說明

斯通納63系統（突擊步槍）

口徑：5.56毫米

重量：4.39千克（裝彈後）

槍全長：1022毫米

槍管長：508毫米

子彈初速：大約1000米／秒

射速：660發子彈／分鐘

供彈：可裝30發子彈的彎曲狀盒式彈匣

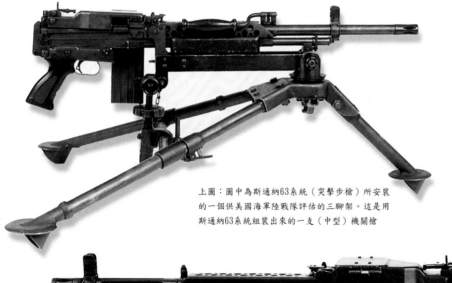

上圖：圖中為斯通納63系統（突擊步槍）所安裝的一個供美國海軍陸戰隊評估的三腳架。這是用斯通納63系統組裝出來的一支（中型）機關槍

下圖：斯通納63系統組裝出的（輕型）機關槍。一般情況下，組裝時要安裝一個雙腳架。從圖中可以看出它的供彈特點：多個彈匣鏈接在一起，組成一個向上開口的彈藥盒。

上圖：這是斯通納63系統系列武器中帶有固定槍托的突擊步槍。它使用的彈匣可裝30發子彈。槍口處的附加裝置混合了火焰抑制器和榴彈發射器的雙重功能

左圖：美國海軍“海豹”小隊在越南戰爭中使用斯通納63系統武器。這是一支使用子彈帶供彈的輕型機關槍。塑料彈匣組成的彈藥盒可裝100發子彈

阿瑪萊特 AR-10 突擊步槍

　　AR-10突擊步槍是M16步槍的鼻祖。它是一種優秀的步槍，優於其他大多數參加北約步槍試驗的步槍，按道理應該長期使用。然而，它生不逢時，雖然具有雄厚的實力，卻未能參加北約的步槍試驗。

　　1954年，費爾柴爾德發動機/飛機公司的子公司——阿瑪萊特公司開始研製一種能夠發射第二次世界大戰時的口徑為7.62毫米的步槍子彈的突擊步槍。1955年尤金·斯通納加盟後，研製工作開始朝向使用北約的新式的口徑為7.62毫米的子彈的方向發展。儘管阿瑪萊特公司研製組深受斯通納的影響，但並沒有局限於斯通納一貫採用的設計思想，他們在步槍瞄準具中創新地使用了"整體式"結構原理。這種原理對輕武器研製的最大貢獻是：在突擊步槍的設計中再次使用了旋轉式槍栓閉鎖裝置，而這種裝置目前已經成為世界上所有突擊步槍設計的標準。

重量較輕的步槍

　　1955年，名為"阿瑪萊特"AR-10的新式步槍出現了。這種步槍的原材料以鋁為主。只有槍管、槍栓和槍栓承載器是用鋼材製造的。這種結構可以減輕槍的重量。或許是太輕了，在射擊時，這種步槍槍容易產生後坐力，這意味着必須在槍口安裝抑制器才能克服這一缺陷。擊發杆位於套筒座的頂部，受到裝有後瞄準具的承載把手的保護。按照原來的計劃，AR-10的基本型號是衝鋒槍和輕機關槍，但該公司僅生產出了它們的原型。

　　阿瑪萊特研製組發現在市場上推銷這種產品要比設計困難多了，所以這種步槍的生產速度很慢，而且在AR-10步槍問世的時候，北約已經決定自己生產新式步槍，所以AR-10步槍的銷量並不理想。雖然和荷蘭的NWM公司達成了協議，該公司同意在獲得這種步槍的生產許可證後，在市場上銷售這種武器，儘管做了大量的準備性工作，但計劃最終不了了之。

　　雖然AR-10步槍從設計、性能到操作等方面都比北約使用的步槍優秀強勁，遺憾的是，如此具有市場潛力的步槍，總的來說，銷量不大。它最大的一筆交易是和蘇丹達成的。葡萄牙訂購了1500支樣品。其他買主有緬甸和尼加拉瓜。

　　對於AR-10步槍來說，或許最重要的是它在1961年停止了生產，為AR-15（M16）步槍的生產鋪平了道路。

上圖：AR-10步槍的創新性設計是，除了槍管、槍栓和槍栓承載器是用鋼材製成的，其餘部件都是用鋁合金製成的。槍的重量較輕意味着槍口在射擊時會向上抬升，然而只需安裝上槍口抑制器就可以解決這個問題

規格說明
AR－10步槍
口徑：7.62毫米
重量：4.82千克（裝彈後）
槍全長：1029毫米
槍管長：508毫米
子彈初速：845米／秒
射速：700發子彈／分鐘
供彈：可裝20發子彈的盒式彈匣

右圖：AR-10步槍是M16步槍的鼻祖。這種步槍是一種優秀的步槍，性能要優於參加北約試驗的其他步槍，理應長期使用。然而，它生不逢時，未能參加北約的試驗

瓦爾米特 / 薩科 Rk.60 和 Rk.62 突擊步槍

儘管芬蘭不是華約組織的成員國,但是在20世紀後半個世紀的大多數時間裏,芬蘭政府一直採取親蘇政策。芬蘭對外采取中立的外交政策,但在一些問題的看法上不可避免地站在了蘇聯一方。如此看來,在20世紀50年代末期,芬蘭決定使用新式軍用步槍時,使用了蘇聯的AK-47突擊步槍及其彈藥也就沒什麼奇怪的了。經過談判,芬蘭獲得了生產AK-47突擊步槍及其彈藥的許可證。AK-47突擊步槍一到手,芬蘭瓦爾米特公司的輕武器設計人員便決心進行改動,生產出自己的瓦爾米特m/60步槍。後來,這種步槍被命名為Rk.60步槍。

源自於AK-47突擊步槍

從Rk.60步槍的身上很容易找到AK-47步槍影子。但是,經過改進,這種步槍在各個方面都超過了AK-47步槍。Rk.60步槍的結構中沒有木製配件,AK-47步槍中的木製品被塑料或金屬管取代。Rk.60步槍的管狀槍托易於生產,而且更加堅固,便於攜帶和清理。手槍槍把和前置式槍把是用堅硬的塑料製成。扳機沒有護柄,戴手套也可以使用。

其他不同於AK-47步槍的設計包括:瞄準具有輕微改變;槍口處的消焰罩呈三叉狀;刺刀架改動後可以安裝芬蘭的刺刀。除了加工時採取的應急方法之外,Rk.60步槍的內部結構和AK-47步槍沒什麼兩樣。為了使用AK-47步槍的彈匣,彎曲狀的彈匣和彈槽沒有任何改動。

後來的m/62或Rk.62步槍除了在前置式槍托上鑽了幾個額外的冷卻孔和使用了簡單的扳機護柄之外,其餘和Rk.60步槍完全相同。另外,該公司還生產了口徑為5.56毫米的出口型號。

改進後的類型

瓦爾米特公司和薩科公司合併後,成立了一個輕武器研製小組。Rk.60步槍經過改進就變成了Rk.76步槍和Rk.95TP步槍。前者有一個衝壓而非加工而成的套筒座,槍的重量變輕了,並且槍托用4種不同的原料製成(Rk.76W步槍、Rk.76P步槍、

Rk.76T步槍和Rk.76TP步槍分別使用了固定式木製槍托、固定式塑料槍托、固定式管狀槍托和折疊式管狀槍托)。後來被命名為薩科Rk.75步槍的套筒座是加工製成的,槍托用折疊式鋼絲架製成,並且使用的是新式護手盤,消焰罩也經過了改進。

上圖:Rk.62步槍是芬蘭在蘇聯AK-47步槍的基礎上經過改進而研製的芬蘭式步槍。它將芬蘭的機械加工能力和芬蘭的作戰環境完美地結合在一起

規格説明

Rk.62步槍

口徑:7.62毫米

重量:4.7千克(裝彈後)

槍全長:914毫米

槍管長:420毫米

子彈初速:719米/秒

射速:650發子彈/分鐘

供彈:可裝30發子彈的彎曲狀盒式彈匣

右圖:Rk.62步槍有專門設計的扳機護柄。扳機護柄較大,即使在冬季,士兵戴上手套也可以使用

上圖:m/60步槍事實上是m/62步槍的原型。人們所熟知的Rk.62步槍就是m/62步槍。圖中的步槍是非標準的m/60步槍,帶有扳機護柄

SKS 步槍

SKS步槍（又稱西蒙諾夫1945式自動卡賓槍）是在第二次世界大戰中研製而成的半自動步槍，但是直到戰爭結束後的一段時間裏才投入生產。它是由薩吉‧加維里洛維奇‧西蒙諾夫設計出來的。蘇聯的許多重要的輕武器都是由他負責研製的。在研製SKS步槍時，西蒙諾夫決定把設計重點放在安全上。事實上，從設計上看，這樣生產出來的產品相對來說缺少創新和靈感。

SKS步槍是最先使用蘇聯新式的7.62毫米子彈的武器。這種新式子彈源自德國第二次世界大戰時的口徑為7.92毫米的子彈（短小型）。

SKS步槍以氣動操作裝置和簡單的槍栓閉鎖系統為基礎研製而成，所以從整體上看比較保守。從外觀上看，甚至和傳統的使用槍栓擊發裝置的步槍沒什麼兩樣。它大量採用木質結構。槍口下面安裝了固定的折疊式刺刀。盒式彈匣固定在套筒座內，從外面幾乎看不到。這種彈匣只能裝10發子彈。向彈匣內裝填子彈時，可以使用子彈夾，也可以一發一發地裝填。需

要拆卸時，打開彈匣底蓋，把子彈倒出。SKS步槍具有典型的蘇聯風格——非常堅固結實，所以西方的許多觀察家嘲笑這種步槍過於沉重（相對於它所使用的輕型子彈來說）。然而，SKS步槍能經受住可能遇到的任何摔打和碰撞，並且成為華約組織多年使用的標準軍用步槍。直到華約國家裝備了大量的AK-47突擊步槍和後來能夠發射較小口徑的子彈的AKM步槍後，SKS步槍才退出軍隊。

分階段地退出軍隊

到20世紀80年代中期，華約組織已經停止使用SKS步槍，SKS步槍僅在閱兵式或儀仗隊中作為儀式性武器使用。然而，由於這種步槍的生產數量極其龐大，所以世界上的其他地區都能看到這種步槍。除蘇聯外，民主德國和南斯拉夫都生產過這種步槍。民主德國和南斯拉夫分別稱之為卡拉貝納爾-S步槍和m/59步槍。從m/59步槍中還演變出了m/59/66步槍。m/59/66步槍的槍口安裝有套管式永久性榴彈發射器。中國對SKS步槍進行輕微改動後生產出來

的步槍被稱為56式步槍。56式步槍安裝的是錐形刺刀，而不是葉片狀刺刀。

由於SKS步槍的生產數量極其龐大，所以中東和遠東地區的許多國家使用這種步槍就不足為奇了。最近幾年，這種步槍才有所減少。在越南戰爭期間，美國和南越的部隊在戰場上遇到了大量的SKS步槍。這些步槍隨後又從越南流入到非正規力量手中。稍加訓練即可使用這種步槍。在未來的相當長的時間內，SKS步槍是不會消失的。

規格説明

SKS步槍

口徑：7.62毫米

重量：3.85千克（裝彈前）

槍全長：1021毫米

槍管長：521毫米

子彈初速：735米／秒

供彈：可裝20發子彈的盒式彈匣

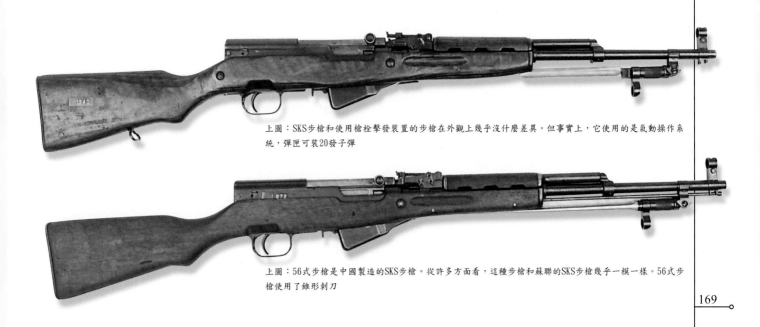

上圖：SKS步槍和使用槍栓擊發裝置的步槍在外觀上幾乎沒什麼差異。但事實上，它使用的是氣動操作系統，彈匣可裝20發子彈

上圖：56式步槍是中國製造的SKS步槍。從許多方面看，這種步槍和蘇聯的SKS步槍幾乎一模一樣。56式步槍使用了錐形刺刀

突擊步槍的發展

事實證明,突擊步槍不是隨着戰術變化而變化的,而是緊隨技術的進步而發展起來的武器。它一直是步兵、突擊隊和遊擊隊的核心武器。

1939—1940年,德國陸軍經過分析發現:大多數的步兵戰鬥都發生在距離相對較短的範圍內——400米左右,而不是如卡98k步槍之類的步槍的射擊範圍——400~800/1000米的範圍內。所以瓦爾特公司根據這樣的作戰範圍研製出口徑為7.92毫米的短小型子彈。這種短小型子彈的初速每秒可達650米,其威力比口徑為9毫米的衝鋒槍的子彈還大,而衝鋒槍的子彈的初速是每秒365米。這種子彈更小,是自動武器的理想子彈。它為戰後突擊步槍的研製奠定了基礎。

新的訂單

德國陸軍向哈納爾公司和瓦爾特公司公佈了新式卡賓槍的規格。兩個公司各自遞交了它們的設計。這兩種設計極為類似,都使用了氣動系統操作;並且使用了同樣的直線式槍托、槍管、手槍槍把和可裝30發子彈的彎曲狀盒式彈匣。哈納爾公司設計的武器名為卡拉貝納爾卡賓槍或稱為MKb42(H);瓦爾特公司設計的武器名為MKb42(W)。設計這兩種槍的目的都是為了能夠使用塑料部件、衝壓和壓鑄的金屬部件快速而又廉價地投入生產。

MKb42(H)步槍由路易斯·施邁瑟設計。槍長940毫米,重4.9千克,每分鐘子彈的射速是550發子彈。德國大約生產了8000支。在東線的戰鬥中,事實證明,這種步槍極為成功。

儘管MKb(H)步槍獲得了成功,希特勒卻下令停止對突擊步槍的研製。對於那些在戰場上拼殺的士兵們來說,幸運的是德國陸軍和哈納爾公司把改進後的MKb42(H)的名字改成了MP43步槍,並且說明書上公開說,要把這種武器製造成自動槍或衝鋒槍。以此為幌子,MP43步槍投入了大規模生產。德軍又對它作了進一步的改進,包括增加一個可以發射榴彈的設置,改進後的MP43步槍被稱為MP44步槍。MP44步槍和MKb42(H)步槍的長度和每分鐘子彈的射速完全一樣。MP44步槍重5.22千克。1944年下半年,希特勒回心轉意,同意研製突擊步槍,他把這種步槍命名為斯圖姆蓋威爾44(StG44)——突擊步槍44。StG44步槍為戰後蘇聯集團研制

上圖:AK-47步槍是第二次世界大戰以來最成功的軍用步槍,或許也是世界上自第二次世界大戰以來製造最多的步槍。圖中民主德國的邊防警衛隊正挎着AK-47步槍巡邏,監視着對面(聯邦德國)的情況

AK-47系列突擊步槍奠定了基礎。民主德國邊防警衛隊和後來發生的"非洲解放運動"都使用了AK-47步槍。

StG44步槍安裝了GwZf 4-fach望遠鏡,並且在1945年初又安裝了富有創意的"扎

下圖:M16步槍在越戰中被美國步兵稱為"信號"槍。事實證明,M16是叢林戰中最受歡迎的武器。它重量輕、後坐力小,有助於提高射擊的精度

上圖:由於採用無托結構,SA80突擊步槍的全長減少了許多。彈匣安裝在手槍槍把的後面。望遠鏡能將目標放大4倍,幫助射手準確地瞄準目標

以羅得西亞（前南非地區）的特種作戰部隊和美國在東南亞的特種部隊都使用這種武器。在穿越邊界的突襲中，AK步槍的子彈很容易從繳獲的彈藥中得到補充。在越南戰爭中的某一階段，美國爲他們的特種部隊生產了一種"無菌"7.62毫米×39毫米子彈。這種子彈的彈殼底座沒有衝壓。整個華約組織的各個成員國都生產AK系列步槍。另外，中國和朝鮮也生產過這種步槍。

早期的M16步槍

在西方，美國研製出了柯爾特AR-15突擊步槍。1964年，美國陸軍在越南使用了柯爾特AR-15（後來成了M16）步槍。相對來說，這種步槍屬一種革命性武器。它是用合金和塑料製成的，使用5.56毫米子彈（比M14步槍使用的大口徑——7.62毫米子彈要輕一些）。目前美國軍隊使用的是M16A1/2步槍。這種步槍的套筒座右側有手動槍栓關閉設置，如果有髒物進入彈膛，或出現子彈卡殼，它可以施加額外的壓力。M16A2步槍的槍管較重，帶有彈殼轉向儀。有了它，左撇子射手也可以使用這種步槍。M16A3步槍就是在把手處裝上望遠鏡的M16A2步槍。M16步槍最先使用的子彈是5.59毫米M193子彈。目前，許多突擊步槍都使用這種子彈，而北約使用的是5.59毫米×45毫米子彈。

"紫爾格拉特" 1229 "瓦姆皮爾" 紅外線夜視儀。其中，最不同凡響的發明是"克魯姆洛夫"曲線式軌道。射擊時，子彈沿曲線式軌道衝向槍口，然後以大約30度的弧度射出。儘管子彈受彎曲槍管的影響有點輕微扭曲，且子彈的使用期限相對很短，但當子彈從槍管中射出時，它的排氣系統可以減少氣體的壓力。

卡拉什尼科夫突擊步槍

AK-47突擊步槍種類繁多，可能是世界上使用最廣泛的武器了。最初的AK-47突擊步槍是由米哈伊·卡拉什尼科夫在第二次世界大戰結束時設計成的，1951年裝備蘇聯陸軍。它使用的子彈的口徑爲7.62毫米×39毫米，子彈重122穀（一種重量單位）。AK-47步槍和改進後的AKM步槍的有效射程是400米。AK系列突擊步槍設計完美，易於使用，甚至不熟練的人也能操作。它使用的工作部件極少。由於AK-47系列步槍都不是"信號"槍，它們在射擊時，不會發出像M16那樣的尖銳聲音，所

上圖：華約組織的精銳的傘兵部隊和特種部隊都喜歡使用常規的帶有木製槍托的AK突擊步槍。傘兵尤其喜愛攜帶"傘兵"AK突擊步槍。這種步槍帶有可分離的折疊式金屬槍托

上圖：1967年6月，在越南的德壽市附近，美國巡邏隊正在搜尋北越的武裝人員。這兩名美軍士兵攜帶的就是M16步槍。前面的士兵還攜帶供巡邏分隊的M60機關槍使用的7.62毫米子彈帶

右圖：MP43步槍獲得了極大成功。在MP43基礎上研製出來的MP44步槍有一個可以發射榴彈的設置。後來的AK-47步槍就是在它的基礎上研製出來的

上圖：這名阿爾卑斯山地士兵裝備的是法國的FA MAS步槍。這種步槍是現代突擊步槍中最小巧的一種。攜帶把手的上面是瞄準具，下面是擊發杆

右圖：英國的登陸艦正在靠近海岸。兩棲戰演習中的英國皇家海軍陸戰隊在登陸艦內整裝待發，準備搶灘登陸。前排士兵攜帶的是SA80步槍。其他人攜帶的是輕型支援武器（LSW）

施泰爾 AUG 突擊步槍

在所有現代突擊步槍中，長了一副"星球大戰"外表的AUG突擊步槍可能是最令人驚奇的突擊步槍了。作爲軍用步槍，其使用時間之長令人吃驚，奧地利陸軍從1977年就開始使用這種突擊步槍。

無托結構（Bullpup）設計

AUG突擊步槍由歷史長久的施泰爾公司製造。它採取了無托結構設計——扳機設置位於彈匣前面，這使這種步槍成爲一種靈巧、輕便的武器。由於使用了尼龍和非金屬材料，所以這種步槍顯得非常時尚。

使用金屬製成的部件只有槍管、套筒座和它的內部設置，甚至套筒座也是用鋁合金壓鑄成的。所有的原材料的質量都非常高。彈匣用堅硬的透明塑料製成。這種彈匣具有一大優點：士兵們只要瞥一眼就能知道彈匣內還剩下多少子彈。

武器系統

施泰爾AUG突擊步槍的核心是一個模塊式武器系統。通過改換槍管、工作部件或彈匣，就可以把它改換成一支衝鋒槍、卡賓槍、狙擊專用步槍或輕型機關槍。通過改換套筒座上的裝置，AUG步槍能安裝各種類型的夜視儀或瞄準專用望遠鏡。但是，普通的瞄準具是簡單的供正常作戰範圍內使用的光學望遠鏡，這種光學望遠鏡帶有計數的格線。

AUG步槍需要清理時，拆卸極爲快速簡單。槍管內部鍍有鉻合金。修理非常簡便，只需改換整個模塊就能輕易完成。

AUG步槍於1978年全面投入生產。自那之後，施泰爾AUG突擊步槍不僅供奧地利軍隊使用，還出口到中東、非洲和南美各國。另外，澳大利亞、新西蘭和愛爾蘭等國的軍隊也使用這種突擊步槍。

AUG突擊步槍也是世界各國特種部隊的常規武器。英國特別空勤團和德國第9邊防大隊的人質營救分隊一直使用這種步槍。

許多國家的執法部門也都非常喜愛AUG突擊步槍。這種步槍在美國的商業市場上也獲得了極大成功。

規格説明
施泰爾AUG（突擊步槍）
口徑：5.56毫米
重量：4.09千克（裝彈後）
槍長：790毫米
槍管長：508毫米
供彈：可裝30發子彈的盒式彈匣
子彈射速：650發子彈／分鐘

上圖：施泰爾AUG－A1步槍

事實證明，在作戰部隊中，最初的AUG突擊步槍極其堅固，能經受住各種類型的試驗，其中有一個事例：一輛10噸重的卡車碾過後，它還能進行射擊，唯一損壞的只是塑料製的套筒座蓋子

上圖：儘管AUG突擊步槍長着一副太空時代的模樣，但是奧地利軍隊已經使用這種突擊步槍很久了

左圖：施泰爾AUG－P步槍

它是AUG突擊步槍中的警用型號。它的槍管比突擊步槍的槍管短，並且常用黑色塑料製成。許多執法部門使用的AUG-P步槍是半自動步槍，只能單發射擊

FN FAL 突擊步槍

"萊格里"自動步槍，又稱FN FAL步槍（輕型自動步槍），是由比利時著名的武器製造商法布里克·納森納爾公司（FN公司）生產的。這種步槍最早可追溯到1948年。最初的FN FAL步槍是爲了發射第二次世界大戰時德國的7.92毫米x33毫米（短小型）子彈而研製的。北約彈藥實行標準化之後，FN公司對FN FAL步槍進行了重新設計。重新設計的FN FAL步槍可以發射北約新式的7.62毫米x51毫米標準子彈。

作戰一流的步槍

重新設計的FN FAL步槍質量一流。它堅固結實、性能穩定、經得起實戰考驗，並且在作戰距離內極其精確。在它長期的軍旅生涯中，有90多個國家使用過這種步槍。許多國家，如英國、以色列、加拿大、墨西哥、印度和南非獲得了它的生產許可證。這些海外生產的FAL步槍和FN公司生產的正宗FAL步槍有所差異，但從外表上看完全相同。

FAL步槍非常堅固。它使用了20世紀中出現的多種製造方法。所有部件都用優質的原材料製成，精密的加工足以使其達到最大的使用期限。它使用氣動操作的擊發裝置。它有一個氣動校正系統，助推氣體從槍管的上方流出，從而使活塞運動起來。活塞向後推動槍栓設置，打開彈膛的閉鎖裝置。它的解鎖裝置中有一個可以加強安全功能的延遲設置。FAL步槍的多數型號都具有自動射擊功能。

FAL步槍種類繁多、型號齊全，多數都有固體的木製或尼龍槍托和其他裝飾部件。有些型號常常供空降部隊使用。這類步槍通常都帶有特殊的槍托。這種槍托非常堅固，可以折疊。堅固性是FAL步槍的一大特點。事實證明，這種步槍能夠經受住各種環境的考驗，無論是沙漠，還是叢林，甚至是冰天雪地的北極地區。

英國的L1A1步槍

提到FAL步槍的生產型號，不能不說說英國的L1A1步槍。英國武裝部隊在經過長期的系列試驗和改進後才選中了L1A1步槍。改進後的L1A1步槍取消了FAL步槍的自動射擊設置。另外，它和FAL步槍還有其他一些區別。包括印度在內的許多國家都使用L1A1步槍，印度直到20世紀90年代還在生產這種步槍。澳大利亞不僅使用L1A1步槍，爲了適合身材矮小的新幾內亞軍隊的需要，甚至還生產了一種短小的型號——L1A1-F1步槍。

FAL步槍和L1A1步槍都安裝有榴彈發射器，但是目前使用的極少，通常都安裝了刺刀。有的FAL步槍使用重槍管，安裝雙腳架後就可以當作輕型機關槍使用。這兩種步槍也可以根據需要安裝夜視儀。

儘管作爲軍事步槍，口徑爲7.62毫米的FAL步槍已不再大規模生產，但是世界各國的軍隊和預備役仍在使用這種步槍。自從20世紀80年代以來，突擊步槍的發展趨勢已經朝着小口徑的方向發展，多數軍事大國重新研製的突擊步槍，口徑都是5.56毫米。

上圖：在挪威參加軍事演習的荷蘭海軍陸戰隊正在使用他們的FAL步槍瞄準射擊。人們對這種步槍的喜愛說明它具有出衆的性能，能夠在任何氣候／地形條件下使用

下圖：多數FAL步槍具有自動射擊功能。安裝了重槍管和雙腳架的FAL步槍，操作方便。這支重槍管型號的FAL步槍（上）和帶有折疊式槍托的傘兵專用步槍（下）都是英軍在馬爾維納斯群島戰爭中繳獲的戰利品

規格説明

FN FAL突擊步槍

口徑：7.62毫米

重量：5千克（裝彈後）

槍長：1143毫米

槍管長：554毫米

子彈射速：650~700發子彈／分鐘（FAL，連發）；
　　　　　30~40發子彈／分鐘（單發）

子彈初速：838米／秒

彈匣：可裝20發子彈的盒式彈匣

FN FAL、L1 和 FNC 突擊步槍

由比利時FN公司生產的FN FAL步槍（萊格里自動步槍，又稱輕型自動步槍）最初是在1948年生產的。它使用德國的7.92毫米子彈（小型），但後來爲了適應北約武器標準化的要求，FAL步槍經過改進後，可發射北約7.62毫米的標準子彈。不僅北約所有的成員國，而且其他許多國家也大量使用這種步槍。許多國家還獲得了它的生產許可證，如南非和墨西哥。海外生產的FAL步槍和正宗的FAL步槍有所不同，但是，從外形上看一模一樣。

FAL步槍非常堅固。所有部件都是用優質的原材料經過精密加工製成的。擊發裝置使用了氣動操作系統。它有一個氣體調節器，助推氣體可從槍管上方流出，從而使活塞運動起來。活塞向後推動槍栓設置，啓動彈膛的解鎖裝置；解鎖裝置中有一個爲增加安全而安裝的延遲設置。多數型號的FAL步槍都在扳機組件附近安裝了選擇式擊發設置。

FAL步槍的種類繁多，型號齊全。多數都有固體的木製或尼龍槍托和其他裝飾部件。有的型號（常常供空降部隊使用）還安裝了折疊式槍托。堅固性是FAL步槍的一大特點。

英國的型號

目前，突擊步槍的設計潮流正朝着口徑爲5.56毫米的方向發展，並且目前使用這種口徑的新式FN卡賓槍已經投入生產。

FNC步槍最先出現在1978年。自那之後，比利時、印度尼西亞和瑞典一直使用這種步槍，並且印度尼西亞和瑞典還得到了這種步槍的生產許可證。這兩個國家生產的FNC步槍分別被命名爲"博福斯"AK-5步槍和"賓達德"SS1步槍。

FNC步槍使用的是旋轉式槍栓。由於套筒座上部使用的是衝壓鋼材，下面使用的是鋁合金；手槍槍把，槍把前端使用了塑料，鋼製的折疊式槍托表面的塗料也使用了塑料，所以這種步槍很輕。這種步槍也可以使用固定式槍托。FNC步槍既可以單發射擊、3發子彈點射，也可以全自動連發射擊。

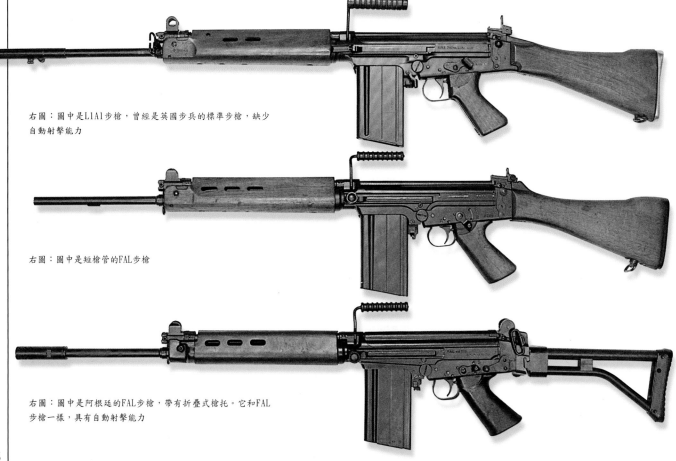

右圖：圖中是L1A1步槍，曾經是英國步兵的標準步槍，缺少自動射擊能力

右圖：圖中是短槍管的FAL步槍

右圖：圖中是阿根廷的FAL步槍，帶有折疊式槍托。它和FAL步槍一樣，具有自動射擊能力

下圖：澳大利亞步兵使用的是他們自己生產的L1A1突擊步槍。這種步槍是在澳大利亞新南威爾士州的利斯戈製造的。澳大利亞還生產了一種小型的L1A1-F1步槍，供新幾內亞當地的軍隊使用。另外，他們還使用M16A1步槍

上圖：FNC步槍從以前的突擊步槍，如AK-47、M16和加利爾的設計中汲取了豐富的想像。它屬氣動系統操作的武器，使用了旋轉式槍栓。FNC步槍是標準的武器，帶有折疊式槍托。其中有一種專門供空降部隊使用的短小的"帕拉"型FNC步槍

FA MAS 突擊步槍

在第二次世界大戰後的幾年時間裏，法國軍工企業在輕型武器設計方面落後於其他國家。為了彌補差距，法國生產了FA MAS突擊步槍。這種步槍的全名是聖·安東尼武器製造公司製造的突擊步槍。FA MAS完全屬現代型的突擊步槍，效果顯著。它也採用了無托結構設計而且獲得

成功。這種設計方法雖然簡潔，卻極為合理。雖然最初的設計在當時看來顯得有些異端，但目前來看，一切都順理成章，極其平常。這種設計是把扳機組件安裝在彈匣前面，目的是從整體上減小槍的長度，使這種槍製作得非常精巧。即使按照縮小的標準，FA MAS突擊步槍看上去也是又

短又小，在所有的軍用突擊步槍中，其體積一定屬最小的一種。

體積小、能力強

FA MAS突擊步槍是從1972年開始研製的。1978年，FA MAS F1的基本型號被指定為法國武裝部隊的標準軍用步槍。這

樣，在聖·安東尼工廠進行長期生產就得到了保證。

第一批FA MAS F1步槍裝備了一些傘兵和特種部隊。1983年，法國軍隊首次使用這種步槍參加了在乍得和黎巴嫩的戰鬥。

FA MAS F1突擊步槍易於射擊。其外形和其他突擊步槍不太一樣。它發射美國的5.56毫米M193子彈。套筒座上面有一個長柄，可以當作前後瞄準具的底座使用。槍托又矮又短，向前突出。槍管短小，從槍架的前面向前突出，上面安裝有榴彈發射裝置。

三種射擊方法的選擇設置

這種步槍安裝了標準的小型刺刀和折疊式雙腳架。射擊選擇器有三個位置，分別供單發射擊、3發點射和全自動射擊時使用。自動射擊的控制設置安裝在槍托內，和複雜的扳機設置相連。FA MAS F1步槍的操作系統屬延遲式後坐力。槍的零部件的原料盡可能用塑料製成，最後的製造程序——拋光並沒有得到特殊重視，例如，鋼製的槍管沒有鍍鉻。

儘管其外形與眾不同，使用FA MAS F1步槍操作和射擊都非常舒適、方便，並且也沒有出現過什麼問題。這種步槍最引人注目的是榴彈發射器的瞄準設置。在使用時，這種瞄準設置極易瞄準。事實證明，這種步槍易於操作。還有一種型號可以使用小型的火花氣缸來推動惰性彈球進行射擊訓練的專用槍，效果極佳，可大大節省訓練費用。這種型號的FA MAS步槍和軍用型FA MAS步槍看上去完全一樣。在FA MAS F1步槍之後研製而成的是過渡型FAS MAS F2步槍。接下來的型號是FA MAS G2步槍。FA MAS G2步槍的雙腳架的功能被槍背帶取代（儘管這個雙腳架還在）。原來的榴彈發射器不見了。扳機護柄延長後可以蓋住整個槍把。彈匣槽改進後，既可以使用FA MAS步槍的彈匣，也可以使用北約的標準彈匣。

左圖：法國的口徑為5.56毫米的FA MAS F1步槍是現代突擊步槍中體積最小、設計最為簡潔的突擊步槍之一。FA MAS F1步槍（圖中）的彈匣被拆卸下來，但是請注意，攜帶把手的上面裝有瞄準具，下面是擊發杆。它的雙腳架可以折疊

規格説明

FA MAS F1突擊步槍

口徑：5.56毫米

重量：4.59千克（裝彈後帶槍背帶）

槍全長：757毫米

槍管長：488毫米

子彈射速：1000發子彈／分鐘

子彈初速：960米／秒

彈匣：可裝25發子彈的垂直狀盒式彈匣

上圖：這支FA MAS F1突擊步槍的槍口下安裝了一個TN21紅外線夜視聚光燈。這種聚光燈的有效範圍是150米。這名士兵可以根據眼上戴的夜視儀中形成的圖像迅速作出反應。法國陸軍使用這種夜視儀

左圖：榴彈發射器在戰場上已經不如過去那樣受到士兵的歡迎，但是海軍或海岸警衛隊在執行任務，如阻攔小型船隻、進行搜查時，有時還會使用這種武器

赫克勒和科赫有限公司的 G3 突擊步槍

赫克勒和科赫有限公司的G3突擊步槍是由西班牙的賽特邁設計小組研製出來的。該設計小組的絕大多數成員都是德國的輕武器設計專家。1959年，這種步槍被聯邦德國國防軍採用。從多個方面來看，事實都證明G3突擊步槍的確是第二次世界大戰之後德國最成功的一種設計。這種突擊步槍投入生產後，不僅供德國本國的軍隊使用，而且許多國家的軍隊都使用這種武器。許多國家獲得生產許可證後，也製造出他們自己的G3突擊步槍。這樣的國家共有13個，其中包括希臘、墨西哥、挪威、巴基斯坦、葡萄牙、沙特阿拉伯和土耳其。世界上有60多個國家的軍隊都使用過這種突擊步槍。

低廉的造價

製造商可能不太喜歡說出來，人們可以把G3突擊步槍視為最接近輕武器設計人員所設想的武器——"用過就扔"的步槍。G3步槍從一開始就是為大規模生產而設計的。其設計思想是盡可能減少加工程序，越簡單越好，這樣就能大大地減少加工設備和加工流程的費用。在賽特邁公司設計的基礎上，赫克勒和科赫有限公司

又對這種設計進行了改進——盡可能地使用廉價和易於找到的原材料，如塑料和衝壓鋼材。赫克勒和科赫有限公司保留了賽特邁公司研製的閉鎖滾筒系統。射擊後，該系統以延遲式後坐力操作的方式開始運作。從整個結構上看，G3步槍和FN FAL步槍非常相似，但是兩者有許多不同之處。G3步槍比FN FAL步槍整整早了一個時代。從G3突擊步槍及其研製出的一系列步槍來看，無論是它的整體結構，還是它所使用的原材料，以及它的設計思想都體現了這一重要事實：G3突擊步槍種類繁多、型號齊全。有一些是卡賓槍類，槍管很短，完全是合格的衝鋒槍；有一些是狙擊步槍類；有一些是帶有重槍管和雙腳架的輕型機關槍類；還有專門供空降部隊或其他特種部隊使用的類型——G3A4步槍。G3A4步槍帶有槍托，望遠鏡可以安裝在套筒座的任意一側。

特殊的設計

雖然從整體上看，G3步槍的設計比較簡單，然而它卻使用了許多與眾不同的設計。例如它的槍栓位於彈膛上方，和槍身的前半部分相連接。當閉鎖裝置被打開時，可以當作槍身的額外部分使用。拆卸非常簡單，只需移動少量的零部件就可以

輕鬆拆卸。赫克勒和科赫有限公司對G3步槍的口徑稍加改動就生產出口徑為5.56毫米的HK33步槍。

許多國家的軍隊使用G3突擊步槍，從中也可以看出G3步槍的設計是非常成功的。1979年，伊朗爆發伊斯蘭革命，在推翻伊朗國王的戰鬥中，G3突擊步槍功勳卓著。津巴布韋在獨立之前，儘管面臨着羅得西亞的制裁，但是津巴布韋仍然得到大量的G3突擊步槍，從而爆發了羅得西亞（白人建立的津巴布韋共和國）戰爭，戰爭最終導致了津巴布韋的獨立。一些國家發現生產G3突擊步槍有利可圖，就購買了生產G3突擊步槍的許可證。這些國家生產G3突擊步槍的主要目的是出口，而不是供自己國家的軍隊使用。法國和英國就屬此類國家。

規格説明

赫克勒和科赫有限公司G3A3突擊步槍

口徑：7.62毫米

重量：5.025千克（裝彈後）

槍全長：1025毫米

槍管長：450毫米

子彈射速：500~600發子彈／分鐘

子彈初速：780~800米／秒

供彈：可裝20發子彈的盒式彈匣

上圖：赫克勒和科赫有限公司的HK21輕型機關槍的口徑為7.62毫米。它是在G3突擊步槍的基礎上改進的又一種類型的G3武器。它使用子彈帶供彈，也可以根據需要使用可裝20發子彈的盒式彈匣。這種武器是由葡萄牙生產的，多數都出口到了非洲

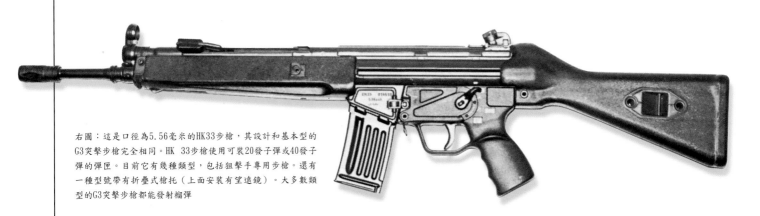

右圖：這是口徑為5.56毫米的HK33步槍，其設計和基本型的G3突擊步槍完全相同。HK 33步槍使用可裝20發子彈或40發子彈的彈匣。目前它有幾種類型，包括狙擊手專用步槍。還有一種型號帶有折疊式槍托（上面安裝有望遠鏡）。大多數類型的G3突擊步槍都能發射榴彈

流行的武器

無論從哪個方面來講，在所有現代突擊步槍中，G3突擊步槍都可以被看作是最重要的突擊步槍之一。它使用北約的大威力7.62毫米×51毫米子彈。從設計上看，它和FAL突擊步槍非常類似。它是最受歡迎的步槍之一。在未來的相當長時間內，許多國家的軍隊仍會使用這種步槍。

左圖：這名德軍士兵使用的單兵武器是G3突擊步槍。G3突擊步槍的槍托上裝有望遠鏡。他背上的背包內裝有反坦克武器——發射火箭彈的火箭筒

赫克勒和科赫有限公司的 HK53 突擊步槍

赫克勒和科赫有限公司的HK53突擊步槍是一種高性能的武器，其功能介於衝鋒槍和突擊步槍之間。根據它所使用的子彈，大多數軍事評論員都把它劃入到突擊步槍的範疇。

HK53突擊步槍是口徑為7.62毫米的G3突擊步槍的系列武器之一。製造商在研製G3突擊步槍時使用了氣動操作系統。它使用了延遲式後坐力裝置，該裝置以由兩部分組成的槍栓為基礎。槍栓由槍栓頭和後面較重的槍栓栓體構成。槍栓頭有兩個垂直連接的滾筒，當該武器準備開火時，楔形的槍栓栓體把滾筒驅入到槍管內的凹槽內；在子彈進入彈膛的過程中，槍栓體向前移動，將滾筒從凹槽內擠出。當子彈射出時，槍管內的氣壓會迫使槍栓頭向後移動，滾筒朝向凹槽的槽壁移動，進入凹

槽內後，槍栓頭就不再向後移動。在複位彈簧的幫助下，楔形的槍栓栓體會進一步限制滾筒向內運動。在滾筒被向內擠壓時，槍栓栓體會加速移動，進入到槍管的後部；在滾筒推動楔形槍栓栓體向後運動的時候，由於槍栓頭仍然受到限制，槍栓栓體的移動速度加快，所以能夠承受得住後坐力產生的氣壓。此時，滾筒完全被擠進槍管內，子彈離開槍口，隨後槍栓的兩部分在剩餘氣壓的壓力下，開始一起向後移動。當複位彈簧受到壓縮時，空彈殼被擠出並被彈射出去，然後槍栓被迫向前移動，新的一發子彈進入彈膛，當滾筒被再次擠出時，槍栓進入鎖定狀態。

選擇式射擊

如果把射擊選擇杆指向"自動射

擊"，扣壓扳機，放下擊錘，子彈就可射向目標。但是，如果選擇杆指向"單發射擊"，有一個分離器可以在射擊之間向扳機施加壓力。這就意味着這種武器是從密閉式彈膛內射擊的，一方面它會引起連貫性的操作；另一方面，如果剛剛進行過點射，彈膛過熱，彈膛內的子彈就可能爆炸或走火。

相關的類型

HK 53突擊步槍和20世紀60年代中期研製的HK 33突擊步槍的關係極其密切。HK 33突擊步槍從1968年開始投入生產。這種突擊步槍是G3突擊步槍按比例縮小後的型號。研製HK 33突擊步槍的目的是使用後來的新式的5.56毫米×45毫米雷明頓子彈。HK 33突擊步槍被出口到智利、馬來

西亞和泰國等許多國家。自1999年以來，土耳其也獲得了HK 33突擊步槍的生產許可證。HK 33突擊步槍仍在德國生產，並且以它為基礎，又研製出G41突擊步槍和HK53袖珍型突擊步槍。製造商生產HK 53袖珍型突擊步槍時，是把它當作衝鋒槍生產的。

HK 53是HK 33的超級袖珍型。由於HK 33使用的子彈是中等威力的子彈，所以人們把HK 33劃入袖珍型（小型）突擊步槍的範疇。HK 53是在20世紀70年代中期研製成功的。

HK 33突擊步槍是可選擇性射擊的步槍。套筒座用衝壓的鋼材製成，並且帶有固定式塑料槍托（HK 33A2）或可收縮的金屬槍托（HK 33A3）。有一種HK33卡賓槍型被稱爲HK 33k。HK 33k的槍管又短又小，帶有類似的固定槍托（HK 33kA2）或可收縮的金屬槍托（HK 33kA3）。HK 33突擊步槍的不同型號有不同的扳機組件，有的具有3發點射功能，有的沒有這種功能。

從內部結構上看，HK 53突擊步槍和HK 33突擊步槍非常類似。但是它不能發射步槍榴彈，也不能在槍管下40毫米處安裝榴彈發射器或刺刀。這種突擊步槍有一個長長的、帶有四個叉的消焰罩。HK 33突擊步槍和HK 53突擊步槍都使用可裝25發、30發和40發子彈的盒式彈匣，但是最後一種彈匣目前已經停止生產。

上圖：這是HK53突擊步槍中非常罕見的一種型號。它是專門為在裝甲車輛內向外射擊而設計的。前瞄準具被取消了。為了防止空彈殼在裝甲車內部彈射出去時發生危險，在空彈殼彈射處安裝了一個袋子

規格說明

赫克勒和科赫有限公司HK53突擊步槍

口徑：5.56毫米

重量：3千克（裝彈前）

槍全長：780毫米（槍托伸展後）；
　　　　565毫米（槍托折疊後）

槍管長：211毫米

子彈射速：750發子彈／分鐘

子彈初速：不詳

供彈：可裝20發、30發或40發子彈的盒式彈匣

左圖：為了研製出適應現代化戰爭的武器，HK 33突擊步槍和HK 53突擊步槍系列步槍的研製重點放在了減輕槍的重量和減小槍的體積上。使用較大的彈匣和安裝多功能的射擊選擇裝置，可以最大程度地發揮火力的靈活性

右圖：HK53突擊步槍介於衝鋒槍和步槍之間，和MP5步槍相比略大一些。HK53突擊步槍發射北約的5.56毫米子彈。使用這種子彈射擊時，突擊步槍不易控制，只有經驗豐富的射手才能發揮它的最大效能

赫克勒和科赫有限公司的 G36 突擊步槍

20世紀60年代後期，當聯邦德國陸軍作出使用一種重量較輕、命中率更高的武器來取代G3步槍的決定後，赫克勒和科赫有限公司開始研製G11步槍。該公司在最初研究成果的基礎上，採用了一種新的設計原理，使用一種可以發射無殼彈藥（戴納米特·諾貝爾發明）的小口徑步槍。這種子彈的射速較高，儘管這種步槍使用的子彈口徑較小，但如果具備3發點射能力和使用較大的彈匣，仍能提供猛烈的阻擋火力。

G11突擊步槍的設計原理極為先進，並且20世紀80年代後期的官方評估證明它確實是一種出色的武器。但是，由於經濟和北約武器標準化等原因，赫克勒和科赫有限公司最終被迫取消了整個研製計劃。

供二線部隊使用的步槍

就在對G11步槍的設計進行修改，準備裝備給德國一線部隊的時候，按照計劃，G41步槍也在研製中。德國準備生產G41步槍供德國的二線部隊使用。G41步槍是從20世紀80年代初在HK-33E突擊步槍的基礎上開始研製的。G11步槍的研製計劃被取消後，G41步槍也遭到相同的命運。

事實上，G41步槍只是G3步槍的進一步研製型號而已。它們都使用了相同的滾筒延遲式後坐力裝置，發射5.56毫米子彈。

目前的武器

G36突擊步槍是20世紀90年代初期德國實施HK 50計劃時研製而成的。1999年，G36突擊步槍被德國陸軍採用，取代了G3突擊步槍，成為德軍繼G3突擊步槍之後的新一代軍用突擊步槍。G36突擊步槍和早期的赫克勒和科赫有限公司的突擊步槍有所不同，它使用氣動操作系統，旋轉槍栓被鎖進槍管內部。套筒座是用鋼和硬塑料製成的，扳機組件設在塑料手槍槍把的內部。有的型號具有3發點射能力，有的型號則沒有這種功能。裝彈杆裝在槍栓承載器的頂部，可以左右轉動。

G36突擊步槍的彈匣是用複合材料製成的。彈匣四壁呈半透明狀。為了加快裝彈速度，可以使用嵌入式彈夾把彈匣一個一個連接起來。塑料槍托可以向左右折疊。套筒座的上面有一個較大的攜帶把手，攜帶把手的內部裝有嵌入式瞄準具。標準的G36突擊步槍安裝了兩個瞄準具：一個可放大3.5倍的袖珍瞄準鏡和一個可放大1倍的"紅點"瞄準鏡。使用瞄準具可以快速瞄準近距離內的射擊目標。G36E突擊步槍是為了出口而生產的。G36K卡賓槍只有一個可放大1.5倍的瞄準鏡。G36突擊步槍安裝了北約標準的槍口制動器，可以發射步槍榴彈，還可以安裝刺刀或口徑為40毫米的榴彈發射器。

另外，還有一種更小的G36C近距離突擊步槍。這種突擊步槍主要是為特種部隊及類似部隊而研製的。

規格說明

赫克勒和科赫有限公司的G36突擊步槍

口徑：5.56毫米

重量：3.6千克（裝彈前）

槍全長：998毫米（槍托伸展後）

槍管長：480毫米

子彈射速：750發子彈／分鐘

子彈初速：不詳

彈匣：可裝30發子彈的彎曲狀盒式彈匣

下圖：G36突擊步槍製作精湛、性能可靠，其生產水平已經達到藝術化的境界。它重量輕、彈匣容量大、射速高、精度高，作用無法估量，被譽為"射手之友"

加利爾和 R4 突擊步槍

以色列的加利爾突擊步槍究竟源自何處一直是一個謎，儘管以色列聲稱是依靠自己的努力而研製成功的。這種步槍明顯和芬蘭的瓦爾米特突擊步槍有些相似的地方。瓦爾米特突擊步槍生產有各種類型和口徑。如此一來，事情變得更加撲朔迷離了。因為瓦爾米特突擊步槍是在蘇聯AK-47設計的基礎上使用了芬蘭自己的加工方法，而不是蘇聯的鋼製衝壓套筒座部件。雖然它們在操作上（常用的旋轉槍栓）和整體設計上有類似的地方，但要說加利爾突擊步槍就是AK-47突擊步槍的派生類型，那就過於簡單了。因為目前多數突擊步槍的設計都具有這些特點。以色列最初製造加利爾突擊步槍的加工設備是由瓦爾米特公司提供的，而且是按照瓦爾米特公司的加工說明書製造的，所以事情變得更加複雜了。

加利爾突擊步槍生產有兩種口徑：5.56毫米和7.62毫米。以色列武裝部隊裝備了各種類型的加利爾突擊步槍。這種突擊步槍目前是世界上使用最廣泛的武器之一。它主要有三種類型。一種是加利爾ARM突擊步槍，帶有雙腳架和攜帶把手，屬多用途突擊步槍。第二種是加利爾AR突擊步槍，沒有雙腳架和攜帶把手。第三種是加利爾SAR突擊步槍，它的槍管較短，也沒有雙腳架和攜帶把手。這三種類型的突擊步槍都有折疊式槍托。ARM突擊步槍的雙腳架可以當作剪鐵絲網的工具使用。

為了防止士兵使用類似於瓶子開口器（如彈匣的夾子）的武器部件，這三種型號的突擊步槍都安裝了標準的瓶蓋開口器。另外，槍口上面都安裝了可當作榴彈發射架使用的設置。

三種規格的彈匣

加利爾ARM突擊步槍可當作輕型機關槍使用。它有兩種彈匣可供選用：一種可裝35發子彈，另一種可裝50發子彈。另外，加利爾ARM突擊步槍還有一種特殊的彈匣，可裝10發子彈。這種彈匣可以裝發射槍榴彈的特殊子彈。這種突擊步槍一般都裝有刺刀。

事實證明，加利爾突擊步槍的效果極其顯著，引起了海外的極大關注。一部分加利爾突擊步槍已出口到國外，並且有的國家還進行了仿製，瑞典的口徑為5.56毫米的FFV 890C突擊步槍顯然就是在加利爾突擊步槍的基礎上研製出來的。

通過談判獲得生產許可證，在當地進行生產的國家是南非。南非生產的加利爾突擊步槍被稱為R4突擊步槍。R4突擊步槍是南非國防軍前線部隊的標準軍用步槍。R4突擊步槍的口徑為5.56毫米。R4突擊步槍和以色列的加利爾突擊步槍相比略有不同。南非根據在納米比亞地面長滿低矮樹叢中取得的作戰經驗，對加利爾突擊步槍作了適當改進。R4突擊步槍也被出口到許多國家。

上圖："加利爾"ARM突擊步槍的主要設計特點包括"直入式"設計，槍管上面的氣動操作系統，嵌入式雙腳架可以向前置式槍把下面折疊，彈匣位於扳機組件的前面。

規格說明

加利爾ARM（7.62毫米）突擊步槍

口徑：7.62毫米

重量：4.67千克（裝彈後）

槍長：1050毫米

槍管長：533毫米

子彈射速：650發子彈／分鐘

子彈初速：850米／秒

彈匣：可裝20發子彈的彎曲狀盒式彈匣

規格說明

加利爾ARM（5.56毫米）突擊步槍

口徑：5.56毫米

重量：4.62千克（使用可裝35發子彈的彈匣裝彈後）

槍全長：979毫米

槍管長：460毫米

子彈射速：650發子彈／分鐘

子彈初速：980米

彈匣：可裝35發或50發子彈的盒式彈匣

左圖：這支以色列加利爾ARM突擊步槍帶有金屬槍托，可以向前折疊以減少槍的長度。它不能發射槍榴彈，也沒有雙腳架，可以使用5.56毫米和7.62毫米子彈

貝瑞塔 AR70 和 AR90 突擊步槍

AR70突擊步槍是貝瑞塔公司在公司內部經過一系列試驗後才研製成功的武器。試驗的方法雖然簡單，但使用了包括氣動操作系統到旋轉槍栓閉鎖裝置在內的多種突擊步槍的設計原理。為了增加安全性能，貝瑞塔公司決定在槍膛的周圍增加額外的金屬，從而達到加固閉鎖系統的目的。這種突擊步槍功能齊全、製作精良、易於拆卸成幾個操作部件。

正常的選擇

AR70突擊步槍有三種生產型號：AR70（普通型）突擊步槍，帶有尼龍槍托和槍托附件設置；SC70突擊步槍，帶有用管狀鋼材製成的折疊式槍托；SC70（短小型）突擊步槍和SC70突擊步槍相同，但槍管較短，專門供特種部隊使用。AR70突擊步槍和SC70突擊步槍可發射口徑為40毫米的槍榴彈，而SC70（短小型）突擊步槍則沒有這種功能。

AR70突擊步槍可以和國際市場上的任何一種突擊步槍相媲美，高標準的製作使它成為與眾不同的武器。製作精良是貝瑞塔公司所有輕型武器設計和製造的一大特點。

AR70突擊步槍確實對國際輕型武器市場產生了一定衝擊。意大利特種部隊訂購了一部分，還有一部分出口到約旦和馬來西亞，但交易量都不大。貝瑞塔公司不僅在設計和製作上極其精巧細心，而且更為神奇的是，AR70系列突擊步槍的精度極高，如果需要，標準型號的AR70突擊步槍還可以安裝上望遠鏡。

在20世紀80年代初期，意大利陸軍要求貝瑞塔公司提供一種新式的5.56毫米步槍，AR70突擊步槍的派生槍——AR90突擊步槍正好能滿足這一要求。於是，在20世紀90年代，AR90突擊步槍成為意大利的軍用步槍。這種步槍有攜帶把手，套筒座上面有固定的瞄準具。標準的AR90突擊

槍的槍管較長，使用固定式槍托。但有的型號的槍管有長有短。所有型號的AR90突擊步槍都帶有雙腳架和折疊式槍托。

上圖：AR70突擊步槍有幾種裝備可供選擇：其中包括夜視儀、刺刀或MECAR槍榴彈發射器。它的槍托很容易拆卸下來，換上折疊式槍托後，就轉換成了SC70標準突擊步槍

左圖：這是一支貝瑞塔AR70突擊步槍。從其可裝20發子彈的彈匣就可以看出這種步槍線條清晰、拋光精美。意大利對付遊擊隊的特種部隊就使用這種突擊步槍。雖然有一些出口到了約旦和馬來西亞，但出口量較小

下圖：這是在馬來西亞叢林中使用的貝瑞塔AR70突擊步槍。注意槍身塗有偽裝顏色。AR70突擊步槍使用可裝30發子彈的彈匣時，僅重4.15千克，所以這種武器非常適合身材矮小的亞洲軍隊使用

規格說明
AR70突擊步槍
口徑：5.56毫米
重量：4.15千克（裝彈後）
槍全長：955毫米
槍管長：450毫米
子彈射速：650發子彈／分鐘
子彈初速：950米／秒
彈匣：可裝30發子彈的彎曲狀盒式彈匣

ST 動力公司的 5.56 毫米系列步槍

新加坡特許工業公司（現在被稱為新加坡技術動能公司，或ST動力公司）生產的第一支突擊步槍是口徑為5.56毫米的SAR80突擊步槍。這種突擊步槍是英國斯特林公司設計的。新加坡公司和斯特林公司簽訂合同後獲得了SAR80突擊步槍的生產權。第一批SAR80突擊步槍生產於1978年。

在設計中，SAR80突擊步槍使用了氣動操作系統和旋轉槍栓設置，重點突出了易於生產的特點。它是在美國M16突擊步槍的基礎上研製出來的。新加坡早已獲得了M16突擊步槍的生產許可證。新加坡生產的M16突擊步槍主要供新加坡軍隊使用。雖然訂單數量較大，但SAR80突擊步槍在新加坡並沒有完全取代美國的M16突擊步槍，結果造成除了新加坡軍隊使用一部分外，剩餘的SAR80突擊步槍都未能銷售出去。

逐漸演化

新加坡公司再次向國際輕武器市場發起衝擊的武器是它的5.56毫米SR88突擊步槍及隨後的SR88A突擊步槍。從設計上看，SR88突擊步槍被認為是SAR80的改進型。和SAR80突擊步槍相比，SR88突擊步槍在設計上進行了多處改動，其目的主要是提高出口能力。另外，還有一種被稱為SR88A的卡賓槍型。不過，SR88A仍然未能銷售出去，最終被迫收回。

繼SR88突擊步槍和SR88A突擊步槍之後，新加坡又生產出了5.56毫米的SAR21突擊步槍。這種突擊步槍和前兩種突擊槍相比，銷售情況似乎要好多了，引起人們的極大興趣。這種突擊步槍大約從1995年開始研製。該公司研製這種步槍的目的是想用它來取代新加坡軍隊使用的所有軍用步槍。1999年，這種突擊步槍第一次公開亮相後投入系列生產。SAR21突擊步槍採用了無托結構——為了保證做到製作精巧和使用方便，彈匣設在了扳機組件的後面。為了提高操作效能，製作時使用了大量的複合材料和塑料。

模塊式結構有助於維修。這種突擊槍拆卸後只有5大部分，其中之一就是可裝30發子彈的盒式彈匣。SAR21突擊步槍繼續使用早期步槍設計中的氣動操作系統和旋轉式槍栓設置。套筒座上安裝了永久性的可放大1.5倍的望遠鏡。

派生類型

SAR21突擊步槍僅僅是系列突擊步槍中的一種，其中的SAR21 P-Rail突擊步槍用"皮卡蒂尼瑞爾"設置取代了突擊步槍中普通使用的瞄準設置。這種設置可以安裝各種類型的光學瞄準鏡或夜視儀。

SAR21/40mm突擊步槍的槍管下可以安裝40毫米的榴彈發射器。SAR21"精明射手"有一個專門供神射手使用的可放大3倍的光學瞄準鏡。另外，還有一種輕型機關槍型的SAR21，這種突擊步槍的槍管很重，帶有雙腳架，只能選擇自動射擊。而其他型號的突擊步槍，如果需要，都可以選擇單發射擊。SAR21突擊步槍的射速每分鐘可達450~650發子彈。

上圖：SAR21突擊步槍是使用無托結構設計的現代突擊步槍。這種突擊步槍有幾大組成部分：槍管、槍栓、上套筒座、下套筒座組件和彈匣

規格說明

SAR80突擊步槍

口徑：5.56毫米

重量：3.7千克（裝彈前）

槍長：970毫米

槍管長：459毫米

子彈射速：600~800發子彈／分鐘

彈匣容量：可裝30發子彈

SR88A突擊步槍

口徑：5.56毫米

重量：3.68千克（裝彈前）

槍長：960毫米

槍管長：460毫米

子彈射速：700~900發子彈／分鐘

彈匣容量：可裝30發子彈

SAR21突擊步槍

口徑：5.56毫米

重量：3.82千克（裝彈前）

槍長：805毫米

槍管長：508毫米

子彈射速：450~650發子彈／分鐘

彈匣容量：可裝30發子彈

上圖：SAR80突擊步槍是由英國斯特林公司設計，新加坡特許工業公司（後來稱為ST動力公司）生產的。生產SAR80突擊步槍是新加坡試圖進軍有利可圖但又困難重重的國際輕武器市場的第一次嘗試

西班牙賽特邁公司生產的
L/LC 型 5.56 毫米突擊步槍

廣為人知的賽特邁系列突擊步槍，由於使用了另一家生產商聖·巴巴拉（目前被通用動力公司收購）的名字，所以以賽特邁命名而生產的突擊步槍也就結束了。賽特邁步槍最初是從1945年開始設計的。它使用了德國人發明的延遲式後坐力閉鎖設置（以氣動操作系統為基礎）。在射擊的瞬間，滾筒進入套筒座壁內的槽溝。西班牙在把注意力轉向生產5.56毫米步槍之前，使用這種系統生產出了7.62毫米和7.92毫米賽特邁系列步槍（並且德國的赫克勒-科赫有限公司也生產了這種步槍）。

CETME是賽特邁系列步槍設計局（Compania de Estudios Tecnicos de Materiales Especiales）的縮寫。該設計局把7.62毫米步槍改進成為一種重量輕、體積小、使用更加方便的5.56毫米突擊步槍。改進後生產出來的5.56毫米突擊步槍有兩種型號：一種是L型，另一種是LC型。前者帶有固定槍托，後者槍托上安裝有望遠鏡。後者的槍托可以伸展，從整體上看，要比L型突擊步槍短。由於它的槍管較短，所以子彈射速較快。

西班牙生產

1986—1991年，L型和LC型突擊步槍開始投入生產並裝備西班牙部隊。這種武器的主要設計特點是：步槍的外部部件是用大量的複合材料澆鑄而成的。早期型號使用可裝20發子彈的盒式彈匣，後來改為M16突擊步槍使用的可裝30發子彈的彈匣。後來，可裝30發子彈的彈匣成為標準彈匣，儘管偶爾也會見到可裝10發子彈的盒式彈匣。

生產中的一大變化是它的瞄準設置。原來使用的四陣位瞄準設置，瞄準距離為400米。改進後則使用更為簡單的"翻轉"式瞄準設置，瞄準距離為200米。另一大變化是射擊控制杆：最初生產的步槍除了保險、單發射擊和全自動射擊選擇器之外，還有一個3發點射的限制器，事實表明這個限制器沒有安裝的必要，所以後來生產的突擊步槍中都取消了這一設置。

賽特邁5.56毫米步槍只出售給西班牙武裝部隊。在使用中，事實證明它容易損壞，需要精心維護。要想解決這個問題，一勞永逸的方法就是用新式突擊步槍取而代之，所以在1998年6月，西班牙稱將用德國赫克勒和科赫有限公司的G36步槍取而代之。西班牙預計需要115000支G36突擊步槍。為此西班牙購買了G36突擊步槍的生產許可證，並已建立生產G36突擊步槍的工廠。

上圖：LC型突擊步槍和它的學生兄弟L型突擊步槍可以從裝有望遠鏡的槍托中分辨出來。儘管從總體上講，這兩種突擊步槍的設計是成功的，但L系列突擊步槍暴露出了容易損壞的缺陷

規格說明

L型突擊步槍

口徑：5.56毫米

重量：3.4千克（裝彈前）

槍長：925毫米

槍管長：400毫米

子彈射速：600~750發子彈／分鐘

彈匣容量：可裝30發子彈

LC型突擊步槍

口徑：5.56毫米

重量：3.4千克（裝彈前）

槍長：860毫米或665毫米

槍管長：320毫米

子彈射速：650~800發子彈／分鐘

彈匣容量：可裝30發子彈

左圖：賽特邁5.56毫米選擇性射擊突擊步槍生產有兩種型號：一種為標準型號（L型），帶有固定槍托；另一種為LC型，槍管較短，槍托可以安裝望遠鏡。最初設計彈匣可裝20發子彈

瑞士工業集團的 SG550 突擊步槍

SG550系列5.56毫米突擊步槍的研製是為了滿足瑞士陸軍的需要，取代瑞士陸軍所使用的7.5毫米斯圖姆蓋威爾57步槍（Stgw57步槍，又稱SG510-4步槍）。瑞士工業集團最初研製出的兩種基本型號是SG550和SG551突擊步槍。瑞士陸軍把SG550命名為斯圖姆蓋威爾90突擊步槍（Stgw 90突擊步槍），同時瑞士陸軍也使用SG551突擊步槍。不過和SG550突擊步槍相比，SG551突擊步槍短一些，沒有雙腳架。1984年，這兩種突擊步槍開始裝備瑞士陸軍，並且繼續投入生產。

自那之後，出現了許多相關類型的突擊步槍。SG550 SP和SG551 SP屬半自動運動步槍，主要供應瑞士射擊專用步槍市場。SG551 SWAT和SG551突擊步槍幾乎完全一樣，主要供特種部隊或特種執法機構使用，並且安裝有光學瞄準具，槍管下安裝了40毫米榴彈發射器。SG550"狙擊手"步槍具有特殊用途，它的槍管較長安裝有光學瞄準具和其他許多相關的精密儀器。約旦警察也使用SG550"狙擊手"步槍。SG552"突擊隊"步槍生產於1998年6月，重量輕、體積小，屬袖珍型步槍，也帶有折疊式槍托和有多種光學瞄準儀，主要供特種部隊使用。

高規格的步槍

SG550系列步槍做工精美，價格昂貴。整個製造標準之高和操作之簡便都是前所未有的。在製作中，為了減輕重量，在選擇製作的原材料時，盡可能多地使用塑料製品。其操作方法為常見的氣動操作裝置和旋轉式閉鎖槍栓。

SG550系列步槍的最引人注目的設計是它的透明塑料彈匣。這種彈匣可以保證射手一眼就可以判斷出彈匣內的子彈的數量。彈匣可以裝20或30發子彈。彈匣的側面有許多螺絲和連線，可以把多個彈匣連

接在一起。當某一個彈匣沒有子彈時，射手可以抽出空彈匣，然後再把裝滿子彈的彈匣裝進去。顯然，如果一次供應60甚至90發子彈，射手就可以在戰術上獲得明顯優勢。另外，還有一種可裝5發子彈的彈匣，這種彈匣也可以裝發射槍榴彈的子彈。

在攜帶或存放時，為了減少槍的長度，它的槍托可以向套筒座右側折疊。據說使用折疊式槍托的突擊步槍平衡性較好，在作戰範圍內能夠更準確地瞄準射擊。瞄準鏡特別易於使用：夜間射擊時，瞄準鏡帶有發光設置。另外，這種突擊步槍還帶有望遠鏡架和3發點射的限制器。

規格說明

SG550突擊步槍

口徑：5.56毫米

重量：4.1千克（裝彈前）

槍長：998毫米

槍管長：528毫米

子彈射速：700發子彈／分鐘

彈匣容量：可裝20發或30發子彈

SG551突擊步槍

口徑：5.56毫米

重量：3.4千克（裝彈前）

槍長：827毫米

槍管長：372毫米

子彈射速：700發子彈／分鐘

彈匣容量：可裝20或30發子彈

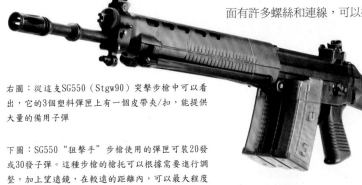

右圖：從這支SG550（Stgw90）突擊步槍中可以看出，它的3個塑料彈匣上有一個皮帶夾／扣，能提供大量的備用子彈

下圖：SG550"狙擊手"步槍使用的彈匣可裝20發或30發子彈。這種步槍的槍托可以根據需要進行調整，加上望遠鏡，在較遠的距離內，可以最大程度地發揮精確射擊的優勢。這種步槍和大多數SG550突擊步槍相比，在設計上有許多差異

卡拉什尼科夫 AK-47 突擊步槍

阿維托馬特・卡拉什尼科夫AK-47是自輕武器生產以來設計最成功、應用最廣泛的輕武器之一。其應用遍及世界，甚至時過半個多世紀之後，許多國家仍在以不同的方式生產各種類型的AK-47突擊步槍。

最早的AK-47突擊步槍是根據一種小型的、口徑為7.62毫米的子彈設計出來的。蘇聯人在很大程度上參考了德國的7.92毫米小型子彈。蘇聯紅軍常常在繳獲德國的系列突擊步槍（MP43，MP44和StuG44）之後，生產出自己的（類似於德國的）突擊步槍。結果就出現了7.62毫米×39毫米子彈和AK-47突擊步槍。這種突擊步槍的設計者是米哈伊爾・卡拉什尼科夫，所以這種步槍通常被稱為卡拉什尼科夫突擊步槍。

第一批試驗性AK-47突擊步槍於1947

上圖：最初的AK-47突擊步槍
最受歡迎的卡拉什尼科夫系列突擊步槍之一，它安裝了可折疊的金屬槍托

上圖：現代AKM突擊步槍
從不同的槍口制動器附件設置和前置式槍托上面的把手上可以分辨出它和AK-47突擊步槍的區別

上圖：中國的56式突擊步槍
中國型號的AK-47突擊步槍。它有自己完整的刺刀設置，見圖中前置式槍托下面折疊的刺刀

本頁圖：卡拉什尼科夫突擊步槍的生產數量超過了歷史上任何一種輕武器。在20世紀下半期發生的任何一場戰爭中幾乎都能見到它的身影

年發放到紅軍手中，但當時還沒有大規模裝備部隊。直到20世紀50年代，蘇聯紅軍才大規模地裝備AK-47突擊步槍。後來，AK-47突擊步槍逐漸成爲華約組織的標準武器。蘇聯的AK-47突擊步槍的生產線極其龐大，但是，華約組織對這種步槍的需求更大，多數華約組織成員國都建立了自己的生產線。從那以後，又派生出各種類型的AK-47突擊步槍。直到今天，許多槍支愛好者仍對它癡迷不已。

可靠的質量

基本型的AK-47突擊步槍設計合理、製作精良，和德國戰時的突擊步槍一樣，未能大規模投入生產。AK-47突擊步槍的套筒座經過了精密加工，使用的原材料都是優質鋼材和優質木材，生產出來的AK-47突擊步槍結實耐用，經得起任何條件的考驗。

由於它的移動部件較少，所以拆卸起來極爲簡單，維修也很簡單，接受短時間的訓練就能使用。

多年來，在基本型號的基礎上又出現了多種類型的AK-47突擊步槍。這些AK-47突擊步槍有一個共同的特徵：都帶有可折疊的槍托。

所有不同型號的AK-47突擊步槍使用的機械原理完全相同：簡單的旋轉槍栓設置。在槍栓凸輪的推動下，槍栓進入套筒座內相對應的槽溝內。操作系統是根據槍

管中流出的氣體通過一個氣孔，然後帶動其他機械設置進行的。

世界製造

生產AK-47突擊步槍的國家有中國、波蘭和民主德國。還有一些國家模仿了AK-47突擊步槍的操作系統，如芬蘭的瓦爾米特突擊步槍和以色列的加利爾突擊槍。

蘇聯於20世紀50年代末承認：蘇聯在生產AK-47突擊步槍的時候，使用了多種製造設施。蘇聯人經過改進，又生產出了改進型卡拉什尼科夫突擊步槍（又稱AKM突擊步槍）。雖然從外觀上看，AKM突擊步槍和早期的AK-47突擊步槍很像，但是爲了能大規模投入生產，AKM突擊步槍已經作了多處改動。

外部最明顯的變化是它的套筒座。AKM突擊步槍的套筒座用鋼板衝壓而成，而早期的套筒座是精密加工而成的，而且在內部結構上也作了很大改動，閉鎖系統變得更加簡單。另外還有其他變化，但整體上看，變化最大的還是它的製造方法。

AKM突擊步槍並沒有立即取代AK-47突擊步槍。爲了彌補AKM突擊步槍數量上的不足，仍有許多AK-47突擊步槍留在軍中。其他華約組織的成員國逐漸調整了它們的生產線，使之能夠生產AKM突擊步槍。一些國家（如匈牙利）甚至走得更遠，對AKM突擊步槍的設計進行了改進，生產出自己的型號。這些突擊步槍通常和最初的AKM突擊步槍在許多方面存在差

異。匈牙利的AKM-63突擊步槍和蘇聯的AKM突擊步槍從外表上看差別極大，但保留了AKM突擊步槍的基本機械設置。有一種型號是AKMS突擊步槍，它帶有可以折疊的鋼製槍托。

龐大的生產數量

AK-47系列突擊步槍的生產數量超過了5000萬支，並且AK-47和AKM突擊步槍一直在軍隊中使用，順利地邁進21世紀。如果沒有其他理由的話，它們的使用期限如此之長，部分原因在於它們的使用範圍，這兩種突擊步槍隨處都能見到；另外還有一個原因是它們驚人的生產數量。但是，最根本的原因是這兩種突擊步槍設計合理，結實耐用，而且易於使用和維修。

上圖：圖中爲埃及軍隊在1973年贖罪日戰爭（第4次中東戰爭）期間所拍的照片。他們使用的武器是AKM突擊步槍。它的槍口附屬設置比較獨特，並且槍托上有凹槽溝，可以當作把手使用。AKM突擊槍作爲埃及的標準軍用步槍長達20多年

左圖：AK-47、AKM和華約組織各成員國生產的各種類型的突擊步槍。圖中民主德國步兵手持的是民主德國製造的MpiKM突擊步槍

規格説明

AK-47突擊步槍

口徑：7.62毫米

重量：5.13千克（裝彈後）

槍長：869毫米

槍管長：414毫米

子彈射速：600發子彈／分鐘

子彈初速：710米／秒

彈匣：可裝30發子彈的盒式彈匣

AKM突擊步槍

口徑：7.62毫米

重量：3.98千克（裝彈後）

槍長：876毫米

槍管長：414毫米

子彈射速：600發子彈／分鐘

子彈初速：710米／秒

彈匣：可裝30發子彈了盒式彈匣

卡拉什尼科夫 AK-74 突擊步槍

西方在步槍設計中採用小口徑子彈後，蘇聯在這方面的進展速度卻非常緩慢，實在令人吃驚。或許是因為蘇聯軍中已經使用了大量的AK-47和AKM突擊步槍，使其無法在設計上作出重大改變，從而使小口徑子彈未被列入優先研製項目。所以直到20世紀70年代初期，華約組織才宣佈使用新式子彈。此時，出現了一個問題，要想發射口徑為5.45毫米×39毫米的新式子彈，就需要研製出一種新式步槍。這個時候，AK-74突擊步槍出現了。

為了滿足蘇聯紅軍的需要，AK-74馬上進入全速生產狀態。和早期的AK-47突擊步槍一樣，華約組織的其他成員國也製造了各種類型的AK-74突擊步槍。

AK-74突擊步槍基本上是AKM突擊步槍的改進型。改進目的是為了發射小口徑的新式子彈。它的外形、重量和整體規格與AKM突擊步槍幾乎一模一樣。它和AKM突擊步槍不同的地方是：它使用的是塑料彈匣；有一個突出的槍口制動器；有的型號帶有木製槍托和折疊式金屬槍托。

和AK-74突擊步槍有關的一件事應該特別注意，那就是它使用的子彈。為了在發射口徑為5.45毫米子彈時獲得最大的初速度，蘇聯設計人員採取了一種非常有效但卻違反國際法的設計，使用以鋼為核心的子彈，子彈頭是空心的，所以子彈的重心向後偏移。它所產生的效果是，當彈頭擊中目標後，彈頭就會發生變形。隨後子彈的重心向後偏移，子彈的推動力會持續向前運動，這樣，子彈就會發生翻滾。使用這種方法，小口徑子彈對較遠目標產生的效果更加顯著。一些高速飛行（初速）的子彈常常能產生驚人的效果。有的子彈如西方的5.56毫米M193子彈，雖然也會產生這種效果，但它不是故意設計的，只是子彈射擊時的附帶效果而已。而蘇聯的5.45毫米子彈的射擊效果則是故意設計的。

新式的卡拉什尼科夫突擊步槍

蘇聯解體後，卡拉什尼科夫突擊步槍的改進只是表面現象而已。事實上，它並沒有什麼實質性的改進。目前供出口的卡拉什尼科夫突擊步槍是根據"AK-100系列"命名的。AK-101突擊步槍使用的是北約5.56毫米×45毫米子彈。AK-102突擊槍的槍管又短又小。AK-103突擊步槍使用的是AK-47最初使用的7.62毫米×39毫米子彈。AK-105突擊步槍是AK-74突擊步槍的改進型，它的槍管也是又短又小，它使用的子彈是初速度極快的5.45毫米×39毫米子彈。

上圖：AK-74突擊步槍在阿富汗戰場上首次亮相。在阿富汗，被繳獲的AK-74突擊步槍馬上落到遊擊隊手中。從此之後，從車臣到剛果的武裝衝突中，人們都能看到AK-74突擊步槍的身影

左圖：圖中可能是1988年的一名蘇聯步槍射手。他身穿樹葉類的迷彩服，戴有防毒面罩和核生化過濾器。他使用的就是標準的AK-74突擊步槍。到這個時候（1988年），蘇聯前線部隊的AK-47突擊步槍已經全部被AK-74突擊步槍取代

規格説明

AK-74突擊步槍

口徑：5.45毫米

重量：3.6千克（裝彈前）

槍長：930毫米

槍管長：400毫米

子彈射速：650發子彈／分鐘

子彈初速：900米／秒

彈匣：可裝30發子彈的盒式彈匣

右圖：AK-74（上）和AK-47（下）相比較，AK-74
突擊步槍有一個用鋼架做成的槍托。但是，請注意
它突出的槍口制動器和棕色的塑料彈匣。另外，還
要注意兩種子彈規格上的差異

阿瑪萊特 AR-15/M16 突擊步槍

M16突擊步槍是著名的設計大師尤金·斯通納發明的，起源於阿瑪萊特AR-10步槍。AR-10突擊步槍是20世紀50年代中期最具有創新意識的大威力軍用步槍。這種步槍使用5.56毫米子彈後被命名為阿瑪萊特AR-15突擊步槍。

AR-15步槍參加了美國陸軍為挑選新的標準軍用步槍而舉辦的輕武器試驗大賽。在大賽之前，英國陸軍訂購了10000支，成為大批量訂購這種新式步槍的第一個客戶。1961年之後不久，美國空軍也訂購了一批AR-15步槍。

標準步槍

經過角逐，AR-15步槍被美國陸軍選中，成為美國陸軍新的標準軍用步槍——M16步槍。然而美國陸軍卻把M16步槍交給了柯爾特武器公司生產，並和阿瑪萊特公司簽訂了銷售協議。

1966年，根據在越南戰場上獲得的經驗，美國為M16步槍增加了一個槍栓關閉設置。於是，M16步槍就變成了M16A1步槍。M16A1最初裝備部隊時，尤其在戰場上，出現了許多問題。然而，它的設計經過幾處改動，再加上良好的訓練和預防性維修，這些問題得到了解決。M16A1成為美國陸軍的標準軍用步槍。

此後，M16系列步槍的生產數量超過了300萬支，應用非常廣泛，並且還被出售到世界上許多國家和地區。經過大量改進和試驗，出現了不同類型、不同型號的M16步槍。其中有一種輕機關槍類型，它的槍管較重，帶有雙腳架。而短槍管型號的M16則供特種部隊使用。

操作

M16步槍是氣動系統操作的武器。它使用了旋轉槍栓閉鎖裝置。套筒座上的攜帶把手可以當作前瞄準具的底座使用。所有的附件設置都用尼龍製成。M16步槍大量使用了塑料製品。這對於那些已經習慣使用上一代軍用步槍，如M14步槍使用的是沉重的木製品的士兵來講，手持M16步槍時，則有一種把玩玩具的感覺。但是M16步槍可不是小玩具。M16步槍發射的是口徑為5.56毫米的子彈。和以前相比，這意味着士兵可以攜帶更多子彈，子彈威力的降低意味着普通士兵能夠首次使用全自動武器進行射擊。

M16A2步槍

在20世紀80年代，出現了一種改進型的M16步槍。最顯着的變化是它的手柄經過了重新設計，輪廓較粗，呈環狀，可以當作較好的槍把使用。它的槍管較重，其中有7英寸纏度（一種長度單位）的螺旋狀槍管，很不顯眼，不注意還真不容易看出來。這種槍管可發射北約標準的SS109（M855）子彈。M249自動武器（SAW）也可以發射這種子彈。使用這種子彈可以增大射程，增強子彈的穿透能力。

M16A2步槍還可以發射舊式的M193子彈，這種子彈是爲12英寸纏度的螺旋狀槍管設計的。它還增加了一個點射控制裝置。這種裝置可以把自動射擊限制在3發點射的範圍內，這樣既能節省子彈，又能增強射擊精度。

M4/M4A1卡賓槍

M16A2步槍的卡賓槍型號被稱爲5.56毫米M4/M4A1卡賓槍。它是專門爲那些在近距離和狹小空間內執行任務的單個士兵提供火力掩護而設計的。

M4卡賓槍和M16A2的許多零部件（超過80％）可以互相交換。M4卡賓槍已經取代了口徑爲0.45英寸的衝鋒槍和如裝甲車乘員和特種作戰部隊之類部隊使用的手槍。

右圖：最初的M16突擊步槍是借助越戰而名聞天下的。它是數以萬計的步兵使用的標準軍用步槍。但是短槍管、槍托傾斜的"柯爾特突擊隊"突擊步槍主要供特種作戰部隊使用

左圖：21世紀美國陸軍的"陸地勇士"系統中使用的步槍就是M4卡賓槍。M4卡賓槍是M16突擊步槍的一種（卡賓槍型號）

規格說明

M16A2突擊步槍

口徑：5.56毫米

重量：3.99千克（裝彈後）

槍長：1006毫米

槍管長：508毫米

射程：最大射程3600米；有效射程550米；正常作戰範圍200米之內

子彈射速：800發子彈／分鐘（循環）；45發子彈／分鐘（半自動）；90發子彈／分鐘（點射）

子彈初速：853米／秒

彈匣容量：可裝30發子彈

左圖：在"霍索恩行動"中，裝備M16步槍的美國第101空降師士兵正在德壽附近參加戰鬥。M16步槍是美國於1966年越南戰爭期間研製成功的

M16步槍的使用

M16出人意外地使用了清潔子彈，並且作爲"免清潔"步槍迅速名聞天下。然而，軍用彈藥帶來了更多污垢。這對於那些不經常清潔武器、缺少經驗的新兵來說，使用M16步槍時，經常會發生阻塞問題，而職業軍隊則很少遇到這種問題。

右圖：子彈
如M16之類的小口徑步槍（右邊是它的子彈和彈匣）主要有下列優勢：裝備M16步槍的士兵和裝備大口徑——7.62毫米步槍的士兵相比，前者攜帶的子彈量是後者的兩倍

5.56毫米×45毫米 M193子彈

10發子彈的彈夾

5發子彈的彈夾

北約的7.62毫米×51毫米子彈

彈匣排

彈藥排

可裝20發子彈的彈匣

可裝40發子彈的彈匣

左圖：AR-15突擊步槍（圖中右邊的一支）是美國於20世紀50年代在AR-10步槍（圖中左邊的一支）的基礎上研製而成的。AR-10步槍發射北約的7.62毫米子彈，是最早大量使用塑料和鋁合金部件的步槍之一

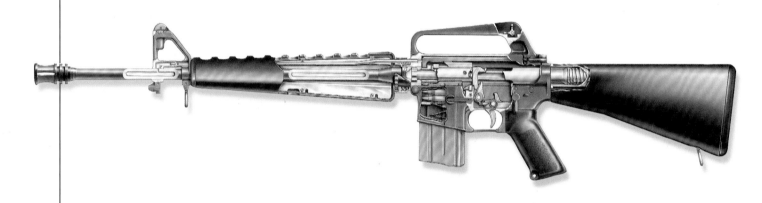

阿瑪萊特 AR-15/M16 突擊步槍剖面圖

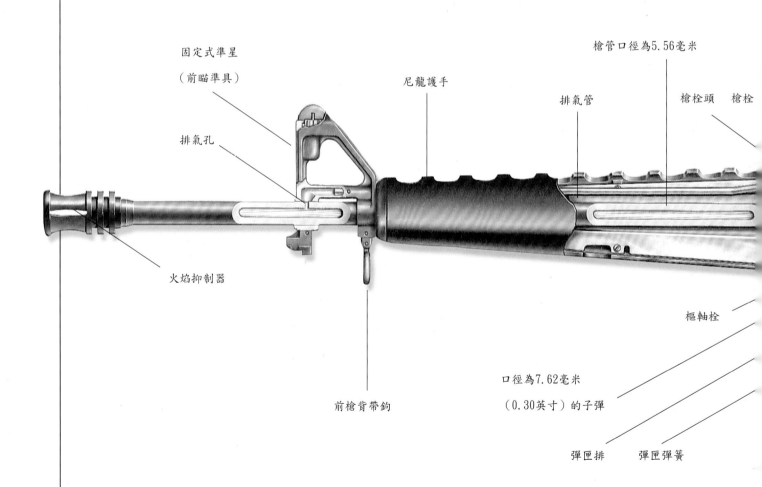

固定式準星

（前瞄準具）

排氣孔

火焰抑制器

前槍背帶鉤

尼龍護手

槍管口徑為5.56毫米

排氣管

槍栓頭　槍栓

樞軸栓

口徑為7.62毫米

（0.30英寸）的子彈

彈匣排　　彈匣彈簧

左圖：鬆動拆卸栓，轉動樞軸栓的前端，M16步槍隨時都可以拆卸。清潔、維護或修理非常方便

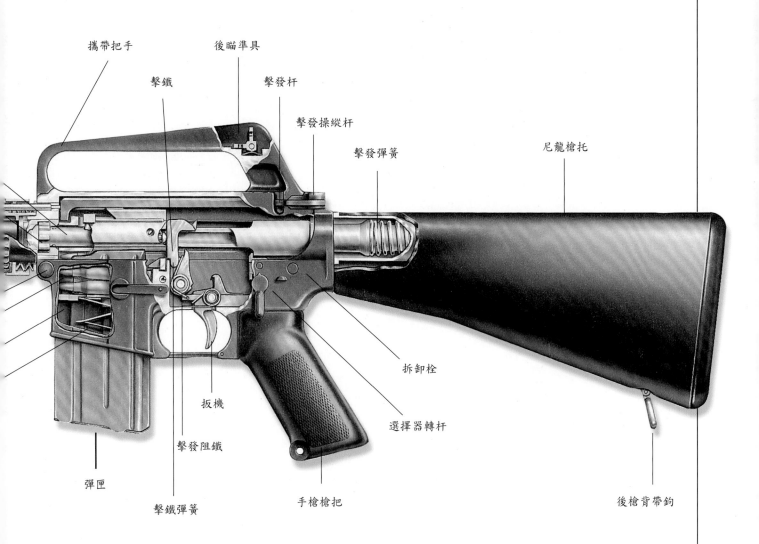

攜帶把手

後瞄準具

擊鐵

擊發杆

擊發操縱杆

擊發彈簧

尼龍槍托

拆卸栓

扳機

選擇器轉杆

擊發阻鐵

彈匣

手槍槍把

擊鐵彈簧

後槍背帶鉤

英國的 SA80 突擊步槍

英國陸軍的標準軍用步槍是SA80突擊步槍,不過人們更熟悉的卻是它的最初設計型號——L85A1突擊步槍。SA80突擊步槍非常精確。從理論上講,更易於維護,並且非常易於射擊。它的後坐力較輕,出現問題的可能性降到了最小程度,使射手盡可能放鬆地瞄準目標。它安裝有特殊的光學瞄準具,即使在最微弱的光線下,射手也能清楚地發現目標。SA80突擊步槍的最引人注目的地方是它極其精巧。採用無托結構意味着彈匣位於扳機組件的後部,這樣對於規格較小的步槍來說可以使用較長的槍管。雖然SA80突擊步槍的槍管和它所取代的SLR步槍(自動裝填步槍)的槍管相比短了一點,但是,從整個槍的長度相比,SA80卻比SLR短30%。這樣,尤其在狹小的空間,如裝甲車內,使用SA80突擊步槍就顯得更加方便。

SA80突擊步槍體積小,這一點對於英國士兵來說非常重要,對於乘坐裝甲車輛作戰的部隊來說,SA80突擊步槍是最理想的武器。英國步兵在"沙漠風暴"中就使用了這種步槍。

在巷戰中,SA80突擊步槍表現突出。事實證明,它的槍背帶設置的作用明顯,SA80槍背帶可以從背後挎在胸前,士兵雙手持槍,前後左右,運用自如;槍背帶可以從頂部鬆開,需要時可迅速投入戰鬥。

由於SA80突擊步槍採用的是無托結構,空彈殼會從射手正面的洞孔中向外彈出,所以它只適合於右手持槍的人使用。

SUSAT瞄準設置

SA80突擊步槍是最早使用望遠鏡的作戰步槍之一,望遠鏡是它的標準設置。這種"特里魯克斯"輕武器瞄準設置(SUSAT)望遠鏡可以把目標放大4倍。借助非常舒適的橡皮目鏡,士兵可以在指示器(白天發暗,夜晚光線很差時,"特里魯克斯"輻射燈會自動發出光亮)上清楚地發現並瞄準目標。

射擊方式選擇杆放置在R(循環)處時,表示士兵可以單發射擊;放置在A(自動)處時,表示士兵只要連續扣動扳機,彈匣內的子彈得到保證時,就可以持續不停地射擊。

SA80突擊步槍使用的是口徑為5.56毫米的子彈。這種子彈的重量較輕,每個士兵可以攜帶8個彈匣和一個子彈帶。因為子彈較輕,所以它的有效射程可達500米。儘管在實戰中輕武器極少在300米射程之外射擊,因為風向會影響子彈的飛行。然而,在瞄準遠距離的目標時,士兵需要不斷調整,從而達到準確擊中目標的目的。

SA80突擊步槍取代了三種步兵武器:自動裝填步槍(SLR)、口徑為9毫米的斯特林衝鋒槍和口徑為7.62毫米的通用機關槍。為了取代通用機關槍,SA80突擊步槍還有一種輕型支援武器的型號。這種輕型支援武器被稱為L86A1,使用重槍管,帶有雙腳架。它和SA80突擊步槍幾乎一模一樣,所以士兵只需熟悉一種武器,就可以熟練地使用其他兩種武器。

事實證明,SA80突擊步槍在軍中並沒

上圖:SA80突擊步槍使用了仿生設計,非常適合現代戰爭的要求。它攜帶方便,利於機動,隨時都可以進入射擊狀態

規格説明

L85A1(SA80)突擊步槍

口徑:5.56毫米×45毫米(北約標準)

重量:3.80千克(無彈匣和光學瞄準鏡);
　　　4.98千克(裝彈後)

槍長:850毫米

槍管長:518毫米

射程:有效射程500米;正常射程300米

子彈射速:610~775發子彈/分鐘

子彈初速:940米/秒

彈匣:可裝30發子彈的盒式彈匣

有受到士兵們的青睞。一線部隊使用時，士兵們發現了許多問題。所以赫克勒和科赫有限公司對SA80突擊步槍的許多機械設置進行了重新設計，從而研製出L85A2突擊步槍。和SA80突擊步槍相比，L85A2突擊步槍的性能更加可靠，但士兵們仍然抱怨說，在塵土飛揚和高溫條件下，其性能仍然存在不少問題。

上圖：輕武器的設計人員面臨的一個問題是，研製出能夠在任何環境下，包括可能需要穿上核生化防護服的典型高技術戰爭，都可以使用的武器

左圖：SA80突擊步槍體積很小，非常適合那些在諸如裝甲車之類的狹小的空間內參加戰鬥的部隊使用

下圖：如圖所示，手持SA80突擊步槍的步兵正在巡邏。SA80突擊步槍已經成為北愛爾蘭衝突的標誌性武器

阿瑪萊特 AR-18 準軍事步槍

阿瑪萊特公司得知其設計的AR-15步槍被美國陸軍選中並交給柯爾特武器公司生產（產品被稱爲M16系列步槍）的消息後，馬上決定把注意力轉向未來的新式步槍。由於口徑爲5.56毫米的子彈已經被各國普遍接受，於是阿瑪萊特公司認爲，當務之急是生產出一種設計簡單而又性能可靠，並且易於生產的能夠發射這種子彈的新式步槍。AR-15突擊步槍的設計非常合理，沒有精密的加工設備很難生產。放眼世界，能夠生產這種加工設備的公司找不到幾家。第三世界的國家只能進行簡單生產，而它們對新式步槍的需求又非常迫切，所以阿瑪萊特公司決定對AR-15步槍的設計進行修改。

修改後生產出來的步槍就是阿瑪萊特AR-18步槍。它使用了AR-15突擊步槍的基本設計原理，改進後更適宜用目前所熟悉的方法（使用衝壓鋼板、塑料製品和澆鑄產品）進行製造。這些製造方法使AR-18步槍更易於生產、維護和使用。無論是從外形上，還是從設計上看，AR-18步槍都類似於AR-15突擊步槍，但是由於它的套筒座是用衝壓鋼板製成的，所以它的輪廓要比AR-15突擊步槍的輪廓大一些。在存放或從槍後部射擊時，它的塑料槍托可以沿套筒座一側折疊。

完成設計

完成AR-18步槍的設計後，阿瑪萊特公司開始尋找買主，但是由於AK-47和M16A1突擊步槍已經氾濫成災，世界武器市場已趨於飽和，所以買者寥寥無幾。雖然該公司和日本達成了一項生產協議，但事情一波三折，經過幾年，最後還是不了了之。後來，英國的斯特林武器公司購買了這種步槍的生產許可證，生產了一些AR-18突擊步槍，而且還一度把生產轉到了新加坡。一些國家採取了先購買，然後由本地生產的方法。更爲重要的是一些國家以AR-18突擊步槍的設計爲基礎，設計出了它們自己的突擊步槍，所以目前世界上的AR-18突擊步槍都是打着各種幌子或貼上不同的商標出現的。

左圖：AR-18突擊步槍最初是在日本製造的，但公開亮相卻是在貝爾法斯特武器展覽會上。標準的AR-18突擊步槍都帶有折疊式槍托

規格説明

AR－18突擊步槍

口徑：5.56毫米

重量：3.48千克（裝彈後帶20發子彈）

槍長：940毫米（槍托伸展後）；
　　　737毫米（槍托折疊後）

子彈射速：800發子彈／分鐘

子彈初速：1000米／秒

彈匣：可裝20發、30發和40發子彈的盒式彈匣

盧格"迷你"14 準軍事和特種部隊步槍

盧格"迷你"14步槍最早生產於1973年。它的出現標誌着自第二次世界大戰期間使用的大規模生產方式開始轉變，又回歸到第二次世界大戰前講究精密加工和藝術性製造武器的製作方向。"迷你"14步槍無疑是使用過去（第二次世界大戰之前）的製作方式生產出來的優秀武器。在衝壓鋼板和合金澆鑄的方法出現之前，步槍都是用精密加工方式生產出來的。

類型

從設計上看，"迷你"14步槍是第二次世界大戰時期的7.62毫米伽蘭德M1軍用步槍的5.56毫米型。盧格公司採用了伽蘭德步槍的擊發設置，把周密合理的設計與使用新技術生產的彈藥完美結合在一起。精美的製造藝術和故意的渲染對於那些渴望求新求變的人們來說，可能會產生一定的吸引力。大名鼎鼎的"迷你"14步槍就是這樣誕生的。

從外形上看，"迷你"14步槍具有第二次世界大戰前的步槍的特點。所有原材料都質量一流。當時在步槍生產中已經開始大量使用塑料製品，但"迷你"14步槍的許多裝飾都是用優質的桃木經過精密加工製成的。"迷你"14步槍不僅重視視覺上的吸引力，而且對步槍的安全要求絲毫沒有放鬆。為了防止塵土和髒物進入擊發設置內部，"迷你"14步槍經過了精心設計。為了使拋光帶給人們視覺上的吸引力，整個步槍都仔細地塗上了藍色，所以"迷你"14步槍在市場上頗受歡迎，在中東地區甚至帶有不銹鋼裝飾物的"迷你"14步槍出現了供不應求的現象。

出口

雖然幾個主要軍事大國都沒有使用"迷你"14突擊步槍，但是"迷你"14步槍已經銷售給許多國家的警察部隊、私人保鏢、安全機構以及特種部隊。和許多時髦的現代突擊步槍相比，他們更喜歡使用製造精良、性能穩定的"迷你"14突擊步槍。為了滿足一些國家軍隊的需要，盧格公司後來又研製出一種特殊的型號——"迷你"14/20GB突擊步槍。士兵們應該喜歡這種突擊步槍，因為它帶有刺刀凸座。警察則會喜歡帶有玻璃纖維裝飾的AC-566突擊步槍。另一大創新型號是AC556GF突擊步槍，它使用了折疊式槍托和短槍管。這兩種AC-556都是多用途突擊步槍，既可以單發射擊，也可以全自動射擊，而標準的"迷你"14突擊步槍只能單發射擊。

規格說明
"迷你"14突擊步槍
口徑：5.56毫米
重量：3.1千克（裝彈後帶20發子彈）
槍全長：946毫米
子彈射速：40發子彈／分鐘
子彈初速：1005米／秒
彈匣：5發、20發或30發子彈的盒式彈匣

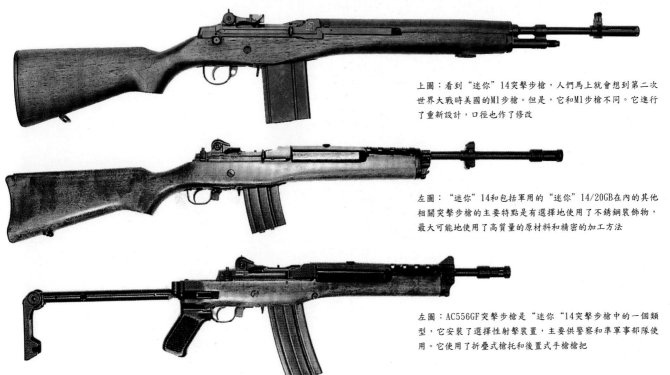

上圖：看到"迷你"14突擊步槍，人們馬上就會想到第二次世界大戰時美國的M1步槍。但是，它和M1步槍不同。它進行了重新設計，口徑也作了修改

左圖："迷你"14和包括軍用的"迷你"14/20GB在內的其他相關突擊步槍的主要特點是有選擇地使用了不銹鋼裝飾物，最大可能地使用了高質量的原材料和精密的加工方法

左圖：AC556GF突擊步槍是"迷你"14突擊步槍中的一個類型，它安裝了選擇性射擊裝置，主要供警察和準軍事部隊使用。它使用了折疊式槍托和後置式手槍槍把

盧格步槍

美國康涅迪格州紹斯波特市的斯特姆·盧格公司在眾多設施齊全的標準武器製造商中確實算個新手，然而，該公司卻從左輪手槍、半自動手槍、霰彈槍，一直到突擊步槍等輕型武器的研製中一步步壯大起來，開發研製出一系列可供民事部門、警察、保安和準軍事部隊使用的武器。盧格武器的特點是採用了現有的最好的原材料、精良的做工和出色的拋光技術。

警察、準軍事部隊和軍事部隊使用的最簡單武器是盧格77步槍。該種步槍是在德國G98步槍（使用了槍栓擊發裝置）的基礎上研製而成的。目前所能見到的在軍事上有限使用的是盧格77V"狐鼠"狙擊步槍。一般情況下，它發射北約標準的7.62毫米×51毫米子彈，儘管這種步槍也能使用其他類型的子彈。它的彈匣可裝5發子彈。槍栓後部有一個手工操作的保險。這種步槍重4.08千克，於1968年投入生產，全長1118毫米，槍管長610毫米。盧格77V步槍的槍管較重，沒有"烙鐵"瞄準具，但可以安裝望遠瞄準具。

事實證明極為出色的擊發裝置

"迷你"14步槍於20世紀70年代初研製成功，並於1975年之前投入生產。槍如其名，這種氣動系統操作的步槍在研製中吸收了M14步槍（M1伽蘭德就是根據這種操作系統研製出來的）的研製成果，但是槍的體積按照比例進行了縮小。它發射5.56毫米×45毫米M193北約子彈。研製這種槍的目的是要製造出一種既結實耐用又輕便的步槍。為了減輕槍的重量，它使用了高強度鋼。和原來使用的原材料相比，使用高強度鋼製成的零部件體積小、重量輕，但更結實。

這種武器開始時主要作為獵槍使用。由於重量輕，它使用的子彈的用途極為廣

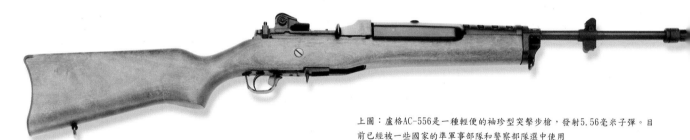

上圖：盧格AC-556是一種輕便的袖珍型突擊步槍，發射5.56毫米子彈。目前已經被一些國家的準軍事部隊和警察部隊選中使用

規格說明

盧格AC-556突擊步槍

口徑：5.56毫米

重量：2.9千克

槍全長：946毫米

槍管長：470毫米

射速：750發子彈／分鐘

子彈初速：不詳

供彈：可裝5發、20發或30發子彈的垂直狀盒式彈匣

盧格"迷你"30步槍

口徑：7.62毫米

重量：3.26千克

槍長：948毫米

槍管長：470毫米

子彈初速：不詳

供彈：可裝5發子彈的盒式彈匣

上圖："迷你"14及其改進型能夠使用各種規格的彈匣。為了提高射擊精度，在步槍上部的瞄準架（盧格x公司的專利產品）上安裝瞭望遠瞄準具

泛。它的可裝5發、20發甚至30發子彈的彈匣，逐漸爲警察和準軍事部隊接受。在這種情況下，製造商專門生產了一種用於軍事用途的K-"迷你"14-20GB步槍，槍口裝有刺刀設置和火焰抑制器，有耐/抗熱的玻璃纖維手柄。並且，該公司還生產了一種特殊型號，這種型號帶有手槍槍把和折疊式槍托。在同樣原理的基礎上，經過進一步研發，該公司又生產出了AC-556突擊步槍。這種槍專門爲準軍事和軍事目的而設計。它帶有自動射擊選擇裝置，射速可達每分鐘750發子彈。

為了拓寬客戶來源，擴大銷售量，盧格公司於1987年又推出了"迷你"30步槍。"迷你"30步槍實質上就是改變了口徑的"迷你"14步槍，可以發射蘇聯的7.62毫米×39毫米M1943子彈。在捕獵時，這種子彈的性能比美國的M193子彈還要好。事實上，這種步槍瞄準捕獵市場的原因是使用了只能裝5發子彈的彈匣。這種步槍重3.26千克，全長948毫米。有的警察部隊使用"迷你"30半自動步槍，這種步槍的性能極爲可靠，瞄準架（盧格公司的專利產品）上安裝瞭望遠瞄準具。和其他同類型的步槍相比，它的射擊精度更高。

上圖：圖中前面的英國士兵攜帶的是標準軍用步槍，但是，"陸地漫遊者"（一種越野車的名字）邊上的英國北愛爾蘭皇家警察裝備的卻是"迷你"14步槍

4 狙擊步槍

　　令正規軍隊頭痛的問題很多，縱橫交錯的江河水道、陡峭險峻的高山大川以及變化無常的氣候等惡劣環境便是其中之一。但惡劣的環境可能遠沒有狙擊手帶來的麻煩大，它能夠將正規軍隊遇到的困難提升到極致，讓整個軍事系統難以正常運轉。

左圖：L42A1步槍是舊式7.7毫米李·恩菲爾德步槍的改進型。L42A1步槍的口徑為7.62毫米，作為英國的軍用步槍使用了許多年。在馬島戰爭中（又稱福克蘭群島戰爭），英國陸軍和皇家海軍陸戰隊都使用過這種步槍。圖中的步槍和射手都使用了用棉麻製成的偽裝網

人們對狙擊手的普遍印象是一名士兵躲藏在精心偽裝的地方瞄準遠處的敵人。但是，在現代化機動性極強的戰場上，即使狙擊手想一展身手，顯示一下他神奇的技能，可惜他幾乎找不到這樣的機會。那麼，狙擊手在現代化的戰爭中將扮演什麼樣的角色？

簡潔的回答是：當戰鬥平息下來，雙方重新調兵遣將，為下一輪攻勢做準備的時候，狙擊手大顯身手的機會就會出現。當然，這需要一定的時間，在此期間，狙擊手可以重操舊業，一展身手。這和過去幾乎沒有什麼變化，狙擊手將成為戰場上敵對雙方對弈的主角。

觀察角色

狙擊手不僅僅是一個在遠距離外挑選獵殺目標的殺手，還是一個訓練有素的觀察員，能夠在不被敵人察覺的情況下，穿過兩軍對壘的區域，到達出乎敵人預料的地方。一旦到達目的地，他們必須節省子彈，等待重要目標出現。經過仔細準備和周密的計劃之後，在嚴格的控制下，狙擊手才會射殺所選定的目標。

兩人結伴的狙擊小組

狙擊手極少單獨行動。一般情況下，任何一支部隊的每一個步兵營都有一個大約由8名狙擊手組成的狙擊小隊，他們常常是兩人一組執行任務。理想的安排是一人集中精力觀察和選定目標，另一人負責射擊。當然，這並不是嚴格或倉促的規定，因為擔負觀察任務的狙擊手在觀察期間，什麼

意外情況都可能發生，而狙擊手除非在萬不得已的情況下，或在發現重要目標的時候，否則絕不會使用他們的武器。

在機動性很強的戰爭間隙所帶來的片刻寂靜中，狙擊手能夠做的事很多。他們可以滲透到敵佔區，觀察敵人的兵力調動情況。並且，他們還能瓦解和騷擾敵人進攻或維持現狀的企圖。如果隱藏在安全地點，他們還能密切監視敵人，採取同樣的滲透方法，防止敵人的狙擊手滲透到己方陣地。通過預測敵人可能行走的路線和可能建立的伏擊點，他們還能阻止敵人在靠近己方陣地的區域內巡邏。

在機動性較強的戰場上，狙擊手仍然有大顯身手的機會。步兵在狹小的裝甲車內是無法隨時展開行動的，要想靠近敵人，他們必須離開戰車，徒步作戰。這樣他們就會遇到過去徒步戰鬥的步兵在戰場上所遇到的可能發生的所有危險，機關槍或其他武器的火力常常會從他們所未發現的地方將他們打倒在地。

下圖：像這種使用槍栓擊發裝置的狙擊手專用步槍——"帕克-黑爾"需要精心維護才能發揮最大效果。對於每一位神射手來說，細心呵護狙擊步槍和裝備是一項至關重要的任務。

隱形狙擊

在此類環境下，在部隊實施攻擊之前，狙擊手可以滲透到敵人的陣地。狙擊手小隊可以使用偽裝和隱形方法，穿過敵人的防線，躲藏起來等待同伴的到來；然後在部隊進攻的時候，從敵人的後方，尋找和打擊敵人的火力點。這種方法和過去一樣，狙擊手所要襲擊的目標是敵人的火力點，而非人員。

在過去的衝突中，狙擊手常常只需一發穿甲（子）彈，就能準確地擊中敵人的機關槍或迫擊炮，使其失去作用，和打擊敵人火力組的每一個成員的方法相比，後者費時、費力而且難以確定效果，而前者則乾脆利索，效果突出。在對付敵人的導彈發射架時，狙擊手的戰果尤其顯著。無

上圖：狙擊手最重要的技能就是善於利用周圍的環境。圖中的狙擊手除了使用迷彩服之外，還利用了當地的植被和爛漁網碎片

上圖：狙擊手的最重要的裝備就是瞄準具。英國陸軍的L96A1步槍安裝了一個能放大6倍的"施米特和本德爾"望遠鏡。反恐專用步槍安裝的瞄準具則帶有2.5~10倍的不同規格的放大鏡

上圖：儘管在戰場上，使用槍栓擊發裝置的步槍已經被自動步槍取代很長時間了，但由於這種步槍精度高，易於使用，性能可靠，所以狙擊手仍然對它們偏愛有加

疑，在作戰中可以派遣一些狙擊手小隊滲透到敵人後方的炮兵陣地附近，伺機將其消滅，或者使其癱瘓，無法發揮火炮的作用。

打擊敵人的武器——火力點並不是狙擊手的唯一目標。通常，敵人的指揮官和軍士也是他們獵殺的主要目標。儘管目前多數軍官甚至高級軍官和普通士兵的穿着和攜帶的武器沒什麼區別，但是訓練有素的狙擊手仍然能從他們的言行舉止中把他們和普通士兵分辨開來。

狙擊手還可以用來對付敵人的狙擊手。在許多現代化軍隊中，提前進入隱藏地點的狙擊手會周密安排狙擊計劃，唯一的目的就是破壞和阻止敵人在己方陣地前的調動。狙擊手的位置是固定的，並且狙擊手還要對付敵方的狙擊手。這一點在林木覆蓋的地方或地形複雜的地區尤其真實。因為這些地方可能隱藏着包括狙擊手在內的許多敵人。

觀察策略

和偵察兵相比，現代狙擊手的作用更為重要。狙擊手只有接受必要的訓練才能成為優秀的觀察員——他可以滲透到敵方陣地，併發回有關敵方陣地部署和敵人活動的報告。此類情報對於己方的指揮官來說價值非凡，並且指揮官也明白他的觀察員有能力幹掉敵人的重要武器和重要人物。

對於擔任觀察任務的狙擊手來說，攻擊能力或許還是次要的，並且訓練有素的狙擊手極少消滅射程超過800米以外的目標，因為常會出現出乎意料的情況，並且狙擊手可能要冒着被迫離開狙擊陣地的風險。

無論狙擊手攜帶什麼樣的武器，他們只要發現目標就必須在瞬間內一發命中。如果戰場呈流動狀態，那麼狙擊手必須保持鎮靜，仔細觀察，等待目標出現，並且仍然要注意隱藏好自己，心中堅信：只要隱藏好自己，綜合運用自己的觀察技能和熟練的射擊能力，就有可能獲得最大收穫。

SSG 69：非常規的狙擊手專用步槍

奧地利的7.62毫米SSG 69狙擊步槍綜合使用了非同尋常的設計，它使用了曼恩·李奇槍栓擊發裝置。這種擊發裝置使用的是後部閉鎖，而不是更常用的前凸式閉鎖。另外，它還使用了可裝5發子彈的曼恩·李奇旋轉彈匣，這一設計可以追溯到第一次世界大戰之前。SSG 69步槍的精度極高。試驗表明在800米的射程內，發射10發子彈，10發子彈之間的距離不超過400毫米；如果射程再近一些，那麼子彈之間的距離會更小。在北約標準的瞄準架上可以安裝各種電子和光學瞄準具。奧地利陸軍目前正在使用SSG 69步槍，而且許多國家的警察和軍隊也在使用這種步槍。

神射技能

狙擊手的任務就是用一發子彈擊中目標。要做到這一點，他既要熟練掌握作戰技術，又要熟練掌握射擊本領。在接受任務之前，他必須準備好兩件事：調整好自己的心態，進入最佳狙擊狀態和準備好自己的武器。或許這需要經過多年的艱苦訓練才能做到。具備這些素質之後，他所面臨的第一個問題是，他應該在哪兒找到藏身之地？然後是他所要狙擊的目標會在哪兒出現？

狙擊手有四種基本的射擊姿勢：臥勢、坐勢、跪勢和站勢。使用哪一種姿勢取決於個人身邊的環境。無論採取何種姿勢，其目的就是使用既穩定又可靠的姿勢，這樣既有利於隱蔽自己，又有利於獵殺目標。

在選擇射擊姿勢時有5大要素必須注意。

自然瞄準點

第一大要素就是要確保狙擊手找到自然瞄準點。要做到這一點，秘密在於經常使用武器，使之成為狙擊手身體的一部分。無論何時何地，狙擊手無須有意識地考慮即可指向他想要射擊的目標。狙擊手可以通過如下方法鍛煉他的能力：把步槍抬到肩部，瞄準一個目標，然後閉上眼睛，放鬆10秒鐘。如果睜開眼睛時，步槍仍然指着目標，那麼射手就找到了自然瞄準點。

骨骼支持

一種穩定、可靠的射擊姿勢需要來自人體骨骼而非肌肉的支持。臥倒時，左手向前伸出，手掌向上，正好放置於步槍的前槍背帶後面。手腕伸直，固定。手掌放鬆後，握住步槍。左手前臂和肘關節在槍管下伸直。

如果肘部在槍管下不能伸直，那麼，握槍的力量就得由前臂的肌肉承受，這樣握槍就不會穩定。步槍槍托要緊貼於肩部。右臂和肘部形成一定角度，幫助左臂形成一個"肩袋"。注意支撐力要保持平衡。

右手槍把

右手必須緊握槍托。大拇指向上，扣扳機的手指正好觸到扳機。如果不握緊槍托，槍托就會直接向後傾斜，可能會影響瞄準。要緊扣扳機，在最後一瞬間，如果扣扳機太松，則可能使扳機發生顛簸。

大拇指和顴骨之間的接觸點被稱為"點焊"。臉頰應該緊貼大拇指，這樣，才能保證頭、臂、手和武器成為一體，在射擊前和射擊後，眼睛應該盯着瞄準具。

呼吸

瞄準時，正常的呼吸會引起胸部的起伏，從而會導致射擊失敗。相反，瞄準和射擊前，先放鬆呼吸一下，然後在瞄準和射擊時屏住呼吸。屏住呼吸的時間不能太長，超過10秒鐘，就會引起肌肉緊張，出現無意識的動作。

扣壓扳機

對扳機的控制可能成為神射手最重要的一個因素。在保持步槍和射擊的目標在同一直線的時候，能否控制好扳機對射擊來說是至關重要的。

手指扣壓扳機時，扳機應該處於指尖和第二個手指節之間；具體位置應該視個人情況而定，它取決於射手的手的大小和步槍槍托的大小。做到這一點，要想正確握槍仍然存在一定困難。因為狙擊手必須做到精力集中、手和眼完美結合。

除非子彈在最恰當的時刻——目標正對瞄準十字線的時候射出，否則就會失去獵殺目標的機會。這種事聽起來似乎很容易，但對於神射手來說，他所要做的一切就是如何找到最恰當的時刻。在萬事俱備的時候，最佳的射擊通常是瞬間完成的，容不得瞬間的疏忽。即使如此，最重要的事情莫過於扣壓扳機了。有一個較好的訓練方法：在槍口上放一枚硬幣，模擬射擊時，看一看硬幣在槍口上是如何停留的。

左圖：成功的神射手是天賦和訓練的創造物。射手的天賦必須保證他具備適當的身體素質和心理素質；然後，射手經過嚴格訓練，掌握必要的射擊技能——如精確射擊——使兩者完美結合在一起，這樣才能訓練出一名合格的遠距離殺手

風和其他天氣條件也會對子彈擊中目標的位置產生極大影響，同時，還會對狙擊手本人產生影響，除非他使用臥式射擊姿勢。光線會影響狙擊手對目標的觀察。一般情況下，在明亮、光線較好的白天，命中率要低一些，而在陰天或黑暗中則命中率要高一些。

緩慢和低效

潮濕的空氣要比乾燥的空氣密度大，所以當子彈射向目標時，空氣對子彈的阻力也要大一些；和正常情況相比，子彈飛行速度放慢，子彈下降的速度要快一些，所以命中率就降低了。

高溫天氣也會對狙擊效果產生相反的作用。熱空氣比冷空氣稀薄，所以空氣對子彈的阻力小一些，命中率也就高一些。

步槍不應該豎置在太陽下曝曬。步槍一側比另一側熱會引起槍管彎曲變形，甚至斷裂，此時要把槍扔掉，和槍保持適當的距離。

氣候對彈藥也有影響。優秀的狙擊手會保護好步槍和子彈，使其處於乾燥狀態。潮濕的子彈比乾燥的子彈溫度低。乾燥的子彈和潮濕的子彈相比效果要好一些，命中率也較高。如果使用的子彈有的潮濕、有的乾燥，那麼不同的子彈會產生不同的效果，所以說如果狙擊手不能保證所使用的子彈都處於乾燥狀態，最好能保證把所有的子彈弄濕，這樣在射擊時會減少子彈之間的射角誤差。

右圖：狙擊時能否成功取決於一個重要因素——偽裝，既可以利用自然環境，也可以使用人為的設備，如塗料和棉線、破漁網等，減少皮膚的反射面積，不能讓別人看出有類似人的輪廓

射擊的姿勢

最佳射擊姿勢是由多種因素決定的，包括射擊時採用的姿勢和這種姿勢與目標區域的關係，以及步槍所需要的支持，這樣射手才能更好地控制他手中的武器，射擊時也會更精確。和時下流行的看法相反，狙擊手不一定是"天生的"神射手，但他必須具備內在的射擊技能，而這種技能只有經過大量訓練和練習才能掌握。

上圖：臥式射擊姿勢。這種姿勢可以保證在穩定狀態下瞄準目標，並且隱蔽性好，因為只有射手的頭和肩面對目標

上圖：單膝跪地的射擊姿勢有助於保持肩部和步槍的穩定性。然而，這種姿勢支撐的時間不能持久，所以要在肌肉顫動之前射擊，否則會影響射擊效果

上圖：坐式射擊姿勢。使用這種姿勢射擊時，射手的背部和伸開的兩個膝蓋結合在一起時可以增強持槍的穩定性

SSG 69 狙擊手專用步槍

SSG 69是奧地利陸軍1969年使用的施泰爾-曼利夏狙擊步槍的名字。SSG是Scharfschutzengewehr（神槍手的步槍）的縮寫。許多國家軍隊和警察中的神槍手都使用這種狙擊步槍。這種狙擊步槍有各種型號，從帶有超重槍管和超大型槍栓把手的警用步槍到最新式的SSG P11狙擊/運動步槍，樣樣齊全。

然而，SSG步槍的基本型號的設計要追溯到20世紀初期由施泰爾公司爲希臘軍隊生產的曼利夏-斯科諾爾1903型步槍。它的槍栓和彈匣變化不大。槍栓用手工操作，由6個對稱地裝在閉鎖裝置後部的凸起的簧片將其鎖定。

著名的李·恩菲爾德步槍最先成功地使用了後部閉鎖簧片。從理論上講，這是非常危險的，因爲射擊時，承受壓縮力的是整個槍栓，而不是槍栓頭。但在實踐中，無論是曼利夏步槍，還是李·恩菲爾德步槍都沒有出現過嚴重問題，而且許多射手還從中受益匪淺，子彈直接進入彈膛，無須向前突出的閉鎖簧片留下來回移動的空間。和使用並排式彈簧裝填的彈匣裝彈方法相比，使用線軸式彈匣裝彈不僅平穩而且快捷，而且能夠做到連續性裝彈。另一方面，有些射手認爲多簧片的閉鎖系統不夠精確，會給空彈匣再次裝彈帶來難度。

它的槍管長650毫米，輪廓線比較密集，帶有一個射擊帽。膛線有4條陽膛線和槽紋。彎曲率是305毫米爲一個轉數槍管經過冷鑄處理，槍管的金屬管被放置於心軸（鋼條/棒，向上帶有膛線）上面，並且使用了旋轉擊錘，從內到外和槍管鑄在一起。當膛線排列時，擊錘會從裏到外加固槍管。

螺旋形槍管

螺旋形槍管是由施泰爾公司研製成功的，此後，其他製造商紛紛仿效。螺旋形槍管富有奇特的外形，並且從後膛到槍膛有一個不太好辨認的拔梢，有57毫米的槍管連接到套筒座內，而其他步槍在套筒座內的槍管則沒有這麼長；槍管進入適當位置後，槍管和套筒座之間的接合部就會受到同軸壓縮機所施加的強大壓力，從而快速向前運動。根據這種設計製造的槍管無法更換，只能送回工廠重新加工。

SSG 69步槍的槍栓擊發設置非常平穩。現在，塗上特氟隆後則變得更加平穩。它帶有擊發指示器。對稱式保險裝置爲滑動式保險阻鐵，位於套筒座右側。這種設置利弊兼有。當保險顯示"打開"時，槍栓不能運行。然而，保險可不會說話，當射手開槍射擊時，它也不會說"發射"。無論這種步槍是否射擊，保險都能發揮作用。

P11步槍使用的是雙排式扳機。這種扳機非常適合於手小的射手使用。步槍的模塊式組件使改變扳機組件變得更加簡單，儘管第二次組裝需要一定的費用。

SSG 69步槍使用的標準彈匣是用塑料製成的，可裝5發子彈，彈匣內有透明的擋板，射手能夠看清彈匣內的子彈的數量。和其他帶有分離式平底擋板的彈匣不同的是，每粒子彈直接排列在另一粒子彈的上面，用彈夾固定在一起，按照這樣的方式排列，射擊時，子彈尖不會受到破壞。另外，這種步槍還使用一種可裝10發子彈的彈匣，使用時這種彈匣看上去向前突出。

SSG 69狙擊步槍的射擊精度堪稱現代狙擊步槍的典範。在100碼的射程內，使用商業公司如雷明頓·溫徹斯特公司生產的168格令（一種單位）子彈，5發子彈連續射擊，彈洞之間的距離不超過15毫米。如果使用手工裝填子彈，則彈洞之間的距離會更小。

上圖：施泰爾SSG69步槍使用的是"卡勒斯"ZF69望遠鏡，可對800米（875碼）內的目標進行仔細觀察。這種步槍沒有安裝普通的機械瞄準具。SSG 69步槍使用的是與眾不同的旋轉式彈匣，但也可以使用可裝10發子彈的盒式彈匣

右圖：施泰爾SSG 69步槍是奧地利軍隊標準的狙擊手專用步槍。山地部隊的狙擊手在對付沿山道前進的部隊時，使用這種步槍可以封鎖山道

規格説明
SSG 69狙擊步槍
口徑：7.62毫米
重量：4.6千克（裝彈前，帶瞄準具）
槍全長：1140毫米
槍管長：650毫米
子彈初速：860米／秒
彈匣容量：可裝5發或10發子彈

FN 30-11 型狙擊步槍

FN 30型步槍完全是使用毛瑟式擊發裝置的傳統型步槍。比利時陸軍和其他國家的軍隊、執法機構都把它當作狙擊步槍使用。

毛瑟步槍和FN步槍的關係可追溯到1891年。FN公司獲得毛瑟步槍的生產許可證後，開始為比利時軍隊製造毛瑟步槍。FN公司和毛瑟公司就以後的產品出口問題達成協議後，開始向中國和南美洲出口毛瑟步槍。如果後來不發生戰爭，兩公司就會徹底貫徹它們之間所達成的協議。從1897年到1940年，比利時製造了50多萬支帶有毛瑟擊發裝置的步槍，出售給世界上許多國家的軍隊。在第二次世界大戰期間，由於德國佔領了比利時，這種步槍的生產被迫中斷。1946年，比利時又恢復了

這種步槍的生產。由於在第二次世界大戰後，戰爭剩餘物資數量龐大，唾手可得，所以生產的使用新式槍栓擊發裝置的步槍除了特別的客戶之外，很難找到買主。於是，該公司開始生產運動/狙擊型步槍。

寶刀未老的步槍

30型步槍最初生產於1930年。這種步槍源自1898型毛瑟步槍，經過輕微改進就變成了24型步槍。1950年比利時恢復了30型步槍的生產。狙擊型步槍主要以標準的G98步槍為主。G98步槍的製作標準要高於同類步槍。軍用狙擊步槍使用北約的7.62毫米×51毫米子彈，並且也能發射高質量的商用子彈。所出售的步槍大多數都使用可裝5發子彈的內置式彈匣，少數也可以

使用可裝10發子彈的分離式盒式彈匣。

30-11型狙擊步槍的設計特點是：槍管較重，使用了毛瑟槍栓擊發裝置。它的閉鎖系統安裝於槍栓擊發裝置的前面。有的射手認為這是最安全和最精確的設置。30-11型狙擊步槍的槍托有一個墊圈，射手可以根據自己的需要進行調整。它所安裝的標準瞄準系統是FN公司的28毫米望遠鏡和可以放大4倍的合成孔徑放大鏡。附屬設置包括雙腳架（和世界上著名的FNMAG 7.62毫米通用機關槍使用的支架相同）和槍托墊圈擋板、槍背帶和攜帶箱。

瞄準架可以安裝包括北約IR夜視儀在內的各種標準瞄準具材。

下圖：比利時的FN 30-11步槍最初是供警察和準軍事部隊使用的，但是這種步槍有許多都落到了軍隊手中。圖中的FN 30-11步槍安裝了目標瞄準具。形狀古怪的槍托可以根據射手個人的情況進行調整

規格說明

30－11型狙擊步槍

口徑：7.62毫米

重量：4.85千克（裝彈前）

槍全長：1117毫米

槍管：502毫米

子彈初速：850米／秒

供彈：可裝5發子彈的盒式彈匣

左圖：FN 30-11狙擊步槍可以安裝大量的附屬設置。圖中的大號瞄準具是北約標準的紅外線夜視儀。它安裝的這種雙腳架，FN MAG機關槍也可以使用

MAS FR-F1 和 F2 狙擊步槍

　　MAS公司（聖·安東尼武器製造公司）目前是法國陸地武器工業集團（GIAT）的一部分。從20世紀20年代開始，法國陸軍的輕武器大部分都是由該公司生產的。法國目前使用的狙擊步槍是在第二次世界大戰期間法軍標準軍用步槍的基礎上研製而成的。雖然法軍使用的狙擊步槍的種類和大多數西方國家的軍隊使用的狙擊步槍的種類相比要多得多，但是法軍的每一個營裝備的狙擊步槍並不多。法軍（像蘇聯陸軍一樣）的每一個步槍分排（美國稱爲一個班）中有一個專門的狙擊手。每個分排由8名裝備5.56毫米FA-MAS突擊步槍的士兵、1挺AA-52輕型機關槍手和1名狙擊手組成。

證明極為合理的設計原理

　　FR-F1步槍是1964年由MAS公司的總設計師吉恩·福內爾在MAS軍用步槍的基礎上研製成功的，於1966年投入生產。F1步槍和MAS 36軍用步槍一樣，使用法國陸軍的7.55毫米×54毫米標準子彈，但也可以使用北約的7.62毫米×51毫米標準子彈。F1步槍的槍管可以自由浮動，從木製槍托的中部伸出；它使用了一個與眾不同的手槍槍把。手槍槍把位於扳機的後面。

　　F1步槍安裝有標準的槍口制動器和雙腳架。木製的間隔器可以調整槍托的長度，如果需要，還可以增加一個臉頰襯墊。它使用的望遠鏡是1953L.806型望遠鏡。這種望遠鏡屬軍用型裝備，但只能放大3.8倍，不適宜狙擊手使用，從而招致人們的批評。另一方面，法國有些部隊，如著名的法國軍團尤其以善於射擊而名揚四海。法國執法機構使用的FR-F1步槍安裝了"蔡斯·戴瓦里"及其他類型的望遠鏡。這些望遠鏡的放大率爲1.5~6倍。

　　FR-F2步槍於1984年投入生產。這種步槍只能發射北約7.62毫米的標準子彈。這樣一來，法軍步槍分排使用的步槍中就有三種彼此不可互換的子彈。F2步槍槍管的前部有一個連接軛，上面可以安裝堅固的雙腳架。槍管外被塑料套管包裹。連續射擊後，槍管溫度上升，這個塑料套管有助於降低槍管的溫度，產生"神奇"的效果。

　　F1步槍中還有供射擊運動員使用的運動型步槍（或稱B型步槍）。這種步槍沒有雙腳架，套筒座上面的支架杆上也沒有安裝合成孔徑瞄準具。這種步槍屬射擊專用槍。另外，還有一種安裝有望遠鏡的獵槍。

規格説明
FR－F1狙擊步槍
口徑：7.62毫米或7.5毫米
重量：5.42千克（裝彈前）
槍全長：1138毫米
槍管：552毫米
子彈初速：852米／秒
供彈：可裝10發子彈的盒式彈匣

毛瑟 SP66 和 SP86 狙擊步槍

聯邦德國奧伯多夫的毛瑟-沃克公司在手工操作（或槍栓擊發設置）步槍的設計和生產上有着悠久的歷史和不凡的背景。目前這種步槍被稱作"毛瑟"步槍。

該公司發明的前置式閉鎖槍栓擊發設置仍然爲許多設計者所採用。毛瑟-沃克公司甚至還生產了自己的擊發裝置類型，其中有一種設置把槍栓把手從槍栓的後部轉移到槍栓前部。對於大多數類型步槍來說，這樣做並沒有什麼意義，但是對於專業性極強的狙擊步槍來說，則意味着在槍栓自身相對縮小的情況下，射手無須向前移動頭部就可以操作槍栓的擊發設置；並且這還意味着槍管的長度相對較長，有利於提高射擊的精度。用這種方法製造的"毛瑟-沃克"狙擊步槍被稱爲SP 66狙擊步槍。這種改進後的槍栓擊發設置只不過是這種價值非凡的步槍的一個事例而已。其他改進有：使用重型槍管，槍托上有一個精心設計的大拇指孔，臉頰/槍托襯墊間可調整設置和特殊的槍口設置。槍口設置是專門爲解決射擊時槍口火焰的移動方向而設計的，它可以把射擊時產生的火焰從射手的視線中移開，並且還可當作槍口制動器使用，減少射擊時產生的後坐力對射手的影響。這兩種功能非常重要，它可以使射手精確和快捷地發射第二發或第三發子彈。

精良的製作

SP 66步槍的製作標準從開始到出廠都非常高。甚至步槍表面，爲了防止滑動，都經過仔細的處理。它的扳機特別寬，適合於戴手套時使用。

瞄準具的選擇同樣經過了仔細的挑選。這種步槍沒有固定的瞄準具。它使用的標準望遠鏡是"蔡斯-戴瓦里"ZA型，它的放大能力爲1.5~6倍。SP66步槍可以安裝夜視儀。爲了滿足一些人的特殊需要，他們曾經建議製造商對SP 66步槍的口徑進行仔細挑選。和一些步槍專門使用的子彈一樣，SP 66狙擊步槍使用的子彈也經過了仔細挑選。它使用北約的7.62毫米子彈。這種子彈專門供北約的狙擊手使用。

儘管SP 66狙擊步槍僅根據訂單製造，但仍然獲得了極大成功。除了供聯邦德國武裝部隊使用外，還出口到12個或更多國家。出於安全上的考慮，這些國家的購買者都不願意透露自己的名字。

SP 86狙擊步槍和SP 66狙擊步槍相比，價格要便宜一些，主要供警察使用。這種步槍使用新式槍栓和冷鑄槍管，彈匣可裝9發子彈。火焰抑制器和槍口制動器合二爲一。另外，SP 86狙擊步槍還有一個木製裝飾物。爲了防止彎曲變形，上面還帶有通氣孔。

左圖：這種SP 66步槍被稱為86 SR狙擊步槍，它裝備有各種瞄準具和雙腳架。這種支架可用於高精度的射擊比賽。軍用型號的86 SR狙擊步槍基本上都裝有望遠鏡，但沒有前置式雙腳架

上圖：這支"毛瑟"SP 86狙擊步槍安裝了夜視儀。射手們建議製造商對這種型號的每一支狙擊步槍的瞄準設置都進行嚴格的挑選和校正

上圖：遠距離精確射擊取決於性能優越的子彈。毛瑟公司選中了北約的7.62毫米子彈。這支"毛瑟"狙擊步槍安裝了激光測距儀

上圖："毛瑟"SP 86狙擊步槍使用的是密閉的雙排式可分離彈匣。這種彈匣可裝9發子彈。這種狙擊步槍是在SP 66狙擊步槍的基礎上改進而成的

瓦爾特 WA2000 狙擊步槍

　　WA2000狙擊步槍是由德國瓦爾特公司生產製造的。它應該出現在"星球大戰"時代。因爲和標準的輕武器相比，它獨特的外形更像電影中使用的武器。這種步槍專門供狙擊手使用，並且瓦爾特公司有意捨棄了所有已知輕武器的設計規律，在對客戶的要求作出全面評估之後，獨辟蹊徑，開始了獨特的設計。

　　步槍設計中最重要的部分非槍管莫屬。瓦爾特公司決定在槍管的前部和後部使用鉗型構造，確保子彈穿過槍膛時傳送的扭矩不會抬高槍口、偏離瞄準點。整個槍管刻有凹槽。這些凹槽不僅能提供更多的製冷空間，而且還可以減少射擊引起的振動。振動會使子彈的方向發生偏離。爲了減少單發射擊之間子彈對槍栓的影響，設計組還使用了一種氣動操作機械設置。爲了減少後坐力，槍管和射手的肩部應該保持在同一條直線上，這樣射擊後槍口就不會向上抬升。

　　如此一來，外形奇特的WA2000步槍從理論上就有了一定的道理。但是，對於WA2000步槍來說，更爲奇特的是它採用了無托結構——氣動操作的槍栓設置設在扳機組件的後面。這種佈局非常簡潔，不用考慮減少槍管長度的問題，操作更加簡單。這意味着射手和彈射孔之間的距離較近，所以該公司設計出一種特殊的左手操作的狙擊步槍。

　　WA2000狙擊步槍的製作標準令人難以想像。槍托襯墊和臉頰襯墊可以根據射手的需要調整。爲了增加瞄準時的穩定性，手槍槍托的形狀經過精雕細琢。它使用的是標準的"施米特和本德爾"望遠鏡。這種望遠鏡的放大倍數爲2.5~10倍不等。它還可以安裝其他類型的望遠鏡。

　　瓦爾特公司決定使用最好的狙擊手專用子彈。目前WA2000狙擊步槍使用的是溫徹斯特公司生產的（7.62毫米）馬格南子彈；同時，WA2000狙擊步槍也可以使用其他類型的子彈，如北約的7.62毫米子彈，或者是狙擊手比較喜愛的由瑞士生產的7.5毫米子彈。當然使用後兩種子彈時，需要改換槍栓和膛線。

規格説明

WA2000狙擊步槍

口徑：多種口徑

重量：8.31千克（裝彈後）

槍長：905毫米

槍管：650毫米

子彈初速：不詳

彈匣：可裝6發子彈的盒式彈匣

上圖：這就是大名鼎鼎的瓦爾特WA2000狙擊步槍。它安裝了"施米特和本德爾"望遠鏡。它使用的是溫徹斯特公司生產的馬格南7.62毫米子彈

左圖：WA2000狙擊步槍是專門爲狙擊任務而設計的。除了在精度和射手有效使用這種步槍的能力方面，其他都進行了特殊設計

赫克勒和科赫有限公司的狙擊步槍

赫克勒和科赫有限公司的步槍種類繁多，幾乎可以滿足軍隊的所有要求。該公司一直沒有忽視狙擊步槍的研製，但是和標準武器相比，狙擊步槍的設計要複雜得多，這類武器的生產需要額外的呵護。為了準確擊中遠距離的目標，望遠鏡的支架和其他各種附屬設置都是狙擊步槍不可缺少的設置，而且這些設置又不能影響狙擊步槍的適用性或效能。事實上，該公司的許多步槍和其他步槍相比，適應野戰條件的能力更強一些，而其他步槍則更偏重於射擊的精確性，而對步槍在實際運用中的適應能力重視不夠。

赫克勒和科赫有限公司生產的狙擊武器中，最有代表性的武器是7.62毫米的G3A3ZF狙擊步槍和G3 SG/1狙擊步槍。聯邦德國警察就使用這兩種步槍。後一種帶有輕型雙腳架。這兩種狙擊步槍的共同之處是性能優異，基本上都屬"經典"型的標準武器，最初都是為了滿足大規模生產的需要而設計的，其設計目的並不是為了執行專門任務。

20世紀80年代中期，赫克勒和科赫有限公司調整了研製方向，生產出一種特殊的PSG1步槍。據說在設計這種步槍之前，該公司徵求了許多潛在客戶（各國的特種部隊）的意見，如德國第9邊防大隊、英國的特別空勤團和以色列的多支特種部隊。

PSG1步槍仍然是以赫克勒和科赫有限公司標準的旋轉式閉鎖裝置為基礎設計的，但是在設計中，它還使用了半自動操作系統和高精度的重型槍管。這種槍管的槍膛帶有多邊形的膛線。G3步槍的影響仍然可以從PSG1步槍套筒座的輪廓和可裝5發或20發子彈的彈匣槽（可以手工一發一發地裝填子彈）看出。其他部分則煥然一新。彈匣槽的前部是新式的前置式槍托和長長的槍管，槍托結構經過了重新設計，射手可以根據個人的特殊情況進行調整。

精確的瞄準設置

最初生產的PSG1步槍使用的是可放大6倍的"漢索爾德特"望遠鏡，它有6個可以在100~600米射程內的調整設置。但是，後來生產的PSG1步槍都帶有可以安裝各種望遠鏡的爪式裝置。據說這種步槍極其精確，但是出於顯而易見的原因，這些說法從來也沒有得到過證實。

已經提到過這種7.62毫米步槍有一個特殊用途的三腳架，在射擊時可以精確瞄準。但它的類型（如果有的話）仍然不太清楚，或許是赫克勒和科赫有限公司生產的機關槍支架的改進型（PSG1步槍的槍托就是HK21機關槍槍托的改進型）。PSG1狙擊步槍是目前所有狙擊步槍中價格最昂貴的一種，9000多美元。

1990年，該公司又生產出一種新式的HK狙擊步槍——MSG90（軍用狙擊步槍）。（MSG是Militarisch Scharfshutzen Gewehr的縮寫，後綴"90"指這種步槍生產的時間）為了吸引更多客戶，擴大市場銷售量，在PSG1系列步槍中，這種新式的狙擊步槍的價格最低，它的設計完全以G3步槍為主。MSG90和PSG1的扳機組件一模一樣，它的槍管較輕，槍托又小又輕，槍全長只有1165毫米，重6.4千克。

上圖：MSG 90狙擊步槍和PSG1狙擊步槍相比，價格低廉，MSG 90狙擊步槍引人注目的設計有：輕型槍管和槍托，在前置式槍托前端的下面有一個折疊式雙腳架

規格說明	
PSG1狙擊步槍	
口徑：7.62毫米	
重量：8.1千克（裝彈前）	
槍長：1208毫米	
槍管：650毫米	
子彈初速：860米／秒	
彈匣：可裝5發或20發子彈的垂直狀盒式彈匣	

加利爾狙擊步槍（戰鬥狙擊步槍）

自1948年以色列建國以來，狙擊手在以色列武裝部隊中一直佔據着重要地位，並且多年來，以色列軍隊的狙擊手使用的狙擊步槍來自世界多個國家和地區。為了生產出自己的狙擊手專用步槍，以色列進行了多次嘗試。以色列陸軍的狙擊手曾經使用了一種以色列自行研製的7.62毫米M26狙擊步槍。這種步槍完全是手工製作，使用了蘇聯的AKM和比利時的FAL步槍的設計。但是，由於多種原因，M26狙擊步槍未能獲得成功。隨後以色列選中了以色列軍工公司生產的標準軍用步槍——7.62毫米加利爾突擊步槍，以這種突擊槍為基礎研製新式的狙擊步槍。

因此，以色列研製出來的加利爾狙擊步槍和最初的加利爾突擊步槍在外形上極其相似，但它的確是一種新式武器。它的幾乎每一個零部件都經過了重新設計，並且在製造中每一個部件都非常接近設計中規定的承受限度。它使用的是新式槍管，雙腳架可以任意調整。固體槍托（可以向前折疊以減少攜帶和裝運時佔用的面積）帶有一個槍托襯墊和臉頰襯墊，可以根據個人需要進行調整。套筒座的左側有一個凸起的支架，上面安裝了可放大6倍的"尼姆羅德"望遠鏡。

新式的機械裝置

目前的機械裝置僅用於單發射擊，最初可裝20發子彈的"加利爾"彈匣保留了下來。槍口裝有槍口制動器/槍口抑制器，射擊時，可以減少後坐力和槍管向上抬升的幅度。槍口可以安裝消音器，但是必須使用亞音速子彈。正如人們希望的那樣，它還可以安裝各種類型的夜視器材。另外，這種狙擊步槍還保留了它的機械戰鬥瞄準具。

加利爾狙擊步槍的適用性非常強，和目前的高精度狙擊步槍相比，它更適合於艱苦的軍旅條件。儘管其基本設計經過多次改進，但借助於雙腳架，在600米的射程內，子彈之間的間距直徑不會超過300毫米。這種雙腳架用途廣泛，可以執行多種狙擊任務。

上圖：加利爾狙擊步槍是根據以色列國防軍的大量實戰經驗而設計的，所以，其設計更重視在作戰中的可靠性能，而不是在理想條件下追求超乎尋常的精確性。這對於以色列來說沒什麼好奇怪的

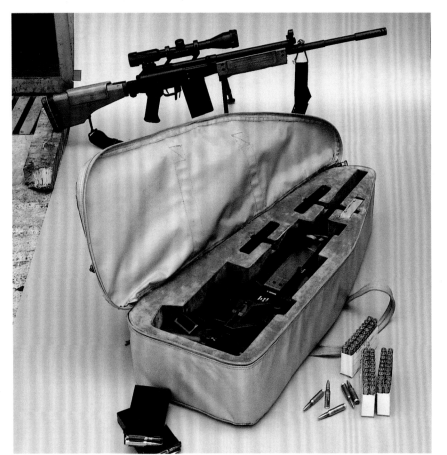

規格說明

加利爾狙擊步槍

口徑：7.62毫米

重量：6.4千克（包括雙腳架和槍背帶）

槍全長：1115毫米

槍管：508毫米

子彈初速：815米／秒

彈匣容量：可裝20發子彈

左圖：加利爾狙擊步槍不用時，可以和它的望遠鏡一起裝在一個特殊的包裹內。使用光學瞄準具時，光學過濾器可以減輕太陽的照射強度。它有一個既可以攜帶又可以射擊的槍背帶、兩個彈匣和一套與其他裝備一樣重要的清潔工具

貝瑞塔“狙擊手”戰鬥狙擊步槍

當高精度的狙擊步槍在20世紀70年代風行國際市場的時候，幾乎所有的輕武器製造商都開始設計它們認為能滿足國際市場需要的武器。有些狙擊步槍要比市場上的狙擊步槍優秀多了，但是有一種狙擊步槍被大多數人忽視了，這就是口徑為7.62毫米的貝瑞塔“狙擊手”狙擊步槍。這種步槍沒有使用數字進行命名。另外，說到它的軍事用途，一些意大利準軍事警察部隊在國內執行特殊的安全任務時，可能使用這種狙擊步槍。

傳統的設計

和許多新潮的“太空時代”狙擊步槍的設計相比，貝瑞塔“狙擊手”狙擊步槍除了該公司一貫的高標準設計和製作的特點之外，給人印象最深的還是它傳統的設計特點。

“狙擊手”步槍使用了手工操作的旋轉式槍栓擊發裝置，槍管為普通的重型槍管。最引人注目的設計是它的優質木製槍托上刻有一個形狀古怪的洞孔，這種槍托可以當作手槍槍把的扳機使用。

先進的設計

儘管從整體上看，貝瑞塔的設計比較傳統，但“狙擊手”還是有幾處比較先進的設計。木製的前置式槍托內隱藏着一個向前突出的平衡物，在自由浮動式槍管的下面，可以起到減震器的作用，射擊時，它可以減少槍管震動的幅度。在前置式槍托的前端，可以安裝輕型雙腳架（可以根據需要進行調整）。射擊時，使用這種支架有助於狙擊手握槍的穩定性。前置式槍托下面有一個槽溝，可以供射手調整手（前面握槍的手）的位置。如果需要的話，槽溝的前端還可以當作槍背帶的支撐點。槍托和臉頰襯墊可以根據需要調整，槍口安裝有標準的消焰罩。

和其他現代狙擊步槍的不同之處是，貝瑞塔“狙擊手”有一套完整的可以根據需要調整的精密瞄準具，儘管在正常情況下可能用不到。它的套筒座上面有一個安裝北約光學或夜視瞄準具的標準設置。幾乎所有的軍用光學或電子—光學瞄準系統都可以使用這種設置。正常情況下，貝瑞塔“狙擊手”使用的是通用的“蔡斯-戴瓦里”Z型望遠鏡，其放大能力為1.5~6倍，許多狙擊步槍都使用這種放大鏡。另外，它還可以安裝其他類型的望遠鏡。

上圖：雖然從整體上看，貝瑞塔“狙擊手”狙擊步槍的設計比較傳統，但有些設計確實非常先進，從而使它成為一種精度高、性能可靠的狙擊步槍

德拉古諾夫 SVD 戰鬥狙擊步槍

任何熟悉"偉大的衛國戰爭"的人都不會忘記蘇聯陸軍狙擊手在第二次世界大戰中扮演的重要角色。戰後,狙擊手的地位並沒有降低;為了加強狙擊手在軍中的重要作用,蘇聯研製出的SVD狙擊步槍(有時被稱為德拉古諾夫狙擊步槍)被公認為是同時期狙擊步槍中最優秀的狙擊步槍之一。

一流的武器

SVD狙擊步槍最早出現於1963年,並且此後一直是最優秀的步兵武器之一。它是一種半自動武器。雖然使用了和AK-47突擊步槍同樣的操作原理,但它的氣動操作系統經過了改進。和AK-47不同的是,AK-47使用7.62毫米×39毫米短小型子彈,而SVD步槍使用的則是老式的7.62毫米×54毫米R有緣式子彈。這種有緣式子彈最初是19世紀90年代生產的,供莫辛-納甘步槍使用。這種子彈一直是狙擊步槍較為理想的子彈,並且目前俄羅斯的一些機關槍仍在使用這種子彈,其性能相當可靠。

SVD步槍的槍管較長,而且平衡性能極佳,便於操作,後坐力也不大。正常情況下,在射擊時,它的槍背帶可以幫助射手瞄準,而其他國家則比較喜歡使用雙腳架。套筒座的左側安裝了一個有4倍放大能力的PSO-1望遠鏡。PSO-1望遠鏡的設計與眾不同,它有一個內置式紅外線探測器。有了這種探測器,PSO-1望遠鏡可以作為被動式夜視儀使用。儘管在正常情況下它是和一個獨立的紅外線目標照明設置一起使用的。如果光學瞄準具失靈,它還可以安裝一個基本型的作戰瞄準具。

或許,對於狙擊步槍來說,最奇怪的設計是SVP狙擊步槍居然安裝了刺刀。至於為什麼要安裝刺刀,誰也說不清楚。它使用的彈匣可裝10發子彈。

遠距離的精確武器

試驗表明,SVD狙擊步槍能夠準確擊中射程在800米以上的目標。雖然這種步槍的槍管較長,但操作和射擊時卻非常舒適。華約組織和其他國家都裝備了這種步槍。蘇軍在阿富汗戰場就使用了這種步槍。其中有一些SVD狙擊步槍落到穆斯林游擊隊手中。據推測目前俄羅斯和前蘇聯控制的一些國家仍然使用這種步槍。

上圖:"德拉古諾夫"狙擊步槍使用的槍栓系統和AK-47及其AK-47系列步槍的槍栓系統非常類似,但是經過改進,更適宜發射特殊的7.62毫米×54毫米R有緣式子彈。SVD狙擊步槍和AK-47突擊步槍的機械裝置不能互換使用

上圖:如果德拉古諾夫的長槍管還不太好辨認的話,那麼它的削邊式槍托一定會令人過目難忘。SVD狙擊步槍保留了AK-47突擊步槍在戰場上抗撞擊、耐磨損的優點

左圖:蘇聯一貫重視狙擊手在戰場上所起的重要作用,並且一直向狙擊手提供最優秀的武器。德拉古諾夫SVD狙擊步槍是冷戰時期著名的狙擊步槍,並且俄羅斯軍隊很可能也保留了這種步槍。儘管它的槍管比較長,體積比較大,精度不如L42步槍,但是,它的性能非常可靠。它使用的是改進型AK-47突擊步槍的氣動操作系統和半自動擊發裝置。它使用的彈匣較大

216

L42 狙擊步槍

李·恩菲爾德步槍在英國軍隊的悠久歷史可以追溯到19世紀90年代。雖然經過了百年歷史的風雲變幻，但它基本的手工槍栓機械設置沒有發生太大變化。英國軍隊保留的是L42A1狙擊步槍。最近，L42A1步槍被精密國際公司生產的L96狙擊步槍取代。這兩種步槍的口徑均為7.62毫米。L42A1步槍只能當作狙擊步槍使用，是第二次世界大戰期間7.7毫米No.4Mk 1（T）或Mk 1*（T）步槍的轉換型。在轉換（或稱為重新設計）時，它使用了新式的槍管、彈匣、扳機設置、固定瞄準具和前置式槍托。第二次世界大戰時的No.32Mk 3望遠鏡（重新命名為L1A1）和套筒座上的支架都保留下來。改進後的狙擊步槍性能可靠，結實耐用，而且適用性較強，不僅英國陸軍使用，而且英國皇家海軍陸戰隊也使用。

用現在的觀點看，L42A1狙擊步槍完全是上一代的產品，但在800多米的射程內仍能保持一發命中目標的功能，當然，這在很大程度上取決於射手的技能和使用子彈的類型。正常情況下，射手都選擇由拉德韋·格林的英國皇家兵工廠生產的"綠斑"子彈。這種特殊的子彈精度較高。

L42A1步槍需要細心的照顧、經常性的校正和保養。不用時，要裝在特殊的箱子裏保存和運輸，步槍要和光學瞄準具、清潔工具、射擊背帶或許還有一些備用部件（如額外的彈匣）一起存放。L42A1步槍保留了7.7毫米步槍使用的彈匣。這種彈匣可裝10發子彈。但是，彈匣的形狀經過了改進，可以使用新式的無緣式子彈。常常為人所忽視的武器記錄本也要保存在箱子內。

L42A1並不是唯一的7.62毫米李·恩菲爾德步槍。李·恩菲爾德步槍中有一種被稱為特殊的L39A1比賽/射擊專用步槍，這種步槍可用於射擊比賽。另外，它還有兩種型號："特使"步槍和"強制者"步槍。前者可以看成是L39A1步槍的民用比賽步槍。後者為專門定製的L42A1型步槍。這種步槍的槍管較重，槍托輪廓經過了改進。這種步槍專門供警察使用。

下圖：老式的No.4李·恩菲爾德經過重新設計後，改進成口徑為7.62毫米的L42A1狙擊步槍。L42A1使用了新式的重型槍管、可裝10發子彈的新盒式彈匣，並且槍管上面的前置式槍托經過了切磨。槍托上增加了臉頰襯墊。扳機和望遠鏡的支架都進行了改動

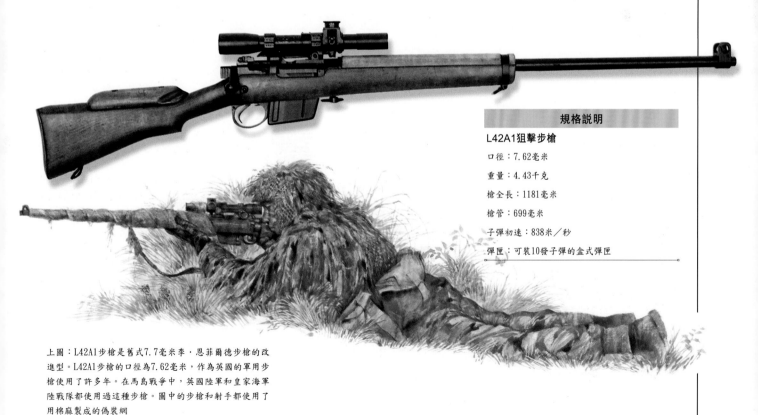

規格說明

L42A1狙擊步槍

口徑：7.62毫米

重量：4.43千克

槍全長：1181毫米

槍管：699毫米

子彈初速：838米／秒

彈匣：可裝10發子彈的盒式彈匣

上圖：L42A1步槍是舊式7.7毫米李·恩菲爾德步槍的改進型。L42A1步槍的口徑為7.62毫米，作為英國的軍用步槍使用了許多年。在馬島戰爭中，英國陸軍和皇家海軍陸戰隊都使用過這種步槍。圖中的步槍和射手都使用了用棉麻製成的偽裝網

L96 狙擊步槍

L42A1狙擊步槍是以李·恩菲爾德軍用步槍爲基礎研製的。李·恩菲爾德步槍使用的是槍栓擊發裝置，早在19世紀90年代就開始使用了，並且在隨後的半個多世紀裏，進行了多次改進。作爲軍用步槍，在經過多年可靠、有效的使用後，已經被英國陸軍的標準的L96A1狙擊步槍取代。L96A1步槍是爲專門用途而設計的。

L96A1狙擊步槍是由精密國際公司設計和製造的。它和L42A1狙擊步槍不同的是，它不是由久經沙場、值得信賴的軍用步槍改進而成的，它更類似於在體育比賽——如奧運會——中特別使用的射擊專用步槍，所以在遠距離射程內它把射擊精度發揮到了極致，而射程遠、精度高正是現代化戰場作戰的一大特點。

No.4 Mk（T）和L42A1步槍都屬於李·恩菲爾德系列步槍。No.4步槍作爲英國軍隊標準的狙擊步槍已經使用了許多年，但是這兩種步槍都是在標準軍用步槍的基礎上改進而成的。作爲狙擊步槍，則缺少創新性改動。L42A1步槍從精度上看相當不錯，但是，時代在前進，技術在發展，這意味着英國可以把更新的技術應用於狙擊步槍的研製上。曾經有一段時間，由於資金限制，英國陸軍要求採購新式狙擊步槍的提議被否決，但是在1984年，峰

回路轉，英國陸軍的願望終於得到了滿足。

傳統的設計原理

非常有趣的是，最終被選中參加試驗的三種步槍沒有一種是超精確的"太空時代"型步槍。相反它們的設計都相當傳統，但使用的都是現代化的複合材料，並且設計極其精密和細緻。被選中的參賽步槍是由帕克—黑爾公司設計的帕克—黑爾85型步槍；由國際武器公司設計的一種型號；精密國際公司的PM型步槍（由奧運會金牌得主馬爾科姆·庫柏設計）。威爾特郡的沃明斯特輕武器技術學校的技術人員對這三種型號的步槍反復進行試驗。儘管三者之間並沒有明顯的差異，但是最後，PM型步槍被選中。在作出這個決定的過程中，評估小組可能在某種程度上受到英國特別空勤團的影響。因爲英國特別空勤團採購了一部分PM型步槍的樣品，並且獲得了一定經驗。

儘管PM型步槍完全屬傳統型設計，但僅看表面難免有失偏頗。PM型步槍使用的是不銹鋼重型槍管，槍管固定在鋁製的槍栓底座上。槍管口徑爲7.62毫米。它的部件有雙腳架、前置式槍托、擊發裝置和後槍托。這些部件的形狀都經過了特

殊處理，可以和步槍的其他部件裝在一個塑料箱內。儘管前置式槍托看上去捲繞着槍管，但事實上，它和槍管一點也沒有接觸。

使用前置式閉鎖設置的槍栓

PM型步槍使用是"塔斯科"望遠鏡和帶有手工操作的槍栓擊發設置（使用前置式閉鎖）。這樣設計是爲了槍栓後移時不會碰到射手的臉部。雙腳架是用輕型合金材料製成的，可以和槍托下面的一個可回收的獨腳"錐"一起使用。當射手長時間瞄準射擊時（射手在射擊的區域內瞄準時，步槍的重量都落在雙腳架和獨腳"錐"上），獨腳"錐"可以當作支撐物。盒式彈匣可裝5發子彈。扳機設置可以調整和移動。

PM型步槍至少有四種類型。已經裝備部隊的有兩種：一種名爲"反恐"的狙擊步槍，已經供英國陸軍部隊使用；另一種首批1212支名爲"步兵"的狙擊步槍，從1986年開始陸續裝備部隊。後者有一個6×42非放大式望遠鏡和比賽專用瞄準具，有效距離900多米。另外兩種類型是：一種是"中等"狙擊步槍，帶有完整的瞄準具，只能單發射擊；另一種是"遠距離"狙擊步槍，使用雷明頓公司生產的7毫米馬格南子彈或溫徹斯特公司生產的7.62毫米馬格南子彈。

上圖：PM"反恐"型狙擊步槍的槍口有一個螺旋狀設置。這種設置不適合"步兵"型狙擊步槍。彈匣可裝10發子彈，安裝有機械瞄準具和槍背帶環

左圖：狙擊的藝術包括射手對周圍環境的利用能力，避免在移動時被敵人發現行蹤。這名狙擊手和他的狙擊步槍經過了藝術性僞裝，人們很難發現他們的（人和槍）輪廓

規格說明

L96A1狙擊步槍

口徑：7.62毫米

重量：6.5千克

槍全長：1124毫米

槍管：654毫米

子彈初速：不詳

彈匣：可裝10發子彈的盒式彈匣

帕克—黑爾 82 狙擊手專用步槍

英國伯明翰的帕克—黑爾有限公司多年來一直從事各種專用比賽步槍和相關瞄準具的製造，並且也從事一種特殊工作——負責狙擊步槍的設計和製造。該公司最著名的產品是口徑爲7.62毫米的帕克—黑爾82型步槍（又稱帕克—黑爾1200TX狙擊步槍）。已經有幾個國家的軍隊和警察接受了這種狙擊步槍。

82型狙擊步槍的外形和設計都非常傳統。它使用了和經典的毛瑟G98步槍使用的擊發設置非常類似的手工操作的槍栓擊發設置和自由浮動式重型槍管。槍管重1.98千克，用冷鑄過的鉻鉬合金製成。整體式彈匣可裝4發子彈。扳機設置爲完全獨立的部件，能夠根據需要進行調整。

爲了滿足客戶的特殊要求，82型狙擊步槍有多種類型。如果需要，它的臉頰襯墊可以調整；通過增減厚度不同的襯墊可以改變槍托的長度。瞄準具也有多種類型，但正常情況下使用的是比賽型機械瞄準具；如果想安裝光學望遠鏡，必須卸去後瞄準具後，才可以使用後瞄準具的支架。前瞄準具的支架經過加工設在套筒座的內部，可以安裝各種類型的機械前瞄準具或光學夜視儀。

軍用狙擊步槍

澳大利亞陸軍使用的82型狙擊步槍帶有一個"卡赫拉斯·赫利亞"ZF 69望遠鏡。加拿大陸軍爲了當地的需要，使用的是82型/1200TX狙擊步槍的改進型——C3狙擊步槍。新西蘭軍隊也使用82型狙擊步槍。

帕克—黑爾公司生產了一種可以用於特殊訓練的82型狙擊步槍。這種步槍只能單發射擊，安裝了比賽專用型瞄準具，沒有安裝望遠鏡。英國國防部把這種步槍稱爲"L81A1學員訓練步槍"。這種步槍的前後槍托都比較短。

後來，82型步槍的改進型被稱爲85型步槍。和82型步槍的槍托外形相比，85型步槍的槍托外形改動較大。85型步槍使用可裝10發子彈的盒式彈匣，並且安裝了標準的雙腳架（82型步槍也可以使用）。

85型步槍加上瞄準具後重5.7千克。這種步槍曾參加了英國爲尋找新式狙擊步槍而舉行的武器比賽。在比賽中，精密國際公司設計的步槍獲勝。於是，帕克—黑爾公司停止了這種步槍的生產，並在1990年把這種步槍的製造權（包括各種類型的設計權）出售給美國吉布斯步槍公司。該公司以帕克—黑爾公司的名義繼續生產這種步槍。

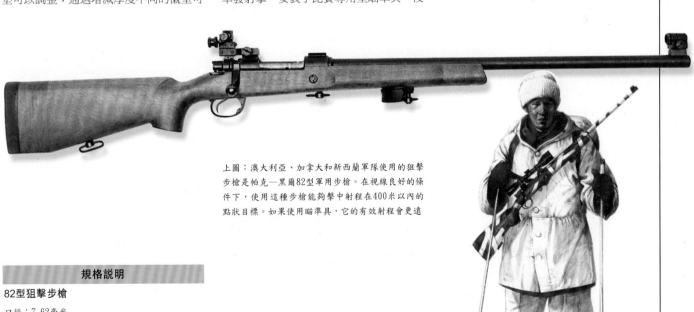

上圖：澳大利亞、加拿大和新西蘭軍隊使用的狙擊步槍是帕克—黑爾82型軍用步槍。在視線良好的條件下，使用這種步槍能夠擊中射程在400米以內的點狀目標。如果使用瞄準具，它的有效射程會更遠

規格説明	
82型狙擊步槍	
口徑：7.62毫米	
重量：4.8千克	
槍全長：1162毫米	
槍管：660毫米	
子彈初速：大約840米／秒	
彈匣：可裝4發子彈	

右圖：加拿大武裝部隊的狙擊步槍是帕克—黑爾82型步槍。圖中爲穿着冬季僞裝服、攜帶82型步槍的加拿大士兵。這種步槍使用毛瑟型槍栓擊發設置。它的盒式彈匣可裝4發子彈

M21 狙擊手專用步槍

在20世紀60年代末，美國武裝部隊開始把北約標準的7.62毫米子彈改為5.56毫米子彈。其中的道理比較簡單，自開始設計之日起，在狙擊步槍的正常射程內，小口徑子彈要比大口徑子彈的射擊效果好。同時，也保留了供狙擊步槍使用的大口徑子彈。這意味着當時美國軍隊使用的7.62毫米M14"聯賽"型狙擊步槍（又稱"精確"型狙擊步槍）需要保留下來。目前這種步槍被稱為M21步槍。

M21步槍是口徑為7.62毫米的M14步槍的特殊型號。作為標準的軍用步槍，M14步槍在美軍中服役了許多年。M21保留了最初型號的基本形狀和機械設置，而其他設置在製造期間都作了改動。

值得注意的設計細節

首先是挑選槍管。只有那些最接近承受限度的槍管才有資格接受挑選，為了減少可能出現的製造誤差，那些槍膛內沒有正常鍍鉻的槍管是沒有資格中選的。為了確保連接正確，它安裝了新式的槍口抑制器，並且抑制器一直擴大到槍管。扳機設置是手工組裝的。經過調整，當扳機推力達到2~2.15千克時，扳機處於釋放狀態；這種步槍還安裝了含有玻璃纖維的桃木槍托。槍托經過了環氧樹脂浸泡。它的氣動操作裝置同樣與眾不同。為了確保操作時盡可能平滑，所有操作裝置都經過手工刨磨，並且都是用手工組裝的。

M21步槍保留了全自動射擊的功能，但正常情況下，只能半自動（單發）射擊。

組件中的主要變化是安裝了可放大3倍的望遠鏡。除了正常使用的瞄準十字線外，它還安裝了一個方格坐標系統，可以幫助射手準確地判斷出人體狀目標的距離，並能自動設置射擊角度。使用這種瞄準具，在300米的射程內，M21步槍發射10發子彈，每發子彈彈洞之間的距離不會超過152毫米。

M21步槍還有一個非同尋常的設置——聲音抑制器。這種聲音抑制器不同於世界上普通使用的消音器，它屬緩衝器之類的設置。它不會影響子彈的運動速度，並且有助於子彈在平滑的彈道上運動；但是，它可以把射擊時產生氣體的運動速度減小到音速以下。這樣就起到了消音器的作用，射擊時沒有尖銳的聲音，所以敵人很難發現聲音的來源。

下圖：儘管大多數以色列狙擊手都使用加利爾狙擊步槍，但仍有一些狙擊手使用M14步槍的改進型——美國的M21"精確"型狙擊步槍。以色列在入侵黎巴嫩期間和1982年8月打擊巴勒斯坦解放組織的行動中使用了這兩種步槍

上圖：這支M14步槍是倫敦步兵學校武器博物館的收藏品。M21步槍是M14步槍的特殊改進型，它的零部件都經過了高水平的加工。它裝有槍口抑制器和可放大3倍的望遠鏡

規格説明
M21狙擊步槍
口徑：7.62毫米
重量：5.55千克（裝彈後）
槍全長：1120毫米
槍管：559毫米
子彈初速：853米／秒
供彈：可裝20發子彈的盒式彈匣

巴雷特 M82 和 M95 狙擊手專用步槍

1981年，26歲的羅尼·巴雷特在勃朗寧短後坐力操作系統的基礎上設計並製造出一種口徑為12.7毫米的半自動步槍——M82步槍。這種步槍可以發射勃朗寧M2重型機關槍使用的M33子彈。

這種步槍後坐力中等，射程遠，精度高。一問世就得到了美國軍方的關注。美國駐黎巴嫩貝魯特的軍隊因恐怖襲擊而遭受重大損失後，美國軍方開始尋找一種能夠穿透車輛薄層裝甲的武器。一些北約軍隊也對這種步槍表現出極大興趣。於是，M82A1作為軍用武器投入生產。

在1991年"沙漠風暴"行動期間，M82A1的優越性能在戰場上得到了驗證：

美國軍隊用它成功地擊毀/擊斃了伊拉克裝甲車和有價值的人物。美國海軍陸戰隊大力提倡使用M82A1步槍，並且和巴雷特公司合作，實施一項旨在改進M82A1步槍的計劃。這種武器的最新改進包括：可以移動的攜帶把手、雙腳架、輕型部件和新式的光學瞄準具。這種瞄準具可以在白天和黑夜使用，不久就會裝備部隊。

彈藥

目前，標準的穿甲燃燒彈是新式的"拉弗斯"Mk 211子彈，它的穿透彈頭含有金屬鋯，擊中目標後爆炸，能夠點燃彈藥中的燃燒物質。

M82步槍主要有兩種類型：M82A1步槍製造於1983—1992年；M82A2步槍於1990年投入生產，改進了M82A1步槍中笨重的無托結構設置。為了把整個槍的長度減少到1409毫米，重量減少到12.24千克，它的擊發裝置和彈匣都設在了扳機組件的後部。

最新式的巴雷特12.7毫米狙擊手專用步槍是M95步槍。它的射程和使用的彈藥和M82A2步槍非常類似。它和M82A2步槍的槍栓擊發設置基本相同。M95步槍槍長1143毫米，重11.2千克，盒式彈匣可裝5發子彈，使用可放大10倍的標準望遠鏡，有效射程大約是1830米。

右圖：M33"鮑爾"子彈是專門為勃朗寧M2重型機關槍而研製的。這是在M33"鮑爾"子彈的基礎上而研製的第一批狙擊步槍之一——約翰遜·艾維爾500，它是300型狙擊步槍的改進型

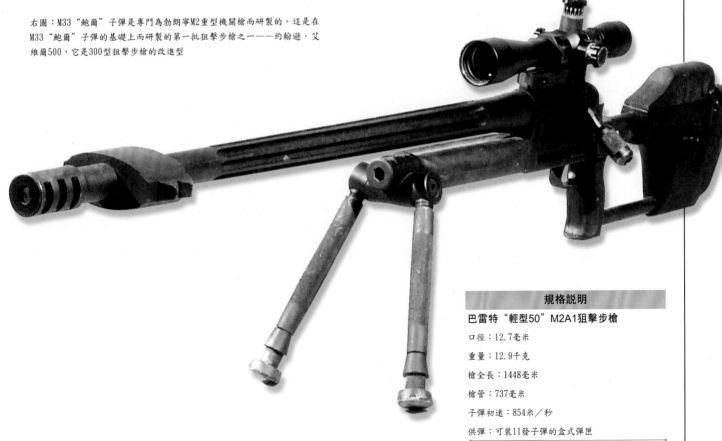

規格說明
巴雷特"輕型50"M2A1狙擊步槍
口徑：12.7毫米
重量：12.9千克
槍全長：1448毫米
槍管：737毫米
子彈初速：854米／秒
供彈：可裝11發子彈的盒式彈匣

M40 狙擊手專用步槍

美國海軍陸戰隊一直擁有自己的裝備採購渠道，並且美國官方長期以來也承認海軍陸戰隊在逐行兩棲戰中享有特殊的權利。海軍陸戰隊有權要求採購和使用特殊設備以滿足自己的需要。如此一來，海軍陸戰隊非常樂意選擇一種新式的狙擊步槍來取代M1C和M1D步槍，這兩種步槍是在M1伽蘭德步槍的基礎上改進而成的。為了應付苛刻的實戰環境，海軍陸戰隊對這種新式狙擊步槍提出了自己的要求。

以狙擊手為重

對於美國海軍陸戰隊來說，狙擊手一直享有特殊的地位。和其他地面部隊相比，他們常會提前獲得有關作為遠程殺手所要殺死的敵人指揮官或重要人物的信息。在越南戰爭期間，美國海軍陸戰隊希望獲得類似於美國陸軍使用的M14和M21狙擊手專用步槍，於是決定要為他們的陸戰隊士兵裝備比這兩種步槍的性能還要好的步槍。在公開市場，美國海軍陸戰隊確實找不到想要的武器，但是它發現有一種商用步槍的設計非常接近要求。這種商用步槍就是雷明頓700步槍。它是雷明頓公司按照客戶訂單的要求，作為射擊專用步槍生產的。這種步槍的槍管較重，使用40×B型射擊步槍的擊發裝置。美國海軍陸戰隊決定把這種步槍改進成標準化的軍用步槍，1966年這種步槍被定型為M40步槍。海軍陸戰隊最初訂購了800支，後來增加到995支。M40狙擊步槍帶有木製槍托，是在雷明頓700BDL型商用步槍的基礎上改進而成的。

M40步槍使用了毛瑟式手工操作的槍栓擊發設置和重型槍管。正常情況下，有一個可放大3~9倍的"萊德菲爾德"望遠鏡。彈匣可裝5發子彈。從整體上看，M40步槍的設計極為傳統，但是質量極高。

戰場表現

海軍陸戰隊裝備M40步槍之後，事實證明M40步槍一點也沒有讓人失望。但是，海軍陸戰隊根據戰場上獲取的作戰經驗，本着精益求精的精神，認為它的基本設計仍有潛能可挖。於是海軍陸戰隊要求雷明頓武器公司進行進一步的改進，其中包括用新式的不銹鋼組件取代它的舊式槍管，用玻璃纖維製品（由麥克米倫兄弟公司提供）取代它的舊式槍托，並且要使用新式瞄準具。烏內特爾望遠鏡完全是為了滿足美國海軍陸戰隊的需要而生產的，這種望遠鏡有10倍的放大功能。而供選擇使用的機械瞄準具則被淘汰出局。

經過這些大的變化，M40步槍就變成了M40A1步槍。M40A1步槍是在弗吉尼亞州奎蒂科市雷明頓公司的車間內生產的，僅供美國海軍陸戰隊使用。這種步槍的零部件分別由雷明頓公司（擊發裝置）、溫徹斯特公司（彈匣底板）、麥克米倫兄弟公司和其他承包公司提供。

從總的情況看，自狙擊步槍生產以來，M40A1步槍算得上是最精確的"傳統"型狙擊步槍，儘管還沒有確切的數字來證實這種說法。它精確的主要原因是使用了重型不銹鋼槍管和一流的光學瞄準

具。儘管這種瞄準具可能會出現失真和變形現象，但是與同類瞄準具相比，它的放大功能要大得多。射手使用它可以清楚地發現目標的形狀，而且這種瞄準具還可以根據需要進行調整。

精度極高的步槍

和其他類型的狙擊步槍一樣，狙擊步槍的精度還取決於選用子彈的性能，當然還有射手的技能。然而，從過去的情況來看，美國海軍陸戰隊對狙擊手的要求極其嚴格，狙擊手要花費大量時間參加經常性

訓練。總的來說，M40A1步槍是一種"狙擊手都想擁有"的武器。

規格説明

M40A1狙擊步槍

口徑：7.62毫米

重量：6.57千克

槍全長：1117毫米

槍管：610毫米

子彈初速：777米／秒

供彈：可裝5發子彈的盒式彈匣

上圖：美國海軍陸戰隊決定選擇自己的狙擊步槍後，訂購了雷明頓公司生產的700型商用步槍。當時這種步槍仍然使用機械瞄準具（如圖）。M40軍用狙擊步槍是700商用步槍的改進型，儘管後來生產出新式的M40A1狙擊步槍，但M40狙擊步槍仍在使用。這種狙擊步槍只有美國海軍陸戰隊使用

上圖：美國海軍陸戰隊於1966年選中了雷明頓公司的700型步槍。這種步槍經過改進可以滿足陸戰隊的特殊需求。M40A1步槍和M40步槍的不同之處是，M40A1步槍使用的是又重又短的不銹鋼槍管，槍托用玻璃纖維製成，它使用的望遠鏡功率更大

5 機槍

　　自第一次世界大戰以來，機槍一直是步兵作戰的主力。其類型和口徑幾十年來變化極大。儘管機槍在提供持續性火力時面臨着彈藥需求過大的問題，但在現代戰場上，它仍然扮演着極爲重要的角色。

自第一次世界大戰以來，機槍一直是步兵作戰的最重要的武器。在現代軍隊中，最小的戰術單位是班（或組）。從20世紀30年代開始，班或組又被劃分為一個機槍組（輕型機槍）和一個步槍組，兩者交替前進，一方提供火力掩護，壓制敵人的火力，同時另一方快速向前進攻。

機槍的分類

機槍一般可劃分為"輕型""中型"和"重型"三類。但是這些稱呼都是第一次世界大戰時期的術語。20世紀50年代以來，由於出現了通用型機槍和自動步槍，所以機槍的分類變得非常模糊，難以劃分。第一支現代機槍是由一位名叫希拉姆·S.馬克西姆的美國人發明的。他發明一種後坐力操作的機槍，只要不停地按住按鈕，在保證子彈帶不停送彈的情況下，每分鐘可以發射600發子彈。也可以發射英國陸軍標準的7.7毫米步槍子彈。重27千克，需要使用三腳架才能發射。這種機槍和它的支架需要幾個人才能攜帶。

約翰·M.勃朗寧對機槍所做的貢獻不小。他使用的是氣動操作系統。射擊時產生的氣體可以帶來強大的推動力。許多種機槍的設計都使用了氣動操作系統。

下圖：美國部隊標準的通用型機槍是M60機槍。圖中為越南戰爭中的一張照片，從中可以看出M60機槍的口徑較大，射擊時需要有足夠的彈藥

機槍的作用

在1914—1918年的西線的戰鬥中，機槍、鐵絲網和大炮構成了可怕的三位一體防禦網，雙方士兵血流成河，戰爭陷入僵局狀態。帶有三腳架的機槍藏在密閉的用鋼筋水泥堆砌而成的堡壘內，大炮很難擊中。在進攻前的火力準備期間，只要少數機槍倖存下來，就會將無數衝鋒的敵人射倒在地。

如何在塹壕戰中使用機槍？解決這個戰術性問題的答案是：減輕機槍的重量。這樣才能便於攜帶，保護剛剛從敵人手中奪取的陣地，對付敵人發起的一次又一次衝鋒。英國陸軍使用的是劉易斯機槍，這是第一種真正成功的輕型機槍。在現代戰術"火力和機動"剛剛興起時，步兵使用劉易斯輕型機槍斬關奪隘，積累了豐富的經驗。

在第一次世界大戰和第二次世界大戰期間，機槍按"輕型""中型"和"重型"的劃分方法被正式確定下來。英國陸軍後來取代劉易斯機槍的布倫機槍在這方面最為成功。這種機槍經過冷浸處理，重量輕，一名士兵就能攜帶，另一名或幾名士兵可以攜帶更多子彈或盒式彈匣。每個彈匣可裝30發子彈。一般情況下，中型機槍都經過冷浸處理，能夠連續發射上萬發子彈。重型機槍和中型機槍有很多相似之處，但是中型機槍使用的是步槍口徑的子彈，而重型機槍使用的子彈的口徑較大。典型的重型機槍的子彈口徑為12.7毫

上圖：德國在通用型機槍的研製方面走在了前列。德國的MG3 4機槍（見圖）和造價更為低廉的MG42機槍都裝置了空氣冷卻設置，重量輕，性能可靠，並且子彈射速極快

米，這種子彈具有一定的防空和穿甲能力。

德國處於領先地位

在第二次世界大戰期間，盟國軍隊與日本和意大利軍隊都大量使用這三種機槍。德國人不僅使用這三種機槍，而且在通用型機槍的應用方面也走到了前列。通用型機槍使用子彈帶或盒式彈匣供彈，安裝了雙腳架。MG34機槍非常輕，由兩名或三名士兵組成的小組操作，並且能夠提供在正常情況下由中型機槍提供的持續火力。使用三腳架的通用型機槍有大量的備用槍管，它發射的火力幾乎可以和重型機槍相媲美。MG34機槍和後來的MG42機槍在戰場上給盟軍留下了深刻印象，所以在戰後，各國紛紛仿效。事實上，美國陸軍的M60通用型機槍和德國的MG42機槍在設計上非常接近，而比利時的FN MAG機槍在性能上要更勝一籌。

輕型機槍

在各國競相使用中等口徑的步槍（北約的5.56毫米或蘇聯的7.62毫米×39毫米以及後來的5.45毫米）時，為了避免步兵因使用兩種不同口徑的彈藥而帶來的後勤供應問題，一些國家的軍隊開始使用輕型機槍。事實證明，有些輕型機槍，如FN"米

尼米"輕型機槍，獲得了極大成功。

　　當20世紀末慢慢臨近的時候，所謂的重型機槍進行了改頭換面。比利時和東歐國家的重型機槍的口徑達到了14.5毫米或15毫米，能夠遠距離精確射擊，並且還能穿透輕型裝甲。有了這種武器，步兵就有能力伏擊裝備輕型裝甲的機械化部隊。

左圖：第一次世界大戰期間，盟軍最優秀的機槍是維克斯機槍。它使用水冷浸處理，性能極其可靠。只要彈藥充足，就能持續不停地射擊

機槍：戰場之王

　　戰場上，步兵必須攜帶大量彈藥。為了減小彈藥重量，各國都作了大量研究。北約國家使用5.56毫米的小口徑子彈取代了過去的7.62毫米標準子彈。然而，使用小口徑子彈也帶來了負面影響，由於其口徑小，所以重量輕，射程近，威力也不夠大。出於這方面的考慮，許多國家都保留了大口徑的通用型機槍，如FN MAG機槍，能夠在較遠的射程內提供強大的火力。在近距離內作戰時，可以使用FN "米尼米"和L86輕型支援武器之類的5.56毫米輕型機槍。它們的槍管可以替換，射擊時使用子彈帶或盒式彈匣。它們都是真正的輕型機槍。以L86機槍為例，它是真正的班用輕型支援武器。L86機槍有固定的槍管，只能使用盒式彈匣。

右圖：從上到下分別為FN MAG機槍、FN "米尼米"機槍和L86輕型支援武器。從中可以看出，由於子彈口徑變小了，因此機槍的體積（和重量）也在減小

下圖：蘇聯軍隊使用的是施瓦茨勞斯重型機槍。這種機槍有幾種類型，多數看起來和圖中這挺M07/12機槍相差無幾。它使用後坐力操作原理，性能非常可靠。早期型號的施瓦茨勞斯機槍有一個給子彈加潤滑油的油泵

施瓦茨勞斯機槍

奧匈帝國最早的機槍是由安德列斯·施瓦茨勞斯於1902年設計、由施泰爾兵工廠製造的，最早的型號被稱爲施瓦茨勞斯07型機槍，不久又製造出了08型機槍，最後被定型爲12型機槍。後來奧匈帝國武裝部隊把早期的兩種型號都改進爲12型機槍。這幾種機槍的差別很小，它們的製造方法和操作原理都完全相同。

施瓦茨勞斯機槍屬重型子彈帶供彈和水冷浸處理的武器。它使用了非同尋常的操作原理，這種原理目前被稱爲延遲式後坐力原理。根據這種原理，射擊時後坐力向後運動，在控制裝置的作用下，後腔閉鎖裝置進入到適當位置（此時，空彈殼仍在彈膛內）。僅僅經過一小段時間後，控制裝置的控制杆就會操縱閉鎖裝置向後移動到槍管後部。子彈足夠在這段時間內離開槍口，槍管壓力下降到安全範圍。這種系統意味着槍管長度會受到一定限制，槍管太長會造成閉鎖裝置在子彈離開槍口之前張開。所以這種操作系統必須在子彈助推力、槍管長度和延遲式擊發裝置的操縱杆之間取得平衡。

短槍管

在實踐中，施瓦茨勞斯機槍的性能相當不錯，但是相對於當時奧匈帝國軍隊使用的8毫米標準子彈來說，它的槍管實在是太短了，並且槍口會產生大量光焰，所以它使用了標準的長型消焰罩。這種消焰罩是施瓦茨勞斯機槍最爲著名的設計之一。它的另一大設計特點是它的供彈系統。它最先使用了驅動鏈輪。這種驅動鏈輪可以非常精確地把子彈送入彈膛，從而使這種機槍的綜合性能更加可靠。

有限出口

在1914—1918年期間，施瓦茨勞斯機槍的主要用戶是奧匈帝國的軍隊。但是在戰爭後期，意大利軍隊也成了它的主要用戶——大部分都是從奧匈帝國軍隊手中繳獲而來的。荷蘭是這種機槍的主要購買者，但是該國在第一次世界大戰期間保持中立。到1914年時，施瓦茨勞斯07/12、08/12和12型機槍在戰場上幾乎都可以看到。07/12和08/12型機槍使用的子彈都經過了潤滑，但12型機槍則取消了這種設計。另外，還有一種07/16型機槍，主要供防空時使用。07/16型機槍使用一種簡單的空氣冷卻系統，但很不成功。

施瓦茨勞斯機槍又大又重，製作精良，結實耐用，使用中很少會受到損壞，所以1945年意大利和匈牙利的軍隊仍在使用這種機槍。不過，仿製它使用的延遲式後坐力系統的國家卻不是很多。

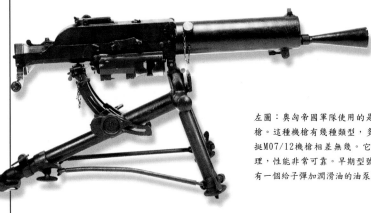

左圖：奧匈帝國軍隊使用的是施瓦茨勞斯重型機槍。這種機槍有幾種類型，多數看起來和圖中這挺M07/12機槍相差無幾。它使用後坐力操作原理，性能非常可靠。早期型號的施瓦茨勞斯機槍有一個給子彈加潤滑油的油泵

規格説明	
施瓦茨勞斯07/12型機槍	
口徑：8毫米	
重量：19.9千克（槍）；19.8千克（三腳架）	
槍全長：1066毫米	
槍管：526毫米	
子彈初速：620米／秒	
射速：400發子彈／分鐘	
供彈：可裝250發子彈的子彈帶	

左圖：使用重型三腳架時，施瓦茨勞斯機槍可以擔負起夜間火力支援任務，但是，由於它在射擊時會發出耀眼的火焰，所以在打擊敵人的同時，也暴露了自己的陣地

右圖：奧匈帝國軍隊使用的施瓦茨勞斯機槍的另一大任務是保護友鄰軍隊，防止低空飛行的敵機靠近他們

麥德森機槍

丹麥的第一批麥德森機槍是由丹麥的賽恩迪卡特工業公司於1904年生產出來的，直到1950年，丹麥才停止生產這種機槍。麥德森系列機槍雖然從類型上看都非常接近，但是有多種口徑，可以滿足世界上許多國家軍隊的需要。

不過，當時人們沒意識到剛生產出來的8毫米麥德森M1903機槍居然會是世界上最早的輕型機槍之一，甚至還是世界上最先使用頂部盒式彈匣的機槍。

這種機槍使用了其他機槍從沒有使用過的獨特操作系統。當時，這種系統的費用昂貴，結構複雜並且難以製造。這就是"皮波迪—馬蒂尼"鉸鏈式後腔閉鎖擊發裝置。這種裝置在小口徑專用比賽步槍中使用較多。麥德森所要做的就是把這種手工操作的擊發裝置轉換成全自動操作裝置。這種槍在凸輪和控制杆上增加了一個可以隨後坐力一起移動的金屬板，由擊發裝置來控制鉸鏈式後腔的張開和閉合。但是，由於槍膛沒有完整的槍栓擊發裝置（和正常的閉鎖裝置一樣），因此必須使用一個單獨的帶有撞錘和退彈簧的機械設置。這種操作太複雜了，就是一大優點，

在多種條件下，操作性能非常可靠，可以使用各種彈藥，如英國的7.7毫米有緣式子彈，儘管使用這種子彈並不太成功。

為了滿足不同客戶的需要，麥德森機槍生產有多種口徑。這種機槍遠銷到泰國；並且還製造有多種類型。它的槍管是空氣冷卻式，不適合於連續射擊。雖然也生產了各種類型的三腳架，但大多數機槍的槍口下都安裝了雙腳架。有一些型號，包括丹麥武裝部隊使用的機槍，槍管下有一個短小的底座。當士兵在室內或要塞內時，可以把槍靠在牆上。這種槍普遍都安裝了攜帶把手。麥德森機槍的性能可靠的一大原因是它盡可能多地使用了當時最好

的原材料，當然，這也增加了它的製造費用。

多國非正式使用的機槍

在第一次世界大戰期間，主要的交戰國誰也沒有把麥德森機槍當作自己的正式武器使用，但是，幾乎每個歐洲國家的軍隊都曾經使用過這種機槍。在第一次世界大戰初期，麥德森機槍成為交戰雙方最先在飛機上使用的武器之一，儘管不久就換成了其他武器。德軍東線的"突擊隊"在戰術上實驗性地使用過這種機槍，但數量有限。中歐一些國家的軍隊也使用過這種武器，但是數量不大。當輕型機槍的觀念被多數國家接受以後，許多國家紛紛對麥德森機槍進行了研究，英國甚至還想用這種機槍發射它的7.7毫米子彈。但這種子彈為有緣式子彈，不適合於麥德森機槍的機械裝置。隨後，這種機槍在英國被束之高閣了。直到1940年，英國才再次使用這種機槍，供剛成立不久的國土警衛隊使用。

規格説明

麥德森M1903機槍

口徑：8毫米

重量：10千克

槍全長：1145毫米

槍管：596毫米

子彈初速：825米／秒

射速：450發子彈／分鐘

供彈：可裝20發子彈的盒式彈匣

上圖：麥德森機槍是最早的輕型機槍之一。它使用了一種非常複雜的下降式後腔閉鎖系統。類型繁多，有多種口徑，可以發射英國的7.7毫米子彈，在第一次世界大戰期間曾被廣泛應用。英國陸軍曾經長期使用這種機槍

哈奇開斯 1909 型機槍

在1914年之前，法國陸軍的訓練原則是：攻擊（或進攻）是勝利的關鍵。法國步兵和騎兵一直在接受進攻的訓練。法國人認為依靠部隊的反復攻擊和堅強的意志就能擊敗敵人。依據這種樂觀的作戰方案，機槍幾乎失去了作用。在20世紀初期，人們認為輕型機槍對騎兵部隊有很大幫助，或許使用輕型機槍能夠對付衝鋒的步兵。

於是法國就生產出了哈奇開斯1909型軍用機槍。它使用了大型哈奇開斯機槍基本的氣動操作設置。由於它使用的子彈帶是倒置式設置，所以供彈系統非常複雜。當這種武器生產出來時，騎兵部隊根本不想接受它。事實證明這種機槍太重，只適合於步兵使用，所以生產出來的產品只好交給駐守要塞的部隊使用，或者乾脆庫存起來。由於美國陸軍使用這種機槍，所以它的出口情況相當不錯。美國人使用的這種機槍被稱為貝內-莫西1909型機槍，主要供騎兵部隊使用。

因戰爭而暫緩生產

第一次世界大戰爆發後，法國人再次把1909型機槍從倉庫中取出來，甚至英國軍隊也使用這種機槍（英國稱之為7.7毫米哈奇開斯Mk 1機槍）。英國希望得到更多機槍。英國生產的1909型機槍可以使用英國的7.7毫米子彈，並且在英國，這種機槍大多數都安裝了槍托和雙腳架。原來安裝在槍架中心位置下面的小型三腳架被淘汰了。

然而，1909型機槍註定不能在塹壕戰中使用，因為它的供彈系統經常出現問題。這種機槍逐漸退出了前線，轉到了其他部隊中。有幾種類型的1909型機槍成為飛機上使用的武器，並且成為早期坦克中最主要的武器。例如，英國的"婦人"坦克和法國的"雷諾"FT-17輕型坦克都裝備了這種機槍。

有限的方向轉動

由於坦克內部空間狹小，有時機槍的方向轉換會受到一定限制，所以許多機槍，尤其是英國的機槍，都轉而使用大型哈奇開斯1914型機槍使用的由三發子彈連接而成的子彈帶。英國陸軍直到1939仍在使用這些機槍，並且後來又從倉庫中取出一部分供機場防空和商船武裝護航使用。

1909型機槍屬第一代輕型機槍。盡管它的使用數量很大，但是並沒有產生太大影響。它的主要缺陷與其說是技術上的困難，倒不如說是戰術上的問題更為確切。因為從戰術上講，它在塹壕中使用的時間有限，並且對它的潛力缺少正確的評價，歷史從來沒有給它一個大顯身手的機會。作為坦克武器，它在歷史上留下了自己的烙印，但作為在飛機上使用的武器，並沒有獲得太大成功。在露天的飛機駕駛艙內，它的供彈系統明顯存在缺陷。

上圖：1918年5月，英軍蘭開夏郡第7步槍團的一名鼓手正在向剛剛到達法國的美國士兵演示如何使用哈奇開斯 Mk1機槍

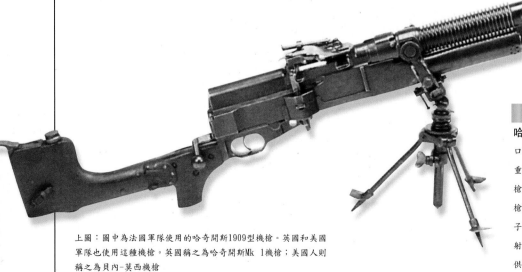

上圖：圖中為法國軍隊使用的哈奇開斯1909型機槍。英國和美國軍隊也使用這種機槍。英國稱之為哈奇開斯Mk 1機槍；美國人則稱之為貝內-莫西機槍

規格說明
哈奇開斯1909型軍用機槍
口徑：8毫米
重量：11.7千克
槍全長：1190毫米
槍管長：600毫米
子彈初速：740米／秒
射速：500發子彈／分鐘
供彈：可裝30發子彈的金屬子彈帶

哈奇開斯中型機槍

在19世紀90年代，唯一可行的機槍是由馬克西姆和勃朗寧發明的。爲了防止有人竊取他們的發明成果，他們申請了嚴格的商標保護，商標專利權像一堵圍牆一樣嚴密地將他們的產品保護起來。包括法國的哈奇開斯公司在內的許多武器公司，圍繞在他們的專利牆周圍，極力想搞清楚他們的秘密。當時，有一名奧地利的發明家描述了新奇的氣動操作方法，這種操作方法可以產生強大的動力，供機槍使用。哈奇開斯公司馬上購買了這種發明，並將其投入生產。

新穎的原理

第一種哈奇開斯機槍是哈奇開斯1897型軍用機槍。雖然它幾乎不能投入使用，但卻是最早使用氣動系統操作的機槍。後來的1900型和1914型機槍使用的都是這種操作系統，並且1914型機槍成爲第一次世界大戰期間的主要機槍。這幾種機槍都使用了空氣冷卻型槍管，但是爲了防止槍管溫度過熱，哈奇開斯公司馬上使用了一種設計，這種設計成爲這種機槍的商標：圍繞在接近套筒座的槍管底端，有5個突出的環狀套管。這些環狀套管（有時是銅製品，有時是鋼製品）在槍管達到最熱程度時，能夠增大槍管的表面面積，起到散熱作用。

氣動操作系統

自動射擊時，氣體從槍管流出，向後運動時推動活塞，從而帶動所有的擠壓和裝填系統。這種氣動操作系統運行可靠，不久就被其他機槍的設計者（以一種形式或另一種形式）採用。這種機槍最早出現在1904—1905年爆發的日俄戰爭。在戰爭中，雖然它的設計確實存在問題，但表現還是不錯的。這個問題就是它的供彈系統。哈奇開斯機槍的供彈系統使用金屬子彈帶供應子彈。開始時使用黃銅製成的子彈帶，後來用鋼製的子彈帶。這些子彈帶只有24發或30發子彈，嚴重限制了機槍連續射擊的能力。而1914型機槍的供彈系統經過重新設計，這個問題部分得到瞭解決。它的子彈帶由3粒子彈的子彈帶互相連接在一起，形成可以裝249發子彈的子彈"帶"。這種子彈帶容易受損，上面的任何髒物都有可能導致卡殼。

根據這種系統而設計出來的機槍有多種類型。駐紮在要塞的部隊使用的型號的槍口有一個向下呈Y形的設置，它可以起到消焰罩的作用。另外，在第一次世界大戰期間使用的三腳架也有好幾種類型，包括1897型機槍的支架，這種支架沒有上下或左右轉動的設置。

在第一次世界大戰期間，法國軍隊大量使用哈奇開斯機槍。但是在1917年，許多哈奇開斯機槍都轉交給了剛剛到達法國的美國遠征軍。美國遠征軍的每個師都裝備了這種機槍，直到戰爭結束。

上圖：1918年期間參加馬恩河戰役的法國和英國步兵。他們使用的是哈奇開斯1900型機槍。發射時使用1916型機槍的三腳架。機槍射手的身後是彈藥箱。機槍左邊有兩名士兵負責幫助裝彈

上圖：根據圍繞在槍管周圍較大的環形冷卻套管，人們很容易辨認出這就是哈奇開斯1914型機槍。它成爲法國軍隊在第一次世界大戰期間標準的重型機槍。雖然它非常沉重，但製作精良，性能可靠。不過它的子彈帶時常出現問題。它發射的是口徑爲8毫米的子彈

規格說明
哈奇開斯1914型軍用機槍
口徑：8毫米
重量：23.6千克（槍）
槍全長：1270毫米
槍管長：775毫米
子彈初速：725米／秒
射速：400~600發子彈／分鐘
供彈：可裝24或30發子彈的子彈帶或由每3發子彈連接而成有249發子彈的子彈帶

紹沙輕型機槍

紹沙或CSRG機槍的正式名稱為1915型軍用機槍。這種機槍是第一次世界大戰期間最不受歡迎的武器之一。1914年，法國設計委員會（主要設計人員有紹沙、蘇特里、里布羅勒和格拉迪特。為了紀念他們，這種機槍以他們的名字命名為CSRG機槍）把它當作輕型機槍進行設計。這種槍比較長，顯得有點笨重，使用長後坐力機械設置。射擊後，槍管和閉鎖裝置向後移動到後部，然後再向前移動，同時槍栓被固定住；然後槍栓鬆開，開始供應另一發子彈。這種機械設置運行起來比較複雜，部件在槍內運動的面積太大，給瞄準造成了一定難度。

紹沙機槍主要是為了便於生產而設計的。但是，由於它是在1915年匆忙投入生產的，並且由多家公司負責制造，有的公司甚至根本沒有製造武器的經驗。許多公司只是把生產紹沙機槍當作賺取最大利潤的工具，他們使用廉價和不適當的原材料，這樣生產出來的產品實在是太可怕了。這些機槍要麼沒用幾天就出現了嚴重磨損，要麼剛剛使用就出現了斷裂，再也無法使用。即使使用合適的原材料生產出來的產品，質量也同樣很差，不是使用不便，就是操作稍有不當就會發生卡殼。它的半月形彈匣位於槍身下面，攜帶時極不便利；它的雙腳架又輕又脆，非常容易彎曲。法國士兵非常討厭這種機槍。後來，許多士兵憤怒地說："戰場上導致許多士兵犧牲的罪魁禍首正是那些貪婪成性、瘋狂追求利潤的製造商。"事實的確如此。

上當的美國人

不幸的是，法國製造商不單單是為了追求武器生產的利潤，當美國參戰時，一些法國政治家極力勸說美國陸軍使用紹沙機槍，毫無防備的美國人接受了法國人的建議。開始時，美國人接受了16000支，後來為了發射美國的7.62毫米子彈，又訂購了19000支。不過，這種型號的紹沙機槍使用的是垂直式盒式彈匣，而不是法國的半月形彈匣。

事實證明，無論是美國人使用，還是法國人使用，所有紹沙機槍的表現都一樣糟糕。一旦這種武器發生卡殼，美國人常把它一扔了事，轉而使用步槍，尤其是那些能使用美國子彈的步槍。美國的子彈威力比法國的8毫米子彈威力大，所以這種機槍的零部件更容易發生損壞。

不了了之的調查

最後，正在執行的合同繼續進行，但生產出來的產品卻被扔進了倉庫。戰後，法國居然把這些機槍投放到國際武器市場上。法國的一些議員開始對紹沙事件進行調查，試圖查清事件的真相——合同是如何分包的？製造商從中榨取了多少利潤？但是，由於牽涉許多國會議員和企業界的領導人，最後整個事件不了了之。

許多資料表明，從各個方面來說，紹沙機槍都是第一次世界大戰期間最糟糕的機槍。它的設計、製造、原材料的使用都很糟糕。它真的是一場災難。但是目前來看，這件事的錯誤在於它的整個計劃完全失去了控制，結果讓少數人大發橫財，滿足了他們貪婪的欲望，同時卻讓許多士兵失去了寶貴的生命。

規格說明

紹沙機槍

口徑：8毫米

重量：9.2千克

槍全長：1143毫米

槍管長：470毫米

子彈初速：700米／秒

射速：250~300發子彈／分鐘

供彈：可裝20發子彈的彎曲狀盒式彈匣

右圖：一名身穿水平花紋制服和大衣的法國士兵手持紹沙機槍，呈進攻姿勢

上圖：自有機槍以來，1915型機槍（或稱為紹沙機槍）是最糟糕的機槍之一。不得不使用這種機槍的士兵沒有不咒罵它的

聖埃蒂內 1907 型軍用中型機槍

哈奇開斯機槍的設計屬商業範疇，法國軍方希望設計出自己的機槍。不幸的是，軍方的努力沒有成功。事實上，哈奇開斯公司的氣動操作系統受到嚴格的專利保護，誰都不可能逾越專利的保護而得到它。

愚蠢的設計

法國軍方生產機槍的決心是無法阻止的，最終生產出的機槍被稱爲1905型機槍。這種機槍很糟糕，使用不到兩年就被收回了。軍方使用它的基本設計又生產出一種1907型軍用機槍或稱爲聖埃蒂內機槍（爲了紀念它的生產地，以製造廠的名字命名）。

設計人員決心在哈奇開斯公司設計的基礎上，使用氣動機械裝置，但改變了它的操作程序——沒有使用向後推動活塞的分流氣體。聖埃蒂內機槍使用的操作系統是：氣體向前分流，推動前面的活塞，活塞下有一個壓縮彈簧，壓縮彈簧伸縮時產生機械設置運行所需要的動力。從理論上講，這種操作系統是切實可行的，但比較複雜，需要較多的部件，而這些部件容易斷裂或發生故障。如此一來，在實踐中，整個設計中好的方面少，出現問題的方面卻很多。1907型機槍自身有多處容易發生堵塞的地方。它的供彈系統設在槍內。其他部件所需要的動力都是由複位彈簧提供的，複位彈簧溫度過高會破壞韌性，難以運行，甚至斷裂。最後，設計人員也束手無策，只好把複位彈簧設在冷卻裝置的正面，雖然它有助於製冷，但髒物容易進入，所以更容易出現阻塞。

被迫服役

儘管1907型機槍本身存在許多問題，在第一次世界大戰期間，法國軍隊還是使用了這種機槍。道理很簡單，法國陸軍急需武器，能搞到手已屬萬幸，哪裏還顧得上好壞。1907型機槍註定命運多舛。1916年，法國試圖解決它所存在的幾處明顯缺陷，但改進後的機槍沒有用上。後來，這種機槍漸漸退出了戰場，被性能更加可靠的哈奇開斯機槍取代。1907型機槍被運到法國的殖民地，供當地軍隊和警察使用。剩餘的則送給了駐守要塞的部隊使用。

總而言之，聖埃蒂內機槍是一種失敗的武器。事實上，這些問題在其他型號的機槍中就已存在。1905型普特烏克斯機槍已經預示出1907型機槍的一些設計不切合實際，甚至法國人早已知道應該使用更好的供彈方法來取代哈奇開斯機槍本身存在問題的供彈方法。在西線惡劣的塹壕中，聖埃蒂內機關槍常常因出現問題而無法使用。

規格說明
聖埃蒂內1907型軍用機槍
口徑：8毫米
重量：25.4千克
槍全長：1180毫米
槍管長：710毫米
子彈初速：700米／秒
射速：400~600發子彈／分鐘
供彈：可裝24或30發子彈的金屬子彈帶

上圖：法國1907型機槍是在哈奇開斯機槍的基礎上經過改進而生產出來的武器，在戰場上表現較差，大部分被送到法國殖民地，供當地軍隊和警察或駐守要塞的部隊使用

右圖：一個聖埃蒂內1907型機槍小組在巴黎埃菲爾鐵塔上拍攝的照片。法國人試圖證明巴黎能夠對付德國的空襲。但是，事實證明再沒有比1907型機槍更糟糕的武器了

MG 08 機槍

右圖：1914年，德軍使用的重型機槍帶有沉重的三腳架。前進時必須拆卸為幾部分。圖中是1914年的一名輕步兵，他肩上背的是沉重的sMG 08機槍（一部分）

19世紀90年代，當海勒姆‧馬克西姆開始在歐洲各國首都演示他的機槍時，和大家所想像的正好相反，德國陸軍並沒有對這種機槍表現出太大熱情。他們的機槍雖然引起了各國的極大興趣，但銷量卻很少。德國陸軍的第一支機槍是由德皇威廉二世私人出資製造的。後來事情有了轉機，馬克西姆和德國陸軍達成了生產許可證協議。根據協議，不久，德國的商業公司和德國柏林附近的瓦馮和法布里克兵工廠（DWM）開始生產馬克西姆機槍。德國在1908年之前生產出了幾種型號的馬克西姆機槍。1908年，德國生產出了sMG 08機槍。這種機槍是德國的第一種標準機槍。sMG 08機槍發射當時標準的7.92毫米步槍子彈。

由於sMG 08機槍和其他類型的馬克西姆機槍的差別很小，使用的馬克西姆後坐力操作裝置完全相同，並且這種槍非常結實。在軍中，事實證明DWM生產的機槍的性能非常可靠，經得起戰場的考驗。sMG08機槍和當時其他型號的馬克西姆機槍的差別主要在於它們使用的支架不同。德國早期的馬克西姆機槍使用的支架是"雪橇"式支架。折疊起來時，上面架着

機槍，可以拉着穿過原野。雖然它是一種擔架式槍架，但只需兩名士兵就可攜帶。這種支架被稱為"雪橇08"。支架很重，可以當作穩定的射擊平臺使用。1916年，德國又生產出一種名為"德瑞福斯16"的三腳架。

冷酷的收割機

第一次世界大戰期間，sMG 08機槍奪去了協約國無數士兵的生命。德國陸軍從1914年開始大範圍使用機槍。1914—1917年，sMG 08機槍負責摧毀協約國發起的大規模步兵進攻，並且更重要的是德國人學會了使用機槍的方法，在開闊地域成對使用，而不是像過去那樣，在雙方之間的無人地域的正面擺放一支機槍；德國學會了使用機槍打擊衝鋒部隊的兩翼的方法，這意味着機槍擺放在兩翼的位置更能有效地挫敗敵人的進攻；同時，這種戰術為機槍組提供更強大的壓制性火力創造了機會。德國機槍的槍手都經過了嚴格篩選，戰鬥中，他們常常堅持到最後一刻。他們不僅熟悉所要承擔的任務，而且熟悉sMG 08機槍的優劣。在修理和使用方面，他們都接受過全面訓練。因為在前線，什麼情況都

有可能出現。

決定性火力

當時，每個機槍組由一支sMG 08機槍和兩名或三名士兵組成。一旦協約國士兵離開戰壕，發起衝鋒，他們就負責阻攔或摧毀整個協約國步兵營發起的攻擊。如此一來，在新沙佩勒、盧斯、索姆河大屠殺，以及第一次世界大戰期間西線的其他所有的大規模戰役中，無數士兵慘遭殺戮，而兇手就是sMG 08機槍和德國意志堅定的機槍組士兵。協約國士兵的面前彈坑遍地，到處是德軍布下的鐵絲網，這些障礙物可以遲滯協約國士兵的衝鋒，德軍機槍組的士兵有足夠的時間奪去他們的生命。

在1918年之後，德國軍隊保留了sMG08機槍，而且，德國的二線部隊在1939年仍在使用這種機槍。

上圖：在戰鬥中，比利時的機槍組使用的是馬克西姆1908型機槍。這種機槍是從英國的維克斯公司采購的。這種機槍發射8毫米子彈。它和德國的sMG08機槍非常類似

規格説明

sMG 08機槍

口徑：7.92毫米

重量：62千克（槍和備用零件）；
　　　37.65千克（"雪橇"式支架）

槍長：1175毫米

槍管長：719毫米

子彈初速：900米／秒

射速：300~450發子彈／分鐘

供彈：可裝250發子彈的子彈帶

上圖：sMG 08機槍是第一次世界大戰時德國的標準機槍。這種機槍使用了馬克西姆機槍的操作系統。這種機槍非常重，火力猛烈。在精心構築的防空壕內，在稠密鐵絲網的保護下，德軍使用這種機槍奪去了無數協約國士兵的生命

MG08/15 機槍

到1915年時，德國陸軍發現前線的德軍士兵非常需要輕型機槍。sMG機槍是一種優秀的重型機槍。從快速機動的戰術方面看，這種機槍太重了。為了尋找能滿足快速機動的輕型機槍，德軍進行了一系列試驗。接受試驗的有丹麥的麥德森、伯格曼和德雷賽輕型機槍，但是最後德軍卻選中了sMG 08機槍中的一種較輕型號——MG 08/15。1916年，德國生產並裝備了首批MG 08/15機槍。

MG 08/15機槍保留了sMG 08機槍的基本設置和水冷浸系統，但槍管上的水管套比較小。其他的變化有：套筒座四周的筒壁變薄了，有些部件被取消，重型的"雪橇"支架被雙腳架取代。另外，增加了手槍槍把和槍托，瞄準具經過了改進。然而，德國人無論如何發揮想像力也難以把這種槍稱為輕型機槍，因為它有18千克重。但是，這種機槍屬便攜式武器，使用槍背帶時，可以選擇站立姿勢射擊。它的子彈帶比較短，使用非常方便。為了防止子彈帶陷入泥土裏，槍的一側安裝了一個皮帶筒。

無須額外的訓練

選擇sMG 08機槍的基本機械設置意味着使用MG 08/15機槍時，士兵無須接受其他訓練，並且它的零部件有較好的兼容性。後來，在戰爭中，設計人員又作了進一步改進。它使用的水管套被取消了。這樣，MG 08/15機槍就變成了MG 08/18機槍。到第一次世界大戰結束時，這種輕型機槍並未能大範圍使用。德國只生產了少量MG 08/18輕型機槍供德國機動能力較強的部隊使用。事實上，前線步兵使用得極少。

另外，MG 08/15機槍還有一種類型。這就是納粹空軍使用的LMG 08/15機槍（L代表空軍）。這種機槍使用空氣冷卻式槍管和固定式支架，主要供德國航空兵使用。它和基本型號的MG 08/15機槍差不多，保留了水管套，而且槍管上有許多有助於空氣製冷的洞孔。這種機槍使用纜繩發射，它的機械設置和推進器同步運行，這樣推進器的刃片和子彈就處於同一直線上。這種機槍使用鼓式彈匣。另外，為了防止子彈供彈時發生偏移，在靠近子彈帶的地方，還使用了一個彈簧裝填的彈鼓。

德國早期在飛機上使用的馬克西姆機槍就是輕型的sMG 08型機槍，這種機槍被稱為LMG 08機槍。LMG 08/15出現後，LMG 08機槍就被淘汰了。

毀滅性的能力

地面部隊使用的MG 08/15機槍裝備到連或連以下的前線部隊，同時，營級部隊或特殊的重型機槍連仍然保留（甚至使用）了較重的sMG 08機槍。由於MG 08/15機槍便於攜帶，所以在1917年和1918年，德軍突擊隊開始大量使用這種機槍。但是，這種機槍從來也算不上是簡單、方便的武器，和當時其他類型的輕型機槍相比，它的體積和重量都比較大。但是性能和重型的MG 08/15機槍一樣可靠，並且德國軍隊都接受過如何使用這種機槍的訓練。或許MG 08/15機槍使用效果最好的時候是在1918年戰爭的最後階段，德軍在大部隊撤退的時候，常常留下小型的MG 08/15機槍組擔負掩護任務，有時只需一支機槍就可以掩護一個營撤退，並且能夠有效地阻止協約國騎兵的活動。

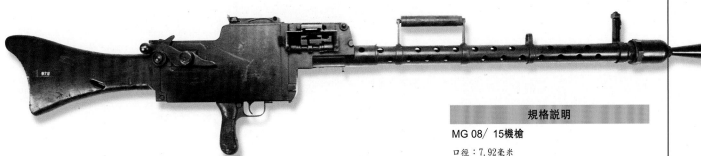

上圖：MG 08/18機槍是第一次世界大戰末期出現的sMG 08機槍的一種類型。它使用的是空氣冷卻式槍管，槍管上沒有sMG 08機槍上較大的套管。德軍非常需要一種空氣冷卻式輕型機槍，供機動性較強的部隊使用

規格説明

MG 08／15機槍

口徑：7.92毫米

重量：18千克

槍全長：1398毫米

槍管長：719毫米

子彈初速：900米／秒

射速：450發子彈／分鐘

供彈：可裝50發、100發或250發子彈的子彈帶

PM 1910 機槍

俄國軍隊使用的第一批馬克西姆機槍是20世紀初俄國直接從維克斯公司訂購的，但是，不久以後，俄國就在圖拉國家兵工廠生產出了自己的機槍。這種機槍就是PM 1905機槍（馬克西姆1905型機槍）。它基本上是馬克西姆機槍的仿製品，但是，生產時增添了典型的俄國水管套（用青銅製成）。1910年，這種青銅製成的水管套被鋼製水管套取代。使用鋼製水管套的機槍被稱爲1910型機槍或PM1910機槍。

軍中壽星

PM 1910機槍註定成爲馬克西姆機槍所有類型中生產時間最長的機槍，因爲直到1943年，蘇聯仍在全面生產。雖然歷時多年，它的類型發生了很大變化，但基本型號的PM 1910機槍一直是俄軍（包括後來的紅軍）的固定裝備，即使情況變化無常和在極端的天氣條件下，它也能正常

操作，這對於龐大的俄國來說，真是一件合適的武器。當然它的可靠性能需要付出一定的代價，這就是它的重量。PM 1910機槍及相關設備都非常重，它平時使用的馬車和小型的炮車差不多。它使用的馬車通常有一種被稱爲"索科洛夫"的支架，平時這種機槍上面有一個有保護作用的移動式護罩。它有一個大轉盤，可以調整射擊的方向，還有一個大的輪式螺絲，可以上下調整射擊的高度。轉盤下面有兩個鋼製車輪，使用U形把手可以推着機槍（連附屬設置）前進。早期的索科洛夫支架有兩條腿，可以向前伸展，整個設備可以架在牆上或欄杆上射擊。後來的型號取消了這些設置。

PM 1910機槍加上支架共重74千克。這意味着至少需要兩個人才能拉動這種機槍。如果地面不平，需要的人手還會更多，所以它備有拖拉時使用的繩子。在冬季，它還備有雪橇式支架。它也可以用俄

國人常用的農用大車進行裝運。雖然PM 1910機槍較重，但是，只要它的子彈帶不缺少子彈，就能連續不停地射擊。這種機槍幾乎不需要維修，對於整日忙於訓練的俄軍來說，無須提供日常服務（如日常清潔）。

有限改變

PM 1910機槍在1917年之前生產的數量極爲龐大，到1917年時，生產製造中心已經不僅僅局限於圖拉一個地方。在第一次世界大戰期間，這種機槍的唯一變化是爲了增加槍管表面的散熱面積，提高冷卻能力，用波紋狀套管代替了光滑的舊式水冷浸套管。爲了減輕重量，沉重的防護罩也取消了。在第一次世界大戰期間，俄國軍隊使用的PM 1910機槍之多，堪稱世界之最，以至於德國人在繳獲這種武器的時候，有一種取之不盡、用之不竭的感覺，而且這還僅僅是在東線。

上圖：這種機槍最初是由維克斯公司爲俄國陸軍製造的。不久，莫斯科郊外的圖拉兵工廠開始生產馬克西姆機槍。直到1943年，這種機槍仍在全面生產

規格説明

PM 1910機槍

口徑：7.62毫米

重量：23.8千克（槍）；
　　　45.2千克（帶防護罩的支架）

槍全長：1107毫米

槍管長：720毫米

子彈初速：863米／秒

射速：520~600發子彈／分鐘

供彈：可裝250發子彈的子彈帶

劉易斯機槍

劉易斯機槍一般都被稱爲劉易斯槍。它是一種國際性武器。雖然它的原產地在美國，但是，最先出現和製造的地方卻是歐洲。它的發明者是塞繆爾·麥克林。但是，艾薩克·劉易斯上校對它的基本設計原理作了進一步改良，並且把它出售到世界其他地方。由於美國軍方對他沒有流露出太大興趣，所以劉易斯把他的設計帶到比利時。在比利時，劉易斯機槍投入生產，供比利時軍隊使用。在1913年以及後來的時間裏，生產又轉到了英國。英國伯明翰輕武器公司（BSA）負責這種機槍的生產。

英國接管

BSA公司生產的劉易斯機槍被稱爲劉易斯Mk 1機槍。這種機槍是專門爲英國軍隊生產的。當時只生產了5支或6支。道理很簡單，因爲英國陸軍想生產維克斯機槍。事實上，劉易斯機槍重量輕，便於攜帶，但這在當時是次要的。事實證明，這種機槍一裝備部隊就受到了前線士兵的歡迎。有了它，士兵就可以實施機動靈活的戰術。它是最早的具有真正意義的輕型機槍之一。它的彈匣與眾不同，鼓式彈匣位於槍的上面。不久，西線駐有英國軍隊的地方都能看到這種武器。

氣動操作裝置

劉易斯機槍屬氣動操作武器，在射擊時，氣體從槍管分流出來，向後推動活塞，活塞向後推動閉鎖裝置、機械裝置，壓縮槍下面的捲縮彈簧，然後彈簧反彈，把一切裝置都反彈到開始的位置。這種機械裝置相當複雜，需要細心維修，即使如此，也容易發生卡殼和阻塞。它使用的鼓式彈匣也常引起麻煩，尤其是彈匣，如果有輕微損壞，更是如此。它的槍管捲繞了一層特殊的空氣冷卻套管（按道理應該使用被動式氣流製冷系統），但經驗表明這種套管式冷卻裝置的效果被估計過高了。其實沒有它，機槍的性能照樣穩定。例如，裝在飛機上的劉易斯機槍就沒有這種裝置。

返回美國

當劉易斯機槍在歐洲大批量投入生產後，美國才意識到這種武器的潛在價值，並且馬上爲美國陸軍訂購了一部分。這種機槍發射美國陸軍的7.62毫米子彈。

早期的坦克和許多海軍艦船上都使用了劉易斯機槍。在第二次世界大戰期間，它又發揮了類似作用。許多庫存的劉易斯機關槍被安裝在商船上當作武裝護航的武器。另外，英國國土警衛隊和英國皇家空軍機場防衛部隊也使用這種武器。

下圖：英國陸軍使用劉易斯機槍最爲廣泛，但是，這種機槍最初的生產地卻是比利時。從大塊頭的空氣冷卻套管和平底的鼓式彈匣很容易把它和其他機槍區分開來。這種彈匣可裝47發子彈

上圖：戰鬥中的劉易斯機槍小組。圖中表明，它的彈匣仍在彈藥箱內。圖中可以看到彈匣盤下面空氣冷卻套管的散熱片。這些散熱片理應迫使空氣沿槍管運動，但事實證明它們都是多餘的裝置

上圖：一名劉易斯機槍射手正在射擊。這種機槍看起來像一支步槍。顯然，這名射手瞄準目標時有些匆促。一般情況下，用這種姿勢射擊精度較低。因爲這種槍比較重，難以持久射擊；並且，後坐力馬上就會使已經瞄準的目標發生偏移

規格説明

劉易斯Mk 1機槍

口徑：7.7毫米

重量：12.25千克

槍全長：1250毫米

槍管長：661毫米

子彈初速：744米／秒

射速：450~500發子彈／分鐘

供彈：可裝47發或97發的過頂狀鼓式彈匣

維克斯機槍

1887年，在馬克西姆在歐洲各國巡迴演示他的機槍後，英國成爲第一個使用馬克西姆機槍的國家。英國一家公司在坎特郡的克雷福德建立了一條生產線。從這家公司的車間裏，馬克西姆機槍被源源不斷地送到英國武裝部隊。其他國家的軍隊也開始使用這種武器。維克斯公司的工程師們意識到這種機槍的優點，但認爲需要重新設計才能減輕它的重量。對許多機械設置的應力進行一番研究後，維克斯機槍的許多設置的重量減輕了，而且它基本的擊發設置也經過了改動，以至於連馬克西姆發明的開關式閉鎖裝置的重量也減輕了。

慢慢被人接受

改進後生產出來的機槍被稱爲維克斯機槍。相對而言，它並不比馬克西姆機槍輕多少，不過它的操作原理更加完善，製造效率得到了提高。1912年11月，英國陸軍正式接受了這種武器，稱之爲7.7毫米"維克斯"Mk 1機槍。開始時生產的產品供英國陸軍使用。由於大家仍對這種機槍心存疑慮，所以每個步兵營只裝備了2挺。

第一次世界大戰爆發後，人們對維克斯機槍的看法迅速發生了轉變。不久，英國又建立了新的製造中心。有的製造中心就建在英國的皇家兵工廠。在長期的生產過程中，雖然它的各個部件發生了很大變化，但這種機槍的基本設計卻沒有改變。

特殊的技能

和當時的其他類型的機槍一樣，維克斯機槍也容易卡殼，並且發生卡殼的原因多數是由彈藥引起的。士兵們想出了許多能夠快速清潔武器的辦法。這些技能需要經過一定的學習才能掌握。當時英國陸軍成立了新的機槍部隊，所以這些經驗和技能只能局限於相對較小的範圍內，未能普及到所有部隊當中。當時英國陸軍正在急劇擴增，許多步兵團剛組建不久。英國機槍部隊在戰鬥中樹立了自己的團隊精神，其隊徽是兩支互相交叉的維克斯機槍。

性能全面而且可靠

只要彈藥供應及時，維克斯機槍就能持續不停地射擊。冷卻管內的水要從上面添加。英軍早期獲得的經驗是，添加水時，水會從套管中流出，流到機槍的下面。後來，他們使用了一個特殊的冷凝系統（水罐中放入一根軟管），可以堵住縫口，過一會兒水就會流到套管內。

維克斯機槍射擊時需要放置在重型三腳架上。維克斯機槍有多種型號，包括在飛機上使用的機槍（使用空氣冷卻槍管）。通常這些機槍需要安裝在固定設備上。在兩次世界大戰期間，維克斯機槍的型號就更多了，直到20世紀70年代英國軍隊還在使用。

許多權威專家認爲維克斯機槍是第一世界大戰期間所有機槍中最優秀的一種。即使是在今天，它仍不失爲一種非常有用的武器，有些國家的軍隊還在使用。

上圖：維克斯機槍只要進行適當維護，在彈藥充足、槍管保證有冷卻水的時候，能持續不停地射擊。這種機槍還具有間接瞄準射擊的功能

上圖：英國設計了一種面罩，在德國投放毒氣時，包裹在頭上可以保護士兵的生命。由兩名士兵組成的維克斯機槍小組正在嚴密監視德軍步兵的攻擊。德軍常常在攻擊前施放毒氣

規格說明

維克斯機槍

口徑：7.7毫米

重量：18.14千克（槍）；22.0千克（三角架）

槍全長：1156毫米

槍管長：721毫米

子彈初速：744米／秒

射速：450~500發子彈／分鐘

供彈：可裝250發子彈的子彈帶

左圖：這挺維克斯機槍是美國製造的，使用的是英國生產的Mk 4B三腳架。它是英國軍隊標準的機槍，甚至還成了英國機槍部隊的隊徽。在第一次世界大戰期間，爲了發揮機槍在戰鬥中的重要作用，英國組建了機槍部隊

柯爾特—勃朗寧 1895 型機槍

早在1889年，約翰·勃朗寧就開始設計機槍。當時美國人仍在使用手工操作的格林機槍，雖然馬克西姆發明的使用後坐力操作系統的機槍已經獲得了專利。

這樣勃朗寧就把研製的方向轉向了氣動操作的機械設置。經過努力，他逐漸完善了這種設計。柯爾特公司根據他的設計製造出一些樣品，其中有的為美國海軍做了演示。1895年，美國海軍決定訂購一批，這些機槍可發射7.62毫米的格拉格—約根森子彈，但是後來改為7.62~7.66毫米子彈。在兩次世界大戰中，美軍一直使用這種子彈。

土豆挖掘機

柯爾特—勃朗寧1895型機槍是氣動操作武器，它利用從槍管流出的氣體推動活塞運動。活塞推動槍機下面呈擺動狀態的長杆，從而使槍的整個機械裝置運行起來。正是由於這根長杆，所以人們給這種槍起了個綽號——"土豆挖掘機"。因為機槍架起後離地面較近，所以要在地面挖掘一個小坑，供這個長杆擺動時使用，否則，就會撞擊地面，引起阻塞。不過，好在它的一大缺陷被如下事實所彌補：當它的機械裝置運行時，長杆擺動非常精確，只有這樣，才能保證擊發裝置不會出現故障。它使用的子彈帶可裝300發子彈。

1898年的使用情況

在1898年古巴戰役期間，美國海軍陸戰隊首次使用1895型機槍，但使用的數量不多。有一些1895型機槍被出售到比利時和俄國。到第一次世界大戰爆發時，1895型機槍已屬明日黃花，但是由於美國陸軍嚴重缺少採購更加先進武器的資金，所以美國陸軍還是保留了大量的1895型機槍，供訓練使用。在1917年和1918年，有一部分1895型機槍甚至還遠涉重洋，隨美軍一起到了法國。不過能使用的的確不多，無奈美國人只好大量使用法國和英國製造的機槍。

在第一次世界大戰期間，美國仍在生產1895型機槍，不過生產轉給了馬林和羅克威爾公司。該公司對這種機槍進行了改進，使用更傳統的氣動活塞系統取代了長杆狀擊發裝置。改進後的機槍被稱為馬林機槍。它和1895型機槍非常類似，但重量輕了一些，而且整體性能要優於1895型機槍。美國陸軍航空兵把這種機槍當作飛機上的武器使用，並且這種機槍還成了美國

坦克的標準武器。戰爭結束時，大量的馬林機槍還沒有運到前線，所以美國只好把這些機槍入庫封存起來。1940年，為了防禦英國本土，英國緊急採購了這種機槍。

比利時和俄國在第一次世界大戰期間都使用1895型機槍。1917年，在俄國動盪不安的政治變革中，1895型機槍發揮了重要作用。甚至在1941年，蘇聯還在使用一些1895型機槍。

上圖：儘管射擊時槍身下面的支杆向下不停地擺動，但柯爾特1895型機槍仍被選中，成為早期飛機上的武器。原因是它比較輕，槍管為空氣冷卻。但是這種型號的機槍的使用時間很短

上圖：由於射擊時，槍身下面有一個不停向下擺動的支杆，所以柯爾特1895型機槍被士兵們叫作"土豆挖掘機"。美國參加第一次世界大戰時還使用這種機槍，並且美軍到達法國時，仍能看到這種機槍

規格說明
柯爾特—勃朗寧1895型機槍
口徑：7.62毫米
重量：16.78千克（槍）；29千克（三角架）
槍全長：1200毫米
槍管長：720毫米
子彈初速：838米／秒
射速：400~500發子彈／分鐘
供彈：可裝300發子彈的子彈帶

勃朗寧 M1917 機槍

幾乎就在柯爾特—勃朗寧1895型機槍（氣動操作）投入生產的同時，勃朗寧開始研製使用後坐力操作的武器。不幸的是，美國軍方當時沒有興趣採購其他類型的機槍。他們認為只採購1895型機槍就足夠了，而且要採購其他類型的機槍，資金也有一定困難。這樣，採購另一類型的機槍的事也就推遲了，直到1917年美國參戰時，才發現美軍普遍缺少先進的武器，尤其是機槍更為稀缺。

在極短的時間內，美國軍方訂購了大量的新式勃朗寧機槍。這種槍被稱為M1917機槍（口徑為7.62毫米）。

如果簡單地從外觀上看，M1917和其他類型的機槍非常類似，尤其是和維克斯機槍更是相近。但是事實上，M1917機槍和它們都不相同，它使用的是一種被稱為短後坐力的操作系統。射擊時產生的後坐力向後，把槍管和閉鎖裝置推到槍後部，槍管和槍栓一起向後移動一小段距離後開始分離，並且槍管停止運動；有加速器作用的擺動杆推動槍栓向後移動，並且帶動一系列凸輪運動，從而帶動供彈系統，把新的一粒子彈送入彈膛。槍栓向後移動時，壓縮的複位彈簧開始反彈，向前推動槍栓；槍栓朝向槍管的方向運動，於是整個設置恢復到原來的狀態。後來所有類型的勃朗寧機槍，無論是空氣冷卻的7.62毫米機槍，還是較大口徑的12.7毫米機槍，它們的設計都保留了這種基本設置。

手槍槍把

除了內部機械設置完全不同之外，M1917機槍和維克斯機槍還有一個完全不同的部件——射擊槍把。維克斯機槍使用的是兩個鏟子式槍把，扳機設置（射擊時要向前推動）位於這兩個槍把之間；而M1917機槍使用的是手槍槍把和傳統式扳機（推動扳機才能射擊）。如果仔細檢查，還會發現其他不同之處，手槍槍把的差異只不過太明顯而已。

沒出現問題

M1917機槍是倉促中在幾個製造中心投入生產的，並且生產數量極大。到第一次世界大戰結束時，至少製造了68000支。

並不是所有的M1917機槍都送到了駐紮在法國的美國士兵手中。在1918年之後，M1917已成為美國能夠持續射擊的標準機槍，而且直到第二次世界大戰結束時，美國軍隊仍在使用這種機槍。在1918年之後，美國根據戰場上取得的經驗對它進行了改動，但改動很小；後來，當取消水冷浸套管時，才進行了大範圍改動。改進後的產品就是M1917輕型機槍。

重要的軍用機槍

相對來說，事實證明M1917機槍在戰鬥中沒有出現過什麼問題，儘管它是在倉促間投入生產並裝備部隊的。顯然，它所出現的問題都曾記錄在案。當時運到法國供美國軍隊使用的武器的種類繁雜，其中M1917機槍的數量有限，而且都被發放到美國軍隊。在M1917機槍裝備美國部隊之前，美國軍隊使用的武器都是斯普林菲爾德步槍和其他陳舊的裝備。

上圖：美國完全沒有作好應付大規模衝突的準備，所以美國陸軍不得不依賴英國和法國製造的武器來裝備美國的遠征軍。使用過法國的低劣武器後，勃朗寧M1917機槍成為美軍最喜愛的武器。它的可靠的性能和精良的製作，使它註定成為美軍長期使用的武器

規格說明

M1917機槍

口徑：7.62毫米

重量：14.79千克（不帶水時槍重）；
24.1千克（三角架）

槍長：981毫米

槍管：607毫米

子彈初速：853米／秒

射速：450~600發子彈／分鐘

供彈：可裝250發子彈的子彈帶

右圖：勃朗寧設計的多種機槍都獲得了成功。柯爾特1917型機槍屬最早的一種。直到今天，有的機槍仍能使用。這種機槍發射美國的7.62毫米子彈。在法國的美國遠征軍就使用這種機槍

勃朗寧自動步槍（BAR）——輕型機槍

在1917年，勃朗寧在華盛頓向國會演示了他設計的兩種新式自動武器：一種是重型機槍，即後來的M1917機槍；另一種則被許多人視為混合型武器，後來稱之為BAR或勃朗寧自動步槍。BAR是一種非常古怪的武器，因為對多數人來說，它是一種輕型機槍，而對於美國陸軍來說，它卻是一種自動步槍。從某種程度上講，它屬於早期的突擊步槍。它不僅重量輕，而且便於攜帶，既可單發射擊，也可以自動射擊，並且一個人就可以攜帶和使用。

到1918年初期，BAR在幾個製造中心投入生產，但是由於柯爾特公司已經獲得了勃朗寧的專利權，因此由它負責生產製圖和測量，供其他製造中心使用。1918年9月，BAR M1918投入戰場，這種武器給美軍士兵留下了深刻印象，他們對這種步槍的評價很高，以至於在20世紀50年代的朝鮮戰爭期間，美軍仍然使用這種武器。至於美國人為什麼對BAR如此着迷，個中原因實在難以說清。最早的BAR機槍在第一次世界大戰期間使用時還是手工操作的武器，沒有雙腳架，也沒有其他任何支撐物，需要採取臥姿才能射擊。彈匣只能裝20發子彈，持續射擊的能力受到了限制。BAR作為機槍，真是太輕了，但是作為自動步槍，它又太大、太重了。

瞬間命中

但是美國士兵卻對BAR鍾愛有加。毫無疑問，對於剛剛使用過最糟糕的紹沙機槍的美軍士兵來說，他們把BAR視為一種最好的武器。除了使用過的斯普林菲爾德步槍之外，BAR是他們使用過的第一種"全美國造"的武器之一。顯然，他們想向世人展示一下美國輕武器的質量。

BAR的確給人留下了深刻印象。它製作精良，木製部件都經過了經心雕琢，並且能經得起破壞性撞擊。它的機械裝置是氣動操作，佈局合理。射擊時槍栓馬上將機械設置鎖定。槍栓和套筒座頂部的槽口相聯接。槽口是凸出物的源頭；而這個凸出物正好位於槍的頂部和後瞄準具的前面。需要維修和修理時，BAR可以被快速拆卸成70個零部件，並且組裝也極方便。

在戰場上使用BAR時，美軍發明了幾種作戰技能，其中的一種技能是射擊時間不能持續太長，每發射一發子彈時，左腳接觸一下地面。事實上，在1918年之後，美國士兵對大多數BAR的作戰技能進行了明確規定。每經過幾個月的戰鬥，美國士兵都會對BAR的使用情況進行分析和總結。

改進後，使用雙腳架和肩背帶的BAR被稱為BAR M1918A1步槍。這種步槍可以作為支援武器使用，可以向步槍手提供自動支援火力。在第二次世界大戰期間，美軍使用的是BAR M1919A2步槍。這種步槍帶有單腳式槍托，雖然沒有選擇性射擊能力，但是在自動射擊時，可以使用兩種方法射擊。

規格說明

勃朗寧自動步槍（BAR）

口徑：7.62毫米

重量：7.26千克

槍全長：1194毫米

槍管長：610毫米

子彈初速：853米／秒

射速：550發子彈／分鐘

供彈：可裝20發子彈的垂直狀盒式彈匣

上圖：勃朗寧自動步槍（或稱為BAR）兼具重型步槍和輕型機槍的功能。它的彈匣能裝20發子彈。早期的BAR沒有雙腳架。美國陸軍發現它非常有用，所以曾經大量使用

ZB vz 26 和 vz 30 輕型機槍

1919年後，捷克斯洛伐克成爲一個獨立的國家。當時捷克斯洛伐克保留了生活在該國的各方面人才，其中就有許多輕型武器的設計專家。20世紀20年代初期，捷克斯洛伐克在布爾諾建立了一個名爲塞斯科斯洛文斯卡·茲布羅約維卡的公司，由該公司負責所有類型的輕武器的設計和生產。捷克斯洛伐克早期生產的機槍被稱爲ZBvz 24。這種槍使用盒式彈匣。因爲它的槍托設計較爲出色，所以捷克斯洛伐克保留了它的樣品。在此基礎上，經過重新設計，捷克斯洛伐克又生產出了ZB vz 26機槍。

這種輕型機槍立即獲得了成功。它是自有機槍以來最富有靈感的設計之一。ZBvz 26輕型機槍屬氣動操作型武器。槍管下有一個較長的氣動活塞，槍管中分流出來的氣體沿帶有散熱片的槍管向下運動。在氣體的推動下，活塞向後運動帶動，閉鎖系統的一個簡單裝置。閉鎖裝置的坡道上裝有鉸鏈，構成了射擊和關機的基礎設置。彈藥從稍微傾斜的盒式彈匣向下供給。整個設計重點突出了易於拆卸和維修、使用方便等特點。爲了便於散熱，槍管周圍安裝了突出的散熱片；另外，它還使用了簡單、快速的槍管更換方法。ZBvz 26機槍裝備捷克斯洛伐克部隊後不久，就在武器出口市場上獲得了巨大成功。包括南斯拉夫和西班牙在內的許多國家都使用過這種機槍。隨後，經過輕微改進，捷克又生產出新式的ZB vz 30機槍。

但對於外行人來說，它們一模一樣。ZBvz30機槍和ZBvz 26機槍只是在製造方法和內部設計上有所不同。它和ZBvz 26機槍一樣，在出口市場上也獲得了很大成功。采購它的國家有波斯（現在的伊朗）和羅馬尼亞等國。許多國家獲得生產許可證後，建立了自己的生產線。到1939年時，這兩種輕型機槍已經成爲世界上眾多輕型機槍中的佼佼者。

德國使用

捷克斯洛伐克是德國佔領的第一個國家，並以此爲起點佔領了歐洲大多數國家。佔領捷克斯洛伐克後，ZBvz 26和ZBvz30機槍成了德國的武器。德國人把這兩種武器分別命名爲MG 26（t）機槍和MG 30（t）機槍。爲了滿足德軍的需要，布爾諾兵工廠一直在生產這兩種機槍。這兩種機槍遍佈世界各地，甚至德國的民事警察和憲兵也把它們當作標準機槍使用。

或許，ZBvz 26和ZBvz 30機槍最持久的魅力是它們對其他類型的機槍產生的影響。日本人直接仿製了這兩種機槍，西班牙也如法炮製，其產品被稱爲FAO機槍；英國的布倫機槍就是以ZBvz 26機槍爲起點研製成功的；南斯拉夫甚至還生產出自己的和ZBvz 26機槍一樣的機槍。

規格説明	
ZBvz 26機槍	**ZBvz 30機槍**
口徑：7.92毫米	口徑：7.92毫米
重量：9.65千克	重量：10.04千克
槍全長：1161毫米	槍全長：1161毫米
槍管長：672毫米	槍管長：672毫米
子彈初速：762米／秒	子彈初速：762米／秒
射速：500發子彈／分鐘	射速：500發子彈／分鐘
供彈：可裝20發或30發傾斜狀盒式彈匣	供彈：可裝30發子彈的傾斜狀盒式彈匣

上圖：這是捷克斯洛伐克的ZBvz 26機槍，是當時影響最深遠的設計之一，英國的布倫機槍就是以它爲基礎設計的。這支機槍安裝盒式彈匣。這種彈匣可裝20發或30發子彈

1924/29型和1931型軍用機槍

第一次世界大戰後，法國極力想研製出一種有效的輕武器。它使用了BAR步槍的擊發設置，但是，爲了發射法國新式的7.5毫米子彈，法國對BAR步槍的擊發設置進行了改進。在此基礎上生產出來的第一批機槍被稱爲1924型機槍（M1924自動步槍）。這種武器的設計比較先進，使用可裝25或26發子彈的頭頂狀盒式彈匣。分離式扳機可以供射手選擇單發射擊或自動射擊。

存在的問題

在交付軍隊使用之前，法國並沒有對槍和子彈進行全面研究，所以出現槍管爆炸的問題。法國想出的解決辦法是減少子彈的威力，增加一些部件。這樣，生產出來的產品被稱爲1924/29型機槍。1924/29型機槍中有一種特殊的型號，最初供馬其諾防線的防禦部隊使用，但是後來也供坦克和其他裝甲車使用。這種型號的機槍被稱爲1931型機槍。這種槍有一個形狀非常奇特的槍托。它的鼓式彈匣可裝150發子彈，從槍的一側向外突出。儘管槍和槍管的長度都增加了，但內部設置和1924/29型機槍則完全一樣。在靜態防禦中，槍重量的增加倒也無關緊要。法國生產了大量1931型機槍。

德國使用

1940年6月，法國戰敗投降，德軍繳獲了大量的1924/29型機槍和1931型機槍。德國分別把它們命名爲MG 116（f）輕型機槍和Kpfw MG 331（f）機槍。法國人手中只保留了一小部分，主要供法國駐中東和北非的部隊使用。1945年後，法國又恢複了1924/29型機槍的生產，而且法軍又使用了很長時間。

德國在1940年繳獲了大量戰利品。這意味着它可以把大量的1924/29型機槍和1931型機槍投入到後來的"大西洋壁壘"防禦上，並且德國人特別喜愛把1931型機槍當作防空武器使用。但是，這些1924/29型機槍和1931型機槍在使用中常常出現事故，並且它們的子彈威力小，射程近，最大射程只有500~550米，而當時的多數機槍的射程都有600米或600米以上。

規格説明	
1924／29型機槍	**1931型機槍**
口徑：7.5毫米	口徑：7.5毫米
重量：8.93千克	重量：11.8千克
槍全長：1007毫米	槍全長：1030毫米
槍管長：500毫米	槍管長：600毫米
子彈初速：820米／秒	子彈初速：850米／秒
射速：450~600發子彈／分鐘	射速：750發子彈／分鐘
供彈：可裝25發子彈的盒式彈匣	供彈：可裝150發子彈的鼓式彈匣

上圖：1924/29型機槍是1940年法軍使用的標準輕型機槍；它的口徑爲7.5毫米。它使用了兩個扳機，一個用於自動射擊，另一個用於單發射擊

布雷達機槍

在第一次世界大戰期間，意大利軍隊使用的標準機槍是水冷浸式菲亞特1914型機槍。戰後，經過改進，生產出了空氣冷卻式菲亞特1914/35型機槍。這種槍比較重，使用新式空氣冷卻方法，由布雷達公司生產，是一種新式的輕型機槍。該公司利用早期在1924年、1928年和1929年的生產經驗生產出了布雷達30型機槍。這種機關槍後來成為意大利的標準輕型機槍。

眾多設計缺陷

意大利設計過好幾種機槍，但都不能令人滿意。30型機槍只是其中的一種。從外觀上看，它的形狀和凸出部分非常奇怪。這些凸出物容易鉤住衣服或其他裝備，毫無疑問，任何攜帶它的人都會感到極不方便；除此之外，設計人員還使用了一種新奇的供彈系統（裝20發子彈），這種系統非常脆弱，常出現問題。當子彈進入折疊式彈匣時，彈匣的鉸鏈非常脆弱，如果彈匣或鉸鏈受到損壞，槍也就無法使用了。

這些麻煩還不夠，擠壓空彈殼的設置是整個氣動操作系統中最脆弱的一部分。為了使槍正常使

用，槍內設有一個油泵，可以潤滑空彈殼，使其順利彈出。這種理論是可以成立的，但增加的潤滑油馬上會吸附許多塵土和髒物，阻塞機械設置，而且北非的沙粒也是一種前所未有的威脅。問題已經夠多的了，不過，意大利人似乎嫌麻煩還不夠多，它的槍管雖然可以更換，卻沒有安裝槍管柄（這樣也就沒有攜帶把手），所以更換槍管時操作人員必須戴上手套，所以再也找不到比30型機槍更令人無法忍受的武器了，即使是後來的7.35毫米38型機槍也要比它好一些。

其他兩種布雷達機槍要比30型機槍好一些。其中一種是布雷達RM 31型機槍。這種機槍是為意大利陸軍的輕型坦克而生產的。它的口徑為12.7毫米，使用較大的彎曲式盒式彈匣。這種彈匣在裝甲車內禁止使用。

重型機槍

該公司生產的布雷達37

型機槍是一種重型機槍。從整體上看，這種機槍算得上是一種成功的武器。但是，從戰術上看，由於它使用了一種與眾不同的供彈設置，所以使用時極不方便，它使用的是平底的盤狀彈匣，可裝20發子彈。彈匣要穿過套筒座才能接到空彈殼。為什麼要使用這麼複雜而且麻煩不斷的設置，其中的原因現在已無法考證。因為在新一粒子彈裝進彈膛之前，空彈殼必須從彈匣中取出。該公司保留了油泵擠壓的方法，所以又把30型輕型機槍中的阻塞問題"遺傳"給了37型重型機槍。如此一來，儘管37型機槍成為意大利陸軍的標準重型機槍，但其整體性能也不過如此。

另外，還有一種供坦克使用的37型機槍被稱為布雷達38型機槍。

上圖：口徑為6.5毫米的布雷達30型輕型機槍是自發明機槍以來最不成功的機槍之一。儘管它存在著一大堆問題，但整個第二次世界大戰時期，意大利軍隊都在使用這種武器

規格説明	
30型機槍	**37型機槍**
口徑：6.5毫米	口徑：8毫米
重量：10.32千克	重量：19.4千克（槍）；18.7千克（三角架）
槍長：1232毫米	槍全長：1270毫米
槍管：520毫米	槍管長：740毫米
子彈初速：629米／秒	子彈初速：790米／秒
射速：450~500發子彈／分鐘	射速：450~500發子彈／分鐘
供彈：20發子彈	供彈：可裝20發子彈的盤式彈匣

11 式和 96 式輕型機槍

1941—1945年，日本人使用的兩種重型機槍和法國的哈奇開斯機槍非常相似。哈奇開斯機槍剛問世時是一種輕型機槍。在它的基礎上，日本人設計出了自己的機槍。第一批機槍使用了與哈奇開斯機槍類似的原理，但是增加了日本的特色。

日本的第一種機槍是口徑為6.5毫米的11式輕型機槍。這種槍於1922年裝備部隊，直到1945年日軍還在使用。從其沉重的帶有棱條的槍管中就能看出哈奇開斯機槍的痕跡，其內部設置則不太明顯。這種槍是由南部麒次郎負責設計的，而盟軍仍把它稱為南部機槍。

11式機槍的供彈系統非常獨特。它使用了其他機槍都沒有使用過的"漏鬥式系統"。設計人員認為，套筒座左邊一個較小的漏鬥能夠裝滿由日本步兵班所發射的子彈。子彈進入漏鬥時仍然保持5發彈夾

的形式，這樣就不需要特殊的彈匣或子彈帶。但在實踐中，這種優勢在事實面前難以成立，它的內部機械設置非常脆弱和複雜，以至於在發射步槍子彈時容易引起問題。這樣它就不得不使用一種特殊的、威力較小的子彈，而且還必須使用子彈潤滑系統。如此一來麻煩就更大了，因為潤滑系統吸附了大量塵土髒物，常會導致機械設置阻塞。

只能自動射擊

11式機槍只能自動射擊。射擊時，子彈的漏鬥很難保持整個供彈系統的平衡，這給射擊帶來了一定麻煩。另外，日本還生產了一種特殊的坦克用型號——91式坦克機槍。這種機槍的漏鬥可裝50發子彈。

20世紀30年代初期，在與中國的戰鬥中，11式機槍的缺點暴露無遺。於是，在

1936年，日本又生產了一種新式的96式輕型機槍。96式確實是在11式的基礎上改進而成的。由於日本的軍工企業從來沒有生產出足夠的機槍供日軍使用，所以早期的型號（11式機槍）並沒有退出軍隊。

96式機槍使用的是混合型設計。它吸收了哈奇開斯機槍和捷克斯洛伐克的ZB vz26機槍的設計特點。後者使用頭頂狀盒式彈匣，11式機槍的漏鬥式彈匣被取代，但它的內部子彈加油系統卻保留下來（仍會帶來阻塞）。96式機槍的槍管可以快速更換，並且槍後部還安裝了望遠鏡。不久，

望遠鏡被取消了，但是手工操作的彈匣裝填設置卻保留下來。96式機槍和其他類型的機槍相比，有一個非常獨特的附屬部件，槍口安裝了刺刀。

規格説明	
11式輕型機槍	**96式輕型機槍**
口徑：6.5毫米	口徑：6.5毫米
重量：10.2千克	重量：9.07千克
槍全長：1105毫米	槍全長：1054毫米
槍管長：483毫米	槍管：552毫米
子彈初速：700米／秒	子彈初速：730米／秒
射速：500發子彈／分鐘	射速：550發子彈／分鐘
供彈：可裝30發子彈的漏鬥	供彈：可裝30發子彈的盒式彈匣

上圖：日本口徑為6.5毫米的96式輕型機槍非常罕見地安裝了刺刀。這種機槍綜合了捷克斯洛伐克和法國的設計

勃朗寧自動步槍

正如大家熟知的那樣，勃朗寧自動步槍（又稱BAR）屬那種奇怪的、類型難以確定的武器。它既可以稱作重型突擊步槍，也可以說是一種輕型機槍。不過，在戰場上，它常常被看作輕型機槍。

正如名字一樣，BAR是約翰‧勃朗寧的富有發明創意的產品。在1917年，勃朗寧就生產出了這種機槍的樣品。在演示時，立即被美國陸軍所採用。1918年，又被美軍帶到法國投入戰場。但是，當時生產的數量並不多，幾乎沒有人把它當作重型步槍使用。這沒什麼奇怪的，因為最早的勃朗寧自動步槍是BAR M1918步槍。這種步槍沒有雙腳架，並且只能從槍後部或肩部發射。直到1937年，BAR M1918A1和M1918A2輕型機槍才正式使用改進過的雙腳架。另外，還有一個獨腳式槍托，可以增加槍的穩定性。M1918A1和M1918A2輕型機槍後來成為美國軍隊的主要作戰武器。

最初生產的M1918自動步槍在第二次世界大戰中起到了重要作用，因為這種武器在1940年被運到了英國，供英國的國土警衛隊使用。它可以提供強大的火力，而且英國的二線部隊也使用過這種武器。後來又生產了大量的M1918步槍供軍隊使用，成為士兵們必不可少的武器。

子彈不充足

這並不是說BAR沒有缺陷，因為它的彈匣只能裝20發子彈，這就大大限制了步兵的作戰行動。由於它是臨時生產的武器，原本從戰術理論上講，沒有多少人會推崇這種武器，但士兵們卻為之着迷，他們希望得到更多的BAR。

BAR在20世紀50年代初期的朝鮮戰爭中再次一展身手，並且直到1957年才被取代。

比利時製造

很少有人知道，在1939年之前，比利時的FN公司也生產了一種名為30型的BAR

上圖：圖中為1944年美國士兵使用的勃朗寧自動步槍

上圖：勃朗寧自動步槍兼具突擊步槍和輕型機槍的能力，在兩次世界大戰中，受到士兵們的普遍歡迎。它的不足之處是彈匣只能裝20發子彈

機槍。該公司以BAR為基礎，後來又生產了多種口徑的BAR機槍，許多國家的軍隊都使用過這些武器。波蘭建立了BAR機槍的裝配線，不過波蘭組裝的BAR機槍使用7.92毫米子彈，而比利時生產的BAR機槍使用7.65毫米子彈。

許多波蘭生產的BAR機槍在1939年後都落到了蘇聯人手中，甚至德國人也使用過他們繳獲的BAR機槍。波蘭人非常重視BAR的生產，甚至還專門為BAR生產了一種結構複雜的非常沉重的三腳架。另外，波蘭還有一種特殊的防空型BAR機槍。

下圖：勃朗寧自動步槍M1918A2。這是最後一批BAR輕型機槍（或稱為自動突擊步槍）。它使用的彈匣只能裝20發子彈，和其他更為先進的輕型機槍相比，它的槍管不能快速更換

規格說明

BAR M1918A2機槍

口徑：7.62毫米

重量：8.8千克

槍長：1214毫米

槍管：610毫米

子彈初速：808米／秒

射速：500~600發子彈／分鐘（快速）；
　　　或者300~450發子彈／分鐘（慢速）

供彈：可裝20發子彈的盒式彈匣

左圖：BAR M1918A2機槍是在第二次世界大戰爆發前投入生產的。在生產過程中，有許多地方經過了改進。大多數M1918A2機槍的圓柱狀消焰罩的上面可以安裝雙腳架

勃朗寧 M1919 機槍

勃朗寧M1919機槍和M1917步槍有所不同。M1917步槍使用的是水冷卻槍管，而M1919使用的是空氣冷卻槍管。M1919最初是供美國當時計劃生產的坦克使用的，但是，戰爭結束後，生產坦克的合同被取消了，所以最初的M1919生產也被取消了。雖然如此，它的空氣冷卻槍管卻被保留下來。M1919A1、M1919A2（美國騎兵使用）、M1919A3機槍都使用這種槍管。早期的這些M1919型機槍的生產數量都很少，但是，M1919A4機槍的生產數量卻很多。到1945年時，M1919A4的生產總量達到了438971支，並且後來生產的數量更多。

M1919A4主要供步兵使用。事實證明它是一流的重型機槍，能夠發射雨點般密集的子彈，並且結實耐用，經得起任何作戰條件的考驗。作為M1919A4機槍的伴隨武器，還有一種特殊的供坦克使用的M1919A5機槍。另外還有一種機槍——美國陸軍航空兵使用的M2機槍，既可以安裝在固定設施上使用，也可以在訓練時使用。美國海軍在M1919A4機槍的基礎上也生產出了自己的AN-M2機槍。

所有這些M1919機槍，在漫長的生產過程中，或多或少都經過了改進，但M1919機槍的最基本設計卻一直保留下來。M1919機槍使用的子彈帶是用紡織品或金屬鏈製成的。正常情況下需要使用三腳架，並且這些支架的種類繁多，有正規步兵使用的三腳架，也有較大而且複雜的供防空部隊使用的支架。從吉普車到坦克等各種車輛使用的是環形和圓形的支架。

另外，還有多種特殊的供小型飛機使用的支架。

輕型機槍

或許M1919系列機槍中最奇怪的類型還得數M1919A6機槍。這種槍是作為向步兵提供火力支援的輕型機槍生產的。在此之前，步兵不得不依賴BAR步槍提供的火力。M1919A6機槍發明於1943年，它和M1919A4機槍非常相似，但安裝了看上去有些笨拙的肩部槍托、雙腳架、攜帶把手

和輕型槍管。其實，這種輕型機槍相當重，但至少具有一定的優點，就是在當時的生產線上能夠快速生產。它的缺點是看上去有點笨拙，槍管變熱後，換槍管時需要戴上手套。儘管如此，M1919A6機槍還是大批量投入了生產（到戰爭結束時，已經生產了43479挺）。由於其性能優於BAR步槍，士兵們只好接受了它的缺點。從整體上看，M1919系列機槍的性能和承受作戰環境的能力，其他類型的機槍（或許維克斯機槍除外）都無法企及。M1919系列機槍使用的是相同的後坐力操作系統，槍口氣體向後推動槍管和閉鎖裝置，當槍栓加速器繼續向後運動到一定位置時，複位彈簧把所有的機械裝置送回到原來的位置，整個機械運行過程重新開始。

目前，M1919系列機槍（包括不太可愛的M1919A6機槍）仍在大範圍使用。但使用M1919A6機槍的國家僅限於南美洲幾個國家。

上圖：這是勃朗寧M1919A4機槍在正常情況下使用的三腳架，從照片中可以清楚地看到帶有洞孔的槍管冷卻管和方形套筒座。這種機槍的生產數量極大，現在有的國家仍在使用

規格説明	
勃朗寧M1919A4機槍	**勃朗寧M1919A6機槍**
口徑：7.62毫米	口徑：7.62毫米
重量：14.06千克	重量：14.74千克
槍長：1041毫米	槍長：1346毫米
槍管：610毫米	槍管：610毫米
子彈初速：854米／秒	子彈初速：854米／秒
射速：400~500發子彈／分鐘	射速：400~500發子彈／分鐘
供彈：可裝250發子彈的子彈帶（棉布或金屬製成）	供彈：可裝250發子彈的子彈帶（棉布或金屬製成）

上圖：一種名為"遠程沙漠大隊"的吉普車裝備了維克斯—波西亞G.O機槍（氣動操作）和勃朗寧M1919A4（帶支架）機槍（見後面）。M1919A4機槍也可以安裝在飛機的支架上使用

左圖：儘管勃朗寧M1919A4機槍是一種空氣冷卻而非水冷浸的武器，但是，它同樣具有持續射擊能力。它使用的子彈可以裝在箱子裏。子彈帶是用紡織品或金屬鏈製成的

勃朗寧 12.7 毫米重型機槍

自從1921年第一批勃朗寧12.7毫米重型機槍的樣品問世以來，這種重型機槍一直是步兵最畏懼的武器之一。它發射的子彈威力大，足以阻攔敵人的衝鋒，並且還可以對付車輛或輕型裝甲車，尤其是使用穿甲彈的時候。子彈確實是機槍的最重要的部分，早期生產的勃朗寧重型機槍的失敗原因就是缺少合適的子彈。

德國子彈

直到對繳獲的德國毛瑟T-G反坦克步槍發射的13毫米子彈進行檢查後，美國才找到解決問題的方案。隨後，事情就變得順利多了。儘管後來使用的助推火藥和子彈類型發生了較大變化，但重型機槍的子彈設計基本上沒有什麼變化。

經過一系列演化，從最初的勃朗寧M1921重型機槍到勃朗寧M2機槍，勃朗寧重型機槍的機械設置和M1917機槍使用的機械設置基本上沒什麼區別。它們之間的差別在於使用的槍管和支架有所不同。

M2系列機槍中生產數量最多的是M2HB重型機槍。HB是重型槍管的意思。使用HB型槍管的M2機槍在所有軍事設施（基地和要塞）中都能用，並且過去一直作為步兵使用的機槍、防空機槍和飛機上使用的固定式或訓練型機槍使用。步兵使用的M2HB重型機槍通常安裝在重型三腳架上，也可以安裝在車輛的舵栓、環形支架和樞軸上。其他類型的M2機槍，有的也

使用水冷浸槍管，這種M2機槍通常用作防空武器，尤其是在美國海軍的艦船上。在第二次世界大戰中，這些機槍都裝在固定的支架上，可以對付低空飛行的飛機。海岸部隊常把水冷浸式機槍當作防空武器使用。

槍管長度

地面和空中使用的勃朗寧機槍的主要區別是：飛機上使用的機槍的槍管長914毫米，而地面上使用的機槍的槍管長1143毫米。除了槍管差異之外，它們使用的支架也有所不同。M1921機槍和M2機槍的許多部件可以互換使用。美國生產的12.7毫米勃朗寧機槍要比其他類型的勃朗寧機

槍的數量多，其數量超過了數百萬支，並且在20世紀70年代，有兩家美國公司發現這種機槍還有使用價值，又恢復了它的生產。比利時的FN公司也生產了這種機槍。

世界上許多公司發現提供M2機槍使用的零部件和其他附屬設置是一件有利可圖的事，並且彈藥生產商也常常生產出新型的子彈；許多經銷商發現僅僅靠出售或購買此類武器就能大賺一筆，所以M2機槍風行世界幾十年，毫無退出江湖的跡象。公平地說，自機槍問世以來，M2重型機槍確實稱得上是最成功的機槍之一。

規格說明	
勃朗寧M2HB機槍	
口徑：12.7毫米	
重量：38.1千克（槍）；	
19.96千克（M3型三腳架）	
槍全長：1654毫米	
槍管長：1143毫米	
子彈初速：884米／秒	
射速：450~575發子彈／分鐘	
供彈：可裝110發子彈的子彈帶	

上圖：這是一種名為M45 "麥克森" 的防空型支架，它可以安裝4挺勃朗寧M2HB機槍

左圖：安裝在常用型三腳架上的著名的勃朗寧機槍。這種機槍於1921年首次投入生產，後來美國還在繼續生產這種武器。自機槍問世以來，它是最優秀的武器之一。另外，它還有對付車輛和輕型裝甲車的能力

下圖：戰場上，美國陸軍的勃朗寧M2重型機槍組，三腳架離地面較近，毫無疑問它身邊有充足的彈藥供應

布倫輕型機槍

布倫機槍是從捷克斯洛伐克的ZB vz26輕型機槍演化而來的，但是在研製過程中，它綜合了英國和捷克斯洛伐克的技術。在20世紀20年代期間，爲了取代劉易斯機槍，英國陸軍到處尋找新式的輕型機槍。英國士兵普遍對劉易斯機槍不滿。英國陸軍從各種渠道費盡心機地搜索到多種機槍的設計。1930年，經過一系列的試驗，捷克斯洛伐克的vz 26的改進型——vz27輕型機槍成爲試驗的優勝者。雖然vz 27輕型機槍使用7.92毫米子彈，但是英國卻想繼續使用它的7.7毫米子彈。這種子彈使用的是已經過時的無煙火藥推進劑和笨拙的有緣式彈殼。

英國開始試驗性使用的機槍是vz 27，接下來是vz 30，然後是臨時性的vz 32，最後是vz 33機槍，在這些機槍的基礎上，英國恩菲爾德·洛克皇家輕武器廠生產出了布倫機槍〔布倫（Bren）取自於Brno的"Br"和Enfield Lock的"en"〕。1937年，經過加工，最終生產出了第一支布倫 Mk 1機槍。後來，恩菲爾德和其他地方繼續生產這種機槍，直到1945年才停止生產。到1940年，英國已經生產了30000支布倫機槍，不過僅限於英國軍隊使用。但是敦刻爾克大撤退後，德國人繳獲了一大批庫存的布倫機槍和彈藥，德國人把這種機槍命名爲MG 138（e）輕型機槍。這樣，爲了重新裝備英國陸軍，英國對新式布倫機槍的需求變得更爲迫切了。

簡化後的布倫機槍

爲了加快布倫機槍的生產，英國對最初的設計進行了改進，並且建立了新的生產線。英國保留了最初ZB機槍設計中的氣動操作裝置、閉鎖裝置系統和它的基本形狀。但是，複雜的鼓式瞄準具和槍托下面的手柄之類的附屬設置都經過了簡化，這樣就生產出了布倫Mk2機槍。它的雙腳架變得更加簡單，但7.7毫米布倫機槍使用的彎曲狀盒式彈匣卻保留下來。經過進一步簡化，英國還生產出了使用短型槍管的布倫 Mk 3機槍和使用改進型槍托的布倫 Mk4機槍，並且，在加拿大製造的機槍中，還出現了一種口徑爲7.92毫米的布倫機槍。

一流的機槍

布倫機槍非常出色，它結實耐用，性能可靠，易於操作和維修，重量較輕。當時它使用了一整套的支架和附屬設置，包括一些相當複雜的防空型支架。雖然英國研製出了可裝200發子彈的鼓式彈匣，卻極少使用。英國還研製出各種可以安裝在車輛上的支架。布倫機槍要比它的所有附屬設置的壽命長多了，因爲在1945年後，許多戰時使用的設置已經不適合"高科技"的現代化戰場，而且維修還需要費用，所以都被取消了，但是布倫機槍卻被保留下來。

雖然布倫機槍和它使用的基本型雙腳架也難免被歷史淘汰，然而，有些國家的軍隊仍然在使用它，不過它已經變成了布倫L4系列機槍。經過改進，布倫L4機槍可以發射北約的7.62毫米標準子彈。爲了減少磨損，它的槍管鍍了金屬鉻。需要延長射擊時，只需使用簡單的槍管轉換裝置就可輕易替換槍管。

規格説明

布倫 Mk 1輕型機槍

口徑：7.7毫米

重量：10.03千克

槍長：1156毫米

槍管：635毫米

子彈初速：744米／秒

射速：500發子彈／分鐘

供彈：可裝20發子彈的彎曲狀盒式彈匣

右圖：這款布倫機槍是最早生產的型號，它帶有一個鼓式後瞄準具，它的雙腳架可以調整。後來的型號中，爲了易於製造和使用，這些都被更簡單的設置所取代

上圖：美國和澳大利亞的步兵在新幾內亞叢林中實施聯合攻擊時，使用雙腳架的布倫輕型機槍提供的火力支援讓他們受益匪淺

上圖：借助棕櫚樹的掩護和一輛"斯圖亞特"輕型坦克的支援，澳大利亞士兵向日本在新幾內亞的一個戰略要地發起猛攻。前面的士兵使用的就是布倫輕型機槍

維克斯機槍

維克斯系列機槍源自19世紀末的馬克西姆機槍，除了維克斯機槍逆向使用了馬克西姆機槍的閉鎖開關設計外，其他方面都沒有太大變化。維克斯Mk 1機槍在第一次世界大戰中發揮了重要作用，各種表現幾乎都超過了同時代的機槍。所以1918年後，作為標準的重型機槍被保留下來，供英國和英聯邦的軍隊使用。雖然維克斯機槍出口到世界各地，但是，由於在坎特郡克雷福德市的維克斯的主要生產廠的生產速度極慢，所以多數維克斯機槍都被送進了倉庫。

然而，在1939年之前，維克斯機槍使用了創新性設計。坦克的出現全面改變了維克斯機槍的設計，英國需要裝備新式的戰鬥機槍。1939年，維克斯公司生產出兩種特殊的坦克專用機槍。

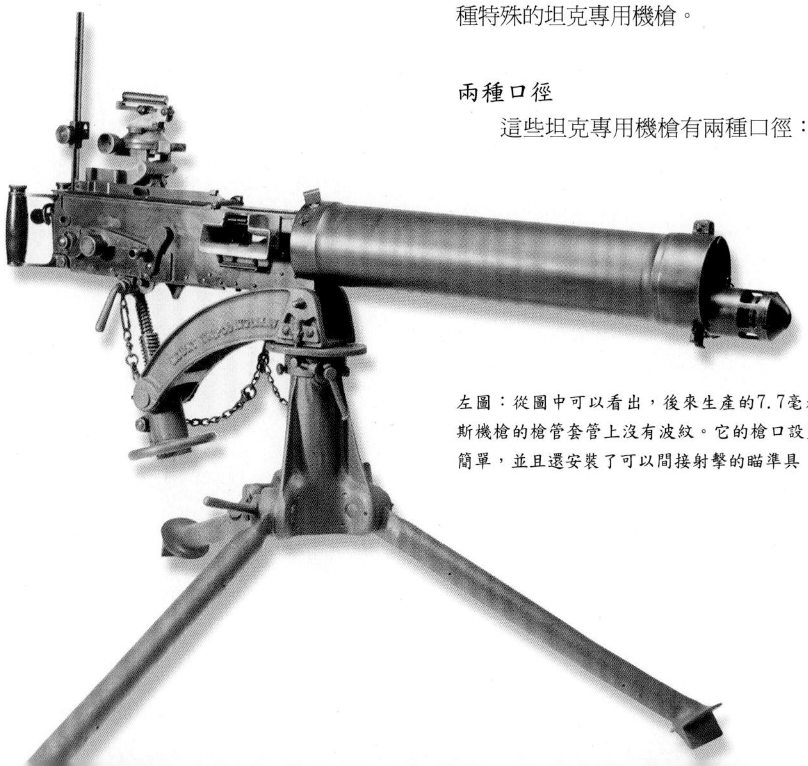

兩種口徑

這些坦克專用機槍有兩種口徑：口徑為7.7毫米的維克斯 Mks 4B、6、6*和7機槍；口徑為12.7毫米，可以發射特殊子彈的維克斯Mks 4和5機槍。開始時，這兩種機槍可應用於各類坦克，但是自從多數重型坦克使用"貝薩"空氣冷卻式機槍後，這兩種維克斯機槍只能安裝在輕型坦克或類似於"馬蒂爾達"1和2之類的步兵坦克上。另外，該公司還為英國皇家海軍生產了維克斯Mk 3機槍。這種機槍的口徑為12.7毫米，有各種類型和支架，可以安裝在艦船和海岸基地上，防禦來自空中的威脅。艦船上使用的支架包括四重支架。由於這種機槍使用的子彈威力較小，所以防空效果不佳。然而，當時又別無選擇，這種機槍仍然大批量投入了生產，後來被口

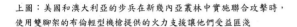

左圖：從圖中可以看出，後來生產的7.7毫米維克斯機槍的槍管套管上沒有波紋。它的槍口設置比較簡單，並且還安裝了可以間接射擊的瞄準具

規格說明

維克斯Mk 1機槍

口徑：7.7毫米

重量：18.1千克（槍帶水）；22千克（三腳架）

槍全長：1156毫米

槍管長：721毫米

子彈初速：744米／秒

射速：450~500發子彈／分鐘

供彈：可裝250發子彈的子彈帶（棉布製成）

徑為20毫米的加農炮和其他類似的武器取代。

1939年，英國軍隊仍然有大量的維克斯機槍。到1940時，為了加強英國本土的防禦力量，肩負起保衛英國的重任，許多庫存的包括緊急防空使用的各種支架在內的舊式機槍也被從倉庫中取了出來；而且，這些舊式機槍被迅速地大規模投入了生產。英軍對武器的需求非常急迫，因為敦刻爾克大撤退之前或其間，英國陸軍的大多數軍用倉庫已經空空如也，所以必須採取快速生產的捷徑。最明顯的就是使用比較簡單的平滑套管取代圍繞在槍管周圍的波紋狀水冷浸套管。接着又使用了一種新式的槍口助推設置。到1943年時，英國軍隊已經開始使用新式的Mk 8Z船尾狀子彈。這種子彈的有效射程可達4115米。這樣，只要把迫擊炮的瞄準具安裝在維克斯機槍上，這種機槍就具備了間接射擊能力。

第二次世界大戰後，許多國家的軍隊，如印度和巴基斯坦，都使用過維克斯機槍。英國陸軍在1968年才淘汰這種武器。英國皇家海軍陸戰隊直到20世紀70年代還在使用這種武器。

上圖：圖中的機槍不是普通的7.7毫米維克斯機槍。這是一支口徑為12.7毫米的重型機槍。這種機槍最初供輕型坦克使用

右圖：大約在1940年，柴郡團的士兵正在使用他們的維克斯機槍射擊；注意它使用的水罐可以防止加入槍管套管中的水流出

維克斯—波西亞輕型機槍

維克斯—波西亞系列輕型機槍是從第一次世界大戰前法國設計的機槍中演化而來的。儘管法國的設計很有前途，但使用這種設計的國家卻沒有幾個。1925年，英國維克斯公司購買了這種設計的專利權，主要供英國的克雷福德工廠使用。該公司希望生產一種能取代維克斯機槍的新式機槍。經過一系列試驗，這種設計被印度陸軍採用，成為印度標準的輕型機槍，並在印度的伊沙波爾建立了生產線。這種輕型機槍被稱為維克斯—波西亞Mk 3輕型機槍。

和布倫機槍相似的武器

從設計和大致的外觀上看，維克斯—波西亞輕型機槍和布倫機槍非常相似，但是從內部設置上看，兩者間有許多不同之處。即使這樣，當時的許多觀察家都把維克斯—波西亞機槍看成了布倫機槍。

除了和印度陸軍簽訂一筆較大的合同外，只有波羅的海和南美洲的幾個國家購買了這種輕型機槍，並且直到今天，維克斯—波西亞輕型機槍也是整個第二次世界大戰期間所有機槍中最鮮為人知的武器之一。其中的原因並不是這種槍本身有什麼缺點。它的設計相當合理，性能也不錯。真正的原因是新聞對它的報道太少了，又加上布倫機槍的生產數量遠遠超過了它。但是印度的預備役部隊一直還在使用這種機槍。

然而，有一種維克斯—波西亞機槍的派生槍卻得到了較好的出頭機會。它屬維克斯—波西亞機槍的改進型，使用較大的是鼓式彈匣，彈匣位於套筒座的上面。槍的後部，正常情況下安裝槍托的地方，安安裝了一個鏈子式的槍把。它有一個特殊的設計——"斯卡福"環形支架，可以安裝在飛機敞口的駕駛艙內，供觀察員和機槍射手使用。

飛機使用

這種機槍生產的數量較多，主要供英國皇家空軍使用。它的名稱是維克斯G.O機槍（G.O代表氣動操作），或稱為維克斯K機槍。但是，這種機槍使用不久，就出現了速度更快的飛機，飛機使用敞口駕駛艙的時代迅速結束了。事實證明，在狹小的坐艙內，G.O機槍很難使用，而且要想在機翼中使用則是不可能的，所以幾乎在一夜之間，這種槍又被送進了倉庫。海軍航空兵的飛機也使用這種機槍，並且一直使用到1945年，但數量相對較少。

1940年，為了加強英國機場及相關設施的防禦，英國又把許多G.O機槍從倉庫中取出來。在北非，散佈在敵後作戰的非正規部隊，曾經廣泛使用這種機槍。他們把這種槍安裝在有重型裝備的吉普車和卡車上。事實證明，效果非常顯著。最初的維克斯—波西亞機槍的性能不錯，可惜沒有嶄露頭角的機會。在第二次世界大戰結束前，意大利和其他戰區仍在使用G.O機槍。戰後，這種槍就沒人使用了。

下圖：維克斯—波西亞Mk 3B機槍是為印度陸軍生產的。從整個形狀和線條上看，它和布倫機槍非常類似。這挺機槍沒有安裝彈匣。它的彈匣可裝30發子彈

規格説明	
維克斯—波西亞Mk 3輕型機槍	**維克斯 G.O機槍**
口徑：7.7毫米	口徑：7.7毫米
重量：11.1千克	重量：9.5千克
槍全長：1156毫米	槍全長：1016毫米
槍管長：600毫米	槍管長：529毫米
子彈初速：745米／秒	子彈初速：745米／秒
射速：450~600發子彈／分鐘	射速：1000發子彈／分鐘
供彈：可裝30發子彈的盒式彈匣	供彈：可裝96發子彈的鼓式彈匣

左圖：1943年，新成立的英國特別空勤團巡邏隊在北非執行任務。巡邏隊的吉普車上裝有維克斯—波西亞 G.O機槍。它的彈匣可裝96發子彈

右圖：這名印度士兵攜帶的是維克斯—波西亞Mk 3機槍。他穿着標準的制服，背帶中裝有兩個較大的備用彈匣。維克斯—波西亞機槍的主要用戶是印度陸軍

MG 34 通用型機槍

上圖：這是一支裝在三腳架上的MG 34機槍。這種機槍性能穩定，效果顯著。相對來說，它的重量輕，火力猛。這意味着安裝在雙腳架上射擊時，槍的穩定性難以得到保證，從而會影響射擊的精度

　　1919年簽訂的《凡爾賽和約》中的有關條款特別規定：禁止德國研製任何形式的有持續射擊能力的武器。然而，德國的萊茵金屬公司—波西格武器公司在20世紀20年代初期巧妙地繞過了條約的限制，該公司在和瑞士交界的索洛圖恩建立了一個由它控制的影子公司。

　　該公司通過不斷的探索，設計出一種空氣冷卻的機槍。在這些設計的基礎上最終演化成索洛圖恩型機槍。這種機槍的設計相當先進，它的許多設計被後來的機槍採用。雖然當時該公司收到了幾份訂單，但德國人認為他們還能設計出更好的機槍。這樣，1929型機槍的生產時間較短。後來德國飛機開始使用這種機槍（被稱為萊茵金屬公司MG 15機槍）。MG 15機槍的生產時間較長，主要供納粹空軍使用。

第一支通用型機槍（GPMG）

　　自機槍問世以來，根據萊茵金屬公司的設計而製造出的MG34機槍，長期以來一直被認為是最優秀的機槍之一。奧伯多夫製造廠的毛瑟設計人員以1929型機槍和MG 15機槍為基礎，設計出一種新式的通用型機槍。這種機槍從雙腳架處射擊，供步兵攜帶和使用。安裝在較重的三腳架上射擊時，這種機槍能長時間提供持續和有效的火力。

選擇性射擊

　　持續射擊時，MG34機槍的機械設置屬通用類型，槍管可以快速

更換。彈藥可以用馬鞍狀鼓式彈匣提供，也可以用子彈帶提供。這種鼓式彈匣是從MG 15機槍中繼承下來的，可裝75發子彈。MG 34機槍使用了當時的所有革新技術，子彈的射速快，能有效地打擊低飛的飛機。

　　MG34機槍還是第一種裝有選擇性射擊裝置的武器。扳機設置鏈接在槍的中心位置，按壓扳機的上部可以單發射擊，按壓扳機的下部可以全自動射擊。

　　MG 34機槍一問世就獲得了極大成功，並且直接投入了生產，供德國軍隊和警察使用。一直到1945年，這種機槍供不應求，它所需要的支架和其他配件的供應也很緊張。

　　MG 34機槍使用的重型三腳架和雙腳架非常昂貴和複雜。這些支架和坦克上使用的支架不同。MG 34機槍裝有望遠鏡，可以從塹壕中射擊。這些附屬設置耗費了大量生產潛能，影響了機槍的正常生產，雖然MG 34機槍非常適合軍用，但終究於事無補，無法挽救德國滅亡的命運。

　　MG 34機槍的製造時間長，並且涉及許多昂貴和複雜的加工程序，所以造出的MG 34機槍確實卓絕超群，令其他類型的機槍難以匹敵。但是，雖然MG 34機槍性能超群，但製造費用極其昂貴，在戰場上

使用這種武器就像把名車當作出租車使用一樣。

　　MG 34機槍的基本型號包括MG34m、MG34s和MG34/41機槍。MG34m的槍管套管較重，可以在裝甲車內使用。MG34s和MG34/41機槍較短，只能自動射擊。這兩種槍的長度和槍管的長度分別為1 170毫米和560毫米。

右圖：MG34機槍是第一種使用子彈帶供彈的輕型機槍。和同時期的機槍相比，MG34機槍的火力要猛烈得多。當時所有的機槍幾乎都使用彈匣供彈

規格說明

MG 34機槍

口徑：7.92毫米

重量：11.5千克（帶雙腳架）

槍長：1219毫米

槍管：627毫米

子彈初速：755米／秒

射速：800~900發子彈／分鐘

供彈：可裝250發子彈的子彈帶或75發子彈的馬鞍狀鼓式彈匣

有效射程：700米（直射）；3500米（間接射擊）

由於間接射擊瞄準具和扳機可以隨時拆除，所以MG 34機槍可以在短時間內從三腳架上拆卸下來。它的雙腳架和槍管是連在一起的，所以短時間內就可以把它轉換成一支輕型機槍

右圖：這是一支安裝在三腳架上的呈持續射擊狀的MG 34機槍。它安裝有間接射擊的瞄準具。這種瞄準具是為了攻擊射程在3000米之外的目標而設計的，長時間射擊時，這種瞄準具和槍把式扳機非常容易操作

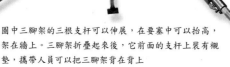

圖中三腳架的三根支杆可以伸展，在要塞中可以抬高，架在牆上。三腳架折疊起來後，它前面的支杆上裝有襯墊，攜帶人員可以把三腳架背在背上

MG 42 通用型機槍

MG 34機槍確實太優秀了，但是以它執行的任務和所需的成本以及高標準的生產要求相比實在是大材小用。為了滿足部隊的需求，德國建立了MG 34機槍的全面生產設施。到1940年時，毛瑟公司的設計人員開始考慮使用簡單的生產方法，9毫米MP 40衝鋒槍的製造商在這方面已經作出了示範，為了降低成本，生產要盡可能簡單。毛瑟公司的設計人員隨之仿效MP40衝鋒槍的製造方法，使用新的生產方法，盡可能多地使用新的加工設備，減少加工費用和程序。

混合型設計

新的機械裝置取材於多種設計。MG34機槍的研製經驗表明它的供彈系統是可以改進的。1939年佔領波蘭後，德國人從波蘭的兵工廠中發現了一種全新的後膛閉鎖系統，並且還從捷克斯洛伐克人那裏獲得了新的設計觀念。在這些設計的基礎上，德國人設計出一種具有創新思想的武器——MG 39/41機槍。經過一系列試驗，這種武器最終被命名為MG 42機槍。這種機槍是歷史上效果最顯著、影響最深遠的武器之一。

MG 42機槍使用了大規模生產的製造技術。早期的MG 42機槍使用了一些簡單的鋼板衝壓製品，提高了生產速度，但是由於MG 42機槍承受的環境極其苛刻，所以成功的機會很少。

MG 42機槍和早期機槍的不同之處是它的製造成本比較低廉，因此立即獲得了成功。鋼板衝壓製品被廣泛應用於套筒座和槍管槽的製作。它獨創性地使用了槍管更換系統。方便和快捷地更換槍管至關重要，因為MG 42機槍的射速每分鐘高達1400發，幾乎是盟軍機槍射速的兩倍。

射速

MG 42機槍的射速如此之快是因為它使用了新式的閉鎖系統。這種系統是設計人員借鑒了多種設計經驗才研製成功的。這種系統簡單而有效。

有了這些設計，設計人員才最終成功地研製出這種極為有效的通用型機槍，它能夠和多種支架與附屬設置一起使用。1942年，MG 42機槍首次投入戰場，幾乎同時出現在蘇聯和北非戰場。後來，德軍在各條戰線上都使用了這種機槍。一般情況下，它只裝備德軍的前線部隊。盡管德國研製這種機槍的本意是為了完全取代MG 34機槍，但事實上，它只彌補了MG 34機槍數量上的不足。

雖然這種機槍是自有機槍以來最優秀的機槍之一，但是毛瑟公司設計小組的工作人員並不滿意，他們想精益求精，甚至希望它的射速趕上或高過MG 45機槍。雖然第二次世界大戰結束後，德國暫時停止了MG 42機槍的改進工作，但是MG 42機槍及其後來的MG系列機槍一直馳騁於世界各地，並且在21世紀，許多國家的軍隊還把它當作重要的武器。

規格說明

MG 42機槍

口徑：7.92毫米

重量：11.5千克（帶雙腳架）

槍長：1220毫米

槍管：533毫米

子彈初速：755米／秒

射速：1550發子彈／分鐘

供彈：可裝50發子彈的子彈帶

有效射程：600米（直射）；3000米（間接射擊）

右圖：供彈系統：槍栓的上面有一個臂狀物，能夠以簡單卻非常有效的方式把子彈帶送入套筒座。MG 42機槍使用的子彈帶僅有50發子彈

MG 42機槍的閉鎖裝置系統使用了兩個閉鎖滾筒。這兩個閉鎖滾筒沿着系統內部的斜面上下移動：移動到上部時，利用技術上的優勢將彈膛有效地鎖定；沿斜面下滑時，則解除鎖定狀態

MG 42機槍能以輕型機槍的形式高速射擊。安裝在雙腳架上，甚至比它的前款MG 34機槍還難以瞄準。然而，德國國防軍卻反其道而行之，犧牲武器的精度，換來了擁有絕對優勢的火力

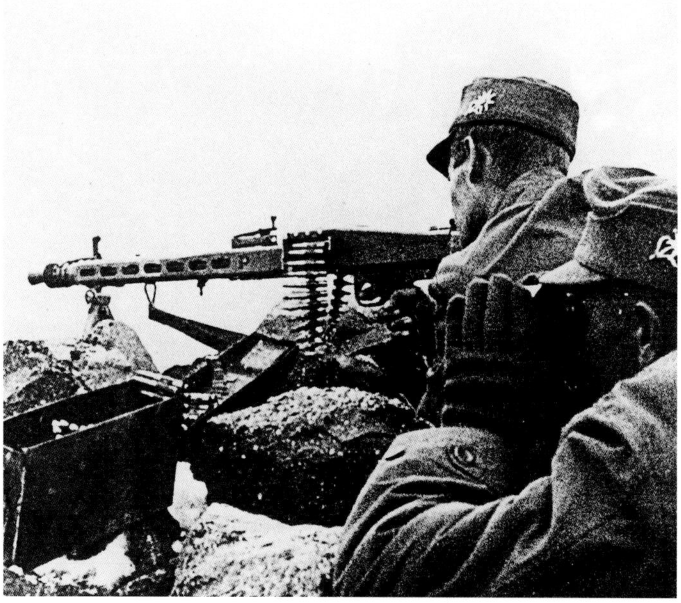

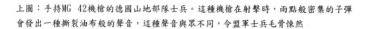

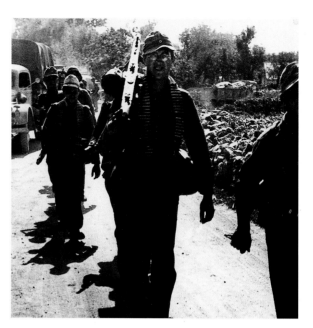

上圖：手持MG 42機槍的德國山地部隊士兵。這種機槍在射擊時，雨點般密集的子彈會發出一種撕裂油布般的聲音，這種聲音與眾不同，令盟軍士兵毛骨悚然

上圖：MG 42機槍是德國軍隊步兵的主要武器。在部隊行軍時，士兵各有分工，射手扛着MG 42機槍，第二個士兵扛着三腳架，其他人攜帶備用部件和彈藥

DShK 1938、SG 43和其他重型機槍

如何區分俄羅斯/蘇聯設計的機槍和其他國家的機槍之間的差異？有一種簡單的方法就是看它們的重量。俄羅斯/蘇聯許多年來製造的機槍都是標準的結實耐用型——把重量作爲增加機槍實力的一種方式。最好的例子就是古老的馬克西姆M1910機槍，加上它的車輪和帶有遮蓋物的馬車，幾乎和一門小型火炮的重量相當。後來，在部隊機動性成爲軍事謀略的重點時，這種本可避免的特點卻又被蘇聯紅軍繼承下來。到20世紀30年代中期，蘇聯對新式重型機槍的需求越來越大，最後，蘇聯把研製的重點更多放在了實力方面，而這一點通過設計就可實現，而依靠大規模生產卻未必能夠實現。

蘇聯打算生產一種和美國的12.7毫米勃朗寧機槍的級別相同的新式重型機槍，但最後製造出來的新式機槍比美國的機槍稍微輕了一些。蘇聯機槍發射12.7毫米子彈，並且有各種類型。這種新式機槍的名字很長，簡稱爲DShK1938機槍。事實證明它幾乎和勃朗寧機槍一樣成功。它的生產期限很長，第二次世界大戰後，改進型被稱爲DShK1938/46機槍，時至今日，仍被廣泛使用。

大塊頭的車架

如果說DShK1938機槍要比勃朗寧機槍稍輕一點的話，那麼它們的支架可就另當別論了。因爲DShK1938屬步兵用機槍，所以保留了M1910機槍的舊的輪式車架。另外，蘇聯也生產並且仍在使用一種特殊的防空用三腳架，蘇聯大多數坦克（從IS-2重型坦克之前）幾乎都安裝了這種三腳架，捷克斯洛伐克也生產了一種四重支架，供DShK 1938機槍防空用，甚至還有

規格說明

DShK 1938機槍

口徑：12.7毫米

重量：33.3千克

槍全長：1602毫米

槍管長：1002毫米

子彈初速：843米／秒

射速：550－600發子彈／分鐘

供彈：可裝50發子彈的金屬鏈子彈帶

SG 43機槍

口徑：7.62毫米

重量：13.8千克

槍全長：1120毫米

槍管長：719毫米

子彈初速：863米／秒

射速：500~640發子彈／分鐘

供彈：可裝50發子彈的子彈帶

一種專門供裝甲車輜重隊使用的特殊支架。

1943年，為了取代較早的7.62毫米機槍和古老的M1910機槍，蘇聯生產出一種較小口徑的SG 43 機槍。在德國入侵蘇聯的初期階段，蘇軍遭受了包括機槍在內的巨大物質損失。如果想彌補這些損失，蘇聯必須盡可能多地使用先進的設計。這樣，SG 43機槍問世了。它使用氣動操作系統和空氣冷卻設計，綜合了多種機槍的操作原理（包括已經證明非常成功的勃朗寧機槍的操作原理），整個設計非常新穎，並且不久事實就證明了這種設計非常合理。SG 43機槍開始大批量裝備部隊，甚至直到今天，還有許多SG 43機槍的改進型——SGM機槍被廣泛使用。

SG 43機槍和較大的DShK 1938機槍在操作上有一個共同點，那就是它們的簡單性，製造時，它們的操作性部件的體積減到了最小程度，非常方便和簡單，而且，幾乎不需要日常維修。它們都能在極端氣溫下操作，塵土和髒物幾乎對它們的操作沒什麼影響。換句話說，這兩種機槍確實適合蘇聯的作戰環境。

下圖：為了取代舊式的馬克西姆M1910機槍，蘇聯於1942年由P. M.格爾烏諾夫設計出了SG 43機槍。不過，SG42機槍保留了馬克西姆M1910機槍的古老的輪式車架

下圖：DShK 1938/46機槍和口徑為12.7毫米的勃朗寧 M2機槍的性能不相上下。這種機槍目前仍被大量使用

DP/DPM/DT/DTM 輕型機槍

在1921年，瓦西里·阿列克謝耶維奇·德格特耶夫開始設計第一支蘇聯造的機槍。在1926年正式投入生產之前的兩年多時間裏，蘇聯進行了一系列的試驗。這種武器就是DP機槍（德格特耶夫步兵用自動武器）。這種機槍設計簡單，但結構合理，僅有65個部件，其中只有6個部件可以移動。這種機槍有一些缺陷，尤其是許多部件在使用時有多餘的摩擦，容易進入塵土，並且槍管更換費時、費力，從而造成槍管過熱（由於沒有備用槍管，所以替換也沒什麼用處）。第一批DP機槍的槍管裝有散熱片，可以幫助散熱。在1936—1939年西班牙內戰期間，交戰雙方曾使用過這種機槍，隨後蘇聯對它進行了改進。

這種機槍屬氣動操作武器。相對來說，它的閉鎖裝置與眾不同。槍栓每一側的凹槽內有一個鏈接的簧片。槍栓停止移動時，槍栓的正面緊緊貼住彈膛內子彈的底座，但這時，活塞仍在輕微運動，帶動滑座進入撞針所在的位置。在最後運動期間，撞針的凸輪把閉鎖的簧片送入套筒座側壁的凹槽內，射擊時，後膛機械設置被鎖定。

鼓式彈匣

這種機槍的供彈設置比較合理，有緣式子彈在輕型自動武器中常會引起麻煩，並且在使用盒式彈匣的機槍中情況一般都不太好。較大的平底、單層的鼓形彈匣受鐘錶結構的機械設置驅動，而不是受機槍的擊發設置驅動，至少消除了重複裝彈的問題。最初的彈匣可裝49發子彈。後來，為了減少卡殼的機會，一般使用可裝47發子彈的彈匣。

1944年，又出現了一種DPM機槍。它的槍管可以拆卸，但是需要借助特殊的扳手，花費點力氣才行，並且它的主彈簧靠近槍管下面的彎管時，可以解決過去容易出現的槍管過熱問題。

在坦克上使用的DP和DPM機槍分別被稱為DT和DTM機槍。儘管從技術上講，它們都已陳舊過時，但在目前世界上某些地區仍能發現這兩種武器。

下圖：從這支輕型機槍突出的特點中，人們能夠較好地瞭解DP機槍的設計，氣缸位於槍管下面，主彈簧捲繞在槍管下的活塞周圍。前置式雙腳架和由鐘錶結構的機械設置驅動的鼓形彈匣。根據這種布局，射擊時會增加熱量，容易損傷槍管的韌性

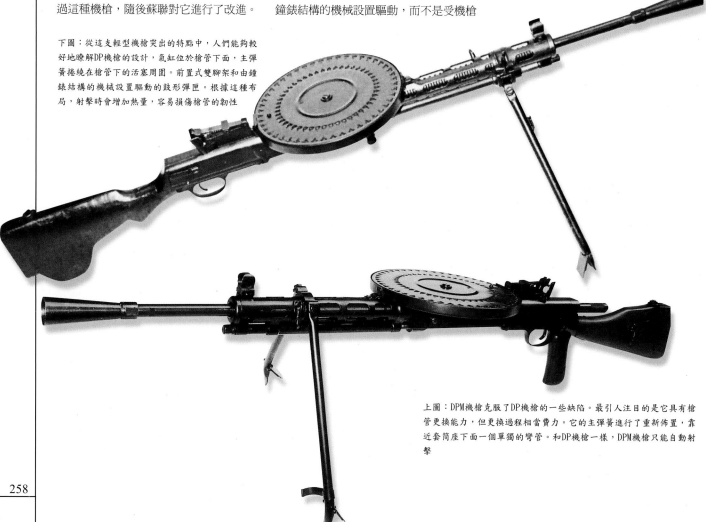

上圖：DPM機槍克服了DP機槍的一些缺陷。最引人注目的是它具有槍管更換能力，但更換過程相當費力。它的主彈簧進行了重新佈置，靠近套筒座下面一個單獨的彎管。和DP機槍一樣，DPM機槍只能自動射擊

上圖：DP機槍的成本低廉，易於製造。只需使用無關緊要的原材料和半熟練的勞動力即可。儘管作戰性能有一定的局限性，但是，蘇聯人對它非常滿意

左圖：和所有蘇聯成功設計和製造的戰術性武器一樣，DP機槍最引人注目的特點是在多種複雜的地形和氣候條件下，操作性能不受影響

FN MAG 中型機槍

事實證明，第二次世界大戰期間成功研製的通用型機槍的確是一種重要武器，使用輕型雙腳架時，可以當作攻擊性武器射擊；而使用重型三腳架時，又可以充當防禦性或連續性武器持續不停地射擊。在1945年後，許多國家的設計人員都試圖利用通用型機槍的原理，生產出自己的通用型機槍。在20世紀50年代初期，比利時的

FN公司成功生產出一種通用型機槍。這種槍被稱爲FN通用型機槍，或簡稱爲MAG機槍。不久，這種機槍被許多國家的軍隊采用。今天，所有現代機槍中應用最廣泛的非它莫屬。

MAG機槍發射北約的7.62毫米標準子彈。它使用常規的氣動操作機械設置。根據這種設置，當子彈射出時，從槍管中流

出的氣體會把閉鎖裝置和其他部件推送到槍的後部。FN MAG機槍優於其他機槍的是在槍管下面的氣體排出孔處有一個管理裝置，可以使射手控制氣體的流量，並且根據氣體流量的大小來決定發射不同射速的彈藥。連續射擊時，槍管可以快速更換。

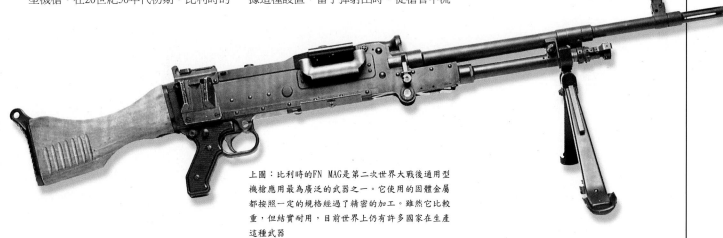

上圖：比利時的FN MAG是第二次世界大戰後通用型機槍應用最為廣泛的武器之一。它使用的固體金屬都按照一定的規格經過了精密的加工。雖然它比較重，但結實耐用，目前世界上仍有許多國家在生產這種武器

高級別的武器

在結構上，MAG非常結實。爲了便於運輸，它所使用的一些鋼材衝壓製品都用鉚釘固定在一起，而且，許多零部件都用固體金屬加工而成。這樣生產出來的武器雖然有些重，但這種結構使它具有所有結實耐用的優點，而且在長期使用時，除了槍管過熱時需要更換槍管外，不需要任何維修。這種機槍射擊時需要隨時攜帶長的子彈帶，而這種子彈帶從進彈處向下懸掛時，常會鉤住附近的東西。

在當作輕型機槍（LMG）使用時，MAG使用槍托和簡單的雙腳架；當作持續性射擊武器時（槍托常要拆卸掉），需要安裝在沉重的三腳架上，通常還要使用緩衝器來減少部分後坐力。MAG機槍也可以安裝在其他類型的支架上，常安裝在裝甲車上當作同軸武器使用，或安裝在球形支架上當作車輛的防禦性武器使用，也可以安裝在三角形或車輛頂蓋上的支架上，當作防空武器使用。海軍的許多輕型艦船上也使用這種機槍。

英國的MAG機槍

根據生產許可證，許多國家都生產過MAG機槍。其中較爲人熟知的就是英國。英國把MAG稱作L7A2機槍，生產了一些改進型MAG機槍，並且遠銷海外。在未來可預知的一段時間內，英國陸軍仍會繼續使用和生產這種機槍。生產MAG機槍供自己使用的國家有許多，其中包括以色列、南非、新加坡和阿根廷。而使用MAG機槍的國家就更多了，有瑞典、愛爾蘭、希臘、加拿大、新西蘭和荷蘭等。MAG機槍幾乎從無過時之虞。

上圖：1982年馬爾維納斯群島戰爭期間，L7A1機槍會促間被安裝在臨時準備的防空支架上，防範阿根廷的飛機對停泊在聖卡洛斯港口的英國軍艦發動襲擊

右圖：以色列軍工公司獲得了FN MAG的生產許可證。以色列武裝部隊的各個軍兵種都使用FN MAG機槍

規格説明

FN MAG機槍

口徑：7.62毫米

重量：10.1千克（槍）；10.5千克（三腳架）；3千克（槍管）

槍全長：1260毫米

槍管長：545毫米

子彈初速：840米／秒

射速：600~1000發子彈／分鐘

供彈：可裝50發子彈的金屬鏈子彈帶

下圖：荷蘭陸軍裝備的德國坦克炮塔上安裝了FN MAG機槍。照片攝於1984年9月舉行的軍事演習。這支MAG機槍安裝了空彈射擊的調節器

FN "米尼米" 輕型機槍

隨着北約多數成員國和其他許多國家的軍隊的標準步槍子彈口徑的轉變——由原來較重的7.62毫米子彈轉變爲較輕的5.56毫米子彈，各國普遍需要一種小口徑的輕型機槍。FN公司因此設計出一種新式的機槍。這就是後來廣爲人知的FN "米尼米" 輕型機槍。這種槍最先亮相的時間是1974年。

古老和新潮設計的混合物

"米尼米" 使用了早期FN MAG機槍的一些設計，包括可以快速更換的槍管和氣體調整器，但是它的閉鎖裝置系統使用了新式的旋轉式閉鎖設置，它內部的套筒座沿兩條導向軌道運動，可確保運動的平穩和順暢。這些變化使 "米尼米" 的性能更加可靠，並且它的供彈系統會進一步鞏固閉鎖設置的性能。這是 "米尼米" 機槍對現代輕型機槍設計的最大貢獻，因爲其他類型的機槍使用的都是翼動式子彈帶，這種子彈帶長長地懸掛着，使用時顯得比較笨拙，而 "米尼米" 只需要一個簡單的盒子（安裝在槍身下面），子彈帶整齊地折疊在盒子內。使用雙腳架射擊時，這個盒子的放置不會影響子彈的正常使用；而

且不用時，可以把盒子從子彈架上取下來。"米尼米" 機槍的絕妙之處並未到此結束。如果需要，它還可以使用彈匣供彈系統。

FN公司敏銳地預測出美國的M16步槍將很快成爲同類步槍中的標準武器，於是它果斷地決定改進 "米尼米" 機槍，改進後的 "米尼米" 機槍能夠使用M16步槍的可裝30發子彈的彈匣。只需把 "米尼米" 機槍的子彈帶取下，把M16的彈匣沿子彈帶的方向插入套筒座即可使用。

進入美國軍隊

和M16步槍的結合讓FN公司受益匪淺。因爲美國陸軍不僅看中了 "米尼米" 機槍，而且還把它當作美國陸軍的火力支援武器。美國人把這種武器稱爲M249自動武器。這種自動武器發射北約標準的新式SS109子彈，早期的M193子彈被淘汰。SS109子彈比M193子彈長和重。"米尼米" 機槍的槍管雖然使用了不同的膛線，但這種子彈和美國的子彈非常接近。

"米尼米" 輕型機槍可能有兩種型號：一種是使用短槍管和可變槍托的機槍；另一種是安裝在裝甲車支架上的短槍

托式機槍。"米尼米" 輕型機槍自身有許多獨特的地方：扳機護柄可以移動；射手可以在冬季或核生化戰爭中戴上專用的手套；護手柄前面有清潔設置；彈匣盒上有簡潔的指示器，可表明內部所剩子彈的數量，等等。

上圖："米尼米" 機槍安裝了標準的雙腳架。在近距離或中程距離提供支援火力時，非常需要這種支架，它有助於射手控制槍的穩定性

規格説明

FN "米尼米" 機槍

口徑：5.56毫米

重量：6.5千克（含雙腳架）；
9.7千克（帶200發子彈）

槍全長：1050毫米

槍管長：465毫米

子彈初速：915米／秒（SS109子彈）

射速：750~1000發子彈／分鐘

供彈：可裝100發或200發子彈的子彈帶；或可裝30發子彈的盒式彈匣

上圖：FN "米尼米" 被美國陸軍選中，當作M249自動武器使用；並且作爲軍用武器，還首次被空降師選中。空降師在組建快速部署聯合特遣部隊時，選中了這種機槍

上圖："米尼米"機槍重量輕，便於攜帶和使用。槍上部有一個手柄，既方便了這種武器的攜帶，又可以幫助更換槍管

上圖："米尼米"機槍的子彈帶可以整齊地折疊在槍身下面的盒子裏。作戰時，甚至射手採取臥姿射擊，這個盒子都不會影響射手的活動

上圖：現代化武器必須經受住世界上任何環境的考驗，在任何情況下，都能保持有效和穩定的性能

vz 59 機槍

捷克斯洛伐克技術人員在機槍的設計方面獲得了極大成功。捷克設計機槍的歷史可追溯到1926年生產的vz 26機槍（vzor代表型號）。著名的布倫機槍就是在vz 26機槍的基礎上研製而成的。在20世紀50年代初期，捷克斯洛伐克繼承了過去的光榮設計歷史，又生產出一種新式的vz 52機槍。這種機槍基本上是舊式設計的改進型，它使用子彈帶的供彈系統。但這種機槍並沒有像早期的武器那樣獲得成功。目前，除了在"自由戰士"和類似的武裝組織手中，已經很少能看到這種武器。接着，它就被vz 59機槍取代。

雖然vz 59機槍比vz 52機槍還要簡單，但是在外觀和操作上完全一樣。事實上，

vz 59機槍使用了vz 52機槍包括氣動操作設置在內的許多操作原理。它的彈藥供應系統也汲取了vz 52機槍的設計特點，許多人認爲這種系統是vz 52機槍唯一成功的設計。在這種系統中，凸輪系統引導槍栓進入套筒座內，推動子彈向前運動，穿過子彈帶的鏈接處進入槍內。蘇聯的PK系列武器就仿製了這種系統。但是，vz 59機槍的子彈帶是從一個金屬盒中傳入的。vz 59機槍的另一大變化是它使用的是蘇聯的7.62毫米×54子彈。這種子彈的威力更大，取代了vz 52系列武器中使用的同等口徑但體積較小的子彈。

在vz 59系列武器中，使用輕型槍管的被稱爲vz 59L機槍。它有一個彈匣盒從槍

規格説明

vz 59機槍

口徑：7.62毫米

重量：8.67千克（帶雙腳架，使用輕型槍管）；
19.24千克（帶三腳架，使用重型槍管）

槍全長：1116毫米（使用輕型槍管）；
1215毫米（使用重型槍管）

槍管長：593毫米（輕型槍管）；
693毫米（重型槍管）

子彈初速：810米／秒（使用輕型槍管）；
830米／秒（使用重型槍管）

射速：700~800發子彈／分鐘

供彈：可裝50或250發子彈的金屬鏈子彈帶

下圖：捷克斯洛伐克的口徑為7.62毫米的vz 59機槍是捷克斯洛伐克早期vz 52/57機槍的改進型，但是它更易於生產。這種武器主要是為了瞄準國際武器出口市場而生產的。vz 59機槍研製成功不久就開始供捷克斯洛伐克的武裝部隊使用，vz 59系列機槍在世界各個角落都能看到

的右側向下懸掛着，看上去很不協調。使用雙腳架和三腳架時，可以當作輕型機槍使用。

重型槍管

在持續性射擊時，vz 59機槍使用的是重型槍管。使用重型槍管的機槍被稱爲vz 59機槍；但是，如果它帶有螺線槍管並被安裝在裝甲車的共用軸或類似的支架上，則被稱爲vz 59T機槍。vz 59系列武器不僅僅就這幾種。看看捷克斯洛伐克對外銷售的 vz 59系列武器，其中有一種型號能夠發射北約的7.62毫米標準子彈。這種槍被稱爲 vz 59N，後來被稱爲vz 68通用型機槍。現在，維塞卡·茲布羅約維卡兵工廠仍在生產這種武器。

望遠鏡

vz 59機槍有一個非同尋常的設計——可放大4倍的望遠鏡，這種望遠鏡可以安

裝在雙腳架和三腳架上使用，內部有發光設置，可以在夜晚使用，也可以在防空射擊時使用。在防空射擊時，vz 59機槍可以安裝在正常三腳架頂部的一個管狀的伸展設置上。

過去，在世界武器市場上出現最多的捷克斯洛伐克武器就是它的輕武器，今天捷克的輕武器仍然深受許多採購商的歡迎。所以在20世紀70年代和80年代期間，

上圖：vz 59機槍用途廣泛，安裝上短小的輕槍管，使用裝在盒內的子彈帶，可以當作輕型機槍使用；安裝上重槍管，使用子彈帶則可以當作重型機槍使用。這種武器的扳機安裝在手槍槍把上

在中東地區，尤其是黎巴嫩，隨處都可以看到捷克斯洛伐克製造的機槍。在一些戰亂頻繁的地區，人們時常也能遇到vz 52系列機槍。

MAS AAT 52 機槍

目前被稱爲MAS AAT 52的機槍是20世紀50年代"印度支那獨立運動"時法國研制的武器。當時，法國陸軍裝備了來自美國、英國和德國的大量武器及其各種支援設施和零部件。由於種類繁雜，法國決定使用一種通用型機槍。這就是口徑爲7.5毫

米的AAT 52機槍。這種機槍設計的初衷是爲了易於生產，所以它使用了多種衝壓和焊接部件。

延遲式後坐力

AAT 52機槍和現代機槍的不同之處是

它使用了一種延遲式後坐力操作系統，它利用射擊時子彈所產生的力量向後把閉鎖裝置推回到原來的位置，並且還能向供彈系統提供動力。這種系統在使用手槍子彈的衝鋒槍中運行良好，但是，機槍使用步槍子彈時，如果想得到安全保證的話，就

下圖：法國AAT 52機槍使用的是延遲式後坐力設置。彈膛內的凹槽利於空彈殼彈出。也許我們還會遇到口徑為7.62毫米的AAT 52機槍，這種型號的AAT 52被稱為AAT F1機槍。AAT 52使用雙腳架和三腳架，裝甲車上使用的AAT 52機槍也帶有各種支架。目前AAT 52機槍已經停止生產

規格説明

MAS AAT 52機槍

口徑：7.5毫米

重量：9.97千克（帶雙腳架，使用輕型槍管）；
11.37千克（帶雙腳架，使用重型槍管）；
10.6千克（三腳架）

槍全長：1145毫米槍托伸展後，使用輕型槍管）；
1245毫米（使用重型槍管）

槍管長：500毫米（輕型槍管）；
600毫米（重型槍管）

子彈初速：840米／秒

射速：700發子彈／分鐘

供彈：可裝50發子彈的金屬鏈子彈帶

需要增添更多的設置。AAT 52機槍中使用了兩片裝閉鎖設置。控制杆設置控制閉鎖的前半部分，同時後半部分開始向後移動。只有當控制杆按照預定的設計移動一段距離後，閉鎖裝置的前半部分才開始向後移動。為了使空彈殼輕鬆地從彈膛中彈出，防止出現卡殼，子彈彈殼頸處刻有凹溝，這樣可以使氣體進入到彈膛的膛壁和發射的子彈之間。AAT 52機槍發射的子彈很好辨認，彈殼的頸部有凹溝。

雙腳架和三腳架

AAT 52機槍能夠從雙腳架和三腳架上射擊，不過使用三腳架持續射擊時，需

要安裝重型槍管。當作輕型機槍使用時，AAT 52機槍相當笨拙，不利於攜帶，尤其是當它左側裝有一個可裝50發子彈的彈藥箱時。因為這個原因，這個彈藥箱常被拆卸下來，子彈帶向下隨意懸掛起來。AAT 52機槍有一個獨特的設計，作為輕型機槍使用時，它的槍托下安裝了獨腿支架。雖然看上去有點笨拙，但便於槍管的更換——槍管可隨時拆卸下來。如果換成雙腳架，由於雙腳架和槍管聯接在了一起，這樣會給更換槍管帶來極大難度，尤其是AAT 52機槍的槍管。為了降低槍管的溫度，周圍沒有包裹金屬套。

AAT 52機槍的最初設計是為了發射口徑為7.5毫米的子彈。這種子彈最初是供1929型輕型機槍的使用而研製的，它的威力相當大，但是轉換成北約的7.62毫米子彈後，法國就沒有標準的子彈使用了，因此，AAT 52機槍的出口量也降低了。經過改進，可發射北約子彈的AAT 52機槍被稱為AAT F1機槍。法國陸軍的一些部隊裝備了這種機槍，但這種機槍的出口情況並不理想。

從整體上看，AAT 52機槍相當不錯。但其本身仍然存在一些缺點，使一部分人不願意使用它。在一些人眼中，它自身存在著不安全因素。這種機槍雖然已經停止生產，但有些國家的軍隊仍在使用。

上圖：法國外籍軍團和法國陸軍其他部隊使用的武器完全相同，所以外籍軍團也使用AAT 52機槍。圖中是一支輕型的AAT 52機槍。外籍軍團走到哪裏，哪裏就會有AAT 52機槍

赫克勒和科赫有限公司的機槍

德國輕武器設計和製造公司——赫克勒和科赫有限公司的總部位於奧伯多夫一內卡。目前被英國的BAE系統公司收購。它是世界上所有現代輕武器設計公司中最成功的公司之一。它不僅成功地生產出系列突擊步槍和衝鋒槍，而且還生產出了種類繁多的空氣冷卻式機槍。

這樣談論赫克勒和科赫有限公司的產品未免過於簡單。該公司的機槍基本上都

是在該公司的G3突擊步槍和相關突擊步槍的基礎上經過改進研製成功的。它們的兩片裝閉鎖裝置系統都使用了相同的延遲式滾筒設置，而且有些輕型機槍和使用重型槍管和雙腳架的突擊步槍幾乎沒什麼差別。

更令人難以區別它們之間的差異的是：幾乎該公司生產的每一種機槍的供彈系統都可以使用子彈帶和彈匣；它們的口徑要麼是7.62毫米，要麼是5.56毫米；前

一種型號可以使用美國舊式的M193子彈，後一種型號可以使用新式的SS109子彈；使用彈匣供彈的型號都有一個特點，既可以使用標準的盒式彈匣（可裝20發或30發子彈），也可以使用雙層的鼓式塑料彈匣（可裝80發子彈）。

基本型號

口徑為7.62毫米的HK-21A1機槍就是

"基本"型號中的一種。它是在最初的HK-21機槍的基礎上改進而成的。HK-21機槍於1970年投入生產，目前已停止生產。HK-21A1只能使用子彈帶供彈系統，使用雙腳架時，可當作輕型機槍使用；使用三腳架時，可當作中型機槍（持續射擊）使用。這種機槍具有槍管更換能力，

槍管過熱時，可迅速更換。目前，只有希臘和葡萄牙根據生產許可證還在生產HK-21A1機槍。從赫克勒和科赫有限公司生產的系列武器中可以看到G3步槍的影子。HK-21機槍就是G3突擊步槍的改進型。HK-23E機槍是在HK-21機槍的基礎上的改進型，它的瞄準距離更遠，有3發子彈點射的裝置。它的槍管較長，子彈供彈系統可以改換。另外，還有一種口徑為5.56毫米的名為HK-23E的同類型機槍。

上面所提到的幾種型號的機槍都使用子彈帶供彈系統。另外，還有一種彈匣供彈系統的型號：和HK-21A1機槍對應的使用彈匣供彈系統的是HK-11A1機槍；同時和HK-21E和HK-23E機槍對應的使用彈匣供彈系統的是HK-11E和HK-13E機槍。HK-13系列武器於1972年投入生產，

其設計目的是為了彌補口徑為5.56毫米的HK-33系列突擊步槍的不足。和突擊步槍一樣，赫克勒和科赫有限公司的系列機槍首先打開了東南亞市場。20世紀70年代初，東南亞地區對各種體積小、重量輕後坐力適當、使用口徑為5.56毫米子彈的機槍非常歡迎。當時口徑為5.56毫米的子彈已經被各國普遍接受。

極大的靈活性

所有這些聽起來可能會讓人迷惑不解，但是從這些各種口徑、各類子彈供彈系統、各類支架中可歸納出一個根本原因，就是赫克勒和科赫有限公司生產機槍的能力。該公司的武器幾乎可以滿足部隊的所有戰術需要。子彈帶供彈的型號或許可以被看成是通用型機槍，儘管口徑為5.56毫米的機槍在持續射擊時或許確實太輕了，並且使用彈匣供彈的型號或許可以被視為真正的輕型機槍。而令人吃驚的是所有這些武器的零部件都具有兼容性，可以互換使用；並且通常情況下，它們的彈匣和同類的支援武器——突擊步槍的彈匣也完全一樣。

赫克勒和科赫有限公司推出的最新式輕型機槍是5.56毫米MG 36機槍。這種機槍使用了最先進的技術。槍全長998毫米，槍管長480毫米，重量3.57千克，使用雙腳架，沒有彈匣。MG 36機槍反映了現代突擊步槍的設計特點：體積小，盡量使用複合材料，攜帶把手上有嵌入式瞄準設置，使用盒式彈匣（可裝30發子彈）或雙層的鼓式"貝塔-C"彈匣（可裝100發子彈）。

規格說明

HK－21A1機槍

口徑：7.62毫米

重量：8.3千克（帶雙腳架）

槍全長：1030毫米

槍管長：450毫米

子彈初速：800米／秒

射速：900發子彈／分鐘

供彈：可裝100發子彈的金屬鏈子彈帶

上圖：赫克勒和科赫有限公司的HK-11機槍是HK-21機槍的盒式彈匣供彈的同種型號。它的口徑為7.62毫米

上圖：赫克勒和科赫有限公司的HK-13機槍有多種型號。這種型號使用的盒式彈匣，可裝40發子彈

下圖：赫克勒和科赫有限公司的HK-13E機槍具有3發子彈點射的
能力，也可作為全自動武器射擊

上圖：赫克勒和科赫有限公司的HK-21機槍在德國
已經停止生產，但有些國家仍在使用，如葡萄牙

上圖：HK-21A1機槍是早期HK-21機槍的改進型。它
只能使用子彈帶供彈系統。它的子彈帶可以懸掛在
套筒座下面的盒子內

MG 3 機槍

右圖：這支MG 3機槍安裝在雙腳架上。它由兩名士兵操作，一人擔任射手，另一人負責裝彈。它使用的金屬鏈子彈帶可以裝在便攜式箱子內

第二次世界大戰期間，最突出的機槍非MG 42莫屬。和德國長期以來一直使用的傳統加工方法相比，這種空氣冷卻式武器具有極大的優勢。傳統型加工方法需要耗費大量時間和費用，高質量的零部件都是用固體金屬加工成的。而MG 42機槍開創了大規模生產的新時代，其結構可以使用衝壓和焊接組件組裝，這種優秀的設計引起了各國的普遍關注。

舊瓶裝新酒

當德意志聯邦共和國（聯邦德國）成為北約成員國後，立即獲得了重新武裝的權利。聯邦德國開始生產一系列武器來裝備新成立的武裝部隊。MG 42機槍成為聯邦國優先考慮重新設計的武器之一。

最初的MG 42機槍的設計目的是為了發射第二次世界大戰末期的德國的7.92毫米標準子彈。但是因為聯邦德國使用的是北約的7.62毫米標準輕型子彈，所以必須對MG 42進行重新設計才能適應7.62毫米的輕型子彈。開始時，聯邦德國只是把庫存的MG 42機槍進行簡單改進，使之適應7.62毫米子彈。改進後的MG 42機槍被命名為MG 2機槍；與此同時，聯邦德國萊茵金屬公司制訂了生產7.62毫米新式武器的計劃。該公司生產出幾種型號的機槍，最後都命名為MG 1機槍。因為其目的只不過

是為了適應7.62毫米子彈，所以改動較小。

目前型號

目前型號是MG 3機槍，仍然由萊茵金屬公司製造。

從外觀上看，第二次世界大戰時的MG 42機槍和MG 3機槍除了有細小的差異外，基本上一模一樣，外行人很難發現其中的差異。MG 1機槍和MG 3機槍之間則有很大差異。然而，從整體上看，MG 3機槍保留了最初型號的所有特徵，它使用的多種支架都是在第二次世界大戰時的原型槍的基礎上進行調整或簡單改進而成的。有一種三腳架和最初的三腳架完全一樣，並且它使用的防空型連體支架仍然適合於MG 42機槍。目前的MG 3機槍有多種支架。

如上所述，MG 42機槍是為了大規模生產而設計的；同樣，MG 3也具有這一特征。這樣一來，這種武器非常適合世界上許多工業欠發達的國家/地區製造。事實證明，對這些不發達國家來說，製造MG 3之類的武器相對來說比較容易。有許多國家已經或正在試圖獲得它的生產許可證，如智利、巴基斯坦、西班牙和土耳其。應該注意的是，這些國家有的是仿製MG 1（而不是MG 3）機槍。南斯拉夫也生產過MG武器——直接仿製MG 42機槍，仍然

使用7.92毫米的口徑。這種機槍被命名為SARAC M1953。

廣泛使用

北約成員國內使用MG 3機槍或同類型武器的國家有德國和意大利，並且丹麥、挪威等國的軍隊也使用這種武器。葡萄牙不僅使用MG 3機槍，而且還將其出口到國外。如此一來，舊式MG 42機槍的生產國就不僅局限於德國。和MG 3機槍相比，MG 42機槍並不遜色多少，任何試圖對MG42的最初設計的改進或提高顯然都是毫無意義的。

上圖：MG 3 機槍的可靠性能和多種支架大大增強了這種武器在整體戰術上的靈活性

規格説明

MG 3機槍

口徑：7.62毫米

重量：10.5千克（槍）；0.55千克（雙腳架）

槍全長：1225毫米

槍管長：531毫米

子彈初速：820米／秒

射速：700~1300發子彈／分鐘

供彈：可裝50發子彈的金屬鏈子彈帶

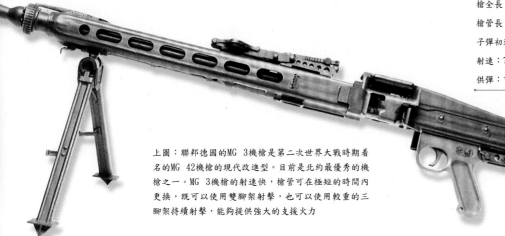

上圖：聯邦德國的MG 3機槍是第二次世界大戰時期着名的MG 42機槍的現代改進型。目前是北約最優秀的機槍之一。MG 3機槍的射速快，槍管可在極短的時間內更換，既可以使用雙腳架射擊，也可以使用較重的三腳架持續射擊，能夠提供強大的支援火力

PK 機槍

蘇聯的輕武器設計中有一個非常顯着的特點，就是把創新和保守兩種完全相反的設計奇怪地混合在一起，似乎從蘇聯的每一代武器中都可發現這一特徵。AK-47突擊步槍家族使用新奇的7.62毫米×39毫米子彈給人留下了深刻印象。後來，蘇聯的機槍繼續使用威力更大、帶有有緣式底座的7.62毫米×54毫米R子彈。當初的莫辛—納甘系列步槍使用這種有緣式子彈的目的是爲了射擊後子彈能順利彈出，所以PK通用型機槍也使用了這種子彈。

PK機槍家族有幾大成員。PK爲基本型號，它使用重型槍管，槍管內部刻有凹溝。這種機槍最先出現於1946年，後來經過改進，IKM機槍登上了歷史舞臺，與PK機槍相比，IKM機槍更輕，結構更簡單。PKS機槍是PK機槍的地面防空型號，裝在三腳架上。PKT機槍是裝甲車內使用的PK型號；PKM機槍則是帶有雙腳架的PK型號。當PKM機槍安裝在三腳架上使用時，就變成了PKMS機槍。PKB機槍的槍托比較普通，它的扳機設置被鏟子式的槍把和"蝴蝶"式扳機設置取代。

PK機槍顯然適用於所有人。對蘇聯紅軍來說，它是真正的多用途武器，既可以作爲步兵火力支援武器，使用特殊支架時，又可以在裝甲車內使用。

PK機槍是在卡拉什尼科夫旋轉槍栓系統的基礎上研製而成的，它使用的機械原理和卡拉什尼科夫步槍的原理相同。PK機槍內部使用的部件出奇的少，槍栓/閉鎖設置、活塞、幾片彈簧以及和子彈供彈系統相關的幾個部件，就這麼多，所以PK機槍很少會出現部件斷裂或阻塞事故。當作輕型機槍使用時，它使用的子彈通常裝在金屬盒內，這個盒子懸掛在槍下；安裝在三腳架上射擊時，可以使用不同長度的子彈帶；爲了減少磨損和幫助散熱，它的槍管內鍍有金屬鉻，但是作爲重型機槍使用時，必須定期更換槍管。

最新研製的PKM機槍名爲"帕克納格"。這種機槍和PKM機槍的80%的零部件相同，但它使用的是新式固定槍管。槍管安裝了被動式通風製冷系統，射速每分鐘高達1000發子彈；40/50發子彈齊射時，每分鐘可發射600發子彈。

在種類繁多的現代機槍中，PK系列武器當仁不讓要佔有一席之地。不僅蘇聯和華約組織以及它們的繼承者使用，而且還大量出口到許多國家。

上圖：安裝在三腳架上持續性射擊時，PKM機槍就變成了PKMS機槍。槍管下面的雙腳架可以向後折疊

規格説明

PK機槍

口徑：7.62毫米

重量：9千克（槍未裝彈）；
　　　7.5千克（三腳架）；
　　　2.44千克（可裝100發子彈的子彈帶）

槍全長：1160毫米

槍管長：658毫米

子彈初速：825米／秒

射速：690~720發子彈／分鐘

供彈：可裝100發、200發或250發子彈的金屬鏈子彈帶

下圖：圖中為蘇聯的7.62毫米PK系列機槍中的PKM輕型機槍。這種機槍設計簡單，結實耐用，能移動的零部件極少。華約組織和世界其他國家曾大量使用

RPK 機槍

PK系列機槍是作為通用型機槍研製的，但口徑為7.62毫米的RPK機槍卻是專門作為輕型機槍或支援武器研製的。RPK機槍第一次出現的時間是1966年，當時，人們只是把它看成AKM突擊步槍的擴大型。除了它的槍管比AKM突擊步槍的槍管長和重以及有輕型支架外，其他和AKM突擊步槍的確沒什麼區別。

兩者之間的共性很多。它們都發射相同口徑的7.62毫米×39毫米子彈，而且許多零部件彼此兼容，會用AKM突擊步槍，同樣就會用RPK機槍。如果身邊沒有特殊的鼓式彈匣（可裝75發子彈），RPK機槍也可以使用AKM突擊步槍的盒式彈匣。然而，兩者也有不同之處，RPK機槍沒有安裝刺刀底座。

固定式槍管

雖然RPK是作為輕型機槍研製的，但令人吃驚的是，當槍管過熱時，RPK機槍竟然沒有槍管更換設置。為了保證槍管不會太熱，新兵接受訓練時，每分鐘射擊不能超過80發子彈。由於戰術用途越來越廣，顯然，RPK的射速太低，如果在作戰中使用，射速會成為它的一大缺陷。除了上面已經提到的可裝75發子彈的鼓式彈匣，它還使用彎曲狀盒式彈匣（可裝30發或40發子彈）。人們還看到過安裝有紅外線夜視儀的RPK機槍。

20世紀70年代初期，蘇聯紅軍把他們的標準步槍子彈改換成口徑為5.54毫米×18毫米的子彈；為了發射這種子彈，AK-47突擊步槍經過改進就變成了AK-74突擊步槍。顯然，新式的RPK機槍也經過了類似改進。改進後的RPK被稱為RPK-74機槍。除了縮小一些部件的體積，使之適應較小口徑外，RPK-74和RPK機槍沒什麼區別。

流行武器——RPK機槍

蘇聯和華約組織的許多成員國都使用RPK機槍。民主德國顯然也生產過這種武器，並且有些獨聯體國家仍在生產這種武器。這種武器被運送到許多同情蘇聯的國家，不用說，它們肯定會落入許多"自由戰士"的手中。在20世紀70年代和80年代黎巴嫩內戰期間，人們就看到過RPK機槍，並且在安哥拉和葡萄牙之間的戰爭以及隨後發生的安哥拉內戰中，這種武器也曾大量使用。儘管它的射速有限，但在未來許多年內，無疑許多國家還會使用這種武器。雖然有的國家還在生產RPK-74機槍，但是，俄羅斯及其盟友仍然保留了大量RPK機槍。

規格說明

RPK機槍

口徑：7.62毫米

重量：5千克（槍）；
　　　2.1千克（75發子彈鼓式彈匣）

槍全長：1035毫米

槍管長：591毫米

子彈初速：732米／秒

射速：660發子彈／分鐘

供彈：可裝75子彈的鼓式彈匣，或可裝30發或40
　　　發子彈的盒式彈匣

上圖：蘇聯的RPK機槍是華約組織標準的火力支援武器。它使用的是固定式槍管，不可更換，也沒有持續射擊能力。它可能會被人視為AKM突擊步槍的改進型。它和RPK機槍一樣，都使用7.62毫米子彈。中國製造的RPK 機槍被稱為74式機槍

上圖：這是一支NSV重型機槍。它安裝了肩套和望遠鏡，使用6T7三腳架。在地對地作戰中，能夠提供毀滅性火力，既可以打擊步兵，也可以打擊車輛

蘇聯的重型機槍

世界上大規模使用的威力最大的機槍是蘇聯的KPV機槍。這種武器是蘇聯於1944年設計的。它使用蘇聯的14.5毫米×115毫米子彈。它的API（穿甲燃燒彈）和HEIT（殺傷曳光燃燒彈）子彈的裝藥量幾乎是口徑爲12.7毫米的子彈的兩倍。KPV機槍是在20世紀40年代末裝備蘇聯軍隊的。這種機槍有輪式支架，常用輕型車輛牽引。它的標準支架是ZPU-1/2/4型，分別供1/2/4支KPV機槍使用。另外，蘇聯的裝甲車內也大量使用這種機槍。KPV機槍重49.1千克，使用ZPU-1支架時重量達到161.5千克。它的槍管爲空氣冷卻型，鍍有金屬鉻。這種機槍使用帶有氣動操作的短後坐力系統。槍栓爲旋轉式。可以從左右兩側供彈，使用40發子彈的子彈帶，射速爲每分鐘600發子彈；槍口初速每秒達1000米；射程是2000米；槍全長2006毫米，槍管長1346毫米。槍管可以更換。

接下來，蘇聯的重型機槍是口徑爲12.7毫米的NSV。這種機槍是爲彌補DShK機槍的不足而設計的。NSV機槍是爲了紀念這種機槍設計組的尼克廷、索科洛夫和沃爾克霍夫而命名的。這種機槍爲空氣冷卻型，子彈帶供彈。在500米的射程內，彈頭能夠穿透16毫米厚的裝甲。這種機槍使用了氣動操作系統和傾斜式閉鎖裝置。爲了保證擊發裝置能夠順利運行，它的套筒座內安裝了後坐力緩衝器。標準的NSV機槍安裝有可放大3~6倍的SPP望遠鏡。裝甲車內使用的NSV機槍被稱爲NSVT機槍。

21世紀初，NSV機槍將被同樣口徑、重25.5千克的"科爾德"機槍取代。"科爾德"機槍也屬氣動操作型武器，槍口也鍍上了金屬鉻，但它使用了不同的閉鎖裝置。據說這種機槍比NSV機槍更精確，尤其是安裝了選擇性望遠鏡或夜視儀之後。目前尚無"科爾德"機槍長度的數據。它安裝在三腳架上和使用子彈帶（50發子彈）時，重量可達41.5千克；這種武器的

其他數據是，槍口初速爲每秒820~860米，射速爲每分鐘650~750發子彈。

規格說明

NSV機槍

口徑：12.7毫米

重量：25千克（槍）；41千克（槍，三腳架和50發子彈的子彈帶）

槍全長：1560毫米

槍管長：不詳

子彈初速：845米／秒

射速：700~800發子彈／分鐘

供彈：可裝50發子彈的金屬鏈子彈帶

上圖：安裝在牽引式四輪車架上，ZPU-4機槍能發射密集的火力，可以當作輕型防空武器使用。它安裝了簡單的車載瞄準系統，但缺少動力操作系統

上圖：蘇聯的裝甲車上安裝有機槍，可以作爲裝甲車的次要武器使用。這種安裝在炮塔上的機槍既可防空，也可以用於自身防禦。圖中是口徑爲12.7毫米的DShK-38/46機槍

以色列軍工公司的"內格夫"機槍

以色列軍工企業生產的"內格夫"機槍是以色列國防軍標準的輕型自動武器之一，它和比利時同級別的武器——FN"米尼米"機槍非常相似。相似程度並不僅限於它們的外觀，以色列和比利時的機槍在性能、精度、可靠程度和重量等方面都有着驚人的相似之處。

替代性武器

恰恰像"米尼米"機槍在許多國家的軍隊中部分取代了FN MAG機槍一樣，以色列也計劃用"內格夫"機槍部分取代以色列的MAG 58武器。"內格夫"不僅可以作爲步兵攜帶的武器使用，還可以安裝在裝甲車和直升機上使用。另外，以色列還計劃用"內格夫"取代"米尼米"、繳獲的蘇製PK和RPD機槍。以色列軍隊的"米尼米"機槍並不多，而且以色列士兵也不太喜歡這種武器。

"內格夫"機槍是根據現代原理和結構製造而成的氣動操作型武器。它有兩種型號：一種是標準的"內格夫"輕型機槍；另一種是"內格夫突擊隊"機槍。後者和前者相比，長度短，重量輕。槍托伸展後，槍全長890毫米；槍托折疊後，槍全長680毫米；槍管長330毫米；槍重6.95千克。

爲了安裝ITL AIM1/D激光瞄準具，"內格夫突擊隊"機槍沒有安裝標準型"內格夫"機槍使用的軌道調節器。"內格夫突擊隊"機槍一般都安裝一個向前突出的攻擊柄，而標準型"內格夫"機槍一般情況下都安裝雙腳架。兩者之間的共同之處是它們都使用軟式子彈帶（可裝150發子彈）。另外，"內格夫"機槍能使用步槍彈匣。

規格說明

IMI"內格夫"機槍

口徑：5.56毫米

重量：7.6千克（帶雙腳架，但不裝子彈）

槍全長：1020毫米（穴槍托伸展後）；
　　　　780毫米（槍托折疊後）

槍管長：460毫米

子彈初速：不詳

射速：700~850發或850~1000子彈／分鐘

供彈：可裝150發子彈的金屬鏈子彈帶，或者M16
　　　或"加利爾"突擊步槍的彈匣

上圖：標準的"內格夫"輕型機槍安裝了雙腳架，使用分離式金屬鏈子彈帶供彈

CIS 阿爾蒂馬克斯 100 機槍

相對來說，新加坡是一個小國家，但是最近幾年，它卻逐漸成爲國際武器市場上的重要一員。該國的武器生產幾乎是從一窮二白的基礎上發展起來的。在短短的時間內，新加坡建立起了自己的國防製造工業體系，特別是生產出一種阿爾蒂馬克斯100輕型機槍（或3U-100），在眾多武器中尤爲引人注目。

要想知道阿爾蒂馬克斯100機槍的來歷，還得從1978年說起。爲了奠定未來新加坡武器生產的基礎，新成立的新加坡特許工業公司（目前稱作ST動力公司）獲得美國5.56毫米AR-18和M16A1步槍的生產許可證後，開始生產這兩種武器。後來，該公司決定走自己的路，設計出自己的武器。阿爾蒂馬克斯100輕型機槍就是在這樣的背景下研製出來的。在克服早期研製中出現的問題後，阿爾蒂馬克斯100機槍目前已成爲眾多機槍中的佼佼者。

彈藥

阿爾蒂馬克斯100機槍使用口徑爲5.56毫米的M193子彈，並且改進後也可以發射新式的SS109子彈，它才是真正意義上的輕型機槍。該公司非常清楚，它出產的這種機槍必須適合身材相對矮小的亞洲人使用。

出於這方面的考慮，該公司生產的阿爾蒂馬克斯100機槍操作時和突擊步槍非常類似。爲了把後坐力減小到最小程度，該公司費盡心機，甚至採用了"持續性後坐力"設計，根據這種設計，閉鎖裝置不必把套筒座的後擋板當作緩衝器使用，而許多類似設計中都把它當作緩衝器使用。該公司使用了一種彈簧系統，把後坐力控制在一定範圍內，從而使武器能順暢運行。阿爾蒂馬克斯100機槍從肩部射擊時，沒有任何不適感。

和突擊步槍的近似之處還有它的供彈系統。阿爾蒂馬克斯100機槍使用可裝100發子彈的鼓式彈匣。射擊時彈匣位於槍的下面。另外，它也可以使用常規的盒式彈匣。鼓式彈匣可以裝在特製的網狀盒內。爲了便於在運動中射擊，這種機槍安裝了前置式槍把；並且爲了便於攜帶，它的槍托可以拆卸；爲了保證射擊的精度，它有一個固定的雙腳架。在很短的時間內，它的槍管就能輕鬆更換。如果需要，它還可以用M16A1突擊步槍的盒式彈匣（可裝20發或30發子彈）取代鼓式彈匣。

阿爾蒂馬克斯100機槍可以使用各種附屬設置。或許，最與眾不同的設置應該是它的消音器。使用這種消音器時要安裝特別的槍管。它還有許多常用設置，包括一種特殊的連體式支架。這種支架的兩側可以各安裝一支阿爾蒂馬克斯100機槍，使用向前突出的鼓式彈匣射擊。另一個與眾不同的設置是它可以安裝刺刀，這一設置在其他類型的機槍中很少見到。而且，它安裝有榴彈發射器，無須特別準備就可以從槍口發射槍榴彈（步槍榴彈）。

最新式的阿爾蒂馬克斯100機槍有兩種型號：帶有固定槍管的阿爾蒂馬克斯100 Mk 2機槍；槍管可以快速更換的阿爾蒂馬克斯100 Mk 3機槍。當然，肯定還會有更多型號出現。因爲該機槍的前途極爲光明：新加坡軍隊已經裝備了這種武器，其他國家也對這種武器表現出極大興趣。在眾多的輕型機槍中，它確實是最便於攜帶和最富有魅力的機槍之一。

規格説明
阿爾蒂馬克斯100機槍
口徑：5.56毫米
重量：6.5千克（含100發子彈的鼓式彈匣）
槍全長：1030毫米
槍管長：508毫米
子彈初速：990米／秒
射速：400~600發子彈／分鐘
供彈：可裝100發子彈的鼓式彈匣，或可裝20發或30發子彈的彎曲狀盒式彈匣

上圖：阿爾蒂馬克斯100 Mk 3輕型機槍是一種非常理想的輕武器。它體積小，重量輕，易於操作和攜帶，適合大多數東南亞國家的軍隊使用。在克服早期研製中出現的問題後，新加坡已經全面投產這種武器

"阿梅利" 機槍

　　儘管看上去賽特邁公司的"阿梅利"機槍和第二次世界大戰期間的MG 42機槍及其現代型MG 3機槍有着驚人的相似之處，但它確實屬一種全新的武器。它使用的滾筒延遲式後坐力擊發裝置（半鋼性的槍栓）和赫克勒和科赫有限公司的突擊步槍和機槍的擊發設置完全一樣，並且賽特邁公司生產的L型突擊步槍也使用了這種設置。目前賽特邁公司由美國通用動力公司的子公司桑塔·巴巴拉軍工公司控制。"阿梅利"和L型機槍的關係相當親近，這兩種武器的零部件具有一定的兼容性，相互之間可以互換使用。

快速更換的槍管

　　爲了保證領先於其他類型的機槍，"阿梅利"機槍使用了許多時尚的設計。"阿梅利"機槍從敞口的槍栓處射擊。爲了提高持續射擊能力，它的槍管可以快速更換。在持續射擊時，槍管過熱是一個比較重要的問題。它具有較好的戰術通用性能，使用雙腳架時，可作爲輕型機槍使用；使用三腳架時，可以當作重型機槍使用，提供持續性的強大火力。"阿梅利"機槍使用北約的5.56毫米標準子彈，供彈系統爲子彈帶送彈。子彈帶有100發或200發子彈，可以裝在分離式的塑料盒內。它有兩種射速可供選擇：使用重型槍栓時，射速每分鐘在850~900發子彈之間；使用輕型槍栓時，射速每分鐘增加到1200發子彈左右。

　　毫無疑問，"阿梅利"機槍是目前所有5.56毫米輕/重型機槍中最優秀的一種。它的作戰效果極爲顯着，因此成爲恐怖分子和遊擊隊最喜愛的武器。從政治角度講，這的確令人痛心，其中的原因是"阿梅利"機槍可以拆卸成相對較小的幾部分，裝在手提箱之類的箱子內就可以自由攜帶。恐怖分子極有可能把這種武器攜帶到平民生活區或工作區周圍。也正是出於這個原因，許多國家一直禁止進口這種武器。

規格説明
"阿梅利"機槍
口徑：5.56毫米
重量：5.3千克（未裝彈）
槍全長：900毫米
槍管長：400毫米
子彈初速：不詳
射速：850~900發子彈／分鐘（重型槍栓）1200發子彈／分鐘（輕型槍栓）
供彈：可裝100發或200發子彈的子彈帶

左圖："阿梅利"機槍的效果顯着，既可以當作輕型機槍使用，也可以當作重型機槍使用，能夠提供強大的持續性火力。它的子彈帶可以裝在槍身左側的分離式塑料盒內

瑞士工業集團的 710-3 機槍

瑞士工業集團的7.62毫米710-3機槍在開始設計時就顯示出了名槍的風範。它的整體設計、結構和性能非常完美，預示着它一旦問世，必將成為槍中之翹楚。但是，事實上，這一切都沒有發生。目前這種本來極有前途的機槍已經停止生產，並且只能在諸如玻利維亞、布隆迪和智利之類的國家才能發現這種武器。

最高水平的武器

之所以出現這種奇怪的事情，還得從頭說起。瑞士無論設計什麼武器，總是堅持至精至美的原則。瑞士生產的武器都講究精密和完美。在國際市場上，人們情願出高價購買瑞士的手錶，卻未必願意出高價購買瑞士生產的機槍，尤其是當這類武器可以用簡單的加工工具和金屬衝壓製品製造時，更是如此。

瑞士工業集團的710-3機槍是瑞士生產的第三代機槍。瑞士工業集團的第一代710機槍生產於第二次世界大戰後不久。簡單的說，瑞士工業集團的第一代710機槍是StG 57型機槍（1957型突擊步槍），

並且這種機槍使用了與賽特邁公司和赫克勒和科赫有限公司的步槍同樣的延遲式滾筒和閉鎖裝置系統。在瑞士工業集團的710機槍中，這種系統是以延遲式後坐力系統的形式使用的，它的彈膛刻有凹溝，可以防止空彈殼卡殼。瑞士工業集團的第一代710機槍完全用手工製成。雖然對這種機槍的關注者雲集，但訂購者寥寥。為了便於生產，瑞士工業集團的710-3機槍使用了一些金屬衝壓製品。

瑞士在機槍設計方面深受德國的MG42機槍的影響。在第二次世界大戰結束後的幾年時間裏，瑞士根據MG 42的設計生產出了幾種類型的機槍。瑞士工業集團的710-3機槍的扳機設置和MG 42機槍的扳機設置完全一樣，它們的供彈系統也完全相同。這種機槍的效率相當高，以至於可以毫不費力地使用美國和德國的子彈。它的閉鎖設置和StG 45機槍使用的設置完全相同。由於德國在1945年5月戰敗投降，所以StG 45機槍未能裝備部隊。

然而，瑞士工業集團的710-3機槍確實使用了瑞士自己的設計，這不僅限於使用可以快速更換的槍管設置。另外，瑞士還研製了供這種武器使用的多種設置，包括當作重型機槍持續射擊時使用的三腳架（起緩衝作用）。它還使用了瞄準盤和望遠鏡等特殊設置。有了這些設置，在世界各種類型的機槍中，瑞士工業集團的710-3機槍應該稱得上是最先進的機槍。然而，殊榮並未降臨到這種機槍身上。由於這種機槍的研製和生產費用太高（另外，瑞士政府對輕武器的出口有嚴格的限制），最終導致這種機槍早早停止了生產。

規格説明
瑞士工業集團的710−3機槍

口徑：7.62毫米

重量：9.25千克（槍）；2.5千克（重型槍管）；
　　　2.04千克（輕型槍管）

槍全長：1143毫米

槍管長：559毫米

子彈初速：790米／秒

射速：800~950發子彈／分鐘

供彈：子彈帶

下圖：瑞士工業集團的7.62毫米710-3通用型機槍是在第二次世界大戰期間德國研製的MG 42機槍的基礎上改進而成的，按道理應該成為世界上最優秀的機槍之一，但結果是剛生產不久就停止了生產

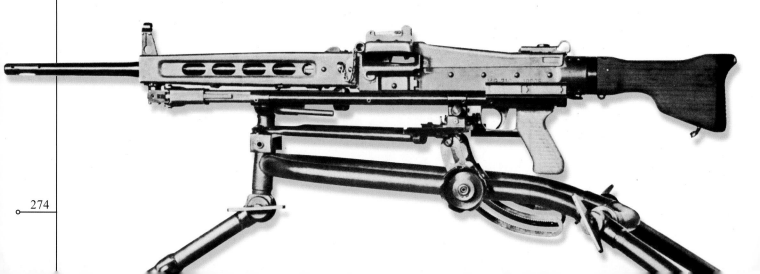

L4 布倫機槍

談到機槍時，我們一定要把像布倫機槍那樣古老的武器包括在內，這事聽起來似乎有點離奇。尤其令人吃驚的是，這種古典名槍的起源甚至可以追溯到20世紀30年代上半期。最初的布倫機槍使用7.7毫米的有緣式子彈。當時英國陸軍的標準步槍和機槍都使用這種子彈。20世紀50年代，當英國決定轉而使用北約的7.62毫米新式標準子彈時，英國的武器庫中仍然保存了大量布倫機槍。在這種情況下，出於經濟利益上的考慮，英國決定把這種古老但效果依舊的武器改進成能使用新式子彈的武器。隨後英國製訂了一項計劃，由恩菲爾德·洛克皇家輕武器廠負責這種武器的改進工作。

簡單演化

轉換為新的口徑需要對布倫機槍進行全面檢修，而這個任務執行起來沒什麼困難。因為第二次世界大戰期間加拿大有家公司為中國生產了大量7.92毫米的布倫機槍。這種機槍使用的是無緣式子彈。英國人發現這種為中國製造的布倫機槍的閉鎖裝置非常適合於口徑7.62毫米的新式子彈。這樣最初的布倫機槍的閉鎖裝置得到

了改換，並且使用了內部鍍有金屬鉻的新式槍管，這樣不僅可以減少槍管磨損，而且可以減少槍管更換的次數。第二次世界大戰時期生產的機槍的槍管經常需要更換。這樣僅更換一支新槍管，布倫機槍就完成了改型。

英國陸軍使用的機槍被L7機槍（英國型號，相當於比利時的FN MAG通用型機槍）取代之前，使用的最後一種布倫機槍是L4A4。L4A4是布倫Mk Ⅲ機槍的改進型，英國的前線部隊並沒有使用過，相反卻被運送到其他需要機槍的軍兵種手中。英國皇家炮兵把L4A4機槍當作防空和保護炮兵陣地的武器使用；英國皇家通信兵在戰場上使用它來保護通信設施；英國保衛本土的部隊也曾使用過這種機槍；而且英國皇家空軍也曾使用這種機槍。

有一種名為L4A5的機槍，是在布倫Mk Ⅱ的基礎上改進而成的。英國皇家海軍使用過這種機槍。這種機槍有兩個鋼製槍管，而且還鍍有金屬鉻。其他類型的布倫機槍只有一個槍管。

其他次要類型

還有一種被命名為L4A3的機槍，由

於是老式布倫 Mk Ⅱ 機槍的改進型，所以生產數量極少，非常罕見。另外，很少遇到的型號有L4A1（最初為X10E1）機槍。它是標準的布倫 Mk Ⅲ 機槍（有兩個鋼製槍管）的改進型，主要是為研製L4系列武器而生產的。L4A2（又稱X10E2）機槍是標準的布倫Mk Ⅲ（有兩個鋼製槍管和一個雙腳架）的改進型。L4A6機槍是標準L4A1（槍管鍍有金屬鉻）的改進型。L4A7機槍主要是為了滿足印度陸軍的需要而研製的，並且僅研製到繪製出圖紙的階段就停止了。印度希望在對標準的布倫MkI機槍（槍管鍍有金屬鉻）改進的基礎上生產出更先進的機槍。

在所有L4系列機槍中，最初的0.303英寸的布倫機槍使用的氣動操作設置沒有任何改變。雖然布倫機槍的口徑進行了改動，但氣動操作設置沒有什麼大的變化。有一點值得注意，7.62毫米L4系列機槍使用的是垂直狀彈匣，而7.7毫米布倫機槍使用的是彎曲狀彈匣。L4系列機槍沒有使

規格說明		

L4A4機槍

口徑：7.62毫米

重量：9.53千克（未裝彈）

槍全長：1133毫米

槍管長：536毫米

初速：823米／秒

射速：500發子彈／分鐘

供彈：可裝30發子彈的盒式彈匣

上圖：提起第二次世界大戰時期的布倫機槍，人們對它的敬意會油然而生。最新式的布倫機槍是L4A4。它使用北約的7.62毫米子彈。它使用了新式槍管、閉鎖裝置和可裝30發子彈的垂直狀盒式彈匣。目前L4A4機槍已經退出了英國軍隊

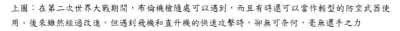

上圖：在第二次世界大戰期間，布倫機槍隨處可以遇到，而且有時還可以當作輕型的防空武器使用。後來雖然經過改進，但遇到飛機和直升機的快速攻擊時，卻無可奈何，毫無還手之力

上圖：儘管L4系列武器已經被一線部隊淘汰，但許多二線部隊仍在大量使用。二線部隊中的管理人員和專業技術人員一般不會直接參加戰鬥

用老式布倫系列機槍使用的凸出狀錐形槍口。

L4A4機槍作為防空武器使用時，安裝了相當精密的瞄準設置。和老式的布倫機槍一樣，它不是被安裝在三腳架上，而是被安裝在自行火炮和榴彈炮以及其他裝甲車的頂部或艙口處。

改頭換面後的老布倫機槍再次裝備部隊。在一定時間內，似乎還沒有完全退出軍隊的跡象。有幾個英聯邦成員國仍然使用布倫機槍，有的甚至還使用最初的7.7毫米布倫機槍。布倫機槍仍被認為是最有效的武器之一。L4A4機槍與其他先進的機槍相比並不遜色。

L86 機槍

許多年來，英國陸軍一直把安裝雙腳架的英國FN MAG-L7A2機槍當作標準的輕型機槍使用。L7A2機槍相當優秀，但步兵攜帶時略顯笨重。作為支援武器，目前人們普遍認為它使用的子彈威力太大。隨着恩菲爾德武器系統的出現（又稱輕型武器80，或SA80和L85），L7A2機槍作為支援武器的日子快要結束了，它將被一種新式武器取代。這種武器在研製階段被稱為XL73E2輕型支援武器。英國決定保留軍隊中的L7A2機槍，作為可提供持續支援火力的重型機槍使用，而且一用就是許多年。

英國軍隊裝備了L86A1輕型支援武器。它綜合了恩菲爾德武器系統和L85A1標準突擊步槍的特點。由於有共同的背景，所以這兩種武器有許多共同之處，並且很容易辨認出來。輕型支援武器的槍管較重，使用的雙腳架較輕，位於槍管下面，但位置比較靠前；另外，它還使用後置式槍把，或許人們會把它當作槍托，在持續射擊時，它可以幫助射手較好地保持槍的穩定性。

術語“槍托”可能會引起人們的誤會，因為輕型支援武器是根據無托結構布局設計的。根據這種設計，它的扳機組件位於彈匣前面。和傳統武器相比，這種安排使輕型支援武器更加精巧。輕型支援武器的許多部件是用鋼製成的，但它的前置式槍把和裝有扳機設置的手槍槍把都是用堅硬的尼龍製成的。輕型支援武器和單兵武器使用的彈匣一樣——M16A1使用的標準盒式彈匣，可裝30發子彈。

口徑變化

自從第一次提出輕型支援武器的設計方案供專家討論以來，它的口徑已經過多次修改。最初它的口徑是根據英國實驗時使用的4.85毫米子彈設計的，但是在選中美國的5.56毫米M193子彈後，4.85毫米的

子彈就被淘汰了。而選中北約標準的5.56
毫米SS109子彈後，M193子彈也遭遇了同
樣的命運。最初的輕型支援武器使用的是
SS109子彈，而且還有一種光學瞄準鏡，
安裝在套筒座上面凸起的支架上。

計劃中的附屬設置

　　被稱爲L86A1的輕型支援武器於1985
年投入生產後，研究人員開始計劃爲它生
產各種附屬設置。一旦輕型支援武器裝備
部隊，馬上就可以使用。它有一個供訓練
時使用的調節器，可以發射低威力的子
彈；另一個是它的空包彈射擊設置。另
外，它還有一套多用途工具，可以快速拆

卸和修理，這種工具可以裝在槍背帶裏。
槍口設置非常有利於從槍口發射槍榴彈。
雖然人們還沒有正視這個問題，但發射槍
榴彈肯定是輕型支援武器的一大功能，並
且可能會被廣泛使用。

　　輕型支援武器的研製過程較長。由於
北約的標準口徑的改變和其他方面的考
慮，英國延長了輕型支援武器的研製過
程。等到輕型支援武器裝備到士兵手中
時，按道理輕型支援武器應該成爲一種無
可挑剔的優秀武器，但事實正好相反，
它和當年的L85A1機槍遇到的問題完全一
樣。

上圖：圖中的通用型機槍的前面是最初的4.85毫米
輕型支援武器。英國生產輕型支援武器的目的是為
了補充4.85毫米步槍火力的不足。當北約選中比利
時的5.56毫米子彈時，儘管4.85毫米步槍的性能優
異，但最終仍被淘汰出局

上圖：L86A1輕型支援武器和5.56毫米L85步槍的許多零部件彼此兼容，可以互換使用。它們的明顯區別是輕型支援武器使用的槍管較重，雙腳架較輕，並且有後
置式槍把。輕型支援武器和單兵武器使用的彈匣完全一樣

規格說明

L86A1機槍

口徑：5.56毫米

重量：6.88千克（裝彈後）

槍全長：900毫米

槍管長：646毫米

初速：970米／秒

射速：700~850發子彈／分鐘

供彈：可裝30發子彈的彎曲狀盒式彈匣

右圖：當L1A1步槍被5.56毫米的L85步槍取代時，
英國陸軍使用了同樣口徑的支援武器取代了L7通
用型機槍。作爲重型機槍，L7通用型機槍被保留
了下來

勃朗寧 M2HB 重機槍

勃朗寧M2機槍是由約翰·勃朗寧設計成的。它是目前仍在生產而且大規模裝備部隊的最古老的一種機槍。最初它是作為飛機上使用的機槍而設計的，但投入使用後就變成了在地面使用的1921型機槍。經過改進，它在1932年成為標準的M2機槍，最後被定型為M2HB重型機槍。這種武器能夠持續不停地射擊，射速高，子彈密集。它使用重型槍管，射擊時可以更換。更換槍管需要一定時間，而且要把握好時機。這種機槍射擊時產生的後坐力適度，再加上優秀的表現和優異的性能，深受士兵的喜愛。最近幾年，美國的武器製造公司——拉莫防衛公司生產了一種適用於所有M2系列機槍的QCB（快速更換槍管）成套工具後，一種新式的M2機槍出現了。這就是M2HB-QCB機槍（或稱M2HQB機槍）。

M2機槍重量較其他機槍相比，略顯笨重，這是M2機槍在使用中的一個缺陷，所以拉莫防衛公司推出了M2輕型機槍。這種機槍仍然使用M2的後坐力操作系統，和M2機槍75%的零部件完全一樣，但它比M2輕11千克，僅重27千克。該公司抓住良機，再次改進這種武器，使用一種可調整的緩衝器後，它的射速每分鐘可調整到550~750發子彈之間；輕型槍管可在短時間內更換，槍管內鍍有鎢鉻合金，安裝了火焰抑制器和扳機保險開關。

彈藥類型

M2機槍之所以能長期生產並裝備部隊，其中的奧秘不僅在於它擁有可靠的性能和精確的遠程射擊能力，而且還在於專為這種武器設計的高性能子彈。M2機槍使用的標準子彈有M2 AP（穿甲彈）、FN169 APEI、M8 API（穿甲燃燒彈）、M20 API-T（穿甲燃燒彈—曳光彈）、M2和M33 "鮑爾"（燃燒信號彈或實心彈）、M1和M23燃燒彈，以及M10、M17和M21曳光彈。這些子彈中，有的子彈長138.4毫米，有的重達120克。它發射的子彈的重量一般在39.7~46.8克之間；子彈初速每秒鐘在850~920米之間；最大有效射程約3000米。

如果發射其他類型的先進子彈，它還有其他能力。它使用挪威納莫公司生產的子彈時，能發揮最佳效果。納莫公司收購了羅弗斯公司——M2子彈的最初製造商。該公司研製新式彈藥的目的是為了探索M2機槍安裝在"軟式支架"上射擊時的作戰性能。使用這種"軟式支架"可以把它的重量再減少18千克，而且能將射擊精度精確到最佳程度。據稱，在這種情況下，它發射彈藥的能力和口徑為20毫米的加農炮相差無幾。

相匹配的子彈

所有這三類彈藥都有相同的規格和重量。發射的子彈重量在43~47克之間；槍口初速為每秒鐘915米。在1000米射程內，MP NM140子彈能以45度角穿透11毫米厚的裝甲；在擊中2毫米厚的硬物後，一般可分裂為20個碎片。MP-T NM160屬於精度稍差一點的曳光彈；AP-S NM173子彈和MP NM140子彈一樣精確，在1500米的射程內，能以30度角穿透11毫米厚的裝甲。

規格說明

勃朗寧M2HB機槍

口徑：12.7毫米

重量：38千克（槍）；20千克（M3三腳架）

槍全長：1650毫米

槍管長：1143毫米

子彈初速：930米／秒

射速：450~600發子彈／分鐘

供彈：可裝100發子彈的金屬鏈子彈帶

左圖：雖然M2機槍已經使用了許多年，但是時至今日，它仍是西方國家最優秀的重型機槍。它的性能優越，能夠有效地打擊輕型裝甲車、裝甲車和直升機

上圖：（圖中）在實驗性裝甲車的炮塔上架設M2輕型機槍。雖然它的重量輕，但具有機槍的所有能力。它的射速可以根據需要進行調整，有較大的靈活性

上圖：在機動作戰中，M2HB機槍被安裝在車輛上，具有卓越的進攻和防禦能力。在車輛上使用時，可以在它周圍疊起沙袋，構築成掩體後，可有效對付敵人的機槍

M60 中型機槍

說到美國的M60通用型機槍，尋根溯源，還得從第二次世界大戰後期說起。當時美國設計的通用機槍的型號是T44機槍，美國的設計顯然受到當時德國優秀機槍的影響：它的供彈系統直接取自MG42機槍，活塞和槍栓組件則仿製具有創新精神的7.92毫米"傘兵"G42機槍（又稱FG42機槍）。M60是T44機槍的生產型號，在製作時使用了大量的鋼材衝壓和塑料製品。20世紀50年代末期，美國陸軍首次裝備M60機槍。

首批M60機槍沒有獲得成功。這種槍操作困難，有些設計不太理想，如果想更換槍管，就必須拆卸半個武器。經過改進，這些問題得到了解決。雖然目前美軍使用的M60機槍性能優越、效果顯着，但是許多美軍士兵並不喜歡這種武器，因為它的操作不夠靈活。M60機槍是美國陸軍第一代通用型機槍，目前在軍中扮演着多種角色。

多種角色

M60機槍的基本作用是支援武器。它的雙腳架是用鋼材衝壓而成的，正好位於槍口後方。為了便於攜帶，槍上面安裝了一個小型的手柄，對於它所承載的重量而言，這個手柄有點單薄；而且它的平衡點完全放錯了位置。許多士兵更喜歡使用槍背帶。使用槍背帶時，這種武器可以在運動中射擊。作為輕型機槍使用時，M60機槍顯得有些沉重。美國陸軍的M60機槍目前正逐步被5.56毫米M249"米尼米"機槍取代。作為重型機槍使用時，M60機槍可以安裝在三腳架上，也可以安裝在車輛底座上。

特別用途的機槍

M60機槍也有一些特殊的型號。M60C機槍可以裝在直升機的外部支架上，從遠處射擊。M60D機槍沒有槍托，使用樞軸支架，可以安裝在武裝直升機或一些車輛上。M60E2機槍的改動較大，可以安裝在裝甲車上，當作共軸式機槍使用。

在漫長的生產過程中，M60機槍的生產一直由馬里蒙特集團的薩科防禦系統部負責。該公司時刻關注M60機槍暴露出來的缺點，尤其是作為輕型機槍使用時暴露出來的缺點。

因此，該公司研製出一種"馬里蒙特"輕型機槍。為了減輕重量，便於操作，對M60機槍進行了較大改動：雙腳架向後移到了套筒座下面，增加了前置式槍把，氣動操作裝置經過了簡化，並且還安裝了一個在冬季時使用的扳機。這樣，新式

的M60輕型機槍和原來的M60輕型機槍相比，重量輕，更易於操作。當然，這種槍目前僅作為輕型機槍使用。有幾個國家的軍隊對改進後的M60輕型機槍給予了較高評價。

目前除美國外，還有一些國家和地區的軍隊裝備了這種武器。中國臺灣不僅使用而且還能生產M60機槍。韓國也使用M60機槍。另外，澳大利亞陸軍也裝備了M60機槍。

規格說明

M60機槍

口徑：7.62毫米

重量：10.51千克（槍）；3.74千克（槍管）

槍全長：1105毫米

槍管長：559毫米

子彈初速：855米／秒

射速：550發子彈／分鐘

供彈：可裝50發子彈的金屬鏈子彈帶

右圖：一旦安裝在雙腳架或三腳架上，M60機槍將如虎添翼，威力倍增。M60機槍的主要缺陷是更換槍管費時、費力。這就意味著，空氣冷卻型的M60機槍需要足夠的冷卻時間才能長時間持續射擊

下圖：M60機槍又大又重，不易操作。最早的M60機槍生產於20世紀40年代末期，在20世紀50年代末期裝備部隊之前經歷了較長的研製階段，自20世紀60年代以來被廣泛使用。目前的M60機槍性能可靠，效果顯著，許多國家和地區的軍隊都在使用

上圖：作為全口徑武器，M60機槍可以發射北約的7.62毫米標準子彈。M60機槍非常適合用作遠距離火力支援武器。在這種情況下，M60機槍要裝在堅固的三腳架上，這個支架可以提供穩固的射擊平臺。槍口附近的輕型雙腳架可以沿槍的氣缸一側向後折疊

6 支援武器

　　步兵營的支援連都裝備有標準的重型武器。包括迫擊炮和各種反坦克武器等簡單但仍具毀滅性的近程武器,還有那些防空和反坦克導彈一類的複雜的遠程武器。許多武器都具有一專多能的本領。

現代化的步兵營可以分爲3個步槍連（有時是4個步槍連）和一個支援連，具體劃分方法要取決於各國的實際情況。支援連一般裝備有如下武器：迫擊炮、反坦克武器、防空武器，有時還裝備其他特殊武器，如榴彈自動發射器或被稱爲"碉堡/掩體炸彈"的火箭筒。

到1914年時，由於面臨德國入侵的威脅，爲了保衛邊界地區，比利時、法國和俄國都修築了大量堡壘和要塞。爲了對付這些堡壘和要塞，德國軍隊裝備了各種類型的火炮，從人力攜帶、射程較近的迫擊炮，到著名的420毫米大口徑的綽號爲"大貝爾莎"的榴彈炮。然而，真正阻止德軍前進的並不是這些堡壘和要塞。儘管德軍在各類火炮、彈藥和兵力等方面佔有優勢，但長長的塹壕卻令德軍一籌莫展。到1914年11月的時候，這些塹壕已經從瑞士延伸到了北海。

德軍的迫擊炮令協約國士兵又恨又怕。這種迫擊炮能把炮彈直接射進塹壕內。如果把它放置在離塹壕幾百米的範圍內，其射擊精度還會更高。然後，協約國研製出自己的迫擊炮。在戰爭期間，爲了便於攜帶，迫擊炮變得越來越輕。迫擊炮成爲德軍攻擊部隊裝備中的重要組成部分。在1918年3月德軍發起的大規模進攻中，德軍的先鋒攻擊部隊就裝備了大量迫擊炮。

德國迫擊炮的領先地位

在兩次世界大戰期間，雖然英國和法國提高了對迫擊炮的認識，但德國仍然處於領先地位。德軍步兵營裝備了大量令人生畏的迫擊炮。從輕便、手工操作的50毫米迫擊炮到優秀的81.4毫米迫擊炮，種類齊全，應有盡有。1940年，德軍的火力明顯優於對手。事實上，德軍每個步兵團都有一個完整的炮兵連，由6門口徑爲150毫米的榴彈炮組成。這樣，和英國部隊相比（同爲一個團的兵力），德軍的組織更完善，火力更集中和強大，獨立作戰能力優於英國軍隊。蘇聯紅軍也在迫擊炮上不惜血本，加大投資力度，蘇聯典型的武器是口徑爲120毫米的重型迫擊炮。這種重型迫擊炮給德軍留下了深刻印象，以至於德國不僅使用它所繳獲的迫擊炮，而且還生

產這種迫擊炮。1944年，在諾曼底戰役期間，德軍部署了大量的120毫米重型迫擊炮，給盟軍士兵造成了重大傷亡。

自1945年以來，迫擊炮一直是步兵武器的中流砥柱，尤其是在不利於使用重炮的地形中，例如越南的山地叢林地形。法國軍隊以及後來的美國軍隊在對付越南的遊擊隊時，都強調了迫擊炮的重要性。

反坦克武器

坦克首次出現的第一年內就出現了步兵使用的反坦克武器，並且從此以後，反坦克武器成了步兵支援連武器的重要組成部分。這些反坦克武器常有雙重用途：在馬爾維納斯群島戰爭期間，英國軍隊使用"米蘭"反坦克制導武器摧毀了阿根廷軍隊的大量碉堡和掩體；在1942年的迪耶普戰役期間，英國突擊隊把一種反坦克步槍當作狙擊步槍使用，專門獵殺德國觀察哨所的觀察人員。蘇聯紅軍在整個第二次世界大戰期間一直使用反坦克步槍，儘管這種步槍無法穿透德國的大多數坦克裝甲，但是這些步槍密集射擊時能夠擊斷重型裝甲車的履帶，並且能夠有效地打擊敵人的步兵據點。

在第二次世界大戰期間，交戰雙方都研製了無後坐力炮，並把它當作反坦克武

器使用。開始時是作爲輕型的坦克殺手，供空降部隊使用；第二次世界大戰之後，無後坐力炮成爲標準的反坦克武器。它所擔負的任務還包括摧毀碉堡/掩體，在馬爾維納斯群島戰爭中，英國還使用反坦克炮擊沉了阿根廷的一艘軍艦。從20世紀50年代至1975年，越南部隊常使用82毫米和107毫米無後坐力炮密集射擊，襲擊美國軍隊。美國軍隊則使用90毫米和106毫米的無後坐力炮還以顏色。美軍常發射一種名爲"蜂窩"的殺傷性子彈。

雙重作用的防空武器（AA）

機關槍的研製和發展以及它在提供持

上圖：在火控系統的有效管理下，迫擊炮可以擔負起夜間支援任務（圖中為第二次世界大戰期間的意大利戰役中，加拿大士兵正在使用迫擊炮射擊）

下圖：正在使用口徑為37毫米防空機關槍的德國軍隊。這種防空機關槍按照設計可以把子彈快速發射到飛機飛行的高度。這類武器的子彈初速極快，也可以打擊裝甲車輛

續性強大火力中所發揮的重要作用，應該另當別論。但是防空武器常具有雙重作用，它同樣也可以當作反坦克武器使用。到1939年時，軍隊中條件較好的步兵團開始裝備40毫米的大口徑防空火炮。隨着德國空軍威脅的減弱，盟軍的步兵部隊開始把他們的高射炮應用於地面戰鬥。盟軍把“博福斯”式40毫米高射炮安裝在車輛上，實施火力壓制，掩護地面部隊的進攻。

自20世紀60年代以來，支援連已經裝備了肩扛式防空導彈。早期的防空導彈，像美國的“蝮蛇”和蘇聯的SA-7的射程近，性能差，只具有跟蹤航向攻擊的能力。美國的“毒刺”導彈的各項指標較爲優秀，事實證明它的攻擊能力相當強大，可有效對付直升機和低空飛行的攻擊機。

有幾種地面武器已經成功地擔負起防空重任。阿富汗穆斯林遊擊隊使用RPG-7反坦克火箭彈，從高山的一側，利用多發齊射，曾成功地擊落蘇聯的直升機。

在20世紀，支援武器把步兵營的火力發揮到了極致。有了這些支援武器，步兵營既能打擊敵人的裝甲車輛和飛機，有效地保衛自己，又能一路斬將奪隘，奮勇向前。他們使用步兵營的火炮（迫擊炮和榴彈發射器）、機關槍、“碉堡/掩體炸彈”（反坦克武器或專門的火箭發射器），給予敵人/據點以毀滅性的打擊。這些武器的不足之處是，在缺少車輛運輸的情況下，意味着不得不依靠士兵們手拉肩扛。雖然自羅馬時代以來，軍事技術已經發生了天翻地覆的變化，但是，和兩千年前相比，平均每個士兵的負重能力卻沒有什麼進步。

上圖：在第二次世界大戰中，一名美國士兵背着7.62毫米M1卡賓槍，肩扛火箭筒，正在瞄準德國的步兵據點

摧毀碉堡和掩體的武器

用鋼筋水泥或木材和泥土精心構築的永久性防禦陣地，能夠提高自然防禦態勢。有了這些陣地，即使不能完全擊潰機動狀態中的敵人，也能將敵人的攻勢控制在適當範圍內，並且有時還能將敵人的攻擊部隊引到預定的炮擊區和密佈地雷的雷區。如此一來，各國軍隊都必須擁有能有效摧毀敵人碉堡/掩體的能力。在第二次世界大戰期間，這一任務開始時是由火炮和坦克火力負責的，摧毀碉堡和掩體的最佳狀態就是這些碉堡和掩體處於火炮和坦克的直射範圍內，而且在戰鬥技術人員的努力下，又發明了諸如爆破筒和炸藥包之類的武器。後來，摧毀碉堡和掩體的武器又增加了新的生力軍——火焰噴射器、反坦克火箭筒和特製的作戰工程車。這種特製的工程車裝載一個巨型炸藥包，在工程車後退之前，把炸藥包放置在目標上，並引爆炸藥包。這些戰術目前仍然有效，但是，最初由無後坐力步槍實施的任務，目前已經由裝有空心穿甲彈頭的反坦克導彈實施了。

上圖：如歐洲“霍特”（HOT）之類的導彈系統，不僅可以有效地打擊重型坦克，而且還可以在遠距離的射程內摧毀敵人的據點、碉堡和掩體

左圖：在第二次世界大戰期間，要想摧毀敵人精心準備的防禦陣地，進攻中的士兵常常肩負着複雜和危險的任務。火焰噴射器就是他們最常用的武器之一。火焰噴射器能夠摧毀敵人用水泥築成的碉堡和掩體

輕型反坦克火箭筒（綽號 "鐵拳"）

1941年，當蘇聯優秀的坦克出現在德軍面前時，令德軍驚恐不已，德軍的反坦克武器只有在近距離平射的狀態下，才能將其擊毀。從此，各國競相開始研製步兵反坦克武器，生產出各種大口徑的火炮，但是這些火炮體積太大，需要大量人員和車輛才能牽引得動。1941年6月，德軍首次在格羅德諾附近遇到蘇聯的T34坦克，並且發現這種坦克要遠遠優於他們自己的PzKpfw IV坦克。當時德國依賴反坦克步槍和小口徑火炮（德軍常常在攻擊中使用，而英國的戰術卻與此相反，英國人只在防禦時才使用反坦克火炮），令德國人畏懼的是他們發現對付T34坦克的唯一有效武器是口徑為88毫米的高射炮。1941年底，蘇聯的一輛KV-1坦克掩藏在一座橋樑附近的掩體內，將德軍的一個整編師整整阻擋了兩個小時，直到德軍調來一門高射炮才將其擊毀；即使如此，發射了7發炮彈，而真正穿透坦克的僅有兩發。在缺少高射炮的情況下，對付T34坦克的標準防禦方法只能靠士兵衝向坦克，把 "泰勒" 手雷塞到坦克的履帶下或坦克的炮塔下面。

德國的反應

德國對T34坦克的強烈反應是生產出了輕型反坦克火箭筒（綽號為 "鐵拳"）。這種分離式火箭筒可以發射一種威力巨大的小型炸彈。這種武器有效地阻擋了T34坦克的進攻。但它的作用並不僅限於對付T34坦克，在諾曼底登陸日之後，所有的德國 "國民自衛隊" 在沒有其他裝備的情況下，用事實證明瞭 "鐵拳" 的威力，1945年3月29日，在盟軍攻勢最凌厲的一天，德國 "國民自衛隊" 的一個小分隊使用 "鐵拳" 火箭筒擋住了英國皇家第一坦克團的一個中隊的攻擊！

聚能效應

研製 "鐵拳" 火箭筒的計劃是由雨果·施內德爾AG公司的蘭吉特博士倡議發起的。他提議研製一種能夠發射新式炸彈或射彈的系統，這種炸彈或射彈能夠有效地對付重裝甲坦克。這種炸彈利用了門羅效應，生產出來的高爆炸彈帶有錐形的空心彈頭，彈頭底端由黃銅包裹，向前突出，這樣當彈頭在距離裝甲鋼板最恰當的距離爆炸時，爆炸力繼續向前；同時，一股細小、集中的融化金屬和超高溫的氣體以每秒鐘6000米的速度直撲向裝甲鋼板。在擊中坦克時，這股熱流能夠擊穿裝甲，超高溫氣體和融化金屬進入到坦克內部，從而引起坦克內部的彈藥爆炸。一般情況下，坦克內的乘員很難倖免於難，問題的難點是炸彈如何投送。火炮的炮彈速度太快，威力太大，無法達到最恰當的距離，這種炮彈要麼從坦克上反彈出去，要麼是在坦克前面爆炸，卻不能穿透裝甲。雖然誤差常以毫米計算，但這已經足以讓彈頭失去效力。蘭吉特博士的方法是使用一種一次性火箭發射器。這種武器由大眾·沃克公司製造。到1943年時，該公司每月能夠生產200000枚這種炸彈。

左圖：納粹德國組建了 "國民自衛隊"，妄圖阻擋盟軍的前進。以前那些被認為不適宜於到前線參加戰鬥的人員裝備了 "鐵拳" 火箭筒之後，幾乎沒有經過訓練就被趕到了前線參加戰鬥

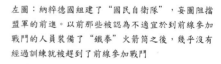

規格說明

"鐵拳30" 輕型火箭筒

射程：30米

重量：1.475千克（全重）；0.68千克（射彈）

射彈直徑：100毫米

初速：30米／秒

穿甲能力：140毫米

"鐵拳30" 火箭筒

射程：60米

重量：6.8千克（全重）；3千克（射彈）

射彈直徑：150毫米

初速：45米／秒

穿甲能力：200毫米

最初，這種武器被稱作"噴氣式空心裝藥反坦克榴彈"。按照設計，這種武器在發射時要以直角瞄準坦克的裝甲。但是，後來發現這樣瞄準相當困難，除非離T34很近才能瞄準。這就是德國研製的第一代"鐵拳"輕型反坦克火箭筒。

這種武器被正式命名爲"鐵拳"30輕型火箭筒。它是一根76.2釐米長的管子，發射的炸彈重1.5千克，發射速度爲每秒30米，有效射程爲30米；炸彈直徑爲100毫米，爆炸的彈藥能以30度角穿透140毫米的裝甲。

這種炸彈的助推力來自管底部的彈藥，後來的火箭彈就是根據它而研製的。"鐵拳"30輕型火箭筒後來被"鐵拳"60和"鐵拳"100火箭筒（數字代表它的有效射程）代替。它們發射的炸彈重3千克，射速分別爲每秒鐘45和62米。每發炸彈能夠以30度角穿透200毫米的裝甲。

上圖：從裝有更複雜的瞄準設置中可以看出這是一支"鐵拳"60型火箭筒。它發射的炸彈重3千克，彈頭能夠穿透200毫米厚的裝甲

上圖：德軍大範圍投入使用的第一種"鐵拳"火箭筒被稱爲"鐵拳"30火箭筒。數字30代表了它的有效射程是30米。據德軍宣稱，這種武器的最後一種（"鐵拳"100火箭筒）的有效射程增加到了100米

"鐵拳" 火箭筒

　　"鐵拳" 火箭筒是蘇聯紅軍和盟軍坦克的剋星。在第二次世界大戰末期，事實證明在歐洲戰區它是一種非常重要的武器。希特勒的 "國民自衛隊" 在柏林戰役中，使用這種武器取得了重大戰果。從這種武器的圖解中可以看出，它的最重要的特點是作戰中操作極其簡單。

右圖："鐵拳" 30火箭筒的瞄準具非常簡單，呈葉片狀，裝有扳機設置。射手稍抬高火箭筒，使用瞄準具和炸彈上的標記配合就能瞄準坦克。炸彈發射後，有多個折疊式垂直尾翼可以使炸彈在飛行中保持穩定狀態

上圖：到1944年6月時，德國的所有前線部隊大量裝備了 "鐵拳" 火箭筒。這名倒斃的德軍士兵在1944年7月30日的諾曼底登陸戰役中被盟軍擊斃。他身邊就是 "鐵拳" 30火箭筒

上圖：在1943—1945年期間，"鐵拳" 火箭筒確實適合德軍的防禦戰術。盟軍坦克乘員非常害怕這種武器。德國生產了大量 "鐵拳" 火箭筒。如果在適當的距離內瞄準，那麼每名德軍士兵至少能擊毀一輛盟軍坦克

"鐵拳" 火箭筒的使用說明（圖解）

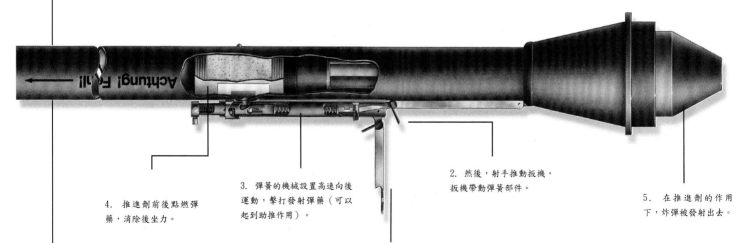

4. 推進劑前後點燃彈藥，消除後坐力。

3. 彈簧的機械設置高速向後運動，擊打發射彈藥（可以起到助推作用）。

2. 然後，射手推動扳機，扳機帶動彈簧部件。

5. 在推進劑的作用下，炸彈被發射出去。

1. 射手使用 "冒出" 式瞄準具瞄準目標。

重型反坦克火箭筒

在1943年1月，德軍在阻止盟軍挺進突尼斯時繳獲了美國的一些口徑爲60毫米的M1"巴祖卡"反坦克火箭筒，這些火箭筒被迅速送到德國，由作戰專家進行檢查和評估。他們非常欣賞這種武器，認爲這種武器結構簡單，造價低廉，非常適合德國軍隊。這樣德國馬上就生產出了自己的"巴祖卡"火箭筒。

德國火箭筒發射的火箭彈和"洋娃娃"反坦克火炮發射的火箭彈非常類似，但是經過改進，它使用了電點火發射裝置。最早的火箭筒被稱爲88毫米反坦克火箭筒43（通常簡稱爲88毫米 RPzB 43）。這種武器比一根兩頭開口的管子的結構複

雜不了多少，火箭彈從後尾裝進去，從前端發射出去。射手把瞄準具的光點放在肩部，裝上火箭彈後，在扣動扳機之前操作控制杆，給小型電機充電，它和火箭彈的電機有一根電線相連。使用簡單的瞄準系統就可以操作這種武器。

RPzB 43火箭筒立即獲得了成功。它發射的火箭彈比"巴祖卡"的火箭彈大。由於穿透裝甲的能力和彈頭的直徑大小有直接關係，再加上它使用空心裝藥的彈頭，熱流和融化金屬能夠從彈着點處穿透裝甲，進入坦克內部，所以這種火箭彈的穿甲能力更強大。但它的射程有限，大約爲150米。它的另一大缺陷是，當火箭彈

離開"炮口"時，火箭彈的電機仍在燃燒，這意味着射手必須穿上防護服和口罩，以免燒傷。火箭彈的廢氣非常危險，射擊時可對射管後4米內的物體（人）造成傷害，並且這種廢氣還會帶起塵土和髒物，暴露射手所在的位置，迅速招致對手的打擊。所以，儘管這種火箭筒彈頭的穿甲能力較強，但射手一般都不太喜歡這種武器。

改進型號

經過對火箭筒的基本原理的進一步研究，德國又生產出了RPzB 54火箭筒。這種火箭筒有一個保護射手的盾牌，所

下圖：RPzB 54火箭筒是RPzB 43火箭筒的改進型。RPzB 43火箭筒的研製借鑒了美國"巴祖卡"火箭筒的設計原理，但它發射的火箭彈的口徑更大，並且它的彈頭威力更大，穿甲能力更強

規格説明

RPzB 43火箭筒

口徑：88毫米

長度：1638毫米

發射器重量：9.2千克

火箭彈重量：3.27千克（RPGr 4322榴彈）；

0.65千克（榴彈彈頭）

最大射程：150米

穿甲能力：210毫米

RPzB 54火箭筒

口徑：88毫米

長度：1638毫米（RPzB 54，帶盾牌）；

1333毫米（RPzB 54／1）

發射器重量：11千克（RPzB 54，帶盾牌）；

9.45千克（RPzB 54／1，帶盾牌）

火箭彈重量：3.25千克（RPGr 4992榴彈，榴彈彈頭重量不詳）

最大射程：200米

穿甲能力：160毫米

以射手不必再穿防護服。改進型被稱為RPzB54/1火箭筒。這種武器發射的火箭彈經過了進一步改進，它需要的發射管較短，射程為180米，和前者相比增加的幅度不大。RPzB 54和RPzB 54/1火箭筒取代了早期的RPzB 43火箭筒，剩餘的RPzB 43火箭筒則被送到二線部隊和預備役部隊中。

不久，德國陸軍開始大量裝備並使用RPzB 54和RPzB 54/1火箭筒，以至於在每條戰線上，盟軍都會遇到這種武器。RPzB54/1火箭筒能夠擊穿160毫米厚的坦克裝甲。這些火箭筒基本上都屬近距離武器，使用時需要精心操作才能發揮效能。

而且，要特別注意射擊時產生的向後衝擊力，這種衝擊力可能產生危險的後果。一般使用這種武器需要兩名士兵，一名士兵負責瞄準，另一名士兵負責裝彈和聯接發射器的電源線。要想成功擊毀坦克，需要悄悄接近坦克，在有效射程內瞄準坦克。只要瞄準了坦克，一般情況下，坦克必毀無疑。對付RPzB系列武器的辦法是增加防護，如在坦克外掛上沙袋，給坦克履帶加掛鏈子，或使用外掛式裝甲，並且還可以在坦克後緊跟特殊的步兵班，他們也可以對坦克提供保護。

RPzB系列武器有多種綽號，其中兩種被稱作"煙囪爐"和"坦克煞星"。

上圖：RPzB 54火箭筒使用了防護性盾牌，並且盾牌上有瞄準窗。當火箭彈從發射器的前端射出時，會向後產生一股強大的衝擊力，盾牌可有效地保護射手的臉部，以免被衝擊力燒傷

左圖：圖中為教科書中RPzB 54火箭筒的操作姿勢。它由兩名士兵負責。發射器後面受到很大的衝擊力。裝彈手先把火箭彈裝入發射器，然後連接上電源線

"巨人"爆破車

1940年，法國凱格里塞公司研製的一種小型爆破車沉到了塞納河裏，但是被德國人打撈了出來。德國人對這種小型機器進行檢查後，於1940年11月，德國政府和博格瓦德公司簽訂合同，要求該公司研製出一種能夠至少裝載50千克炸藥的小型全履帶式遙控車，在完全接近目標時引爆。德國計劃用這種名為"巨人"的武器由作戰工程兵從安全的地方遙控操縱，摧毀敵人的碉堡、掩體和據點，甚至坦克。

SdKfz 302型爆破車的兩側有四個較大的輪子，動能由兩個電機提供，每個電機裝兩節電池。它反映出德國人已經提高了裝有葉片式彈簧的小型車輪的應用標準。履帶兩側留有一定的向外突出的空間，每個空間可以安裝一節電池，這樣內部的大量空間就可以裝滿60千克炸藥。兩側的惰輪呈圓形，為固體結構，並且還有三個履帶返向滾輪。

首次投入生產

這種武器最初的生產型號為SdKfz 302E-Motor。一般都稱之為"巨人"67爆破車。在1942年4月至1944年1月期間，博格瓦德公司和尊達普公司共生產這類武器約2650件。這種武器用5毫米厚的鋼材製成，有兩個履帶輪。車後是一個圓鼓，內

裝指揮用的電線。電線爲三股線，其中兩股用於車輛控制，另一股用於引爆炸藥。

第一批SdKfz 302爆破車送到了德軍第600機械化先鋒營的第811—815裝甲先鋒連。使用這種武器的另一支部隊是德軍第627先鋒突擊旅。但是有兩種原因限制了這種武器的使用：一種原因是從戰術上講裝入的HE（烈性炸藥）彈藥量太少；另一個原因是它的造價過於昂貴。

費用昂貴

1944年1月，由於造價太高，所以SdKfz 302爆破車停止了生產，德國計劃製造一種更廉價、能力更強的爆破車。這種車內部有一個發動機，所以速度更快。1945年3月，在德國即將失敗之際，德軍仍有2527輛SdKfz 302沒有使用。

早在1942年11月，德國急需製造一種行程更遠、威力更大的武裝爆破車。尊達普公司和紮切茨公司研製出SdKfz 302的替代型——SdKfz 303 V-Motor爆破車。尊達普公司的產品被稱爲SdKfz 303a爆破車。紮切茨公司的產品被稱爲SdKfz 303b爆破車。在1943年4月至1944年9月，尊達普公司共生產SdKfz 303a爆破車4604輛，每輛可裝75千克炸藥。這種爆破車用10毫米厚的鋼板製成。使用有輻條的車輪，而不是固體的圓形車輪，並且每側只有兩個滾筒輪。其他區別還有外殼的頂部有一個突出的通風口，車輪內裝有彈簧臂和盤卷式彈簧。

作戰用途不廣泛

從1944年9月到戰爭結束時，紮切茨公司共生產SdKfz 303b爆破車325輛。它能裝載100千克炸藥，儘管和SdKfz 303a爆破車相比，它的重量大，速度快，體積也增大了一點。它的側部的突出空間裝有兩節電池、控制設置和空氣過濾器。彈藥裝在外殼的前面，發動機裝在中心位置。另外，後部還有一個容量爲6升的燃料箱和一個圓鼓，圓鼓內裝有650毫米的電線。

每輛SdKfz 303爆破車大約需要542千克鐵和10千克鋼。每輛SdKfz 303爆破車大約花費1000德國馬克，而每輛SdKfz 302爆破車大約需要3000德國馬克。即使如此，SdKfz 303爆破車也極不成功，所以使用的機會並不是太多。在1945年1月期間，德國仍有3797輛小型爆破車沒有使用。

規格說明

SdKfz 302爆破車

重量：370千克

規格：長1.5米；寬0.85米；高0.56米

動力裝置：兩個"博施"MM／RQL 2500／24 RL2電動機，每個電動機各有一個2.5kW（3.35馬力）電池

性能：最大速度10千米／小時；最大距離1500米（公路）；800米（土路）；0.6米（穿越塹壕）

載彈量：60千克烈性炸藥（HE）

SdKfz 303a 爆破車

重量：370千克

規格：長1.62米；寬0.84米；高0.6米

動力裝置：一個由尊達普公司生產的SZ7雙缸雙沖程汽油發動機，帶有一節9.3kW（12.5制動馬力）電池

性能：最大速度10千米／小時；最大距離12千米（公路）；6~8千米（土路）；穿越塹壕：不詳

載彈量：70千克烈性炸藥（HE）雪

上圖：一名德國作戰工程兵正在準備發射他的"巨人"SdKfz 302爆破車。這種爆破車使用電動設置，造價昂貴

上圖："巨人"爆破車雖然從理論上講非常吸引人，但從戰術上講，由於它的攻擊距離較近，載彈量也相對較少，所以作戰用途並不廣泛

反坦克手榴彈（輕型）

德國研製反坦克手榴彈（輕型）的主要目的是向德軍特殊的"坦克殺手"提供一種防區外單兵武器。這是一種專門的反坦克手榴彈，它帶有空心裝藥彈頭，能夠擊穿坦克裝甲，並且在擊中坦克時，能夠保證彈頭正對着坦克裝甲。這種手榴彈有一個鰭狀尾翼，能起到穩定和制導的作用。

反坦克手榴彈以一種特殊的方式投向目標。手榴彈彈頭的後面是一種帶有木柄的鋼棒，使用人員握緊木柄，在背後舉起，彈頭垂直向上；準備完畢後，手臂向前揮動，木柄脫離手掌。在榴彈向前飛行的過程中，四個帆布做成的鰭狀尾翼自動打開，這些鰭狀尾翼起到風向標的效果，能保證彈頭沿着正確的飛行方向前進，在擊中目標時發揮最佳作戰效果。但在實踐中，反坦克手榴彈在使用時並不那麼有效。從一開始，它的最大使用距離就受到

投擲者的個人力量和能力的限制，常常只有30米或不到30米，只有使用訓練彈反復練習才能保證投擲的準確性。

儘管存在這些缺陷，但是和其他德國近距離反坦克武器相比，一些德國反坦克士兵還是更喜愛反坦克手榴彈。這種武器相對較小，輕便，易於使用。它的彈頭重0.52千克，裝有旋風炸藥（RDX）和梯恩梯炸藥（TNT），而且使用空心裝藥的原理，因此威力較大，甚至能擊穿最厚的坦克裝甲。它的另一大優勢是使用者不用靠近坦克，更不需要把榴彈放在坦克上；另外，彈頭保險只有在飛行時才完全打開，所以使用者的安全得到了進一步保證。

儘管反坦克手榴彈獲得了成功，但是盟軍中沒有一個國家仿製這種武器。盟軍繳獲這種武器後，盟軍士兵有時也使用這種武器，尤其是蘇聯紅軍；但是美國人一直對它重視不夠，美國人剛看到它時，還

規格說明

反坦克手榴彈（輕型）

彈體直徑：114.3毫米

長度：533毫米（全長）；
　　　228.6毫米（彈體長）；
　　　279.4毫米（尾翼長）

重量：1.35千克；
　　　0.52千克（彈頭重）

以爲是一種大號飛鏢，差一點沒把它扔到一邊去。1945年後，這種原理被華約組織的一些成員國採用。在20世紀70年代，埃及成功仿製了這種武器，把它當成本國軍火工業取得的又一大成就。埃及人發現此類反坦克武器非常適合埃及步兵的反坦克戰術。據報道，埃及生產的這種武器能夠摧毀現代化的坦克。

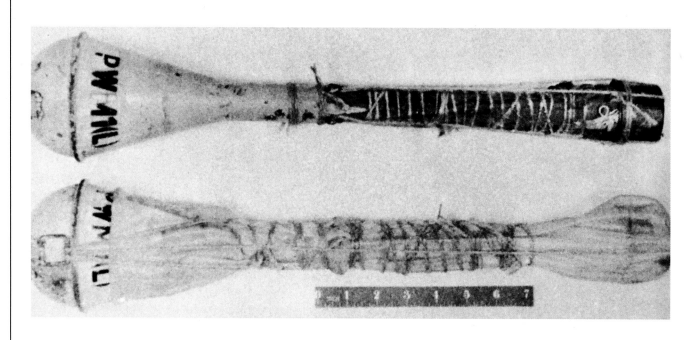

上圖：圖中為德軍使用的兩枚反坦克手榴彈（輕型）。和投擲柄相連接的尾翼起着穩定作用。這兩種反坦克武器不能隨便使用，它們需要經過反復訓練才能發揮最大效能，所以這兩種反坦克武器主要供德軍的"坦克殺手"使用。他們都經過專門訓練，只有在靠近坦克時，才會投擲這兩種反坦克武器

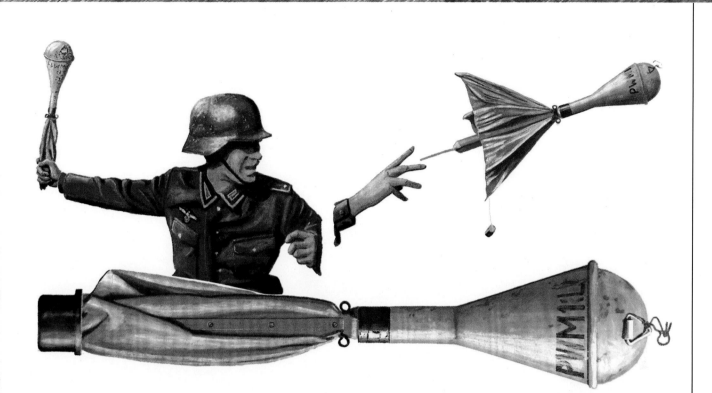

上圖："坦克殺手"更喜愛使用輕型反坦克手榴彈。雖然它是一種近距離武器，但是它的彈頭長114.3毫米，可以擊毀盟軍最重的坦克。圖中為投擲的標準姿勢，這樣可以保證裝有空心彈藥的彈頭正面向前

"洋娃娃"火箭筒

　　德國發現大炮並不是發射空心裝藥彈頭、擊毀裝甲目標最有效的工具後（空心裝藥彈頭如果運動速度太快，就難以發揮最大威力），開始把火箭看做是一種發射系統，隨後生產出一種小型的88毫米火箭，這種火箭攜帶的空心裝藥彈頭，可以擊穿盟軍的任何一種坦克的裝甲。

　　德國的設計人員當時顯然不知道火箭筒究竟應該是什麼樣子。最後他們生產出了一種可以發射火箭的小型火炮。這種設備的名字叫"洋娃娃"，或者更正式一些的名字叫反坦克炮43。從外形上看，它和一門小型火炮沒什麼區別。它裝有一個盾牌，發射器裝在輪子上可以移動；進入陣地後，可以把輪子拆卸下來，把發射器的位置降低一些，靠在搖杆上。然後裝上

火箭，使用常規的閉鎖裝置。"洋娃娃"和火炮的區別是它沒有安裝後坐力機械設置。發射時產生的後坐力被一個大車架吸收。瞄準員使用一個雙柄把手，控制發射管的方向，沿炮管方向進行瞄準。

　　"洋娃娃"火箭筒於1943年投入生產並裝備部隊。雖然它的最大射程約為700米，但打擊坦克的有效射程大約在230米左右。它的瞄準系統相當簡單，並且火箭的飛行時間能夠以秒計算。每分鐘大約能發射10枚火箭。"洋娃娃"火箭筒的其他特點是能夠拆卸成7個模塊，打包裝運，而且冬天可以裝在雪橇上運送。它的盾牌上甚至印有說明書，供那些在戰場上未接受過訓練的士兵使用。

分階段退出

　　"洋娃娃"火箭筒沒有生產太長時間。它剛剛裝備德軍時，德國就在突尼斯繳獲了美國的"巴祖卡"火箭筒，德國技術人員檢查後發現，只需一根簡單的管子就能發射他們的88毫米火箭，根本不需要"洋娃娃"火箭筒這麼複雜的設置。

　　然後，德國就把生產的重心轉向了簡單的RPzB系列武器。那些已經製造和裝備部隊的"洋娃娃"火箭筒也沒浪費，德軍繼續使用它們直到戰爭結束。尤其是在意大利戰場，盟軍繳獲了不少這種武器，並且對它們進行了細緻檢查。

　　德國人似乎還想把改進後的"洋娃娃"火箭筒安裝在裝甲車上，但沒有成功。

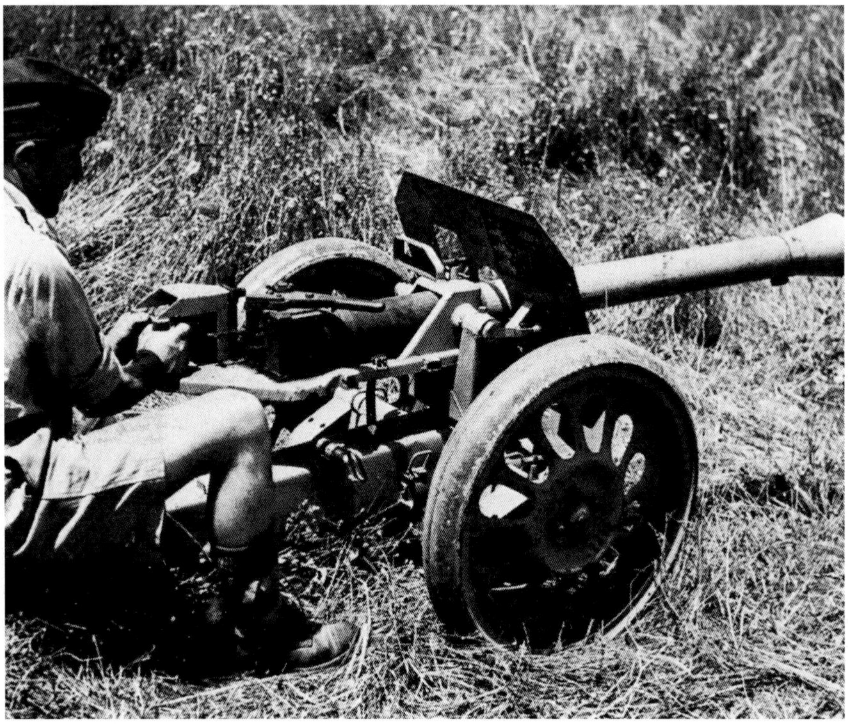

上圖：1943年，在突尼斯戰場，一名英國士兵演示從德軍手中繳獲而來的“洋娃娃”火箭筒。圖中顯示這種武器非常低矮。它的火箭筒沒有後坐力設置，使用的炮管比較簡單，但是和RP 43系列武器相比，結構卻要複雜一些，而且造價昂貴。降低這種武器的高度時要先卸去它的車輪

規格說明

“洋娃娃”火箭筒（反坦克炮）

口徑：88毫米

長度：2.87米（全長）；1.60米（炮管長）

重量：146千克（移動時）；100千克（發射時）；2.66千克（火箭）

射擊角度：－18°~＋50°

方向轉動角度：660度

射程：最大700米；有效射程230米

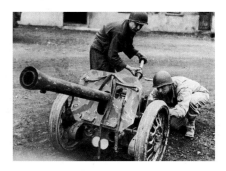

上圖：口徑為88 毫米的火箭筒（或稱“洋娃娃”反坦克炮）。圖中為美軍士兵正在檢查這種武器。1943 年，它剛裝備部隊不久就被RP43 系列武器取代。RP43 系列反坦克火箭筒發射的火箭彈和“洋娃娃”發射的火箭彈非常相似。和“洋娃娃”相比，RP43 系列武器造價低，生產速度快

反坦克火箭筒

1943年，德軍在突尼斯繳獲了美國的口徑爲60毫米的M1“巴祖卡”火箭筒，德國的技術人員馬上對它進行了檢查，迅速肯定了它的優點，即結構簡單而且造價低廉。不久德國就生產出了同類型的武器。這種火箭筒發射的火箭和“洋娃娃”火箭筒發射的火箭非常相似，但是這種武器經過了改進，使用電動射擊。

德國的第一支火箭筒是口徑爲88毫米的反坦克火箭筒43（RPzB 43），結構極其簡單，除使用一根兩頭開口的管子外，其他實在沒有多少東西。射手把瞄準具的光點靠在肩部，然後操縱控制杆，給小型電機充電，隨後釋放扳機，這樣電源通過電線和火箭的電機相連接。再加上簡單的瞄準系統，就構成了整個武器的設置。

迅速成功

RPzB 43反坦克火箭筒立即獲得了成功。它發射較大口徑的火箭彈。反裝甲能力要優於美國的“巴祖卡”火箭筒。但是它的射程有限，大約爲150米。它的另一大缺陷是，當火箭彈離開“炮口”時，火箭彈的電機仍在燃燒，這意味着射手必須穿上防護服和面罩，以免燒傷。火箭彈的廢氣非常危險，射擊時可對射管後4米內的物體（人員）造成傷害，並且這種廢氣還會帶起塵土和髒物，暴露出射手所在的位置。這一缺陷真讓RPzB 43的使用人員討厭至極。

經過進一步研製，德國人生產出了RPzB 54反坦克火箭筒。這種火箭筒有一個保護射手的盾牌，所以射手不必再穿防

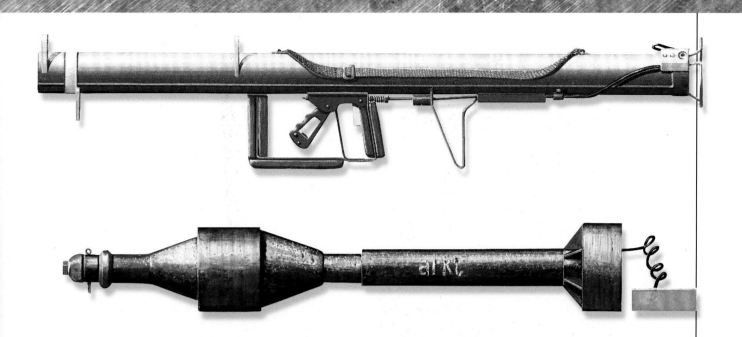

上圖：德國的RP 43火箭筒借鑒了美國"巴祖卡"火箭筒的原理，但它使用的是大口徑的88毫米火箭彈。RP 43火箭筒有時被稱為重型反坦克火箭筒，它的射程是150米，能夠擊毀盟軍所有類型的坦克

上圖：1944年7月，英國士兵正在檢查他們在諾曼底戰役中繳獲的一支RPzB 54火箭筒。圖中能看到它的盾牌和射擊時使用的電機控制杆，位於發射管的下面，看起來像一個較大的扳機。RPzB 54/1和RPzB 54相比，結構基本相同，但RPzB 54/1的發射管較短

護服。後來，德國人又生產出了它的改進型——RPzB 54/1反坦克火箭筒。雖然它的發射管較短，但是射程卻達到了180米。RPzB 54和RPzB 54/1反坦克火箭筒取代了早期的RPzB 43反坦克火箭筒，剩餘的RPzB 43反坦克火箭筒都被送到了二線部隊和預備役部隊的中。

軍中利器

這些反坦克武器馬上被分發到德軍手中。後來的火箭彈能夠擊穿160毫米厚的裝甲。不過，它們都屬近距離武器，這意味着射手必須悄悄地接近目標。通常情況下，這種武器需要兩名士兵操作，一名士兵負責瞄準和射擊；另一名士兵負責裝彈

和聯接電源。RPzB系列武器有多種綽號，其中有"煙囪爐""坦克煞星"等。

規格説明
RPzB 43反坦克火箭筒
口徑：88毫米
長度：1.638米
重量：9.2千克（發射器）；3.27千克（火箭彈）；0.65千克（彈頭）
射程：最大射程150米

規格説明
RPzB 54反坦克火箭筒
口徑：88毫米
長度：1.638米
重量：11千克（發射器）；3.25千克（火箭彈）
射程：最大射程150米
射速：4-5發火箭彈/分鐘

反坦克步槍

蘇聯紅軍在第二次世界大戰期間使用兩種反坦克步槍。這兩種步槍非常容易辨認，它們都比較長，使用14.5毫米子彈。當其他國家開始使用反坦克步槍的時候，蘇聯並沒有意識到反坦克步槍的重要性；而在其他國家開始放棄反坦克步槍，轉而使用其他武器的時候，蘇聯人才開始使用這種武器。雖然如此，我們不得不承認，和當時其他類型的反坦克步槍相比，蘇聯的反坦克步槍毫不遜色。

蘇軍使用的第一種反坦克步槍是PTRD 1941（或稱PTRD-41）步槍。這種步槍是由德格特雅羅夫設計局研製的。這種步槍在1941年6月投入生產時，正好趕上德軍入侵蘇聯。這種步槍特別長，槍管幾乎占了整個槍的長度。它的後膛為半自動設置。在500米的射程內，它的鋼/鎢芯子彈能夠穿透25毫米的裝甲。它安裝了一個較大的槍口制動器和雙腳架。

蘇軍使用的另一種反坦克步槍是西蒙諾夫設計局研製的PTRS 1941（或稱PTRS-41）步槍。和PTRD-41步槍相比，PTRS-41步槍要重一些，結構也更為複雜。但兩者在外表上完全一樣。PTRS-41步槍的主要變化是使用了氣動操作系統和可裝5發子

彈的彈匣，和簡單輕便的PTRD-41步槍相比，更容易出現故障，其中有一個設計使PTRS-41步槍更加複雜，為了便於攜帶，它的槍管更容易拆卸。

這兩種步槍送到紅軍手中時，德國人已經加厚了他們的坦克裝甲，從而降低了這兩種步槍的反裝甲能力。儘管如此，直到1945年蘇聯紅軍還在使用這兩種步槍。紅軍發現這兩種步槍的用處極多：在對付如車輛之類的軟裝甲目標時，效果明顯；在逐屋爭奪的戰鬥中，雖然使用時不太方便，但威力強大；如果有機會，它們還能對付低空飛行的飛機。蘇聯紅軍的一些輕型裝甲車常常配備這兩種步槍。根據《租借法案》，從美國運到蘇聯的通用汽車上常常裝備這兩種步槍。

蘇聯紅軍並不是唯一使用這兩種步槍的國家，德國也使用這兩種步槍（從蘇聯紅軍中繳獲而來）。1943年，德國分別把PTRD-41和PTRS-41步槍命名為14.5毫米反坦克步槍783（r）和14.5毫米Pab 784（r）反坦克步槍。

德國陸軍使用的反坦克步槍主要有兩種，但德國人一直想研製出更多的反坦克步槍。德國的第一種反坦克步槍是口徑為

7.92毫米的38式反坦克步槍，這種步槍由萊茵金屬—波西格公司生產。它的設計比較複雜，並且造價昂貴。它的後膛有一個小型的滑動式閉鎖裝置。自動彈射器可以把空彈殼彈出槍外。德國陸軍大約訂購了1600支，雖然德軍保留了這種步槍，但這種步槍卻未能成為德國軍隊的標準武器。在戰爭的前幾年，這種步槍發射13毫米的低頸口子彈。這種子彈在100米的射程內，以60°角命中目標時，能夠穿透30毫米的裝甲。

德國的標準反坦克步槍是口徑為7.92毫米的39式反坦克步槍，由古斯特洛夫—沃克公司製造。這種步槍比38式反坦克步槍簡單，但兩者有相同的穿甲能力。儘管它也使用了滑動式閉鎖裝置，但是通過向下推壓手槍槍把來操作的。和早期的步槍一樣，它屬單發射擊武器。為了便於攜帶，它的槍托可以折疊。多餘的子彈可以裝在彈膛兩側的小盒內。

這兩種反坦克步槍使用相同的子彈。這種子彈開始時使用堅硬的鋼芯。在1939年，德國人繳獲了波蘭的馬羅斯科茲克反坦克步槍，檢查後發現波蘭的步槍子彈使用了鎢芯，穿甲能力更強。德國人利用這

種原理改進了自己的反坦克步槍，提高了它們的作戰性能。由於坦克裝甲厚度的增加，德國過去的步槍已經過時。

為了取代Pzb 39反坦克步槍，德國研製了多種類型的反坦克步槍，數量之多令人吃驚。儘管幾家製造商生產出了多種樣槍，所有樣槍的口徑都是7.92毫米，但沒有一種通過試驗。德國甚至還制訂了研製反坦克機槍——MG141的計劃，但同樣也沒有成功。

德軍使用的另一種反坦克步槍是瑞士生產的產品。這種步槍的名字是7.92毫米M SS 41，是由索洛圖恩武器製造公司按照德國的說明生產的，但是，顯然製造或交付的數量不多（有些在北非戰場上使用過）。索洛圖恩公司還製造出一種更精確的武器——口徑為20毫米的Pab 785（s）反坦克炮，是一種反坦克加農炮。它體積龐大，需要兩輪支架牽引。德國訂購這種武器的數量很有限，其他則出售給了意大利。在意大利，它被命名為"福西爾"反坦克炮。它屬自動武器，使用可裝5發或10發炮彈的彈匣，有時也有人稱它為s18-1100；荷蘭在1939—1940年也使用過這種武器，荷蘭人稱之為tp 181110。

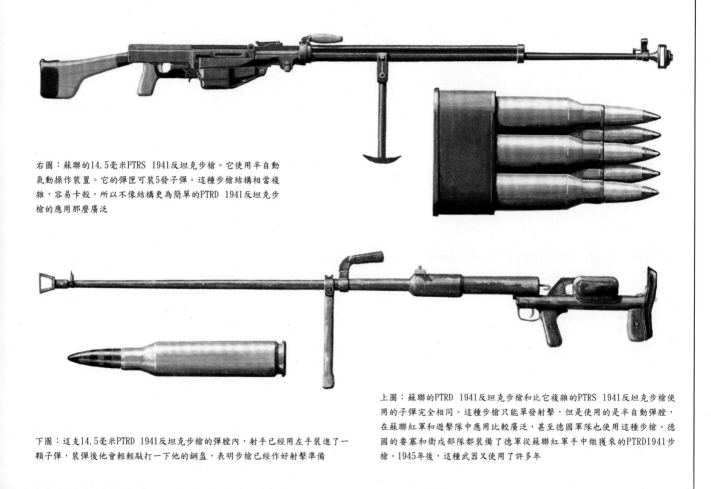

右圖：蘇聯的14.5毫米PTRS 1941反坦克步槍。它使用半自動氣動操作裝置。它的彈匣可裝5發子彈。這種步槍結構相當複雜，容易卡殼，所以不像結構更為簡單的PTRD 1941反坦克步槍的應用那麼廣泛

下圖：這支14.5毫米PTRD 1941反坦克步槍的彈膛內，射手已經用左手裝進了一顆子彈，裝彈後他會輕輕敲打一下他的鋼盔，表明步槍已經作好射擊準備

上圖：蘇聯的PTRD 1941反坦克步槍和比它複雜的PTRS 1941反坦克步槍使用的子彈完全相同。這種步槍只能單發射擊，但是使用的是半自動彈膛，在蘇聯紅軍和遊擊隊中應用比較廣泛，甚至德國軍隊也使用這種步槍。德國的要塞和衛戍部隊都裝備了德軍從蘇聯紅軍手中繳獲來的PTRD1941步槍。1945年後，這種武器又使用了許多年

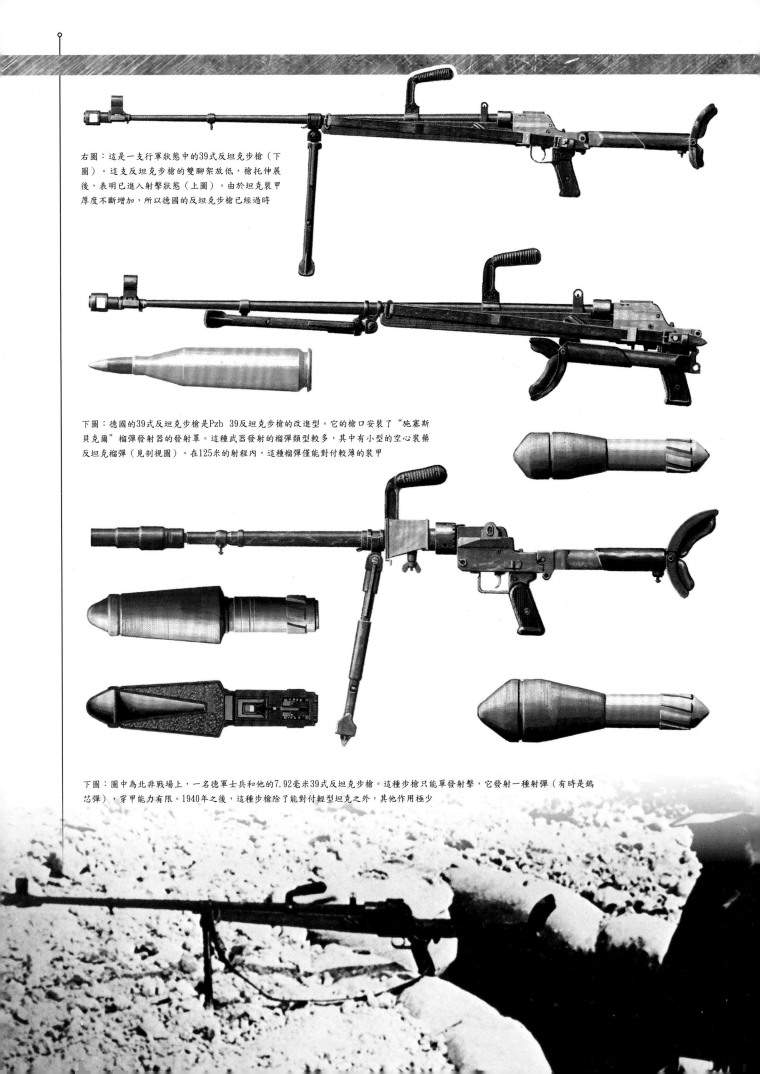

右圖：這是一支行軍狀態中的39式反坦克步槍（下圖）。這支反坦克槍的雙腳架放低，槍托伸展後，表明已進入射擊狀態（上圖）。由於坦克裝甲厚度不斷增加，所以德國的反坦克步槍已經過時

下圖：德國的39式反坦克步槍是Pzb 39反坦克步槍的改進型。它的槍口安裝了"施塞斯貝克爾"榴彈發射器的發射罩。這種武器發射的榴彈類型較多，其中有小型的空心裝藥反坦克榴彈（見剖視圖）。在125米的射程內，這種榴彈僅能對付較薄的裝甲

下圖：圖中為北非戰場上，一名德軍士兵和他的7.92毫米39式反坦克步槍。這種步槍只能單發射擊，它發射一種射彈（有時是鎢芯彈），穿甲能力有限。1940年之後，這種步槍除了能對付輕型坦克之外，其他作用極少

簡易反坦克武器

"莫洛托夫雞尾酒"燃燒彈易於製造，便於使用。最早使用於1936—1939年期間的西班牙內戰，當時西班牙共和國的軍隊使用這種武器對付叛亂的佛朗哥軍隊的坦克。

這種武器的基本結構是簡單地使用一個裝有汽油（或其他類似的可燃物）的玻璃瓶，瓶口包裹有用油浸過的布條或其他類似物。在瓶子被扔向目標前，立即點燃這根布條，當它擊中目標時，瓶子破裂點燃瓶內的可燃物。這種武器極其簡單，便於使用，但缺陷是效果太差，而且人們還發現單用汽油對付坦克效果極差，因為即使汽油在坦克上燃燒，也容易從坦克側部流下去。為了產生一種混合的黏合物，汽油內必須添加有更高濃度的如柴油、石油或其他橡膠之類的易燃物質。

含磷榴彈

含磷榴彈可以彌補汽油彈的不足。有幾個國家使用過這種武器。這種武器是作為發煙的槍榴彈而設計的。白磷是一種和空氣接觸後就會自動燃燒的物質。在反步兵和反裝甲作戰時，含磷榴彈是一種非常有用的武器。這些榴彈有多種類型，但典型的是英國的No.76磷自燃榴彈。玻璃瓶內裝有磷、水和汽油的混合物，主要當作反坦克武器使用，既可以用手投擲，也可以使用發射器發射。它有一塊發煙的橡皮，可以逐漸溶解裏面的混合物，使之變黏變稠，更好地"黏貼"在目標上。每枚No.76榴彈大約重0.535千克。

"博伊茲"反坦克步槍

"博伊茲"13.97毫米Mk 1反坦克步槍最初的名字叫"支柱槍"。它是作為英國陸軍的標準反坦克步槍而設計的。這種武器在20世紀30年代末期首次裝備部隊，但到1942年時，這種步槍已經落伍了。

"博伊茲"反坦克步槍的口徑為13.97毫米，發射的子彈威力較大。在300米的射程內，彈頭能夠穿透21毫米的裝甲。同樣，這種子彈產生的後坐力也比較大。為了減少後坐力，它的細長槍管上安裝了槍口制動器。它使用頭頂式彈匣，可以裝5發子彈，從槍栓擊發裝置內供彈。"博伊茲"步槍又長又重，所以常常需要安裝在艦船、通用汽車或輕型裝甲車上，作為它

們的主要武器。

最初的"博伊茲"反坦克步槍使用了前置式獨腳支架，槍的托板處有一個手柄。敦刻爾克大撤退後，為了加快這種步槍的生產，英國對它的多處裝置進行了修改。其中包括，用布倫機槍的雙腳架替代了原來的獨腳形支架；新式的索洛圖恩槍口制動器替代了原來的圓形槍口制動器。新式制動器的邊緣部分鑽有多個洞孔。和原來的步槍相比，改進後的"博伊茲"步槍更易於生產。由於在1940年下半年時，人們認為"博伊茲"步槍的反裝甲能力有限，所以它在軍中的時間並不太長。但是，在1941—1942年北非戰役期間，人們發現它是一種非常出色的反步兵武器，在北非，用它打擊隱藏在岩石後及岩石附近的敵人時，它所擊碎的岩石碎片對敵人造成了較大傷害。在1942年初進行的菲律賓戰役期間，"博伊茲"在美國海軍陸戰隊中也發揮了較大作用。美國士兵使用這種步槍非常有效地打擊隱藏在掩體內的日軍。另外，德國人也曾使用過這種武器。敦刻爾克戰役後，德國把他們從盟軍手中繳獲的這種武器命名為13.9毫米 782（e）

上圖：這名法國軍官可能受到了"博伊茲"反坦克步槍後坐力的撞擊。1940年，法國陸軍使用了許多由英國提供的"博伊茲"反坦克步槍；作為交換，法國向英國提供了許多口徑為25毫米的"哈奇開斯"反坦克加農炮。這名軍官使用的是最初的Mk 1反坦克步槍。這種步槍使用獨腿支架

上圖："莫洛托夫雞尾酒"是一種國際性的反坦克武器。圖中所示從左向右：蘇聯的"莫洛托夫雞尾酒"（第二個是蘇聯紅軍使用的"標準"型），英國（使用的是牛奶瓶）以及日本和芬蘭的。所有這些武器都使用了相同的原理：汽油混合物，汽油浸過的布條起到導火索的作用

反坦克步槍。

在1940年，英國曾經計劃生產"博伊茲"Mk 2步槍。這種步槍比"博伊茲"Mk 1步槍短，重量也較輕，主要供空降部隊使用，但是沒過多久，英國就終止了該計劃。

"諾斯歐瓦"發射器

敦刻爾克大撤退後，英國陸軍兩手空空，反坦克武器丟得一乾二淨。當時德國入侵迫在眉睫，英國急需易於生產的武器來裝備英國陸軍和新組建的地方防禦部隊（即後來的國土警衛隊）。"諾斯歐瓦"迫擊炮就是英國在匆忙中投入生產的一種武器，也有人稱之爲瓶式迫擊炮，後來命名爲"諾斯歐瓦"發射器。這種武器的結構極其簡單，只有一根鋼管，末端有一個簡單的彈膛。彈藥由老式的手榴彈和槍榴彈組成。助推力來自位於槍口處的一發小型黑火藥子彈；後來發射的是No.76含磷榴彈（這就是瓶式迫擊炮的來歷）。它的後坐力沒有進行過評估。它的瞄準具比較簡單，但在90米的射程內相當精確。它的最大射程大約是275米。

1940年以後有一段時間，"諾斯歐瓦"發射器成爲英國國土警衛隊的標準武器，並且許多陸軍部隊也曾使用。在實際應用中，"諾斯歐瓦"和它發射的子彈所起的作用差不了多少，因爲這些手榴彈和

榴彈不僅陳舊而且極其簡單，所以它們的反裝甲能力實在令人不敢恭維。使用白磷的榴彈無疑效果要好多了，但發射人員不喜歡這種武器，其中的道理非常簡單，射擊時，這種玻璃瓶常常在槍管內就破裂了。一般情況下，發射組由兩名士兵組成，有時也會增加一名（負責彈藥和指示目標）。國土警衛隊的許多部隊在當地進行了改進，改進後的"諾斯歐瓦"發射器更易於移動。

這種發射器使用的四條腿車架（正規的）的操作相當複雜。爲了簡化操作程序，1941年，英國生產出了較輕的"諾斯歐瓦"Mk 2發射器。但相對來說，生產的數量較少。

規格説明

"諾斯歐瓦"發射器

口徑：63.5毫米

重量：發射器重27.2千克；支架重33.6千克

射程：有效射程90米；最大射程275米

"博伊茲"反坦克步槍Mk 1

口徑：13.97毫米

全長：1625毫米

槍管長：914毫米

重量：16.33千克

子彈初速：991米／秒

穿甲能力：在300米的射程內能擊穿21毫米的裝甲

上圖：一名軍械人員正在修理"博伊茲"Mk 1反坦克步槍。這種步槍很容易辨認，它使用獨腿支架和圓形槍口制動器。1941年之後，這種步槍就極少使用了。因為它只能擊穿最薄的裝甲，並且不便於攜帶，射擊時後坐力較大。士兵們視之為一種令人恐懼的武器

上圖：1940年，英國軍隊在接受如何使用"莫洛托夫雞尾酒"的訓練。英國陸軍把這種武器稱為"瓶子炸彈"，甚至還建立了這種武器的生產線。這種瓶子炸彈內通常裝有汽油和白磷

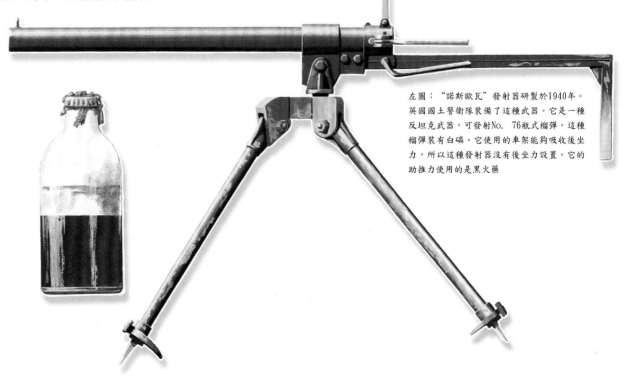

左圖："諾斯歐瓦"發射器研製於1940年。英國國土警衛隊裝備了這種武器。它是一種反坦克武器，可發射No. 76瓶式榴彈。這種榴彈裝有白磷。它使用的車架能夠吸收後坐力，所以這種發射器沒有後坐力設置。它的助推力使用的是黑火藥

反坦克榴彈

英國陸軍使用的反裝甲手榴彈有三種類型。第一種是No. 73反坦克手榴彈。由於外形和體積像個大熱水瓶，所以被稱為"熱水瓶"炸彈。它純屬於衝擊力武器，對裝甲沒有什麼效果，所以主要用於爆破。在第二次世界大戰的前幾年時間裏，使用最多的還是No. 74（ST）反坦克手榴彈。這種"黏性"炸彈，外層塗有黏合劑，擊中坦克後就能黏在坦克上，黏貼面一般有兩個半彈殼那麼大，在扔出去之前被撕下。

這種武器很不受歡迎，因為它的黏性物質碰到什麼都會黏貼在一起，甚至在扔出去之前就黏貼住了，所以士兵們盡可能不使用這種武器。

英國最優秀的反坦克手榴彈是No. 75反坦克手榴彈，又稱"霍金斯"手榴彈。這種手榴彈既可以用手投擲，也可以當作地雷埋在地下，炸毀坦克的履帶。它有一個碾壓式導火索。這種手榴彈重1.02千克，其中一半都是爆炸物。這種手榴彈常成串地使用，效果最佳。德國人在敦刻爾克戰役之前繳獲了這種武器，後來在修築"大西洋壁壘"時當作地雷使用。德國人稱之為429/1（e）反坦克地雷。

No. 68反坦克槍榴彈是一種使用No. 1Mk III步槍發射的榴彈。這種步槍的槍口安裝有一個可發射榴彈的榴彈罩。在1941年後，這種槍榴彈除了對付特別薄的裝甲之外，實在沒有什麼用處，所以很快就退出了軍隊。這種榴彈重0.79千克，也可以使用"諾斯歐瓦"發射器發射。

美國的榴彈

美國使用的類似於No.68的榴彈是M9A1反坦克槍榴彈。這種榴彈和英國的榴彈相比成功多了，用安裝在"伽蘭德"M1步槍上的M7發射器和安裝在M1卡賓槍上的M8發射器都可以發射。M9A1重0.59千克，彈頭重0.113千克，彈頭前面的薄鋼環有一個觸發引信。這種榴彈對付坦克的作用有限，但是在軍中一直使用了很長時間，因為它在對付碉堡之類的目標時效果極為顯着。為了保持飛行的穩定性，它有一個環形尾翼。

蘇聯的榴彈

和反坦克步槍一樣，蘇聯人一開始也忽視了反坦克榴彈的作用。在1940年，蘇聯不得不緊急生產這種武器。第一種榴彈被命名為RPG 1940。這種榴彈和短小的黏貼性榴彈非常類似，主要依賴於炸藥的衝擊力。但不太成功，很快被別的榴彈所取代。同時期的VPGS 1940是一種槍榴彈。

在射擊之前，需要在步槍的槍管上安裝一個長杆。這種榴彈也沒有獲得成功。蘇聯最好的戰時反坦克榴彈是1943年生產的RPG 1943。這是一種用手投擲的武器，在某種程度上是德國反坦克手榴彈的仿製品，但是它使用了尾翼設置，尾翼處有兩條帆布帶，有助於裝有空心裝藥的彈頭瞄準目標。RPG 1943重1.247千克，投擲時有點困難，但由於裝藥多，所以效果甚佳。1945年後，蘇聯軍隊還在使用這種榴彈。

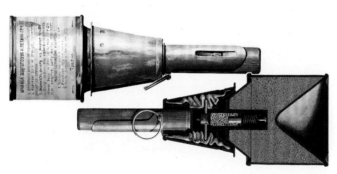

上圖：蘇聯製造的RPG 1943榴彈類似於德國的反坦克手榴彈。榴彈的尾翼有保持榴彈穩定飛行的帆布條，從而能保證空心裝藥的彈頭擊中坦克。榴彈被拋出時保險銷自動卸除，然後尾翼從投擲柄中自動彈出

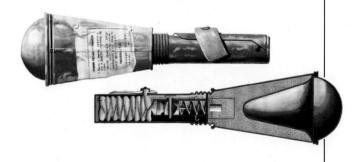

上圖：蘇聯的RPG-6榴彈是RPG 1943榴彈的戰後改進型。它的彈頭經過改進後，有四條帆布帶，可以穩定彈頭飛行。這種改進型的彈頭能爆炸出許多碎片，是較好的反步兵武器。1945年後，蘇聯軍隊仍在使用這種武器

上圖："伽蘭德"M1步槍上的槍口裝置可以發射美國的M9A1反坦克槍榴彈，射程大約是100米。它使用的是空心裝藥彈頭，能夠穿透102毫米厚的裝甲。M1卡賓槍上的M8發射器也可以發射這種榴彈

步兵反坦克發射器（PIAT）

Mk 1步兵反坦克發射器（PIAT）是英國的一種反坦克武器。雖然它不太符合英國戰爭辦公室的武器生產程序，但它是由一個與眾不同的部門特許生產的。這個部門一般稱為"溫斯頓·丘吉爾的玩具店"。研製這種武器的目的是為了探索空心裝藥彈頭的穿甲效果。這種武器能發射一種極為有用的榴彈，這種榴彈幾乎能穿透當時所有類型的坦克裝甲，其性能和同時期美國的"巴祖卡"火箭筒和德國的"鐵拳"火箭筒不相上下。

然而，步兵反坦克發射器發射榴彈使用的是壓縮彈簧而不是化學能量。它使用了管式迫擊炮的原理，使用槽軌發射方法，在一個中心栓的作用下，榴彈開始移動，然後從裸露的彈槽中彈出。推壓扳機，功率強大的主彈簧開始運行，在彈簧力量的作用下，中心栓從彈槽中撞擊榴彈的助推火藥，在火藥助推力的作用下，榴彈被射出彈槽。同時，助推火藥的反作用力撞擊主彈簧，從而把第二顆榴彈裝入彈槽。

多用途武器

步兵反坦克發射器主要是作為反坦克武器研製的，但是它也能發射高爆炸藥（HE）和煙幕彈，所以和同時期的反坦克武器相比，用途更為廣泛。由於它使用的前置式獨腿支架能夠伸展，在狹小的空間中，射擊角度容易控制，所以在逐屋爭奪和城市戰中用途較大。

步兵反坦克發射器取代"博伊茲"反坦克步槍後，成為英國步兵的標準反坦克武器，在整個英國軍隊和英聯邦軍隊中應用極為廣泛。然而，這樣並不能說明士兵們都喜愛這種武器，這種武器太大，需要兩人一組才能操縱。它不受歡迎的主要原因在於它的主彈簧。這種彈簧功率強大，一般兩個人才能推動。如果榴彈發射失敗，這種武器也就失去了作用，因為敵人就在附近，想再次發射，就會面臨極大的危險。英國所有的步兵部隊都使用這種武器，它是輕型裝甲車輛如輕型裝甲車的主要武器。汽車也可以使用這種武器，在多用途支架上安裝14個步兵反坦克發射器，其威力不亞於一個機動的迫擊炮連。

第二次世界大戰後，英國陸軍還在使用這種武器。雖然它是有效的坦克殺手，然而其他國家的設計人員並沒有使用它的發射原理。不過它確實有許多優點：能夠大批量地投入生產，而且相對來說造價低廉，尤其是在當時急需反坦克武器的情況下。

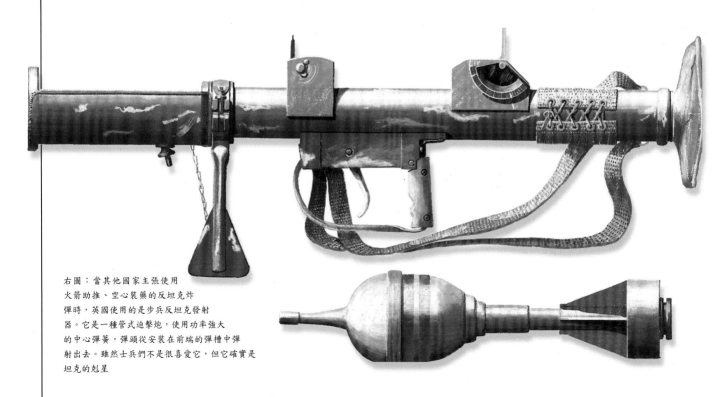

右圖：當其他國家主張使用火箭助推、空心裝藥的反坦克炸彈時，英國使用的是步兵反坦克發射器。它是一種管式迫擊炮，使用功率強大的中心彈簧，彈頭從安裝在前端的彈槽中彈射出去。雖然士兵們不是很喜愛它，但它確實是坦克的剋星

步兵反坦克發射器（PIAT）

長度：全長990毫米

重量：發射器重14.51千克；

榴彈重1.36千克

初速：76~137米／秒

射程：有效射程100米；

　　　最大射程340米

上圖：1941年之後，步兵反坦克發射器成為英國陸軍標準的反坦克武器，大多數作戰部隊和勤務部隊都使用這種武器。這種武器在裝彈時相當費勁，但是在近距離內能夠擊穿大多數坦克的裝甲，而且它還能發射高爆炸藥（HE）和煙幕彈

下圖：1944年7月，一輛英國坦克被擊中後，坦克乘員使用步兵反坦克發射器保護陣地，等待求援車的到來。他們是第13和第18輕騎兵團的士兵，地點位於法國北部的潘松山附近。注意No.4步槍附近就是步兵反坦克發射器

"巴祖卡"反坦克火箭筒

　　美國的"巴祖卡"火箭筒是第二次世界大戰中資歷最老的武器之一，它是在對基本的火箭原理進行研究之後研製出來的武器。從1933年，馬里蘭州的阿伯丁實驗場一直在研究火箭的基本原理。1942年年初，美國現役部隊才開始研製這種武器。1942年11月，盟軍發動代號為"火炬"的

軍事行動，在非洲西北部登陸。最早生產出來的"巴祖卡"火箭筒被直接送到北非戰場。然而，真正投入使用，對付納粹德國的坦克，是在1943年。

　　最早的"巴祖卡"火箭筒的全名是60毫米M1火箭發射器/火箭筒，能夠發射60毫米火箭彈的管式發射器是M6A3火箭

筒。它使用的靶彈被稱為M7A3。

　　"巴祖卡"火箭筒結構極為簡單。它只有一根兩頭開口的鋼管和發射火箭的助推火藥、一個肩襯墊或木製槍托，外加兩個可以用於炮管瞄準的手柄。它的後手柄上安裝了扳機設置。火箭裝入後，由電動發射。然而，並不是所有的助推火藥都能

在火箭離開發射管之前被消耗掉，而未消耗盡的火藥會衝向射手的臉部。爲了防止類似事情發生，炮口的後面裝了一個小型的圓鐵絲網罩。在戰鬥中，"巴祖卡"火箭筒能夠打擊射程在274米以內的目標。由於火箭在飛行中的精度不夠，所以一般都限定在90米的射程內。

改進型

"巴祖卡"M1火箭筒投入軍隊後不久就被和它類似的M1A1火箭筒取代。M1A1火箭筒比較受士兵的歡迎，能夠擊毀任何類型的坦克。正常情況下，由兩人組成的小組操作，一個負責瞄準，另一個負責裝火箭彈和連接電源導線。M1A1火箭筒具有多種功能，這意味着它在戰場上不僅能擔負反坦克的任務，而且還能夠擔負更多

任務，由於火箭彈使用的是空心裝彈彈頭，可以輕鬆地擊毀各種類型的碉堡，甚至可以把用鐵絲網構築的障礙物炸開一個大洞，還可以用來打擊區域目標，如能在595米的射程內攻擊停車場。有時還可以在雷場上開闢一條安全通道。

坦克殺手

在獵殺坦克的戰場上，"巴祖卡"火箭筒戰果輝煌，成效極爲顯着，以至於德國人在1943年初期，在突尼斯繳獲了M1火箭筒後，經過檢查，利用它的設計原理，設計出了他們自己的反坦克火箭筒系列武器。儘管德國人設計的反坦克武器的口徑較大，但美國人一直堅持用自己的60毫米口徑，直到戰爭結束也沒有改變。

到戰爭結束時，美國已經生產出一種

新式型號的M9火箭筒。它和M1火箭筒有較大的區別，可以拆卸爲兩部分，攜帶比較方便。在1945年之前，美國研製並使用了煙幕彈和燃燒彈，大多數都是在太平洋戰區使用。在戰爭即將結束之際，美國又生產出一種全鋁結構的M18火箭筒。

規格説明	
M1A1反坦克火箭筒	
口徑：	60毫米
長度：	1384毫米
重量：	發射器重6.01千克；
	火箭彈1.54千克
射程：	最大射程594米
初速：	82.3米/秒
穿甲能力：（零度角）119.4毫米	

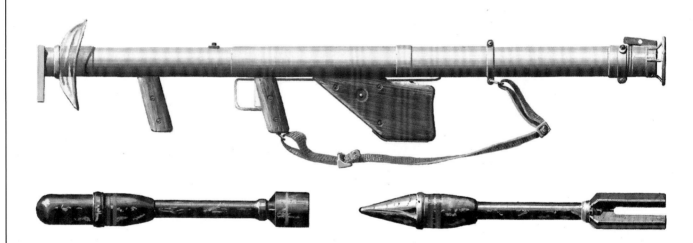

上圖：美國（60毫米）M1火箭筒是"巴祖卡"系列武器的第一種型號。德國利用它的設計原理生產出了自己的第一種RP火箭筒。M1火箭筒使用完整的炮管，不能折疊，並且早期的型號（如圖）的炮口周圍有一個鐵絲網狀的盾牌，可以保護射手免遭火箭筒衝擊力的傷害。

左圖：美國的"巴祖卡"火箭筒發射的火箭彈裝有鰭狀的穩定翼。火箭彈重1.53千克，最大射程640米，但只有在較近的距離內其精度才能得到保證

右圖：圖中左側就是最初的"巴祖卡"M1火箭筒，右側是M9火箭筒。M9火箭筒可以拆卸爲兩部分，利於裝在車內攜帶和儲存。到戰爭結束時，爲了減輕重量，M9火箭筒改爲全鋁結構，這就是新式的M18火箭筒

德國的火焰噴射器

德國人最早使用火焰噴射器的時間是1914年。當時德國人在阿戈訥地區的戰鬥中，為了對付法國人首次使用了這種武器；在1916年的凡爾登戰役中，德國人第一次大規模地使用火焰噴射器，而且這次交戰的對手還是法國人。這些早期的火焰噴射器體積太大，需要三個人才能操作。後來德國人又研製出了新的火焰噴射器。這種火焰噴射器的重量較輕，重35.8千克。

納粹擴張

在20世紀30年代，德國軍事力量迅速膨脹。德國在1918年生產的火焰噴射器的基礎上生產出新式的火焰噴射器——35型火焰噴射器，德國新組建的部隊都裝備了這種武器。從設計上看，35火焰噴射器和第一次世界大戰時的裝備沒有多大區別，這種武器直到1940年還在生產。

持續演化

從1941年開始，為了彌補35型火焰噴射器的不足，德國人又生產出一系列的火焰噴射器，最早的一種是40型火焰噴射器。這是一種較輕的類似於"救生衣"型的火焰噴射器，裝載的燃燒物較少。接著德國又研製出新的41型火焰噴射器，所以這種型號的火焰噴射器的生產數量較少。41型火焰噴射器重新使用了35型火焰噴射器的設置，裝有燃料和助推壓縮氣體的並列式燃料箱。直到戰爭結束，德軍一直使用這樣的火焰噴射器。1941—1942年冬季格外寒冷，當時德國的許多火焰噴射器的正常燃料點火系統都無法操作，於是德國進行了一次重要改進，用火藥點火設置取代了燃料點火系統。這種設置的性能更加可靠，在寒冷的天氣中也可以操作。這種型號被稱為安裝火藥信管的41型火焰噴射器。它和標準的41型

火焰噴射器從外觀上看完全一樣，重18.14千克，最大射程為32米。

單發武器

這些武器都能夠連續噴射。為了彌補它們的不足，德國還生產了一種古怪的型號，專門供空降部隊和攻擊部隊使用。這種火焰噴射器是一種單發噴射的型號，能夠在0.5秒內把火焰噴射到27米內的任何地方。不過，這種型號的火焰噴射器的生產數量不多。

雖然如此，不要以為德國人只使用以上類型的火焰噴射裝備。事實證明，德國

上圖：41型火焰噴射器（如圖）處於放置狀態。它使用的是氫氣點火系統。事實證明在東線寒冷的冬季，其性能極不可靠。後來被火藥點火系統取代。兩個較大的燃料箱中較大的一個裝燃料，另一個裝壓縮後的氫推進劑

上圖：圖中為德軍的一個攻擊小組正在發起衝鋒，其中一名士兵攜帶又大又重的35型火焰噴射器，一個人使用這種裝備極不方便，尤其在進攻時更是如此。這種裝備直到1941年還在生產

規格説明
35型火焰噴射器
重量：35.8千克
燃料容量：11.8升
射程：25.6~30米
持續發射時間：10秒

左圖：1939年波蘭戰役打響後，德軍使用35型火焰噴射器攻擊波蘭的一個混凝土炮臺（如圖）。35型火焰噴射器的射程在25.6~30米之間。它攜帶的燃料可以使用10秒鐘。它的重量為35.8千克，常常需要兩個人才能攜帶和操作

人的噴火武器種類繁多。事實上，德國幾乎使用了所擁有的所有類型的噴火武器。無論是在舊式武器的基礎上研製的新式武器，還是單獨發明的噴火武器，這些武器或多或少都具有較強的實用性。除了35型火焰噴射器之外，德國還有一種需要兩人操作的中型火焰噴射器。它的主燃料箱裝在小型推車上，這種設備的容量是30升，而41型火焰噴射器只能裝7升燃料。德國人似乎並不滿足，他們還製造了一種容量更大的型號，可以裝在拖車上，由一輛輕型車輛牽引。它的燃料足夠使用24秒。最後，德國還有一種單發火焰噴射器，可以埋藏在地下，僅把噴射器的噴管露出地面，指向某一目標區域，當敵人接近時，可以遙控發射。

德國人還從盟軍手中繳獲了各種類型的噴火武器。毫無疑問，德國人最大可能地利用了這些武器。

上圖：圖中為斯大林格勒戰役中德軍在夜間使用火焰噴射器發起攻擊。火焰噴射器發出的火舌令人恐懼。因為使用火焰噴射器作戰的成員在使用火焰噴射器進攻時容易遭到對方的襲擊，所以附近的步兵必須向他們提供火力掩護

德國的噴火坦克

在第二次世界大戰中，德國人並不太熱衷於使用噴火坦克，儘管德軍裝備噴火坦克的時間最早，當時其他國家還沒有使用過這種武器。這事發生在1941年，經過一段試驗之後，德國人用40火焰噴射器取代了PzKpfw I型輕型坦克炮塔上的機槍。這種輕型坦克經過改裝變成了標準的 I 型噴火坦克。德國非洲軍團在北非首次使用了這種坦克。

兩支噴火槍

這種噴火坦克只不過是德國人的權宜之計。不久，它就被新式的II型噴火坦克取代。這種新式的噴火坦克是PzKpfw II Ausf D 或E型坦克的改進型。德軍平時極少使用這種坦克。它有兩個燃料發射器，安裝在坦克前面的兩側。每個發射器的射程大約為36.5米。德國人把這種改進型的坦克大多都投入到東線戰場，但是效果並不理想。

德國最多的噴火坦克是PzKpfw III AusfH或M型的改進型—III型噴火坦克。至少有100輛坦克的主炮換成了噴火槍。燃料容量高達1000升。這種噴火坦克的效果奇佳，但是在戰鬥中使用的數量明顯不多，原因可能是在遇到盟軍坦克時，缺少自衛武器。偶爾在需要的時候，它們必須在裝有"火炮"的坦克的保護下投入戰

左圖：安裝在II型噴火坦克上的火焰噴射器。這支火焰噴射器安裝在坦克的前面。它主要在東線使用，儘管生產數量不多。這種火焰噴射器噴出一束束燃料，燃料接觸地面後會燃燒

鬥。

除了古怪的試驗型噴火坦克外，德國人從來沒有把它的PzKpfw IV型坦克改裝爲噴火坦克。顯然，德國曾經制訂了把各種"豹式"和"虎式"坦克改裝爲噴火坦克的計劃，但都沒有成功。

體積雖小卻性能出眾的武器

在1944年，38（t）噴火坦克作爲德國的標準噴火坦克投入生產。其實這是一種名爲"追獵者"的反坦克裝甲車，非常適合於充當噴火型武器。這種裝甲車車身低，容易隱藏，是在老式PzKpfw 38（t）坦克的基礎上研製而成的，主炮再次被噴火槍取代，並且它的內部空間全部充當裝納燃料的燃料箱，供燃料發射器使用。

半履帶式火焰噴射器

德國還把一些從盟軍手中繳獲的坦克改裝成了噴火坦克，例如，較大的Char B

坦克。這種坦克是德國人於1940年從法國人手中繳獲來的，改裝的數量很少，大約有10輛。

在戰爭中，德國陸軍主要依賴於半履帶式SdKfz 251/16噴火裝甲車。1942年德國首次使用這種武器，它裝有兩個燃料箱，每個可裝700升燃料，可以噴射80次，每次時間爲2秒鐘，每個燃料箱向自己的發射器提供燃料。火焰噴射器安裝在裝甲車後部的兩側。有的還在裝甲車前面裝上了第三個火焰噴射器，但體積較小。大多數裝甲車前面的位置是用來安裝機槍的。這些裝在裝甲車上的火焰噴射器的射程一般爲35米。

規格説明

bF1ammpanzer III型噴火坦克

乘员：3人

重量：21.13噸

規格：長6.55米；寬2.97米；高2.50米

動力裝置：一台"梅貝奇"HL 120發動機224kW（300馬力）

下圖：這是一種III型噴火裝甲車。它的火炮被火焰噴射器取代。這種裝甲車後來使用了PkKpfw III型坦克的底盤，機槍裝在承軸上，內部有兩個油箱可以裝燃料，足夠發射70~80次，每次2~3秒鐘。一般情況下，這種裝甲車需要3名乘員

35型和40型火焰噴射器

正如其名所示，意大利的35型火焰噴射器是1935年裝備部隊的，當時正趕上意大利入侵阿比西尼亞（今天的埃塞俄比亞）。這種武器在作戰中獲得了成功。從設計上看，35型火焰噴射器實在沒什麼特別的地方。相對來說，它屬一種便攜式雙缸背囊設備，它的火焰噴射器相當笨重。發射器被一個較大的環槽狀機架固定在點火系統的末端。由於多種原因，這種點火

系統的性能極不可靠，所以經過改進，意大利又生產出40型火焰噴射器。其外形、使用方法和35型火焰噴射器完全相同。

這些火焰噴射器專門供意大利的特種部隊或攻擊部隊使用。他們必須穿上厚厚的防護服，臉上戴着標準的軍用呼吸器。這樣的穿着大大限制了他們的作戰機動性和視線範圍，所以常常需要步兵小隊提供支援和保護。這些裝備移動時要裝在卡車

的特殊支架上，如果不能有序地放置在車輛上，就要給它們套上特殊的護具。火焰噴射器的燃料都裝在一種貼有標識的特殊容器內。

非洲和俄羅斯

在非洲戰區和東線戰場上，意大利軍隊大量使用這兩種類型的火焰噴射器。在這兩個戰區的戰鬥中，35型和40型火焰噴

規格説明

35型火焰噴射器

重量：27千克

燃料容量：11.8升

射程：大約25米

發射持續時間：20秒鐘

上圖：意大利的L3噴火坦克使用的燃料裝在噴火坦克後面的拖車內，有一根比較靈活的軟管和噴火的炮管相連接。底盤後部有一個氣缸，內有助推氣體。但是後來的噴火坦克的外部有兩個燃料箱和一個氣體箱。在機動性作戰中，L3 噴火坦克是意大利應用最廣泛的噴火武器

射器都發揮了應有的作用，但有一個問題越來越值得人們關注，和同時期的火焰噴射器，尤其是德國後來的火焰噴射器相比，意大利的這兩種火焰噴射器的射程太近。

火焰噴射器在阿比西尼亞的成功促使意大利當局決定生產一種更大的非單兵攜帶的火焰噴射器——L3噴火坦克。由於L3-35Lf裝甲車的外殼較低，所以它的內部空間有限，這樣L3噴火坦克的燃料箱就放在外部一輛有輕型裝甲保護的拖車內。燃料通過波紋管從拖車輸送到發射器內。另外，還有一種配有拖車的噴火坦克，在噴火坦克後面的頂部有一個較小的平底燃料箱。雖然意大利軍隊製造了不少，但是這兩種噴火坦克卻極少使用。

上圖：L3 噴火坦克的火焰噴射器安裝在L3坦克的機槍處。意大利的這些噴火坦克的戰術價值有限，因為它們的裝甲太薄，僅有兩名乘員

便攜式 93 式和 100 式火焰噴射器

日本人在第二次世界大戰期間生產的第一種火焰噴射器是便攜式93式火焰噴射器。這種武器最早生產於1933年。其設計比較傳統，很大程度上利用了德國在第一次世界大戰中的經驗。它使用了三個圓筒，背在背上相當笨重，兩個圓筒裝燃料，中間一個（較小）裝壓縮的氣體推進劑。從1939年開始，每個火焰噴射器都安裝了用汽油驅動的小型空氣壓縮機。

這種火焰噴射器非常糟糕，讓人無法恭維，1940年，被外形與它類似的便攜式100式火焰噴射器取代。這種新式的火焰噴射器長0.9米，而93式火焰噴射器長1.2米。它的噴嘴更換非常容易，而93式火焰噴射器的噴嘴是固定的。

日本步兵在戰鬥中使用過火焰噴射器，而日本的坦克部隊卻極少使用。顯然

日本人也曾嘗試生產噴火坦克：1944年在菲律賓的呂宋島上，日軍的一支小規模部隊曾經使用過噴火坦克。這些噴火坦克沒有炮塔，外殼的前面裝有障礙清除裝備和一支向前突出的火焰噴射器，內外都有燃

料箱。顯然這種噴火坦克是用日本的98式中型坦克改裝成的；另外，這種坦克上還安裝了機槍。

左圖：如果戰時宣傳值得相信的話，那麼可以肯定日本陸軍和海軍陸戰隊在第二次世界大戰期間曾經大規模使用火焰噴射器。這種看法可以從日本拍攝的一系列照片中得到佐證。這張照片拍攝於中國抗日戰爭期間。在戰場上，此類武器會產生強大的心理效果，其作用遠遠超過了作為作戰武器的真正用途

規格說明

便攜式100式火焰噴射器

重量：25千克
燃料容量：14.77升
射程：在23~27米之間
噴火持續時間：10~12秒鐘

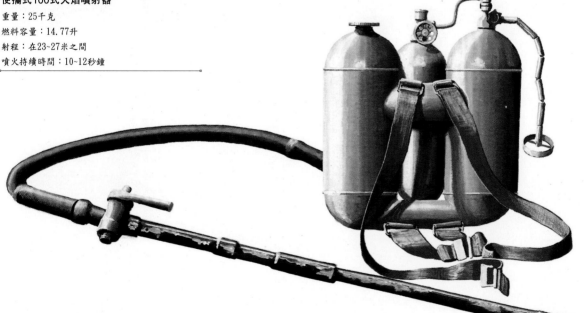

上圖：如果戰時宣傳值得相信的話，那麼可以肯定日本陸軍的93式和100式便攜式火焰噴射器幾乎一模一樣。這是93式火焰噴射器（如圖）。它和火焰槍的區別僅限於形狀和其他較小部分。兩個圓筒裝燃料，另一個是筒裝氣壓筒。噴火時間為10~12秒鐘

蘇聯的火焰噴射器

在1941年，蘇聯使用的是ROKS-2便攜式火焰噴射器。從設計上看，除了它的外形值得注意外，其他並沒什麼特別之處。從外形上看，它像一支普通的步槍武器，燃料箱和士兵的背包非常類似，火焰噴射器則像一支步槍，唯一突出的設計是它的"背包"下有一個小型的氣壓瓶。有一根軟管通向發射器，槍口安裝了與眾不同的點火裝置。

1940年6月德國入侵之後，蘇聯對武器的需求急劇增長。為了滿足生產的需要，經過簡化，蘇聯生產出了ROKS-3火焰噴射器，背包上的兩個圓筒裝在一個框內。它的外形仍然像一支步槍，但操作時簡單多了。

黏稠燃料能提高火焰噴射器的效果和射程。蘇聯人發現使燃料變得黏稠的方法後，在ROKS-2和ROKS-3火焰噴射器上使用了這種方法，使它們的最大射程增加到45米。蘇聯人還生產出一種能埋在地下的火焰噴射器，只有噴嘴指向目標區域。沒有人知道這種火焰噴射器的型號，但德國仿製後，生產出自己的42型火焰噴射器。

噴火坦克

蘇聯還研製出了噴火坦克。開始時使用的是T-26坦克，但沒有成功。從1941年

右圖：ROKS-2火焰噴射器可以像背包一樣背在後背上。它的燃料箱呈圓柱狀，向下垂直。為了隱藏它的功能，它的噴火管類似於步槍的槍管。敵人會特別注意操作火焰噴射器的士兵，並且這些士兵還常會成為敵人射擊的目標。較大的箱子所裝的燃料足夠使用8次，每次噴射時間為2秒鐘

規格説明

ROKS－2

重量：22.7千克

燃料容量：9升

射程：36.5~45米

噴火持續時間：6~8秒鐘

1941型"管炮"

口徑：127毫米

全長：1020毫米

重量：26千克

射角：0°~12°

旋轉角度：360°

初速：50米／秒

最大射程：250米

火箭彈（彈頭）重：15或18千克

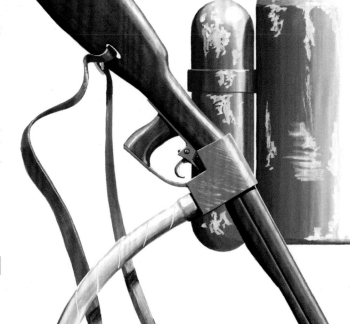

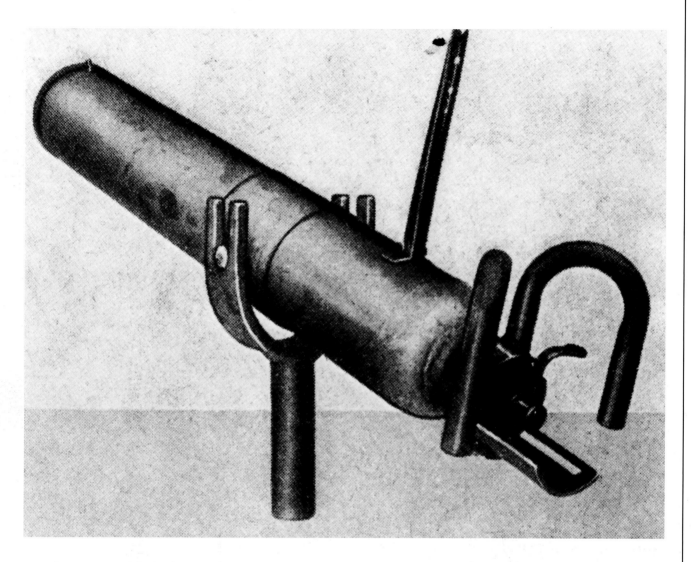

上圖：蘇聯的一種簡單的"管式"火炮，發射一種火箭彈，它的彈膛內裝有黑火藥的小型彈藥。生產這種武器只是蘇聯在1941年緊急情況下的權宜之計。它的最大射程是250米

開始，蘇聯人把ATO-41火焰噴射器安裝在KV重型坦克的主炮處。這樣改裝出來的產品就是KV-8噴火坦克；用ATO-41火焰噴射器代替T-34/76坦克上的機槍，T34/76坦克就變成了OT-34噴火坦克。這些早期的噴火坦克只能裝100升燃料。後來ATO-41火焰噴射器被能噴射更多燃料的ATO-42取代。KV-1S重型坦克安裝上這些火焰噴射器後就變成了KV-8S噴火坦克。但是，蘇聯人改裝更多的是T34/85坦克，這種

坦克上的機槍被ATO-42火焰噴射器取代後，T34/85坦克就變成了TO-34噴火坦克。ATO-42火焰噴射器在10秒鐘內可噴射4~5次火焰，使用黏稠燃料時，最大射程是120米。

發射器

與其把1941型"管炮"稱作火焰噴射器，倒不如說它是一種能夠發射燃燒彈的發射器更合適一些。它是一種非常簡單的

"管炮"式武器，長長的鋼管一端密閉，裝有最簡單的火控裝置，鋼管上有螺帽，可以把鋼管安裝在固定的設置上。發射器從炮口裝彈，使用的助推火藥可能是黑火藥。擊中目標時，火箭彈才噴射出火焰，然後在目標區域內擴散，燒毀附近的物體。直到1942年，它使用的發射管可能都是從"卡圖科夫"火炮上拆卸下來的炮管。

"救生圈" 火焰噴射器

英國於1941年開始研製火焰噴射器，後來被正式命名爲No.2 Mk I便攜式火焰噴射器。英國的設計顯然受到德國40火焰噴射器的影響。但是，英國的基本設計標準是，這種武器可以用鬆緊帶固定起來，內部使用高壓充氣，所以最有可能採用的式樣應爲環狀物，有限的空間內應該盡可能多地裝填燃料。這些標準意味着這種火焰噴射器應制造成環狀物，形狀像油炸圈一樣的燃料箱位於中心，內部充有高壓氣體。由於它與眾不同的外形，人們給它起了個綽號"救生圈"，此名真是名副其實，逼真極了。

匆忙中投入生產

1942年6月，在軍隊和其他單位對這種武器進行的試驗結束前，英國已經做好了生產Mk I火焰噴射器的準備，並且生產訂單都下發了。這種火焰噴射器太不幸了，裝備部隊後就暴露出了許多嚴重問題，其中多數問題都是由於它的燃料箱外形過於複雜並且製作過程太匆忙引起的，點火後性能極不可靠，而且燃料箱下面的燃料閥的位置也不便於操作。這樣，Mk I火焰噴射器的生產就草草結束了。從1943年6月開始，這種火焰噴射器僅在訓練時使用。

改進型

1943年，改進型火焰噴射器No.2 Mk II出現了。英國陸軍直到戰爭結束一直使用這種火焰噴射器，並且在戰後又使用了許多年。Mk II和Mk I火焰噴射器的形狀差別不大。Mk I火焰噴射器於1944年6月停止生產。在諾曼底登陸期間和隨後的戰鬥中，以及英軍在遠東的戰鬥中，英國陸軍都使用了這種武器。雖然如此，英國陸軍從來沒有真正喜愛過這種便攜式火焰噴射器，並且決定限制這種武器的生產數量，

到1944年7月初，Mk II的生產結束了，總共生產了7500件。事實證明，從整體上看，由於Mk II依賴一節小型電池才能點燃燃料，所以它的性能並不可靠，並且，電池容易受潮，使用時間有限。爲了減輕重量，英國研製了一種小型的火焰噴射器，這種火焰噴射器重21.8千克。英軍有可能在遠東戰場上使用過這種武器。由於這種火焰噴射器的研製速度太慢，直到戰爭結束還沒有生產出來。

規格説明

"救生圈"火焰噴射器

重量：29千克

燃料容量：18.2升

射程：27.4~36.5米

噴火持續時間：10秒鐘

上圖：Mk II "救生圈"從1944年上半年成爲英國軍隊的標準火焰噴射器，但英國士兵從來沒有喜愛過這種武器。選擇這種形狀的目的是爲了內部能盡可能多地裝填燃料，這種武器在戰鬥中使用的數量非常有限

上圖：人們根據Mk I和Mk II火焰噴射器的外形，通常把它們稱爲"救生圈"。這種武器不太成功。英軍在戰鬥中極少使用Mk I火焰噴射器。在1944年下半年的戰鬥中，英軍使用了Mk II火焰噴射器

上圖：英國步兵列隊前進，奔赴歐洲西北部的某前線。注意隊伍後面的士兵，背後背的就是"救生圈"火焰噴射器

"黃蜂"和"哈維"火焰噴射器

英國最早在機動作戰中使用火焰噴射器的時間是1940年。當時新成立的化學戰部研製出一種名為"朗森"的火焰發噴器。它的射程較短,安裝在一輛通用汽車上,燃料和壓縮氣箱裝在車後端的上部。出於各種考慮,英國陸軍決定不再使用"朗森"火焰噴射器,而是要求提供射程更遠的火焰噴射器,但是加拿大人卻保留了這種設計,後來在戰爭中被美國人采用,美國人把這種火焰噴射器命名為"撒旦"。

到1942年的時候,美國公共工程處研製的"朗森"火焰噴射器射程已經達到了73~91.5米,改進後型號被命名為"黃蜂"Mk I投入生產。1942年9月,英軍訂購了1000件,1943年11月份之前,英國得到了全部定貨。"黃蜂"Mk I的發射管較大,安裝在車的頂部,和車內的兩個燃料箱相連接。美軍認為"黃蜂"Mk I不太合

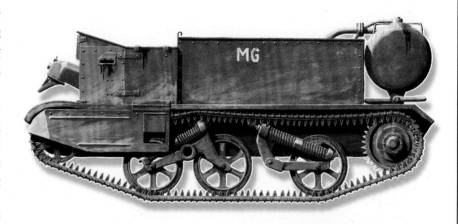

上圖:"黃蜂"Mk IIC是加拿大的火焰噴射器,相當於英國的"黃蜂"火焰噴射器,其後部帶有一個單獨的燃料箱,而英國的"黃蜂"Mk II內部有兩個燃料箱。它經過改裝後變成了"黃蜂"噴火坦克。這種噴火坦克於1943年首次進行了試驗

規格說明	
"哈維"火焰噴射器	
重量:	不詳
燃料容量:	127.3升
射程:	大約在46~55米之間
噴火持續時間:	12秒鐘

上圖:"黃蜂"Mk I和早期的Mk I有所不同,前者安裝在裝甲車前面,火焰發射器較小。英國的"黃蜂"噴火坦克有兩名乘員,而加拿大的"黃蜂"噴火坦克有三名乘員,其中一人負責操縱機槍或迫擊炮

上圖：這是"哈維"火焰噴射器噴出的火舌。這種靜止式防禦性武器是1940年生產的，主要供英國國土警衛隊使用。儘管這意味着它必須在靜止狀態下才能發射，但是它可以安裝在兩輪式車輛上。這種武器的造價低廉，製作粗糙

適，隨後又出現了"黃蜂"MkⅡ，它的發射管較小，操作更加方便，安裝在原來機槍的位置。這種新式的火焰噴射器和MkⅠ相比有了很大進步，儘管射程沒有增加，但是其性能相當可靠；"鱷魚"裝甲車也使用了同類型的發射器。這種發射器易於瞄準，使用相當安全。

"黃蜂"MkⅡ在1944年7月的諾曼底戰役中首次投入戰場，它的主要用途是支援步兵作戰。在諾曼底戰役中，"鱷魚"也和英國的裝甲部隊一起參加了戰鬥。在戰場上它們的效果極佳，德軍士兵畏之如虎，這些倒黴的傢伙終於遭到了應有的懲罰。

加拿大的"黃蜂"

就在"黃蜂"MkⅡ問世之際，又有一種"黃蜂"類型的火焰噴射器出現了。這就是加拿大的"黃蜂"Mk ⅡC火焰噴射器。由於它是加拿大自己的"黃蜂"，所以縮寫中多了一個字母"C"。"C"代表"加拿大"。他們認為把一個運載工具當作火焰噴射器使用真是太浪費了，所以進行了重新設計。重新設計的"黃蜂"既可以當作火焰噴射器使用，如果需要也可以當作正常車輛使用。它的燃料箱移到了車的外部；修改後的燃料箱是一個單獨的

箱子（原來有兩個較小的燃料箱），能裝341升燃料。這樣車內空間就增大了，能容納三名乘員（原來只能容納兩人），增加的這名乘員能攜帶一支輕型機槍。這樣，改進後的"黃蜂"Mk ⅡC在戰術上靈活性較強，並且逐漸成為士兵們最喜愛的一種火焰噴射器。1944年6月，所有"黃蜂"都使用了Mk ⅡC火焰噴射器的生產標準，並且原來的"黃蜂"也都進行了改裝——使用的燃料箱可裝Mk II272.2升燃料。作戰經驗表明，"黃蜂"需要更厚的前置裝甲，許多Mk ⅡC火焰噴射器前面的擋板都安裝了塑鋼。

冒煙的黃蜂

有些"黃蜂"安裝了投放煙幕的設置，為了兩棲作戰的需要，有的還安裝了防水屏。加拿大對噴火坦克很感興趣，其"獾"式噴火坦克就是"黃蜂"火焰噴射器和老式的"拉姆"坦克相結合的產物。加拿大陸軍第一軍在英國將其進行了改裝。早期的"獾"式坦克沒有炮塔（後來的"獾"式坦克安裝了炮塔），沒有炮塔的"獾"式坦克都是根據"拉姆·袋鼠"裝甲車設計的。加拿大軍隊從1945年2月開始使用這些武器。

1945年初，有三輛"黃蜂"和大量供

它們使用的黏稠燃料被運送到了蘇聯，至於它們的後續情況就不得而知了。

進入"哈維"時代

還有一個值得注意的問題是，英國從1940年夏天開始研製火焰噴射器，只是由於擔心德國入侵而採取的權宜之計。這種武器的正式名稱為No.1 Mk Ⅰ便攜式火焰噴射器，但英國軍隊稱之為"哈維"火焰噴射器。按照計劃，它們並不是由人力攜帶的武器。"便攜式"指它們能夠裝在車輛（有兩個農用車輪）上到處移動。它的主燃料箱易於製造，壓縮氣體裝在一個商用的壓縮氣缸內。火焰發射器和燃料箱之間有一條長9.14米的軟管，並且發射器本身就屬安裝在獨腿支架上的設置。英國人的想法是把"哈維"運送到預定地方，發射器和蓋子下面的燃料箱聯接後，就可以瞄準目標區域射擊了。

英國的正規軍隊裝備了第一代"哈維"火焰噴射器，不久，英國的國土警衛隊也裝備了這種武器。這種武器相當笨重，士兵們普遍不喜愛這種武器，而且它的性能也不完善。雖然有些在中東派上了用場，但只不過投放了幾枚煙幕彈而已。

M1 和 M2 火焰噴射器

當1940年7月美國陸軍要求提供一種便攜式火焰噴射器的時候，美國化學軍務處還不知道該從何處入手。化學戰部在E1便攜式火焰噴射器的基礎上設計出一種供部隊試驗用的E1R1火焰噴射器，有些被送到了巴布亞戰場接受試驗。E1R1火焰噴射器容易破裂，使用時較難控制，但是美國陸軍卻接受了一種更為粗糙的型號———M1火焰噴射器。它和E1R1火焰噴射器有許多相似之處，有兩個圓筒，一個裝燃料，另一個裝壓縮的氫氣。

1942年3月，M1火焰噴射器投入生產。在1942年6月的瓜達爾卡納爾戰役中投入戰場使用，其表現令人失望，它的點火線路使用電池供電，而電池在戰場上常常不能供電。燃料箱容易被腐蝕，氣體會從燃料箱的細縫向外洩露。

改進後仍有缺陷

到1943年6月時，新式的M1A1火焰噴射器裝備了部隊。這種武器共生產了14000件。它是M1火焰噴射器的改進型，使用的燃料使用添加劑後變得更為黏稠，效果較好。它的射程達到46米，而M1的最大射程是27.5米。不幸的是，它的點火系統仍然沒有任何改進。

到1943年6月，化學戰部已經找到滿足軍隊需要的方法，根據E3火焰噴射器的實驗設計，在設計中對M2-2進行了多處改進。M2-2使用新式的黏稠狀燃料，但製作更為粗糙，這種武器可以裝在一個背包式框架內（和過去的彈藥箱類似），使用火藥式點火系統。它使用一種類似於左輪手槍的機械設置，在裝入新的一發子彈前可以噴射6次。

1944年7月，M2-2火焰噴射器在關島戰役中首次投入使用，此時，這種武器已經生產了25000件。其他國家的軍隊也使用這種武器。

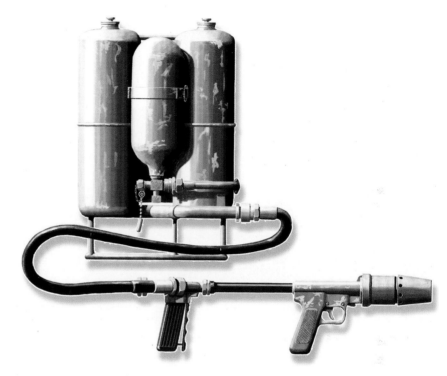

上圖：便攜式M2-2火焰噴射器是由美國生產的武器。它是世界上火焰噴射器生產數量最多的一種，1944年7月在關島戰役中首次投入戰場。1945年後的許多年裏，它一直是美軍的標準火焰噴射器。在朝鮮戰爭期間，美軍也曾使用這種武器。在條件合適的情況下，它的最大射程為36.5米

上圖：美國的M1火焰噴射器是在早期E1R1火焰噴射器的基礎上研製而成的。從技術上講，它屬實驗性式器，在1943年投入使用。在瓜達爾卡納爾戰役期間，M1火焰噴射器首次參加戰鬥，它使用的是最初的"稀薄型"燃料

繼續進步

　　儘管M2-2和M1/M1A1火焰噴射器的性能相比改進了許多，但美國陸軍仍然認為這不是其真正想要的東西。於是，為了尋找一種更為完善和輕便的武器，改進工作繼續進行。在戰爭即將結束之際，經過努力，美國設計出一種單發式火焰噴射器，使用後就可以扔掉。它使用一種易燃的火藥，火藥產生的壓力可以從燃料箱中一次噴射出9升黏稠燃料（主要原料是汽油）。戰爭結束後，美國停止了該計劃。這種火焰噴射器的射程預計為27.5米。

規格說明
M1A1火焰噴射器
重量：31.8千克
燃料容量：18.2升
射程：41~45.5米
噴火持續時間：6~10秒鐘

規格說明
M2-2火焰噴射器
重量：28.1~32.7千克
燃料容量：18.2升
射程：22.9~36.5米
噴火持續時間：8-9秒鐘

下圖：除了發出刺耳的噪音外，火焰噴射器在戰場上還會產生強大的視覺效果，從而摧毀敵人的士氣。只要看一眼它噴射的火舌，即使是最勇敢的士兵也會毛骨悚然，不寒而慄。在1945年6月的伊江島戰役中，美國的M2-2火焰噴射器大顯神威

美國的噴火坦克

　　美國的第一輛噴火坦克生產於1940年。它是E2火焰發射器和M2中型坦克的結合物。美國陸軍的坦克專家在1940年6月觀看了它的表演。他們對此並沒有留下什麼印象，計劃也就擱淺了。但不久，他們又改變了主意，因為此時陸軍化學戰部的設計人員不得不重新開始噴火坦克的設計。在此之前，化學戰部曾把一個油泵操作的E3火焰發射器安裝在M3中型坦克的炮塔上。這種油泵容易破壞燃料的結構，從而降低了燃料的威力和射程。美國人使用了壓縮氣體系統取代了油泵之後，這個問題才得到解決。根據另一項代號為"Q"（速成）的計劃，美國陸軍想儘快生產出一種軍用武器（指噴火坦克）。美國從加拿大手中得到了英國/加拿大的"朗森"噴火系統。當時由於手頭沒有坦克，最初試驗時，美國陸軍不得不把這種系統安裝在卡車後部。"Q"計劃繼續進行，

　　直到"朗森"噴火系統安裝在M5A1輕型坦克的炮塔上才告一段落。由於計劃安排混亂，化學戰部沒有分配到坦克，所以計劃不得不再次推遲。直到1945年年初，化學戰部才得到了M5-4坦克。這樣化學戰部才做好改裝噴火坦克的準備。在菲律賓戰役中，美國陸軍使用了四輛噴火坦克。

地方性設計

　　就在美國大陸研製噴火武器的同時，美國駐夏威夷部隊也在忙着生產真正的噴火武器。他們以"朗森"火焰噴射器為基礎，把這種系統安裝在老式M3A1輕型坦

下圖："謝爾曼·鱷魚"是英國研製的一種噴火坦克,把火焰噴射器安裝在謝爾曼坦克上。由於美國陸軍對此沒有興趣,所以這種武器剛剛開始生產就停了下來,這種噴火坦克僅生產了4輛。它的火焰噴射器安裝在坦克炮手安全艙口的右側

克的炮塔上,命名為"撒旦"。"撒旦"使用的推進劑是壓縮的二氧化碳,能夠把黏稠的燃料發射到73米遠的地方,每輛噴火坦克能攜帶773升燃料。第一批"撒旦"有24輛,它們在1944年6月參加了攻克塞班島的戰鬥。

臨時定型

"撒旦"噴火坦克的成功促使前線指揮官決心把類似的設置安裝在M4中型坦克上。M4中型坦克上的老式75毫米坦克炮被"朗森"火焰噴射器所取代。這種新式噴火坦克被命名為POA-CWS75HI。在琉球群島戰役以及後來的沖繩戰役中,美軍都使用了這種噴火坦克。在沖繩戰役中,這種噴火坦克有一種特殊的用途———噴射火焰,把日本士兵從洞穴中趕出來。

有兩種噴火坦克的火焰噴射器完全取代了坦克的主要武器(坦克炮),這一設計引起了"坦克"手的極大不滿,他們想保留這種有效的自衛武器。於是,美國開

始嘗試在M4噴火坦克上把火焰噴射器和坦克主炮安裝在一起。在後來的研製階段中,一些M4坦克上安裝了口徑為75毫米的坦克火炮或口徑為105毫米的榴彈炮,同時共軸系統上也安裝了火焰噴射器,但是由於零部件匱乏,所以改裝速度受到了限制。美國早期的其他嘗試還有:把便攜式火焰噴射器安裝在坦克前面的槍眼處,從槍眼處向外噴射,但大多數嘗試都失敗了。1943年10月,化學戰部受命生產一種火焰噴射器,這種火焰噴射器能夠安裝在M3、M4和M5坦克上的機槍的位置。如果需要,這些坦克可以重新安裝機槍。結果美國陸軍生產的火焰噴射器中,有1784件M3-4-3火焰噴射器能安裝在M4坦克上,有300件E5R2-M3火焰噴射器可以安裝在M3和M5輕型坦克上。這些火焰噴射器大多數都參加了歐洲戰區和太平洋戰區的戰鬥。

許多坦克指揮官不喜歡用火焰噴射器取代機槍,所以美國陸軍研製出了一種選擇性裝置,安裝在炮塔頂部,緊靠指揮官

使用的望遠鏡。其中有一種型號為M3-4-E6R3的火焰噴射器投入了生產,但是生產時間太晚了,未能送到前線,戰爭就結束了。駐紮在夏威夷的美軍不等火焰噴射器從美國大陸運到,就開始生產他們的輔助性火焰噴射器。他們生產的火焰噴射器以M1A1便攜式火焰噴射器為基礎,可以安裝在M4坦克機槍的位置。大約有176輛坦克完成改裝後被送到前線,參加了攻克沖繩和硫磺島的戰役,但是這些噴火坦克的使用不是太多,因為前線士兵更喜歡使用就地改裝的坦克,把火焰噴射器安裝在標準的M4中型坦克的炮塔上。

另外,我們不得不提一提"Q"計劃中的M5-4火焰噴射器。這種火焰噴射器被安裝在LVT4履帶式兩棲登陸艦上。儘管它們的性能相當不錯,但事實證明它們的作戰能力太弱,因為它們的裝甲太輕,無法勝任攻擊任務。

上圖："撒旦"火焰噴射器可以安裝在美國海軍陸軍隊M3A1輕型坦克的主炮塔處。1944年7月,"撒旦"噴火坦克(圖中)參加了攻克塞班島的戰鬥,由於它在戰鬥中突出表現,許多老式M3A1輕型坦克都被改裝成這種噴火坦克

規格說明

ROA-CWS75HI

乘員:5人

重量:31.55噸

規格:全長6.27米;寬2.67米;高3.38米

武器:一支MK1火焰噴射器(使用口徑為75毫米坦克炮的炮管);兩支7.62毫米勃朗寧機槍(一支裝在共軸上,另一支裝在坦克外部);一支12.7毫米勃朗寧AA機槍

裝甲:38~51毫米

動力設置:一台福特GAA液體製冷的V-8汽油發動機,功率373KW(500馬力)

時速:42千米/小時

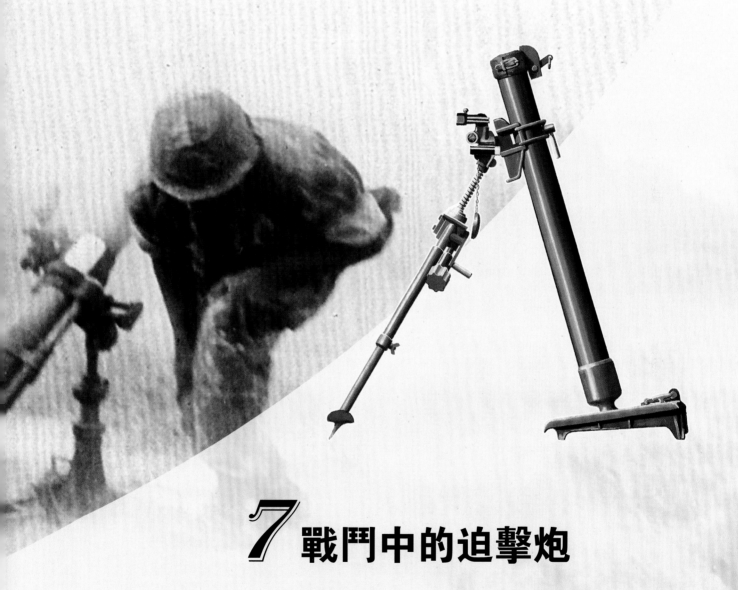

7 戰鬥中的迫擊炮

　　迫擊炮的主要優勢是無論白天和黑夜都能準確地擊中目標，只要事前把目標的位置確定下來，煙幕、薄霧或濃霧都不會影響它的射擊精度。迫擊炮是一流的近距離間接瞄準武器。

中型迫擊炮是一種極其有效的武器，它比常規火炮具有更強的靈活性。它能夠在最短的時間內，對不同射程內的分散目標實施毀滅性打擊。和地面上的其他優秀武器相比，在使用相同助推火藥和射擊角度的情況下，迫擊炮的炮彈擊中的地區（一般稱爲落彈區）的範圍相對來說較小。

無須移動迫擊炮的底座或起支撐作用的雙腳架，它有一個螺絲和螺紋系統，只需移動炮管，就能校正射擊的角度。

俯射

迫擊炮的炮彈的彈道較高，所以迫擊炮尤其善於摧毀小山或高樓林立地區的背後的目標。這些目標在一般情況下，使用常規火炮極難擊中。迫擊炮可以從大視野地區，如山坡、懸崖峭壁和建築群的後面，進行迷盲射擊（指不使用雷達或瞄準具射擊）。

中型步兵迫擊炮的另一個至關重要的優勢是它的重量相對較輕，士兵攜帶這種武器，可以快速移動，進可戰，退可守，尤其適合直升機攻擊作戰，它在地面上的機動能力特別強，既可以用輕型的4×4車輛運送到作戰區域，從地面上開炮，也可

以用裝甲車運送到作戰區域，直接從車內開炮。

當然，迫擊炮也存在缺陷。它的炮彈初速度較低，炮管發射角度較高，這意味着炮彈在空中停留的時間較長，大風也會降低它的射擊精度。迫擊炮的炮管如果受潮或有水，會嚴重減少步兵迫擊炮的射程，並且它內部沒有常規火炮內部安裝的後坐力系統，所以射擊後會產生強大的衝擊力。迫擊炮能夠在多種不利條件下發揮作用，但是射擊精度會受到影響。最後，迫擊炮容易遭受敵人的攻擊。迫擊炮射擊時，敵人可以根據它發出的聲音或使用雷達定位系統測出它所在的位置，使用迫擊炮方格坐標線也能計算出它的位置，所以，如果可能的話，迫擊炮應該從敵人野戰炮射擊不到的射擊死角開炮。

英國經驗

英國陸軍是典型的使用口徑爲81毫米的迫擊炮的部隊。英國的迫擊炮排被劃分爲一個指揮中心和四個分部，每個分部有兩門迫擊炮小分隊，由指揮員下達口令。每個迫擊炮小分隊由四人組成：1號負責小分隊的指揮和正確擺放迫擊炮的方向和角度；2號負責向迫擊炮內放置正確的炮

下圖：事實上，迫擊炮射出的炮彈能夠準確地落在友鄰部隊的前面，所以迫擊炮在戰鬥中必須強調準確地瞭解敵人和友鄰部隊之間的確切位置

彈和引信；3號負責準備並向2號傳遞正確的炮彈；4號負責發射。

另外，還有兩名迫擊炮火力控制員（MFC），他們是機動操作人員，炮連或班需要支援時，由他們提供支援。他們用無線電臺對迫擊炮所要射擊的目標的情況實施觀察和控制。

上圖：中型迫擊炮較輕，只要距離適當，士兵憑藉個人的力量就能攜帶。由於迫擊炮能夠快速投入戰鬥，在最短的時間內炮彈就能像雨點一樣從目標上空落下，所以迫擊炮是理想的步兵支援武器

上圖：迫擊炮小組的三名主要人員正在準備發射L16迫擊炮。1號正在按照方位角和射角調整迫擊炮；2號準備裝填炮彈；3號準備更多的炮彈

迫擊炮排在作戰時可以作爲一個排（8門迫擊炮）、半個排（4門迫擊炮）或者4個單獨的分隊，每個分隊有2門迫擊炮。如果這些分隊單獨部署，火力能夠同時射向4個單獨的目標（每個分隊各負責一個目標）；或者，經過協調後有選擇地從4個獨立的迫擊炮隊形（即陣地）射向同一目標，或者從同一方向射向同一目標。分成4個獨立的迫擊炮隊形的優點是：敵人很難確定哪一個陣地是主要陣地。而且，選擇4個相對較小的分隊的迫擊炮隊形要比選擇較大的迫擊炮隊形容易得多。

一旦選定了迫擊炮隊形，就要對迫擊炮進行擺放或瞄準。射擊命令由迫擊炮火力控制員根據戰場情況發佈。所有迫擊炮必須有一個供迫擊炮火力控制員或指揮所控制員參考的參照點。這有點像同步觀察。爲了做到這一點，他們要把前面的迫擊炮瞄準十字線和在地面上的迫擊炮標準標杆調整到同一直線；接下來，迫擊炮平行排列，如果排列混亂，地面上的各種類型的炮彈就無法分清，從而失去作戰效力；最後，使用瞄準具和簡單的幾何學原理，每門迫擊炮就能精確地排列起來。

迫擊炮的火力控制員下達有關目標方位和距離的射擊命令。指揮所控制員把這些數字轉換成迫擊炮隊形和目標之間的方向和距離。發射命令下達前還要上下或左右移動迫擊炮的炮管，調整好迫擊炮的射擊角度和方位。

校正射擊

只要迫擊炮的火力控制員給出的信息準確無誤，指揮所控制員就不會計算錯誤，那麼炮彈就能準確地擊中目標。而第一次射擊就能準確擊中目標是很少見的，所以在發出有效的射擊命令之前，常常需要校正。

口徑爲81毫米的迫擊炮可以有效地應用於部隊的防禦、攻擊或撤退。它是營長的"私人火炮"，哪裏需要，營長就命令它打向哪裏，迫擊炮比任何火炮的火力支援都要迅速和快捷；並且營長也明白，其他地方也有火力（指迫擊炮）可以隨時支援自己，或許火炮（指迫擊炮）已經確定好了優先打擊的目標。

左圖：迫擊炮非常簡單和輕便，它的主要組成部分有炮盤、炮管、雙腳架、瞄準儀和瞄準裝備，以及清潔和維修工具

迫擊炮的炮彈

大多數步兵迫擊炮使用的炮彈主要是裝有高爆炸藥（HE）的殺傷彈（碎片），這種炸彈對彈着點40米範圍內的目標具有致命性的殺傷力，並且對彈着點190米或更遠距離的目標具有一定的殺傷力。如果裝上白磷（WP）炮彈，還能有效地投放煙幕；如果使用傘降照明彈，即使是漆黑的夜晚，在大面積範圍內也會亮如白晝。

上圖：迫擊炮的炮彈上都印有不同顏色的編碼和斑紋線。根據這些可以區分炮彈的類型，以免在射擊時發生混淆

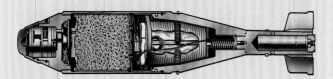

引信　照明彈的彈體　　　　　　　　魚鰭狀的尾翼

鼻錐　照明火藥　　降落傘

"布朗特" 81 毫米 27/31 型迫擊炮

　　儘管第一次世界大戰期間的"斯托克斯"迫擊炮已經初步展現出迫擊炮的完整的形狀和式樣，但它仍然是一種非常簡陋的武器。"斯托克斯"迫擊炮除了一根炮管、一個簡單的框架和一個可以吸收後坐力的底盤之外，幾乎就沒什麼東西了。第一次世界大戰結束後，法國布朗特公司細心地重新設計，幾乎改變了"斯托克斯"迫擊炮的一切，炮彈類型得到迅速改進。當第一眼看到它的時候，很難把它和老式的"斯托克斯"迫擊炮聯繫在一起。雖然它保留了老式"斯托克斯"迫擊炮的整個式樣，但改進幾乎無所不在。首先，從整體上看，它比較輕巧，更易於操作。這一點，新式的布朗特迫擊炮體現得最明顯。1927年，這種新式的布朗特迫擊炮投入生產，它的正式名稱爲布朗特81毫米27型迫擊炮。1931年，它的彈藥進行了改進，改進後被稱爲27/31型迫擊炮。

　　最初的"斯托克斯"迫擊炮常需要一定時間才能架設完畢，但是重新設計的雙腳架能夠在任何地面上架設，使用雙腳架時，僅需調整支架的一條腿，瞄準具的水平儀就很容易架設起來。瞄準具被緊緊夾在距離炮口很近的位置，這樣瞄準員無須站在武器上面，很容易和武器保持同等高度；瞄準具的托架上有一個螺旋設置，這樣炮管轉換方向就容易多了。不過它的主要變化是彈藥。早期的"斯托克斯"迫擊炮的炮彈被外形優美的炮彈取代，新炮彈不僅裝載的炸藥多，而且射程更遠。事實上，布朗特公司爲它的mle 27/31迫擊炮生產了各種類型的炮彈。其中，主要有三種類型。第一種彈頭帶有高爆炸藥，是27/31型迫擊炮的標準炮彈。第二種炮彈比第一種標準炸彈重兩倍，但射程較近。第三種炮彈爲煙幕彈。這三種炮彈上面印有各種各樣的標記或小標記。如煙幕彈就印有各種顏色。

影響深遠的設計

　　從布朗特公司宣佈重新設計的那一年（1931年）開始，27/31型迫擊炮對其他國家迫擊炮的設計產生了極大影響。幾年內，整個歐洲國家要麼購買了它的生產許可證，要麼完全抄襲了它的設計。它使用的81.4毫米口徑也成了各國步兵迫擊炮的通用標準，並且在第二次世界大戰期間，幾乎所有迫擊炮都或多或少地借鑒了27/31型迫擊炮的設計，影響極其深遠，在德國、美國、荷蘭，甚至蘇聯的標準迫擊炮中都可以看到它的影子。所有這些國家雖然根據自己的需要進行了改進和革新，但核心設計基本上都取材於27/31型迫擊炮。

　　布朗特迫擊炮的影響至今尚未消除。儘管當前81毫米迫擊炮的射程幾乎是27/31型迫擊炮的6倍，但27/31型迫擊炮相當完美，在整個第二次世界大戰期間和戰後的許多年內，各國仍在以各種形式使用這種武器。

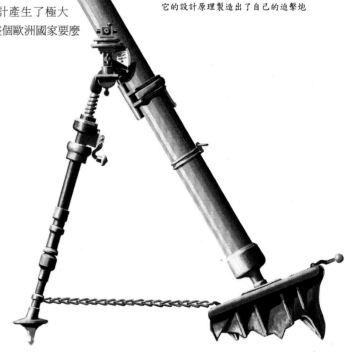

下圖：最終定型的法國27/31型迫擊炮。它是20世紀最有影響的迫擊炮之一。許多國家利用它的設計原理製造出了自己的迫擊炮

規格説明

布朗特81毫米27/ 31型迫擊炮

口徑：81.4毫米

長度：炮管長1.2675米；炮膛長1.167米

重量：作戰時重59.7千克；雙腳架重18.5千克；底盤重20.5千克

射擊角度：45°~80°

方向轉動角度：8°~12°（根據射角的變化調整）

最大射程：標準炮彈1900米；重型炮彈1000米

炮彈重量：標準3.25千克；重型6.9千克

45/5 型 35 "布里夏" 迫擊炮

對於45/5型35"布里夏"小型迫擊炮來說，無論是設計還是製造水平都遠遠超過了其他類型的迫擊炮，因此說它是第二次世界大戰期間最優秀的武器毫不為過。至於為什麼設計人員下了這麼大力氣，一一道來隻會增加不必要的麻煩。由於這種輕型支援武器的使用非常有限，而且它的炮彈效果相對較差，所以現在要探究其中的原因實在太困難。不過，這種武器生產後就裝備了意大利軍隊。

從這種迫擊炮的名字可以看出45/5指這種武器的口徑是45毫米，炮管長度為5×45，儘管事實上要比這長一點。如此小的口徑只能發射較輕的炮彈，炮彈重量僅有0.465千克，相應來說，它裝載的炸藥也比較少。炮管為後膛裝彈型，操縱控制杆，打開後膛，裝彈後關閉。它的彈匣可裝10發子彈。炮彈用扳機發射。為了調節射程，它有一個可以打開或關閉的氣孔，打開時助推氣體進入。另外，它還有一些複雜的射角和方向轉換控制設置。

個人攜帶的武器

35型迫擊炮的炮管位於一個可以折疊的框架式設置內。這個設置緊靠在攜帶者的後背。為了減少對攜帶者後背的壓力，緊挨身體處有一個軟墊。使用時，框架不能折疊，如果需要的話，射手需要騎跨在武器的框架上。在戰鬥中，35型迫擊炮的射速大約是每分鐘10發炮彈。如果射手經過訓練，這種迫擊炮相當精確。但是即使瞄準了目標，由於它的炮彈較小，所以效果很不理想，主要原因是這種炮彈的裝藥量太少，常會導致炮彈的彈道偏移，炮彈碎片的殺傷力較小。

意大利軍隊普遍使用35型迫擊炮。所有意大利士兵都接受過如何使用這種迫擊炮的訓練。其中意大利的青年運動組織也裝備了一部分35型迫擊炮，雖然這種迫擊炮相當複雜，但效果較差，口徑只有35毫米。這些迫擊炮只能用於訓練，一般情況使用靶彈訓練。

意大利並不是35型迫擊炮的唯一使用者。在北非戰役中，德國非洲軍團也使用過這種迫擊炮。由於後勤供應不及時，德國軍隊不得不和意大利軍隊一起"分享"這種迫擊炮，德軍士兵甚至還有它的使用說明書。德國人稱之為45毫米176（i）迫擊炮。

35型迫擊炮的作用有限，讓意大利士兵付出了血的代價，可是意大利軍隊卻繼續使用這種迫擊炮。要解釋這個原因，唯一的理由就是意大利的工業能力有限，在可預見的時間內，意大利幾乎沒有機會生產出比這更好的武器。把35型迫擊炮送到士兵手中就花費了這麼多時間和精力，要是再設計、研發和生產新式迫擊炮，就會需要更多時間和精力，所以意大利士兵只能無可奈何地繼續使用手中的35型迫擊炮。事實上，許多意大利士兵還嫌這種迫擊炮太少。

規格說明	
45/5型35"布里夏"迫擊炮	
口徑：45毫米	
長度：炮管0.26米；炮膛0.241米	
重量：作戰時重15.5千克	
射擊角度：10°~90°	
方向轉換角度：20°	
最大射程：536米	
炮彈重量：0.465千克	

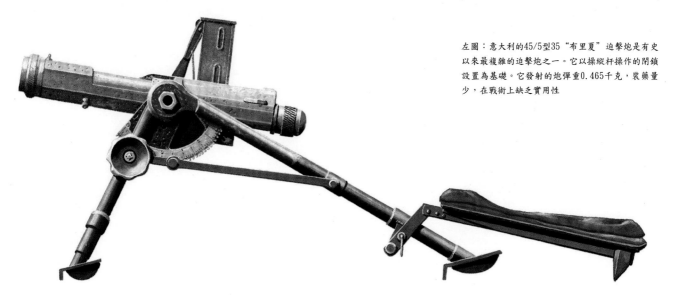

左圖：意大利的45/5型35"布里夏"迫擊炮是有史以來最複雜的迫擊炮之一。它以操縱杆操作的閉鎖設置為基礎。它發射的炮彈重0.465千克，裝藥量少，在戰術上缺乏實用性

50 毫米輕型迫擊炮

在第二次世界大戰期間，日本陸軍使用的50毫米迫擊炮主要有兩種。它們並不是真正的迫擊炮，其實說它們是槍榴彈應該更合適一些。因為它們使用的彈頭比帶尾翼的榴彈還小，專門用於提供支援性火力。

最先裝備部隊的是1921年生產的10式迫擊炮。它屬簡單的平滑彈膛類武器，使用扳機設置發射榴彈，射程通過可調整的氣體出口控制。10式迫擊炮最初發射HE（烈性炸藥）榴彈，但是後來的迫擊炮可以發射曳光彈，用於目標照明或類似的目的。10式迫擊炮的最大缺陷是射程有限，只有160米，也正是因為這個原因，日本才開始研製同級別的第二種武器——89式迫擊炮。

軍中通用型武器

到1941年的時候，日軍中89式迫擊炮已經完全取代了10式迫擊炮。和10式迫擊炮相比，89式迫擊炮有許多不同之處：一是它的炮管設有膛線，而不是平滑彈膛；另一個主要變化是10式迫擊炮的氣體入口系統被取消了，它帶有撞針，能夠在槍管中上下移動，撞針在槍管上部時，射程遠；撞針在槍管下部時，射程近。89式迫擊炮能夠發射一系列榴彈，有效射程為650米，和10式發射器相比，射程增加了許多。為89式迫擊炮研製的榴彈包括常用的高爆炸彈、煙幕彈、信號彈和燃燒彈。而且，日本還研製出一種特殊的供空降部隊使用的迫擊炮。正常情況下，10式和89式迫擊炮拆卸後都可以裝在一個特殊的皮箱內。

89式迫擊炮

盟軍在戰場上遇到的主要是89式迫擊炮。盟軍部隊都把這種武器稱之為"膝上"迫擊炮。這個稱呼實在讓人困惑不解。事實上，這種完全錯誤的稱呼到底導致多少未經訓練的士兵大腿骨折，目前已經無法查清。但是，如果發射時大腿靠在它的底盤上，那麼大腿立即就會受傷。這種武器雖小，但它的後坐力相當大，它的底盤必須緊靠在地面上或其他結實的物體上。它的瞄準具相當簡陋，除了槍管上塗有標線之外，其他什麼也沒有。但是這種迫擊炮非常容易操作，很短時間內，幾乎每一個士兵都能學會如何正確地操作和使用。它輕便，靈巧，便於攜帶。它使用的榴彈有點小，難以發揮真正的威力。但是，重要的是，士兵扛起迫擊炮，仍然能夠攜帶一發炮彈，這無疑能夠增強火力，尤其是使用89式遠程炮彈時，更是如此。

上圖：日本的50毫米10式迫擊炮最早生產於1921年，後來被改進的89式迫擊炮取代。10式迫擊炮的射程極為有限，僅160米。這種迫擊炮非常輕巧，便於攜帶。它能發射裝有烈性炸藥（HE）的炮彈、煙幕彈和燃燒彈

上圖：如何避免做出這樣的傻事？不知為什麼，美國人竟然錯誤地認為發射89式迫擊炮時，大腿或膝蓋要靠在這種小型的鏈式底盤上（"膝上"迫擊炮的名字由此而來）

規格說明	
89式迫擊炮	
口徑	50毫米
長度	0.61米（全長）；0.54米（炮管）
重量	4.65千克
最大射程	650米
榴彈重量	0.79千克

蘇聯的輕型迫擊炮

在第二次世界大戰期間，紅軍大量使用迫擊炮。通常蘇聯使用的迫擊炮的性能不錯，和同時期的其他國家使用的迫擊炮相比，蘇聯的迫擊炮比較重，結實耐用。

在20世紀30年代，蘇聯的武器設計人員研製出幾種輕型的步兵迫擊炮。最小的一種相當古怪，口徑只有37毫米。它的炮管由一個獨腳支架支撐，支架和炮管後部的底盤可以當作挖掘戰壕的工具。德國人把這類迫擊炮稱爲37毫米迫擊炮。

蘇聯的標準輕型迫擊炮的口徑爲50毫米。50毫米系列迫擊炮是從50-PM 38迫擊炮開始的。德國把它從蘇聯軍隊手中繳獲的這種迫擊炮命名爲50毫米205/1（r）迫擊炮。它的設計比較傳統，射程由位於炮管底部的氣體入口控制。炮管被夾在雙腳架的兩個固定角之間。這種型號的迫擊炮的生產比較困難，所以被50-PM 39迫擊炮取代。德國把50-PM 39稱爲50毫米205/2

（r）迫擊炮。這種迫擊炮沒有氣體入口，但它使用了標準的雙腳架，這種支架可以調整射擊的角度。這種迫擊炮同樣難以生產，所以不久被50-PM 40迫擊炮取代。德國人稱爲50毫米205/3（r）迫擊炮。

大規模生產

50-PM 40迫擊炮是爲了大規模生產而設計的。它的雙腳架和底盤都是簡單的鋼材衝壓製品。事實證明這種迫擊炮的性能可靠，適於戰場的需要，儘管它的射程有限。蘇聯50毫米口徑的迫擊炮還有一個型號——50-PM 41迫擊炮。德國人將其稱爲50毫米200（r）迫擊炮。它的雙腳架被一個和大型底盤相連的炮管套取代，另外，它也使用了氣體入口系統，但這種型號的迫擊炮的生產數量不多。蘇聯的生產重點是50-PM 40迫擊炮。

蘇聯的連和班級部隊都使用50毫米迫擊炮，同時蘇聯的營級部隊開始使用口徑爲82毫米的迫擊炮。82毫米迫擊炮系列主要有三種型號。82-PM 36迫擊炮直接仿製了法國布朗特公司的27/31迫擊炮。德國人稱爲82毫米274/1（r）迫擊炮。它的改進型被稱爲82-PM37迫擊炮。這種迫擊炮帶有後坐力彈簧，射擊時可以減少雙腳架的負荷。德國人稱之爲82毫米274/2（r）迫擊炮。爲了便於大規模生產，簡化後的82-

PM41迫擊炮大量使用了鋼材衝壓製品，而且爲了便於手工拖拉，它的短小的支架底部安裝了輪子。德國將這種迫擊炮稱爲82毫米274/3（r）迫擊炮。82-PM41迫擊炮的改進型是82-PM 43迫擊炮，不僅支架底部安裝了輪子，而且連支架都做了進一步簡化。

山地迫擊炮

蘇聯還有一種值得一提的輕型迫擊炮。這就是口徑爲107毫米的107-PBHM38迫擊炮。這是一種專門用於山地作戰的迫擊炮，德國人稱之爲107毫米328（r）迫擊炮。它是82-PM 37迫擊炮的擴大型，可以用騾馬牽引，也可以拆卸成幾部分，打包運送，既可以用正常的"下降高度"的方法發射，也可以用扳機設置發射。在第二次世界大戰期間和第二次世界大戰後，這種迫擊炮的應用比較廣泛。

規格說明

50－PM 40迫擊炮
口徑：50毫米
長度：炮管長630毫米；
　　　炮膛長533毫米
重量：9.3千克
射角：45°~75°　　方向轉換角：9°~16°
最大射程：800米
炮彈重量：0.85千克

82－PM 41迫擊炮
口徑：82毫米
長度：炮管長1320毫米；
　　　炮膛長1225毫米
重量：45千克
射角：45°~85°　　方向轉換角：5°~10°
最大射程：3100米
炮彈重量：3.4千克

107－PBHM 38迫擊炮
口徑：107毫米
長度：炮管長1570毫米；炮膛長1400毫米
重量：170.7千克
射角：45°~80°　　方向轉換角：6°
最大射程：6315米
炮彈重量：8千克

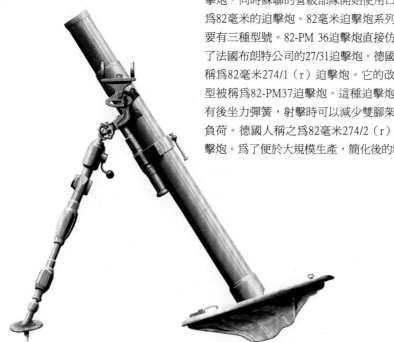

上圖：82-PM 37迫擊炮和法國"布朗特"系列迫擊炮關係極爲密切。它們的口徑都是82毫米。爲了降低後坐力對瞄準系統的影響，蘇聯生產的這種迫擊炮在炮管和雙腳架之間使用了圓形底盤和後坐力彈簧

上圖：蘇聯一線部隊大量使用82毫米迫擊炮。步兵在發起衝鋒之前，使用這種迫擊炮可以消滅敵人的火力

上圖：蘇聯陸軍發現50毫米迫擊炮之類的武器非常適合城市戰。它的彈道較高，能夠越過樓房擊中目標

上圖：迫擊炮和管式大炮相比有一個突出的優點，如果需要，能夠擊中非常小的目標

120-HM 38 迫擊炮

蘇聯的口徑爲120毫米的120-HM 38迫擊炮是自有迫擊炮以來成效最爲顯著的迫擊炮之一。它是1938年裝備部隊的，直到今天仍在大範圍使用。這種武器的使用期限如此長的一個主要原因是它具備了炮彈重、機動能力強、射程遠等多種優點。在生產這種武器時，它被認爲是一種供團級部隊使用的迫擊炮，在提供支援火力時可以取代管式火炮。在第二次世界大戰期間，由於它的生產數量較多，所以蘇聯軍隊的營級部隊也裝備了這種武器。

從設計上看，120-HM 38迫擊炮沒有特別顯眼之處，但事實證明它的較大的圓形底盤非常有用，因爲它無須挖掘地面就可以迅速改變射角，調整好新的射擊方向；而傳統的矩形底盤在調整射擊方向時，常常需要不少時間。在武器和底盤相連的情況下，裝在輪式的支架上就可以運送到其他地方。安裝在炮口的弧形窗可以當作牽引環使用，並且可以裝在小型的107-PBHM 38迫擊炮使用的車架上。一般情況下，這種車架內部有一個鋁盒，可裝20發炮彈，既可以用車輛牽引，也可以用騾馬拖拉。

高度的機動性能

120-HM 38迫擊炮投入和撤出戰鬥的速度相對較爲迅速，所以在射擊後，常在德國人開始報復性射擊之前就迅速撤出陣地。

1941年和1942年，當德國軍隊席捲蘇聯大片國土的時候，德軍對蘇聯的120-HM 38迫擊炮的強大的火力和機動性的印象頗深。由於德軍多次領教了它的效力，所以德軍有充分的理由對它使用的炮彈彈頭進行深入檢查，隨後，德國決定以此爲基礎，設計出自己的迫擊炮炮彈。在短期內，作爲權宜之計，德軍大量使用從蘇軍手中繳獲的炮彈。德軍把這種迫擊炮命名爲120毫米378（r）迫擊炮。隨後，德國人進一步研究，並在德國進行了仿製。德國人把仿製的迫擊炮稱之爲120毫米42迫擊炮，並且廣泛應用於一些步兵部隊，甚至取代了提供支援火力的短管火炮。這樣，在東線的戰鬥中，交戰雙方使用的迫擊炮竟然完全一樣。

有效的炸彈

蘇聯和德國雙方的120-HM 38迫擊炮所發射的炮彈一般都是高爆炸彈，但是也能發射煙幕彈和化學彈（儘管化學彈從來沒在戰場上使用過）。炮彈射速爲每分鐘10發，所以在極短的時間內，一個由4門120-HM 38迫擊炮組成的炮連就能把大量炮彈傾瀉到敵人的陣地上。經過戰鬥，它的底盤需要重新固定炮位。但是120-HM43迫擊炮部分解決了這個問題。它和120-HM 42迫擊炮不同，它的炮管和雙腳架使用了彈簧裝填的後坐力吸收設置。從那之後，這種型號就沒有太大的變化，而且今天人們仍有可能遇到這種武器。時光飛逝，多少年過去了，它所使用的炮彈已發生了很大變化，並且它的射程和戰時相比已經提高了許多；它的另一大變化是，現代型的迫擊炮都可以裝在各類機動式車輛上。

蘇聯還研製和使用了更大口徑的160毫米的120-HM 38迫擊炮。這種迫擊炮的名字是160-HM 43。它使用的炮膛裝填和扳機發射設置供師級炮兵部隊使用。它能發射41.14千克裝有烈性炸藥的炮彈，最小射程是750米，最大射程是5150米，射速爲每分鐘3發。

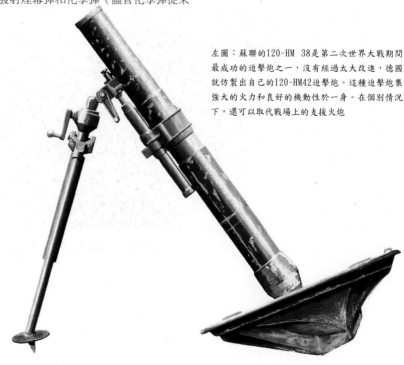

左圖：蘇聯的120-HM 38是第二次世界大戰期間最成功的迫擊炮之一，沒有經過太大改進，德國就仿製出自己的120-HM42迫擊炮。這種迫擊炮集強大的火力和良好的機動性於一身。在個別情況下，還可以取代戰場上的支援火炮

規格説明

120－HM 38迫擊炮

口徑：120毫米

長度：炮管長1862毫米；
　　　炮膛長1536毫米

重量：280.1千克（戰鬥中）

射角：45°~80°

方向轉換角：6°

最大射程：6000米

炮彈重量：16千克

德國的迫擊炮

在兩次世界大戰期間，德國的武器設計人員在迫擊炮的設計方面沒有任何準備，這樣，當德國需要輕型步兵迫擊炮時，萊茵金屬公司波西格廠的設計組在迫擊炮的設計中，沒有因循守舊去採用普通的炮管/底盤/雙腳架，而是設計出了一種迫擊炮，它的炮管和底盤永久性地連接在一起，沒有雙腳架，使用的是固定在底盤上的獨腿支架。這種小口徑迫擊炮就是50毫米的1936型輕型榴彈發射炮（leGrW36），1936年生產並裝備部隊。

德國人普遍喜愛自己設計的武器，leGrW 36就是一個極好的例子。從設在底盤上的轉向控制到非常複雜而完全多餘的望遠鏡，德國的設計人員費盡心機。他們希望安裝上望遠鏡能夠使這種武器盡可能地達到完美的程度，確保它的精確性，但是這種設置極少使用，因為只需在炮管上塗一條簡單的直線，一切問題都迎刃而解

了。1938年，這種設置被拆卸下來。

炮管底座有一個手柄，利用它，一名士兵就可以攜帶這種武器。雖然它比較小，但重量可不輕，有14千克。這樣一名士兵負責攜帶迫擊炮，另一名士兵負責背裝在一個鋼盒內的彈藥（它僅能發射裝有烈性炸藥的炮彈）。在作戰中，底盤置於地面上，炮管可以使用控制旋鈕進行調整。控制旋鈕雖然粗糙，但相當好用，可以使用扳機設置射擊。

就在德國的設計人員為他們的"傑作"而自豪的時候，前線的德軍對這種武器並不滿意。他們認為leGrW 36不僅太重，而且結構太複雜，使用的炮彈也不理想。它的炮彈僅重0.9千克，最大射程只有520米。

製造費用昂貴

從整體上看，雖然德國的設計人員費盡心機，但leGrW 36並沒有成為優秀的武器，他們把一件小型的武器搞得太複雜了，而且要想糾正它又需要一筆不小的費用，德國陸軍敏銳地察覺到這個問題，所以斷然採用了其他更先進的武器。

1941年，這種武器停止了生產。已經發送到前線士兵手中的leGrW 36則逐漸被性能更好的武器代替。那些被前線淘汰的leGrW 36則供二線部隊和要塞部隊使用，許多都被送到了西線，作為海灘防禦武器的一部分，供構築"大西洋壁壘"的部隊使用，有些則送給了意大利軍隊。

沿着口徑的階梯前進

德國陸軍的80毫米sGrW34榴彈發射器（又稱1934型

重型榴彈發射器）因其出色的精度和射速令盟軍前線士兵羨慕不已。只要有德國作戰的地方，就一定會有這種武器。因為從1939年到1945年5月戰爭結束的最後幾天時間內，它一直是德軍的標準武器。名義上它是德國萊茵金屬—波西格公司重新設計而成的，事實上，它更像法國的布朗特27/31迫擊炮。它們的口徑都是81.4毫米。

儘管它作為高質量的武器，名聲日盛，但是它的設計並沒有特別突出的地方。作為戰場上使用的武器，它之所以獲得盟軍士兵的厚愛，實則受益於使用它的德軍士兵，德軍士兵經過了嚴格的訓練，從而發揮了它的最大效能。在整個戰爭期間，德軍的迫擊炮人員一直優於對手。他們成為操縱sGrW34迫擊炮的行家手裏，既能快速投入戰場，又能迅速撤出戰鬥，而且善於使用標航線盤和其他火控設置，從而把精確射擊發揮到出神入化的程度。

sGrW34迫擊炮的設計簡單，製作精良（後期製造更注重結實耐用）。它可以拆卸成三部分供士兵攜帶，其餘人攜帶彈藥。另外，還有一種型號可以裝在SdKfz 250/7半履帶車輛後部的支架上。

生產sGrW34迫擊炮的廠商

規格說明

LeGrW 36迫擊炮

口徑：50毫米
長度：0.465米（炮管）；0.35米（炮膛）
重量：14千克（戰鬥中）
射角：42°~90°　方向轉換角：34°
最大射程：520米
炮彈重量：0.9千克

sGrW 34迫擊炮

口徑：81.4毫米
長度：1.143米（炮管）；1.033米（炮膛）
重量：56.7千克（戰鬥中）
射角：40°~90°　方向轉換角：9°~15°
最大射程：2400米
炮彈重量：3.5千克

leIG 18迫擊炮

口徑：75毫米
長度：0.9米（炮全長）；0.884米（炮管長）
重量：400千克（戰鬥中）
射角：10°~73°　方向轉換角：12°
初速：210米／秒
最大射程：3550米
炮彈重量：HE5.45或6千克；空心裝藥炮彈3千克

有好幾家,而生產彈藥的廠商就更多了。sGrW34迫擊炮使用的彈藥的種類繁多,其中包括通用的高爆炮彈、煙幕彈等,而且經過革新,德國又生產出了照明彈和能夠幫助飛機對地攻擊的目標指向炮彈。德國人甚至還研製出一種特殊的80毫米的39型的"反彈炮彈",擊中地面後反彈到空中,飛到預定高度後爆炸。使用小型火箭發射器就能發射這種炮彈。這種炮彈和常規炮彈相比,炮彈碎片的覆蓋範圍大,殺傷力更強。不過這種典型的德式炮彈真的太昂貴了,並且一般情況下,性能也不太可靠,所以生產數量有限。SGrW34迫擊炮還有一個額外的優點,它能發射各種德國所繳獲的(迫擊炮)炮彈。不過使用這些炮彈時,它的射程會受到一定影響。

德國在1940年還研製出一種供空降部隊使用的特殊sGrW34迫擊炮——kGrw42迫擊炮。這種迫擊炮的炮管較短,大約從1942年起,開始批量生產。但是空降部隊並沒有得到多少,大部分都取代了小型的50毫米 leGrW36迫擊炮。它和sGrW34使用的炸彈相同,但最大射程卻減少了一半還多。

步兵火炮

在第一次世界大戰中,德國陸軍在戰術上獲得了許多經驗,其中之一就是德軍希望能夠向每一個步兵營提供炮火支援,所以德軍要求每一個步兵營裝備輕型火炮。在20世紀20年代,德國武器工業受到了嚴格限制,研製一種新式的輕型步兵火炮成為德軍研製的重點。早在1927年,萊茵金屬公司波西格廠生產出了一種口徑為75毫米的迫擊炮,並且在1932年裝備部隊。這種迫擊炮被命名為75毫米 leIG 18迫擊炮。

第一批75毫米IeIG 18迫擊炮使用了木製輻輪,後來供摩托化部隊使用的迫擊炮則使用了帶有橡膠輪胎的金屬輪。IeIG 18迫擊炮使用了非同尋常的彈藥裝填設置:控制桿運行時,彈膛並沒有打開,而是等到整個炮管區向上移動到方形制動器時,炮彈才進入炮膛。這一系統是德國的又一

大創新,而且只有德國自己使用這種系統。這種系統和常規系統相比並沒有真正的優勢可言。這種迫擊炮的其他部件都屬於傳統設計,結實耐用而且性能可靠。它的炮管較短,射程有限。

兩種類型

leIG 18迫擊炮有兩種類型。一種供山地作戰的部隊使用。這種迫擊炮是18型輕型山地步兵火炮,於1935年開始研製。它可以拆卸成10部分,可以用騾馬或輕型車輛打包裝運。為了節省重量,原來普遍使用的箱式炮架被管式鋼鐵支架代替,並且盾牌可根據需要使用。leGebIG 18迫擊炮比最初的IeIG 18迫擊炮重得多,但是由於可以打包裝運,所以更適合於作為機動火炮使用。這意味着它屬過渡性武器,但直到1945年,德軍還在使用這種迫擊炮。另外,德國還生產了一種供空降部隊使用的leIG 18F迫擊炮,其中F代表傘兵。這種武器可以被拆卸為4部分,裝在特製的箱子內。它的輪子較小,沒有盾牌,也沒有管式鋼製支架。作為無後坐力火炮,製造商在接受任務之前僅生產了6門。

上圖:作戰中的80毫米sGrW 34迫擊炮炮手。他正把梨形的炮彈裝進炮口。炮彈從炮口沿炮管下降到固定的撞針位置處,擊發助推彈藥,炮彈就會飛向遠方。它的最大射程是2400米

上圖:從圖中可以清楚地看到80毫米sGrW34迫擊炮的炮彈形狀。這枚炮彈正在裝入炮口。這種炮彈重3.5千克。彈尾有幾個鰭狀的尾翼,有助於炮彈飛行的穩定性。一名士兵正在使用安裝在雙腳架上的簡單的瞄準具調整方位角

上圖:1940年,炮兵正在接受75毫米 leIG 18迫擊炮的操作訓練。注意:正在遞送給裝炮手的炮彈的體積較小,一名士兵正跪在炮架後部,這樣做可以起到穩定迫擊炮的作用

右圖:50毫米leGrW迫擊炮是第二次世界大戰初期德國陸軍的標準輕型迫擊炮。它發射的炮彈較小,並且設計過於複雜,因此,從1941年開始就逐漸退出了前線

英國的迫擊炮

英國的迫擊炮生產於1918年第一次世界大戰即將結束之際，但是沒有使用多久，在1919年就被廢棄了。直至20世紀30年代，英國軍隊再也沒有使用過輕型迫擊炮。20世紀30年代，班、排級部隊使用輕型迫擊炮的觀念再次盛行起來。當時英國還沒有研製小型迫擊炮的歷史，所以英國決定舉行一次選拔賽，從各個武器製造公司的設計方案中挑選。英國首先從各公司採購了一些模型，經過一系列試驗後從中選中了一種設計。

獲勝的設計

優勝者是來自西班牙ECIA製造公司的設計。英軍認為該公司的最初模型需要改

進。英國完成改進工作後，於1938年全面投入生產。最初的型號被稱為Mk II ML迫擊炮（使用口徑為50.8毫米的炮彈）（ML代表炮口裝彈）。這種迫擊炮有一長串的標記和小標記。在基本設計中，口徑為50.8毫米的迫擊炮有兩種類型。一種是純步兵使用型號，只有一根簡單的炮管、一個較小的底盤和裝彈後發射炮彈的扳機設置。第二種安裝在輕型履帶車上，它的底盤較大，瞄準系統更加複雜。如果需要，使用手柄就可以從車輛上拆卸下來，在地面上使用。然而這兩種迫擊炮至少有14處不同的地方，它們的炮管長度、瞄準設置和生產方法各有不同。另外，英國還生產了供印度陸軍和英國空降師使用的特殊型

號。

炮彈類型

為了和迫擊炮的類型相適應，英國開發出一系列不同類型的炮彈。50.8毫米迫擊炮常用的是高爆炮彈，但有時也使用煙幕彈和照明彈，後者主要用於夜間目標照明。它使用扳機設置射擊，射擊角度接近零度。在逐屋爭奪戰中，這種設置尤為重要。正常情況下，它的炮彈裝在管子內，每根管子可裝3發炮彈，三根管子為一包。正常情況下，50.8毫米迫擊炮小組由兩名士兵組成，一名士兵負責攜帶迫擊炮，另一名士兵負責攜帶彈藥。

76.2毫米迫擊炮

英國陸軍最早使用76.2毫米迫擊炮的時間是1917年3月。這種迫擊炮最初的型號是"斯托克斯"迫擊炮，英軍在第一次世界大戰後一直使用。在兩次世界大戰之間——經濟蕭條的20世紀20年代，英軍的

下圖：在第二次世界大戰期間，76.2毫米迫擊炮是英國和英聯邦軍隊的標準步兵支援武器。這種迫擊炮的作戰能力較強，具有較高的使用價值。但是在戰爭初期，和同類的迫擊炮相比，它的射程較近。經過對助推彈藥和炮彈的逐步改進，其射程得到提高。它使用方便，越來越受英軍士兵的喜愛

規格說明

50.8毫米Mk II迫擊炮

口徑：50.8毫米

長度：炮管長665毫米；炮膛長506.5毫米

重量：4.1千克（戰鬥中）

最大射程：455米

炮彈重量：1.02千克（HE炮彈）

76.2毫米Mk II迫擊炮

口徑：76.2毫米

全長：1295毫米

炮管長：1190毫米

重量：57.2千克（戰鬥中）

射角：45°~80°方向轉換角：11°

最大射程：2515米

炮彈重量：4.54千克（HE炮彈）

106.7毫米迫擊炮

口徑：106.7毫米

長度：炮管長1730毫米；炮膛長1565米

重量：599千克（戰鬥中）

射角：45°~80°

方向轉換角：10°

最大射程：3750米

炮彈重量：9.07千克

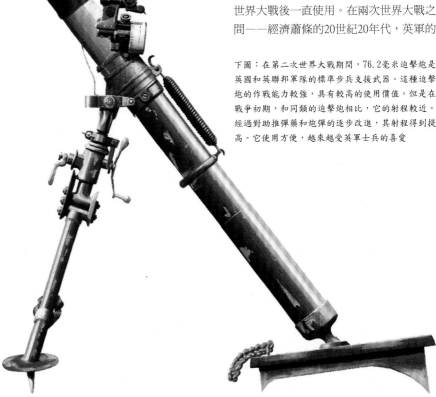

上圖：圖中士兵正在表演給50.8毫米迫擊炮裝彈。這種迫擊炮使用較大的"卡里亞"底盤

上圖：英國漢普郡團第1營的士兵在西西里的戰鬥中使用了50.8毫米迫擊炮。圖中炮手扣動扳機後，他的戰友正在觀察炮彈下落情況

上圖：在1943年西西里戰役中，盟軍使用106.7毫米迫擊炮攻擊埃特納山下的德軍陣地。炮兵手捂耳朵，以免遭炮口風的傷害

武器研製費用少得可憐，所以"斯托克斯"迫擊炮雖然使用多年，卻沒有任何改進。然而，在20世紀30年代初期，英國對它的基本設計進行改進後，1932年，決定用76.2毫米迫擊炮取代94毫米榴彈炮，並把76.2毫米ML迫擊炮定為英軍一線部隊的標準步兵支援武器。標準的迫擊炮並不是最初的76.2毫米Mk I ML迫擊炮，而是76.2毫米Mk II ML迫擊炮。1939年9月第二次世界大戰爆發後，英國軍隊使用的就是這種迫擊炮。它和第一次世界大戰中使用的Mk I迫擊炮有許多不同之處，尤其是彈藥。Mk II迫擊炮的炮彈使用了法國布朗特武器公司發明的多項創新性設計。

需要更遠的射程

戰爭爆發後，事情變得一清二楚，盡管Mk II迫擊炮結實耐用，性能可靠，但和同類型的迫擊炮相比，它的射程太近。早期的Mk II迫擊炮的射程只有1465米，而德國的80毫米sGrW34迫擊炮的射程卻高達2400米。使用新式助推彈藥後，經過一系列試驗，Mk II迫擊炮克服了早期的缺陷，射程增加到2515米，但要把新式炮彈送到前線士兵手中，還需要一些時間，所以有時，英國軍隊使用許多從德軍手中繳獲來的迫擊炮，尤其是在北非戰役期間。

除了彈藥上的差異外，英國還進行了其他改動。後來的Mk IV迫擊炮採用了各種研製成果。這種迫擊炮裝備了新式底盤（這種底盤較重），瞄準設置也得到了改

進。另外，英國還生產了一種特殊的型號——Mk V輕型迫擊炮。這種迫擊炮只生產了5000門，主要在遠東使用，並且出於顯而易見的原因，一部分送給了英國的空降師。

運輸方式

迫擊炮投入戰鬥時常用的方法是拆卸成三部分，由人力攜帶。但英國機械化營的迫擊炮都裝在特殊的通用運輸車輛上。有些迫擊炮是用車輛運輸的，然後在地面組裝供地面作戰使用，迫擊炮本身不能從車輛上射擊。車輛還可以存放迫擊炮的彈藥。運送迫擊炮時，先把炮管和雙腳架放在一個箱子內，然後再把底盤放在另一個箱子內，第三個箱子裝運彈藥。

最短的射程

英軍的迫擊炮主要使用高爆炮彈和煙幕彈，儘管英國也研製了其他類型的炮彈，如照明彈。通過增加助推彈藥和調整炮管射角，可以把炮彈發射到115米的地方。在近距離作戰中，迫擊炮是一種非常有用的武器。

從某種程度上講，76.2毫米迫擊炮從來沒有贏得士兵們的敬意。相反，英國軍隊士兵對敵人的迫擊炮卻羨慕不已。但是，不可否認，在克服最初射程較近的缺陷後，事實證明，76.2毫米迫擊炮已經成為相當不錯的武器。英國陸軍直到20世紀60年代還在使用這種迫擊炮。事實上，英

聯邦國家中有些小國的軍隊也使用過這種迫擊炮。

106.7毫米迫擊炮

到1941年時，英國陸軍參謀部的決策人員發現英軍迫切需要一種能夠發射煙幕彈和其他用途炮彈的迫擊炮。在戰場上投放煙幕彈能起到遮蔽、掩護或其他目的。在這種情況下，英國陸軍領導人無疑非常重視來自前線部隊的報告。英國前線部隊特別重視德國投放煙幕的部隊的作戰能力。德軍的煙幕部隊使用100毫米Nebelwerfer迫擊炮。

根據前線部隊的報告，英國研製出新式的106.7毫米重型迫擊炮。但是就在準備裝備給英國工程兵投放煙幕的部隊時，英國改變了決定——把這種迫擊炮改裝成能夠發射常規高爆炮彈的重型迫擊炮，供英國皇家炮兵（連）使用。這樣，這種新式迫擊炮就變成了SB 106.7毫米迫擊炮（SB代表平滑炮膛）。

106.7毫米迫擊炮投入生產之際，正趕上英國國防工業全面展開之時，當時的所有生產設施都存在原料供應不足的情況。尤其值得注意的是它的炮彈生產，為了減輕重量，設計人員想使用鑄鋼材料製造炮彈的彈體，這樣炮彈的彈道會更加合理，當時由於缺少所需的鍛壓設施，所以無法使用這種彈體。這種新式迫擊炮的最大射程只有3020米，而不是所需要的4025米。

別無選擇

由於當時的新式流線型炮彈尚未投入生產，所以英軍只好使用這些短射程炮彈。新式炮彈是用鑄鋼製造而成的，它們的射程達到3660米。那個時候，迫擊炮主要使用高爆炮彈，但仍然保留了最初投放煙幕彈的功能，所以英國也生產了一部分煙幕彈。

沉重的裝備

想用人力移動106.7毫米迫擊炮可不是一件易事，所以一般情況下，投入戰場時，這種迫擊炮需要使用吉普車或其他輕型車輛牽引。它的底盤和炮管/雙腳架設計比較合理，無須花費太大的力氣就可以安放在輪式支架上，炮管和雙腳架可以快速組裝。甚至用通用汽車裝運時比這還要簡單，從背後放下底盤，插入炮管，夾好雙腳架，基本上就可以發射了。撤出戰鬥和投入戰鬥一樣快捷。這樣它就引起了那些火力支援部隊的疑慮。他們對106.7毫米迫擊炮進行評估的時候發現：一個106.7毫米迫擊炮連射擊後，在敵人的防炮兵火力到來之前，已經撤出陣地。而在106.7毫米迫擊炮連撤出一段距離後，靠近迫擊炮連原來陣地的部隊正好會遭到敵人炮火的打擊，而敵人的炮火本來是想報復迫擊炮連的。

106.7毫米迫擊炮在英國皇家炮兵中使用較為廣泛，許多野戰團都裝備了機槍或106.7毫米迫擊炮。從1942年下半年開始，所有現役的英國軍隊都使用106.7毫米迫擊炮。在朝鮮戰爭期間，英國軍隊仍在使用這種迫擊炮。英軍使用這種迫擊炮攻擊位於山後或山谷後坡的目標。

上圖：圖中是1944年6月下旬的諾曼底戰役中英國皇家蘇格蘭步槍團的一個50.8毫米迫擊炮小組。這種迫擊炮的體積小，便於攜帶，使用方便

上圖：在1945年1月的殘酷戰鬥中，盟軍士兵使用76.2毫米迫擊炮攻擊馬斯河對岸的德軍陣地。從他們堆放的備用炮彈可以看出，這個炮兵小組執行任務的時間較長

下圖：圖中是1944年6月的諾曼底戰役中，使用76.2毫米迫擊炮的是蘇格蘭高地警衛團的士兵。這門迫擊炮放置在一個挖掘的坑內，並且使用了偽裝網

美國的迫擊炮

美國的迫擊炮小組一直把他們的迫擊炮稱為"加農炮"。在第二次世界大戰期間，美軍使用了大量的迫擊炮。美軍使用的小型迫擊炮——60毫米M2迫擊炮並非源自美國，而是購買了法國布朗特公司的生產許可證後製造的。1938年，美國購買了8門"布朗特"迫擊炮供評估之用。美國人稱之為60毫米M1迫擊炮。美國人馬上意識到它的能力，並購買了它的生產許可證。不久，美國開始生產這種迫擊炮。這種迫擊炮被命名為60毫米M2迫擊炮，後來成為美國陸軍的標準迫擊炮，供連級部隊使用。美國生產了包括標準的M49A2HE炮彈在內各種類型的炮彈。另外，美國還生產了一種古怪的M83炮彈，這種炸彈可以在夜晚照明，幫助發現低空飛行的飛機，這樣，地面部隊使用輕型防空武器就可以對付敵人低空飛行的飛機。

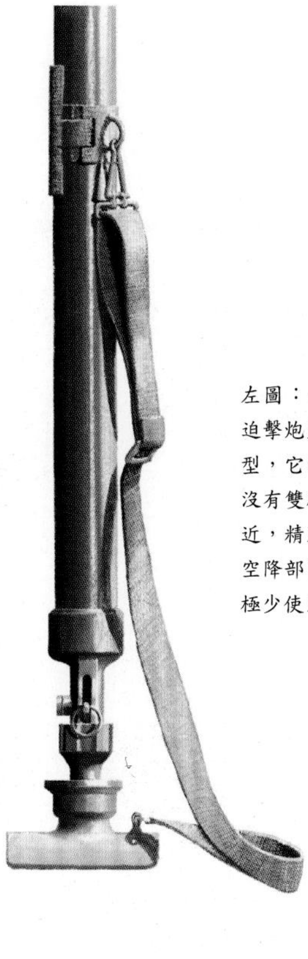

左圖：美國的60毫米M19迫擊炮是M2迫擊炮的簡化型，它的底盤非常簡單，沒有雙腳架。它的射程較近，精度不夠，除了美國空降部隊使用，其他部隊極少使用

儘管M2迫擊炮的性能不錯，提高了美國陸軍戰場的支援能力——小規模部隊也能提供火力支援，但美國陸軍決策者不久就意識到，可以使用美國的技術改進這種先進的迫擊炮。改進的內容主要和減少重量、提高機動能力有關。

表現不佳

在M2迫擊炮的基礎上，美國研製出自己的60毫米M19迫擊炮。它和英國的50.8毫米迫擊炮非常相似，美國人認為它們是同級別的迫擊炮。M19迫擊炮和60毫米M2迫擊炮相比，主要變化是它沒有支撐炮管前部的雙腳架，它使用的大型方形底盤（帶有圓角）被小型的矩形底盤所取代。新底盤也有圓角，底盤的四個角向下彎曲和底盤的中心線相連，這樣射擊時底盤各邊可以互相支撐。

M19迫擊炮的生產數量不多，因為裝備部隊後不久，人們發現它的射程和精度存在着一定的缺陷。由於空降部隊的傘兵和滑翔機部隊需要輕型支援武器，所以大多數的M19迫擊炮都落到了他們的手中。M19和M2迫擊炮的射程相同，但每次只能裝助推火藥一次；而M2迫擊炮則可以裝助推火藥五次。M2迫擊炮的數據包括：口徑為60.5毫米，全長0.726米，戰鬥重量為9千克；由於它安裝在通用型接口上，所以射角和方向轉換角度不受限制；最小射程68米，最大射程為750米。高爆炸彈重1.36千克，初速為89米/秒，有效射程為320米。

重型火力

美國陸軍標準的營級部隊使用的迫擊炮是布朗特公司的另一種迫擊炮（根據許可證生產），它更接近於27/31迫擊炮的設計。美國自己生產的這種迫擊炮被命名為81毫米M1迫擊炮。為了適應本國生產，美國對它進行了輕微改動。第二次世界大戰期間，這種迫擊炮全面投入生產。第二次

世界大戰的每一個戰區，凡是有美軍戰鬥的地方，一定會有M1迫擊炮。這種迫擊炮的炮彈有多種類型，其中至少包括兩種高爆炸彈和一種煙幕彈。從戰術上講，它的射程校正托架製造得非常靈活，它的助推火藥可以使用6次。

美國人使用了一種古怪的裝置，可以把迫擊炮和炮彈裝在小型手推車上，兩名士兵就可以推動。這種設置被稱為M6A1"手推車"。另外還有一種手推車可以用騾子拉運，騾子使用的工具經過了特別的改裝。不過，使用最多的還是M21半履帶式車輛，M1迫擊炮無須從車上拆卸下來就可以射擊。

輕微改進

在整個使用期間，M1迫擊炮基本上沒有什麼變化。它使用了特殊的T1炮管延伸管，可以延長炮彈的射程，但使用的機會不多。另外，它還有一種縮短的型號，名

規格說明

60毫米M2迫擊炮

口徑：60毫米

長度：0.726米（炮管長）

重量：19.05千克（戰鬥中）

射角：40°~85°　方向轉換角：14°

最大射程：1815米

炮彈重量：1.36千克

81毫米M1迫擊炮

口徑：81.4毫米

長度：1.257米（炮管長）

重量：61.7千克（戰鬥中）

射角：40°~85°　方向轉換角：14°

最大射程：3008米

炮彈重量：3.12千克

106.7毫米化學迫擊炮

口徑：106.7毫米

長度：1.019米（炮管長）

重量：149.7千克（戰鬥中）

射角：45°~59°　方向轉換角：7°

最大射程：4023米

炮彈重量：14.5千克

為T27 "通用" 型迫擊炮。人們對它寄予了厚望，但在使用期間，並沒有被士兵接受。

或許在整個第二次世界大戰期間，美國最著名的迫擊炮還要數106.7毫米化學迫擊炮。其名聲如此顯赫的主要原因是，直到最近幾年美軍還在使用。和同類型的英國迫擊炮一樣，它是用來發射煙幕彈的（因此被定名為化學迫擊炮），但是不久後就發現它發射高爆炸彈效果也非常有效。這種迫擊炮又大又笨，底盤又大又重（後來被輕型底盤代替）。它的炮管有膛線，發射的炮彈和常規火炮的炮彈極其類似。由於炮管帶有膛線，所以106.7毫米化學迫擊炮極為精確，它的炮彈也比平滑炮膛使用的炮彈要重一些。在作戰中，這種迫擊炮常用作步兵支援武器，但投放煙幕彈的部隊也使用這種迫擊炮。106.7毫米化學迫擊炮的主要缺陷是體積和重量，部署起來相當困難。為了裝運這種迫擊炮，美國發明了各種自行牽引車輛。

特殊用途的迫擊炮

美國還製造了口徑為105毫米的T13迫擊炮和口徑為6.1英寸的155毫米T25迫擊炮，但這兩種迫擊炮的使用極其有限。T13迫擊炮生產於1944年，它的主要用途是：在兩棲部隊登陸而重型武器沒有到達時，使用T13迫擊炮能夠提供迅速的炮火支援。這種迫擊炮重86.4千克，發射的炮彈重15.9千克，最大射程為3660米。然而，106.7毫米化學迫擊炮的實用性更強，它的炮彈類型繁多，許多種類型的炮彈對T13迫擊炮來說根本不能使用，而且，少數剛剛製造和發放的T13迫擊炮，在第二次世界大戰結束後就被立即收回了。

和T13迫擊炮同時期的T25迫擊炮主要用於向兩棲部隊提供重型火力支援。在西南太平洋戰區，美國曾少量使用。大多數都用於作戰評估了。T25迫擊炮重259.2千克，發射的炮彈重28.83千克，最大射程為2285米。

上圖：圖中為在所羅門戰役中，美軍在阿倫德爾島使用的106.7毫米化學迫擊炮。注意這門迫擊炮使用的一堆炮彈。這些炮彈的形狀和常規火炮的炮彈極為相似

上圖：81毫米M1迫擊炮（圖中）在這種地形中正好發揮它的特長。在高射擊角度的情況下，它的炮彈可以穿過如樹林之類的障礙物，把炮彈投送到敵人的陣地上

上圖：60毫米M2輕型迫擊炮是一種比較理想的武器。它可以向前線的小規模部隊提供火力支援。炮彈離開炮口時，初速度是158米/秒

上圖：迫擊炮的炮管頂端可以上下移動，也可以使用炮管設置下的螺絲轉換射擊方向

上圖：81毫米M1迫擊炮之類的武器在步兵作戰中具有極高的價值。因為在近距離的戰場上，迫擊炮的炮彈能夠迅速、準確地落到敵人頭上

輕型迫擊炮

一般情況下，輕型迫擊炮是這樣定義的：口徑最大不超過60毫米，重量（拆卸成幾大部分時）要輕到足以使人力攜帶。奧地利的SMI公司在迫擊炮的生產中

使用了多種金屬原料及加工方法，對迫擊炮的設計、開發和製造產生了重大影響，但迫擊炮僅是該公司生產的武器之一。該公司生產的許多輕型迫擊炮的性能都非常先進。

三種類型

從口徑上看，該公司生產的最小口徑的迫擊炮是60毫米M6。它有三種類型：M6/214標準迫擊炮、M6/314遠程迫擊炮和M6/530輕型迫擊炮。其中設計最傳統的是M6/314迫擊炮，它的炮管較長。M6/530迫擊炮又被稱為M6/530"突擊隊"迫擊炮，它的炮管較輕，沒有雙腳架，僅有一個小型底盤，主要供單兵使用，可以裝上扳機設置。這三種迫擊炮都可以發射60毫米迫擊炮的炮彈，但是SMI公司自己生產的HE-80炮彈重1.6千克，M6/314遠程迫擊炮

發射這種炮彈，射程能達到4200米。

先進的武器

英國研製51毫米迫擊炮是為了取代第二次世界大戰前設計的51毫米迫擊炮。研製這種新式迫擊炮的工作始於20世紀70年代初期，主要由皇家武器研究所負責。經過大量工作，該研究所研製出一種新式迫擊炮。這種迫擊炮有一個獨腿支架，但最後由於沒有成功而放棄了。

英國陸軍排級部隊使用51毫米迫擊炮。這種迫擊炮從外觀上看和其他國家的突擊隊使用的迫擊炮非常相似，但它的結構更為複雜。它主要由炮管和底盤組成，但設計更為精細。迫擊炮使用了一種系索操作式扳機設置。它使用的瞄準具非常複雜，帶有可以在夜間使用的嵌入式照明設置。英國設計這種迫擊炮主要強調了它的近距離作戰能力，它的射程可以近到50米。它使用了一種近距離嵌入設置（SRI），正常情況下，可以裝在炮管內部的炮口罩內。使用時，把SRI插入到炮

管底部，起到延長的撞針的作用，同時，圍繞SRI的助推氣體可以減小低處炮管的壓力，這樣可以減小炮口的初速度和射程。

正常情況下，迫擊炮的最小射程為150米，最大射程為800米。單兵使用網式背帶就可以攜帶，並且在戰鬥中，炮管綁上網式橡膠帶有助於瞄準和炮管的穩定。炮彈裝在帆布包和蛛網狀的包內，清潔工具和其他輔助性工具可以裝在網狀的皮夾內。

彈藥種類有高爆炮彈、照明彈和煙幕彈。高爆炮彈內裝有鋸齒狀的防步兵碎片。它有一個較細密的設計是，在戰鬥最激烈的時候，不能重複裝彈，如果重複裝彈，第二發炮彈就會從炮口向外突出。高爆炮彈裝有防步兵碎片，它產生的致命性殺傷面積相當於老式的50.8毫米迫擊炮炮彈殺傷面積的5倍。

上圖：在韓國舉行的一次演習中，一名美軍步兵肩扛81毫米M29迫擊炮的重型三腳架。由於這種迫擊炮太重，無法滿足現代戰場上的需要，所以美軍研製出了60毫米M224迫擊炮

左圖：這是美國陸軍的M224輕型連用迫擊炮。它安裝在最簡單的輔助性底盤上，沒有雙腳架。M224迫擊炮的性能優越。它的炮彈安裝了先進的引信系統

英軍使用的51毫米迫擊炮的用途之一是向"米蘭"反坦克導彈小組在夜間作戰時提供照明；煙幕彈可以應用於所有步兵作戰類型，而高爆炮彈的使用已久。

基本的人力攜帶包可以裝5發炮彈。在不影響正常作戰載重能力的情況下，每個步兵能攜帶一門迫擊炮和一個彈藥包。

瑞典軍工企業雖然規模小，但技術卻相當先進。它生產的"萊蘭"迫擊炮是一種特殊的步兵支援武器。它只能發射照明彈。使用步兵支援武器發射照明彈並不是什麼新鮮玩意，但是它的用途卻越來越重要。很久以來，各國軍隊在戰場上都使用迫擊炮發射特殊的炮彈，這種炮彈可以把小型降落傘彈射到很遠的目標上空，然後起爆大威力的照明藥，光亮把地面照射得如同白晝，利用光亮，導彈小組能夠找到所要攻擊的敵人或裝甲目標。照明彈只有這兩種用途。

單兵攜帶能力

"萊蘭"迫擊炮是由博福斯公司設計、研製和生產的。它的步兵型號（還有一種型號專門供作戰車輛使用）可以裝在兩個塑料包內。一個包裝炮管和兩顆照明彈；另一個包裝4顆照明彈。需要時，從包內取出炮管，用螺絲擰進塑料包上面的彈槽內。射手坐在包上，使用水平儀把炮管調整到47度角。然後，取出照明彈，彈頭引信上貼有各種標記，注明它的射程——400米或800米。然後，把炮彈放在炮管底部，正常狀態下即可發射。降落傘打開前，射擊高度在200~300米之間，降落傘打開後，照明時間大約為25秒。在160米的高空，照明面積大約為630米（直徑範圍）。

多年來，美國陸軍一直把81毫米M29迫擊炮當作標準武器使用。雖然開始時這種迫擊炮非常成功，但是後來在越南戰爭期間，隨着標準的提高，美軍認為這種迫擊炮的射程不夠，而且太重，所以美國陸軍決定轉而使用第二次世界大戰時的60毫米迫擊炮。20世紀60年代，改進後的60毫米迫擊炮的射程增加了許多。經過長期研製，美國又生產出60毫米M224輕型連用迫擊炮。這種迫擊炮的炮管較長，供步兵、空降部隊和空中機動步兵部隊使用。它安

上圖：一名英軍步兵正準備把炮彈裝進2英寸迫擊炮的炮口。這種迫擊炮供班級部隊使用，除了能大量發射高爆炮彈之外，還能發射照明彈和煙幕彈

裝了"突擊隊"型迫擊炮中使用的常規雙腳架或簡單的底盤。底盤之類的組件是用鋁合金製造成的，整個武器可以被拆卸為兩部分，供人力攜帶，也可以安裝在車輛上使用。

M224迫擊炮的主要組成部分有：6.53千克的M225加農炮組件；6.9千克M170雙腳架組件；6.53千克M14底盤組件和1.63M81輔助性底盤，以及如M64瞄準具之類的設置。M224迫擊炮每分鐘能發射30發炮彈，持續性射速為每分鐘20發炮彈。

先進引信

或許，M224迫擊炮的最重要的設計是發射的彈藥，尤其是它使用的多用途引信。M224迫擊炮可以發射高爆照明彈、煙幕彈和訓練彈。它的多用途引信被稱為M734。它是美軍最先使用的一種電子元件。M734有四種引爆設置可供選擇：高空空炸引信、低空空炸引信、彈頭引信和延遲引信。這四種引信嵌入炮彈的彈頭處，如果所選擇的引信沒有起動，那麼它會自動選擇下一種引信。例如，如果選中了低空空炸引信，而它卻沒有起動，那麼炮彈就會自動選中彈頭引信，如此類推。當炮彈擊中地面時，如果炮彈還未爆炸，那麼

它就會自動轉為延遲引信。炮彈飛行時，空氣穿過一個微型渦輪，連通彈頭內部的微型線路，這樣，引信需要的電能就產生了。

這種炮彈的高空空炸引信或低空空炸引信相當可靠。為了提高炮彈的毀滅效果，引信會按照選中的引爆方式運行，而且彈內碎片的擴散面積接近於81毫米炮彈的殺傷效果。這種電子引信的造價昂貴。為了把費用降到合理的水平，武器公司一

般都採用大批量生產。

激光幫助

為了和M224迫擊炮與它的電子引信炮彈相匹配，美國陸軍使用了能精確計算出目標距離的激光測距儀，使第一發炮彈就能準確地落在敵人頭上，從而達到最大的作戰效果。這樣，M224輕型運用迫擊炮一下就從最初的一種微不足道的武器成為一種不可或缺的武器系統。

當然，還有其他類型的輕型迫擊炮，比較典型的有法國三種60毫米"哈奇開斯-布朗特"迫擊炮；以色列52毫米和60毫米"索爾塔姆"迫擊炮；西班牙兩種ECIA60毫米迫擊炮；蘇聯（目前俄羅斯）各種類型的50毫米迫擊炮；南斯拉夫50毫米M8迫擊炮。

上圖："萊蘭"系統的組裝模式表明這種非常有用的照明系統的設計極為簡單。發射器可以安裝在攜帶箱上。箱內還可以裝兩顆照明彈。另一個箱子內裝有四顆炮彈

右圖：這名瑞典士兵攜帶一套完整的"萊蘭"系統，右手中是管炮和兩顆炮彈，左手中有四顆炮彈。所有這些可以裝在兩個塑料箱內。"萊蘭"系統僅用於夜間目標照明

中型迫擊炮

人們對中型迫擊炮的普遍定義是：口徑在60~102毫米之間，重量在35~70千克之間，發射炮彈重量在3.5~7千克之間，射程在1850~5500米之間。

輕型迫擊炮可以向連級小規模部隊提供戰術火力支援，而中型迫擊炮是一種威力更大的武器。中型迫擊炮一般裝備到營或團級部隊，用車輛運輸。它的實用性和致命性更強，射程更遠。

奧地利的SMI公司設計、開發和製造的中型迫擊炮是81.4毫米的M8迫擊炮。這種迫擊炮深受英國中型迫擊炮的影響，它的底盤大部分用鋁合金製成，炮管用優質鋼製成。和SMI公司的M6輕型迫擊炮一樣，M8迫擊炮也分為幾種類型：M8/122標準迫擊炮和M8/222遠程迫擊炮。後者較重，炮管較長。和連級部隊使用的輕型迫擊炮一樣，為了取得最好的戰鬥效果，它也使用了一種特殊的炮彈。M8/222遠程迫擊炮發射HE-70炮彈時，射程高達6500

米。奧地利研製這種迫擊炮的目的是為了取代奧地利陸軍使用的英製81毫米迫擊炮，並且SMI公司研製的系列中型迫擊炮還打入了國際武器市場。另外，該公司還生產出一種口徑為82毫米的迫擊炮，這種迫擊炮可以發射華約組織研製的炮彈。

優秀的英國迫擊炮

L16迫擊炮是第二次世界大戰後由英國研製最成功的武器之一，不僅英國陸軍，而且包括美國軍隊在內的許多國家的軍隊都使用這種迫擊炮。美國陸軍把這種迫擊炮稱為M252迫擊炮。81.4毫米L16迫擊炮獲得成功的主要原因之一是它能夠發射一種裝有強大助推火藥的炮彈。正常情況下，這種炮彈持續射擊時，會使炮管的溫度升高。L16迫擊炮的炮管比正常迫擊炮的炮管薄，炮管下半部分的周圍裝有冷卻作用的散熱片。這樣發射炮彈速度較快，射程明顯提高，有些類型的炮彈可以

發射到6000米甚至更遠。這種優勢同樣會帶來一些不利因素，如炮口風。

先進的設計

和炮管相比，L16迫擊炮的其他設計就遜色多了。它的支架因外形像字母"K"，所以被稱為"K"形支架，使用這種支架可以快速、方便地調整射角。底盤和瞄準具由加拿大設計。底盤經過了特殊加工，鋁合金澆鑄在模具內，模具的膨脹度可以控制。底盤可以360度角轉換，無須離開地面重新放置。

L16迫擊炮使用了不同類型的鋁合金。這種迫擊炮能發射北約軍隊的所有類型的81毫米炮彈。和其他武器一樣，迫擊炮使用與之相匹配的炮彈，會達到最佳的射擊效果。最新型的高爆殺傷炸彈是L36A2，重4.2千克，最大射程為5650米。其他炮彈包括煙幕彈、近程訓練彈和"布朗特"照明彈。

L16迫擊炮在馬島戰爭和海灣戰爭中都有不俗的表現。在馬島戰爭中，其表現可以從阿根廷的一些報道中看出，L16迫擊炮的炮彈安裝有熱導的制導系統，炮彈能絲毫不差地落在阿根廷士兵頭上，攻擊的精確程度實屬罕見。

L16迫擊炮使用特殊的支架時，可以安裝在FV432之類的裝甲車上。雖然英國已經研製出M113系列迫擊炮，但是正常情況下，英軍仍然使用L16迫擊炮，它可以分解成許多部件打包，靠人力攜帶到戰場上，投入戰鬥。

上圖：長期以來，各國都擔心在戰場上會遇到核生化武器的威脅。（圖中）L16迫擊炮炮兵身穿核生化防護服，正在接受核生化條件下的作戰訓練

一流的設計

自從第一次世界大戰以來，布朗特的名字一直和迫擊炮的設計、研製和製造密切相連。兩次世界大戰之間的設計成果大多被法國的斯托科斯·布朗特公司所繼承。該公司已經成為布朗特武器製造公司的一部分。今天，該公司生產的迫擊炮種類從輕型、中型和重型無所不包，應有盡有。布朗特中型迫擊炮的口徑為81毫米，它有多種型號，範圍從基本的MO 81-61C迫擊炮到有較長炮管的特殊型號，如MO81-61L迫擊炮，該迫擊炮的射程較遠。

結實耐用、效果顯著

這些迫擊炮的設計比較傳統。世界上許多國家的軍隊都購買了這種武器。為了與之相配，布朗特公司還生產了大量炮彈和與此相關的助推火藥。炮彈類型包括高爆炮彈、高爆殺傷彈、煙幕彈、照明彈和目標指示炸彈。目標指示炸彈主要為飛機指示目標。

蘇聯解體後，蘇聯陸軍被俄羅斯聯邦和其他多個較小國家瓜分。許多年來，蘇聯陸軍研製了大量的各種類型的迫擊炮。

令人吃驚的是，自第二次世界大戰結束後，蘇聯就保留了大量的輕型、中型和重型迫擊炮。這些迫擊炮的標準口徑有50毫米、82毫米、107毫米、120毫米和160毫米。

後來，雖然蘇聯軍隊把研製重點

上圖：標準的車輛攜帶型L16迫擊炮。它使用的FV432裝甲運兵車。車內存放了多發炮彈

放在了口徑為107毫米以上的重型迫擊炮上，但是蘇聯確實使用過中型迫擊炮。蘇聯最早的中型迫擊炮是1936年生產的82-PM36，它直接模仿了布朗特迫擊炮的炮口裝彈和平滑炮膛設計。隨後的82-PM 37和82-PM 36迫擊炮的主要區別是它們使用的炮彈不同（不是正方形底盤），而且在炮管和雙腳架之間，82-PM 37迫擊炮使用了後坐力彈簧。82-PM 41迫擊炮主要是為了提高機動性能而設計的，它的雙腳架

上圖：圖為朝鮮戰爭中，美軍的一個迫擊炮小組。此類戰鬥經常發生在夜間，迫擊炮的位置容易暴露，所以為了保護陣地，迫擊炮周圍要用沙袋加固，或者借助周圍自然環境來保護陣地的安全

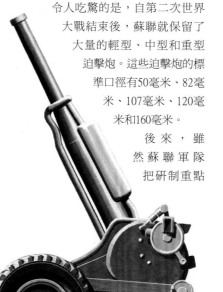

上圖：蘇聯20世紀60年代研製的"瓦西里"迫擊炮的重量相對較輕，但用途廣泛。它可以安裝在包括射擊平臺在內的大型炮架上，既可以直接射擊也可以間接射擊。和同類型的迫擊炮相比，它的射速較高

規格説明

L16迫擊炮

口徑：81.4毫米

長度：1.28米（炮管）

重量：37.85千克（迫擊炮）；4.2千克（HE炮彈）

最大射程：5650米

布朗特MO 82－61L迫擊炮

口徑：81.4毫米

長度：1.45米（炮管）

重量：41.5千克（迫擊炮）；
　　　4.325千克（HE炮彈）

最大射程：5000米

82－PM 41迫擊炮

口徑：82毫米

長度：1.22米（炮管）

重量：52千克（迫擊炮）

最大射程：2550米

帶有轉向軸設置，並帶有兩個衝壓而成的輪子，中心處有升降杆。82-PM 43和82-PM41迫擊炮的區別僅在於它有固定式輪子，而82-PM 41迫擊炮使用的是分離式輪子。

最後，在82-PM 37迫擊炮的基礎上，蘇聯又生產出了新式的82-PM 37迫擊炮。為了提高戰場上的機動能力，它使用了輕型底盤和三腳架。

固執而又怪異的設計

在眾多的迫擊炮中，蘇聯有一種非常怪異的名為"瓦西里"的小型自動迫擊炮。這種迫擊炮生產於1971年。它還有一個名字叫2B9迫擊炮。它的口徑為82毫米，可以安裝在一種山地炮的炮架上，使用輕型車輛牽引。架設完畢後，既可以像傳統火炮那樣直接射擊，也可以以較大射角射擊。在戰鬥中，炮架的輪子可以拆卸下來，放置在地面上，迫擊炮則放置在底盤上。這種迫擊炮可以手工從炮口裝彈，也可以使用4發炮彈的彈夾從彈膛處自動供彈。高爆炮彈重3.23千克，最大射程為4750米。

安裝在輕型裝甲車上的"瓦西里"迫擊炮有幾種類型，通常安裝在炮塔上使用。蘇聯（獨聯體）陸軍的每一個步兵營都裝備了6門"瓦西里"迫擊炮。但是事實上，或許只有一線師的摩托化或機械化營才會配備齊全。

由於81毫米迫擊炮的重量適當，能夠提供較好的火力，而且費用也能支付得起，所以許多國家的軍隊都使用這種口徑的迫擊炮。值得注意的是，有許多國家雖然和上述情況不同，但也製造和裝備了這種類型的迫擊炮。芬蘭塔米拉公司生產了兩種迫擊炮：M-38和M56。和塔米拉公司一樣，以色列另一家火炮製造商——索爾塔姆公司也擠進了迫擊炮市場。該公司生產的主要武器是81毫米M-64中型迫擊炮。這種迫擊炮有各種型號：短小炮管型、長炮管型和雙炮管型。西班牙的ECIA公司則生產了81毫米L-N型和L-L型迫擊炮。

右圖：迫擊炮射擊時，炮口產生強大的高壓波會損傷操作人員的耳朵。所以圖中美軍迫擊炮的炮兵手捂耳朵，至少能起到一定的保護作用。目前炮兵已經普遍使用耳朵保護裝置

上圖：照片拍攝於越南戰爭期間。這支美國的迫擊炮小組使用的中型迫擊炮在戰鬥中能提供猛烈的火力支援。雖然如此，在戰場上，美軍仍需要輕型迫擊炮

上圖：奧地利的81毫米迫擊炮的兩名炮兵正在做發射準備。一名士兵正在校正武器和檢查瞄準設置；另一名士兵正在檢查雙腳架的錐形腿擺放是否牢固

重型迫擊炮

重型迫擊炮是一種口徑超過１０２毫米、發射炮彈重於7千克、射程超過6000米的武器。此類武器一般距離戰場較遠，炮火猛烈，而且從戰術上講，機動性較好。

奧地利的SMI公司生產的迫擊炮的規格齊全，種類繁多。最大的一種是120毫米M12迫擊炮。這種武器既供奧地利軍隊使用，也出口到其他國家。和其他同口徑的迫擊炮一樣，這種迫擊炮是在蘇聯的120-HM 38迫擊炮的基礎上設計出來的，但它使用了更多的特殊金屬，既減輕了重量，又增加了炮彈的裝藥量和射程。

M12迫擊炮使用了特殊的雙腳架，這種支架安裝了後坐力吸引設置，所以易於操作；它使用的HE-78炮彈也是特殊製造而成的。這種炮彈重14.5千克，包括2.2千克的戰鬥部裝藥，射程高達8500米。

法國處於領先地位

法國的布朗特公司生產的迫擊炮有口徑為60毫米和81.4毫米的輕型和中型迫擊炮，但是該公司最著名的武器還是120毫米的重型迫擊炮，從而使迫擊炮真正成為常規火炮的多用途助手。許多國家的軍隊乾脆用120毫米迫擊炮取代了火炮。常規的迫擊炮和小口徑迫擊炮一樣，採用平滑炮膛設計，而使用膛線的迫擊炮要複雜多了。從許多方面看，它和常規的大角度火炮非常類似。使用這種有膛線的迫擊炮發射原來的炮彈，在炮彈彈道處於最高狀態時，插入輔助性的火箭設置，能夠提高炮彈的射程。在火箭設置的幫助下，重18.7千克高爆炮彈的射程高達13000米。雖然這種帶有膛線的布朗特迫擊炮的體積和重量較大，但它確實用途廣泛，性能卓越。120毫米系列迫擊炮主要有：MO-120-60輕型迫擊炮、MO-120-M65加強迫擊炮、MO-120-AM 50重型迫擊炮、MO120-LT迫擊炮和IMO-120-RT-61膛線迫擊炮。

美國106.7毫米迫擊炮是在第二次世界大戰前最先研製出來的，是能夠最早發射煙幕彈的武器，這種迫擊炮在世界上已經使用了很多年。自從第二次世界大戰之後，這種迫擊炮一直是各種改進計劃的中心議題。這種迫擊炮和它使用的彈藥經過多次改進後，以至於作為106.7毫米迫擊炮使用時，已沒有人能說得出它原來的名字了（除了使用過的士兵），目前，這種迫擊炮被稱為107毫米M30迫擊炮。這是一種膛線式迫擊炮，能發射旋轉式穩定彈頭。目前的M30迫擊炮沒有使用最初的矩形底盤，現在它使用較重的圓形底盤，炮管用一根單獨的圓柱支撐。炮管可以在底盤上旋轉，並且裝有後坐力系統。這種系統可

上圖："索爾塔姆"120毫米標準迫擊炮是一種重型迫擊炮。圖中的迫擊炮正準備裝運。注意它的炮口處於保護狀態。裝載車上還有工具、零部件和其他設備。圖中的IMI照明彈內部裝有6顆推進彈

以吸收射擊時產生的強大後坐力。有了這些附屬性設置，這種迫擊炮的全部重量至少有305千克。這麼重的迫擊炮，要在匆忙中投入或撤出戰鬥，真有些困難，所以這種迫擊炮需要的人手較多，裝載的車輛較大。事實上，大多數M30迫擊炮根本沒有地面支架，它們在M113裝甲車內有特殊的支架，直接從裝甲車頂部的艙口射擊。

性能出眾的炮彈

M30迫擊炮使用的炮彈與其說是迫擊炮炮彈，不如說是火炮炮彈更確切一些。這種炮彈的類型是半固定式，因為彈藥組成可以根據需要進行增減。炮彈的類型逐年都在增加，目前至少有三種高爆炮彈、兩種煙幕彈、一種照明彈和兩種化學彈。

以色列的索爾塔姆公司生產了各種類型的迫擊炮，但只有它的重型迫擊炮是以該公司的名字命名的。索爾塔姆公司生產了兩種大口徑——120毫米迫擊炮和160毫米迫擊炮。這兩種類型的迫擊炮的體積相當大，需要專門的輪式運輸車才能運送。這兩種120毫米迫擊炮中，一種被稱為輕型迫擊炮，另一種被稱為M-65標準迫擊炮。

供步兵使用而設計的輕型迫擊炮投入戰鬥時需要用輪式運輸車運送，然後由人

力拖拉。標準迫擊炮的體積更大，需要用車輛牽引到戰場才能參加戰鬥。兩種120毫米"索爾塔姆"迫擊炮的射程幾乎沒什麼差異：標準迫擊炮的邊棱較為平緩，但兩者使用的炮彈相同，如果需要，都可以安裝在裝甲車上。該公司生產的120毫米炮彈重12.9千克，其中高爆炮彈的彈頭重2.3千克。

超重型迫擊炮

索爾塔姆公司生產出160毫米M-66重型迫擊炮之後，迫擊炮就超出了步兵支援武器與火炮之間的界線。每門M-66迫擊炮有6~8名炮兵。它的炮管太長，以至於炮口不得不安裝後膛裝填系統。M-66迫擊炮的炮彈重40千克，射程為9300米。M-66迫擊炮全重1700千克，這意味著它常常要用改裝過的坦克才能裝運。

蘇聯陸軍從第二次世界大戰之前以及大戰期間，就開始大量使用包括107毫米107-PBHM 38迫擊炮、120毫米120-HM 38迫擊炮、120-43型迫擊炮和160-毫米1943型迫擊炮等在內的多種重型迫擊炮。蘇聯生產的巨型160毫米迫擊炮取代了常規的火炮，成為師炮兵支援連的武器。這種重型迫擊炮屬後膛裝填式武器，長度和重量都極為驚人。最新的一種型號是M-160迫擊炮，它的長度達到240毫米。這種令人生畏的迫擊炮最初出現於1953年。使用兩輪車輛裝運時，長6.51米。從許多方面看，M-240迫擊炮和160毫米M-160迫擊炮都非常相似，所以M-240也是後膛裝填式武器。炮管鏈接在支撐點的周圍，所以炮口能夠降低，露出炮膛後，裝填炮彈。在炮口升起前，塞入助推彈藥，炮膛在被鎖定之前就已閉合。

M-240迫擊炮非常龐大，炮管長5.34米。在射擊狀態下，M-240迫擊炮全重3610千克。如此大的體積和重量，威力自然非常驚人，它發射的高爆炮彈重100千克，最大射程為9700米，炮口初速為每秒362米。

這種戰場上的龐然大物需要9個士兵才能操作，最大射速為每分鐘1發炮彈。

生產重型迫擊炮的國家還有芬蘭、西班牙、瑞典和瑞士。芬蘭的塔姆帕拉公司製造的重型迫擊炮有120毫米M-40和160毫米M-58迫擊炮。西班牙的ECIA公司研製出

上圖："索爾塔姆"160毫米迫擊炮的重量驚人，所以不可避免地需要用車輛裝運。圖中車輛的前部使用的是改裝後的M4謝爾曼坦克的底盤。M4謝爾曼是第二次世界大戰期間的著名的坦克

了105毫米L型迫擊炮、120毫米L型迫擊炮和SL型迫擊炮。瑞典的博福斯公司生產有120毫米M/41C迫擊炮。瑞士的瓦馮法布里克公司製造出了120毫米64型和74型迫擊炮。

上圖：蘇聯的160毫米1943型迫擊炮是一種老式的大型迫擊炮，在戰場上具有較強的火力支援能力，常常取代常規火炮。它發射的高爆殺傷性炮彈重40.8千克

上圖：要增加或減少射程時，迫擊炮無須改變射角，相反，炮兵可以通過增減助推彈藥來增加或減少迫擊炮的射程。圖中是美國的106.7毫米迫擊炮。它的炮管上永久性地刻有助推彈藥和射程之間相對應的數據

上圖：布朗特120毫米膛線型迫擊炮的炮膛放在底盤上，並且炮管中心部分裝在輪式車輛上。這種迫擊炮從炮口裝彈，炮彈重18.7千克

規格說明

"索爾塔姆" 120毫米標準迫擊炮

口徑：120毫米

長度：2.154米（炮管）

重量：245千克（戰鬥中迫擊炮的重量）；
12.9千克（高爆炮彈）

最大射程：8500米

"索爾塔姆" M－66迫擊炮

口徑：160毫米

長度：3.066米（炮管）

重量：1700千克（戰鬥中迫擊炮的重量）；
40千克（高爆炮彈）

最大射程：9600米

120毫米1943型迫擊炮

口徑：120毫米

長度：1.854米（炮管）

重量：275千克（迫擊炮）；
16千克（高爆殺傷炮彈）

最大射程：5700米

上圖：圖中的布朗特迫擊炮的口徑為120毫米，屬典型的重型迫擊炮，其性能極其先進。由於這種迫擊炮的體積和重量驚人，所以只有使用車輛運載才能保證它在戰場上的機動能力

加農迫擊炮

布朗特公司不僅生產加農迫擊炮，而且還專門生產了供加農迫擊炮使用的炮彈，這在世界上是絕無僅有的。為了發明出一種多用途的近距離支援武器，布朗特公司結合了高射角的迫擊炮和常規火炮的優點，生產出了加農迫擊炮。它的原理相當簡單，炮膛/炮口裝填式迫擊炮是這樣設置的：低彈道射擊時，炮彈從炮膛裝填；高射角射擊時，炮彈從炮口裝填。

最初研製時，這種武器安裝在輕型裝甲車上，但是事實證明加農迫擊的炮魅力無窮；經過演化，它還有其他用途。這種武器沒有雙腳架或其他地面支架。

兩種武器類型

　　布朗特加農迫擊炮有口徑60毫米和81.4毫米兩種類型。60毫米加農迫擊炮主要用於步兵支援,而81毫米加農迫擊炮一般安裝在帶有裝甲的大型車輛或裝甲車上(60毫米加農迫擊炮也可以安裝在輕型裝甲車的炮塔上,有時還可以安裝在輕型巡邏艇上)。這些炮塔式支架是為了向步兵提供近距離支援而設計的。

　　使用平滑彈膛的炮管,炮管周圍的彈簧能夠吸收大部分後坐力,這樣可以把炮耳的衝擊力減到最低程度。這種加農迫擊炮既可以發射常規的迫擊炮炮彈,也可以使用特殊的霰彈或空心裝藥的穿甲彈。以低彈道模式發射時,標準的60毫米加農迫擊炮的射程大約為500米;使用常規模式發射時,射程可以增加到2050米。作為迫擊炮使用時,從炮口裝填炮彈,炮彈下落後撞擊固定式撞針;但是作為低彈道的加農炮使用時,炮彈則通過炮膛的設置裝填。布朗特公司還生產了一種特殊的60毫米遠程加農迫擊炮,它的直接射擊和間接射擊的射程分別為500米和5000米,後者需要使用特殊的炮彈。

更強的能力

　　81毫米加農迫擊炮的設計更加複雜。由於這種加農迫擊炮主要供裝甲車使用,所以安裝了一套後坐力設置,其重量遠遠超過了60毫米加農迫擊炮。然而,大型加農迫擊炮能夠發射口徑為81毫米的所有炮彈,它甚至還有獨特的炮彈。這是一種名為"箭式"的穿甲彈,裝有特殊的炸藥,只能用於直接射擊。在1000米的射程內,能夠穿透50毫米厚的裝甲。

　　這兩種加農迫擊炮的改進工作仍在繼續,並且世界上許多國家的軍隊已經開始大規模地使用這兩種武器,尤其是那些欠發達國家更是如此。

上圖:布朗特60毫米LR型加農迫擊炮,它集中了加農炮和平滑彈膛式迫擊炮的優點,既可以從炮口裝彈,也可以在狹小的車輛內從彈膛裝彈。這種遠程武器能把一種特殊的炮彈發射到5000米遠的地方

上圖:這是一輛SIBMAS 6×6裝甲車。它的炮塔上安裝了一門布朗特60毫米加農迫擊炮。為了增加射程,它的炮管比較長。在正常情況下,這種加農迫擊炮從炮膛裝彈,使用擊發扳機發射

上圖:輕型車輛的炮塔上安裝加農迫擊炮後,具有強大的作戰能力。直接射擊可以對付近距離的敵人,間接射擊可以攻擊較遠距離的敵人。這輛SIBMAS裝甲車上,60毫米加農迫擊炮取代了20毫米加農炮

上圖:這是一門安裝在充氣巡邏艇上的布朗特60毫米加農迫擊炮,明顯屬低炮耳裝填式武器。加農迫擊炮既可以從彈膛裝填炮彈,也可以從炮口裝填炮彈。而安裝在巡邏艇上的加農迫擊炮只能從彈膛裝填炮彈

規格說明

布朗特60毫米加農迫擊炮(標準型)

口徑:60毫米

長度:1.21米

重量:42千克(加農迫擊炮);
　　　1.72千克(高爆炮彈)

最大射程:500米(直接射擊);
　　　　　2050米(間接射擊)

布朗特81毫米加農迫擊炮(標準型)

口徑:81.4毫米

長度:2.3米(炮管)

重量:500千克(加農迫擊炮);
　　　4.45千克(高爆炮彈)

最大射程:1000米(直接射擊);
　　　　　8000米(間接射擊)

榴彈發射器

目前仍有使用步槍發射榴彈的軍隊，但是出於多種原因，使用者已寥寥無幾。其中有兩個原因：步槍發射榴彈產生的後坐力較強，常常會給步槍帶來損害，並且精確瞄準相當困難。最近幾年，步槍榴彈的後尾使用了一種子彈圈，這種子彈圈部分取代了發射榴彈時使用的特殊助推子彈，它可以吸收子彈發射時產生的後坐力，榴彈的助推力來自於這種子彈圈。

意大利研製出一種名爲AP/AV700的特殊步槍支援武器。事實上，它是一種安裝在共用底盤或發射器上的並排式三列槍榴彈筒。槍榴彈筒的套管安裝了散熱片，使用標準的球形子彈發射。球形子彈裝在套管底部的彈膛設置內，子彈直接射中榴彈尾部。點火閃光可以點燃延遲性設置，延遲性設置又點燃小型火箭推進裝置，從而可以把榴彈的射程增加到700米。它還可以精確和連續瞄準，因爲在飛行中，榴彈靠尾翼和火箭發出的氣體保持穩定。火箭發出的氣體有助於增加榴彈的旋轉速度。

發射榴彈可以使用北約標準的7.62毫米子彈或5.56毫米子彈，但是槍管的套管只能接受其中一種。常規的步槍發射器也可以發射榴彈。

榴彈有空心裝藥的彈頭，所以能穿透120毫米的裝甲，並且能產生強大的衝擊力，具有較好的效果。三管式發射器既可以發射一發榴彈，也可以三發榴彈齊射。每分鐘能夠連續發射6次或7次。

多種用途

這種榴彈發射器的用途有：步兵部隊可以用它替代傳統的輕型迫擊炮，也可以安裝在輕型裝甲或軟裝甲車輛上、輕型巡邏艇或登陸艇上、外圍陣地或碉堡/地堡也可以使用這種武器。這種發射器可以裝在特殊的包/箱內，榴彈裝在另一個包/箱內。

30毫米AGS-17"照明彈"是一種自動榴彈發射器，1975年最先出現於蘇聯。目前俄羅斯的連級部隊已經開始廣泛使用這種武器。AGS-17榴彈發射器一露面，立即在西方武器設計人員中引起了轟動，因爲它和西方的榴彈發射裝置有較大區別。當然，隨後西方各國也開始了研製這種榴彈發射器的工作。

AGS-17榴彈發射器發射的高爆榴彈較小，射速爲每秒鐘一發。裝彈系統是子彈帶供彈，子彈帶有29發子彈。一般情況下，子彈帶掛在發射器右側。射擊時，AGS-17榴彈發射器安裝在三腳架上。發射器後部有一個可以提高射擊精度的瞄準盤。這種發射器使用簡單的後坐力系統，擊發裝置中有一個移動子彈帶的制轉杆。

這種發射器既可以直接射擊，也可以間接射擊。間接射擊時射程較遠。

阿富汗戰場

蘇聯軍隊在阿富汗戰爭中使用了AGS-17榴彈發射器。蘇聯軍隊不僅把它安裝在三腳架上，而且還有一種可以安裝在直升機上的特殊支架。在阿富汗戰場，

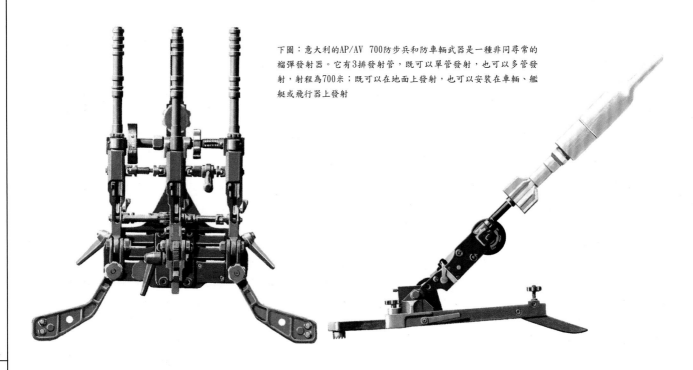

下圖：意大利的AP/AV 700防步兵和防車輛武器是一種非同尋常的榴彈發射器。它有3排發射管，既可以單管發射，也可以多管發射，射程爲700米；既可以在地面上發射，也可以安裝在車輛、艦艇或飛行器上發射

上圖：AGS-17榴彈發射器使用後坐力操作系統，助推力迫使炮栓向後移動，榴彈推進炮管後，再次啟動裝填設置

上圖：AGS-17"照明彈"榴彈發射器較重，但稍遜於重型機關槍的重量。這種榴彈發射器的火力較猛，而且在區域面積內，火力的飽和度較高。和重型機關槍相比，它的精度稍差

規格説明

AP/ AV700榴彈發射器

長度：300毫米（發射管）

重量：11千克（發射器）；0.93千克（榴彈）；
　　　0.46千克（榴彈彈頭）

最大射程：700米

AGS-17"照明彈"榴彈發射器

口徑：30毫米

長度：840毫米

重量：18千克（發射器）；35千克（三角架）；
　　　0.35千克（榴彈）

最大射程：1750米

蘇聯軍隊大量使用AGS-17榴彈發射器壓制遊擊隊的火力。然而，這種武器令西方觀察員最難忘的還是它的射程。它的最大射程爲1750米。儘管在作戰時，它的射程一般不超過1200米。這意味着和迫擊炮的火力反應相比，這種武器具有更大的挖掘潛力。它的自動彈速非常快，可以彌補彈頭較小的弱點。AGS-17榴彈發射器的主要缺陷是重量。發射器和三腳架的重量超過了53千克。這意味着，最少需要兩名士兵才能操作這種武器。如果持續射擊，甚至需要更多士兵攜帶彈藥。

槍榴彈和槍榴筒

研製槍榴彈的主要目的是爲了彌補手榴彈的距離和輕型迫擊炮的火力之間的缺陷。槍榴彈的射速低、彈道高，因此它可以當作反坦克武器使用。它的彈頭下落時，彈道近乎垂直，這說明只需使用較小的空心裝藥彈頭，就有可能擊穿坦克頂部較薄的裝甲。自槍榴彈出現以來，儘管存在一個主要問題：落地時，彈頭的精度難以控制。大家普遍認爲，槍榴彈構造簡單，造價低廉，步兵只需裝備適當的槍榴彈，就可以大大提高火力。

美國的40毫米榴彈家族始於M406榴彈系列。M406榴彈有多種類型。榴彈又短又粗，看起來和大口徑的步槍子彈非常類似。它的發射系統是這樣的：助推氣體通過一系列孔洞進入彈膛，在彈膛內擴張後，彈膛內的氣壓相對變低，這樣輕型發射器就可以把榴彈射出。

特殊的發射器

M406榴彈有專門的發射器，而不是用步槍發射。美國的第一種榴彈發射器是著名的M79。實際上，它是用一種特殊的單發式霰彈槍改裝而成的，打開擊發裝置，手工裝彈。正常情況下，從肩部發射。M79榴彈發射器的應用比較廣泛（事實上，英國皇家海軍陸戰隊在1982年的馬島戰爭中就使用了這種榴彈發射器）。它的主要缺陷是體積大，只能單發射擊。這意味着它只能由一名士兵使用和操作，同時，這名士兵就無法使用步槍。

因此，美國又設計、研製和生產了M203榴彈發射器。這種發射器也是單發射擊，但使用了前置式槍把。槍把下面安裝了M16A1或M16A2步槍。M203榴彈發射器在20世紀60年代後期被美軍選中，並且此後一直是美軍的標準軍用武器。M203榴彈發射器的彈夾位於步槍下面，這種設計可以確保發射器不會影響步槍的正常功能。M203榴彈發射器重量適當，裝彈後重1.63千克。幾乎美國陸軍的每個分隊至少有一名士兵（或更多）裝備了M203榴彈發射器

（安裝於步槍上）。M203榴彈發射器常常使用M406系列中的高爆榴彈，但有時也使用煙幕彈、標識煙幕彈、照明彈和其他類型的榴彈。

適當精度

M203榴彈發射器的精度較高，能夠在150米的射程內對點目標精確打擊，也能夠在最大射程內對面積目標精確打擊。它的最大射程是350米和400米（這要取決於發射榴彈的類型）。在這些射程範圍內，榴彈的性能（尤其是高爆類型的榴彈）取決於着發引信的數量。着發引信的空間要和榴彈的爆炸彈頭相適應。引信相對較大，性能和效果才會更加可靠。攻擊特殊目標時，如果要減少彈頭的裝藥量，相應地就要增加榴彈的發射數量。

自動發射器

自動榴彈發射器需要使用多用途榴彈。由於M79和M203榴彈發射器都是單發射擊的武器，所以美國開始把研發重點放在一種能發射40毫米榴彈的自動武器上。

美國經過一番努力，研製出了XM 174榴彈發射器，但XM 174未能投入使用。在M406系列榴彈的基礎上，使用重型爆炸彈頭和大威力的助推火藥，美國研製出了M384榴彈。為了發射M384榴彈，美國研製出了Mk 19自動榴彈發射器。這種發射器的結構原理主要以12.7毫米勃朗寧M2重型機槍為基礎，並且使用了非常短的發射管。它使用供彈系統把榴彈裝入Mk 19自動榴彈發射器的內部，射速高達每分鐘375發。在戰術上使用時，Mk 19自動榴彈發射器可以安裝在三腳架上或者車輛/輕型艦艇的底座上。除了射速之外，和M79和M203榴彈發射器相比，它的另一大優點是

射程更遠。

現在話題再次回到槍榴彈的基本原理上。值得注意的是，由於這種武器設計簡單，造價低廉，既可以發射榴彈，又具有步槍的各種功能，所以許多國家，甚至只要擁有最有限的製造輕武器彈藥和其他輕型彈藥的生產設施，就可以設計和製造出槍榴彈。有些槍榴彈是專門為打擊特殊目標而設計的，尤其是那些彈頭使用空心裝藥的榴彈，它們能夠穿透裝甲車、碉堡/掩體和輕型艦艇上的裝甲。其他類型的榴彈則是專門為打擊開闊地帶的士兵設計的。它們直接使用了標準的高爆殺傷性榴彈（手榴彈）。它的彈體呈魚鰭狀，榴彈可充當彈體的彈頭。

榴彈的適用性

GME-FMK2-MO是典型的手榴彈型槍榴彈。這種槍榴彈由阿根廷設計和製造。這是一種傳統的手榴彈，裝有炸藥75.8克，使用引信設置上的火藥引爆，引信設置重44.79克，延遲時間在3.4~4.5秒之間。高爆彈藥被引爆後，榴彈彈體分裂為多個碎片，每一個碎片重3~5克，能夠殺傷5米範圍內的人員。作為槍榴彈使用時，把這種榴彈安裝在發射器的頂部，發射器內裝有特殊的助推子彈。這兩種彈藥（榴彈和子彈）分別位於發射管上部和步槍的槍膛內。折下榴彈的保險針後，射手就可以瞄準發射。這種榴彈的最大射程約為350~400米，它可以選擇在空中或地面爆炸，當然這要取決於射手的射擊技巧。

特殊的榴彈

比利時的MECAR公司設計和製造了一種典型的專用槍榴彈——ARP-RFL-40BT。標準的7.62毫米和5.56毫米步槍都可以發

上圖：一名美國陸軍新兵正在學習如何使用裝有M16A1步槍的40毫米M203榴彈發射器。榴彈發射器的瞄準設置可以作為一種工具，它可以把發射器安裝在步槍的前置式槍托上

規格説明

Mk 19榴彈發射器

口徑：40毫米

長度：全長1.028米

重量：35千克（發射器）

射速：375發榴彈／分鐘

最大射程：1600米

M79榴彈發射器

口徑：40毫米

長度：全長737毫米

重量：2.72千克（發射器）

最大射程：350米

M203榴彈發射器

口徑：40毫米

長度：全長389毫米

重量：1.36千克（發射器）

最大射程：350米

下圖：步兵的步槍射手如果有M203榴彈發射器之類的武器，即使沒有迫擊炮和火炮的火力支援，也有能力提供火力支援

上圖：第一種專門發射旋轉穩定式榴彈的發射器是M79。這種榴彈發射器為單發射擊，最大射程為400米。它的主要缺陷是射手在使用榴彈發射器的時候無法使用步槍

規格說明

赫克勒和科赫有限公司的HK69A1榴彈發射器（德國）

類型：單發射擊式榴彈發射器

口徑：40毫米

長度：全長610毫米（槍托伸展後）

重量：1.8千克（發射器）

最大射程：300米

L1A1榴彈發射器（英國）

類型：單發射擊式榴彈發射器

口徑：66毫米

長度：全長695毫米

重量：2.7千克（發射器）

最大射程：100米

上圖：Mk 19自動榴彈發射器（如圖）使用的是子彈帶供彈系統。子彈帶的子彈是40毫米的穿甲榴彈，射速每分鐘375發子彈（榴彈），能夠對較大區域內的目標實施飽和式攻擊。這種榴彈發射器能使用各種類型的榴彈

射這種榴彈。這種榴彈的最大直徑是40毫米，全長243毫米，重264克。發射方法是使用子彈圈而不是使用氣體助推，在槍口，步槍發射的標準球形子彈被槍榴彈尾部內的5個圓形金屬片點燃後，所產生的能量將榴彈射出，最大射程為275米，有效射程為100米，發射角為45度。

榴彈的初速為每秒鐘60米。榴彈以70度角下落後，彈頭能穿透125毫米厚的鋼板或400毫米厚的混凝土。

下圖：第一種專門發射旋轉穩定式榴彈的發射器是M79。這種榴彈發射器為單發射擊，最大射程為400米。它的主要缺陷是射手在使用榴彈發射器的時候無法使用步槍

上圖：身穿"虎紋"迷彩服的美國陸軍偵察人員在越南戰場上發射M79榴彈發射器。當時美國生產了一種類似於M79榴彈發射器的玩具槍

8 霰彈槍

　　作爲近戰武器，霰彈槍鮮有敵手。事實證明了霰彈槍在馬來亞和越南的叢林中是優秀的反伏擊武器，而且許多國家的軍隊都對軍用霰彈槍有一種敬畏之情。傳統觀念的士兵們也曾經嘲笑衝鋒槍是"強盜式武器"，儘管如此"毀譽參半"，它依然不減其槍性魅力，在近代戰場中仍不乏其身影。

第一次世界大戰給武器的發展掃清了障礙，並且在塹壕突襲中的近距離作戰中，近距離作戰武器身價倍增，受到前所未有的重視。美國人不久在塹壕戰中開始大量使用有泵式氣動裝置的機關槍。這種機槍的槍口有12個鑽孔。這些商用/體育/運動型武器的槍管縮短後，安裝了刺刀架，能夠裝填7發或8發子彈。這些武器在清理塹壕和防空壕的戰鬥中威力驚人，

以至於德國人抱怨說在戰爭中使用這種武器是一種"野蠻"的作戰方法，但是這話從已經使用過毒氣的德國人口中說出來實在不太合適，所以沒有人會介意他們的抱怨。

第二次世界大戰

在兩次世界大戰期間的和平年代，美國人仍然保留了他們的霰彈槍，原則上供警衛使用。第二次世界大戰爆發後，霰彈槍再次投入戰場。美國海軍陸戰隊在太平洋戰爭中的島嶼爭奪戰中大量使用霰彈槍。但是在其他戰區，霰彈槍卻極為罕見。直到20世紀50年代的馬來亞危機中，除美國之外的其他國家的軍隊才開始瞭解霰彈槍的強大威力。

馬來亞警察使用泵式氣動霰彈槍和自動霰彈槍，英國陸軍開始把霰彈槍當作巡邏武器使用。在叢林中巡邏時，英軍面臨的主要威脅是（並且將一直是）敵人設下的埋伏。英國軍隊發現一旦陷入敵人的伏擊圈，只要有兩支或三支霰彈槍就能壓制住敵人的火力，從而可以使巡邏隊的其他人員贏得時間，拿起常規步槍和機關槍向敵人發起反擊。霰彈槍射擊時所發出的煙霧能夠遮蓋住整個伏擊區，埋伏的敵人無法發動攻擊，從而為巡邏隊贏得發起報復性反擊的時間。

叢林經驗

20世紀50年代初期，駐紮在馬來亞的英國陸軍對霰彈槍在叢林中的使用及其效果進行了一次全面檢查。報告結果詳細記錄在一份報告中，但是報告從來沒有公之於眾，儘管該報告在其他國家或許還能看到。英軍得出的結論是：應該用自動霰彈槍取代輕型機關槍成為巡邏專用武器，因為霰彈槍威力大，巡邏隊更有機會給敵人以致命的打擊。

英國對此沒有發表任何說明。官方認為這只是對某種獨特戰術態勢所作出的反應而已，這種情況不可能重複發生，所以也無須多談。

越南戰爭

接下來，霰彈槍的舞臺擺到了越南戰場。在越南戰場上，只有氣動設置的武器和自動武器適合於軍隊。其中人們對自動武器深懷疑慮，因為自動武器的缺陷是射速每分鐘可達250發子彈，這對於軍事武器來說射速太快了。

而氣動設置的武器也有缺陷，缺陷主要集中於它的再裝彈問題。氣動槍的槍管下有管狀的彈匣，過一段時間就必須更換彈匣，在遭遇伏擊的緊急情況下，很難有更換彈匣的機會，而且管狀彈匣容易凹進，這樣會引起阻塞之類的故障。

第三個問題是彈藥。儘管普通的霰彈槍的子彈的效果不錯，但它並不是以攻擊人為主的理想武器，並且商用霰彈槍的彈藥也不能適應越南潮濕的叢林環境。

要解決這些問題並不困難，只需做好一件事——給錢。霰彈槍的製造商才不傻呢！毫無疑問，他們完全能滿足戰場上的各種需求，但他們不會把錢扔在無利可圖的事情上。越南戰爭是霰彈槍的催化劑，

上圖：在20世紀50年代的馬來亞危機期間，英國使用了戰鬥霰彈槍。在越南戰爭中，美國人全面驗證了霰彈槍的作戰效能。在戰術上，霰彈槍常是一種具有決定性的武器

它打開了美國人的錢袋，美國政府開始把大筆資金投入到霰彈槍的研製工作。

為作戰任務而設計的武器

1979年，美國海軍決定為美國海軍陸戰隊研製一種專門用於作戰的霰彈槍。美國聯合部隊輕型武器審核委員會完全同意這一想法，並且制訂了一份名為《持續改進非步槍發射彈藥》（RHINO）的計劃。除了對子彈的長度和射手能夠感覺到的後坐力有詳細規定之外，其他設計幾乎沒有任何限制。

研製合同簽訂後，生產出來的武器就是人們所熟知的近距離攻擊武器系統（CAWS）。

新式的霰彈槍安裝了選擇性發射設置，和當時的霰彈槍相比，它的射程更遠，致命性更強。新式霰彈槍使用盒式彈匣，節省了再次裝彈的時間，而且子彈類型繁多，其中包括大型的鉛彈和裝有硬金屬彈心的細長子彈。霰彈槍有足夠的助推力，在185米或更遠的射程內，對目標可以實施致命性打擊。

"犀牛"計劃極大刺激了世界上其他國家的設計人員。歐洲警察一夜之間突然成了霰彈槍的堅定擁護者，並且把霰彈槍視為反恐作戰和騷亂控制中不可或缺的強大武器。

但是五角大樓不僅對近距離攻擊武器系統的研製進程不滿意，而且對這種武器的表現也頗有抱怨。結果該計劃突然間就下馬了。

然而，仍有幾家私營公司繼續從事霰彈槍的研製工作，並且設法打入到軍隊之中。由於這種武器是由私營公司和軍隊或警察聯手研製成的，所以這種武器的威力大、實用性強，綜合性能要優於已經使用過的商用霰彈槍。未來霰彈槍能否成功，人們尚需拭目以待。

上圖：儘管氣動設置的戰鬥霰彈槍能夠在叢林中提供優越的近距離火力，但是它的彈藥容易受潮，而且它的管式彈匣的更換速度較慢

右圖：霰彈槍是海岸攔截/檢查人員的理想武器。當他們登船檢查時，極易遭受伏擊。霰彈槍能幫助他們扭轉戰術上的劣勢

霰彈槍

部隊在叢林中隨時都面臨着遭受近距離伏擊的威脅，因此迫切需要一種武器來贏得重新調整部隊的時機。霰彈槍發射的子彈威力大，在區域範圍內能形成飽和性火力，從而能壓制住伏擊一方的敵人，被伏擊一方的部隊在短暫的時間內快速尋找到掩護物，並開始向敵人實施反擊。在這種情況下，霰彈槍的最重要的能力就是發射的子彈的擴散範圍較大，即使不能擊斃敵人，也能重挫敵人的攻勢。霰彈槍的阻塞氣門類型各異，不同類型阻塞氣門決定着霰彈槍子彈的擴散方式，典型的數字是：在45米的射程內，每發子彈擴散面積的直徑大約是0.9米。這樣每發射一發子彈就意味着有一次擊斃或重創敵人的機會（圖中靶子上部就是霰彈槍子彈的擴散面積）。霰彈槍還可以發射較重的金屬子彈。和步槍相比，雖然霰彈槍的射程較近，但是它的動能相當大，完全可以在近距離內攔阻或擊斃襲擊者（見圖中靶子下部）。它發射的金屬子彈也能擊毀車輛或其他輕型裝備。

勃朗寧自動霰彈槍

任何把勃朗寧自動霰彈槍描寫爲作戰用武器的說明都是不正確的，因爲美國從來沒有生產過專門的軍用型勃朗寧霰彈槍。最早的勃朗寧自動霰彈槍（準確地說應是半自動或自動裝填霰彈槍）設計於1898年，由比利時的FN公司負責生產。目前仍在使用的此類霰彈槍都是比利時製造的。霰彈槍主要是作爲運動武器而設計的，但不久後，軍隊也開始大量使用霰彈槍，霰彈槍常作爲安全警衛或負責類似工作人員的武器。約翰·勃朗寧和美國的雷明頓公司經過談判達成了生產許可證的協議。在第二次世界大戰期間，美國陸軍和其他國家的軍隊大量使用雷明頓公司生產的霰彈槍，典型的有雷明頓11A型和雷明頓12型霰彈槍。

優秀的叢林戰武器

第二次世界大戰之後，勃朗寧運動型霰彈槍在一些地區，如中美洲和南美洲，被廣泛用於軍事目的，但是直到馬來亞危機（1948—1960年）發生時，作爲軍用武器，勃朗寧霰彈槍才確立了它在軍中的地位。在整個漫長的危機事件中，英國陸軍一直使用"格林納爾"GP霰彈槍和勃朗寧自動霰彈槍，常把運動型霰彈槍的長槍管盡可能地截短。英軍使用的霰彈槍的標準口徑大多數都是12-gauge（gauge：一種口徑單位，常用於霰彈槍），彈匣有5發子彈，子彈屬商用重型子彈。

不久，英軍再次瞭解到霰彈槍的厲害：自動霰彈槍在近距離的叢林戰中幾乎是最優秀的武器。無論是作爲伏擊或反伏擊武器，勃朗寧自動霰彈槍都是最理想的武器。因爲它能夠在3秒鐘的時間內發射5發霰彈槍子彈。當時有關這些霰彈槍（而且還使用了雷明頓870R型霰彈槍）在戰鬥中的使用情況很少能夠公之於眾。不過在馬來亞危機期間，凡是在馬來亞服過役的英國士兵可能都曾使用過勃朗寧自動霰彈槍。

1960年以後，英國陸軍不再使用勃朗寧自動霰彈槍，而使用更加常規的武器，但是人們懷疑英軍爲了特殊的目的仍然保留了一些霰彈槍。儘管霰彈槍在馬來亞非常流行，但是士兵們發現霰彈槍再次裝填彈藥太慢，使用時需要格外細心，尤其是它的槍管太短，自動裝填設置不得不承受過多的射擊負荷。

在羅得西亞獨立運動中，勃朗寧自動霰彈槍再次大顯身手。在小規模部隊的行動中，霰彈槍的應用極爲廣泛。20世紀60年代期間，雖然曾經掀起了一陣設計霰彈槍的高潮，但仍然沒出現過軍用型勃朗寧自動霰彈槍。

上圖：勃朗寧自動霰彈槍並沒有專門的軍用型號，但事實證明它結實耐用，性能先進，完全可以當作軍事武器使用。設伏者在有利的地形下最喜愛使用這種武器。在緊急情況下，這種霰彈槍能在3秒鐘內發射5發子彈

右圖：在馬來亞危機期間，英國第18獨立旅的一名士兵正在巡邏。他攜帶的就是勃朗寧自動霰彈槍。這種霰彈槍在近距離內發射的火力令人生畏

規格說明
勃朗寧自動霰彈槍（標準型號）
口徑：12-gauge
長度：711毫米（槍管）
重量：4.1千克（裝彈後）
供彈：可裝5發子彈的管狀彈匣

防暴霰彈槍

如名所示，防暴霰彈槍主要供警察和準軍事部隊使用。從設計上看，它確實沒有什麼特別之處，這種霰彈槍為手工氣動操作，使用管狀彈匣供彈，每支彈匣可裝5發子彈。在霰彈槍的設計上，FN公司可不是門外漢，因為在20世紀20年代，約翰·勃朗寧設計的多種霰彈槍最早都是由FN公司生產的，並且自那之後，在霰彈槍的設計和製造方面，FN公司一直處於領先地位。FN公司設計的霰彈槍大多是供體育運動使用的，但是運動型霰彈槍幾乎不需要什麼大的改動就可以供執法人員使用，並且FN公司對此從來沒有掩飾過什麼。

防暴霰彈槍最早出現於1970年。這種霰彈槍是在FN自動運動霰彈槍被廣泛使用的基礎上研製成功的。FN公司一度還生產了3種可以互相兼容的槍管。第一種型號有前後瞄準具，但是後來生產的型號中，前後瞄準具被取消了。目前，霰彈槍的標準槍管長度是500毫米，安裝有標準的槍托橡膠襯墊和槍背帶。

粗糙的設計

防暴霰彈槍和FN運動型霰彈槍的主要區別是，防暴霰彈槍要比民用霰彈槍更粗糙。例如，為了增強槍托組件的力量，它的槍栓是直接穿過槍托的，並且為了承受撞擊，減少損傷，它的許多部件都是用金屬製成的，而且金屬表面都鍍上了特別的塗料，這樣就可以隨意使用，幾乎不需要維修。

出於從整體上保持較高標準的考慮，FN公司甚至決定要保留最初的5發管狀彈匣。雖然，同時期的準軍事部隊使用的其他類型的霰彈槍都增加了彈匣的容量，但FN公司從來沒有生產大容量彈匣的想法，相反，它卻保留了簡單的手工擊發設置。使用這種擊發設置時，每推動一次氣動裝置，彈出一顆空彈殼，然後再裝入一顆子彈。FN公司曾試圖發明一種自動型號的防暴霰彈槍。這種霰彈槍的彈匣可裝6發子彈，但生產的霰彈槍僅作樣品使用。

FN公司已經生產了能夠發射大口徑金屬子彈的防暴霰彈槍，但大多數供正規部隊使用的霰彈槍僅能發射12-gauge的子彈，事實上，防暴霰彈槍只有這一種口徑。比利時警察和準軍事部隊使用的就是這種型號的防暴霰彈槍，而且許多國家的警察部隊也使用這種霰彈槍。這種霰彈槍性能可靠，雖然設計略顯粗糙，但供準軍事部隊使用已是綽綽有餘。

規格說明

FN防暴霰彈槍

口徑：12-gauge

長度：970毫米（全長）；500毫米（槍管）

重量：2.95千克

供彈：可裝5發子彈的管狀彈匣

上圖：霰彈槍的彈藥類型五花八門，令人眼花繚亂。不同國家有不同的分類。（圖中）左邊是FN霰彈槍使用的常規的小號鉛彈；中間是有硬金屬彈芯的細長子彈；右邊是短胖步槍子彈

上圖：世界各國都使用類似於FN公司生產的氣動操作霰彈槍。這種霰彈槍在近距離內性能可靠，沒有流彈產生，而流彈可能會對數百碼外的行人造成傷害

貝瑞塔 RS 200 和 RS 202P 霰彈槍

阿米·貝瑞塔·斯帕是一家牢牢紮根於意大利、產品卻面向全世界的武器製造公司。毫無疑問，在世界輕型武器的設計和製造上，阿米·貝瑞塔·斯帕公司可謂大名鼎鼎，備受尊敬。在霰彈槍的設計和製造上，該公司也是獨領風騷。雖然該公司生產的霰彈槍開始時是面向民用市場，主要作為運動型霰彈槍使用，但是不久，該公司就緊跟潮流，開始生產更加結實耐用的霰彈槍。這種霰彈槍主要供警察和準軍事部隊使用。這類霰彈槍中，最早的型號是12-gauge的貝瑞塔RS 200（警用型）霰彈槍。這種霰彈槍的氣動裝置為手工操作。

精美的做工

和貝瑞塔公司生產的其他武器一樣，RS 200（警用型）霰彈槍的設計完美，製作精良，尤其以結實耐用着稱，非常適合警察和準軍事部隊使用。

貝瑞塔RS 200霰彈槍除了使用一種特殊的閉鎖系統外，沒有使用什麼其他創新的設計。這種閉鎖系統有一個滑座式後膛閉鎖裝置，非常安全，在彈膛被鎖定前，能夠防止子彈射出。擊錘有特殊的保險簧片，並且使用槍栓阻鐵能夠把子彈安全地從彈膛中取出，而無須射擊。另一個有趣的設計是，警察和準軍事部隊使用的RS200霰彈槍可以發射小型催淚彈；和發射常用的霰彈槍子彈和金屬子彈一樣，最大射程可達100米。

先進的設計

儘管目前RS 200霰彈槍已經停止生產，但許多國家的警察和其他部隊還在使用這種武器。貝瑞塔公司目前生產的霰彈槍是RS 202P霰彈槍。RS 202P和RS 200霰彈槍的主要區別是裝彈程序不同。和RS200霰彈槍相比，RS 202P霰彈槍更易於製造，並且它的槍栓設置也做了輕微改動。RS 202P霰彈槍有兩種類型，第一種RS202-M1霰彈槍按計劃是為了減少霰彈槍的長度，以便於存放和操作，它的槍托用金屬製成，可以沿槍的左側折疊。第二種類型是RS 202P-M2霰彈槍，仍然使用了折疊式槍托，另外，它的槍口上方安裝了可變阻氣設置，可以調整子彈的擴散面積，並且為了便於操作，它的槍管套上有許多孔洞。因為連續射擊，槍管變熱後，槍管很難用手握住。為了幫助射手瞄準，RS202P-M2霰彈槍還安裝了特殊的瞄準具。

RS 202P霰彈槍外形和RS 200霰彈槍完全一樣，但出售情況不太理想，主要原因是貝瑞塔霰彈槍缺少審美觀點，或者說缺少超前意識。目前已經打入世界市場的霰彈槍不僅性能更加先進，而且許多霰彈槍為了吸引人們的興趣，在設計中都增加了視覺效果。目前RS 202P霰彈槍僅按訂單生產。從其性能和精美的做工看，在未來相當長時間內，貝瑞塔霰彈槍還將繼續馳騁於世界輕武器市場上。

規格說明

RS 200（警用型）霰彈槍

口徑：12-gauge

長度：1030毫米（全長）；520毫米（槍管長）

重量：大約3千克

供彈：可裝5發或6發子彈的管狀彈匣

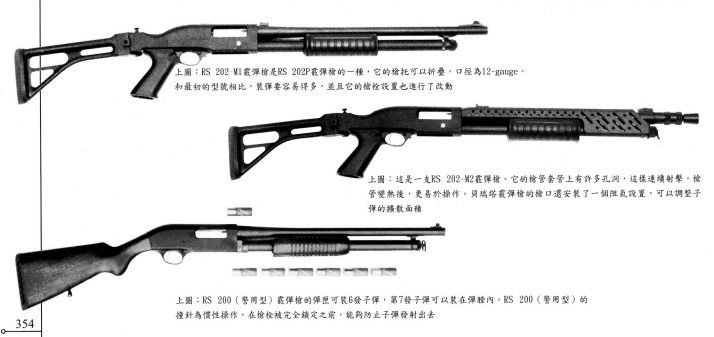

上圖：RS 202-M1霰彈槍是RS 202P霰彈槍的一種，它的槍托可以折疊，口徑為12-gauge。和最初的型號相比，裝彈要容易得多，並且它的槍栓設置也進行了改動

上圖：這是一支RS 202-M2霰彈槍。它的槍管套管上有許多孔洞，這樣連續射擊，槍管變熱後，更易於操作。貝瑞塔霰彈槍的槍口還安裝了一個阻氣設置，可以調整子彈的擴散面積

上圖：RS 200（警用型）霰彈槍的彈匣可裝6發子彈，第7發子彈可以裝在彈膛內。RS 200（警用型）的撞針為慣性操作，在槍栓被完全鎖定之前，能夠防止子彈發射出去

SPAS 12 型霰彈槍

SPAS 12型霰彈槍（SPAS是專用自動霰彈槍的縮寫，平民使用時，被稱爲運動型專用自動霰彈槍）自問世以來，一直是最引人注目和最有影響的作戰用霰彈槍之一。SPAS是由意大利的盧奇·福蘭奇·斯帕公司設計和生產的。多年來，該公司在運動型霰彈槍的發明上一直獨領風騷。20世紀70年代初期，當各國對作戰用霰彈槍的需求驟然上升時，福蘭奇公司的設計小組決定使用創新性的思維設計出新式的霰彈槍：一定要發明出一種真正的作戰用霰彈槍，而不是在當時運動型霰彈槍的基礎上改裝而成的作戰用霰彈槍。SPAS 11型霰彈槍就是在這樣的背景下問世的。這種霰彈槍的許多設計都突出了作戰用途。爲了優化它的性能，減少維修次數，設計人員盡可能縮短了它的槍管；爲了提高射擊的精度，該公司在製造時又進行了專門處理。這樣，射手只需經過短暫訓練，就能做到首發命中目標。

沉重和堅固

和該公司的12型霰彈槍一樣，11型霰彈槍不僅重量足，而且極其堅固，可以當做大棒使用。它有明顯與眾不同的外表，沒有傳統式樣的槍托，它的槍托是用固定式金屬（11型）架製成的，可以折疊（12型）。它最引人注目的機械設置是氣動擊發設置。這種擊發設置體積較大，用手工操作。但事實上，它既可以氣動操作射擊，也可以半自動射擊，通過扣壓霰彈槍（槍托）前端的按鈕可以選擇不同的（半自動操作和氣動操作）射擊方式，扣壓按鈕後，霰彈槍（槍托）前端向後移動爲氣動操作，向前移動則爲半自動操作。半自動射擊時，從槍管中流出的氣體撞擊槍管下彈匣附近的環形活塞。在擊發設置內，有一個傾斜的閉鎖簧片在槍管內垂直移動，最後將槍栓鎖定。套筒座用較輕的合金製成，爲了減少磨損，槍管和氣塞是用鋼製成的，上面鍍有金屬鉻。槍的整個外露的表面都經過了噴沙，並塗有黑色磷酸鹽化的塗料，手槍槍把和槍托前端都是用塑料製成的。

管狀彈匣

短槍管下面的管狀彈匣可裝7發子彈。這些子彈從輕型的小號鉛彈到重型的金屬子彈各不相同。重型的金屬子彈能穿透鋼板。

SPAS霰彈槍還有其他新奇的設計。這一點在12型霰彈槍中最爲明顯。它有一個較大的前手柄和一個可折疊的槍托。槍托的擋板下面有一個彎曲的金屬片，擋板環繞住射手的前臂，射手可以在單手持槍的狀態下射擊。用這種姿勢射擊過的人才會體會到12型霰彈槍的操作如此簡單。12型霰彈槍帶有手槍槍把，槍口處安裝了子彈擴散的調整設置。另外，槍口還可以安裝榴彈發射器。它也可以發射小型的催淚彈和催淚毒氣（CS）彈，射程可達150米。它安裝有瞄準設置。正常情況下，這種霰彈槍使用12-gauge子彈。這種子彈的擴散面積是這樣的：在40米處，彈頭分裂的彈球可以覆蓋直徑900毫米的圓，所以在這樣的射程內，使用這種類型的子彈時，瞄準時的精度如何也就無關緊要了。

SPAS是真正的專用用於作戰的霰彈槍。訓練有素的人使用它時威力驚人。12型霰彈槍被銷售到許多國家，供這些國家的軍隊和準軍事部隊使用。有一些在民用市場上出售，其中有相當一部分被霰彈槍愛好者搶購。但是許多國家的法律禁止私人持有短管的霰彈槍，所以需要把槍管延長後才能合法持有。

規格説明
SPAS－12型霰彈槍
口徑：12-gauge
長度：1041毫米（槍托伸展後）；710毫米（槍托折疊後）
槍管長：460毫米
重量：4.2千克
供彈：可裝7發子彈的管狀彈匣

左圖：許多國家軍隊和警察使用的霰彈槍都是由運動型霰彈槍改進而成的，但盧奇·福蘭奇·斯帕公司設計的SPAS 11霰彈槍和SPAS 12霰彈槍從一開始就是作戰型霰彈槍。它屬氣動操作的單發射擊或半自動射擊類武器，威力之大令人生畏。選擇半自動方式射擊時，每秒鐘可發射4發子彈

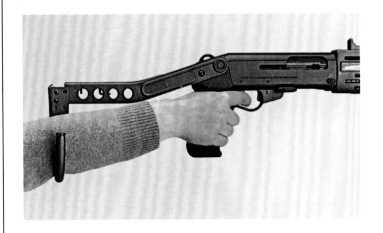

上圖：由於外部金屬部件和金屬架槍托都塗有黑色的磷酸鹽化塗料，所以SPAS-12霰彈槍既保留了意大利武器設計的美學傳統，又適宜作戰使用。在40米的射程內，子彈擴散面積的直徑為0.9米

左圖： SPAS-12霰彈槍的一個主要特點就是槍托後部有一個鉤子，在射手單手射擊時，它可以支撐住射手的前臂。然而，採用這種姿勢射擊時，槍的穩定性較難控制

SPAS-15 霰彈槍

SPAS-15霰彈槍是早期SPAS-12霰彈槍的進一步改進型號。這種霰彈槍的火力強大，主要供警察和軍隊使用。由於它使用了氣動的半自動擊發裝置和分離式盒式彈匣，所以可以連續發射子彈。和管狀彈匣相比，盒式彈匣的更換速度較快。它的通用性較好，既可以手工選擇單發射擊（氣動操作）方式，也可以選擇半自動射擊方式，這樣這種霰彈槍可以發射低壓力的非致命性彈藥，如催淚瓦斯（彈）和橡皮彈頭。選擇性射擊功能源自SPAS-12霰彈槍。

SPAS-15霰彈槍的擊發裝置有一個旋轉槍栓和一個短活塞充程（尾杆），後者位於槍管的上面。槍栓組件和後坐力彈簧一起安裝在雙向杆的上面，並且可以作為單獨的部件移動。

機柄位於套筒座的頂部。套筒座則位於攜帶把手的下部。左右手都可以操作槍柄。SPAS-15霰彈槍的扳機組件內有鎖定扳機的手動保險，並且在扳機護柄下面的手槍槍把上設有自動槍把保險。

SPAS-15霰彈槍的瞄準設置設在槍的外面，可以調整。另外，它還可以安裝其他瞄準設置，如"紅點"瞄準儀或激光指針。SPAS-15霰彈槍的套筒座用鋁合金製成。早期型號使用固定的塑料槍托或可折疊的金屬架槍托，但是最近的型號使用了側向折疊式槍托和硬塑料槍托。它的彈匣也是用塑料製成的。

上圖：在眾多的作戰型霰彈槍中，SPAS-15霰彈槍可以把戰術上的靈活性發揮到極點。因為除了它的槍托、選擇性射擊方式和分離式彈匣外，它還使用了可以調整子彈擴散面積的"多類型氣門"系統

規格說明

SPAS－15霰彈槍

口徑：12-gauge

長度：1000毫米（槍托伸展後）；
　　　750毫米（槍托折疊後）

槍管長：450毫米

重量：3.9千克（裝彈前）

供彈：可裝6發子彈的分離式盒式彈匣

"打擊者" 霰彈槍

南非的阿姆塞爾公司研製的 "打擊者" 是一種半自動的12-gauge口徑的霰彈槍。這種霰彈槍於20世紀80年代中期出現在國際武器市場。它是南非獨立自主研製而成的武器。最初的 "打擊者" 霰彈槍是由阿姆塞爾公司生產的，目前則由約翰內斯堡附近的盧納爾特技術系統公司負責生產，而且根據生產許可證協議，美國也生產這種霰彈槍。美國的許多執法機構採購這種霰彈槍供武器小組使用，並且美國還研製出其他類型的霰彈槍。"打擊者" 霰彈槍的適用範圍較廣，既可用於平民自衛，也可以完全用於軍事作戰。

旋轉彈匣

"打擊者" 霰彈槍的最重要、最獨特的設計是它的旋轉式彈匣。這種彈匣可裝12發子彈。子彈從彈匣後面的彈孔裝入，彈匣前部有一個鑰匙，可以用它拉緊彈簧，這個彈簧操縱着彈匣旋轉。一旦裝彈完畢，每扣動扳機一次可發射一發子彈，第二發子彈旋轉後和撞針在同一直線上。如果撞針和第二發子彈不能在同一直線上，子彈就不能射出。和其他類型的霰彈槍相比，據說它的後坐力要小得多；和大多數的類似霰彈槍相比，它的槍管較短，至於其中的真正原因，尚不清楚。或許它的後坐力被這樣一個事實模糊了："打擊者" 的槍管下是前置槍把和手槍槍把。另外，它還使用了金屬槍托，槍托能向上折疊到槍管上面。槍管上有金屬套，套上有許多洞孔，長時間射擊後，可以幫助槍管散熱。槍管過熱，射手就無法用手觸及，因為快速射出12發子彈後，槍管溫度會急速上升。

氣動彈射

"打擊者" 霰彈槍的其他設計有：雙擊發扳機和氣動彈射系統。在下一發子彈射出時，彈射系統把空彈殼彈出槍外。

"打擊者" 霰彈槍發射的子彈類型，從小型鉛彈（過去的南非政府常常使用它驅散示威的人群）到重型的金屬子彈等。槍托折疊時也可以射擊，當然射擊時不使用槍托，發射較重的子彈時射手可能會覺得不太舒服。

近距離使用

"打擊者" 霰彈槍的瞄準具比較簡單，因為它顯然不僅屬那種清除示威人群或在高樓林立的地區近距離作戰的射程非常近的武器。事實證明，它在叢林（低矮的樹林）戰中效果卓着。在低矮的叢林中，由於地面植被普遍較低，士兵的視覺會受到限制，所以在非常近的距離內，交火和伏擊事件屢見不鮮。

"打擊者" 霰彈槍不僅被美國執法機構廣泛使用，而且南非陸軍和警察也大量使用。另外，以色列的軍隊和警察在作戰中也大量使用了這種霰彈槍。

左圖：南非這樣在種族隔離時代就大力發展軍工企業的國家，研製出了一些令人刮目的輕武器，南非阿姆塞爾公司研製的半自動 "打擊者" 霰彈槍就是極好的例子。這種霰彈槍的旋轉彈匣可裝12發子彈，和傳統的槍支相比，火力更為猛烈

上圖：從整個外觀上看，"打擊者" 霰彈槍較短，它的旋轉彈匣大得驚人。這種彈匣可裝12發12-gauge口徑的子彈。"打擊者" 的外觀極為奇特，令人過目難忘。這種霰彈槍性能出眾，在近距離作戰時，強大的火力具有決定性意義

"莫斯伯格" 500 型霰彈槍

莫斯伯格父子公司雖然在運動型霰彈槍的研製上卓有成就，但是在作戰型霰彈槍的研製上只能算是一個新手。因為它最早的作戰型霰彈槍——"莫斯伯格"500型到1961年才鋒芒初露。從此之後，"莫斯伯格"霰彈槍在國際市場上名聲大噪，並且500型霰彈槍一直是該公司的拳頭產品。

500型霰彈槍口徑為12-gauge，手工操作，使用滑座式擊發裝置。它的套筒座是用高質量的鋁鑄造成的，鋼製槍栓鎖定槍管時，發射的子彈和套筒座相分離。為了保證彈射力量和擊發性能，它的許多部件，如退彈簧和擊發滑座都使用了重疊設置。從整體上看，500型霰彈槍的價格較低，但有了這些設置，500型霰彈槍非常結實，經久耐用。所以警察部隊非常喜歡500型及其派生類霰彈槍。另外，該公司還生產了作戰用的500型霰彈槍。

其中之一就是ATP-8SP型霰彈槍。它是在500型霰彈槍（警用）的基礎上改進成的。它的每一個部件都使用了保護性非反射拋光。槍口有刺刀架設置。甚至還安裝了望遠鏡支架，供發射金屬子彈時使用。當然這一裝置使用的機會極少。槍管上還可以安裝打孔式護手柄。它的射程和500型霰彈槍差不多。它使用一種可以向上折疊的金屬槍托取代了正常情況下使用的硬木製成的固定槍托。500 ATP-8SP型霰彈槍在市場上頗受歡迎。但目前已被一種改進的作戰型霰彈槍取代。

無托結構設計

這就是500型12號無托霰彈槍。如名所示，它使用的是無托結構設計，手槍槍把組件設在了套筒座的前端。這樣，這種霰彈槍比常規的霰彈槍要短一些，所以在狹小的空間中，更便於使用和操作。許多國家的軍隊和警察大量採購了這種霰彈槍。12號無托霰彈槍的套筒座和許多部件的表面都用堅硬的熱性塑料材料包裹，所以它的部件幾乎不需要外套或其他東西包裹。由於從整體上看無托結構設計太引人注意了，所以這一特點常被人忽略。按照設計，它的前後瞄準具只能向上突出，但是不需要時，前後瞄準具可以向下折疊。

12號無托霰彈槍完全可以重新開始製造，但是莫斯伯格公司生產了一套設備，可以把目前的500型霰彈槍改進成新式的12號無托霰彈槍。

另一種具有軍事潛力的"莫斯伯格"霰彈槍是該公司20世紀70年代研製的590型霰彈槍，這種霰彈槍的結構更為堅固。

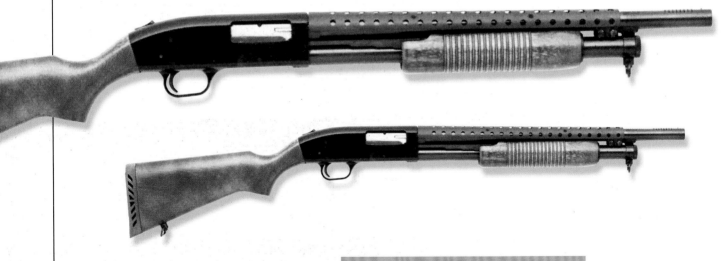

上圖：儘管和其他競爭者相比，莫斯伯格公司在作戰用霰彈槍的研製方面起步晚一些，但是它的500系列霰彈槍一經問世就獲得了成功。後來的型號和前者相比差異較大，但是機械設置幾乎沒什麼變動

規格説明
"莫斯伯格"500型12號無托霰彈槍
口徑：12-gauge
長度：784毫米（全長）；508毫米（槍管）
重量：3.85千克
供彈：可裝6發或8發子彈的管狀彈匣

"伊薩卡"37M 和 P 霰彈槍

在美國，霰彈槍已經成爲警察和獄警的必備武器，以至於許多霰彈槍的製造商發現生產霰彈槍是一件非常有利可圖的事，製造商可以按照每個警察部門的說明生產出他們特別需要的武器，有的要求非常接近於軍用型霰彈槍，"伊薩卡"LAPD型霰彈槍就是其中的一種。這種武器是在"伊薩卡"DS型（DS是DeerSlayer的縮寫）的基礎上研製成的，而DS型霰彈槍是根據"伊薩卡"37M和P型霰彈槍研製成功的。"伊薩卡"37M和P型霰彈槍設計完善，製作精良，結實耐用，能夠滿足警察的需要。

悠久的家族

37型系列霰彈槍曾經風光一時，在第二次世界大戰期間，它被美國陸軍選中，用於軍事目的。當時它的主要用途僅限於霰彈槍的一般用途，包括暴亂控制和擔負警衛任務，後來又出現了有3個槍管的霰彈槍。目前的M型和P型霰彈槍與第二次世界大戰期間的型號並沒有太大區別，但是目前的霰彈槍的製作更加粗糙。目前的霰彈槍有幾種型號，供選擇的範圍也較廣。其中最重要的有兩種："國土安全"37型和"監視"37型。前者用於自衛，供警察使用；後者爲袖珍型武器，槍管較短，常規的槍托被手槍槍把取代。37型霰彈槍使用的是管狀彈匣，可裝5發或8發子彈。它有兩個槍管，長度分別爲470毫米和508毫米。使用圓形抑制槍管，這兩種霰彈槍都可以發射普通的12-gauge子彈。DS型霰彈槍的槍管可以發射重型金屬子彈。DS型霰彈槍僅有508毫米的槍管，安裝有瞄準具；使用的彈匣和37型霰彈槍的彈匣一樣，可以裝5發或8發子彈。

供洛杉磯警察局使用的LAPD型霰彈槍帶有橡皮槍托襯墊、特殊的瞄準具、槍背帶和攜帶皮帶的DS型霰彈槍。它的槍管長470毫米，配備可裝5發子彈的管狀彈匣。和其他37型系列霰彈槍一樣，它也有非常結實的手動滑座氣動擊發設置。有幾個國家的特種部隊使用這些霰彈槍。爲了減少磨損，保持清潔，所有37M和P型霰彈槍都進行了金屬防銹處理。

規格説明

P和M型霰彈槍

口徑：12-gauge

長度：1016毫米（帶508毫米的槍管）；470毫米或508毫米（槍管）

重量：2.94千克或3.06千克（取決於槍管的長度）

供彈：可裝6發或8發子彈的管狀彈匣

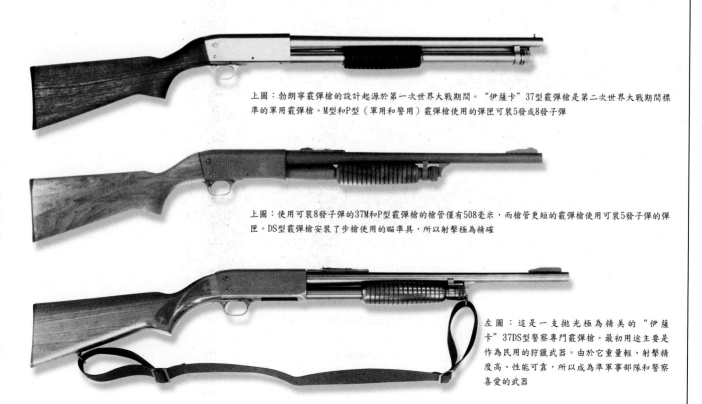

上圖：勃朗寧霰彈槍的設計起源於第一次世界大戰期間。"伊薩卡"37型霰彈槍是第二次世界大戰期間標準的軍用霰彈槍。M型和P型（軍用和警用）霰彈槍使用的彈匣可裝5發或8發子彈

上圖：使用可裝8發子彈的37M和P型霰彈槍的槍管僅有508毫米，而槍管更短的霰彈槍使用可裝5發子彈的彈匣。DS型霰彈槍安裝了步槍使用的瞄準具，所以射擊極爲精確

左圖：這是一支拋光極爲精美的"伊薩卡"37DS型警察專門霰彈槍。最初用途主要是作爲民用的狩獵武器。由於它重量輕、射擊精度高、性能可靠，所以成爲準軍事部隊和警察喜愛的武器

溫徹斯特霰彈槍

美國的溫徹斯特公司以生產步槍而着稱於世。該公司也生產霰彈槍，供運動市場和警察及準軍事部隊使用。過去，該公司生產的霰彈槍的品種齊全，種類繁多，其中包括第二次世界大戰期間使用的著名霰彈槍——12型和有史以來生產極少的使用盒式彈匣的作戰用霰彈槍。但目前該公司生產的型號僅限於幾種手工操作的使用滑座擊發設置的霰彈槍。

溫徹斯特霰彈槍的基本型號是口徑為12-gauge的"溫徹斯特防衛者"。這種霰彈槍是專門為常規警察部隊研製的，但有的也落到了幾個國家的正規軍隊手中。從整體上看，"防衛者"霰彈槍屬完美的傳統型設計，但是它的擊發裝置明顯小於其他同類產品。溫徹斯特公司生產的武器一直保持了這樣的傳統。另外，該公司生產的武器，其製造和抛光標準也非常高。

旋轉槍栓擊發設置

滑座擊發裝置運行時，旋轉槍栓的打開和關閉都處於絕對安全的狀態。為了加快擊發裝置的運行，後坐力可有助於解鎖的速度，武器能在極短時間內進入半自動射擊狀態。它的管狀彈匣可裝6發或7發子彈，伸展後正好處於槍口下面。至於使用6發子彈還是7發子彈的彈匣，要取決於子彈的類型——正常的霰彈槍的子彈或較長的重型金屬子彈。一般情況下，霰彈槍都使用了藍色塗料或進行了金屬防鏽處理。但是專門供警察使用的型號有所不同，所有的金屬部件都是用不銹鋼製成的。發射金屬子彈時，可以安裝步槍使用的瞄準具。彈匣也比標準的"防衛者"霰彈槍的彈匣短，並且還有槍背帶。

海軍專用型號

或許，目前最與眾不同的溫徹斯特霰彈槍當數"水兵"1300型。這種霰彈槍是專門為海軍和海軍陸戰隊設計的。它是在"防衛者"霰彈槍的基礎上設計的，但是和警用型霰彈槍更為接近，因為在設計中出於抗腐蝕性考慮，所以是用不銹鋼製成的。海軍使用的武器都必須經得起鹽類腐蝕，而不銹鋼的抗腐蝕性較強。為了保證這種霰彈槍具有完全的抗腐蝕能力，"水兵"霰彈槍的所有外部金屬部件都鍍上了金屬鉻。這樣，"水兵"霰彈槍從外觀上看尤其與眾不同。但是，在作戰中，人們也發現它存在一些問題。不過，這種霰彈槍一般都銷售給類似於海岸警衛隊的準軍事部隊。海岸警衛隊覺得登船檢查部隊需要這種武器。

右圖：英國警察越來越喜愛美國的溫徹斯特霰彈槍。圖中的英國警察手持溫徹斯特霰彈槍，頭戴盔甲，上身穿防彈背心，全身着防火服。目前在英國倫敦街道上巡邏的警察都裝備有溫徹斯特霰彈槍

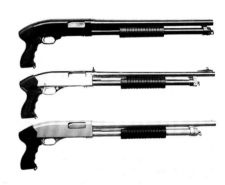

上圖：溫徹斯特公司已經生產了三種"防衛者"霰彈槍，所有型號的霰彈槍都使用了槍托或手槍槍把。圖中從上到下分別是帶有手槍槍把的"防衛者"霰彈槍，帶有手槍槍把的用不銹鋼製成的"水兵"型霰彈槍，帶有手槍槍把、用不銹鋼製成的警用型霰彈槍。最後一種霰彈槍使用的彈匣較小

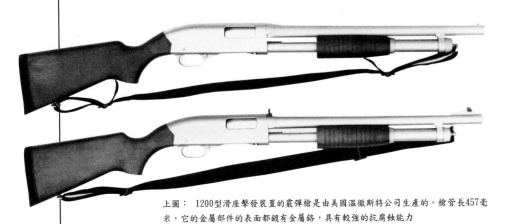

上圖：1200型滑座擊發裝置的霰彈槍是由美國溫徹斯特公司生產的。槍管長457毫米，它的金屬部件的表面都鍍有金屬鉻，具有較強的抗腐蝕能力

規格説明	
"溫徹斯特防衛者"霰彈槍	

口徑：12-gauge

長度：457毫米（槍管長）

重量：3.06千克；或3.17千克（不銹鋼型）

供彈：可裝6發或7發子彈的管狀彈匣，或者可裝5發或6發子彈的管狀彈匣（不銹鋼型）

"汽錘" 霰彈槍

潘科公司的"汽錘"霰彈槍雖然最近才登上作戰型霰彈槍的舞臺,但它使用的操作系統卻具有悠久的歷史。這種霰彈槍的設計者是約翰·安德森。1984年他獲得了這種霰彈槍的專利權。這種霰彈槍不僅能全自動射擊,而且還使用了一種能預先裝填10發子彈的旋轉彈匣。

"汽錘"霰彈槍是一種氣動操作的武器,有着與眾不同的外形。由於它以無托構造爲基礎,所以它的旋轉彈匣位於扳機組件下面。彈匣用塑料製成,可裝10發子彈。子彈在槍托前端前後移動之前被送入彈膛。射擊時,槍管向前移動。在槍管向前移動的同時,一個氣動操作的螺栓在彈匣內的斜角凹槽內移動,啓動旋轉設置,把下一顆子彈送入彈膛。槍管向前移動到一定位置後,在彈簧的作用下,槍管向後移動,此時,彈匣旋轉設置運動完畢(這種系統在第一次世界大戰期間在英國的韋伯利和福斯貝里左輪手槍中使用過)。槍管返回到原來的位置後,武器就做好了再次發射的準備。全自動射擊時,射速是每分鐘240發子彈。由於它的槍口安裝了向下傾斜的槍口抑制器,所以槍口向上抬升的情況部分得到了緩解。槍口抑制器同時也可以當光焰過濾器使用。

極少使用金屬的武器

"汽錘"霰彈槍大量使用堅硬的塑料製品。事實上,只有槍管、複位彈簧、彈匣旋轉設置和槍口抑制器(也可作光焰過濾器)是用鋼材製作的。它的彈匣被稱爲"彈藥盒",可以提前裝填,然後用塑料膠帶密封(裝彈前拆除),膠帶上有顏色代碼表明彈盒內的子彈類型。它不能只裝一顆子彈,卻可以選擇單發射擊。

瞄準具安裝在攜帶把手長杆的槽溝內。左撇子射手也可以使用這種霰彈槍,因爲它沒有空彈殼彈出,它的空彈殼都保留在旋轉彈匣內,射擊後可以一次性拋出。彈匣內沒有子彈時,閉鎖掣子會自動打開,彈匣可以輕鬆取下。

"汽錘"霰彈槍真的與眾不同,它具有無盡的潛能,但目前尚未投入生產。

規格説明
"汽錘"霰彈槍
口徑:12-gauge
全長:762毫米
槍管長:457毫米
重量:4.57千克(裝彈後)
供彈:可裝10發子彈的旋轉彈匣

上圖:與眾不同的"汽錘"霰彈槍使用的擊發裝置和第一次世界大戰時期的韋伯利和福斯貝里自動裝填左輪手槍的擊發裝置非常接近。射擊時,環繞槍管的環狀氣缸內的氣壓向後驅動活塞,活塞啓動擊發設置,擊發設置在氣缸內的凹槽內運動,把新的一發子彈送進彈膛。由於空彈殼仍在氣缸內,"汽錘"霰彈槍避免了無托結構設計中存在的一個問題——空彈殼彈出時距離射手臉部太近從而對射手造成傷害。全自動射擊狀態下,彈匣內的子彈在2.5秒鐘內就可射空。以這種速度射擊時,抑制器能控制槍口向上抬升的幅度

雷明頓 870 型 Mk 1 霰彈槍

在過去的歲月裏，在眾多種類的霰彈槍中，能頻頻用於作戰的霰彈槍恐怕非雷明頓霰彈槍莫屬。如果把雷明頓的作戰用槍支列出一個名單，那麼恐怕一張紙也寫不完，所以我們在這裏僅介紹它的作戰用霰彈槍——雷明頓870型霰彈槍。這種霰彈槍改進後供美國海軍陸戰隊使用。改進後的雷明頓870型被稱為12-gauge雷明頓870型Mk 1霰彈槍。

870型霰彈槍曾經是使用最廣泛的霰彈槍之一。它的基本型號被稱為870R型（防暴型）和870P型（警用型），但是經過改裝和改進，又出現了其他型號。870型霰彈槍使用滑座式擊發設置。1966年，美國海軍陸戰隊按計劃舉行了一系列作戰用霰彈槍試驗。從作戰性能是否可靠方面考慮，這種半自動發射的霰彈槍成為最受歡迎的武器。這樣，870型霰彈槍成為美國海軍陸戰隊的首選武器。經過幾次改進，這種霰彈槍完全達到了海軍陸戰隊的作戰要求，被命名為870型Mk 1霰彈槍後投入生產，並且從此以後，美國海軍陸戰隊一直保留了這種武器。這些改進包括一種較長的彈匣、槍管周圍有隔熱盾牌，可以防止射手的雙手不被灼傷。另外，它還使用了不發光的保護性拋光材料，防止武器受到腐蝕和生銹。

傳統型擊發設置

870型Mk 1型霰彈槍使用氣動操作擊發設置。它有兩個擊發杆和一個傾斜的閉鎖裝置。閉鎖裝置可以將槍管直接鎖定。管狀彈匣位於槍管下面，可以裝7發子彈。槍管可以在幾分鐘內更換。這種霰彈槍發射的子彈類型較多，從輕型子彈到硬金屬彈心的細長子彈都可以使用。它有許多額外的設置，如槍背帶。為了滿足美國海軍陸戰隊的需要，彈匣（為了增加容量，增加了彈匣的長度）的托架有可以安裝刺刀的凸出設置，這種設置和M16突擊步槍上的設置一樣。槍管上有通風的護手柄。但870型Mk 1型霰彈槍上沒有安裝許多民用870型霰彈槍普遍使用的槍托橡皮襯墊，因為美國海軍陸戰隊認為在作戰中這種設置沒有安裝的必要。

自這種霰彈槍問世以來，美國海軍陸戰隊在歷次作戰中經常使用這種武器。在大規模兩棲作戰中，這種霰彈槍使用的較少，但在其他類型的任務中，美國海軍陸戰隊大量使用。例如：在1975年5月發生的"馬亞圭斯"事件中，一艘美國商船在柬埔寨的西哈努克城港口附近停泊被拘留後，美國組建和派遣了部隊，負責攔截檢查過往船隻。在越戰期間，美國海軍（常常是"海豹"小隊）大量使用而且目前仍在使用這種武器。

美軍還曾經制訂了一項870型Mk 1霰彈槍的改進計劃，使之可配備10發或20發子彈的彈匣，使用這種彈匣具有明顯的戰術優勢。但是越南戰爭結束後，正當這項計劃處於研製的頂峰階段時，美國終止了這項計劃。

警察、保安和準軍事部隊也非常喜愛870型霰彈槍。他們一般選擇的型號都帶有可裝8發子彈的彈匣，使用固定或折疊式槍托，或者沒有手槍槍把，槍管長551毫米或709毫米，槍口安裝有氣缸抑制器（或改進的氣缸抑制器）、"步槍類"或"偷窺"式瞄準具、戰術閃光燈、激光瞄準儀、發射非致命性子彈的專用設置，以及發射致命性子彈（如大型鋁彈和完整的金屬子彈等）的專用設置。

規格説明	

870型Mk 1霰彈槍

口徑：12-gauge

全長：1060毫米

槍管長：533毫米

重量：3.6千克

供彈：可裝7發子彈的管狀彈匣

上圖：霰彈槍在叢林戰中的作用極為顯著，英國陸軍在馬來亞鎮壓遊擊隊活動以及與印度尼西亞的沖突中大量使用霰彈槍。英國軍隊在遠東使用的870型霰彈槍安裝了完整的槍托。英軍使用的另一種霰彈槍是防暴型霰彈槍。這種霰彈槍安裝了折疊式槍托，使用加長的彈匣

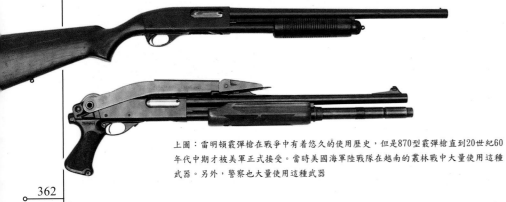

上圖：雷明頓霰彈槍在戰爭中有着悠久的使用歷史，但是870型霰彈槍直到20世紀60年代中期才被美軍正式接受。當時美國海軍陸戰隊在越南的叢林戰中大量使用這種武器。另外，警察也大量使用這種武器

先進的作戰用霰彈槍

1972年，由麥斯威爾·G. 艾奇遜設計的艾奇遜突擊霰彈槍（樣槍）為研製新式霰彈槍——突擊型霰彈槍鋪平了道路。這種突擊型霰彈槍以後坐力操作系統為主，以氣動操作系統為輔。艾奇遜霰彈槍（和作戰型霰彈槍不同）以M16突擊步槍的組件為基礎，它的規格和結構與M16突擊步槍完全一樣，但是為發射大型的鉛彈或堅固的金屬子彈而設計。它的設計較為簡單，槍管撐進長管狀的套筒座內，套筒座內的空間可容納槍栓和後坐力彈簧。它的扳機組件，使用了BAR M1918扳機設置和湯姆森衝鋒槍的手槍槍把。這種霰彈槍即可以半自動射擊，也可以全自動射擊；既可以使用可裝5發子彈的盒式彈匣，也可以使用可裝20發子彈的鼓式彈匣。

1973—1979年期間，艾奇遜霰彈槍的設計原理得到了驗證。隨後，製造商生產出了艾奇遜霰彈槍的改進型號。它最明顯的變化是，整個機械設置都設在兩個蛤蚌形的槍托內部。從1981年開始，在美國和韓國進行了限量生產。在1984年，它的生產標準又經過修改，包括它的刺刀架以及前一個蛤蚌形槍托前端的防滑裝飾被取消

了。所有的艾奇遜霰彈槍都能發射北約標準的槍榴彈。它的彈匣有可裝7發子彈的單排式盒式彈匣，也有可裝20發子彈的鼓式彈匣。

新一代武器

20世紀80年代初期，為了研製出能夠發射大推力的多用途彈頭（有效射程100~150米），美國開始實施一項名為近距離攻擊武器系統的研製計劃。參與研製的成員中就有赫克勒和科赫有限公司和溫徹斯特/奧林公司。前者負責武器開發，後者負責彈藥的研製。

赫克勒和科赫有限公司研製的近距離攻擊武器使用了平滑彈腔和選擇性射擊設置。它使用高壓彈藥發射用金屬鎢製成的子彈和硬金屬彈心的細長子彈。近距離攻擊武器以後坐力操作系統為主，以氣動操作系統為輔，使用可移動式槍管。它的外表和G11突擊步槍非常類似，採用了無托結構，有完整的攜帶把手。機柄位於攜帶把手的下面。套筒座上面有一個非常靈巧的保險和射擊選擇器。射擊選擇器有三種狀態：安全狀態、半自動射擊狀態和3發

子彈點射狀態。美國陸軍對近距離攻擊武器進行了試驗，之後由於美國終止了整個研製計劃，所以近距離攻擊武器的研發也就中途夭折了。

規格説明

艾奇遜突擊霰彈槍

口徑：12-gauge

全長：991毫米

槍管長：不詳

重量：5.45千克

射速：每分鐘360發子彈

供彈：可裝7發子彈的管狀彈匣

赫克勒和科赫有限公司的霰彈槍

口徑：12-gauge

全長：988或762毫米

槍管長：686或457毫米

重量：3.86千克

供彈：可裝10發子彈的盒式彈匣

上圖：艾奇遜突擊霰彈槍，口徑為12-gauge，安裝了選擇式射擊設置，使用了氣動操作設置和重型槍栓，既可使用可裝20發子彈的鼓式彈匣，也可使用可裝8發子彈的盒式彈匣

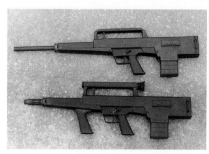

上圖：赫克勒和科赫有限公司研製的近距離攻擊武器——霰彈槍有長有短。它使用短後坐力操作系統。全自動狀態射擊時，射速為每分鐘240發子彈

9 防暴武器

　　暴亂控制在現代各國軍隊所肩負的任務中變得越來越重要。在很多國家，舉行和平抗議活動是每一位公民的權利，即使是社會秩序最穩定的國家，諸如此類的集會活動都有失控的可能，所以安全部隊必須在恰當的時間內進行干預。如果發生大規模暴亂，僅僅依靠警察的力量是遠遠不夠的。

暴亂期間，軍隊或警察必須和人群保持一定的距離。這樣可以防止安全部隊被憤怒的人群包圍。如果雙方保持適當的距離，緊張的氛圍會趨於緩和。然而，僅僅採取這些措施是遠遠不夠的。

當雙方之間無法避免接觸時，對暴亂人群進行控制的最常用、最簡單的方法就是使用普通的木棒或警棍。安全部隊還可以使用催淚瓦斯，這種武器既可以用手投擲，也可使用包括霰彈槍、槍榴彈和常規步槍在內的各種防暴亂武器發射。

這些武器中，大部分都能發射不同規格的防暴亂子彈。這些子彈中最常用的是橡皮子彈或塑料子彈。此類子彈主要是為了對付在60米內的向警察投擲汽油彈或石塊的暴亂分子。此類子彈不僅起到致人輕傷或驚嚇的作用，在非常近的距離內，還具有一定的致命性。必要時，使用防暴子彈具有如下優勢：如果發現一名年青人試圖投擲汽油炸彈，那麼在不會對他周圍的無辜行人造成傷害的情況下，防暴警察可以直接瞄準，將其擊倒。

另一方面，催淚瓦斯也是防暴亂必不可少的武器。催淚瓦斯能讓人的眼睛、鼻子和呼吸系統產生極不舒服的感覺，而且持續時間短，不會對人產生嚴重傷害，許多國家的軍隊在對付暴亂時可以隨時使用。但是在歐洲國家，只有發生非常嚴重的暴亂時，才會使用。

儘管催淚瓦斯在驅散人群時效果顯著，但它不僅會對暴亂分子產生作用，而且無辜的行人和安全部隊也難以倖免。目前世界各地的集會人群已經學會對付催淚瓦斯的方法：臉上蒙上濕手帕，並且他們還學會了把安全部隊發射的榴彈再扔回到安全部隊的腳下。

防暴亂車輛

從世界各國的情況看，為了有效地控制暴亂活動，各國普遍使用了各種類型的輪式車輛，這些車輛經過了特殊的改裝或製造。它們有的是用輕型商用車輛改裝成的，有的則是裝備齊全的裝甲車。

暴亂控制車輛能夠向安全部隊提供保護和支持。車輛四周有堅固的防護欄，可

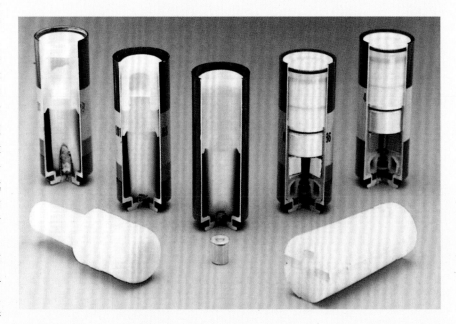

上圖：這是幾種暴亂控制的專用彈藥。其中最常用的是防暴子彈。這種子彈能把暴亂者擊倒在地，但有時也能置人於死地

上圖：接受過控制暴亂技巧訓練的士兵一般情況下都會避免和暴亂分子直接接觸，而且還要避免使用暴力，因為那樣會導致形勢進一步的惡化

上圖：裝備控制暴亂武器的警察和軍隊都有嚇人的穿戴，他們必須盡力避免因受到暴亂者的挑釁而採取過激的行動。暴亂者會將政府的過激行動大肆宣傳，來博取輿論的同情

以保護安全部隊免遭暴亂分子投擲武器的傷害。如果這些車輛停靠在狹窄街道的中間或樓房的一側，可以封鎖大多數路面，阻止暴亂人群採取進一步活動。

同時，暴亂控制車輛還可以用來救助那些受傷的人們。車內裝有可靠的無線電通信設施，並且還安裝有其他設施，其中包括車頂或炮塔探照燈、揚聲器系統、清除街道上的非法路障的排障設置以及對付狂熱人群的高壓水槍。為了防止暴亂分子爬上車輛，此類車輛的表面甚至還有帶電設施。

直升機

為了監視暴亂人群的活動，各國開始越來越多地使用直升機。英國軍隊在北愛爾蘭廣泛使用直升機，並且世界各國的警察也都仿效了英國的做法。一般情況下，警用型直升機安裝有攝像機、熱成像儀和大功率探照燈。有的上面還安裝有數據鏈系統，可以直接把現場圖像轉送到地面的指揮中心，由指揮中心的有關人員對傳送的信息進行評估，並根據情況下達相應的指示。

戰術

世界各國的警察部隊為了驅散暴亂人群會使用不同規模的部隊。有些國家乾脆直接派遣軍隊，採取行動；而有的國家，不到最後時刻，一般不會動用軍隊。

許多國家成立了特殊的機構，專門對付暴亂或其他類型的擾亂公眾秩序的活動，例如，法國組建了共和國安全部隊，德國組建了聯邦邊防大隊。法國的共和國安全部隊和英國安全部隊或美國警察部隊的做法完全不同。為了向暴亂分子表明政府的決心，威懾暴亂分子不要採取進一步非法活動，法國政府在暴亂發生的初期階段就開始大規模動用安全部隊。1968年5月，共和國安全部隊在巴黎殘酷地鎮壓了學生發動的暴亂活動。

德國和歐洲其他國家的部隊也採取了同樣的方法，然而，英國卻能僅僅調用必要的部隊就解決問題。英國依賴於良好的情報、觀察和通信設施，適時掌握暴亂分子的一舉一動，並根據相應的情況，增減要動用的力量。

不同的看法和前景

對於這兩種不同的方法，人們對它們的效率一直存在爭議。法國共和國安全部隊雷厲風行的作風一定會讓任何一位想搞暴亂活動的人放棄打算；然而，還有更加合理的方法，解決棘手問題所用的時間越長，就越有機會在發生嚴重傷害或受傷事件之前，控制住惡化的局勢。

當英國軍隊第一次被派到北愛爾蘭執行任務的時候，毫無經驗的士兵們發現他們常常陷入暴亂隊伍的包圍中。開始時，這些恐懼和迷惑的年輕士兵在面對暴亂分

上圖：高壓水槍是一種優秀的防暴亂武器。無論是在精神上，還是在行動上，都可以讓狂熱的暴亂者冷靜下來。高壓水槍的力量能把人擊倒在地，驅散馬路上的暴亂者

子時的反應極不冷靜，但是經過25年的磨煉，英國陸軍在有效驅散人群、緩和局勢方面已經駕輕就熟，並積累了一套行之有效的方法。

理想的觀點是，士兵什麼時候都不應該捲入暴亂或暴亂控制活動中去，但是歷史已經證明，僅靠警察的力量往往無法平息大規模的暴亂活動。當暴亂發生時，人們希望派出軍隊支援，彌補民事警察力量的不足。這的確不是一件愉快的事，不過，每一位士兵對此都必須有所準備，並且能夠正確應對。

成功地控制暴亂

在控制暴亂活動之前，所有參加活動的部隊人員都必須瞭解如下內容：

1. 背景情況和部隊所肩負的特殊使命。
2. 動用軍事力量的有關規定。
3. 對當地局勢的心理準備、當地民眾可能的反應，以及部隊對此採取的相應措施。
4. 經過新聞媒體和民事官員證實的現場情況。

右圖：依靠裝甲車側面的屏障在驅散或阻止暴亂活動時的作用非常明顯。照片中顯示已動用裝備常規武器的軍隊控制暴亂，表明大規模的和平示威活動已經失去控制，和平示威已經演化成了暴力暴亂

非致命性武器

在暴亂和人群控制行動中，安全和警察部隊所擔負的任務就是把動用武力的可能降到最低程度，在無人死亡、最好也無人受傷的情況下控制住局勢的發展。這表明在此類行動中所使用的特殊武器要具有兩種基本的能力：輕傷害性和非致命性。輕傷害性武器的設計目的是為了把傷亡減到最低程度，這些武器包括發射橡皮子彈和黏性泡沫子彈的彈射武器；非致命性武器不會引起死亡、受傷及事後反應。使用非致命性武器的主要場合除了對付暴亂的人群外，還可以在近距離作戰（一般情況下，作戰範圍較小，如酒吧或室內）、阻攔逃犯、解救人質以及在沒有人質但目標已被封鎖的情況下使用。

"豆包"子彈

"豆包"子彈的有效射程約為15米，但精度很差，由裝在尼龍袋裏的塑料豆組成。發射時初速較大——約280米/秒。擊中人時力量較大。正因為如此，在6米的射程內，射手不應該瞄準人的頭部、脖子和身體上脾、肺和胃等器官的位置。使用橡皮子彈和塑料子彈時，也要受到同樣的限制。

拉莫防禦公司生產的"黃蜂巢刺榴彈"之類的特殊手榴彈也具有上述武器的能力。這種手榴彈內含低威力的火藥和堅硬的橡皮球。它巧妙地把低威力火藥產生的衝擊波和橡皮球的撞擊力結合在一起。這種手榴彈每枚能裝60個11.4毫米或15個17.5毫米的橡皮球，爆炸後以360度角散開，有效半徑是2.1~7.6米。

圓形橡皮子彈

另一種名為"毒刺"—RAG的子彈使用了和"豆包"子彈同樣的原理。這種子彈用M16突擊步槍槍口上的一種特殊發射裝置發射。它是一種圓形子彈，用軟橡皮製成，直徑大約為6.35釐米；這種子彈發射後，每分鐘可旋轉2500轉；在60米的射程內，以每秒鐘60米的速度擊中目標。

"毒刺"—RAG子彈的精度易受風向的影響，如果目標（人）身穿較厚的衣服時，子彈就失去效果。這種子彈還會對人的眼睛造成傷害。另外，用步槍也能發射類似的子彈，如小型的水球子彈。

"小球"發射器

比利時FN公司研製的FN303是一種半自動系統。它屬壓縮空氣操作類型的武器。設計這種系統的目的是為了發射各種12-gauge口徑的衝擊彈、標記彈、臭氣彈和照明彈。每粒子彈重8克。FN303系統的外形非常前衛。它是這種遠距離系統的核心。這種系統能力出眾，既可以對付個人，也可以對付人群。FN303系統是一種非常優秀的武器，它可以安裝在現代突擊步槍的槍管下面。

另一類限制性武器是由新墨西哥州阿爾伯克基市聖迪亞國家實驗室研製的"黏性泡沫"。這種武器使用特製的容器發射，器內安裝有投擲設置。裏面的泡沫非常黏，射出就能黏住目標。但是這種泡沫有兩大缺陷；如果泡沫蓋住了目標（人）的嘴和鼻子，人就可能會窒息而死；泡沫本身是無毒的，但是要去除泡沫，需要把泡沫融化，而在融化時泡沫可能會產生毒素，所以在融化泡沫時，常要使用剪刀先剪斷泡沫。

刺激球

目前美國研製的被警察廣泛使用的另一種武器是"胡椒粉"子彈。它是由"胡椒粉子彈"（PepperBall）技術公司發明、

上圖：FN303是一種能夠發射各種非致命性子彈的武器，它的射程較遠。它的動力來自氣缸內的壓縮氣體。氣缸安裝在槍管右側

左圖：FN303系統與常規武器射擊和瞄準的方法幾乎完全相同。它擁有一種可裝15發子彈的彈匣。彈匣正好位於前置槍把的後部

左圖：FN303系統還有一種型號，可以安裝在大多數突擊步槍上，如圖中即是在M16突擊步槍上使用

規格説明	
FN303系統	供彈：15發子彈的彈匣
口徑：12-gauge	有效射程：100米
全長：740毫米（單機式）；	
425毫米（安裝在突擊步槍的槍管下）	**TRGG便攜式發射器**
重量：2.3千克（單機式）；	重量：10.5千克（空）；20.5千克（裝滿）
2.2千克（安裝在突擊步槍槍管下）	助推容量：可噴射80次
助推容量：可噴射65次	最大射程：大約20米

左圖：TRGG便攜式發射器是一種控制人群的武器。德國民事安全部隊曾經裝備過這種武器。其實它是一種能夠噴射刺激性物質或標記性物質的噴射器

製造和銷售的。它使用特殊的半自動型發射器發射。這種發射器的動力源是壓縮空氣。"胡椒粉"子彈是一種堅硬的塑料球，擊中目標後爆炸，並且擊中目標時的力量足以遲滯目標的活動。這種塑料球爆炸時會產生一種PAVA化學藥粉，這種藥粉會散發出刺激性物質，刺激人的眼睛、鼻子、喉嚨和肺，使其無法活動（除了用力呼吸之外）。

刺激性噴霧器

著名的非致命性武器是由德國赫克勒和科赫有限公司研製的TRGG便攜式刺激物發射器。這種發射器在結構上和火焰發射器非常類似，可以把類似於火焰噴射器的罐子背在後肩上，使用人員手持和火焰噴射器非常類似的噴射器瞄準目標後，就可射出刺激性物質。事實上，它們是如此接近，差異僅在於TRGG噴射的是一種刺激性物質，而不是一串串火焰。

TRGG背包有兩個罐子，一個裝刺激性物質，另一個裝壓縮氣體——通常為二氧化碳。當操作人員扣動發射器的扳機時，壓縮氣體就會把刺激性物質從罐子中噴出，罐子和發射器之間有一根軟管相連。它使用的刺激性物質種類繁多，從催淚瓦斯到催淚毒氣應有盡有。它還可以噴射出各種顏色的染料給暴亂者標上記號，以便於抓捕。

TRGG的最大射程是20米。罐子內的容量足夠噴射80次，每次噴射都有自動監視設置監控，既不會浪費，也不會不足。需要重新裝填時，罐子更換非常方便，每次僅需幾秒鐘時間，無須使用工具。更換罐子的工作通常由另一個人完成，他在重新裝填時，需要取下該罐子的支架。

有些警察和準軍事部隊並不喜歡使用TRGG之類的暴亂控制武器。TRGG的外形太引人注意了，從而容易讓它及其使用人員成為報復的目標。同時，這種裝備也相

當重，操作人員背着很難快速行動，難以適應環境的需要。另外，這種設備的射程相對受到了限制，甚至有輕微的逆風，上面所提到的20米射程都難以達到。但是射程如果太遠，刺激性物質會迅速揮發，那樣對那些意志堅決的暴亂分子來說就沒什麼作用了。然而，在較近的距離內，雖然威懾力較大，但是TRGG又需要其他人提供大量的保護性支援活動，許多警察或準軍事部隊或許會認為不應該投入這麼多人力。到目前為止，除了德國之外，其他國家的正規裝備中極少採用TRGG。

閃光彈

法國著名的維尼－卡龍武器製造公司生產的閃光彈中有一種特殊的9.65毫米子彈，這種子彈能產生強大的阻攔力量。甚至在很近的射程內，它的彈頭也不會穿透衣服，卻能有效地擊倒目標。它的優勢已經被使用過它的安全部隊證實。閃光彈的

上圖：在聖迪亞國家實驗室研製黏性泡沫的計劃是由美國國家司法協會發起的。它可以限制目標（人）的活動，直到給他戴上手銬，然後再用剪刀把這種泡沫剪開

上圖：在防暴武器中，使用時間最長、效果最為顯著的武器就是高壓水槍。從此類車輛中噴射而出的"子彈"一般情況下能把步行者擊倒，讓他們冷靜下來

左圖：黏性泡沫從圖中人背後的背包式裝置中噴出的。這種裝置裝有壓縮氣體和泡沫材料。這種系統的射程較近，所以這種黏性泡沫在樓房內使用要比在露天場所使用效果好

發射器外形有點嚇人，能夠快速投入使用。目前有單管和雙管式發射器。它的重量較輕，但結實耐用，並且適於所有使用非致命性武器的場所。

　　上面提到的非致命性和輕傷害性武器都是在暴亂控制中經常使用的典型武器。這些武器的致命性較低，但是從20世紀後半期開始，由於秩序失控而造成的傷亡事故越來越多，所以許多國家的政府面臨巨大的公眾壓力和政治壓力，因此各國都需要發明出更加安全的武器。美國空軍研製室發明了一種武器，可以放射出微米波，能穿透人的皮膚，使皮膚下的溫度升高，從而引起劇烈疼痛，卻不會灼傷皮膚。

防暴車輛

如果在城市的街道上使用裝甲車,那麼新聞媒體的頭版新聞中肯定會出現"政府動用坦克鎮壓暴亂"的大號標題,這樣就會引起公眾的混亂,而且使用履帶式或輪式裝甲車維持秩序費用昂貴,用其作為維護國內安全的手段實乃下下之策。正是出於這樣或那樣的考慮,英國陸軍為了維護北愛爾蘭的穩定才保留了老式的輪式裝甲車,而且,輪式裝甲車的製造商還生產了和戰場上不同的裝甲車,專門用來維護國內的安全秩序。

有許多理由表明履帶式裝甲車不適合維護國內的安全秩序,所以許多公司設計出專門用來維護國內安全秩序的輪式車輛。這類車輛的外殼必須有足夠的保護才能對付7.62毫米步槍子彈的襲擊。有些國家的恐怖分子最常用的武器是地雷,常把地雷埋在偏遠地區的公路的拐彎處,在軍用車輛或準軍用車輛通過時引爆。如果地雷是標準的反步兵地雷或反坦克地雷,那麼車輛的設計人員必須細心設計車輛的外層裝甲,才能把地雷對車輛造成的損傷減到最輕的程度。設計要確保地雷產生的衝擊波被引向側面再向上偏移,這樣車輛底層才不會被衝擊波正面擊中,但是車輛會向上抬升,甚至翻車;或者車輛離地面較近的地方會被衝擊波擊穿。例如,英國的"撒克遜人"車的輪胎上有一個用鋼板製成的完整外殼,當地雷在車下面引爆時,鋼板能把地雷的衝擊波引向兩側。南非的"犀牛"和"牛頭犬"車的輪胎上都安裝了V形鋼板,如果車子從地雷上駛過,輪胎和鋼板能夠承受住地雷的衝擊波。

對柴油機的偏愛

和汽油發動機相比較,安全車輛的設計人員和使用人員更偏愛柴油發動機。因為柴油揮發慢,而汽油揮發較快,所以柴油發動機不易起火。指揮官、司機和車內人員必須通過車窗瞭解周圍的情況,車窗和其他車外殼一樣對車內人員起到保護的作用。指揮官和司機的窗戶必須有擦拭器和特殊清潔液,確保隨時清除示威者扔到車窗上的塗料。

進入和退出車輛的方法要盡可能多樣化。車門要盡可能大一些。例如,如果主門在車後,車輛從後面遇到伏擊,車內乘員就無法從車內撤出,除非車內還有其他側門。而且車門把手要設計成除非有進入密碼,否則無法進入,外面不得有任何裝飾,以防暴亂分子利用這些裝飾爬到車上。

車必須使用扁平運轉型輪胎,確保子彈擊中輪胎後車輛還能向前駛出一段距離。車內還應該有火災探測和滅火設備,尤其是在輪胎的拱門周圍,因為暴亂分子常會向安全車輛的橡膠輪胎投擲汽油彈。車頂必須呈斜坡狀,這樣榴彈在爆炸前就會從車頂上滾落下去。車門周邊和發動機的位置必須經過精心設計,保證汽油彈流出的燃燒液體流到地面,而不是車內。

創造車內舒適的工作環境

由於部隊或警察需要在車內待較長時間,所以在與外界隔絕的情況下,車內要提供空調設施。每一個座位都必須有安全帶,因為如果車輛觸雷,車內人員的傷亡多數是由車內人員被拋出座位和車內物體撞擊引起的。車內還要有足夠的空間存放防暴亂使用的盾牌、武器和其他必備設備。

有些安全車的炮塔上安裝了12.7或7.62毫米機槍,同時也有一些車輛的炮塔是供指揮官觀察車外情況的。有些車輛的前面裝有專門設備,如標準的路障清除設備,有些車輛還配備了指揮系統或救護系統。有的車輛可以用來裝載爆炸物處理小隊和所需的裝備,並且所有國內安全車輛都配有高壓水槍或榴彈發射器(發射催淚瓦斯)。

有的國家把標準的軍用輪式裝甲車當作安全車輛使用,而有的國家更喜歡使用廉價的車輛,配上輕型卡車(如梅賽德斯—奔馳和"陸地巡遊者")的底盤。

裝甲車用作安全車輛

有的國家使用輪式裝甲車維持國內的治安。這些車輛包括莫瓦格公司的"羅蘭

上圖:"水牛"裝甲車底部高懸,上面是V形斜坡,保證在觸雷時,車輛的主要部分不會被地雷的衝擊波擊中。這種車輛可用來運送部隊

德"、MR8和"龐蒂克"、卡迪拉克·蓋奇康曼多系列、GKN聖凱AT105"撒克遜人"、ENGESA EE-11烏拉圖、SIBMAS、維克斯防禦系統/BDX瓦爾凱、菲亞特Tipo6614、雷諾VAB、貝利埃VXB-170、潘哈德VCR和MS、ACMAT、BMR-600和BLR-600、"獾"式裝甲車、運輸裝甲車、"蒼鷹"越野車和BTR系列車。

使用德國梅賽德斯—奔馳底盤的安全車輛包括1969年交付的UR-416以及最近生產的TM170和TM125。自1965年以來，北愛爾蘭的肯特公司已經生產出了自己的肯蘭德裝甲巡邏車，並且在1974年又生產出了肯蘭德SB401。威爾士的霍茨普爾公司還生產了4×4和6×6裝甲車。這種裝甲車使用的是"陸地巡遊者"的底盤。

許多國家都使用了菲亞特11A7A凱潘格朱拉4×4輕型車輛，所以米蘭的斯帕公司研製出了"衛兵"安全車，規格為4×4IS，目前推出的車輛中，最初使用菲亞特底盤的有"陸地巡遊者"1-10和梅賽德斯-奔馳280GE。

除了根據許可證協議製造的"龐蒂克"4×4和6×6車以外，智利還生產了VTP2和163多用途裝甲車。VTP2車非常類似於德國的蒂森IS車輛。163多用途裝甲車還可用於機場和其他高風險地區的巡邏。葡萄牙的布拉維亞公司生產的凱米特4×4裝甲車幾乎和卡迪拉克·蓋奇公司生產的V-100系列車一模一樣。儘管該公司為美國陸軍國民警衛隊生產的康曼多MkIII裝甲車體型較大，但與其公司生產的另一型號裝甲車肯蘭德車的基本原理是非常相近的。

多年來，西方國家研製了多種類型的適合執行國內安全任務的車輛，而到華約解體時，大部分華約國家尤其是蘇聯並沒有專門研製可用於執行國內安全任務的車輛。

BTR-60和BTR-70系列裝甲車儘管額外裝備了裝甲保護和更強火力，包括AGS17榴彈發射器，但仍存在許多缺陷，以至於其在阿富汗執行安全任務時，損失慘重。

很久以前，民主德國生產了兩種用於執行國內安全任務的車輛，一種是SK-1裝甲車，另一種是SK-2裝甲車（安裝有高壓水槍）。SK-1的炮塔上安裝了機槍。SK-2裝甲車使用G5 6×6卡車的底盤，它的高壓水槍安裝在車頂和車後的位置。

上圖："水牛"裝甲車是南非自行研製的眾多軍用車輛之一。從它的設計中可以看出南非在本國治安和在與納米比亞及安哥拉的戰鬥中所取得的經驗

上圖：維克斯·瓦爾凱用途廣泛，既可作裝甲車使用，也可以用作武器裝運車、指揮所、救護車和維護國內治安的車輛。目前製造公司正在把輪式裝甲運兵車改裝成維護國內治安的車輛。使用軍用裝甲車執行國內治安任務的花費較大，但效果並不明顯

規格説明

阿爾維斯OMC卡斯皮爾MkIII暴亂控制車

乘員：2+10人

重量：12.58噸

規格：長度6.87米；寬2.45米；高3.125米

發電設備：一台ADE－352T液體製冷6缸柴油發動機，功率127kW

性能：最大時速90千米／小時；最大航程850千米；淺灘1米；斜坡65％；垂直障礙0.5米；塹壕1.06米

武器：1~3支7.62毫米機槍

上圖：1985年開始生產的"特蘭塞弗"多用途國內治安車，具備了軍用裝甲車的大部分功能，不過這種車的價格較高

上圖：英國陸軍採購的AT105"撒克遜人"可以執行準軍事任務，其他國家也採購了這種車輛。圖中為馬來西亞軍隊使用的"撒克遜人"車輛

上圖：從"特蘭塞弗"車內透過車上的裝甲玻璃可以較好地觀測車外的情況。司機可以透過儀錶盤上的監視器瞭解車後的情況

右圖：許多輪式裝甲車在執行國內安全任務時都經過了多種改裝。維克斯·瓦爾凱裝甲車能攜帶執行任務所需要的多種裝備，它的裝備包括路障清除設置、發射煙幕彈的榴彈發射器和執行任務的人員所配備的設備

下圖：在北愛爾蘭巡邏的一輛"哈姆貝"裝甲車。英國陸軍有500輛"豬"車可當作國內安全車輛使用

上圖：圖中飛駛的"水牛"裝甲車是專門為這種地形設計的。裝甲車既可以當作國內治安車使用，也可以當作軍用車輛使用，但當作國內治安車使用的機會較少。正如軍事採購人員所說的那樣，"花錢才能買到選擇的機會"

暴亂控制榴彈

暴亂控制榴彈有兩種基本類型：化學型榴彈和動能型榴彈。化學型榴彈按照設計發射後散發出不同的氣味，可刺激或擾亂暴亂者的活動，使他們無法按照既定的路線活動。化學型榴彈和動能型榴彈都是鎮壓暴亂者的工具。此類榴彈的基本要求是刺激暴亂者，使其無法繼續活動，但又不會對他們造成永久性傷害。

許多年來，在暴亂控制中，各國選擇的刺激性武器是催淚瓦斯，這種物質除了讓人淚流不止、咳嗽、四肢無力外，對人的危害較小。催淚瓦斯通常被稱作CN，但是從化學上講，它的正確名字應該叫氯苯乙酮。

易擴散

各國把催淚瓦斯用作反暴亂武器後發現它有一個最明顯的缺陷：在開闊地帶，

上圖：美國海軍陸戰隊負責美國駐外大使館的安全。他們必須有能力在不使用武器的情況下，保衛使館的安全，驅散有敵意的人群。照片拍攝於美國駐馬尼拉大使館，這名海軍陸戰隊士兵手中的發射器能夠發射催淚瓦斯彈。發射器安裝在他的雷明頓霰彈槍上

它所產生的蒸氣擴散太快，很容易失去效果，而且催淚瓦斯相對來說易於忍受，尤其是獲得一定經驗之後。許多年輕力壯的青年人在催淚瓦斯投放後，忍過一段時間不舒服的感覺，繼續從事非法活動。

而在樓房內使用催淚瓦斯就會取得更好的效果，樓房的牆壁、頂部和地板可以有效地防止瓦斯擴散，暴亂分子只能束手就擒，但是在開闊地帶，作為防暴亂武器，發射不久後它的作用就會變弱和消失。

所以在20世紀50年代初期，各國迫切需要一種新的、效果更好的、更持久的武器來替代催淚瓦斯。這樣就出現了能夠替代催淚瓦斯新的化學物質。在讓人喪失能力方面，這種化學物質優於催淚瓦斯。不久，這種新的化學物質有了一個更容易記住的名字——催淚毒氣（CS）。

正常情況下，催淚毒氣是一種固體物質，但是一和空氣接觸，馬上就會變成一種白色或灰白色的蒸氣，散發出胡椒粉的味道，也正是這個原因，有時人們也把它稱為胡椒氣體。它的蒸汽除了引起窒息感、呼吸困難之外，還會引起流淚，使人感覺極不舒服。實驗表明，高度密集的催淚毒氣會令人噁心和嘔吐。為了增加它的

上圖：從理論上講，在近距離內，防暴彈不得瞄準單個人射擊，但是新一代暴亂控制武器的精度更高，如果確有必要的話，它能夠準確地擊倒目標（單個人）

效果，如果蒸氣附着在衣服上，催淚毒氣的效果更持久，但它不會完全讓人喪失能力，更不會給身體帶來長期的不適後果。

催淚毒氣最先使用的時間是20世紀50年代後期，而且使用不久，各國就發現這種武器在驅散人群方面效果顯着。

開始時發射催淚毒氣的方法主要是用手榴彈，這和過去使用催淚瓦斯和煙幕彈的方法完全一樣。同時這些手榴彈的製作和使用都非常簡單、方便，但是作為榴彈，它們都有同樣的缺陷，形成蒸氣需要一定的時間，而且投擲手榴彈的人力有限，所以它的射程也受到了限制（投擲者和暴亂人群之間要保持一定距離），並且膽大的暴亂分子會及時撿起手榴彈回擲過來。因此必須對原始的催淚毒氣榴彈進行重新設計。

新的榴彈設計

現代的催淚毒氣彈幾乎都裝有可揮發催淚毒氣的多個小型容器或彈頭，當榴彈落地時，榴彈的彈體會把這些容器或彈頭在大範圍內分散開來（例如英國的L11A1榴彈能散發出23個小型彈頭），揮發時間較短，暴亂分子來不及回擲，或者擲回時已經失去了效果。原始的榴彈設計目前已經極少用到。一般情況下，催淚毒氣彈都是用裝有小型助推火藥的發射器發射的。它的射程是100米或更遠一些，發射器通常是防暴槍之類的武器。使用防暴槍的榴彈通常的直徑為37毫米。但是目前人們都認為這種榴彈的直徑太小，英國陸軍使用的榴彈直徑為66毫米，並且發射榴彈的是專用的發射器——L1A1榴彈發射器，而不是防暴槍。

催淚毒氣彈並不是現代唯一的刺激性武器，但它確實是應用最廣泛的一種武器。其他刺激性武器包括不含有害物質的致幻武器，它能瞬間改變人的情緒，如產生煩躁不安的感覺或恐懼感，但是許多人

左圖："希爾頓"多用途槍給人留下的印象頗深，它能夠發射包括催淚彈、單發或多發防暴彈在內的各種子彈

下圖：比利時FN公司生產的榴彈發射器能夠安裝在FNC5.56毫米輕型突擊步槍上，也可以安裝上槍托單獨使用

上圖：英國陸軍使用的防暴武器有英國皇家兵工廠生產的L67A1發射器。有些國家的軍隊仍在使用這種武器。它發射L18A1催淚毒氣彈，這種子彈有4個小型的彈頭。按照設計子彈可以在高於地面6米的上方炸開，這樣暴亂分子就不能撿起回擲防暴人員

認為使用此類武器不符合人道主義原則，並且此類武器屬雙刃劍類型的武器，從暴亂控制上看，它確實具有較大的優勢，但同時會激起公眾的強烈不滿情緒。而且這些"意識"型武器對暴亂分子和使用者本人會產生同樣的作用，這一點尤其令人不安，甚至使用者要攜帶呼吸器才能執行任務。而且警察和準軍事部隊使用的呼吸器效果有限，僅對催淚毒氣和催淚瓦斯有效，一些威力較大的現代武器能夠穿透防護服，接觸到人的皮膚。

動能榴彈

當考慮使用動能榴彈的時候，各國政府應該優先考慮人道主義問題。經常使用的塑料子彈或名聲不太好聽的橡皮子彈使用時會令人眩暈，讓人喪失活動能力。最早研製動能彈頭的計劃是20世紀50年代提出的，當時有幾個國家已經清楚地意識到，要想有效地控制暴亂活動，使用常規武器是不能滿足實際要求的。因為使用常規武器會造成嚴重傷亡，這必然會引起公眾的強烈反感，而在當時常規武器確實比標準的刺激性武器的威力大得多。當時考慮使用幾種能令人喪失能力的發射物，範圍從裝在厚袋子中的鉛彈到重型的橡皮

圈。一般情況下，此類武器都是用防暴槍發射的，但是不久防暴彈出現了。開始時這種子彈使用木製彈頭，但木製彈頭容易碎裂，而且會造成重傷（也會引起公眾的反感）。然後，在動能榴彈出現之前的相當長時間裏，各國一直使用橡皮子彈，而在一些的環境下，橡皮子彈也可能會致人重傷。

目前的防暴彈是平底的PVC子彈，雖然它沒有橡皮子彈重，但和橡皮子彈相比，撞擊力毫不遜色。

偶爾的致命性

不可否認的是，如果在非常近的距離內，防暴彈事實上的確會造成嚴重傷害，並且已造成多人死亡。這種子彈的精度極差，常常當作區域武器使用，而不是作為點目標武器使用。但是事實證明這種子彈在驅散懷有敵意的暴亂人群時效果極佳，它們甚至能讓暴亂頭目或其他麻煩分子喪失活動能力。這種武器確實能夠防止暴亂人群投擲爆炸物和石塊。儘管如此，使用防暴彈仍會引起公眾的強烈反對，但是在沒有比它更好的武器出現之前，防暴彈仍將是各國使用的標準防暴武器。

上圖：20世紀70年代，一名警官正在華盛頓特區執勤。他手中的防暴槍使用的子彈裝在身後的背包內，使用時也可以掛在襯衣前面

"阿文" 暴亂控制武器

和許多同時代的武器相比，"阿文"（恩菲爾德防暴亂武器）在設計上確實比較先進，是一種創新性武器。它的結構非常複雜，或許說它是一種武器系統更合適一些。它是一種防暴亂發射器，能夠發射多種新型子彈。這種武器系統是由恩菲爾德‧洛克皇家兵工廠輕型武器部研製的。

"阿文"發射器的口徑爲37毫米。或許人們會把它當作是兩個由旋轉彈匣連接在一起的管子。後面的管子和射擊裝置以及槍把連接在一起，它有一個槍托擋板，射手可以根據需要調整射程。同時，前面的管子是槍管，槍管周圍帶有波紋狀冷卻設置。槍管帶有前置式槍把，射手可以根據需要進行調整。兩個管子之間是可以裝5發子彈的彈匣。射擊裝置比較簡單，由扳機控制。扣動扳機，彈匣旋轉後，子彈和彈膛處於同一直線，再扣動一下扳機，子彈就可射出。它的瞄準具呈葉片狀。"阿文"發射器要比大多數同類武器的射擊精度高。

彈藥選擇

"阿文"發射器可以發射5種類型的子彈，儘管不是每種子彈都會在作戰中用到。主要的防暴亂彈藥是塑料子彈，這種子彈的PVC彈頭呈蘑菇狀，彈道比較合理，可以有針對性地瞄準目標射擊。其他類型的子彈包括催淚毒氣彈、遮蔽式煙幕彈、帶有催淚毒氣物質的防暴彈和一種裝有刺激性物質、彈頭能穿透障礙物的子彈。這些子彈的彈殼和發射這些子彈的彈膛都是用鋁製成的。每一發子彈都有自己的內置彈藥，發射時可以得到旋轉彈匣前後鏈輪齒的支持，彈匣中其餘的子彈不會受到影響。相對來說，它使用的助推火藥威力較小。

理想的射速

"阿文"發射器能在大約100米的射程內精確射擊防暴彈。它的普通射速（包括空彈殼彈出和從彈匣右側的環狀輪再次裝填子彈）爲每分鐘大約12發子彈。這兩種因素使"阿文"成爲一種令人生畏的防暴亂武器。許多國家的警察和安全部隊採購了這種武器，尤其是北美國家。由於它能夠提供最大程度的安全保障，所以成爲北美國家最受歡迎的武器。

規格説明
"阿文"發射器

口徑：37毫米

長度：760~840毫米（可以根據需要調整）

重量：3.1千克（空）；3.8千克（裝彈後）

供彈：可裝5發子彈的旋轉彈匣

標準射程：100米（防暴彈）

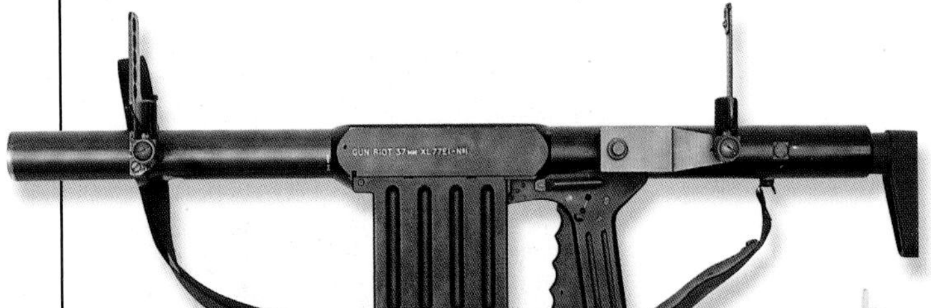

右圖：這是一支37毫米XL77自動武器。它是恩菲爾德英國皇家兵工廠生產并用於試驗的樣槍

左圖："阿文"發射器目前是世界上最先進、能力最強的防暴亂武器之一。它發射的子彈射速快、射擊精度較高，能夠使用多種類型的子彈

右圖："阿文"發射器的另一種型號。這是使用氣動擊發設置的霰彈槍，它的外形嚇人，射擊時發出的聲音也比較恐怖

"謝爾穆利" 多用途槍

"謝爾穆利" 多用途槍是一種單發射擊武器，口徑為37毫米，能夠使用各種防暴亂子彈和其他類型的子彈。因此是名副其實的多用途槍。這種武器能夠發射所有類型的塑料子彈、煙幕彈、刺激性子彈和其他適當口徑的子彈，並且安裝了可以發射12-gauge霰彈槍子彈的適配器。

"施爾姆雷" 槍是由韋伯利和斯柯特公司製造、施爾姆雷公司出售的。這種武器是以一種信號手槍為基礎設計的，這種信號手槍的最初型號是第二次世界大戰期間生產的，目前的型號已經過了多次改進。為了減輕重量，增強堅固性，原材料使用了高彈性的鋁合金。從這一點看，這種槍或許可以被視為是信號槍的擴大型。它的槍管較長（使用平滑槍膛），帶有木制槍托和前置式槍把。使用了常規霰彈槍的開火系統，並且彈膛的上面有一個較大的互鎖設置，射擊時這種互鎖裝置可以確保槍管被安全鎖定。如果槍管鎖定方法不當，武器就無法射擊。扳機有連發設置，

扣壓時需要持續一段時間，並且要用力扣壓，這樣能確保不走火。另外，它的撞針設置中有一個自動回彈器，可以防止偶然走火。裝彈時，回彈器可以卸下。

霰彈槍的感覺

為了減輕槍的重量，"謝爾穆利" 多用途槍在結構上大量使用了鋁合金（包括高質量的鋁製品鑄件）。結果，這種經過精心設計、製造而成的高質量武器，造價和霰彈槍一樣昂貴。當然，人們對它是否應屬霰彈槍類武器還存在爭議：因為它安裝了葉片狀的瞄準具，前置式槍把位於槍管的下面。這種槍有不同長度槍管。它有一個特殊的設計，在執行安全任務時，能夠安裝在多種裝甲車如 "撒克遜人" 裝甲運兵車、"肖蘭德" 裝甲車的機槍支架上。因為在維護國內安全方面，防暴亂槍要比機槍有用得多，所以這種能力使 "謝爾穆利" 槍的身價倍增。

"謝爾穆利" 槍能夠發射各種類型的

子彈。它不僅能發射英國陸軍使用的普通子彈，而且為了佔領更廣闊的商用市場，還能發射多種商用子彈。謝爾穆利公司又被稱作佩因－韋塞克斯公司，毫不奇怪，為了和它的武器相匹配，該公司還生產出各種防暴亂子彈，有人們所能見到的刺激性子彈和其他類型的子彈，有些子彈已經被英國陸軍採用。英國陸軍也使用 "謝爾穆利" 槍。

上圖："謝爾穆利" 多用途槍是由韋伯利和斯柯特公司製造的。它發射37毫米榴彈，最大射程為150米，能夠安裝在 "撒克遜人" 之類的裝甲車的機槍支架上

上圖：射擊時，防暴亂武器越來越接近於霰彈槍。從站立式姿勢發射時，兩者之間的差別極小。也正是這個原因，"謝爾穆利" 多用途槍在設計時經過了專門考慮。它的手槍槍把組件和硬木製成的槍托連為一體，槍托上還可以安裝後瞄準具

左圖："謝爾穆利" 多用途槍是用輕型鋁合金製成的。它有兩個不同作用的槍管，口徑也各不相同。前置式槍托可以幫助射手提高射擊的精度，射手的手可以避開發熱的槍管。另外，槍管長度還可以根據需要調整

MM-1 多類型子彈發射器

MM-1多類型子彈發射器是最近剛出現的一種新式防暴亂武器，它能夠發射多種防暴亂子彈。它主要是為了彌補單發防暴亂武器的缺陷而研製的武器。在一群暴徒直接衝向射手時，單發子彈常常無法震懾他們，射手很容易被他們打倒。

有了MM-1多類型子彈發射器，這種事情就不容易發生了。MM-1多類型子彈發射器可以在不到6秒鐘的時間內發射12發子彈。對此，即使是意志最堅決的暴徒也會三思而後行。子彈裝在旋轉盤的12個彈膛裏，一發子彈射出後，在彈簧設置的作用下，第二個彈膛會和槍管保持在同一直線的位置，做好下一次發射的準備。MM-1沒有槍托，射手一隻手握前置槍把，另一隻手握手槍槍把。手槍槍把位於彈匣後面。彈匣體積較大。每次裝彈後，按逆時針方向轉動彈膛，旋轉彈簧設置就會處於拉緊狀態。

MM-1能發射所有類型的37毫米或40毫米防暴亂彈藥，並且安裝上適配器後還可以發射常規的霰彈槍子彈和照明彈。它的最大射程大約為120米，但對於射手來說，射程遠近並不太重要，重要的是它能夠在較短時間內快速、連續地發射子彈，產生令暴徒震駭的效果。

這並不是MM-1多類型子彈發射器的唯一優點，因為這種武器一個人就能操作，從100米的射程外，投放催淚毒氣或遮蔽式煙幕彈。也正是這個原因，中東、美國、歐洲和非洲等地區的警察和特種部隊才會對它寵愛有加。目前MM-1多類型子彈發射器的使用極為廣泛。它唯一的問題是體積較大，再次裝彈需要的時間較長。MM-1多類型子彈發射器是由伊利諾伊州諾斯菲爾德市的霍克工程公司生產的。

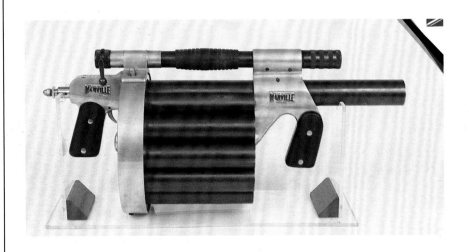

上圖：MM-1多類型子彈發射器使用的旋轉彈匣榴彈發射器源自第二次世界大戰前的設計。許多防暴亂武器都是單發射擊武器，所以在射手再次裝彈時，最容易遭到暴亂分子的攻擊

上圖：MM-1多類型子彈發射器的重量不輕，但是和許多常規武器相比，它具有更多優點：一個人就能操作這種武器；它可以發射較大的煙幕彈或催淚毒氣彈；可以在暴亂人群投擲石塊或其他武器的距離外射擊

規格說明

MM-1多類型子彈發射器

口徑：37或40毫米

長度：全長546毫米

重量：9千克（裝彈後）

供彈：可裝12發子彈的旋轉彈膛

標準射程：120米

史密斯和威森 No.210 氣體自動槍（肩部射擊）

美國著名的輕武器製造商史密斯和威森公司不僅在手動操作的槍械生產方面名聞天下，而且在暴亂控制武器及其相關彈藥的研製方面同樣聲名顯赫。該公司生產的許多武器在國際市場銷售上一直呈穩步增長趨勢，許多產品都供不應求，彈藥類型繁多，品種齊全，從刺激性武器到煙幕彈應有盡有，還生產了專門發射這些彈藥的武器。其中使用最廣的武器當數史密斯和威森No.210氣體自動槍（肩部射擊）。

No.210氣體自動槍的口徑為37毫米。在該公司的大力推動下，這種武器已成為美國的標準防暴亂武器。作為防暴亂武器，目前其基本口徑已普遍為人們接受。這種武器使用了該公司的左輪手槍的基本結構，但沒有使用左輪手槍的旋轉彈膛。這種彈膛可以裝多發子彈。No.210氣體自動槍屬單發射擊類武器。槍管和霰彈槍的

槍管相似，可以分解。為了和樞軸支點相適應，槍框的前角較低。手槍槍托前邊突出，易於辨認。目前的槍托為木製品，配有橡皮襯墊，可以吸收射擊時產生的後坐力，減少對射手的影響。由於它使用的子彈口徑較大，所以產生的後坐力也比較大。

這種武器的發射設置屬單發或連發式類型，並且有一個外置擊錘。No.210的槍管在攜帶或存放時可以拆卸下來。這種武器較長，體積較大，一般都配有槍背帶。使用固定瞄準具時，射擊精度較高。

各種類型的子彈

No.210氣體自動槍可使用多種類型的子彈。大多數子彈都屬常規子彈，但有些子彈確實與眾不同。例如，No.14"巨人"子彈。這種子彈有多種能力，帶有催淚毒

氣防暴彈頭，能夠擊穿較薄的障礙物。No.17防暴彈有兩種類型，都用較薄的金屬包裹。其中一種的射程較遠，可達135米。No.18防暴彈和No.17防暴彈類似，但使用的是橡皮子彈，外層沒有金屬包裹。No.21是專門對付近距離目標的子彈，它能夠發射濃霧狀的催淚毒氣物質，射程大約為11米。

這些子彈中，有些是以更加精確的方式生產的，帶有尾翼，在子彈自身重量和尾翼的拖曳下，發射後的子彈在飛行時的穩定性較好。這些子彈使用的助推火藥較重。Tru-Flite子彈裝上較重的火藥後，No.210氣體自動槍的夥伴——No.209氣體手槍就不能發射這種子彈了。No.209氣體手槍的槍管更短，帶有標準的手槍槍托和槍框。從外形上看，No.209氣體手槍令人生畏。

上圖：在北愛爾蘭暴亂剛發生的幾年裏，英國陸軍一直使用No.210氣體自動槍（肩部射擊），後來英國才決定改換較大口徑、性能更加先進的L1A1榴彈發射器

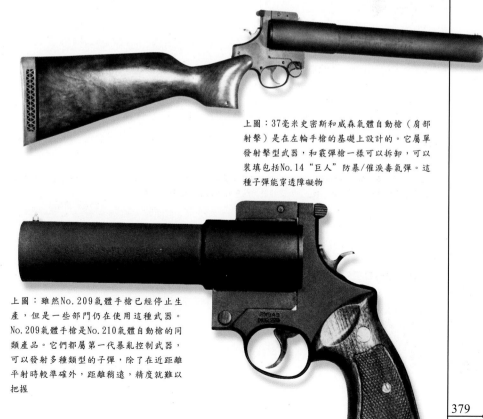

上圖：37毫米史密斯和威森氣體自動槍（肩部射擊）是在左輪手槍的基礎上設計的。它屬單發射擊型武器，和霰彈槍一樣可以拆卸，可以裝填包括No.14"巨人"防暴/催淚毒氣彈。這種子彈能穿透障礙物

上圖：雖然No.209氣體手槍已經停止生產，但是一些部門仍在使用這種武器。No.209氣體手槍是No.210氣體自動槍的同類產品。它們都屬第一代暴亂控制武器，可以發射多種類型的子彈，除了在近距離平射時較準確外，距離稍遠，精度就難以把握

規格說明
No.210氣體自動槍（肩部射擊）
口徑：37毫米
全長：736.6毫米
重量：大約2.7千克
最大射程：135米（遠距離的塑料彈）

寶刀未老的武器

No.210氣體自動槍是第一代防暴亂武器中的傑出代表。多年來該公司一直生產這種武器，直到最近幾年才停止生產。盡管如此，由於這種武器在使用期間，事實證明它確實具有出眾的能力，所以它目前仍在使用，根本不需要宣傳鼓動。No.210氣體自動槍（肩部發射）是一種非常容易操作的發射器，它使用的子彈有的後坐力較大，和其他同類型的武器一樣，No.210除了在近距離內，射擊精度較差。

No.210氣體自動槍發射的新型子彈最爲典型的是ALS技術公司生產的互鎖式橡皮防暴彈。這種子彈有兩種口徑：一種口徑爲40毫米；另一種口徑爲37毫米。IRBP子彈長127毫米，重114克，並且能夠發射3發21克的橡皮環。該公司宣稱這種子彈的威力可以控制，能夠給暴亂分子造成一定的痛苦，令其呼吸急促，渾身疼痛，喪失活動能力。這種子彈的有效射程在9~30米之間。

英國陸軍在北愛爾蘭暴亂剛剛發生的時候就使用了這種武器，後來轉換成了L1A1榴彈發射器，但是英國有些地方的警察部隊仍然保留了No.210氣體自動槍。史密斯和威森公司在20世紀80年代中期開始停止研製暴亂控制彈藥。

聯邦防暴槍

自暴亂控制武器投入生產以來，目前，聯邦防暴槍已成爲使用最廣泛的暴亂控制武器之一。世界上許多國家的軍隊、準軍事部隊、安全部隊、警察和看守監獄的部隊都使用這種武器。這種武器最初是由聯邦實驗室研製的，並且所使用的大量防暴彈藥也是由該實驗室生產的。最早使用該實驗室產品的是美國的刑事部門，它們迫切需要一種大型、有威懾力的武器來控制囚犯。多年來，這種武器已經逐漸擴散到其他部門。

堅固結實的武器

聯邦防暴槍是一種簡單的單發射擊武器，它幾乎沒有什麼裝飾物。由於設計比較簡單，製作時大量使用防銹金屬（合金），所以特別結實耐用。在大多數作戰條件下，使用和維修/修理都極爲方便。

最新式的防暴槍是203A型，它有一根嵌入式槍管和槍托，它的鎖定槍管和槍架閉鎖裝置非常堅固。槍架閉鎖裝置位於手槍槍把的前部。

擊發裝置屬連發類，不能單發射擊，這種武器最初用於獄警監控犯人，這種武器沒有外置擊錘。外置擊錘在關鍵時刻不可避免地會鉤掛衣服或其他東西，所以從中也可以看出，不用外置擊錘實乃明智之舉。

這種武器有前置式槍把。它的槍把和槍背帶相連，槍背帶的另一頭系在木製槍托的末端。瞄準具的固定距離爲45米。除了在某些細節上有所區別外，其他型號的聯邦防暴槍和203A型防暴槍基本上完全相同。

令人心動的捆綁式銷售法

聯邦防暴槍的使用如此廣泛的一個主要原因是銷售商使用了防暴槍和聯邦防暴

規格説明	
聯邦防暴槍	
口徑：37毫米	
全長：737毫米	
重量：不詳	
典型射程：100米	

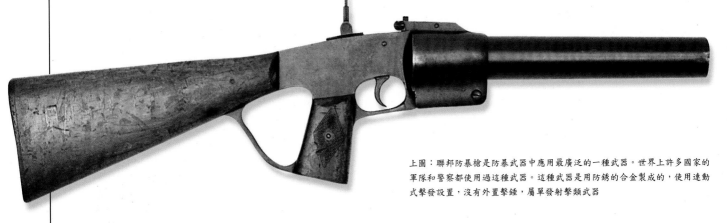

上圖：聯邦防暴槍是防暴武器中應用最廣泛的一種武器。世界上許多國家的軍隊和警察都使用過這種武器。這種武器是用防銹的合金製成的，使用連動式擊發設置，沒有外置擊錘，屬單發射擊類武器

彈藥捆綁式銷售的方法。防暴槍只是整個銷售協議中的一部分。該公司銷售的防暴彈藥都為37毫米標準口徑。在各種防暴武器中，這些防暴彈藥只有使用聯邦防暴槍才能發射。通常銷售的彈藥類型繁多，其中有兩種特別引人關注。

第一種是聯邦"速熱"催淚毒氣防暴彈。這種子彈的射程大約為100米，外部用一層薄薄的鋁合金包裹，能夠在30秒內揮發出催淚毒氣的氣味，威力大，可作為備用防暴彈使用。第二種特殊的子彈是另一種類型的催淚毒氣彈——聯邦SKAT子彈。它包含5發小型的催淚毒氣榴彈。這種小型的榴彈經過專門設計，屬彈跳式爆炸武器，射手瞄準暴亂人群前面的地面發射，子彈着地後5發小催淚彈彈跳到空中，彈跳路線沒有規律。通常情況下，榴彈呈扇形向外噴射出催淚毒氣物質，催淚毒氣物質在15秒內開始揮發。暴亂分子根本來不及撿起再投擲到防暴人員身邊。

英國經驗

在北愛爾蘭暴亂開始發生的時候，聯邦防暴槍是英國陸軍使用的防暴武器之一。英國陸軍發現這種武器的性能不錯，但是它的缺陷是後坐力較大，所以射擊時精度較差。到20世紀80年代中期，防暴槍被L1A1榴彈發射器取代，但是英國的許多警察部隊仍在武器庫中保留了這種武器，以備緊急情況下使用。

上圖：聯邦防暴槍和霰彈槍的操作、裝彈和瞄準方法完全一樣。它屬單發射擊類武器。圖中為拆開槍架，裝填防暴彈的情景

右圖：英國陸軍在北愛爾蘭使用了聯邦防暴槍，他們發現這種武器的性能極其可靠，但是由於後坐力太大，所以射擊時精度較差，難以贏得士兵們的喜愛。後來它被L1A1榴彈發射器取代

上圖：防暴彈是小口徑暴亂控制武器發射的最令人畏懼的子彈之一。因為它內部裝有高能量的火藥，撞擊力很大，被擊中後，短時間內會令人疼痛難忍，嚴重時會造成皮膚瘀傷

10 陸地勇士
——21世紀的士兵

　　在20世紀的最後10年裏（1990—1999年），步兵的變化超過了歷史上任何一個時期。僅在10年前看起來還像是科幻中的東西轉眼間變成了活生生的現實。世界上許多國家的軍隊都在研製能夠把單一步兵和數字化戰場聯接起來的一體化武器系統。20世紀90年代初，法國制訂了FELIN計劃（裝備綜合計劃），英國制訂了FIST/Crusader 21（21世紀十字軍）計劃，試圖在新世紀的10年內用高技術裝備武裝每一位普通士兵，但是最先大規模投入軍隊使用的要數美國的"陸地勇士"系統。

研製新式武器系統的目的是爲了提高傳統的目視識別和瞄準系統的能力。這些系統能保證士兵無論白天還是黑夜都不會受到任何氣候的影響，保證他們能在最遠的射程內用最精確的方式投入戰鬥。

"陸地勇士"

"陸地勇士"是美國陸軍提高其步兵戰鬥能力的一項計劃，目前"陸地勇士"武器系統正在裝備部隊。它是一種模塊式的綜合性作戰系統，可以供徒步作戰的士兵使用。按照設計，在21世紀的戰場上，每一位士兵都是戰場上不可或缺的成員。

"陸地勇士"能夠提高步兵小組、班和排以及徒步作戰士兵的作戰能力，增強他們的作戰效果。對於未來的士兵來說，作爲第一次真正的一體化單兵作戰系統，"陸地勇士"只不過是未來許多武器系統將要發生重大變化的前奏而已。"陸地勇士"系統將大大增強士兵的戰場情況意識、士兵手中武器的致命性和士兵在戰場上的生存能力。先進的傳感器能讓裝備適當的步兵具有全天候作戰能力，這種能力以前只有裝甲車輛或飛機上的士兵才能擁有。

信息戰

"陸地勇士"系統的核心是一體化的計算機/無線電系統。信息收集和上下指揮機構信息傳送將通過實時的數字化報告得到提高，並且信息收集和傳送還將包括圖像捕捉和傳送。

每位士兵的頭盔中都安裝了地圖顯示儀，根據地圖顯示儀，士兵清楚地知道他本人、其他士兵以及敵人所在的位置，士兵的作戰效果更加顯着。有了嵌入式全球定位系統，士兵再也不用擔心不知道自己所在的位置。綜合圖像放大儀能讓夜戰變得幾乎和白天作戰一樣簡單。

保護部隊

由於士兵和使用的武器實現了數據鏈接，所以士兵的戰場生存能力得到了極大提高。有了一體化的模塊式武器：熱輻射武器、瞄準儀和攝影機、頭盔式顯示器，他只需使用雙手和手中的武器就能將敵人置於死地。

改進後的防彈衣、激光探測器、化學防護服、彈道/激光護眼鏡將進一步提高士兵的戰場生存能力。"陸地勇士"計劃中有一種敵我識別系統，它大大增強了士兵的情況意識，能夠清楚地分辨出作戰對象的身份，有助於防止"自己人打自己人"的誤傷事件發生。在夜戰中，士兵經常會受到誤傷的威脅。

上圖和右圖：目前美國陸軍正在裝備的"陸地勇士"系統把單兵計算機化的導航、通信、武器和瞄準系統有機結合在一起。"陸地勇士"系統將使普通士兵獲得比歷史上任何時期都要多的戰場信息

武器子系統

　　研製模塊式武器子系統的目的是為了在不影響部隊機動性的情況下，提高武器擊中目標的概率。它可以安裝在改進型M16步槍或M4卡賓槍的槍桿上。這種武器子系統的主要組成部分包括在各種氣候和能見度的條件下能用於目標探測的輕型或中型熱輻射武器瞄準具（TWS），能夠提供距離和方向定位、瞄準點、第三方目標照明的多功能激光儀。另外，這種武器子系統還能裝載綜合慣性制導的航位推算模塊（DRM），當全球定位系統的信號臨時消失時，能保持精確的定位。在對"陸地勇士"系統全部組成部分進行管制/控制期間，處於射擊狀態的武器會自動提醒士兵保持射擊狀態。

頭盔

　　綜合頭盔組合子系統（IHAS）能夠向士兵提供彈道保護和戰場上的高保真圖像及聲音信息，使士兵無論在白天、黑夜和核生化條件下都能投入戰鬥。為了減少頭盔的重量，頭盔是用先進材料製成的。創新性的新式承載系統為光學部件提供了穩定的平臺。頭盔顯示器可以接收計算機數據，同時也可以輸出重要的圖像信息。地圖顯示器可以使士兵清楚自己及所在班和排的其他人員的位置。

保護服

　　保護服和單兵設備（PCIE）子系統能夠自動將"陸地勇士"系統綜合起來。這種綜合性的模塊式子系統大大提高了士兵的機動能力和戰場生存能力，並且讓士兵重新認識到什麼是真正的舒適。截擊式防彈服有5種規格，防彈服的前後都有按照不同環境而設計的鋼板。外層的戰術防彈背心撤掉鋼板時，重3.8千克，能夠抵擋炸彈碎片和9毫米的子彈。嵌入式鋼板（對付輕武器）每個重1.8千克，能夠承受7.62毫米實心彈的多次打擊。防彈背心整體重7.4千克，與目前使用的PASGT防彈背心/ISAPO相比，這種防彈背心輕4.5千克。為了增強保護功能，它還帶有保護喉嚨和腹股的防護裝置。

計算機

　　計算機和無線電子系統（CRS）把使用"陸地勇士"系統的士兵和數字化戰場緊密聯繫在一起。計算機和無線電子系統主要由私人企業和政府現有的設備構成。通信/導航模塊能提供聲音和數據傳輸/接收能力。全球定位系統接收器能為導航系統提供有關士兵所在位置和戰場情況的數據。當全球定位系統的信號臨時性消失時，綜合性的慣性制導航位推算模塊（DRM）能保持精確的定位。計算機和無線電子系統能夠捕捉和傳送靜態物體的圖像，它和多功能激光一起使用時，能夠自動提供間接性火力支援。計算機系統和承載系統完全綜合為一個統一的整體。軟件子系統是"陸地勇士"系統的核心，按照設計它可以滿足士兵的戰術需要，極大提高士兵的作戰效能，有利於在戰場上發揮出士兵的最大潛能。

FN2000 模塊系統

FN埃斯塔勒公司用5.56毫米的突擊步槍取代了著名的7.62毫米FN FAL（英國陸軍稱之爲SLR-自動步槍）。第二次世界大戰後，FN FAL步槍爲該公司贏得了較爲顯赫的名聲，但沒有獲得最大成功。在名槍競相爭雄的武器市場上，大多數國家的軍隊要麼採購美國的武器（M16），要麼研製自己的武器（法國的FA MAS，意大利的貝瑞塔，英堂吉訶德式的SA80），所以比利時同類型的武器在國際武器市場上產生的影響實在有限。而FN2000模塊系統能否在國際市場上成爲暢銷的武器目前尚難確定，但是該公司着眼於創新的設計確實令人關注，在20世紀80年代後期，經過一番宣傳和鼓動，它的P90單兵武器確實引起了世界各國的關注。現在再審視一下FN2000模塊系統，從中可以看出該公司確實汲取了P90單兵武器的教訓。FN2000模塊系統的操作極其簡單，一學就會，其結構非常適合在戰場上快速而又簡單地拆卸和組裝。

武器設計

FN2000模塊系統採用了無托結構，爲了減少整槍的長度，彈匣位於扳機後面。全槍長不到700毫米。這對於乘坐裝甲車的士兵來說非常有用，當他們下車投入戰鬥時，經常發現自己已經處於高樓林立的地區。

FN2000模塊系統解決了英國使用無托結構設計的步槍——SA80步槍存在的一個嚴重問題。SA80步槍只能從右肩處射擊，如果你試圖從左肩處射擊，那麼空彈殼彈出時正好打在你臉上。由於20名士兵中平均有一名士兵使用左手（左撇子），在這種情況下，這種設計顯然比較可怕。而且SA80步槍招致更大批評的地方在於，在高樓林立的地區作戰時，士兵常常需要從左手處射擊，而使用SA80步槍時，士兵必須

上圖：FN2000模塊系統完全是一種模塊式攻擊武器系統。武器的基本模塊可以安裝各種外部模塊，用途極爲廣泛。圖中的FN2000模塊系統安裝了40毫米榴彈發射器和先進的電子火控系統

上圖：FN2000模塊系統使用了多種環境仿生技術。這些技術最初應用於先進的P90衝鋒槍。FN2000模塊系統是用平滑的複合材料製成的，從左右肩部均可發射

露出大半個身子（槍和身體保持一定的距離）才能射擊。

FN2000模塊系統使用了獨特的彈射系統。該系統有專門供空彈殼彈出的洞口，空彈殼向前彈出，而不是向一側彈出。這樣用左手射擊時，空彈殼、氣體或其他髒物就不會碰到射手的臉部。另外，它的射擊選擇器、保險阻鐵和彈匣釋放杆用左右手都能操作，毫不費力。

FN2000模塊系統發射北約的5.56毫米×45毫米子彈。FN2000步槍使用了傳統的氣動操作系統和旋轉槍栓設置，射速較

規格説明

FN2000模塊系統

口徑：5.56毫米x45毫米（北約）

全長：694毫米

槍管長：400毫米

彈匣容量：30發子彈

重量：3.6千克（空）；4.6千克（帶40毫米的榴彈發射器）

快，短時間內射擊相當精確。這種武器使用了模塊式結構，根據需要，射手能快速地更換它的設置（事實上，這種武器更適合執法部門使用，但是隨着維和任務的增

加，軍用和警用的界線日趨模糊）。它的槍托是用堅硬的複合材料製成的。瞄準具上可以安裝射手最喜愛的瞄準系統（或者陸軍能支付得起的瞄準系統）。標準的瞄準系統是放大1.6倍的光學瞄準儀，足以輕鬆地擊中瞄準的目標，不需要為了瞄準而費力地眯起雙眼。扳機護柄上有一個支架，可以安裝榴彈發射器、手電或其他有用的輔助設置。

FN2000模塊系統和傳統步槍在設計上有所不同。為了保證射手比較舒服地發射步槍子彈或榴彈，從一開始，它就安裝了手槍槍把。取得了大西洋對岸的美國的同意後，FN公司拿出了它所設計的計算機模擬射擊控制模型。它安裝了能夠計算目標所在位置的激光距離探測器，有了這種探測器，40毫米榴彈發射器能精確地瞄準目標。這些裝置遭到了許多人的批評，他們說這些東西並不能真正地保護士兵們的安全（沒有經過士兵的證明），經不起戰場的艱苦條件的考驗。他們對該公司為到訪的新聞媒體演示這種武器性能的做法深表不滿。另外，他們還對這種武器使用的電源提出了意見——電池持續時間短，而且

還增加了武器的重量。英國特別空勤團中著名的巡邏隊的命運提醒所有部隊，甚至是最優秀的部隊在戰鬥中也無法攜帶太重的裝備。

榴彈發射器

榴彈發射器是一種氣動系統操作、旋轉彈膛鎖定式武器。它能發射各種類型的40毫米彈藥：基本類型的子彈裝有烈性炸藥，初速為每秒76米。榴彈發射器的槍管長230毫米，安裝上榴彈發射器後，槍全長至727毫米。這種武器使用起來相當方便，和老式的7.62毫米步槍相比，更是如此。老式步槍的長度超過了1米。

未來前景

和當今的所有先進的步兵武器一樣，FN2000模塊系統的前途取決於西方各國政府是否願意為其步兵投入更多資金。各國的國防官員都知道FN2000模塊系統明顯優於M16步槍（或相當於M16的其他步槍），他們可以以此為理由勸說其國家的政府領導人提供必要的資金。

FN2000模塊系統的前途還取決於另一

個因素：能否繼續用5.56毫米的口徑。在1991年海灣戰爭和後來的阿富汗戰爭中，FN2000模塊系統已經暴露出它的局限性：在戰場上，遠距離作戰已經成為未來戰爭的普遍規律，而近距離作戰在未來戰爭中只能屬另類。有些士兵或許願意重新使用7.62毫米步槍。所有參加過海灣戰爭和阿富汗戰爭的國家的步兵連都增加了5.56毫米機關槍的數量。

上圖：FN2000模塊系統的射擊裝置非常靈巧，它和傳統的武器不同，它的空彈殼不是從一側彈出，它的槍口右邊靠後的地方有一個彈孔，空彈殼就是從這個彈孔向前彈出的

上圖：FN2000模塊系統的頂部支架可以安裝各種類型的瞄準設置。圖中的瞄準設置為標準的可放大的1.6倍的瞄準具。它也可以安裝夜視儀或榴彈FCS

FN公司簡史

比利時國家武器製造廠，在生產高質量的軍用武器方面有着悠久的歷史。為了製造比利時政府訂購的150000支毛瑟步槍，該公司於1889年創建。隨後，該公司和約翰‧勃朗寧建立了業務聯繫。勃朗寧是歷史上最具有創新意識的武器設計大師。

20世紀30年代，在戴多恩‧賽弗的領導下，該公司開始研製系列自動步槍，從而為該公司在第二次世界大戰後的成功奠定了基礎。

FN49型步槍被優秀的FN FAL步槍取代。FN FAL是一流的作戰步槍，按照設計使用北約新式的7.62毫米標準子彈。FN FAL步槍是整個步槍歷史中最成功的武器之一。FAL步槍被出口到90多個國家和地區。

20世紀60年代和70年代，FN公司生產出了小口徑步槍。在小口徑步槍的基礎上，FN公司又生產出了FAL步槍的派生槍，經過重新設計，最後使用的是北約新式的5.56毫米子彈。FNC步槍相當優秀，性能可靠，射擊精度較高，但和FAL步槍相比，出口量有限。

上圖：FN FAL是英國軍隊標準的作戰步槍。英國軍隊使用這種步槍已有30年的歷史

FN49型步槍是FN公司的第一代自動步槍

FNC是以FN FAL為基礎生產的輕型突擊步槍

FA MAS FELIN 步槍

法國在20世紀80年代初期生產的一種口徑為5.56毫米的無托步槍被稱為FAMAS。這種武器研製於1972年，1978年正式被軍方接受。FA MAS FELIN步槍是MAS公司生產的突擊步槍。MAS公司最後被法國陸上武器集團（GIAT）購並。

FA MAS FE LIN步槍的外形非同尋常，它的外形非常像法軍最喜愛的一種樂器——軍號，所以士兵們給它起了個綽號"軍號"。法國軍隊非常喜愛FA MAS步槍，在多次戰鬥中，這種步槍都有不俗的表現。這和英國的SA80步槍（更正規的是L85）相比實在是天壤之別。這種步槍和7.62毫米半自動步槍的重量相當。

和SA80步槍不同的是，在射擊時，FAMAS步槍很容易從一個肩上轉換到另一個肩上（臉頰墊和彈射裝置可以從一邊向另一邊轉換），設計人員建議士兵在戰場上最好不要隨意轉換使用（從左向右，或從右向左），因為在轉換的過程中需要拆卸和再安裝，這樣容易造成小零件丟失，而且一旦丟失，槍就無法使用了。它的折疊式雙腳架的實用性極強，能夠增加射擊的距離。

最新型號的法國步槍是FA MAS G2。這種新式步槍和其他突擊步槍有所不同，它使用延遲式後坐力操作系統。它是最初的FA MAS F1和FA MAS F2標準步槍的改進型。FA MAS G2步槍具有單發射擊、三發點射（一次性扣壓扳機）和全自動射擊能力。它的保險開關和射擊選擇器都設在了扳機護欄的內部，其中包括保險、單發射擊和全自動射擊設置。槍托底部彈匣槽的一側有一個可以控制三發點射和全自動射擊的自動射擊模式選擇器。這種步槍的其他改動有：槍背帶取代了折疊式雙腳架（如果需要還能夠重新安裝），取消了嵌入式榴彈發射器，加大了扳機護欄的長度，扳機護欄一直覆蓋了整個槍把，彈匣槽改進後可以使用北約標準的M16型盒式彈匣（可裝30發子彈）和FA MAS步槍使用的特殊彈匣（可裝25發子彈）。FA MAS G2步槍的槍管下面可以安裝M203 40毫米榴彈發射器。FA MAS G2步槍仍然可以發射400克的槍榴彈。自第一次世界大戰以來，法國一直對槍榴彈情有獨鍾。FA MAS G2步槍的射速可以調整，每分鐘在1000~1100發之間。

最近的改進情況

作為法國未來步兵計劃的一部分，FA MAS FELIN步槍是FA MAS F1步槍的改進型，最近法國進行了一系列試驗，這種步槍被稱為PAPOP（複合武器和複合彈藥）。從理論上講，法國的FA MAS FELIN和美國陸軍的"陸地勇士"、澳大利亞陸軍的"陸地125系統"和英國的FIST非常類似。

參與法國軍事計劃的公司有法國陸上武器集團、湯姆森-CSF Texen公司和其他6家公司。法國的軍事計劃符合《北約AC225文獻》的基本精神。該計劃的目的就是實現步兵和武器系統的一體化。和目前步兵使用的武器系統相比，未來的武器系統在夜間作戰的效果更加明顯，能力更加出眾，廣泛、高效地把圖像設施應用於戰術信息的接收和利用上。和目前裝備步槍、機關槍和榴彈發射器之類武器的常規步兵相比，裝備新式武器系統的未來步兵在作戰區域內的作戰能力將得到極大提高。

特徵

FA MAS FELIN步槍的裝備完全能滿

上圖：FAMASFELIN步槍和目前的FAMAS步槍相比，增加了大量的目標定位設置和一個小型榴彈發射器，從而提高了步兵的作戰能力，無論白天還是黑夜都能取得最大的作戰效果

規格說明

FN MAS G2模塊系統

口徑：5.56毫米

全長：757毫米

槍管長：488毫米

彈匣容量：可裝20或30發子彈的盒式彈匣

重量：3.5千克（空）；3.9千克（帶30發子彈的彈匣）

上圖：從圖中可以看出下一代法國步兵的風采。這些士兵剛從步兵戰車上跳下，他們裝備了FA MAS FELIN步槍和PAPOP單兵設備

上圖：從理論上講，複合武器和複合彈藥裝備可以向法國步兵提供大量的戰術和目標定位信息，從而使法國步兵成為一支作戰能力更強悍的新型部隊

足白天和黑夜射擊、利用從其他小組成員獲得的數據提供射擊輔助、距離探測、本能瞄準和射擊以及戰場敵友識別等作戰要求。另外，它還配有步兵需要的通信系統（無線電、數據和圖像）。這種設計集多種特徵於一體，白天使用這種武器，在300米的射程內，瞄準站立和固定的目標（人）射擊，命中率可達90%；夜晚在200米和400米的射程內，瞄準同類目標射擊時，命中率完全相同。

從根本上講，這種武器系統按照預定的指令把步槍和榴彈發射器的能力綜合在一起，從而研究和製造出一種射程更遠、致命性更強的武器。它的另一大特點是全面提高核生化的防護水平。和目前的防護裝備相比，未來的防護設備對於使用者來說會更加友好。設計這種防護設備的目的是為了在不降低防護水平的基礎上，確保身穿防護服的士兵有更強的機動能力（通過減少服裝重量，使之更加靈活）。

武器配置

目前的複合武器和複合彈藥綜合了步槍（發射現在標準的5.56毫米子彈）和榴彈發射器（發射直徑為35毫米的榴彈）的功能（目前美國的理想單兵戰鬥武器中使用的是40毫米榴彈），減小口徑的同時也就減輕了武器的重量，所以攜帶起來更加方便，射程也相應得到提高，但必須注意的是，不能因減小口徑而降低武器的作戰能力。

和理想的單兵戰鬥武器一樣，法國武器有一個數字支援系統。研製這種支援系統的目的是為了在300米的射程內，無論白天還是黑夜，能夠迅速探測到目標的準確位置，更重要的是能區分出誰是友軍，誰是敵人。法國的武器利用遠距離瞄準系統，士兵可以從掩體處射擊，並且該系統還能為其他武器指定攻擊的目標。這種系統可以使用類似現代化飛機上使用的向飛行員提供圖像數據的方法，把圖像數據傳

送到安裝在士兵頭盔上的靈巧的顯示器中，士兵隨時可以接收重要的戰術信息，而且在接收信息的同時，士兵的眼睛無須離開前面的目標或地形。在陸基系統中心，指揮官能夠通過接收的數據看到他的士兵看到的一切。

榴彈程序設計

法國的35毫米榴彈在射擊時，可以通過程序設計，最佳配置榴彈的碎片散佈類型，從而在打擊特殊的目標時取得最大的效果，這一點和霰彈槍使用的可調式抑制/阻塞裝置極為類似。榴彈的碎片既可以集中也可以分散。35毫米榴彈重200克，屬於體積最小的一類。法國人認為這種榴彈完全可以滿足未來的作戰任務的需要。

下圖：法國陸軍目前具有高水平的作戰能力，但法國高層希望用作戰效能更高、用途更廣的武器武裝法軍，加快法軍的轉型步伐，早日成為高度信息化的軍隊